프렌즈
방콕

안진헌 지음

생애 첫
여행친구
프렌즈
Travel Guide

Bangkok

중앙books

Prologue
저자의 말

방콕을 몇 번이나 여행했냐고 물으면 마땅한 답변을 할 수가 없습니다.
10년 넘는 외국 생활 중에 3년을 내리 살았고, 그 이후에도 1년에 서너 달은 상주 여행자로 방콕을 들락거리기 때문입니다. 방콕의 택시 기사보다 길을 더 잘 안다고 하면 너무 과한 표현일까요? 그만큼 방콕은 제2의 고향 같은 곳입니다. 그래서 들려주고 싶은 이야기가 많았습니다.
단순히 사원과 레스토랑뿐만 아니라 방콕의 다양함을 이야기하고 싶었습니다. 방콕의 허름한 골목뿐만 아니라 메트로폴리탄으로 거듭난 방콕도 보여주고 싶었습니다. 그래서 한없이 걸었고, 한없이 사진을 찍었습니다. 그렇게 쓰인 A4 400페이지 원고에 수많은 사진이 더해져 『프렌즈 방콕』이 탄생했습니다.

집보다 익숙한 방콕을 또 걸었습니다.
취재와 원고 작업이 어디 어제오늘의 일이겠냐마는, 방콕을 대함에 있어 '방콕은 나의 도시'라는 생각이 자연스럽게 들더군요. 모든 게 익숙해서겠지만 그냥 마음 편히 취재하고, 유쾌하게 글을 쓸 수 있는 도시가 방콕입니다.
이번 작업에서도 좀 더 새롭고, 좀 더 다양한 방콕의 모습을 담으려 했습니다. 방콕도 워낙 빠른 속도로 변하다보니, 옛 것을 간직한 전통적인 곳들을 재발견해 내는 데 더 많은 시간을 할애했습니다. 같은 자리를 지켜주는 단골집은 여전히 반가웠고, 새롭게 생긴 스폿들은 방콕의 재미를 더해 주었습니다.
도대체 어디까지 건드려야 '끝났다!'라고 말할 수 있을지 모르겠군요. 단순히 먹고 노는 여행이 아니라 방콕의 역사와 문화까지 체험할 수 있는 여행안내서가 됐으면 합니다. 더불어 당신들도 방콕을 편하게 여길 수 있으면 좋겠군요.

2024년 2월
안진헌

Thanks to

Rachata Langsangtham(June), Kitima Janyawan(Pook), Yongyut Janyawan(Yut), Sam Winichapan, Pannarot Phanmee, Elinie Palomas, Maria(Davis Hotel), Akapop Lertbunjerdjit, Sureerat Sudpairak, Sarin Saktaipattana, Kanittha Pimnak, Kisana Ruangsri, Alisarakorn Sammapun, Jirapong Deeprasert, Yaseu Iwamura, Supanee Tientongtip, Nisara Kumphong, Jirapa Chankitisakoon, Suteera Chalermkarnchana, Dylan Jones, Hong(Thanh Sanctuary Spa), Amy Chen, Annie Punnaniti, Preeyanat Ngamprasithi, Pornpanit Nipattasat, Patsorn Daomanee, Waewdao Chaithirasakul, Patcharee Chaunchid, Wanwisa Boonprasit, 태국 관광청, 트래블게릴라 김슬기, 타이랜드마케팅 주수영, 방콕 홍익여행사, 트래블메이트, 김도균, 올림푸스 카메라, 김우열, 김은하, 양영지, 최혜선, 김현철, 최승헌, 남지현, 권형근, 이지상, 김선겸, 김난희, 차선배님, 써니 언니, 염소형, 이현석, 껄렁 백상은, 오봉 민현진, M양 Lucia, 안녜 최수진, 재키 배훈, 엄준민, 쑤기쒸, 옐로형, 안명순, 마미숙, 류호선, 강신계, 나영훈, 안수정, 고재영, 안수영, 구한결, 찬찬, 구자호, 소방, 치자배, 모두 가행복.

Special Thanks to

작업실을 제공해주신 방콕의 나락님, 찬우형, 경주의 콰이님.
책 작업을 함께 해준 중앙북스 이정아님, 문주미님, 박수민님, 꼼꼼히 교정을 봐주신 박경희님, 책을 예쁘게 디자인해준 문수민님, 개정판 디자인해주신 양재연님, 변바희님, 김미연님 그리고 가이드북 공작단 동지 노커팅 조현숙 고맙소! 안효숙 최고.

안진현

Notice
태국어 발음에 관하여

이 책에 쓰인 모든 발음은 현지 발음 표기를 따랐다. 태국어를 영문으로 표기한 오기를 따르지 않고, 태국어 자체의 발음을 한국식 발음으로 그대로 옮겼다. 예를 들어, Siam을 시암이 아닌 '싸얌'으로 표기한 것이다. 태국어는 영어로 표기가 불가능한 발음이 많은데도 굳이 영문 표기를 따라 한글 맞춤법으로 표기하려다보니 나타나는 현지 발음상의 오류를 방지하기 위함이다. 더불어 이중자음을 줄여서 발음하는 습성에 따라 일부 지명에 대해서는 구어체 표기를 따른다. Pratunam을 쁘라뚜남이 아닌 빠뚜남으로 표기한 것이 대표적인 예다. 영어도 태국식 발음을 기준으로 표기했다. 센트럴 Central은 '쎈탄', 로빈슨 Robinson은 '로빈싼'으로 표기해 현장에서 길을 물을 때 도움이 되도록 했다. 태국어로 읽는 데 지장이 없는 저자가 태국어를 직접 확인해 가장 비슷한 최적의 발음을 한국어로 표기했다.

고유 명칭도 태국 발음을 그대로 따랐다. 거리는 로드(Road)라는 영어 표기 대신 타논(Thanon)으로 표기했다. 다리(싸판 Saphan)와 운하(크롱 Khlong), 강(매남 Mae Nam), 선착장(타르아 Tha Reua 또는 줄여서 타 Tha)의 경우 방콕에서 하루만 지내면 익숙할 단어들이지만, 이해를 돕기 위해 주요한 명칭들에 대한 설명을 달아둔다.

ประชาชนคนไทยภายใต้ระบอบประชาธิปไตย
อันมีพระมหากษัตริย์ทรงเป็นประมุข มีหน้าที่พึงระลึก
และยึดถือเอารัฐธรรมนูญซึ่งเป็นกฎหมายสูงสุด
ในการปกครองประเทศเป็นหลักปฏิบัติ อาทิ
การพิทักษ์ไว้ซึ่งชาติ ศาสนา และพระมหากษัตริย์
การเข้ารับการศึกษาอบรมในการศึกษาภาคบังคับ

타논 ถนน Thanon
영어로 Road 또는 Street에 해당한다. 한국의 도로에 해당하며 방콕에서는 큰길을 의미한다.

쏘이 ซอย Soi
영어로 Alley, 한국어로 골목에 해당한다. 큰길인 '타논'에서 뻗어 나간 골목길들로, 차례대로 번호를 붙인다. 도로를 중심으로 한쪽은 홀수 번호, 다른 한쪽은 짝수 번호를 붙인다. 쏘이의 특징이라면 골목 끝이 막혀 있다는 것.

뜨록 ตรอก Trok
'쏘이'보다 더 좁고 짧은 골목을 의미한다. 차가 다닐 수 없을 정도로 좁다.

크롱 คลอง Khlong
영어로 Canal, 한국어로 운하를 의미한다.

싸판 สะพาน Saphan
영어로 Bridge, 한국어로 다리에 해당한다. 다리 이름 앞에 싸판을 먼저 붙인다. 즉 삔까오 다리의 태국식 발음은 싸판 삔까오가 된다.

매남 แม่น้ำ Mae Nam
영어로 River. 한국어로 강(江)을 의미한다.

타르아 ท่าเรือ Tha Reua
영어로 Pier. 보트 선착장을 의미한다. 선착장 이름과 함께 쓸 때는 '타+선착장 이름'을 붙이면 된다. 프라아팃 선착장은 '타 프라아팃'이라고 발음한다.

딸랏 ตลาด Talat(Talad)
영어로 Market. 한국어로 시장을 의미한다.

왓 วัด Wat
영어로 Temple. 한국어로 사원을 의미한다.

How to Use
일러두기

따링쁘링 Taling Pling
ตะลิงปลิง (สุขุมวิท ซอย 34) ★★★☆

★★★★★ 방콕에 왔다면 죽어도 봐야 할 곳
★★★★ 꼭 봐야 할 곳
★★★ 안 보면 아쉬운 곳
★★ 시간이 난다면 볼 만한 곳
★ 안 봐도 무방한 곳

2024 NEW
2024년 새로 추가한 곳

추천
추천 업소

인기
인기 업소

Attraction 볼거리 정보

모든 볼거리에는 '★'이 있는데, 중요도에 따라 1~5개가 붙어 있다. 별점의 의미는 다음과 같다.
(*특히 꼭 가봐야 할 곳과 먹어봐야 할 곳, 체험해봐야 할 곳은 강력추천 마크가 붙어 있으니 참고하자.)

Restaurant 레스토랑 정보

방콕을 지역별로 나눠 다양한 종류의 레스토랑을 소개했다. '추천 레스토랑'은 이 책의 앞부분 화보에서 만나보자.

Entertainment 엔터테인먼트 정보

방콕에서 경험할 수 있는 다양한 엔터테인먼트를 지역별로 나눠 소개했다. 엔터테인먼트는 쇼핑, 스파 & 마사지, 나이트라이프를 한데 묶어 자세히 다뤘다.

Accommodation 숙소 정보

500B 이하의 저렴한 게스트하우스부터, 세계 호텔 베스트 순위에 랭크된 고급 호텔까지 다양한 종류의 숙소를 지역별로 나눠서 소개했다.

이 책에 실린 정보는 2024년 2월까지 수집한 정보를 바탕으로 하고 있다. 현지물가와 볼거리의 개관 시간, 입장료, 호텔·레스토랑의 요금, 교통비 등은 수시로 변경되므로 이 점을 감안하여 여행 계획을 세우자.
내용 문의 : 안진헌 bkksel@gmail.com 온라인 업데이트 www.travelrain.com

Contents
방콕

032
방콕 여행 설계
TRAVEL PLAN TO BANGKOK

078
방콕의 볼거리 & 레스토랑 & 나이트라이프
AREA GUIDE IN BANGKOK

BANGKOK TOP 21
방콕이 매력적인 이유 21가지!

01

짜오프라야 강 보트 투어
방콕은 강과 운하에 의해 형성된 도시다. 수상 보트를 타고 방콕의 역사 유적을 방문해 보자.

타이 스마일 **02**
더운 기후와 낙천적인 성격, 종교적인 생활이 자연스레 몸에 밴 태국인들의 얼굴은 온화하다. '타이 스마일 Thai Smile'로 알려진 태국인들의 친절한 미소는 방콕 여행의 활력소가 된다.

03 태국 요리

방콕 여행의 또 다른 재미는 태국 음식 맛보기다. 똠얌꿍, 쏨땀, 얌운쎈, 깽마싸만, 뿌 팟 퐁 까리, 팟 타이, 꾸어이띠아우 등 발음조차 힘든 음식들이 입에 착착 감기며, 방콕 여행 내내 당신을 즐겁게 해줄 것이다.

왕궁 & 왓 프라깨우 04

방콕의 유적지 중에 반드시 들러야 하는 곳. 태국의 왕궁과 왕실 사원을 통해 왕실과 종교가 그들의 삶에 어떤 의미를 지니는지 확인해 볼 수 있다.

05

카오산 로드

여행자 거리 카오산 로드. 태국 여행의 시작인 동시에 아시아 여행이 시작되는 곳이다. 전 세계에서 몰려든 여행자들과 태국 젊은 이들이 어울려 독특한 문화를 형성한다.

06

타이 마사지

무더운 여름날, 관광지를 찾아다니느라 지친 몸을 추스르는 데 더 없이 좋은 타이 마사지. 지압과 요가를 접목해 만든 것이 특징으로 혈을 눌러 근육 이완은 물론 몸을 유연하게 해준다. 마사지 받는 것으로 만족스럽지 못하다면 타이 마사지 실습 과정을 이수해 자격증을 취득해볼 것.

07 나이트라이프

방콕은 볼거리보다 즐길 거리가 더욱 중요시되는 도시. 다문화가 어우러진 국제적인 도시답게 당신의 기호에 맞는 클럽, 펍, 재즈바, 와인 바가 지천에 널려 있다.

08 왓 포 Wat Pho

타이 마사지의 총본산 왓 포. 방콕에서 가장 오래된 사원이자 방콕에서 가장 큰 사원이다. 와불상을 포함해 화려함으로 빛나는 태국 사원의 본보기를 제시해 준다.

차이나타운 09

대단한 볼거리가 아니어도 즐거움을 선사하는 곳이다. 사람 사는 냄새와 시장의 활기가 방콕의 더위와 뒤섞여 활력 넘친다. 밤에는 시푸드 레스토랑도 들러서 먹는 재미도 느껴보자.

10 짜뚜짝 주말시장

세계 최대의 주말시장이라는 말은 과장이 아니다. 없는 것 없이 모든 물건이 거래되는 짜뚜짝 시장이야말로 쇼핑의 즐거움을 제대로 선사해 준다.

암파와 수상시장

물과 연관되어 생활하던 전통적인 삶의 모습을 엿볼 수 있다. 방콕 사람들의 인기 주말 여행지로, 수상시장을 따라 가득한 목조가옥까지 다양한 볼거리를 제공한다.

스카이 하이 Sky High

'높은 곳에 올라 방콕을 바라보기'는 최근 방콕 여행의 트렌드로 자리 잡고 있다. 고층 아파트여도 좋고, 럭셔리 호텔의 옥상 라운지여도 상관없다. 조금만 높은 곳에 올라가면 평균 해발 3m의 방콕 도심의 스카이라인이 지평선을 향해 끝없이 펼쳐진다. 특히 해 질 녘의 풍경은 방콕에 대한 고정관념을 깰 정도로 드라마틱하다.

왓 아룬 Wat Arun

짜오프라야 강변에 있는 매력적인 사원이다. 좌우 대칭이 아름다운 사원으로 방콕의 아이콘처럼 여겨진다. 동트는 새벽 또는 노을에 감싸인 늦은 오후 또는 야간 조명에 비친 밤에 더욱 아름다운 자태를 뽐낸다.

14 짐 톰슨의 집

화려한 사원과는 전혀 다른 차분함이 매력이다. 짐 톰슨이 직접 수집한 골동품도 감상하고 실크 매장에 들러 세계적인 수준의 실크도 구입하자.

15 아시아티크

짜오프라야 강변에 새롭게 만든 야시장. 유럽풍의 독특한 건물과 강변 풍경이 어울려 새로운 명소로 부각되고 있다. 쇼핑이 아니더라도 친구들과 어울려 사진 찍으며 저녁시간을 보내기 좋다.

16 푸 카오 텅 Phu Khao Thong (Golden Mount)

'황금 산'이란 이름을 갖고 있는 곳으로 인공 언덕 위에 황금 쩨디(탑)를 세웠다. 해발 80m에 불과하지만 평지에 가까운 방콕이 시원스레 내려다보인다.

17 도심에서의 휴식

매력적인 호텔, 국제적인 레스토랑, 스타일리시한 카페, 유럽풍 찻집, 몸과 마음을 편하게 해 주는 스파까지. 방콕 여행은 도심 속 달콤한 휴식을 가능하게 해 준다.

18 야시장

아무래도 덜 더운 저녁시간은 현지인과 어울려 야외활동을 하기 좋다. 대부분의 야시장은 노점 식당까지 어우러져 흥겨움이 가득하다. 쩟페어 딴네라밋(P.340)이 유명하다.

19 쏭끄란

연중 가장 더운 날인 쏭끄란(4월 13~15일)은 태국의 신년이다. 서로 물을 뿌리며 복을 기원하던 태국 최대의 명절은 현대적인 물 전쟁으로 변모했다. 물총으로 무장하고 신명나는 물놀이를 즐기자.

20 아유타야

태국의 역사와 문화에 관심 많은 마니아들을 위한 여행지. 유네스코 세계문화유산으로 등재됐으며, 버마(미얀마)의 공격으로 폐허가 된 옛 수도가 묘한 매력으로 다가온다.

쾌이 강의 다리 (깐짜나부리) 21

영화의 한 장면으로 선명하게 기억되는 쾌이 강의 다리. 그 위를 지나는 죽음의 철도에 몸을 싣고 대자연을 느끼자. 방콕에서 버스로 2시간 거리인 깐짜나부리의 강변 숙소도 운치 있다.

RESTAURANT **BEST**
방콕의 레스토랑 베스트

1. 타이 & 시푸드 레스토랑 Thai & Seafood Restaurant Best
방콕에서 인기 있는 태국 음식점이다. 대중적인 인기를 실감하듯 음식 맛은 이미 검증받았다.

메타왈라이 쏜댕 Methavalai Sorndaeng
1957년부터 영업 중인 역사와 전통의 태국 음식점. 올드 타운의 예스러운 분위기와 클래식한 태국 음식이 인상적이다.(P.162)

더 로컬 The Local
100년 넘은 전통 가옥과 태국적인 느낌이 물씬 풍기는 실내 장식, 고급스러운 음식, 친절한 서비스가 조화를 이룬다.(P.91)

쑤판니까 이팅 룸 Supanniga Eating Room
할머니가 요리하던 맛 그대로의 태국 음식을 맛볼 수 있다. 트렌디한 레스토랑이 가득한 통로(쑤쿰윗 쏘이 55)에서 새롭게 뜨고 있는 정통 태국 음식점.(P.110)

쏨분 시푸드 Somboon Seafood
방콕의 대표적인 시푸드 전문 레스토랑. 오리지널 '뿌팟퐁 까리'가 유명하다.(P.273)

램짜런 시푸드 Laem Charoen Seafood
방콕 시민들이 사랑하는 시푸드 레스토랑. 신선한 해산물을 이용한 식사 위주의 메뉴가 많다.(P.244)

크루아 압쏜 Krua Apsorn

방콕 사람들에게 유명한 맛집이다. 방람푸에 있는 자그마한 식당이다. 옛것이 잘 보존된 거리와 단아한 음식이 잘 어울린다.(P.162)

반 쏨땀 Baan Somtum

방콕 시민들이 사랑하는 경제적인 식당이다. 서민적이며 대중적인 쏨땀(파파야 샐러드) 전문 음식점이다. 가격 대비 시설과 맛이 좋다.(P.270)

참깽 Charmgang

젊은 셰프들이 운영하는 매력적인 레스토랑. 태국 음식에 호기심이 많거나, 식당 위치가 어디건 상관없다면 찾아가보자.(P.218)

팁싸마이 Thip Samai

태국 음식의 대표주자인 '팟타이' 하나만 고집스럽게 요리한다. 현지 식당이지만 음식 맛 때문에 찾는 단골손님들이 많다.(P.163)

씨 뜨랏 Sri Trat

태국 음식 마니아들이 좋아할 만한 곳이다. 젓갈을 직접 만들어 사용하기 때문에 이곳 고유의 풍미가 강하게 배어 있다.(P.88)

촘 아룬 Chom Arun

왓 아룬을 조망하며 식사하기 좋은 레스토랑이다. 루프톱 레스토랑에 비해 가격 부담 없이 멋진 전망을 누릴 수 있다.(P.183)

2. 하이 엔드 레스토랑 Hi-End Restaurant Best

맛보다 분위기에 중점을 두는 레스토랑이다. 럭셔리한 분위기와 수준급의 서비스가 어우러진다.

싸부아 Sra Bua by Kiin Kiin

씨얌 켐핀스키 호텔에서 운영하는 창의적인 타이 레스토랑. 음식을 눈으로 보고 맛보는 즐거움을 동시에 충족시킨다.(P.235)

페이스트 Paste

방콕 도심 쇼핑몰 내부에 자리한 파인 다이닝 레스토랑. 창의적인 태국 요리로 명성이 높고, 코스 요리를 제공한다.(P.249)

카우 레스토랑 Khao Restaurant

방콕 최고의 호텔로 꼽히는 오리엔탈 호텔 수석 요리사가 만든 타이 레스토랑. 고급스런 요리를 부담스럽지 않은 가격에 맛 볼 수 있다.(P.117)

셀라돈 Celadon

연꽃 연못에 둘러싸인 태국 전통 양식의 빌라에서 품격 있는 식사를 즐기자.(P.279)

이싸야 싸야미스 클럽 Issaya Siamese Club

티크 나무 전통가옥, 패셔너블한 인테리어 디자인, 유명한 태국인 요리사까지. 고급 레스토랑이 갖추어야 할 모든 덕목을 구비하고 있다.(P.280)

싸완 Saawaan

천국이란 뜻을 가진 태국 음식점. 고급 식재료로 만든 창의적인 음식을 코스 요리로 맛볼 수 있다.(P.278)

3. 로컬 레스토랑 Local Restaurant Best

뜨내기 외국인을 위한 투어리스트 식당이 아니라 현지인들에게 더 유명한 레스토랑. 영어가 잘 통하지 않는 단점을 극복한다면 저렴한 가격에 만족스러운 식사를 할 수 있다.

짜런쌩 씰롬 Charoen Saeng Silom

1959년부터 영업 중인 노점 식당. '카무'(돼지족발) 맛집으로 알려져 있다.(P.269)

싸응우안씨 Sa-Nguan Sri

시내 중심가 한복판에 남아있는 오래된 태국 음식점. 점심시간 직장인들로 북적댄다.(P.243)

싸바이 짜이 Sabai Jai

트렌디한 클럽과 카페가 가득한 에까마이 지역에 있는 서민 식당이다. 쏨땀(파파야 샐러드)과 까이양(닭고기 숯불구이), 시푸드를 요리한다.(P.108)

홈두안 Hom Duan

조리된 음식을 진열해 놓고 판매하는 로컬 식당. 수준급의 태국 북부(치앙마이) 음식을 저렴하게 맛볼 수 있다.(P.106)

왓타나 파닛 วัฒนาพานิช

50년 넘는 역사를 자랑하는 쌀국수 집이다. 허름한 현지 식당이지만 진하고 걸쭉한 소고기 쌀국수가 일품이다.(P.107)

폴로 프라이드 치킨 Polo Fried Chicken

현지인과 관광객 모두에게 사랑받는 까이 텃(프라이드 치킨)과 쏨땀(파파야 샐러드) 맛집.(P.268)

4. 커피 & 애프터눈 티 Cafe & Afternoon Tea Best

여행 일정이 반드시 바빠야만 하는 것은 아니다. 방콕 시민이 된 것처럼 도심 속의 카페에서 여유를 누려 보자.

팩토리 커피 Factory Coffee

태국 바리스타 대회 우승자가 운영하는 카페. 창의적인 커피를 만들어낸다.(P.260)

로스트 Roast

쑤쿰윗에 있는 트렌디한 카페 레스토랑. 진한 커피 향과 다양한 브런치 메뉴가 젊은이들을 끌어 모은다.(P.113)

나나 커피 로스터 NANA Coffee Roasters

현지인들이 즐겨 찾는 아리 지역에 있는 카페. 커피 전문 회사답게 원두 선별부터 로스팅까지 세심한 주의를 기울인다.(P.307)

루트 커피 Roots Coffee

커피 로스팅을 전문으로 하는 곳답게 신선하고 풍미 가득한 커피를 제공해 준다.(P.114)

마더 로스터 Mother Roaster

태국 북부 지방에서 재배한 다양한 태국 원두커피를 맛 볼 수 있는 곳. 핸드드립으로 정성껏 커피를 내려 준다.(P.221)

오터스 라운지 Authors' Lounge

단지 차 한 잔을 마시는 것이 아니라 역사의 주인공으로 만들어 주는 곳이다. 방콕 최고의 호텔로 손꼽히는 오리엔탈 호텔에서 운영한다.(P.300)

MICHELIN GUIDE
미쉐린 맛집 리스트

미쉐린 가이드 방콕 편은 2018년부터 소개되고 있다.
올해로 일곱 번째를 맞고 있는 미쉐린 맛집을 선별해 소개한다.

✿✿ 투 스타 2 Stars

- 르 노르망디(P.300)

✿ 원 스타 1 Stars

- 남(P.280)
- 르두(P.279)
- 메타왈라이 쏜댕(P.162)
- 싸네 짠(P.249)
- 싸부아(P.235)
- 싸완(P.278)
- 카우 레스토랑(P.117)
- 페이스트(P.249)

빕 그루망 Bib Gourmand

- 꼬앙 카우만까이 빠뚜남(P.255)
- 꾸어이짭 나이엑(P.215)
- 꾸어이짭 우안 포차나(P.215)
- 나이몽 허이텃(P.214)
- 레라오(P.305)
- 룽르앙(P.86)
- 반 쏨땀(P.270)
- 싸응우안씨(P.243)
- 아룬완(P.105)
- 앤 꾸어이띠아우 쿠아 까이(P.214)
- 옹똥 카우쏘이(P.306)
- 짜런쌩 씰롬(P.269)
- 쩨오 쭐라(P.231)
- 쪽 프린스(P.296)
- 참깽(P.218)
- 쿠아 끄링 빡쏫(P.107)
- 텐 선(P.142)
- 팟타이 파이타루(P.142)
- 폴로 프라이드 키친(P.268)
- 히어 하이(P.109)

더 플레이트 The Plate

- 더 로컬(P.91)
- 반 레스토랑(P.271)
- 부라파(P.92)
- 블루 엘리펀트(P.274)
- 쁘라이 라야(P.89)
- 셀라돈(P.279)
- 스칼렛 와인 바(P.281)
- 쏜통 포차나(P.89)
- 쏨땀 더(P.270)
- 쏨분 시푸드(P.273)
- 쑤판니까 이팅 룸(P.110)
- 씨 뜨랏(P.88)
- 에노테카(P.95)
- 왓타나 파닛(P.107)
- 이싸야 싸야미스 클럽(P.280)
- 잇 미(P.277)
- 크루아 압쏜(P.162)
- 팁싸마이(P.163)
- 파타라(P.111)
- 프루(P.278)

SHOPPING **BEST**

방콕의 쇼핑 베스트

방콕은 거리 곳곳에 먹을 것이 넘쳐나듯 사람이 모이는 곳이면 시장이 형성된다. 대형 쇼핑몰부터 야시장까지 다양한 장소에서 다양한 물건들이 유혹한다.

짜뚜짝 주말시장
Chatuchak
Weekend Market
없는 것 없이 다 있는 곳. 토요일과 일요일에만 문을 여는 주말시장이다.(P.341)

싸얌 파라곤
Siam Paragon
태국 젊은이들과 외국 관광객 모두에게 인기 있는 대형 쇼핑몰. 명품 매장부터 영화관, 오션 월드, 대형 슈퍼마켓까지 한 곳에서 모든 쇼핑이 가능하다.(P.323)

터미널 21
Terminal 21
태국 젊은이들이 선호하는 저렴한 의류와 패션 용품이 가득하다. 층마다 세계 유명 도시를 테마로 꾸며 사진 찍기도 좋다.(P.330)

아이콘 싸얌
Icon Siam
짜오프라야 강변에 올라 선 초대형 럭셔리 쇼핑몰. 관광지라도 해도 과언이 아닐 만큼 볼거리가 많다.(P.337)

쎈탄 월드(센트럴 월드) Central World
자타가 공인하는 방콕 쇼핑 1번가. 아시아에서 두 번째로 큰 쇼핑몰로 명성이 자자하다.(P.324)

엠카르티에(엠쿼티아) EmQuartier
쑤쿰윗 한복판에 만든 현대적인 시설의 백화점. 세 동의 건물에 명품 매장과 레스토랑이 가득하다. 인공 폭포까지 만들어 쇼핑과 식사, 휴식을 동시에 즐길 수 있다.(P.331)

아시아티크 Asiatique
관광과 쇼핑, 식사, 나이트라이프를 동시에 충족시켜주는 나이트 바자(야시장)다. 짜오프라야 강변과 유럽풍의 건축물이 어우러진다.(P.334)

SPA & MASSAGE **BEST**
방콕의 스파 & 마사지 베스트

여행 중 피로를 푸는 데 돈과 시간을 투자하자. 태국 여행의 필수품처럼 돼버린 타이 마사지 & 스파. 타이 마사지의 본고장이니 큰돈을 들이지 않고도 전통 마사지를 받을 수 있다.

헬스 랜드 스파 & 마사지
Health Land Spa & Massage

방콕에서 가장 대중적인 타이 마사지 숍이다. 가격 대비 시설이 좋다. 쑤쿰윗 (아쏙), 에까마이, 싸톤, 삔 까오에 지점이 있으니 호텔과 가까운 곳을 찾아가면 된다.(P.348)

인피니티 스파 Infinity Spa

공간 개념을 중시한 현대적인 스파 업소. 최근에 오픈한 스파 업소 중에 가장 눈에 띄는 곳이다.(P.357)

바와 스파 Bhawa Spa

집에서 스파를 받는 것 같은 편안함을 선사한다. 10년 이상 스파 비즈니스를 해온 주인장과 직원들의 전문적인 마인드가 돋보이는 곳.(P.357)

디바나 버튜 스파 Divana Virtue Spa

럭셔리한 데이 스파로 평화로운 분위기가 가득하다. 호텔에서는 절대로 느낄 수 없는 여유로운 공간과 자연 조경이 심신의 피로를 풀어준다.(P.355)

오아시스 스파
Oasis Spa

도심 속의 오아시스처럼 평화로운 환경이 몸과 마음을 여유롭게 해 준다.(P.356)

리트리트 언 위타유
Retreat On Vitayu

위치는 불편하지만 그만큼 조용하게 마시지를 받을 수 있다. 쾌적한 시설과 마사지 수준을 감안하면 가성비가 매우 좋다.(P.351)

NIGHTLIFE **BEST**
방콕의 나이트라이프 베스트

1. 클럽 & 재즈 바 Club & Jazz Bar Best

방콕의 밤은 결코 잠들지 않는다. 뉴욕을 방불케 하는 클럽부터 인디 밴드가 출연하는 재즈 바까지 방콕의 밤 문화는 무궁무진하다.

RCA

방콕의 젊은이들이 어떻게 노는지 궁금하다면? 주말 저녁 도로까지 점령하고 춤추느라 분주하다.(P.262)

색소폰
Saxophone Pub & Restaurant

방콕에 왔다면 한 번은 들러야 할 라이브 클럽. 음악 하나로 모든 것을 승부한다.(P.261)

애드 히어 더 서틴스 블루스 바
AD Here The 13th Blues Bar

카오산 로드와 가까운 곳으로 마니아들의 지지를 받는다. 협소한 공간 덕분에 음악의 열기가 더 강하게 느껴진다.(P.144)

카오산 로드 Khaosan Road

때론 허름하고, 때론 자유분방하고, 때론 소란스러운 카오산 로드의 밤거리. 다양한 국적의 여행자들과 현지인들이 어울린다. 길거리에서 앉아 술을 마신들 누가 뭐라 하랴! (P.144)

브라운 슈가
Brown Sugar

1985년부터 오랫동안 방콕의 대표적인 재즈 클럽으로 명성을 이어오고 있는 곳. 주변에 힙한 칵테일 바가 몰려 있다.(P.219)

2. 루프 톱 & 스카이 라운지 Rooftop & Sky Lounge Best

호텔 옥상에 스카이라운지를 겸한 루프 톱 레스토랑을 만드는 것은 방콕의 새로운 트렌드로 자리 잡고 있다. 고급스런 호텔을 더욱 빛나게 만드는 공간으로 럭셔리한 방콕 여행의 필수 코스이기도 하다. 해 질 무렵에 펼쳐 지는 방콕 풍경은 그 어떤 것보다 드라마틱하다.

킹 파워 마하나콘 King Power Mahanakhon

방콕에서 가장 높은 77층 건물로 314m 높이에 루프톱 전망대가 있다. 방콕 도심 풍경을 막힘없이 볼 수 있 다.(P.266)

버티고 & 문 바 Vertigo & Moon Bar

반얀 트리 호텔 61층에 만든 루프 톱 레스토랑. 눈앞에 보이는 야경만으로도 충분히 낭만적이다.(P.282)

티추카 Tichuca

기념사진 찍기 좋 은 방콕의 핫 스팟. LED 조명으로 빛나 는 나무 형상의 조 형물이 바람에 흔들 리며 분위기를 더한 다.(P.119)

옥타브 Octave Rooftop Lounge & Bar

메리어트 호텔에서 운영하는 루트 톱 라운지. 방콕 시 내 풍경이 360°로 막힘없이 펼쳐진다.(P.118)

레드 스카이 Red Sky

방콕 쇼핑의 중심가인 쎈 탄 월드와 가까운 쎈타라 그랜드 호텔에서 운영한 다. 씨로코나 버티고에 비 해 북적대지 않는다.(P.252)

스리 식스티 Three Sixty

강 건너편에 있는 밀레니 엄 힐튼 호텔에서 운영한 다. 교통이 불편하지만 전 망은 결코 뒤지지 않는다. (P.302)

THAI FOOD **BEST**
방콕에서 꼭 맛봐야 할 음식

태국은 단순히 먹기 위해 여행을 해도 될 정도로 음식이 다양하다. 생소한 향신료가 예상하지 못한 맛을 내기도 하지만, 다양한 태국 음식을 맛보는 일은 태국을 이해하기 위한 필수 코스다. 음식에 대한 호기심을 갖고 먹는 일을 게을리하지 말자.

똠얌꿍 Tom Yam Kung

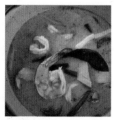

태국 음식을 대표하는 똠얌꿍은 새우찌개다. 레몬그라스, 라임, 팍치 같은 향신료를 사용하며, 맵고 시고 짜고 단맛을 동시에 낸다. 일단 맛을 들이고 나면 벗어나기 힘들 정도로 중독성이 강하다.

쏨땀 Som Tam

가장 서민적인 태국 음식인 동시에 현지인들에게 가장 인기 있는 음식이다. 절구에 잘게 썬 파파야와 생선 소스, 라임, 고추, 땅콩을 함께 넣고 빻아서 만든다. 외국인들에게 파파야 샐러드 Papaya Salad로 알려져 있다.

깽 마싸만 Massaman Curry

태국 남부 지방을 대표하는 카레다. 카레의 부드러움과 깊은 맛을 동시에 느낄 수 있다. 강한 맛의 깽 펫 Red Curry과 순한 맛의 깽 파냉 Phanaeng Curry도 맛봐야 할 대표적인 태국 카레.

뿌 팟퐁 까리
Fried Crab with Yellow Curry Powder

싱싱한 게 한 마리를 통째로 넣고 카레 소스로 볶은 것. 화교들에 의해 전래된 음식으로 카레 소스는 달걀 반죽과 쌀가루가 어우러져 부드럽고 단맛을 낸다.

팟 까프라우 무쌉
Fried Basil with Minced Pork

바질과 매운 고추, 다진 돼지고기를 넣은 볶음 요리. 특유의 허브 향과 매콤함이 어우러진다.

마무앙 카우 니아우
Mango with Sticky Rice

망고가 흔한 태국에서 맛볼 수 있는 디저트다. 특별한 조리법도 없이 망고(마무앙)와 찰밥(카우 니아우)을 얹어줄 뿐인데, 그 어떤 디저트보다 감미롭다.

Friends Bangkok News

Friends Bangkok 2024-2025

〈프렌즈 방콕〉 시즌 12

방콕 15개 대표 지역과 방콕 근교까지 총 망라

방콕이 집보다 익숙한 베테랑 여행작가가 직접 취재하고 쓴 방콕 여행의 모든 것! 사람 냄새나는 골목부터 화려한 왕궁과 사원은 물론 최신 방콕 핫스폿까지 〈프렌즈 방콕 '24~'25〉 한 권에 알차게 담았다. 방콕 이외에 파타야, 깐짜나부리, 아유타야도 함께 소개된다. 개정판에서는 지역별로 놓쳐서는 안 될 것들을 베스트로 뽑아 여행의 우선순위를 보기 쉽게 짚어준다.

빠르게 변화하는 현지 정보 신속 반영

최신개정판은 스폿별 달라진 요금 정보를 반영하고, 대중교통, 핫스폿 정보 등을 추가해 더 알차고 새로워졌다. 특히 책에 표시된 '2024년 New' 마크에 주목하자. 이번 개정판에서는 볼거리 9곳, 레스토랑 32곳, 나이트라이프 4곳, 쇼핑 3곳, 스파 & 마사지 3곳을 새롭게 추가했다. 〈프렌즈 방콕〉 개정판을 통해 새롭게 떠오르는 핫 플레이스를 확인해 볼 수 있다.

태국 대마 합법화에 따른 주의사항

태국에서 2022년 6월부터 대마(태국어로는 깐차 กัญชา라고 부른다)를 합법화했다. 방콕을 여행하다보면 쉽게 접할 수 있어 위험에 노출되기 쉬운데, 한국에서는 마약류로 지정되어 있어 소지 · 흡입 · 반입할 경우 5년 이하 징역 또는 5천만 원 이하의 벌금형에 처하게 됨을 명심해야 한다. 대마를 취급하는 제품에는 대마 잎이 그려져 있다. 음식이나 음료에 넣어서 판매하는 곳도 있으니 식당이나 카페, 편의점에서 초록색 잎이 그려진 게 보이면 무조건 피하는 게 좋다. 대마는 해외에서 섭취하는 경우에도 마약 성분이 체내와 모발에 남아있기 때문에 처벌 대상이 됨을 명심해야 한다. 모르고 먹었다는 변명은 통하지 않는다.

GLN 결제

방콕에서 가장 많이 쓰이는 결제 방식으로 QR코드를 스캔해 결제한다. 작은 노점상이나 시장에서도 사용할 수 있어 활용도가 높지만 의외로 세븐일레븐에서는 사용할 수 없다. 흔하게 쓰이지만 현금 결제만 가능한 곳도 있으니 비상금은 챙겨두는 게 좋다. 대면 결제할 때는 'QR' 또는 '스캔'을 외치면 된다.

하나은행이나 토스 등을 통해 사용 가능하다. 하나은행은 하나은행 계좌와 연동하고 토스는 자신이 보유한 은행 계좌와 연동해 실시간으로 GLN 머니를 충전해 사용한다.

미식가를 위한 ✽ 베스트 레스토랑

태국 음식 문화의 심장부, 방콕은 그야말로 맛집 천국. 온종일 먹거리만 찾아 식도락 여행을 해도 부족하지 않은 곳이다. 길거리 음식부터 트렌디한 레스토랑까지 다양한 먹거리를 소개한다. 2024년 개정판에서는 미쉐린 가이드 방콕편에 소개된 맛집 리스트를 따로 만들어 미식 여행자들의 이목을 집중시킨다.

BANGKOK

SHOPPING LIST
방콕 쇼핑 리스트

❶ 방콕 기념 소품

마그넷, 엽서, 우표, 열쇠고리, 우표, 티셔츠 등이 있다. 대부분 가격도 저렴하고 부피도 작아서 부담 없다.

❷ 타이 핸디크래프트

랜턴, 램프, 비누 장식, 종이우산, 야자로 만든 수저와 젓가락, 테이블 매트, 대나무 가방 등 태국에서 흔한 재료를 이용해 만든 제품. 독특한 디자인에 실용성까지 갖추고 있다.

❸ 산악민족(몽족) 수공예품

태국 북부 산악지역에서 생활하는 몽족이 만든 수공예품. 화려한 색감과 자수 장식으로 인해 눈길을 끈다. 지갑, 가방, 옷, 신발까지 다양하다.

❹ 라탄 가방(라탄 백)

여름에 들고 다니기 시원한 패션 아이템. 열대 국가답게 왕골과 대나무를 이용한 제품이 흔하다.

❺ 벤자롱

다섯 종류의 화려한 색으로 치장한
태국 도자기. 머그컵은 선물용으로
좋다.

❻ 도자기 & 그릇

그릇, 양념통, 식기를 포함한 다양한
도자기가 저렴하다.

❼ 주석 제품

태국 남부에서 생산되는 주석을
이용한 제품.

❽ 타이 실크

화려한 색감이 눈길을 끄는 실크
제품은 스카프부터 전통 의상까지
다양하게 활용된다.

❾ 수제 비누(허브 비누)

과일 모양으로 만들어 보기도 좋고
가격도 저렴하다.

❿ 아로마 제품

디퓨저, 향초, 향주머니, 마사지 오일
등 천연 재료로 만들어 향긋하고
몸에도 자극적이지 않다.

⓫ 식료품

태국 음식이 생각날 때 즉석에서
조리할 수 있는 식료품을 구입해
가면 좋다.

⓬ 커피

태국 북부에서 재배한 원두를 이용해
커피가 신선하다. 도이 창 커피 Doi
Chang Coffee와 도이 뚱 커피 Doi
Tung Coffee가 유명하다.

⓭ 말린 과일

생과일은 기내로 반입할 수 없지만
말린 과일이라면 가능하다.

BANGKOK
SHOPPING LIST
편의점 쇼핑 리스트

생활 용품

야돔(inhaler) 22~25B

폰즈 매직
비비 파우더
49B

호랑이 연고
(Tiger Balm)
59~76B

SNAKE BRAND PRICKLY HEAT COOLING POWDER Classic
쿨링 파우더 150g
36B

달리 치약
39~60B

소펠 Soffel
모기 퇴치제 80㎖
75B

음료 & 맥주

마시는 요거트
400㎖ 25B

에너지 드링크
(끄라틴 댕, M150)
10~12B

락타쏘이(두유)
Lactasoy 12~19B

쌩쏨(태국 위스키)
작은 병 30㎖ 139B

오이시 그린 티
20~25B

대용량 요구르트
700㎖ 44B

캔 맥주 320㎖ 39B~42B

캔 커피
17B

소다 워터
10B

* 편의점 맥주 판매 시간 11:00~14:00, 17:00~24:00로 제한

라면, 군것질 거리

컵라면 15B

봉지라면 10~12B

타로(어포) Taro
20~28B

마시따(김 과자) Masita
39~59B

대형 마트 판매 상품

칠리 소스 24B

말린 망고 250g
199B

똠얌꿍 페이스트
49B

도이 뚱 커피(원두)
250B

차뜨라므(녹차)
Cha Tra Mue
130B

칠리 페이스트
63B

과일 모양 비누(3개)
100B

코코넛 오일 300㎖ 250B

연유 28B

쿠나 과자(6개 팩) 295B

블루 엘리펀트
카레 125B

블루 엘리펀트
팟타이 120B

Travel Plan to Bangkok

방콕 여행 설계

보고, 먹고, 놀고를 얼마나 적당히 잘 융합하느냐가 방콕 여행의 관건이다. 자신의 스타일과 예산에 따라 일정을 가감하거나 결합해 새로운 일정을 만들어 보자. 연중 무더운 곳이므로 적당한 휴식은 알찬 여행을 위해 절대적으로 필요하다.

1. 방콕 이해하기

방콕의 지역 개념
지역에 대한 개념이 생긴다면, 방콕에 대한 이해가 빨라진다. 방콕의 지역적인 특성을 살펴보자.

톤부리 Thonburi
짜오프라야 강 건너에 있는 방콕 서쪽 지역이다. 왓 아룬을 포함해 톤부리 왕조 시대에 건설된 사원이 남아 있다. 짜오프라야 강에서 뻗어나간 운하들이 여러 갈래로 얽혀 있어 보트를 타고 여행하기 좋다.

라따나꼬씬 Ratanakosin
방콕에서 가장 많은 볼거리를 간직한 지역이다. 방콕으로 수도를 이전한 라따나꼬씬(짜끄리) 왕조에서 건설했다. '오리지널 방콕'에 해당하는 곳으로 왕궁과 왕실 사원이 가득하다.

방람푸 Banglamphu
방콕의 올드 타운에 해당한다. 방콕 초기에 건설된 사원들과 옛 정취를 간직한 거리들이 많이 남아 있다. 방콕의 대표적인 여행자 거리인 카오산 로드를 품고 있다. 행정구역상으로는 라따나꼬씬과 함께 프라 나콘 Phra Nakhon에 속해 있다.

카오산 로드 Khaosan Road
방콕 여행의 메카로 방람푸에 있는 자그마한 거리다. 전 세계 여행자들과 태국 젊은이들이 어울려 독특한 문화가 형성된다. 게스트하우스와 호텔, 레스토랑, 카페, 클럽, 여행사, 서점, 세탁소, 환전소까지 여행에 필요한 모든 것이 모여 있다.

두씻 Dusit
라따나꼬씬과 더불어 짜끄리 왕조에서 건설한 왕실 지역이다. 위만멕 궁전을 비롯해 유럽 양식이 혼합된 건축물이 많다. 고층 빌딩 대신 가로수 길과 녹지가 많아서 방콕의 다른 지역과 차별성을 띤다. 현재 국왕과 왕족이 거주하는 찟라다 궁전과 총리실을 포함해 정부 기관도 많아서 태국 정치의 중심이 되는 곳이기도 하다.

Bang Son
돈므앙 공항
Ha Yaek Lat Phrao
북부 터미널(머칫)
Phahonyothin
방쓰 역
(꼬룽텝
아피왓 역)
Tao Poon
Lat Phrao
랏파오 Lat Phrao
Chatuchak
Park
Mochit
Bang Sue
찌뚜짝 Chatuchak
Ratchadapisek
Kamphaengphet
Saphan
Khwai
Sutthisan
아리 Ari
Ari
랏차다 Ratchada
Huay Khwang
Sanam Pao
이눗싸와리 차이
Victory Monument
Thailand Cultural
Center
딘댕 Din Daeng
Victory Monument
Phayathai
Phra Ram 9
Ratchaprarop
Makkasan
빠뚜남 Pratunam
Ratchathewi
알씨에이 RCA
칫롬 Chit Lom &
펀찟 Phloen Chit
Phetchburi
Chit Lom
National
Siam
Khloenchit
Ramkhamhaeng
Stadium
싸얌 스퀘어
Nana
쑤완나품 공항
Siam Square
Ratchadam
쑤쿰윗 Sukhumvit
후아람퐁 역
랑쑤언
Lang Suan
Sukhumvit
Asok
Samyan
Phrom Phong
통로, 에까마이
Sala Daeng
Thong Lo, Ekkamai
씰롬 Silom
Silom
Thong Lo
Chong
Ratchadam
Lumphini
Ekkamai
Nonsi
Sathon
Queen Sirikit
National
싸톤 Sathon
Convention Center
Phra Khanong
Surasak
Akhan Songkhro
동부 터미널
Khlong San
Technic Krungthep
크롱떠이
(에까마이)
Khlong Toei
On Nut
Charoen Nakhon
Thanon Chan
Bang Chak
ho Laem
Nararam 3
Punnawithi
ma 9 Bridge
Wat Dorkmai
Udom Suk
Wat Pariwat
Wat Dan
Bang Na

BTS 쑤쿰윗 라인
BTS 씰롬 라인
MRT 블루 라인
MRT 퍼플 라인
BRT
공항철도(ARL)
철도(기차역)

0   1   2   3km

야왈랏(차이나 타운) Yaowarat

방콕의 차이나타운이다. 중국 사원과 사당, 화교가 운영하는 오래된 상점, 한약방, 해산물 식당, 벼룩시장이 혼재해 있다. 사람 사는 냄새가 흥건한 곳으로 골목은 항상 비좁고 분주하다.

싸얌 스퀘어 Siam Square

서울의 명동과 동대문을 합한 분위기로 방콕 젊음의 거리다. 10대와 20대를 위한 패션, 액세서리, 디저트 카페, 서점, 학원이 골목을 가득 메우고 있다. 싸얌 파라곤, 마분콩, 싸얌 센터, 싸얌 디스커버리까지 어우러진 방콕 쇼핑 핵심지다.

칫롬 & 펀찟 Chit Lom & Phloen Chit

방콕의 대표적인 쇼핑 스트리트. 랏차쁘라쏭 사거리를 중심으로 쎈탄 월드, 게이손 빌리지, 인터컨티넨탈 호텔, 하얏트 호텔, 르네상스 호텔 같은 고급 백화점과 호텔이 몰려 있다.

빠뚜남 & 펫부리 Pratunam & Phetchburi

빠뚜남 시장을 중심으로 의류 도매상이 밀집해 있다. 복잡한 시장 통과 교통 체증이 심한 도로가 어울려 어수선하다. 쌘쌥 운하가 도로(타논 펫부리) 남쪽을 따라 흐른다.

쑤쿰윗(나나/아쏙/프롬퐁) Sukhumvit (Nana/Asok/Phrom Phong)

방콕에서 가장 긴 도로이자 방콕에서 가장 다양한 특성을 보이는 곳이다. 쑤쿰윗 쏘이 3에는 아랍인들, 쑤쿰윗 쏘이 11에는 유럽인들, 쑤쿰윗 플라자(쑤쿰윗 쏘이 12)에는 한국인들, 프롬퐁 주변에는 일본인들이 많이 거주한다. 아쏙 사거리를 중심으로 유명한 호텔들이 대거 몰려 있다. 팟퐁과 더불어 방콕의 대표적인 환락가인 쏘이 카우보이도 쑤쿰윗 중심가에 있다.

쑤쿰윗(통로/에까마이) Sukhumvit(Thong Lo/Ekkamai)

쑤쿰윗 쏘이 55(통로)와 쏘이 63(에까마이)을 일컫는다. 쑤쿰윗에 있지만 외국인보다는 태국 사람들에게 더 유명한 거리다. 방콕에서 가장 '핫'한 거리로 클럽과 카페, 레스토랑이 골목에 즐비하다. 에까마이에는 동부 버스 터미널도 있어 태국 동부 해안으로 갈 때 유용하다.

씰롬 & 싸톤 Silom & Sathon

룸피니 공원 남쪽에서 짜오프라야 강에 이르는 지역으로 방콕의 대표적인 상업지역이다. 태국 주요 기업과 국제적인 은행, 다국적 기업, 대사관이 집중적으로 몰려 있다. 밤에는 방콕의 대표적인 유흥가인 팟퐁이 불을 밝힌다. 짜오프라야 강변의 리버사이드에는 럭셔리 호텔들이 가득하다. 방콕 최초의 도로인 타논 짜런끄룽에는 옛 정취가 남아 있다.

아눗싸와리 차이 Victory Monument

아눗싸와리 차이(전승기념탑)를 중심으로 한 교통의 요지다. 방콕 북쪽에서 출퇴근하는 사람들로 인해 항상 분주하다. 전승기념탑 북쪽의 아리 Ari와 랏파오(랏프라오) Lat Phrao에도 현지인들이 즐겨 찾는 백화점과 쇼핑몰이 많다.

랏차다 & 알씨에이 Ratchada & RCA

쑤쿰윗 북쪽 지역으로 도심과 가깝다. 타논 랏차다피쎅 Thanon Ratchadaphisek을 따라 지하철이 관통하면서 급속하게 발전하고 있다. 훼이꽝 사거리 주변은 방콕의 대표적인 유흥가 중의 하나로, 성인 마사지 업소가 성업 중이다. 로열 시티 애비뉴 Royal City Avenue의 줄임말인 RCA에는 방콕 젊은이들이 즐겨가는 클럽이 밀집해 있다.

짜뚜짝 Chatuchak

방콕 북부의 부도심에 해당한다. 짜뚜짝 주말 시장, 어떠끄 시장 같은 독특한 시장들이 눈길을 끈다. 방콕 북부 버스 터미널(머칫)까지 있어서 장거리 여행자들에게 중요한 지역이다.

돈므앙 Don Muang

방콕 가장 북쪽에 있는 지역으로, 다른 곳보다 지대가 높아서 돈므앙이라고 불린다. 방콕 제2공항인 돈므앙 공항이 있다. 참고로 방콕 제1공항인 쑤완나품 공항은 방콕의 동쪽 경계선과 붙어 있는 싸뭇쁘라깐 Samut Prakan 주(州)에 있다.

어디에 묵을 것인가?

방콕을 여행할 때 어떤 곳을 베이스 캠프로 삼을지는 본인의 여행 스타일에 따라 선택하면 된다.

자유를 원하는 배낭족이라면!

자유 여행에 중점을 둔다면 외국인 여행자들이 몰리는 카오산 로드가 좋다. 저렴한 게스트하우스가 많지만 수영장을 갖춘 호텔들도 생겨서 선택의 폭이 다양하다. 시내 중심가에 머물면서 저렴한 숙소를 찾는다면 쑤쿰윗 지역이나 씰롬에 있는 호스텔을 이용하면 된다. 도미토리 형태의 호스텔이지만 시설이 좋다.

- 카오산 로드 한인업소 P.134 참고
- 카오산 로드 숙소 P.364 참고

휴식에 중점을 둔 트렁크족이라면!

여행보다는 휴식에 중점을 둔다면 쑤쿰윗 지역의 호텔이 편리하다. 시내 중심가에 있어 맛집 탐방은 물론 쇼핑과 마사지를 동시에 즐길 수 있다. BTS가 관통하기 때문에 교통도 수월하다. 씰롬과 싸톤 지역에는 출장과 관광을 동시에 충족시키는 비즈니스 호텔들이 많은 편이다. 짜오프라야 강을 끼고 있는 씰롬 남단에는 방콕의 대표적인 고급 호텔들이 자리하고 있다.

- 싸얌 & 펀찟 호텔 P.365 참고
- 쑤쿰윗 호텔 P.367 참고
- 씰롬 & 리버사이드 호텔 P.369 참고

어디서 여행을 시작할 것인가?

숙소를 어디에 정하느냐에 따라 여행의 동선도 차이를 보인다. 볼거리에 중점을 두고 있다면 라따나꼬씬과 가까운 카오산 로드가 좋고, 놀거리에 중점을 두고 있다면 시내 중심가인 쑤쿰윗이 편리하다.

카오산 로드부터 시작한다

카오산 로드를 거점으로 삼았을 경우 라따나꼬씬과 방람푸를 시작으로 해서, 보트를 타고 강 건너에 있는 톤부리까지 먼저 여행한다. 왕궁과 왓 프라깨우, 왓 포, 타논 랏차담넌, 민주기념탑 같은 주요 볼거리를 걸어서 다닐 수 있다.

톤부리부터는 싸얌 스퀘어로 택시를 타고 가서 쇼핑을 할 것인지, 수상보트를 타고 차이나타운이나 씰롬으로 갈 것인지를 결정하도록 하자. 카오산 로드를 중심으로 한 방콕 3박 4일 일정은 P.46 참고.

쑤쿰윗부터 시작한다

시내 중심가에서 시간을 보내게 되므로 BTS 노선을 따라 이동한다. 가능하면 호텔에서 가까운 곳들을 이용하도록 동선을 구성하자. 싸얌 스퀘어와 짐 톰슨의 집→랏차쁘라쏭 사거리 일대의 쇼핑 몰→BTS 아쏙 · 프롬퐁 역 주변의 맛집과 마사지 숍→통로와 에까마이 지역의 레스토랑과 클럽 순서로 움직이면 편하다.

라따나꼬씬과 방람푸 지역 볼거리는 하루 날 잡아서 택시를 타고 다녀오도록 하자. 올 때는 수상 보트를 타고 씰롬 지역을 둘러보면 방콕 여행이 더욱 풍성해진다. 쑤쿰윗을 중심으로 한 방콕 3박 4일 일정은 P.47 참고.

방콕 볼거리 개념도

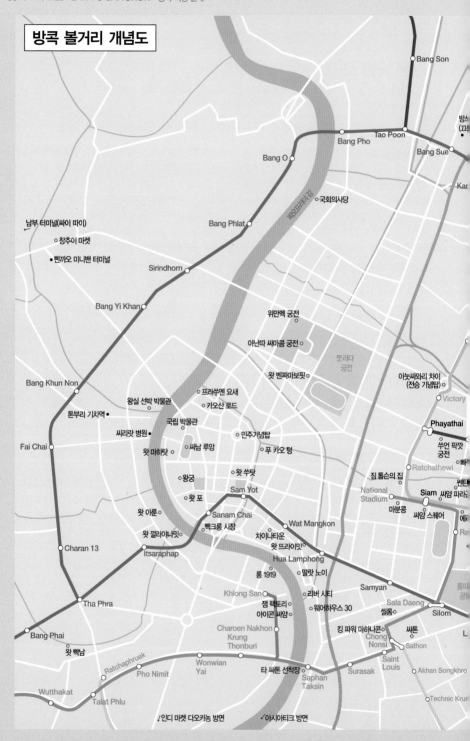

Bang Son

Tao Poon

Bang Pho

방스
(꼬
Bang Sue

Bang O

Kar

국회의사당

남부 터미널(싸이 따이)

Bang Phlat

창추이 마켓

쁘까오 미니밴 터미널

Sirindhorn

Bang Yi Khan

위만멕 궁전

아난따 싸마콤 궁전

찟라다
궁전

왓 벤짜마보핏

아눗싸와리 차이
(전승 기념탑)

Bang Khun Non

Victory

프라쑤멘 요새

왕실 선박 박물관

Phayathai

카오산 로드

쑤언 팡깟
궁전

톤부리 기차역

국립 박물관

짐 톰슨의 집

Ratchathewi

씨리랏 병원

민주기념탑

Fai Chai

왓 마하탓

싸남 루앙

푸 카오 텅

National
Stadium

Siam 씨얌 파라

왕궁

왓 쑤탓

마분콩

씨얌 스퀘어

왓 포

Sam Yot

에

Ra

왓 아룬

Sanam Chai

Wat Mangkon

왓 깔라야나밋

빡크롱 시장

차이나타운

Charan 13

왓 뜨라이밋

룸피
공원

Itsaraphap

Hua Lamphong

롱 1919

딸랏 노이

Samyan

Tha Phra

Khlong San

리버 시티

Sala Daeng

잼 팩토리

웨어하우스 30

씨롬

Silom

Bang Phai

아이콘 씨얌

킹 파워 마하나콘

왓 빡남

Charoen Nakhon
Krung
Thonburi

Chong
Nonsi

싸톤

Sathon

Ratchaphruek

Wonwian
Yai

타 싸톤 선착장

Surasak

Saint
Louis

Akhan Songkhro

Pho Nimit

Wutthakat

Saphan
Taksin

Technic Krun

Talat Phlu

인디 마켓 다오카농 방면

아시아티크 방면

Bang Son

돈므앙 공항

쩟페어 댄네라밋
Ha Yaek Lat Phrao

북부 터미널(머칫)

Phahonyothin

Lat Phrao

방쓰 역
(끄룽텝 아피왓 역)

Chatuchak
Park

Mochit

Phawana

Bang Sue

짜뚜짝 주말시장

Chok Chai 4

Kamphaengphet

Ratchadapisek

Saphan
Khwai

Sutthisan

Ari

Sanam Pao

Huay Khwang

랏차다

더 원 랏차다

씨얌 니라밋
Thailand Cultural
Center

한국 대사관

우리 차이
기념탑

Victory Monument

Phayathai

Ratchaprarop

Phra Ram 9

쩟페어 야시장

쑤언 팍깟
궁전

빠뚜남

Makkasan

RCA

atchathewi

쎈탄 월드

Phetchburi

Ramkhamhaeng

Siam 씨얌 파라곤

Chit Lom

얌 스퀘어

Phloenchit

쑤완나품 공항

에라완 사당

Nana

Ratchadamri

터미널 21

쑤쿰윗

더 커먼스

랑쑤언

Asok

Sukhumvit

룸피니
공원

Emsphere

Phrom Phong

엠카르트에(엠퀴티아)

통로(텅러)

에까마이

Silom

벤짜끼띠 공원

Queen Sirikit
National
Convention Center

Thong Lo

Ekkamai

Lumphini

Khlong Toei

동부 터미널
(에까마이)

Akhan Songkhro

크롱떠이 시장

Phra Khanong

Technic Krungthep

On Nut

2. 방콕 1일 코스

하루의 시간으로 방콕의 전부를 보는 것은 불가능하다. 1일 플랜 두세 개를 효과적으로 구성해 본인의 일정에 맞는 루트를 짜 보자. 모든 플랜은 오전과 오후 일정으로 나눠 가장 효율적인 동선을 고려했다. 본인의 기호에 따라서 각기 다른 일정의 오전과 오후를 조합해도 무방하다. 주말을 끼고 있다면 낮에는 짜뚜짝 주말시장에서 쇼핑을, 밤에는 RCA 클럽 탐방을 염두에 두자.

오전에는 라따나꼬씬의 역사 유적을, 오후에는 싸얌에서 현재의 태국을 체험한다. 하루 동안 기본적인 볼거리와 쇼핑이 가능해 단기 여행자들에게 가장 무난한 코스다. 교통 체증을 감안해 대중교통과 택시를 적절히 이용하는 것이 시간을 절약해 알찬 여행을 하는 노하우다.

마니아 방콕
Mania Bangkok

태국의 사원과 건축물에 관심 있는 마니아를 위한 코스다. 오전에는 방람푸, 오후에는 차이나타운을 여행하고 밤에는 야시장을 방문한다. 무더위에 걸어 다녀야하는 일정이라 에어컨 나오는 곳에서 적절한 휴식이 필요하다.

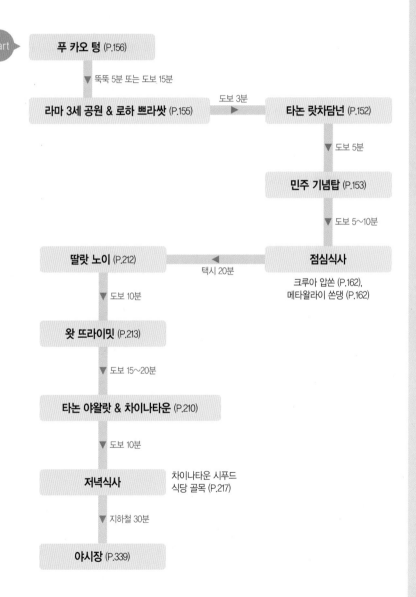

Start ▶

푸 카오 텅 (P.156)

▼ 뚝뚝 5분 또는 도보 15분

라마 3세 공원 & 로하 쁘라쌋 (P.155) ──도보 3분──▶ **타논 랏차담넌** (P.152)

▼ 도보 5분

민주 기념탑 (P.153)

▼ 도보 5~10분

딸랏 노이 (P.212) ◀──택시 20분── **점심식사**
크루아 압쏜 (P.162),
메타왈라이 쏜댕 (P.162)

▼ 도보 10분

왓 뜨라이밋 (P.213)

▼ 도보 15~20분

타논 야왈랏 & 차이나타운 (P.210)

▼ 도보 10분

저녁식사 차이나타운 시푸드
식당 골목 (P.217)

▼ 지하철 30분

야시장 (P.339)

엑스트라 방콕
Extra Bangkok

볼거리에 대한 중요도는 떨어지지만 유명 관광지에 비해 재미는 결코 뒤지지 않는다. 오전에는 싸얌 스퀘어 주변, 오후에는 짜오프라야 강변을 여행하고 저녁에는 아시아티크(야시장)를 방문한다. '힙'한 곳들이 많아 여행하면서 쇼핑도 함께 해결할 수 있다.

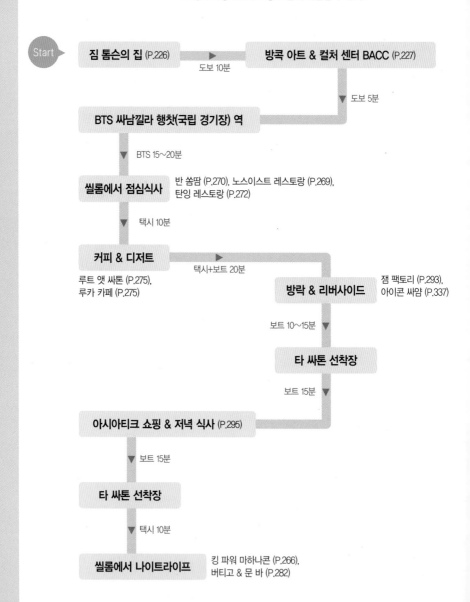

Start

짐 톰슨의 집 (P.226)
도보 10분

방콕 아트 & 컬처 센터 BACC (P.227)
도보 5분

BTS 싸남낄라 행찻(국립 경기장) 역
BTS 15~20분

씰롬에서 점심식사
반 쏨땀 (P.270), 노스이스트 레스토랑 (P.269), 탄잉 레스토랑 (P.272)
택시 10분

커피 & 디저트
루트 앳 싸톤 (P.275), 루카 카페 (P.275)
택시+보트 20분

방락 & 리버사이드
잼 팩토리 (P.293), 아이콘 싸얌 (P.337)
보트 10~15분

타 싸톤 선착장
보트 15분

아시아티크 쇼핑 & 저녁 식사 (P.295)
보트 15분

타 싸톤 선착장
택시 10분

씰롬에서 나이트라이프
킹 파워 마하나콘 (P.266), 버티고 & 문 바 (P.282)

쇼핑 & 펀 방콕
Shopping & Fun Bangkok

머리 아프고 딱딱한 사원은 뒷전으로 미루고 방콕이 제공하는 다양한 쇼핑과 놀거리에 몰두하는 일정이다. 오전에는 호텔에서 빈둥거리다 쇼핑을 하고, 오후에는 마사지를 받으며 몸을 충전한다. 그리고 저녁에는 흥겨운 곳을 찾아 나선다.

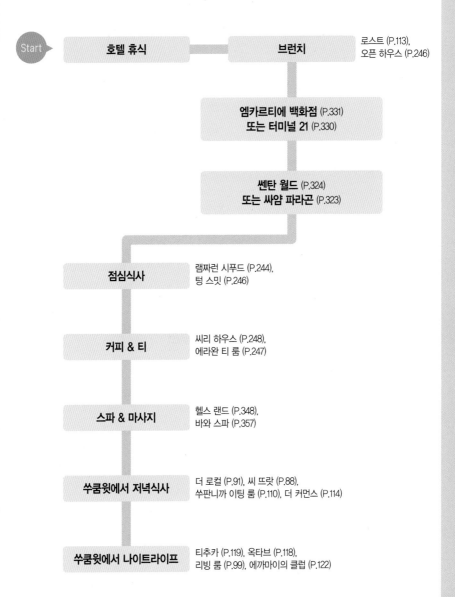

Start

호텔 휴식

브런치 — 로스트 (P.113), 오픈 하우스 (P.246)

엠카르티에 백화점 (P.331) **또는 터미널 21** (P.330)

쎈탄 월드 (P.324) **또는 싸얌 파라곤** (P.323)

점심식사 — 램짜런 시푸드 (P.244), 텅 스밋 (P.246)

커피 & 티 — 씨리 하우스 (P.248), 에라완 티 룸 (P.247)

스파 & 마사지 — 헬스 랜드 (P.348), 바와 스파 (P.357)

쑤쿰윗에서 저녁식사 — 더 로컬 (P.91), 씨 뜨랏 (P.88), 쑤판니까 이팅 룸 (P.110), 더 커먼스 (P.114)

쑤쿰윗에서 나이트라이프 — 티추카 (P.119), 옥타브 (P.118), 리빙 룸 (P.99), 에까마이의 클럽 (P.122)

3. 방콕 근교 1일 투어

방콕에 3일 이상 머문다면 하루 정도는 근교 1일 투어를 계획해 보자. 방콕에서 2시간 거리에 수상시장, 콰이 강의 다리, 유네스코 문화유산 등의 볼거리가 있다. 호텔이나 여행사에서 운영하는 1일 투어를 이용하면 편리하다. 선택한 투어에 따라 루트가 달라지지만 보통 오후 7시면 방콕으로 돌아온다. 저녁에는 타이 마사지로 피로를 풀고 나이트라이프를 즐기자.

Course 1 I 방콕 근교

* 주말에는 암파와 수상시장(P.315)을 방문하는 투어가 인기 있다.

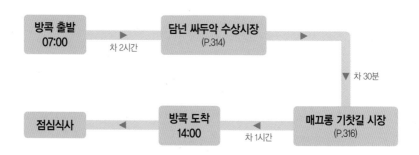

Course 2 I 깐짜나부리

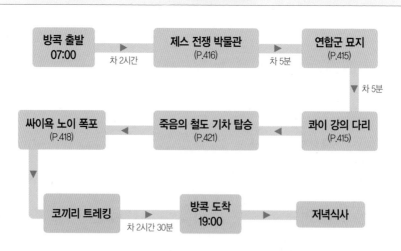

Course 3 I 파타야

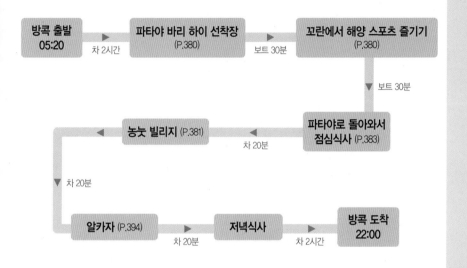

방콕 출발 05:20 ▶ 차 2시간 → 파타야 바리 하이 선착장 (P.380) ▶ 보트 30분 → 꼬란에서 해양 스포츠 즐기기 (P.380)

▼ 보트 30분

농눗 빌리지 (P.381) ◀ 차 20분 ← 파타야로 돌아와서 점심식사 (P.383)

▼ 차 20분

알카자 (P.394) ▶ 차 20분 → 저녁식사 ▶ 차 2시간 → 방콕 도착 22:00

Course 4 I 아유타야

방콕 출발 07:00 ▶ 차 1시간 40분 → 왓 프라 마하탓 (P.402) ▶ 차 5분 → 왓 프라 씨싼펫 (P.401)

▼ 차 5분

왓 차이 왓타나람 (P.405) ◀ 차 5분 ← 점심식사 ◀ 왓 로까야 쑤타람 (P.404)

▼ 차 10분

왓 야이 차이 몽콘 (P.406) ▶ 차 2시간 → 방콕 도착 19:00 ▶ 저녁식사

4. 방콕 추천 일정

방콕 3박 4일 [볼거리 위주 일정, 카오산 로드 숙박]

볼거리 위주의 짧은 일정은 카오산 로드에 숙소를 정하고 여행하는 게 편리하다. 왕궁을 포함한 주요 볼거리들이 가까이 있기 때문이다. 일정이 짧기 때문에 가능하면 인천 공항에서 아침에 출발하는 비행기를 이용하자. 마지막 날은 밤 비행기를 이용하기 때문에서 기내에서 1박하게 된다.

1 DAY

| 인천 공항 | 방콕 공항 | 카오산 로드 호텔 체크인 | 왓 아룬 야경 감상 더 덱 (P.185), 쌀라 라따나꼬씬 (P.186) |

| 나이트라이프 애드 히어 더 서틴스 블루스 바 (P.144) | 저녁식사 버디 비어 (P.141), 쪽 포차나 (P.139) | 카오산 로드 |

2 DAY

| 카오산 로드 | 왕궁 & 왓 프라깨우 (P.168) | 왓 포 (P.174) | 점심식사 촘 아룬 (P.183), 쑤판니까 이팅 룸 (P.185) |

| 타 싸톤 선착장 | 왓 아룬 선착장 | 왓 아룬 (P.191) | 타 띠안 선착장 |

| 아시아티크 (P.295) | 타 싸톤 선착장 | 씰롬에서 저녁식사 쏨분 시푸드 (P.273), 노스이스트 레스토랑 (P.269) | 루프 톱 야경 감상 킹 파워 마하나콘 (P.266), 버티고 & 문 바 (P.282) |

3 DAY

| 카오산 로드 | 푸 카오 텅 (P.156) | 짐 톰슨의 집 (P.226) | 싸얌 스퀘어 (P.225) |

| 스파 & 마사지 렛츠 릴랙스 (P.349), 바와 스파 (P.357) | 싸얌 센터 (P.322) | 싸얌 파라곤 (P.323) | 점심식사 싸얌 파라곤 (P.234) |

| 저녁식사 ① 카오산 로드 인근의 팁싸마이 (P.163) ② 쑤쿰윗으로 이동해서 저녁 식사 (P.86) | 공항으로 이동 | 밤 비행기 탑승 | **4 DAY** 인천 도착 |

방콕 3박 4일 [볼거리 위주 일정, 방콕 시내 호텔 숙박]

숙소는 쇼핑몰과 백화점이 몰려 있는 시내 중심가에 정한다. 가능하면 BTS 역과 가까운 호텔을 이용하자. 일정이 짧기 때문에 인천 공항에서 아침에 출발하는 비행기를 타는 게 좋다.

1 DAY

인천 공항　　방콕 공항　　시내 이동　　호텔 체크인

나이트라이프
미켈러 방콕 (P.120),
옥타브 (P.118)

쑤쿰윗에서 저녁식사 (P.86)
또는 야시장 (P.339) **방문**

2 DAY

타 싸톤 선착장　　짜오프라야 강 보트　　왓 아룬 (P.191)　　타 티안 선착장

카오산 로드
(P.124)

왓 프라깨우
(P.168)

왓 포
(P.174)

점심식사
촘 아룬 (P.183),
쑤판니까 이팅 룸 (P.185)

저녁식사

나이트라이프
카오산 로드 (P.144)

3 DAY

짐 톰슨의 집
(P.226)

방콕 아트 & 컬처 센터
(P.227)

점심식사
싸얌 스퀘어 (P.230)

쇼핑
싸얌 파라곤 (P.323),
쎈탄 월드 (P.324)

루프 톱 야경 감상
킹 파워 마하나콘 (P.266),
버티고 (P.282), 옥타브 (P.118)

저녁식사
씰롬 (P.268),
쑤쿰윗 (P.86)

타이 마사지
(P.348)

4 DAY

공항으로 이동　　밤 비행기 탑승　　인천 도착

방콕 4박 5일 [주말여행, 볼거리 위주]

금요일 저녁에 출발해 방콕에서 주말을 보내는 4박 5일 일정이다. 밤 비행기를 타고 귀국(기내 1박)하기 때문에 서 실질적으로 방콕에서 3박하게 된다. 짜뚜짝 주말시장과 암파와 수상시장을 모두 방문할 수 있다.

1 DAY
금요일

인천 공항   방콕 공항   방콕 시내   호텔 체크 인

2 DAY
토요일

짜뚜짝 주말시장 (P.341)   점심식사 타 띠안 선착장 주변 (P.183)   왓 포 (P.174)   타 띠안 선착장

타 싸톤 선착장   아시아티크 (P.295)   짜오프라야 강 보트   왓 아룬 (P.191)

저녁식사 씰롬 (P.268)   루프 톱 야경 감상 방락 & 리버사이드 (P.302)

3 DAY
일요일

브런치 로스트 (P.113), 오픈 하우스 (P.246)   반나절 투어 (여행사 출발)   매끄롱 기찻길 시장 (P.316)   암파와 수상시장 (P.315)

나이트라이프 카오산 로드 (P.144)   저녁식사 카오산 로드 (P.135)   카오산 로드 (P.124)   방콕 복귀

4 DAY

짐 톰슨의 집 (P.226)   방콕 아트 & 컬처 센터 (P.227)   점심식사 싸얌 스퀘어 (P.230)   싸얌 파라곤 (P.323) 또는 쎈탄 월드 (P.324)

공항으로 이동   저녁식사   타이 마사지 (P.348) 또는 야시장 (P.339)

5 DAY

인천 도착

방콕 + 파타야 5박 6일 (주말여행, 방콕 3박+파타야 1박 일정)

한국 여행자들이 선호하는 여행지인 파타야를 함께 묶어서 여행하는 일정이다. 인천에서 낮 비행기를 이용할 경우 방콕 공항에 도착해서 곧바로 파타야로 내려가는 일정도 가능하다. 마지막 날 파타야에서 방콕 공항으로 이동할 때 충분한 시간을 갖고 출발하자.

1 DAY

인천 공항 → 방콕 공항 → 방콕 시내 → 호텔 체크 인

2 DAY 방콕

왕궁 & 왓 프라깨우 (P.168) → 왓 포 (P.174) → 점심식사 타 띠안 선착장 주변 (P.183) → 타 띠안 선착장

아시아티크 (P.295) → 타 싸톤 선착장 → 왓 아룬 선착장 → 왓 아룬 (P.191)

타 싸톤 선착장 → 저녁식사 씰롬 (P.268) → 루프 톱 야경 감상 방락 & 리버사이드 (P.302)

3 DAY 방콕

브런치 더 커먼스 (P.114), 쎈탄 엠바시 (P.328) → 반나절 투어 (여행사 출발) → 매끄롱 기찻길 시장 (P.316) → 암파와 수상시장 (P.315)

나이트라이프 카오산 로드 (P.144) → 저녁식사 → 카오산 로드 (P.124) → 방콕 복귀

4 DAY 파타야

호텔 체크아웃 → 파타야 이동 → 점심식사 → 파타야 호텔 체크인

알카자 쇼 (P.394) 또는 워킹 스트리트 (P.395) → 저녁식사 (P.388) → 파타야 시내 → 꼬 란 (P.380)

5 DAY 파타야 → 방콕 공항

호텔 체크아웃 → 점심식사 (P.383) → 농눗 빌리지 (P.381) → 파타야 쇼핑 (P.392)

6 DAY

인천 도착 → 공항으로 이동

방콕 + 근교 6박 7일 (주말여행, 방콕 5박 일정)

일주일 정도 시간이 있다면 방콕은 물론 깐짜나부리, 아유타야, 수상시장 등의 주변 여행지까지 다녀올 수 있다. 방콕에 호텔을 정해 놓고, 1일 투어로 근교 지역을 다녀오면 편리하다. 주말에는 짜뚜짝 주말시장과 암파와 수상시장을 하루씩 다녀온다.

1 DAY

인천 공항   방콕 공항   방콕 시내   호텔 체크 인

2 DAY 토요일

BTS 머칫 역   짜뚜짝 주말시장   호텔 복귀   왓 아룬   타 띠안 선착장

나이트라이프 카오산 로드 (P.144)   저녁식사 팁싸마이 (P.163), 크루아 압쏜 (P.162)   왓 아룬 일몰 감상 더 덱 (P.185), 쌀라 라따나꼬씬 (P.186)   왓 포

3 DAY 일요일

브런치   반나절 투어 (여행사 출발)   매끄롱 기찻길 시장 (P.316)   암파와 수상시장 (P.315)   방콕 복귀 (21:30)

4 DAY

아유타야 1일 투어   방콕 복귀 (17:00)   아시아티크 (P.295) 또는 야시장 (P.339)

5 DAY

깐짜나부리 1일 투어   방콕 복귀 (19:00)   저녁식사   루프 톱 야경 감상

6 DAY

BTS 싸남낄라 행찻 (국립 경기장) 역   짐 톰슨의 집   점심식사 싸얌 스퀘어 (P.230)   싸얌 파라곤 또는 쎈탄 월드

7 DAY

인천 도착   공항으로 이동   저녁식사   타이 마사지

5. 방콕 현지 물가 (환율 1B=37.11원)

식사 요금은 물론 교통비, 호텔도 상대적으로 저렴하다. 하지만 같은 걸 하더라도 어디를 가느냐에 따라 여행경비는 천차만별이다. 방콕에 거주하는 외국인들이 우스갯소리로 똑같은 팟타이(볶음 국수)라고 하더라도 노점에서는 60B, 선풍기 돌아가는 현지 식당에서는 80B, 에어컨 시설과 영어 메뉴를 갖춘 레스토랑에서는 120B, 고급 레스토랑에서는 180B, 호텔 레스토랑에서는 300B라고 말할 정도로 큰 차이를 보인다.

숙소

| 게스트하우스(선풍기) 400B | 게스트하우스(에어컨) 600~800B | 호텔(2성급) 1,200~1,500B | 호텔(3성급) 2,000~3,000B | 호텔(4성급) 4,000~6,000B |

교통

| 공항 철도 45B | 택시 기본요금 35B | BTS 16~59B | 지하철 17~70B | 수상 보트 16~32B |

음료

생수 1.5ℓ 19B ／ 과일 주스 60~80B ／ 캔 커피(편의점) 17B 커피(카페) 80~120B ／ 캔 맥주(편의점) 39~42B 맥주(레스토랑) 100~240B ／ 칵테일 260~380B

식사

쌀국수 60~80B ／ 볶음밥/팟타이 80~120B ／ 볶음요리 120~180B ／ 아침 세트 180~320B ／ 시푸드 280~480B

과일

망고스틴 1kg 50~70B ／ 망고 1kg 60~80B ／ 두리안 1kg 200~250B

타이 마사지

60분 300~450B

입장료

왕궁 500B
왓 포 200B
왓 아룬 100B
국립 박물관 200B
일반 사원 무료

비교 체험 극과 극!
알뜰 여행 VS 럭셔리 여행

태국이 한국보다 물가가 저렴한 것은 불변의 사실이지만 방콕은 마냥 싼 곳은 아니다. 여행지에서 돈을 현명하고 효율적으로 사용하는 것은 여행자의 윤리에 해당하지만, 모든 것이 싸다고 해서 좋은 것은 아니다. 더불어 비싸다고 마냥 좋은 것은 아니니 두 가지 문화를 적절히 조합해 알뜰하고 알찬 여행을 꾸며야 한다. 다음 두 가지 여행으로 구분해 저렴한 여행과 럭셔리한 여행의 예산을 짜는 데 도움을 주고자 한다.

알뜰 여행

총 예산
2,050B

일정	카오산 로드 → 왕궁 & 왓 프라깨우 → 왓 포 → 왓 아룬 → 왓 쑤탓 → 푸 카오 텅 → 민주 기념탑 → 카오산 로드		
숙박	카오산 로드 여행자 숙소		400B
입장료	왓 프라깨우 & 왕궁		500B
	왓 포		200B
	왓 아룬		100B
	푸 카오 텅		100B
교통	르아 캄팍 2회		10B
	나머지는 도보		
식사	(아침) 카오산 로드 주변 쌀국수		60B
	(점심) 타 띠안 선착장 주변		100B
	(간식) 길거리 음료와 과일		80B
	(저녁) 여행자 카페		150B
마사지	카오산 로드 마사지 1시간		250B
나이트 라이프	카오산 로드의 여행자 카페에서 맥주 한 잔		100B

경비 절약하기
도미토리(200B)에서 자고, 왕궁 & 왓 프라깨우를 방문하지 않으면 700B을 절약할 수 있다. 마사지와 맥주마저도 아낀다면 350B이 절감. 하루 1,000B 으로 버틸 수 있다.

럭셔리 여행

총예산
9,890B

일정	쑤쿰윗 호텔 → 왕궁 & 왓 프라깨우 → 보트 투어 → 짐 톰슨의 집 → 싸얌 → 쑤쿰윗 → 씰롬 → 쑤쿰윗	
숙박	쑤쿰윗 4성급 호텔	3,700B (여행사 할인 요금)
입장료	왓 프라깨우 & 왕궁 보트 투어 1시간 짐 톰슨의 집	500B 700B(1인) 200B
교통	택시 3회 BTS 2회	400B 50B
식사	(아침) 호텔 뷔페 (점심) 레스토랑 (간식) 커피 · 디저트 (저녁) 쏨분 시푸드	 400B 240B 800B
스파	디바나 스파 보타닉 아로마 Botanic Aroma(90분)	2,150B
나이트 라이프	호텔 스카이 라운지에서 칵테일 한 잔 클럽 탐방(맥주 2병)	350B 400B

경비 더 쓰기

저녁 식사를 할 때 와인 시키기, 클럽 또는 바에서 맥주 대신 양주 마시기, 스파를 3시간 이상 즐기면 최소 5,000B 정도를 더 써야 한다. 쇼핑에 필요한 지갑은 별도다.

Travel Survival

방콕 여행 실전

방콕의 시내 교통

현지인이 된 것 같은 기분이 드는 수상 보트

정해진 노선만을 오가는 운하 보트

빠르고 쾌적하게 도심을 연결하는 BTS

정확하게 원하는 목적지까지 연결하는 지하철 MRT

전용 차선을 달리는 익스프레스 버스 BRT

정신을 바짝 차리고 타야 하는 버스

골목길을 다닐 때 유용한 뚝뚝

가장 안락하고 쾌적한 택시

콜택시 애플리케이션 그랩

방콕 여행 실전

1 출국! 방콕으로

우리나라에서 방콕으로 출발하는 국제공항은 모두 4곳으로 인천 국제공항, 김해 국제공항, 청주 국제공항, 대구 국제공항이 있다. 여기서는 대부분의 여행객이 이용하는 인천 국제공항을 중심으로 설명한다. 서울 수도권 거주자들이라면 대략 2시간 이내에 인천 국제공항까지 갈 수 있다. 여기에 2시간 정도의 수속 시간을 더해야 하므로, 비행기 출발 4시간 전에는 집을 나서야 한다.

인천 국제공항
문의 1577-2600 **운영** 24시간 **홈페이지** www.airport.kr

공항으로 가는 길

공항으로 가는 대중교통은 크게 두 가지. 서울을 비롯해 전국 각지에서 연결 가능한 공항 리무진과 서울역→인천 국제공항을 연결하는 공항 철도가 그것이다. 이밖에 일부 시외버스 노선도 인천 국제공항과 연결되어 있다. 모든 종류의 버스 노선은 인천 국제공항 홈페이지를 통해 확인할 수 있다.
공항 철도의 경우 서울역 → 김포공항역 → 인천 국제공항역(직통열차 43분, 1만 1,000원/ 일반열차 58분, 5,050원) 노선을 운행 중이다.

공항 철도
문의 1599-7788 **운영** 05:28~24:00
홈페이지 www.arex.or.kr

출국 과정

내국인은 출국할 때 출국카드를 따로 작성하지 않아 수속이 매우 간편하다. 해외여행이 처음이거나 혼자 여행한다고 해도 전혀 어렵지 않으니 아래 순서에 따라 차근차근 출국 수속을 밟아보자.

❶ 탑승 수속

인천 국제공항은 두 개의 터미널로 구분되어 있다. 각기 다른 항공사들이 취항하기 때문에, 공항으로 가기 전에 본인이 타고 가는 비행기가 어떤 터미널을 이용하는지 반드시 확인해야 한다. 아시아나항공과 타이항공을 비롯한 대부분의 항공사들은 기존에 사용하던 1터미널을 이용한다. 대한항공을 포함한 9개 항공사는 2터미널을 이용해야 한다.
공항 출국장에 도착하면 본인이 이용할 항공사 체크인 카운터로 가자. 카운터에서 여권과 항공권을 제출하면 비행기 좌석번호와 탑승구 번호가 적힌 보딩 패스 Boarding Pass(탑승권)를 건네준다. 이때 창가석(Window Seat)과 통로석(Aisle Seat) 중 원하는 좌석을 요구하여 배정받을 수 있다. 기내에서는 소지품 등을 넣은 보조가방만 휴대하고 트렁크는 위탁 수하물로 처리하자.
창·도검류(칼, 과도, 칼 모양의 장난감 포함), 총기류, 인화성 물질, 스포츠 용품, 무술·호신용품, 공구는 기내 반입이 불가능하기 때문에 위탁 수하물로 처리해야 한다. 100㎖가 넘는 액체, 젤, 스프레이, 화장품도 기내에 반입할 수 없다. 휴대전화와 노트북, 카메라, 휴대용 건전지 등의 개인용 휴대 장비는 기내 반입이 가능하다.

짐을 부치면 배기지 클레임 태그 Baggage Claim Tag(수하물표)를 주는데, 탁송한 수하물이 없어졌을 경우 이 수하물표가 있어야 짐을 찾을 수 있으므로 잘 보관하자. 해당 항공사의 마일리지 카드가 있다면 이때 함께 카운터에 제시하여 적립하자.

항공사별 이용 터미널

항공사	탑승 수속 터미널
대한항공(KE)	2터미널
진에어(LJ)	2터미널
아시아나(OZ)	1터미널
타이항공(TG)	1터미널
에어 아시아(XJ)	1터미널
에어 부산(BX)	1터미널
제주항공(7C)	1터미널
에어 프레미아(YP)	1터미널
티웨이항공(TW)	1터미널

❷ 세관 신고

보딩 패스를 받은 후 환전, 여행자 보험 가입 등 모든 준비가 끝났다면 출국장으로 들어가야 한다. 1만US$ 이상을 소지하였거나, 여행 중 사용하고 다시 가져올 고가품은 '휴대물품반출신고(확인)서'를 작성해야 한다. 그래야 입국 시 재반입할 때 면세통관이 가능하다.

고가품은 통상적으로 800US$ 이상 되는 물건들로 골프채, 보석류, 모피의류, 값비싼 카메라 등이 있다면

모델, 제조번호까지 상세하게 기재해야 한다. 별다르게 세관 신고를 할 품목이 없으면 곧장 보안 검색대로 가면 된다.

❸ 보안 검색

검색대에선 요원의 안내에 따라 모든 휴대 물품을 X-Ray 검색 컨베이어에 올려놓자. 항공기 내 반입 제한 물품의 휴대 여부를 점검받아야 하기 때문이다. 바지 주머니의 소지품도 모두 꺼내 별도로 제공하는 바구니에 넣고 금속 탐지기를 통과하면 된다. 검색이 강화될 경우 신발과 허리띠까지 풀어 금속 탐지기에 통과시켜야 하는 경우도 있다.

❹ 출국 심사

출국 심사대에서 여권, 탑승권을 심사관에게 제출하면 여권에 출국 도장을 찍은 후 항공권과 함께 돌려준다. 이로써 대한민국을 출국하는 절차는 모두 끝난다.

❺ 탑승구 확인

보딩 패스에 적힌 탑승구(Gate No.)를 확인한다. 1터미널의 경우 여객 터미널 탑승구(1~50번 게이트)와 탑승동 탑승구(101~132번 게이트)로 나뉜다. 탑승동에 위치한 탑승구는 셔틀 트레인 Shuttle Train을 타고 가야 한다. 탑승구 27과 28번 게이트 사이에 있는 에스컬레이터를 타고 지하 1층으로 내려가면 셔틀 트레인 승강장이 나온다. 새롭게 생긴 2터미널에서 출발하는 항공기의 탑승구(게이트)는 200번대로 시작된다.

❻ 탑승

항공기 출발 40분 전까지 지정 탑승구로 이동하여 탑승한다.

알아두세요

태국은 90일 무비자

태국과 한국은 90일 비자 면제 협정이 체결되어 있다. 한국 여권을 소지한 사람이라면 비자 없이 태국 여행이 가능하다. 태국에 입국할 때마다 비자 없이 90일간 머물 수 있다. 공항을 통해 입국하거나 육로 국경을 통해 입국하면 무비자 조항은 동일하게 적용된다. 주변 국가를 여행하고 육로 국경으로 입국할 경우 재입국 시점에서 90일 체류가 자동으로 연장된다.

2 입국! 드디어 방콕

5시간 30분의 비행. 드디어 방콕에 도착한다. 공항에 도착하는 순간에 남국의 열기가 확연히 느껴진다. 드디어 방콕에 온 것이 실감난다. 이제부터 여행의 시작이다.

방콕은 쑤완나품 공항(싸남빈 쑤완나품) Suvarnabhumi Airport สนามบิน สุวรรณภูมิ과 돈므앙 공항(싸남빈 돈므앙) Don Mueang Airport สนามบิน ดอนเมือง 두 곳이 있다. 입국 절차는 두 공항 모두 비슷하다. 대부분의 여행객이 이용하는 쑤완나품 공항을 기준으로 삼았다.

쑤완나품 국제공항

문의 0-2132-1888, 02-2132-1111, 02-2132-1112
운영 24시간 **홈페이지** airportthai.co.th

입국 카드(폐지)

태국의 출입국 절차도 전산화되면서 입국 카드는 더 이상 작성하지 않는다. 별도로 작성할 서류가 없기 때문에 기내에서 승무원이 입국에 필요한 서류도 나눠주지 않는다.

도착

비행기가 착륙하면 인파를 따라 밖으로 나간다. 조금 걷다보면 사인 보드가 보이는데, 무조건 Arrival이라 쓰인 화살표만 따라가면 된다. 쑤완나품 국제공항이 넓기 때문에 10분 이상 걸어가는 경우도 있다. 중간에 Transit이란 안내를 따라가지 말고 무조건 Arrival 방향으로 걸어간다. 입국장 내부의 간이 면세점이 보이면, 도착 Arrival이란 안내판을 따라 입국 심사대 Immigration로 향하면 된다.

2023년 9월에 메인 터미널과 떨어져 있는 새로운 터미널(탑승동)이 개통됐다. 위성 터미널이라는 의미로 SAT-1 (Satellite 1) Terminal로 불리는데, 인천공항의 탑승동과 비슷한 구조다. 이곳으로 도착했을 경우 무료로 운행되는 셔틀 트레인을 타고 메인 터미널로 이동해서 입국 절차를 진행하면 된다.

검역

쑤완나품 국제공항에서는 특별한 검역 절차는 없다. 입국 심사대에서 곧바로 줄을 서면 된다. 내국인과 외국인 심사대로 구분된다.

입국 심사대

Arrival이라고 적힌 안내판을 따라가면 입국 심사대에 도착한다(사람들이 길게 줄 서 있는 곳을 찾으면 된다). Immigration(Passport Control)이라 적힌 입국 심사대를 찾았다면 외국인 심사대인 Foreigner에 줄을 선다. 입국 카드 작성 의무가 폐지되면서 입국 심사 때 필요한 서류도 없어졌다. 다만, 타고 온 비행기 편

알아두세요

저가 항공사는 돈므앙 공항을 이용합니다.

방콕에는 공항이 두 개가 있습니다. 그중 하나는 대부분의 국제선이 취항하는 쑤완나품 공항이고, 다른 하나는 방콕 북부 지역에 있는 돈므앙 공항(싸남빈 돈므앙) Donmuang Airport(홈페이지 www.donmueangairportthai.com/en) 입니다. 돈므앙 공항은 2012년 10월부터 저가 항공사들이 취항하는 방콕 제2공항으로 변모했습니다. 에어 아시아 Air Asia, 녹 에어 Nok Air, 타이 라이언 에어 Thai Lion Air, 타이 스마일 항공 Thai Smile Airways, 오리엔트 타이 항공 Orient Thai Airlines이 돈므앙 공항을 사용합니다. 국제선 청사와 국내선 청사로 구분되어 있는데, 푸껫이나 치앙마이에서 방콕을 올 경우 돈므앙 공항을 이용할 확률이 높습니다. 국제선은 중국, 라오스, 베트남, 말레이시아 등 인접 국가를 오가는 노선이 대부분입니다.

참고로 도시마다 영문 알파벳 세 자리로 구성된 항공 코드를 사용합니다. 방콕 Bangkok의 경우 BKK라고 쓰는데, 방콕의 메인 공항에 해당하는 쑤완나품 공항이 항공 코드 BKK를 사용하고 있습니다. 돈므앙 공항은 DMK라고 표기합니다.

명 확인을 위해 보딩 패스(탑승권)를 보여줘야 하므로 버리지 말고 입국 심사 때까지 소지하고 있어야 한다.

입국 심사대에서는 여권만 제시하면 되는데, 신분 확인을 위해 지문 인식과 사진 촬영 절차를 거친다. 지문 인식은 안내 스크린에 따라 손가락을 올려놓으면 되고, 사진 촬영은 안경과 모자를 벗고 카메라를 응시하면 된다. 입국 심사관이 태국에 며칠 머물지, 숙소는 어딘지 등을 묻기도 하므로 당황하지 말고 답변하거나 숙소 예약증을 보여주면 된다. 참고로 입국 심사대에서 사진 촬영은 엄격히 금지되므로 주의해야 한다.

입국 심사가 끝나면 여권에 태국 입국 도장을 찍어준다. 한국인은 무비자로 90일 체류가 가능하다. 간혹 30일 체류 가능 스탬프를 찍어주는 경우도 있으니, 장기 여행자라면 반드시 확인할 것. 만약 30일 스탬프가 찍혔다면 그 자리에서 한국인임을 알리고 90일짜리 스탬프로 교체해 달라고 할 것.

수하물 수취

인천 국제공항에서 탑승 수속 때 짐을 부쳤다면 쑤완나품 국제공항의 Baggage Claim에서 찾아야 한다. 짐을 찾는 컨베이어 벨트 표시는 입국 심사대 통과 후 보이는 전광판에서 확인한다. 본인이 타고 온 항공 편명 옆으로 컨베이어 벨트 번호가 표시된다.

세관 검사

짐을 다 찾은 다음, 세관 검사대 Customs를 통과한다. 여행자들은 대부분 별도로 신고할 품목이 없다. 녹색 등이 켜진 신고 물품 없음 Nothing To Declare 창구로 통과하면 된다.

환영 홀

예약한 호텔에서 픽업이 있다면 자신의 이름을 든 팻말을 찾아보자. 개별적으로 왔다면 쑤완나품 국제공항에 비치된 무료 지도를 챙기는 것을 잊지 말자. 환영 홀에는 환전소, 이동통신사, 서점, 호텔 예약, 공항 리무진 예약 서비스 창구가 있다.

심 카드 구입

환영 홀에 심 카드를 판매하는 통신사 데스크가 있다. 태국의 대표적인 통신사인 에이아이에스 원투콜 AIS 1-2-Call, 디택 Dtac, 트루 무브 True Move 세 곳에서 모두 데스크를 운영한다. 심 카드를 구입을 위해서는 여권을 제시해야 하며, 선불 요금은 현지 화폐로 지불해야 하므로 미리 환전해서 태국 화폐를 가지고 있어야 한다. 다양한 투어리스트 심 카드를 판매하므로 일정에 맞춰서 구입하면 된다. 관광객이 가장 많이 사용하는 8일 동안 무제한 데이터 사용이 가능한 요금은 299B이다. 자세한 내용은 P.426 참고.

시내 이동

모든 입국 절차가 끝났다면 예약한 호텔로 이동하면 된다. 택시를 타려면 공항 청사 1층으로, 공항 철도를 이용하려면 공항 청사 지하 1층으로 내려가면 된다. 자세한 내용은 P.62 참고.

쑤완나품 공항

Travel Plus

쑤완나품 공항에서 돈므앙 공항을 오가는 셔틀 버스

쑤완나품 공항으로 들어와서 돈므앙 공항에서 국내선으로 환승해야 하는 여행자들이 알아두어야 할 정보입니다. 두 개 공항을 연결하는 공항 셔틀 버스는 쑤완나품 공항 입국장이 있는 공항 청사 2층 3번 회전문 앞에서 출발합니다. 반대로 돈므앙 공항에서는 1층 청사 밖으로 나와서 6번 출입문 앞에서 탑승하면 됩니다. 운행 시간은 오전 5시부터 밤 12시까지입니다(30분~1시간 간격으로 운행). 요금은 무료이지만 항공권을 보여줘야 합니다.

사진으로 보는 방콕 입국 과정

❶ 쑤완나품 공항 도착

❷ Immigration
화살표를 따라간다

❸ 계속 걷는다

❹ 간이 면세점을 지난다

❺ 'Arrivals' 표지판을 따라
입국 심사대로 이동한다

❻ 입국 심사대에서 입국 심사

❼ 수하물 찾는 곳 확인

❽ 수하물 수취

❾ 세관 검사대 통과

❿ 환영 홀을 겸한
미팅 포인트를 통과한다

⓫ 스마트폰 SIM 카드를
구입한다

⓬ 공항 철도 타는 곳으로
이동한다

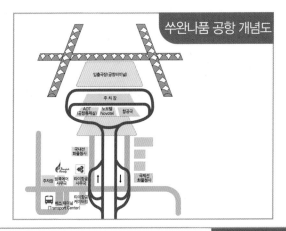

쑤완나품 공항 개념도

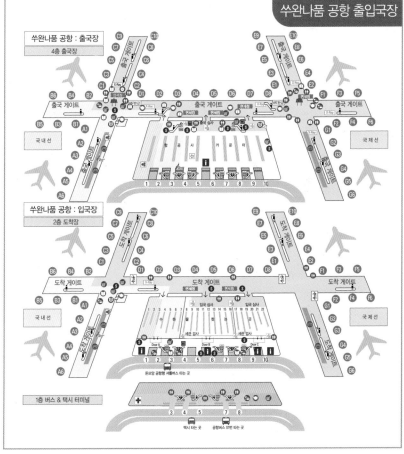

쑤완나품 공항 출입국장

3 쑤완나품 공항에서 시내로 가기

쑤완나품 국제공항에서 시내로 가는 방법은 크게 네 가지다. 공항과 시내를 연결하는 가장 편한 방법은 공항 철도지만 노선이 한정되어 있다. 자정 넘어 방콕에 도착했을 때에는 택시를 타는 방법밖에 없다. 택시를 이용할 경우 쑤완나품 국제공항에서 카오산 로드 Khasosan Road, 쑤쿰윗 Sukhumvit, 씰롬 Silom까지 40분~1시간 정도 소요된다. 각각의 교통수단마다 장단점이 다르므로 머물고자 하는 곳이 어디냐에 따라 교통수단은 바뀔 수 있다. 카오산 로드 가는 방법은 P.127 참고.

❶ 가장 빠른
공항 철도 Airport Rail Link

쑤완나품 공항과 시내를 가장 빠르게 연결하는 교통편이다. 공항 철도는 총 28km로, 모두 8개 역으로 이루어졌다. 정차하는 역의 숫자와 속도에 따라 익스프레스 트레인 Suvarnabhumi Airport Express과 시티 라인 City Line으로 구분된다. 익스프레스 트레인은 공항에서 출발해 파야타이 역 Phayathai Station까지 논스톱으로 운행하며 15분 소요된다 (익스프레스 트레인은 일시적으로 운행이 중단된 상태다). 시티 라인은 스카이트레인(BTS)과 동일한 개념으로 중간 역들을 모두 정차한다. 공항에서 파야타이 역까지 30분 걸리며, 모두 7개 역을 거친다. 쑤완나품 공항에서 공항 철도를 타려면 공항 청사 밖으로 나가지 말고, Train To City라고 적힌 안내판을 따라 지하 1층으로 내려가면 된다. 공항 입국장에서는 엘리베이터를 타면 지하 1층의 공항 철도 타는 곳으로 직행할 수 있다.

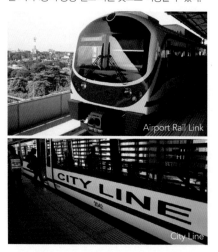

Airport Rail Link

City Line

Travel Plus

공항 철도에서
BTS·지하철로 환승하기

공항 철도를 이용해 시내(싸얌 스퀘어, 쑤쿰윗, 씰롬, 랏차다)로 들어갈 때는 BTS나 지하철(MRT)로 갈아타야 합니다. 방콕의 대중교통들이 통합 요금체계가 아니라서 환승할 때마다 돈을 다시 내고 교통편을 갈아타야 해서 불편한 편입니다. 하지만 극심한 교통체증을 겪는 출퇴근 시간이라면 그 정도 불편함을 감수해도 나쁘지 않겠습니다.

BTS로 환승하는 방법은 간단합니다. 공항 철도 시티 라인을 타고 종점인 파야타이 Phayathai 역에 내리면 됩니다. 환승해야 할 BTS 역의 이름도 파야타이로 동일하구요. 두 개역은 지상으로 환승 통로가 연결되어 있습니다. 싸얌 스퀘어 Siam Square나 쎈탄 월드 Central World 주변의 호텔을 갈 때 BTS를 이용하면 됩니다.

지하철(MRT)로 갈아 탈 수 있는 역은 도심 공항 터미널이 들어선 막까싼 역입니다. 막까싼 Makkasan 역에서 지하철 펫부리(펫차부리) Phetchburi 역까지는 300m 떨어져 있습니다. 펫부리 역에서는 북쪽 방향으로 랏차다를 가거나, 남쪽 방향으로 아쏙 사거리(쑤쿰윗), 씰롬, 차이나타운, 왓 포(싸남차이 역)로 갈 수 있습니다.

BTS 펫부리(펫차부리) 역

공항 철도

홈페이지 www.srtet.co.th

노선

쑤완나품 국제공항 → 랏끄라방 Lat Krabang → 반 탑창 Ban Thap Chang → 후아막 Hua Mak →람캄 행 Ramkhamhaeng → 막까싼 Makkasan →랏차쁘 라롭 Ratchaprarop → 파야타이 Phayathai

운행 06:00~24:00

요금 15~45B(시티 라인)

❷ 여럿이 이동할 때 저렴한
택시

가장 손쉽게 원하는 목적지까지 데려다 주는 교통수 단이다. 방콕의 경우 택시 요금이 저렴한 편이라 웬 만한 거리는 450B 이하에서 이동이 가능하다. 택시 는 4명까지 탈 수 있기 때문에 3~4명이 함께 이용한 다면 다른 교통편보다 저렴하게 방콕 시내로 들어갈 수 있다.

쑤완나품 공항에서 택시 승차장은 1층에 있다. 입국 심사를 마치고 입국장에서 한 층 아래로 내려와야 한 다. 공항 1층에서 청사 밖(5번 게이트 또는 6번 게이 트 앞)으로 나오면 택시 승차장 안내판이 보인다. 공 항 택시가 별도로 있는 게 아니고 방콕 시내를 운행 하는 일반 미터 택시들이 공항에 들어왔다가 시내로 나가는 것이다. 공항에서 출발하는 택시들이 문제를 일으키지 않도록 들어오고 나가는 택시들을 공항에 서 관리하고 있다. 택시들이 각각의 번호(일종의 플 랫폼) 아래 정차해서 승객을 기다린다. 택시 탑승하 기 전 안내원에게 목적지를 말하면 번호표를 건네주 고, 탑승할 택시의 위치를 알려준다. 3~4명까지는 일반 택시 Regular Taxi, 5~6명 또는 짐이 많을 경 우 대형 택시 Large Taxi를 안내받아 탑승하면 된다. 공항에서 출발하는 택시는 별도의 수수료 50B이 추 가된다. 목적지에 도착해서 미터에 적힌 택시 요금+ 수수료(50B)를 지불하면 된다.

쑤완나품 공항 택시 승차장

시내 교통 혼잡을 이유로 기사가 고가도로(탕두언) Expressway 이용을 권유하는데, 이용료는 손님이 부담해야 한다. 구간에 따라 고가도로 톨 비용은 25~50B이다. 방콕의 모든 택시는 미터로 운영되므로 흥정을 해오는 기사는 믿지 말자. 반드시 택시 승차장에서 줄을 서서 탈 것.

❸ 카오산 로드로 직행할 때는
공항 버스

현재는 한 개 노선으로 S1번 버스가 쑤완나품 공항에서 카오산 로드를 연결한다. 공항 청사 1층 7번 회전문 밖으로 나가면 공항 버스 안내 데스크가 있다. 안내 데스크 앞쪽으로 보이는 횡단보도를 건너서 공항 버스를 타면 된다. 운행 시간은 06:00~20:00까지로, 편도 요금은 60B이다. 배차 간격은 약 40분으로 긴 편이다.

공항 1층 7번 회전문 앞에서 출발하는 S1 공항 버스

❹ 방콕 시내 호텔을 연결하는
에어포트 익스프레스 Airport Express

공항버스의 한 종류로 방콕 시내 지역 호텔을 연결한다. 쑤쿰윗 Sukhumvit(아쏙·프롬퐁·통로 지역 호텔), 싸톤 Sathon(싸톤·씰롬 지역 호텔), 차이나타운 Chinatown(차이나타운 지역 호텔)을 연결하는 3개

노선을 운행한다. 노선에 따라 1일 9~12회 운행하는데 배차 간격이 1시간 이상으로 길어 불편하다. 편도 요금은 180B이다. 입국장에서 한 층 아래로 내려와 공항 청사 1층 왼쪽 끝에 있는 7번 회전문 앞에 있는 데스크에서 예약하면 된다.

❺ 밤늦게까지 운행되는 미니버스
리모 버스 Limo Bus

33인승 미니버스로 쑤완나품 공항 → 카오산 로드, 쑤완나품 공항 → 씰롬 두 개 노선을 운영한다. 08:00부터 23:00까지 30분 간격으로 운행하며 편도 요금은 180B이다. 입국장에서 한 층 아래로 내려오면, 공항 청사 1층 왼쪽 끝에 있는 8번 회전문 앞에 있는 데스크에서 예약하면 된다. 자세한 노선과 출발 시간은 홈페이지 www.limobus.co.th 참고.

❻ 10명 이내의 소그룹이 이용하기 좋은
공항 리무진(미니 밴)

소그룹으로 여행할 경우 공항 리무진(미니밴)을 이용하면 편리하다. 택시 두 대를 빌릴 필요 없이 미니 밴한 대로 다 같이 이동할 수 있다. 대부분 11인승 도요타 미니 밴을 이용한다. 편도 요금은 쑤쿰윗 지역의

공항 미니밴과 리무진 서비스

호텔까지 1,300B, 씰롬 지역의 호텔까지 1,500B이다. 입국 심사를 마치고 나오면 환영 홀(미팅 포인트)에 공항 리무진 AOT Limousines이라고 적힌 데스크에서 예약하고 직원의 안내를 받으면 된다.

❼ 가장 저렴한 시내버스

에어컨이 있는 시내버스 탑승은 공항 입국 청사가 아닌 별도의 공항 버스 터미널 Transport Center에서 가능하다. 공항 입국장과 같은 층인 2층에서 무료 셔틀버스가 수시로 운행된다. 공항에서 버스 터미널까지는 10분 정도가 소요된다. 공항을 드나드는 에어컨 버스들은 방콕 시외곽을 연결하는 노선들이 대부분이라 여행자들에게는 유용한 교통편은 아니다. 참고로 공항 버스 터미널에서 파타야 Pattaya, 아란야쁘라텟 (캄보디아 국경) Aranyaprathet, 뜨랏(꼬 창) Trat, 농카이(라오스 국경) Nong Khai행 고속 버스도 출발한다.

공항 버스 터미널에서 출발하는 시내버스

시내버스

운행 06:30~22:00, 20~30분 간격 **요금** 34B

시내버스(에어컨 버스) 주요 노선

554번
쑤완나품 공항 → 타논 람인트라 Thanon Raminthra → 타논 위파와디랑씻 Thanon Viphavadi–Rangsit → 돈므앙 공항 Don Muang Airport → 랑씻 Rangsit

555번
쑤완나품 공항 → 팔람 까우 Phra Ram 9(Rama 9) → 쑷티싼 Sutthisan → 타논 위파와디랑씻 Thanon Viphavadi–Rangsit → 돈므앙 공항 Don Muang Airport → 랑씻 Rangsit

558번
쑤완나품 공항 → 쎈탄 방나(백화점) Cemtral Bang Na → 바이텍 BITEC → 쎈탄 라마 썽(백화점) Central Rama 2

알아두세요

공항 버스 터미널까지 셔틀버스 이용하기

쑤완나품 공항에서 공항 버스 터미널 Transport Center까지는 셔틀버스가 운행됩니다. 셔틀버스 탑승장은 2층과 4층에 있는데요, 2층(5번 회전문과 6번 회전문 사이)에서 타는 게 빠르고 편리합니다. 공항 주요 건물에 모두 정차하는 1층 출발 셔틀버스와 달리 공항 버스 터미널까지 직행한답니다. 요금은 무료이며, 약 10분 걸립니다.

Travel Plus

쑤완나품 공항에서 파타야로 직행하기

쑤완나품 공항에서 방콕 시내를 거치지 않고 파타야 Pattaya까지 직행하는 것도 가능합니다. 입국장에서 한 층 아래로 내려오면, 공항 청사 1층 왼쪽 끝에 있는 8번 회전문 앞에 에어포트 파타야 버스(홈페이지 www.airportpattayabus.com) 매표소가 있습니다. 버스는 오전 7시부터 저녁 9시까지 1시간 간격으로 운행되며, 편도 요금은 143B입니다. 종점은 파타야 버스 터미널이 아니라 좀티엔에 있는 버스 회사 사무실 Map P.38-B3입니다. 자세한 내용은 파타야 교통편 P.375 참고.
택시(자가용 택시)를 이용하는 방법도 있다. 편도 요금은 1,200~1,600B 정도로 탑승 인원과 차량 종류에 따라 요금이 달라진다. 여행사 등을 통해 미리 예약해야 하며, 미팅 장소를 반드시 숙지하고 있어야 한다.

4 돈므앙 공항에서 시내로 가기

100년 넘는 역사를 간직한 공항으로 방콕 북부 지역인 돈므앙 Don Muang에 있다. 저가 항공사가 취항하는 공항으로 국제선보다는 국내선 노선을 운항하는 태국 항공사가 주로 이용한다.

돈므앙 공항

❶ 싸고 편리한 공항 버스

공항 버스는 다섯 개 노선이 운행 중이다. 공항 청사 1층에 있는 6번 출입문 앞에서 출발한다. 방콕 시내에서 흔히 볼 수 있는 에어컨 버스로 일반 시내버스와 큰 차이가 없다. 고가도로(탕두언) Expressway를 이용하기 때문에 이동 속도가 빠른 편이다.

A1 버스는 머칫 Mo Chit, A2 버스는 전승기념탑(아눗싸와리 차이) Victory Monument까지 운행한다. 두 버스 노선이 상당부분 겹치는 데다, A1 버스 배차 간격이 짧기 때문에 여행자들은 대부분 A1 버스를 타고 '머칫'에 내린다. '머칫'에 내리면 버스 정류장 앞쪽으로 지하철(MRT) 쑤언 짜뚜짝 Chatuchak Park 역을 지나 BTS 머칫 역이 나온다. 두 개 역이 인접해 있기 때문에 버스에서 내려서 목적지까지 걸어가면 된다(참고로 길 건너편에 짜뚜짝 주말시장이 있다). 공항 버스 운행시간은 07:30~24:00(배차 간격 30분), 편도 요금은 30B이다.

방콕 시내를 남북으로 관통하는 A3 버스는 룸피니 공원(쑤언 룸피니)까지 가는데, 씰롬 Silom 지역에 있는 호텔에 묵을 경우 이용하면 된다. 배낭 여행자들에게 유용한 A4 버스는 카오산 로드를 연결한다. 07:00~23:00까지 운행되며, 편도 요금은 50B이다.

공항 버스 노선

A1
돈므앙 공항 → 고가도로 → BTS 머칫 Mo Chit(MRT 쑤언 짜뚜짝 Chatuchak Park) → 북부 버스 터미널(콘쏭 머칫)

A2
돈므앙 공항 → 고가도로 → BTS 머칫(MRT 쑤언 짜뚜짝) → BTS 싸판 콰이 Saphan Kwai → BTS 아리 Ari → BTS 아눗싸와리 차이(전승 기념탑) Victory Monument

A3
돈므앙 공항 → 고가도로 → 빠뚜남 Pratunam → 쎈탄 월드 Central World → 랏차쁘라쏭 Ratchaprasong → 룸피니 공원(쑤언 룸피니) Lumphini Park → MRT 씰롬 Silom 역 → MRT 룸피니 Lumphini 역

A4
돈므앙 공항 → 고가도로 → 타논 란루앙 Lan Luang → 민주 기념탑(타논 랏차담넌 끄랑) Democracy Monument → 왓 보원니웻 Wat Bowonniwet → 카오산 로드(왓 차나쏭크람 & 카오산 경찰서) → 싸남 루앙 Sanam Luang

❷ 여러 명이 함께 이동한다면, 택시

3~4명이 함께 이동한다면 가장 편리한 방법이다. 공항 청사 밖으로 나가지 말고, 공항 청사 안쪽에서 8

돈므앙 공항에서 출발하는 공항버스

공항 청사 안쪽의 택시 탑승 대기 장소

번 출입문 방향(진행 방향 왼쪽)으로 가면 된다. 8번 출입문 앞에서 순서대로 안내를 받아 택시를 탑승하면 된다. 카오산 로드와 쑤쿰윗을 포함해 방콕 시내 웬만한 곳까지 300~400B 정도에 갈 수 있다. 공항에서 출발하는 택시라서 50B의 수수료가 별도로 부과된다. 고가도로(탕두언)를 이용할 경우 승객이 톨비를 내야 한다.

❸ 새롭게 개통한 지상철 SRT

SRT 돈므앙 역

태국 철도청에서 운영하는 지상철 SRT 레드 라인이 2021년에 개통하면서 돈므앙 공항을 오가기 편리해졌다. 방쓰 역 (끄룽텝 아피왓 역) Bang Sue Grand Station(Krung Thep Aphiwat Central Terminal) ↔ 돈므앙 Don Muang↔랑씻 Rangsit 노선을 05:30부터 24:00까지 운행한다. 한 시간에 3~5편을 운영하기 때문에 배차 시간이 긴 편이다. 방콕 시내로 갈 경우 방쓰 역(끄룽텝 아피왓 역)에서 지하철 MRT로 갈아타면 된다. 편도 요금은 33B이다.

참고로 SRT 돈므앙 역은 국내선 청사에서 연결되기 때문에, 국제선을 타고 왔을 경우 한 참을 걸어야한다. 돈므앙 공항에 도착하면 밖으로 나가지 말고, 공항 청사 안쪽에서 SRT Red Line이라고 적힌 안내판을 따라 이동하면 된다.

❹ 공항 버스보다 쾌적한
리모 버스 Limo Bus

33인승 소형 버스로 현재 두 개 노선을 운행 중이다. 돈므앙 공항 → 카오산 로드를 직행하는 노선과 돈므앙 공항 → 씰롬(BTS 쌀라댕) → 랏차담리 → 랏차쁘라쏭 사거리 → 빠뚜남 → 돈므앙 공항을 순환하는 노선으로 구분된다.
09:30~24:00까지 운행되며, 편도 요금은 150B이다. 공항 청사 1층 7번 게이트 앞에서 출발한다. 자세한 노선은 홈페이지 www.limobus.co.th 참고.

리모 버스 예약 부스

❺ 방콕 시민처럼 지리에 익숙하다면,
시내버스

그다지 추천할 방법은 아니지만 시내버스를 타고 방콕 시내로 갈 수도 있다. 시내버스 정류장은 공항버스 타는 곳과는 전혀 다른 곳에 있기 때문에 주의를 기울여야 한다. 공항 청사 1층에서 밖으로 나가지 말고 5번 출입문과 6번 출입문 사이에 있는 계단을 올라간다. 아마리 돈므앙 호텔 Amari Don Muang Hotel 안내판이 있는 곳으로 돈므앙 기차역 가는 방향과 동일하다. 계단을 오르면 2층에서 공항 청사 밖으로 연결된 육교가 나온다. 육교에서 오른쪽(북쪽) 방향을 보면 버스 타는 곳이 보이는데, 육교를 다 건너지 말고 중간에서 도로쪽으로 연결된 계단을 내려가면 된다. 버스 요금은 버스의 종류와 거리에 따라 8~24B으로 차등 적용된다. 버스에 탑승해서 차장에게 요금을 내면 된다.

공항 청사 앞 시내버스 타는 곳

돈므앙 공항 앞 도로에서 출발하는
주요 시내버스 노선

29번
돈므앙 공항 → BTS 머칫 역 Mochit → BTS 전승기념탑(아눗싸와리 차이) 역 Victory Monument → BTS 파야타이 역 Phayathai → 쌈얀 Sam Yan → 후아람퐁 기차역 Hua Lamphong Railway Station

59번
돈므앙 공항 → BTS 머칫 역 → BTS 아리 역 → BTS 전승기념탑 역 → 타논 란루앙 Thanon Lan Luang → 타논 랏차담넌 끄랑 Thanon Ratchadamnoen Klang → 민주기념탑 Democracy Monument → 싸남루앙 Sanam Luang

510번
돈므앙 공항 → 쑤언 짜뚜짝 → BTS 머칫 역 → BTS 아리 역 → BTS 전승기념탑 역

554번 · 555번
돈므앙 공항 → 락씨 Laksi → 쑤완나품 공항 Suvarnabhumi Airport

5 굿바이! 방콕

비행기 탑승

방콕에서 한국으로 귀국할 때도 반드시 비행기 출발시간보다 2시간 전에 공항에 도착해 탑승 수속을 밟아야 한다. 방콕 교통 체증을 감안해 충분한 여유를 갖고 출발해야 한다. 3~4명이 함께 이동한다면 택시를 타는 게 좋다. 쑤완나품 공항을 갈 경우 파야타이 역에서 공항 철도를 이용하면 편리하다. 카오산 로드에서 출발하는 방법은 P.127 참고.

쑤완나품 공항 출국장

❶ 탑승 수속

쑤완나품 공항은 4층에, 돈므앙 공항은 2층에 출국장이 있다. 공항 출국장에 도착하면 해당 항공사 카운터로 간다. 공항 안내 모니터에서 해당 항공사 수속 카운터를 확인하면 된다. 여권과 비행기 표를 제시하고 탑승권 Boarding Pass을 발급 받은 다음에는 출국 절차를 밟는다.

❷ 보안 검사 및 출국 심사

입국 절차에 비해 출국 절차는 간단하다. '국제선 출국 International Departure'이라고 적힌 안내판을 따라 이민국 Immigration으로 이동한다. 기내 반입하는 휴대 화물에 대한 보안 검사를 마치면, 출국 심사대

Passport Control에서 차례를 기다려 여권과 출국 카드 Departure Card(입국할 때 사용했던 입국 카드에 붙어 있던 반쪽 면)를 제시한다. 출국 카드는 인적 사항과 여권 번호, 항공편명을 영어로 미리 기재해 두어야 한다. 출국 심사가 끝나면 여권에 스탬프를 찍어 준다.

❸ 면세점 쇼핑 및 탑승

출국 심사가 끝난 후 탑승 전까지는 공항 면세점에서 시간을 보낸다. 면세점에서는 태국 화폐와 달러, 신용카드 사용이 가능하다. 비행기 탑승 기간에 맞춰 해당 비행기 탑승구로 이동한다. 보통 비행기 출발 30분 전부터 탑승을 시작한다.

국제선 출국

알아두세요

태국 여행할 때 대마에 주의하세요!

태국에서 2022년 6월부터 대마를 합법화하면서 의료용뿐만 아니라 기호용으로 판매하기 시작했습니다. 대마는 영어로 Cannabis, Weed, Marijuana, Ganja 등으로 표기하는데, 태국어로는 깐차 Kan-Cha กัญชา라고 부릅니다. 대마는 한국에서 마약류로 지정되어 있어 소지하거나 반입할 경우 5년 이하 징역 또는 5천만 원 이하의 벌금형에 처해집니다. 해외에서 섭취하는 경우에도 마약 성분이 체내에 남아있기 때문에 처벌 대상이 됨을 명심해야 합니다. 대마를 취급하는 제품에는 대마 잎이 그려져 있어 조금만 주의를 기울이면 알 수 있습니다. 음식이나 음료에 넣어서 판매하는 곳도 있으니 식당이나 카페, 편의점에서 초록색 잎이 그려진 게 보이면 무조건 피하는 게 좋아요.

방콕의 시내 교통

1 현지인이 된 것 같은 기분이 드는 수상 보트

동양의 베니스라 불릴 정도로 방콕은 수상 교통이 발달한 도시다. 다리가 건설되고 지하철까지 개통되면서 육상 교통의 비중이 높아졌지만 아직도 보트를 타고 출퇴근하는 방콕 시민들의 모습은 흔하게 목격된다. 버스에 비해 막힘없이 빠르고 시원하게 목적지로 이동할 수 있다.

르아 두언

요금 16~32B **운행** 05:50~19:00, 10~20분 간격 **전화** 0-2445-8888(익스프레스 보트 안내) 0-2024-1342(투어리스트 보트 안내) **홈페이지** www.chaophrayaexpressboat.com **보트 노선도 Map P.2**

① 르아 두언 เรือด่วน (짜오프라야 익스프레스 보트) Chao Phraya Express Boat

버스와 마찬가지로 정해진 노선을 운행하는 보트다. 짜오프라야 익스프레스 보트 Chao Phraya Express Boat 회사에서 운영한다. 배 후미에 달린 깃발 색깔로 보트의 종류를 구분한다. 깃발이 없는 일반 보트는 모든 선착장에 정박하기 때문에 가장 느리고, 오렌지색 → 노란색 → 파란색 순서대로 보트 속도가 빨라진다. 그 이유는 정박하는 선착장 숫자가 줄어들기 때문.

짜오프라야 익스프레스 보트

타 싸톤 선착장

주요 선착장에 모두 정박하는 오렌지색 깃발 Orange Flag 수상 보트가 가장 편리하다. 카오산 로드와 인접한 타 프라아팃 선착장(선착장 번호 N13), 왕궁 앞의 타 창 선착장(선착장 번호 N9), 왓 아룬 앞의 왓 아룬 선착장(선착장 번호 N8), BTS 싸판 딱씬 역과 연결되는 타 싸톤(Central Pier)에 모두 정박한다. 요금은 탑승 후 돈을 받으러 다니는 차장에게 목적지를 말하고 돈을 내면 된다.

승객이 붐비는 주요 선착장은 매표소에서 미리 요금을 내야 하는 곳도 있다. 투어리스트 보트와 같은 선착장을 사용하는 타 싸톤(Central Pier) 선착장은 혼잡을 피하기 위해 매표소를 별도로 운영한다. 미리 원하는 보트의 탑승권을 구입해 정해진 탑승 장소에서 기다리면 된다. 퇴근 시간에는 보트 회사 직원이 나와서 탑승을 돕는다. 엉뚱한 보트로 타는 걸 방지하기 위해 줄을 쳐 놓고 대기 승객을 구분해 놓는다.

> **알아두세요**
>
> ### 보트 선착장은 '타르아 ท่าเรือ'
>
> 선착장은 태국말로 '타르아'라고 합니다. 하지만 선착장 이름과 함께 부를 때는 '르아(보트)'는 사용하지 않고 줄여서 '타'만 붙이면 됩니다. 즉 프라아팃 선착장은 '타 프라아팃(파아팃)'이라고 부르면 되는 것이지요.

❷ 투어리스트 보트 เรือท่องเที่ยวเจ้าพระยา
Tourist Boat

방콕의 주요 볼거리를 배를 타고 돌아볼 수 있게 만든 투어리스트 전용 보트다. 특히 강 건너편의 관광지와 쇼핑몰을 오갈 때 편리하다. 현지인들의 교통편으로 쓰이는 루아 두언(짜오프라야 익스프레스 보트)에 비해 보트가 크고 좌석도 많다. 1일 탑승권 개념으로 하루 동안 무제한적으로 보트를 탑승할 수 있다. 요금은 200B이다. 편도 1회만 탑승할 경우 60B를 받는다.

노선은 프라아팃(카오산 로드) Phra Arthit Pier →프란녹(왕랑) Prannok Pier(Wang Lang Pier) → 타 마하랏 Tha Maharaj Pier → 왓 아룬 Wat Arun Pier → 라치니(빡크롱 딸랏) Rachinee Pier(Pakklong Taladd Pier) → 랏차웡(차이나타운) Ratchawongse Pier→아이콘 싸얌 Icon Siam Pier → 싸톤 Sathorn Pier(BTS Saphan Taksin)선착장까지 9곳을 오간다. 09:00~19:00까지 30분 간격으로 운행되며, 저녁 시간(16:00~19:00)까지는 아시아티크까지 보트 노선이

투어리스트 보트

연장된다. 오후 늦게 운행되는 투어리스트 보트는 2층 갑판이 오픈되어 있어 강변 풍경을 감상하며 크루즈를 즐기기 좋다.

타 프라아팃 선착장과 타 싸톤 선착장은 르아 두언(짜오프라야 익스프레스 보트)와 같은 선착장을 사용하기 때문에, 탑승 전에 보트를 확인해야 한다. 참고로 타 싸톤 선착장은 BTS 싸판 딱씬 Saphan Taksin 역과 빡크롱 딸랏 선착장은 MRT 싸남차이 Sanam Chai 역과 인접해 있다. 보트 노선과 출발 시간은 홈페이지 www.chaophraya touristboat.com 참고.

르아 두언(익스프레스 보트)의 종류와 요금(보트 종류별 정박 선착장은 Map P.2 참고)

보트 종류	노선	운행 시간	운행 간격	요금
로컬 라인(깃발 없음)	논타부리~왓 랏차씽콘	월~금요일 06:45~07:30, 16:00~16:30	20분	10~14B
익스프레스(오렌지 깃발)	논타부리~왓 랏차씽콘	매일 06:00~19:00	10~20분	15B
익스프레스(노란 깃발)	논타부리~싸톤	월~금요일 06:15~08:20, 16:00~20:00	10~20분	20~29B
익스프레스(녹색 깃발)	빡끄렛~싸톤	월~금요일 06:10~08:10, 16:05~18:05	15~20분	13~32B

르아 두언(익스프레스 보트) 선착장과 주요 볼거리

선착장 번호	선착장명	주요 볼거리 / 주요 건물
N13	타 프라아팃 Tha Phra Athit	타논 프라아팃(파아팃), 카오산 로드, 프라쑤멘 요새, 타논 쌈쎈
N10	타 왕랑(씨리랏) Tha Wang Lang(Sirirat)	씨리랏 병원, 씨리랏 의학 박물관, 왕랑 시장
N9	타 창 Tha Chang	왕궁, 왓 프라깨우, 왓 마하탓, 부적 시장, 싸남 루앙, 타논 마하랏
N8	타 띠언(왓 아룬 선착장) Tha Tien	왓 포, 왓 아룬
N7	타 라치니 Tha Rachinee	MRT 싸남차이 역, 빡크롱 시장
N6	타 싸판 풋 Tha Saphan Phut(Memorial Bridge)	빡크롱 시장, 파후랏, 싸판 풋 야시장
N5	타 랏차웡 Tha Ratchawong	차이나타운, 타논 야왈랏, 쏘이 쌈뺑
N4	타 끄롬짜오타 Marine Dept.	딸랏 노이, 항만청, 홀리 로자리 교회
N3	타 씨프라야(씨파야) Tha Si Phraya	로열 오키드 쉐라톤 호텔, 리버 시티, 디너 크루즈 선착장, 밀레니엄 힐튼
N1	타 오리안뗀(오리엔탈) Tha Oriental	오리엔탈 호텔, 어섬션 성당, 중앙 우체국, 르부아 호텔
Central	타 싸톤 Tha Sathon	BTS 싸판 딱씬 역, 샹그릴라 호텔, 페닌슐라 호텔, 아시아티크 보트 선착장

❸ 르아 캄팍 เรือข้ามฟาก
(크로스 리버 페리) Cross River Ferry

짜오프라야 강을 건널 수 있도록 동서로만 움직인다. 다리까지 가지 않고 강을 건널 수 있어, 톤부리 지역 주민에게 편리한 교통편이다. 요금은 한 번 탈 때마다 5B이다.

강을 건널 때 이용해야 하는 르아 캄팍

❹ 르아 항 야오(긴 꼬리 배) เรือหางยาว
Long Tail Boat

일종의 수상 택시다. 렌탈 보트 개념으로 꼬리 부분이 기다랗게 생겼다 하여 붙여진 이름이다. 모터를 달아 시끄러운 소리를 내지만 이동 속도는 빠르다. 짜오프라야 강에서 연결된 운하를 둘러볼 때 이용하면 좋다(P.196 참고).

긴 꼬리 배로 불리는 르아 항 야오

2 방콕 시내를 관통하는 운하 보트

운하 보트가 출발하는 판파 선착장

짜오프라야 강이 아니고 운하를 따라 정해진 노선을 오가는 보트다. 쌘쌥 운하(크롱 쌘쌥 คลองแสนแสบ) Khlong Saen Saeb를 오가는 보트는 시내 주요 지역을 연결한다. 총 길이는 18km로 하루 6만 명의 방콕 시민이 이용한다. 쌘쌥 운하 보트는 방람푸 Banglamphu에 있는 판파 선착장(타르아 판파 ท่าเรือ ผ่านฟ้าลีลาศ) Phan Fa Pier Map P.7-B2에서 출발해 빠뚜남 Pratunam → 쑤쿰윗 Sukhumvit → 펫부리 Phetchburi → 통로 Thong Lo를 거쳐 방까삐 Bangkapi까지 운행된다. 빠뚜남 선착장(타르아 빠뚜남 ท่าเรือประตูน้ำ) Pratunam Pier을 기준으로 서쪽 노선 4개 선착장, 동쪽 노선 22개 선착장으로 이루어졌다. 워낙 노선이 길기 때문에 모든 보트는 빠뚜남 선착장에서 갈아타야 한다.

버스나 택시와 비교할 수 없이 빠른 속도가 최대의 매력이다. 잘만 익혀두면 방콕의 교통 체증을 피해 쌰얌 스퀘어, 마분콩, 짐 톰슨의 집, 쌰얌 파라곤, 쎈탄 월드를 포함한 방콕 시내 중심가로 싸고 빠르게 이동할 수 있다. 단점이라면 오염된 운하를 가로지르기 때문에 쾌적하지 못하다는 것. 요금은 보트 탑승 후에 안전모를 쓰고 돌아다니는 차장에게 지불하면 된다. 관광지와 연결된 선착장 주변 지도는 운하보트 홈페이지 http://www.khlongsaensaep.com/transfers.html 참고. 길을 물을 때 선착장 이름 앞에 '타르아'를 붙이면 된다.

요금 10~20B **운행** 05:30~20:30(토 · 일요일 05:30~19:00) **홈페이지** www.khlongsaensaep.com

운하 보트 주요 선착장과 볼거리

선착장명	주요 볼거리 / 주요 건물
타르아 판파 Phan Fa Pier	푸 카오 텅, 라마 3세 공원, 타논 랏차담넌 끄랑, 민주기념탑, 카오산 로드
타르아 싸판 후어 창 Saphan Hua Chang Pier	짐 톰슨의 집, 쌰얌 스퀘어, 마분콩, 방콕 아트 & 컬처 센터(BACC), 국립 경기장, 쌰얌 센터, 쌰얌 파라곤
타르아 빠뚜남 Pratunam Pier	쎈탄 월드, 이세탄 백화점, 빠뚜남 시장, 아마리 워터게이트 호텔
타르아 위타유 Withayu(Wireless) Pier	타논 위타유, 나이럿 파크 스위소텔
타르아 나나 느아 Nana Neua Pier	쑤쿰윗 쏘이 3(나나 느아), 밤룽랏 병원
타르아 아쏙 Asok Pier	MRT 펫부리 역, 타논 쑤쿰윗 쏘이 21(아쏙)

3 빠르고 쾌적하게 도심을 연결하는 BTS

방콕 교통 체계의 일대 변혁을 가져온 스카이트레인, BTS(Bangkok Mass Transit System)는 쾌적하고 빠르게 도심을 이동할 수 있는 교통수단이다. 방콕 도심에서도 교통체증으로 심하게 몸살을 앓는 싸얌 Siam, 쑤쿰윗 Sukhumvit, 씰롬 Silom을 모두 관통하기 때문에 택시보다 더 편리하다. 또한 지상으로 철도를 건설해 풍경을 바라보며 이동할 수 있는 것도 매력적이다.

요금 16~59B **운행** 06:00~24:00, 5~10분 간격 **전화** 0-2617-6000 **홈페이지** www.bts.co.th

❶ 노선(BTS 노선도 Map P.4 참고)

1999년에 개통한 BTS는 씰롬 라인 Silom Line, 쑤쿰윗 라인 Sukhumvit Line, 골드 라인 Gold Line 3개 노선으로 이루어져 있다. 씰롬 라인은 싸남낄라 행찻 National Stadium → 방와 Bang Wa까지 14개 역, 쑤쿰윗 라인은 쿠콧 Khu Khot → 케하 Kheha까지 47개 역으로 이루어져 있다. 쑤쿰윗 라인은 방콕 시내 중심가인 쑤쿰윗(나나, 아쏙, 프롬퐁, 통로, 에까마이, 프라카농, 언눗)을 관통한다. 두 노선은 센트럴 스테이션 Central Station에 해당하는 싸얌 Siam 한 군데서만 환승이 가능하다. 지하철 MRT과 환승이 가능한 역은 쑤언 짜뚜짝 Chatuchak Park, 아쏙 Asok, 쌀라댕 Sala Daeng 세 곳이며, 수상 보트(짜오프라야 익스프레스 보트)를 타려면 싸판 딱씬 역을 이용하면 된다. 공항 철도는 파야타이 Phayathai 역에서 탈 수 있다.

❷ 골드 라인 신설

짜오프라야 강 건너편에 만든 골든 라인은 2020년 12월에 개통됐다. 지상으로 만든 경전철 노선으로 총 길이는 2.6km다. 끄룽 톤부리 Krung Thonburi↔짜런 나콘 Charoen Nakhon↔크롱 싼 Khlong San 세 개역으로 구성되어 있다.

❸ BTS 탑승 순서

1. BTS 역에 도착한다
모든 역에는 안내 창구와 자동 발급기가 설치되어 있다. 안내 창구에서는 정액권만 발급할 뿐 1회 승차권은 판매하지 않는다. 일반 여행자라면 안내 창구는 동전을 바꿔주는 역할밖에 못한다.

2. 동전을 바꾼다
승차하기 전에 먼저 안내 창구에서 필요한 동전을 바꿔야 한다.

3. 노선도가 그려진 자동 발매기를 찾는다
1회용 탑승권은 BTS 역마다 설치되어 있는 자동 발매기를 이용해야 한다. 터치스크린으로 교체된 신형 자동 발매기에는 요금이 표시된 노선도가 그려져 있다. 스크린 위에 표시된 노선을 보고 가고자 하는 BTS 역을 누르면 요금이 표시된다. 초기 화면은 태국어로 되어 있는데, 터치스크린 상단에 표시된 'English' 버튼을 누르면 영어로 변경된다.

4. 표시된 요금에 해당하는 동전을 넣는다
요금이 표시되면 몇 장을 구입할지 선택하고, 최종 요금에 해당하는 동전을 넣으면 된다.

5. 승차권 구입 후 탑승하기
플라스틱으로 된 1회용 편도 승차권을 챙겨서 개찰구를 통해 들어가면 된다. BTS 플랫폼은 개찰구보다 한 층 위에 있다.

알아두세요

장기 여행자라면 래빗 카드 Rabbit Card 구입하세요.

일종의 교통 카드로 BTS를 자주 이용하는 여행자들에게 편리하다. 래빗 카드는 성인 Adult, 학생 Student, 어르신 Senior 세 종류로 구분되며, 유효 기간은 5년이다. 발급 비용은 100B이며, 최소 100B 이상 충전(최대 4,000B) 해서 사용하면 된다. 잔액이 최소 15B 이상일 경우 사용이 가능하다. 카드를 반납하면 발행 비용(50B)을 빼고, 보증금 50B+잔액을 되돌려준다. 지하철(MRT)과 연계되지 않기 때문에 지하철을 탈 때는 별도의 표를 구입해야 한다.

사진으로 보는 BTS 탑승 과정

1 BTS 역 도착

2 목적지를 정하고 동전을 투입한다

3 티켓이 나온다

4 티켓을 넣고 개찰구 통과한다

5 플랫폼으로 이동한다

6 BTS 탑승

BTS 주요 역과 볼거리

역명	주요 볼거리 / 주요 건물
N8 머칫 Mochit	MRT 쑤언 짜뚜짝 환승역, 짜뚜짝 주말시장, 짜뚜짝 공원
N3 아눗싸와리 차이 Victory Monument	전승기념탑, 색소폰 펍, 풀만 호텔, 킹 파워 면세점, 타논 랑남
N2 파야타이 Phayathai	공항 철도 파야타이 역, 쑤언 팍깟 궁전, 쑤꼬쏜 호텔, 트루 싸얌 호텔
N1 랏차테위(랏테위) Ratchathewi	아시아 호텔, VIE 호텔, 판팁 플라자
CS 싸얌 Siam	BTS 환승역, 싸얌 스퀘어, 싸얌 센터, 싸얌 파라곤, 싸얌 켐핀스키 호텔
E1 칫롬 Chitlom	쎈탄 월드, 게이손 빌리지, 에라완 사당, 하얏트 호텔, 인터컨티넨탈 호텔, 쎈탄 칫롬 백화점, 랏차쁘라쏭 사거리, 쏘이 랑쑤언
E2 펀찟 Phloenchit	쎈탄 엠바시, 타논 위타유, 미국 대사관, 베트남 대사관, 쏘이 루암루디, 콘래드 호텔, 노보텔 방콕 페닉스 펀찟, 오쿠라 호텔, 시바텔
E3 나나 Nana	나나 엔터테인먼트 플라자, 쑤쿰윗 쏘이 11, JW 메리어트 호텔, 랜드마크 호텔, 로열 벤자 호텔, 앰배서더 호텔, 어로프트 호텔
E4 아쏙 Asok	MRT 쑤쿰윗 환승역, 아쏙 사거리, 쑤쿰윗 플라자(한인 상가), 로빈싼 백화점, 터미널 21, 소피텔 쑤쿰윗, 쉐라톤 그랑데 호텔, 웨스틴 그랑데 호텔, 드림 호텔, 반 캄티앙, 쏘이 카우보이
E5 프롬퐁 Phrom Phong	엠포리움 백화점, 엠카르티에 백화점, 쑤쿰윗 쏘이 24, 벤짜씨리 공원, 메리어트 마르퀴스 퀸스 파크 호텔, 홀리데이 인 쑤쿰윗, 데이비스 호텔, 메리어트 이그제큐티브 아파트먼트
E6 통로 Thong Lo	쑤쿰윗 쏘이 55(통로), 마켓 플레이스, 제이 애비뉴, 써머셋 통로, 판 파시픽 서비스 스위트
E7 에까마이 Ekkamai	동부 버스 터미널, 메이저 씨네플렉스
E9 언눗 On Nut	짐 톰슨 아웃렛, 로터스 쇼핑몰, 임 퓨전 호텔
W1 싸남낄라 행찻 National Stadium	마분콩, 싸얌 디스커버리, 쏘이 까쌤싼, 짐 톰슨의 집, 국립 경기장, 방콕 아트 & 컬처 센터(BACC)
S1 랏차담리(랏담리) Ratchadamri	왕립 방콕 스포츠 클럽, 세인트 레지스 호텔
S2 쌀라댕 Sala Daeng	MRT 씰롬 환승역, 룸피니 공원, 타논 씰롬, 팟퐁, 두씻 타니 호텔, 씰롬 콤플렉스, CP 타워, 방콕 크리스찬 병원
S3 총논씨 Chong Nonsi	BRT 환승 센터, 킹 파워 마하나콘, W호텔
S5 쑤라싹 Surasak	미얀마 대사관, 홀리데이 인 씰롬, 이스틴 그랜드 호텔 싸톤
S6 싸판 딱씬 Saphan Taksin	수상 보트 타 싸톤 선착장, 상그릴라 호텔, 르부아 호텔, 아시아티크 보트 선착장

4 정확하게 원하는 목적지까지 연결하는 지하철 MRT

BTS(스카이트레인)보다 5년 늦게 개통한 MRT는 2개 노선을 운행한다. 방콕 시민들이 도심을 드나들기 편리하도록 방콕 주변 지역을 연결하는 노선으로 이루어져 있다. '엠알티 MRT'는 Metropolitan Rapid Transit의 약자로 '메트로 Metro' 또는 '롯 파이 따이딘 รถไฟใต้ดิน'이라고 불린다.

요금 17~70B **운행** 06:00~24:00, 5~10분 간격 **전화** 0-2624-5200
홈페이지 www.metro.bemplc.co.th `지하철 노선도 Map P.4`

MRT 블루 라인 MRT Blue Line

방콕 지하철 1호선에 해당한다. 총 길이 48km로 38개 역으로 이루어져 있다. 2004년부터 운행을 시작해 2020년까지 지속적인 연장 공사를 통해 현재는 순환선의 형태를 띠고 있다. 새롭게 개통된 왓 망꼰 Wat Mangkon 역 → 쌈욧 Sam Yot 역 → 싸남차이 Sanam Chai 역은 차이나타운과 라따나꼬씬 지역을 통과한다. 주요 관광지가 몰려 있는 지역이라 관광객들에게도 유용하다. 왓 망꼰 역은 차이나타운 한복판에 위치하며, 싸남차이 역은 왓 포와 가깝다.

지하철 승차권은 두 가지로 구분된다. 1회 편도 탑승권은 검은색의 바둑돌처럼 생긴 토큰을 사용하고, 정액권은 플라스틱 티켓으로 되어 있다. 편도 승차권은 자동발매기와 개찰구 옆의 안내 창구에서 모두 구입할 수 있다.

BTS와 달리 자동판매기는 동전과 지폐 사용이 가능하며 터치스크린 모니터로 되어 있다. 자동판매기 초기 화면은 태국어로 표시되어 있으나 스크린 오른쪽 상단에 'ENGLISH' 마크를 누르면 영어로 전환된다. 원하는 목적지를 누르면 요금이 표시된다.

1회용 승차 토큰은 개찰구로 들어갈 때 인식기에 갖다 대기만 하면 되고, 내릴 때는 토큰을 넣으면 개찰구가 열린다.

지하철(MRT)과 BTS 환승은 쑤언 짜뚜짝 Chatuchak Park, 쑤쿰윗 Sukhumvit, 씰롬 Silom, 방와 Bang Wa 역에서 가능하다. MRT 펫부리 Phetchaburi 역에서는 공항 철도 막까싼 역으로 환승이 가능하다. 참고로 방콕은 환승체계가 갖추어지지 않아 환승할 경우 탑승권을 별도로 구매해야 한다.

MRT 블루 라인 주요 역과 볼거리

역명	주요 볼거리 / 주요 건물
방쓰 Bang Sue	방쓰 기차역, 끄롱텝 아피왓 역
깜팽펫 Kamphaengphet	짜뚜짝 주말시장, 어떠꺼 시장
쑤언 짜뚜짝 Chatuchak Park	BTS 머칫 환승역, 짜뚜짝 주말시장, 짜뚜짝 공원
쑨왓타나탐 Thailand Cultural Center	태국 문화원, 한국 대사관, 싸얌 니라밋, 에스플러네이드, 더 원 랏차다
팔람 까우 Phra Ram 9	쩟페어 야시장, 중국 대사관, 센트럴 플라자 그랜드 팔람까우
펫부리(펫차부리) Phetchburi	공항 철도 막까싼 역, 운하 보트 아쏙 선착장, 타논 펫부리, 타논 아쏙
쑤쿰윗 Sukhumvit	BTS 아쏙 환승역, 아쏙 사거리, 반 캄티앙, 쏘이 카우보이, 쉐라톤 그랑데 호텔, 웨스틴 그랑데 호텔, 로빈싼 백화점, 쑤쿰윗 플라자, 터미널 21
쑨씨리낏 Queen Sirikit National Convention Center	퀸 씨리낏 컨벤션 센터, 벤짜낏 공원
룸피니 Lumphini	일본 대사관, 독일 대사관, 타논 싸톤, 쏘이 응암 두플리, 애타스 룸피니(호텔), 소 소피텔 방콕, 반얀트리 호텔, 쑤코타이 호텔, 메트로폴리탄 호텔
씰롬 Silom	BTS 쌀라댕 환승역, 룸피니 공원, 타논 씰롬, 팟퐁, 두씻 타니 호텔
후아람퐁 Hua Lamphong	후아람퐁 기차역, 왓 뜨라이밋, 차이나타운
왓 망꼰 Wat Mangkon	차이나타운
싸남차이 Sanam Chai	왓 포, 싸얌 박물관, 빡크롱 시장

MRT 퍼플 라인 MRT Purple Line

2016년 8월에 개통한 MRT 2호선에 해당한다. 블루 라인(1호선)과 달리 지상으로 철도를 연결했다. 크롱 방파이 Khlong Bang Phai 역에서 따오뿐 Tao Poon 역까지 총 23km 구간, 16개 역이 있다. 방콕 북서쪽에 있는 논타부리 Nonthaburi에서 방콕으로 출퇴근 하는 현지인들을 위해 건설했다. 운행 시간은 05:30~24:00까지.

MRT 퍼플 라인은 현재 노선에서 남쪽을 연결하는 연장 공사를 계획 중이다. 국회의사당, 쌈쎈, 국립 도서관, 민주기념탑 등 방콕의 올드 타운에 해당하는 방람푸를 남북으로 가로지르게 되는데, 2027년 완공될 예정이다.

> **알아두세요**
>
> ## MRT 탈 때 편리한 트래블로그(트래블월렛) 카드
>
> 트래블로그나 트래블월렛 카드가 있다면 MRT를 탈 때 교통카드처럼 사용할 수 있다. 우리나라 지하철을 탈 때와 마찬가지로 출입할 때 태그를 하면 된다. 트래블로그는 하나은행, 트래블월렛은 자신이 보유한 은행 계좌와 연동해 실시간 환전이 가능하다. 단, BTS에서는 사용할 수 없다.

철도청에서 운영하는 지상철 SRT

기존 철도 노선을 활용해 만든 지상철 구간으로 태국 철도청 SRT(State Railway of Thailand)에서 운영한다. 2021년 11월 29일부터 운행을 시작한 레드 라인 SRT Red Line은 현재 13개 역으로 이루어져 있다. 방콕 북부를 연결하는 노선은 다크 레드 라인 SRT Dark Red Line으로 방쓰 역(끄룽텝 아피왓 역) Bang Sue Grand Station(Krung Thep Aphiwat Central Terminal) → 돈므앙 Don Muang → 랑씻 Rangsit까지 26km를 운행하고, 방콕 서부를 연결하는 라이트 레드 라인 SRT Light Red Line은 방쓰 역(끄룽텝 아피왓 역) → 따링찬 Taling Chan 역까지 15km를 운행한다.

모든 SRT 노선은 방쓰 역(끄룽텝 아피왓 역) 한 곳에서만 환승이 가능하다. 운행 시간은 05:30~24:00까지이며, 편도 요금은 12~42B이다. 열차 운행이 한 시간에 2~3대 뿐이라 운행 간격도 길다.

지상철 형태로 운영되는 SRT

MRT 블루 라인 후아람퐁 역

왓 포와 가까운 싸남차이 역

1회용 승차권 발매기

> **알아두세요**
>
> ## 어린이 요금은 나이가 아니라 키 크기로 결정합니다
>
> 태국에서는 키 크기로 어린이를 구분합니다. 키가 120cm 이하인 어린이는 할인 요금을 적용받게 되며, 90cm 이하일 경우에는 요금이 면제 됩니다. 대중교통 요금뿐만 아니라 유적지와 공연장에서도 어린이 요금이 적용되는 곳이 많기 때문에, 어린이를 동반했을 경우 할인 요금이 적용되는지 미리 확인해두기 바랍니다.

5 전용 차선을 달리는 익스프레스 버스 BRT(Bus Rapid Transit)

버스 전용 차선을 달리는 급행 버스다. BTS와 지하철이 운행되지 않는 싸톤 남쪽의 짜오프라야 강 지역을 연결한다. 총 길이 16km로 12개 정류장을 지난다. BTS 총논씨 역 2번 출구에서 BRT 환승 센터까지 지상으로 통로가 연결되어 있다. BRT 노선에는 유명한 관광지나 호텔이 없어서 여행자들에게 큰 효용은 없다.

현지어 롯 도이싼 쁘라짬 탕두언피쎗 **운영** 06:00~24:00(10분 간

전용 차선을 달리는 BRT

격 운행) **요금** 12~20B **노선** 싸톤 Sathon (BTS 총논씨 역) → 아칸 쏭크로 Akhan Songkhro → 테크닉 끄룽텝 Technic Krungthep → 타논 짠 Thanon Chan → 나라람 쌈 Nararam 3 → 왓 단 Wat Dan → 왓 빠리왓 Wat Pariwat → 왓 독마이 Wat Dorkmai → 싸판 팔람 까우(라마 9세 대교) Rama 9 Bridge → 짜런랏 Charoenrat → 싸판 팔람 쌈(라마 3세 대교) Rama 3 Bridge → 랏차프륵 Ratchaphruek

6 정신을 바짝 차리고 타야 하는 버스

방콕에는 400개 이상의 시내버스 노선이 도시 곳곳으로 운행된다. 버스 노선이 많은 만큼 버스 타기는 만만치 않은 일로, 특히 지리에 익숙하지 않은 외국인에게 버스를 제대로 타고 내리는 건 많은 노력을 필요로 한다. 시내버스는 버스 종류에 따라 색이 다르기 때문에 쉽게 구분이 된다. 빨간색 버스는 일반 버스(롯 탐마다)로 에어컨이 없기 때문에 창문을 열어 놓고 다닌다. 오렌지색과 파란색 버스는 에어컨 버스

오렌지색 에어컨 버스

(롯 애)로 요금을 더 받는 대신 차량 시설이 좋다. 요금은 버스 안을 돌아다니며 수금하는 차장에게 지불한다. 거스름돈을 주지만 100B 이하의 소액권을 준비해 두는 게 좋다. 무임승차 방지를 위해 불시에 검사관들이 버스에 올라타는 경우도 있으니 승차권은 버리지 말고 내릴 때까지 보관해 두자.

ViaBus
(무료 애플리케이션)

요금 8~14B(일반 버스), 12~24B(에어컨 버스) **운행** 05:00~23:00
홈페이지 www.bmta.co.th

7 골목길을 다닐 때 유용한 뚝뚝

이 도시에서 가장 눈에 띄는 교통수단이다. 바퀴가 세 개 달린 삼륜차 택시로, 지붕만 씌워져 있고 양옆이 뻥 뚫려 있다. 차체가 작아 좁은 골목길을 드나들 때 편리하다. 다만 방콕은 교통체증이 심하기 때문에, 매연과 더위에 그대로 노출되는 뚝뚝으로 장거리 이동을 하려면 큰 불편함을 감수해야 한다. 지붕에 영어로 '택시 TAXI'라 쓰여 있으나, 미터가 아닌 흥정으로 요금을 결정해야 한다. 걸어서 20분 이내의 거리는 50~60B 정도에 흥정하면 된다. 유명 관광지 주변에서

뚝뚝

사기 행각을 벌이는 뚝뚝 기사도 있으니 조심할 것. 특히 공짜 시내 관광을 시켜준다는 말은 절대 믿어선 안된다.(P.167 참고).

8 가장 안락하고 쾌적한 택시

미터 요금제 택시는 지붕에 '택시-미터 Taxi-Meter'라고 쓰여 있고, 보기에도 택시처럼 생겼다. 기본 요금은 35B이며, 거리에 따라 요금이 2B씩 추가된다. 편리한 교통편으로 요금도 그리 비싸지 않아 이용해 볼 만하다. 3~4명이 함께 탄다면 BTS나 지하철에 비해 월등히 저렴하다. 차가 막히지 않는다는 가정 하에 정해진 요금표는 5㎞ 가는데 57B, 10㎞ 가는데 87B이다. 방콕 택시는 기본적으로 합승을 하지 않는다.

택시

또한 택시가 많기 때문에 택시 잡는 것도 어렵지 않다. 더러 외국인이라고 미터를 꺾지 않고 요금을 흥정하려는 기사가 있는데, 이때는 그냥 택시에서 내려서 다른 택시를 잡아타면 된다. 방콕 시내는 300B 이하에서 이동이 가능하다. 잔돈을 미리 준비해 탑승하자. 고가도로(탕두언) Express Way를 이용하자는 택시 기사도 있는데, 도로 상황을 보고 판단하면 된다. 이용료는 톨게이트에서 승객이 직접 지불해야 한다. 톨 비용은 구간에 따라 25~50B를 받는다.

9 콜택시 애플리케이션 그랩 Grab

동남아시아 지역에서 널리 쓰이는 콜택시 애플리케이션이다. 방콕에서는 그랩 Grab과 볼트 Bolt가 가장 많이 사용된다. 이용 방법은 우리의 카카오택시와 유사하다. 무료 애플리케이션을 설치하고, 현재 위치로 택시를 불러 가고자 하는 목적지까지 이동하면 된다. ①그랩 택시 Grab Taxi는 그랩에 등록된 미터기 택시를 호출하는 것이다. 일반 택시와 마찬가지로 미터기 요금으로 계산되며, 콜비 20B를 추가로 지불해야 한다. ②그랩 카 Grab Car는 그랩에 등록된 개인 승용차를

합법적인 그랩 택시를 이용하자

이용하는 것이다. 목적지까지 요금을 미리 알 수 있다. ③저스트 그랩 Just Grab은 가까운 곳에 있는 차량을 우선 배정해 준다. ④볼트는 그랩보다 늦게 운영을 시작했지만, 그랩보다 저렴하다고 알려지면서 이용자가 증가하고 있다. 참고로 교통 체증이 심한 곳과 출퇴근 시간에는 택시 호출이 어려운 편이다. 요금은 카드보다 현금으로 결제하는 게 좋다.

알아두세요

방콕의 새로운 기차역 끄룽텝 아피왓 역(방쓰 역)

태국 전국을 연결하는 방콕 기차역이 끄룽텝 아피왓 역(싸타니 끄랑 끄룽텝 아피왓) Krung Thep Aphiwat Central Terminal สถานีกลางกรุงเทพอภิวัฒน์으로 이전했습니다. 옛 기차역 이름인 방쓰 역(싸타니 끄랑 방쓰) Bang Sue Grand Station สถานีกลางบางซื่อ으로 불리기도 하니 같이 알아두세요. 2023년 1월 19일부터 태국 주요도시를 연결하는 기차가 이곳에서 출발하게 됩니다. 기존에 사용하던 후아람퐁 역 Hua Lamphong Station은 방콕 근교 지역(아유타야, 롭부리, 후아힌 포함) 완행열차만 운행됩니다.

Krung Thep Aphiwat Central Terminal

Area Guide in Bangkok

กรุงเทพมหานคร

방콕의 볼거리 & 레스토랑 & 나이트라이프

방콕은 다양함이 공존하는 매력적인 도시다. 짜끄리 왕조(라따나꼬씬 왕조)가 성립되면서 240년 이상 태국의 수도로 군림하며 인구 1,000만 명의 태국 최대의 도시로 자리 잡았다. 과거 화려함으로 대변되는 왕실과 사원이 메트로폴리탄으로 변모한 빌딩가와 자연스레 어울리며 조화를 이룬다. 왕궁 · 왓 프라깨우 · 왓 포 · 왓 아룬 같은 상징적인 사원들과 차이나타운, 싸얌 등이 여행자를 유혹한다. 때론 천사의 도시, 때론 동양의 베니스, 때론 사원의 도시로 변모하며 즐거움을 충족시켜주는 방콕으로 가보자.

Sukhumvit

쑤쿰윗(나나, 아쏙, 프롬퐁)

방콕 시내 중심가를 이루는 쑤쿰윗은 다양한 인종이 어우러진 방콕이 다문화 도시임을 극명하게 보여준다. 사원이나 역사 유적은 전무하지만 길에서 외국인을 흔하게 만날 수 있는 국제적인 곳으로 특정한 단어로 정의할 수 없는 다양함도 존재한다. 더불어 태국에서 가장 긴 도로다.

비싼 아파트들이 즐비하고 해외 유학파 태국 젊은이들이 '팟타이'와 '쏨땀' 대신 파스타와 크레페를 맛보기 위해 찾아든다. 또한 국제적으로 명성있는 고급 호텔과 뉴욕에 있을 법한 클럽이 상류 사회의 소비문화를 선도하는 동시에 방콕의 치부인 환락가 나나 플라자 Nana Plaza와 쏘이 카우보이 Soi Cowboy도 함께 공존한다.

쑤쿰윗은 메인 도로를 의미하는 '타논'에 연결된 골목들만 100개 이상 뻗어 거미줄처럼 연결되어 있다. 낮에는 낮대로 밤에는 밤대로 거리마다 다른 모습으로 치장되어 숨겨진 얼굴을 드러낸다. 명품 쇼핑, 스파, 미식 탐험, 환락의 밤까지 여행자가 원하는 모든 것들을 충족시켜 줄 것이다.

볼 거 리	★☆☆☆☆ P.83
먹을거리	★★★★★ P.86
쇼 핑	★★★★★ P.330
유 흥	★★★★★ P.97

알아두세요

❶ 교통 체증이 심하기 때문에 택시보다는 BTS를 이용하는 것이 빠르다.

❷ 나나 플라자와 쏘이 카우보이 일대는 심야에 환락가로 변모하니 주의를 요한다.

❸ 쑤쿰윗 플라자에는 한인업소가 밀집해 있다.

Shopping 쇼핑하기 좋은 곳

❶ 터미널 21 (P.330) 공항 터미널을 주제로 꾸민 대형 쇼핑몰

❷ 엠카르티에 백화점(엠쿼티아) (P.331) 쇼핑과 식사를 모두 해결할 수 있는 대형 백화점

❸ 부츠 Boots (P.322) 방콕의 대표적인 드럭스토어

Don't miss 이것만은 놓치지 말자

❶ 터미널 21에서 쇼핑하기.(P.330)

❷ 엠카르티에 백화점 5층에서 방콕 시내 풍경 감상하기.(P.331)

❸ 유명 마사지 숍에서 타이 마사지 받기. (P.348)

❹ 로스트(엠카르티에 백화점 지점)에서 브런치 즐기기.(P.113)

❺ 타이 레스토랑에서의 근사한 식사. (나 아룬 P.90, 더 로컬 P.91, 씨 뜨랏 P.88)

❻ 리빙 룸에서 라이브 재즈 감상하기.(P.99)

❼ 루프 톱에서 방콕 야경 감상하기. (어보브 일레븐 P.100, 스펙트럼 P.99)

쑤쿰윗의 교통

BTS와 지하철이 모두 쑤쿰윗을 지난다. 또한 다양한 버스 노선이 지나기 때문에 교통이 편리한 만큼 교통 체증은 심각하다. 특히 아쏙 Asok 사거리 주변은 출퇴근 시간 최대의 혼잡지역이다.

+ BTS

쑤쿰윗 노선 Sukhumvit Line이 타논 쑤쿰윗의 중심가를 지난다. BTS 나나 Nana · 아쏙 Asok · 프롬퐁 Phrom Phong · 통로 Thong Lo · 에까마이 Ekkamai · 언눗 On Nut 역을 이용하면 쑤쿰윗의 웬만한 곳은 연결된다.

+ 운하 보트

타 판파 Tha Phan Fa 선착장에서 출발하는 쌘쌥 운하(크롱 쌘쌥) Khlong Saensaep로 가는 운하 보트가 쑤쿰윗 북단을 연결해 동서로 흐른다. 나나 중심가로 가려면 나나 느아 선착장(타르아 나나 느아) Nana Nua Pier에, 아쏙 사거리로 가려면 아쏙 선착장(타르아 아쏙) Asok Pier에서 내리면 된다. 운하 보트 선착장에서 타논 쑤쿰윗까지는 15분 이상 걸어야 하기 때문에 여행자들의 이용 빈도는 매우 적다.

+ 지하철(MRT)

지하철은 아쏙 사거리를 남북으로 관통하며 타논 쑤쿰윗 쏘이 21(아쏙)을 지난다. 지하철역은 쑤쿰윗 역 단 하나로, BTS 아쏙 역에서 환승이 가능하다.

+ 버스

카오산 로드에서 출발한다면 타논 랏차담넌 끄랑에서 일반 버스 2번이나 에어컨 버스 511번을 이용한다. 거리도 멀고 차도 막히기 때문에 언제 도착할지 장담할 수 없다.

Best Course **추천 코스**

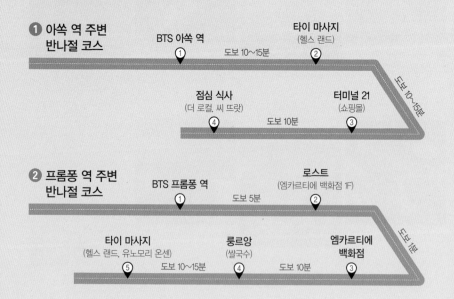

1 아쏙 역 주변 반나절 코스

BTS 아쏙 역 ① — 도보 10~15분 — 타이 마사지 (헬스 랜드) ②

점심 식사 (더 로컬, 씨 뜨랏) ④ — 도보 10분 — 터미널 21 (쇼핑몰) ③ — 도보 10~15분

2 프롬퐁 역 주변 반나절 코스

BTS 프롬퐁 역 ① — 도보 5분 — 로스트 (엠카르티에 백화점 1F) ②

타이 마사지 (헬스 랜드, 유노모리 온센) ⑤ — 도보 10~15분 — 룽르앙 (쌀국수) ④ — 도보 10분 — 엠카르티에 백화점 ③ — 도보 1분

Attractions 쑤쿰윗의 볼거리

쑤쿰윗에서 볼거리는 반 캄티앙이 전부다. 태국 북부 건축물이 궁금하다면 들러볼 만하다. 역사 유적지보다는 고급 호텔과 레스토랑이 많아 저녁이 되면 외국인 여행자들로 북적인다.

반 캄티앙(캄티앙 하우스)
Ban Khamthieng(Khamthieng House)
พิพิธภัณฑ์เรือนคำเทียง ★★

현지어 피피타판 르안 캄티앙 주소 131 Thanon Asok (Asok Montri Road) 전화 0-2661-6470 운영 화~토 09:30~16:30(휴무 일·월요일) 요금 무료(기부금으로 운영) 가는 방법 BTS 아쏙 역 3번 출구에서 아쏙 사거리를 끼고 좌회전하면 왼쪽에 목조 건물인 반 캄티앙이 보인다. 또는 MRT 쑤쿰윗 역 1번 출구 바로 앞에 있다. Map P.19-D2

쑤쿰윗 중에서도 교통 체증이 가장 심한 아쏙 사거리에 있는 목조 건물이다. 태국 북부의 라나 왕조 Lanna Dynasty 양식으로 지은 '캄티앙'의 집으로 1848년, 치앙마이의 매 삥 Mae Ping 강변에 만들었던 건물을 1960년대에 방콕으로 옮겨온 것이다.

반 캄티앙은 티크 나무의 멋이 그대로 살아 있고, 북부의 전형적인 V자 모양의 '깔래' 장식으로 지붕을 만들어 분위기를 더한다. 내부에는 고산족 용품, 농기구를 비롯해 일상생활에 쓰이는 옷 등을 전시해 박물관처럼 꾸몄다. 비디오를 통한 시청각 교육실까지 갖추어 태국 북부 풍습을 공부하는 좋은 기회도 얻을 수 있다.

반 캄티앙 입구에는 목조 전통 가옥을 레스토랑으로 사용하는 카페 네로 Cafe Nero가 있다. 태국 전역에서 체인점을 운영하는 블랙 캐년 커피 Black Canyon Coffee(홈페이지 www.blackcanyoncoffee.com)에서 운영한다. 대중적인 레스토랑으로 태국 요리부터 샌드위치까지 가볍게 식사하기 좋은 다양한 음식을 요리한다.

반 캄티앙 옆에는 태국 문화를 보존하는 데 지대한 역할을 수행하는 싸얌 소사이어티 Siam Society(홈페이지 www.thesiamsociety.org) 본부가 있다. 서점과 기념품 매장을 함께 운영하는데 태국 문화에 관심이 많다면 도서관에 들러 연구 자료들을 열람하자.

란나(태국 북부 지방) 양식의 전통 가옥 반 캄티앙

Ban Khamtieng

반 캄티앙(캄티앙 하우스) 입구

벤짜낏 공원
Benjakiti Park สวนเบญจกิติ ★★

현지어 쑤언 벤짜낏 **주소** Thanon Ratchadaphisek
운영 06:00~20:00 **요금** 무료 **가는 방법** ①BTS 아쏙
역 4번 출구에서 도보 10분. 파크 플라자 호텔을 지
나면 공원 입구가 나온다. ②MRT 쑨 씨리낏 Queen
Sirikit Convention Center 역 3번 출구에서 아쏙 방향
으로 도보 5분. Map P.20-A2 Map 방콕 전도-C3

씰롬에 있는 룸피니 공원(P.267)과 더불어 방콕 도심에
있는 시민공원이다. 아쏙 사거리에서 쑨 씨리낏(퀸 씨
리킷 컨벤션 센터) Queen Sirikit Convention Center 사
이의 20헥타르에 이르는 넓은 부지를 공원으로 만들
었다. 가로수길이나 잔디 정원이 적은 대신 거대한 호
수를 만들고, 호수 가장자리를 따라 2km에 이르는 산책
로를 조성했다. 무더운 낮에는 그늘을 제공해 주는 곳
이 많지 않아서, 방콕 시민들의 발걸음은 적은 편이다.

벤짜씨리 공원
Benjasiri Park อุทยานเบญจสิริ ★

현지어 웃타얀 벤짜씨리 **주소** Thanon Sukhumvit
Soi 22 & Soi 24 **운영** 06:00~21:00 **가는 방법** 쑤쿰윗
쏘이 22와 쏘이 24 사이에 있다. BTS 프롬퐁 역 6번
출구에서 도보 1분. Map P.20-A2 Map P.21-B2

쑤쿰윗 한복판에 있는 아담한 공원이다. 씨리낏 왕비
(선왕인 라마 9세의 왕비)의 60회 생일(1992년 8월 12
일)을 기념하기 위해 만들었다. 퀸스 파크 Queen's
Park라고도 불린다. 룸피니 공원이나 벤짜낏 공원에
비해 규모는 작지만 도심에서 접근성이 좋아 방콕 시
민들의 발길이 잦다. 아담한 호수를 중심으로 잔디가
곱게 깔려 있고, 나무 그늘이 많아서 휴식을 취하기
에 좋다. 공원에는 태국 조각가들의 작품이 전시되어
있다. 공원 옆으로는 엠포리움 백화점과 BTS 프롬퐁
역이 있다.

쑤쿰윗 한복판에 있는 벤짜씨리 공원

벤짜씨리 공원 옆에는 대형 백화점과 호텔이 가득하다

도심의 빌딩 숲에 둘러싸인 벤짜낏 공원

Travel Plus 쑤쿰윗은 대체 어디까지인가요?

방콕에서 가장 긴 도로인 쑤쿰윗은 나나(쑤쿰윗 쏘이 3) Nana에서 시작해 아쏙(쑤쿰윗 쏘이 21) Asok, 프롬퐁(쑤쿰윗 쏘이 39) Phrom Phong, 통로(쑤쿰윗 쏘이 55) Thong Lo(Thonglor), 에까마이(쑤쿰윗 쏘이 63) Ekkamai, 언눗(쑤쿰윗 쏘이 77) On Nut, 우돔쑥(쑤쿰윗 쏘이 103) Udom Suk, 방나 Bang Na를 지나 멀리 캄보디아 국경 지역까지 이어집니다. 골목을 의미하는 '쏘이 Soi' 번호가 낮을수록 시내 중심가에 해당해 고급 주택가와 고급 레스토랑이 많습니다. 쏘이 번호가 높아질수록 도심에서 멀어지면서 서민 아파트가 증가합니다.

● 쑤쿰윗 쏘이 3 & 쏘이 5
아랍과 중동, 북·중부 아프리카 사람들이 몰려 있기 때문에 '쏘이 아랍(아랍 골목) Soi Arab'이라고 불립니다. 쑤쿰윗 쏘이 3(나나 느아 Nana Neua)과 쑤쿰윗 쏘이 5 사이의 비좁은 골목에는 아랍어 간판이 흔하게 보입니다.

● 쑤쿰윗 쏘이 4
나나 사거리에서 남쪽에 해당합니다. 남쪽 나나라는 뜻으로 '나나 따이 Nana Tai'라고 불리기도 합니다. 팟퐁, 쏘이 카우보이와 더불어 방콕의 대표적인 유흥가인 나나 플라자 Nana Plaza(P.283)가 있습니다.

● 쑤쿰윗 쏘이 11
쑤쿰윗에서 상대적으로 유럽인들이 즐겨 찾는 레스토랑과 술집이 많은 거리입니다.

● 쑤쿰윗 쏘이 12
아쏙 사거리와 가까운 주택가 골목입니다. 쏘이 12 입구에 있는 쑤쿰윗 플라자 Sukhumvit Plaza는 한인 상가가 몰려 있어 방콕의 코리아 타운으로 불립니다.

● 쑤쿰윗 쏘이 21(아쏙)
쑤쿰윗 중심가를 이루는 사거리로 도로가 워낙 길어서 '쏘이' 번호 대신 거리 이름인 '아쏙'으로 더 많이 불립니다. 센탄 월드 앞의 랏차쁘라쏭 사거리(P.241)와 더불어 방콕의 대표적인 교통 체증 지역으로 손꼽힙니다.

● 쑤쿰윗 쏘이 23
아쏙에서 오른쪽으로 한 블록 떨어진 골목입니다. 팟퐁과 더불어 방콕의 대표적인 환락가인 쏘이 카우보이 Soi Cowboy(P.283)가 밤마다 불을 밝힙니다.

● 쑤쿰윗 쏘이 24
엠포리움 백화점 옆으로 이어진 길입니다. 쑤쿰윗에서 상대적으로 외국인들이 선호하는 콘도와 레지던스 호텔이 많은 골목입니다.

● 쑤쿰윗 쏘이 39(프롬퐁)
BTS 프롬퐁 역 바로 앞에 있는 쑤쿰윗 쏘이 31부터 39까지 일본 슈퍼마켓과 상점, 식당이 흔하게 보입니다.

● 쑤쿰윗 쏘이 55(통로)
방콕에서 가장 '핫'한 동네입니다. 호텔은 많지 않지만 방콕의 대표적인 고급 주택가로 거리를 따라 다양한 레스토랑과 카페, 미니 쇼핑몰이 즐비합니다. 방콕의 새로운 유행을 추구하는 독특한 업소가 많습니다.

● 쑤쿰윗 쏘이 63(에까마이)
방콕 동부 버스 터미널(콘쏭 에까마이)이 위치한 곳입니다. 버스 터미널 반대 방향으로 이어지는 쑤쿰윗 쏘이 63에는 요즘 방콕에서 잘나가는 클럽들이 즐비합니다.

아쏙 사거리

쑤쿰윗 쏘이 12

쑤쿰윗 쏘이 5 주변 풍경

쑤쿰윗 쏘이 3

통로·에까마이

Restaurant 쑤쿰윗의 레스토랑

방콕 식도락 여행을 위한 최고의 선택, 쑤쿰윗에는 모든 나라 음식이 한곳에 몰려 있다. 방콕에서 외국인의 발길이 가장 많은 곳으로 골목마다 다양한 특색으로 꾸며져 있다.

룽르앙
Rung Reuang Pork Noodle 인기
รุ่งเรือง (สุขุมวิท ซอย 26) ★★★☆

주소 Thanon Sukhumvit Soi 26 **전화** 0−2258−6746 **영업** 08:00∼16:30 **메뉴** 영어, 태국어, 한국어, 중국어 **예산** 60∼80B **가는 방법** 쑤쿰윗 쏘이 26(이십혹) 안쪽으로 150m 들어간다. 한자로 '泰榮'이라고 적힌 간판이 작으므로 유심히 살펴야 한다. BTS 프롬퐁 역 4번 출구에서 도보 5분. Map P.21-B2

정말 별 것 없는 허름한 쌀국수 식당이지만, 쑤쿰윗 일대에서 꽤나 유명하다. 한국 방송 프로그램에 소개 되기도 했고, 미쉐린 가이드에 맛집으로 선정됐을 정도다. 분위기가 아니라 맛 때문에 찾는 단골들이 많다. 테이크아웃(싸이 퉁) 해가는 손님들도 많아 점심 시간에는 주문이 밀리는 편이다.

쌀국수(꾸어이띠아우)는 국물이 있는 '꾸어이띠아우 남'과 비빔국수인 '꾸어이띠아우 행'으로 구분된다. 면발은 쎈야이(굵은 면), 쎈렉(가는 면), 쎈미(매우 가는 면) 중에서 하나를 선택해야 한다. 다진 돼지고기, 돼지 간, 어묵까지 다양한 고명을 얹어준다. 음식 양은 적은 편이다. 매콤한 똠얌 국수(꾸어이띠아우 똠얌)도 있다. 면발의 종류, 고명(토핑), 육수 종류를 차례로 선택해 주문하면 된다.

점심시간 더욱 분주한 룽르앙

터미널 21 푸드 코트(피어 21)
Terminal 21 Food Court(Pier 21) 인기
★★★★

주소 Thanon Sukhumvit Soi 19 & Soi 21, Terminal 21 Shopping Mall 5F **전화** 0−2108−0888 **홈페이지** www.terminal21.co.th **영업** 10:00∼22:00 **메뉴** 영어, 태국어 **예산** 50∼90B **가는 방법** 아쏙 사거리에 있는 터미널 21 쇼핑몰 5F에 있다. BTS 아쏙 역 1번 출구에서 도보 3분. MRT 쑤쿰윗 역 3번 출구에서 도보 5분. Map P.19-D2 Map P.20-A2

쑤쿰윗 아쏙 사거리에 있는 대형 쇼핑몰 '터미널 21'에서 운영하는 푸드 코트. 샌프란시스코를 주제로 꾸민 5층에 있는데, 금문교 모형이 눈길을 끈다. 다른 푸드 코트와 마찬가지로 전용 카드를 미리 구입해 사용하고, 남은 돈은 나갈 때 전용 카드를 반납하고 환불 받으면 된다.

태국 음식이 주를 이루며 과일과 디저트까지 선택 폭도 넓다. 쌀국수, 팟타이, 쏨땀(파파야 샐러드), 덮밥까지 간편하게 식사하기 좋은 태국 음식이 가득하다. 원하는 음식 판매대에서 직접 주문하면 된다. 창가쪽 자리에서는 방콕 도심 풍경도 보인다. 음식 값이 부담 없어서 점심시간에는 직장인과 관광객으로 붐빈다. 청결함과 에어컨의 시원함은 기본이다. 시내 중심가에 있는 푸드 코트 중에 가격 대비 가장 좋은 시설을 갖추고 있다.

터미널 21 푸드코트

차뜨라므 Cha Tra Mue
ชาตรามือ ★★★☆

주소 4F, Terminal 21 **홈페이지** www.cha-thai.com **영업** 10:00~20:00 **메뉴** 영어, 태국어 **예산** 45~55B **가는 방법** 터미널 21 쇼핑몰 4F에 있다.
Map P.19-D2

1945년부터 생산을 시작한 '타이 티 Thai Tea'를 대표하는 차(茶) 브랜드. 태국 사람들이 즐겨 마시는 달달한 밀크 티를 만들 때 원재료로 사용된다. 대중적인 브랜드답게 고급 찻집이 아닌 테이크아웃 매장 위주로 운영한다. '차 엔 Iced Thai Tea(연유를 넣은 달달한 밀크 티)'을 기본으로 한다. 연유를 넣지 않은 밀크 티는 '차 담 엔 Iced Thai Black Tea', 라임을 넣은 밀크 티는 '차 마나오 엔 Iced Thai Lemon Tea', 녹차와 우유가 들어가면 '차 키아우 놈 엔 Iced Milk Green Tea'이 된다. 주문할 때 당도를 기호에 따라 선택할 수 있다. 센탄 월드 Central World(7F), 아이콘 싸얌 Icon Siam(GF), 쎈탄 엠바시 Central Embassy(4F), 마분콩 MBK Center(7F), 싸얌 파라곤 Siam Paragon(GF)을 포함해 주요 쇼핑몰에 매장을 운영한다.

차뜨라므

아이야 아로이 I Ya Aroi
ไอ้หย่าอร่อย ★★★

주소 Thanon Sukhumvit Soi 23 **영업** 07:30~17:00 **메뉴** 영어, 태국어 **예산** 50~100B **가는 방법** BTS 아

아이야 아로이

쏙 역에서 400m 떨어진 타논 쑤쿰윗 쏘이 23에 있다. Map P.19-D2

아쏙 역 주변에 있는 쌀국수 식당. 에어컨 없는 허름한 식당으로 아침 일찍부터 문을 연다. 방콕 어디에건 볼 수 있는 평범한 쌀국수 식당인데, 대형 빌딩과 쇼핑몰, 호텔이 몰려 있는 지역이다 보니 오히려 귀한 대접을 받는다. 소고기 쌀국수, 돼지고기 쌀국수, 에그 누들(바미), 완탕까지 다양한 쌀국수를 즉석에서 만들어 준다. 주문할 때 쌀국수에 들어가는 면 종류를 골라야 한다. 사진이 첨부된 영어 메뉴판을 구비해 두고 있다. 곱빼기를 원한다면 피쎗(Large)을 주문하면 된다. 공깃밥을 추가하면 10B을 더 받는다. 참고로 방콕 환락가 중의 한 곳인 쏘이 카우보이 골목과 접해 있는데, 식당은 저녁 때 문을 닫는다. 멀리 떨어진 호텔에 머문다면 굳이 찾아갈 필요는 없다.

쑤다 레스토랑(쑤다 포차나)
Suda Restaurant ★★★

주소 6/6–1 Thanon Sukhumvit Soi 14 **전화** 0–2229–4664 **영업** 월~토 11:00~22:30(휴무 일요일) **메뉴** 영어, 태국어 **예산** 140~390B **가는 방법** BTS 아쏙 역 2번 또는 4번 출구 앞의 쑤쿰윗 쏘이 14 골목 안쪽에 있다. Map P.19-D2

쑤쿰윗 중심가에서 보기 드문 '보통' 태국 식당으로 40년 넘도록 같은 자리를 지키고 있다. 에어컨도 없는 평범한 로컬 식당이지만 유명세 덕분에 손님들로 북적인다. 낮에는 주변의 태국 직장인들이, 저녁에는 관광객들이 주된 고객. 볶음밥부터 똠얌꿍까지 외국인이 좋아하는 메뉴를 골고루 갖추고 있다. 야외에도 테이블이 놓여 있어 맥주 마시며 식사하기 좋다. 저녁 시간에는 주문이 밀려 요리하는데 시간이 걸리는 편이다. 조바심 내지 말고 기다리자. 음식 값이 인상되면서 가성비는 예전만 못하다. 일요일에는 문을 닫는다.

게 카레 볶음

쑤다 레스토랑

씨 뜨랏 Sri Trat
ศรีตราด (สุขุมวิท ซอย 33)

추천
★★★★

주소 90 Thanon Sukhumvit Soi 33 **전화** 0-2088-0968 **홈페이지** www.facebook.com/sritrat **영업** 11:00~22:00 **메뉴** 영어, 태국어 **예산** 메인 요리 250~600B, 런치 세트 320B(+17% Tax) **가는 방법** 타논 쑤쿰윗 쏘이 33 골목 안쪽으로 600m. 가장 가까운 BTS 역은 프롬퐁 역이다. Map P.21-B1

태국 동부 해안에 있는 뜨랏 Trat 지방 음식을 선보이는 곳이다. 뜨랏 태생의 태국인 가족이 운영하며, 주인장의 어머니가 직접 요리한다. 태국 음식의 기본에 해당하는 피시소스(남쁠라)를 직접 만들어 사용한다. 신선한 채소와 허브, 과일을 첨가해 만들기 때문에 식재료가 좋다.

뜨랏은 바다와 접하고 있는 지역이라 풍족한 해산물을 이용한 요리가 많다. 고유한 레시피로 요리한 맘스 페이보릿 Mom's Favorite이 추천 메뉴에 해당한다. 메인 요리는 타이 샐러드 Thai Salad, 남프릭 Thai Style Chilli Dip, 태국 카레 Thai Curry, 볶음과 튀김 요리 Stir Fired & Deep Fried로 구분된다. 메뉴마다 맵기가 표기되어 있다. 음식에 태국적인 향이 강하게 배어 있어 태국 음식 마니아들에게 인기가 있다.

사람이 적은 편인 점심시간에 방문하면 편하게 식사할 수 있다(점심시간에도 예약하고 오는 태국인들이 많다). 점심시간에는 다양한 음식을 쟁반에 담아 내어주는 세트 메뉴도 가능하다. 참고로 왕관을 쓴 여성 사진은 주인장 어머니의 젊은 시절 모습이다. 미스 타일랜드 지방 예선(뜨랏 지역)에서 우승했을 때의 모습이라고 한다.

껫타와 Gedhawa
เก็ดถะหวา (สุขุมวิท ซอย 33)

★★★☆

주소 1F, Taweewan Place, 78/2 Thanon Sukhumvit Soi 33 **전화** 0-2662-0501 **영업** 월~토 11:00~14:00, 17:00~22:00(휴무 일요일) **메뉴** 영어, 태국어 **예산** 140~450B(+10% Tax) **가는 방법** BTS 프롬퐁 역 5번 출구로 나와서, 타논 쑤쿰윗 쏘이 33 골목 안쪽으로 400m. Map P.21-B1

방콕에서 만날 수 있는 태국 북부 음식 전문점이다. 가정집 분위기가 느껴지는 아담한 레스토랑이다. 쑤쿰윗에 있지만 골목 안쪽에 있어 차분하다. 음식 사진을 붙여 손으로 써서 만든 메뉴판도 정겹다. '껫타와'는 북부 사투리로 치자나무 gardenia(순결과 행복이라는 꽃말을 갖고 있다)라는 뜻이다. 참고로 태국 북부 지방은 란나 왕국 Lanna Kingdom이 있었던 곳으로 치앙마이를 수도로 삼았었다.

대표적인 북부 음식은 '카우쏘이' Khao Soi(Egg Noodle Curry Northern Style)와 '깽항레' Kaeng Hang Lae이다. 카우쏘이는 매콤한 코코넛 카레 국수로, 계란과 밀가루로 반죽한 노란 면을 사용한다. 깽항레는 부드러운 돼지고기 카레를 즐길 수 있다. 독특한 음식을 원한다면 '남프릭 엉' Nam Prick Ong이 괜찮다. 남프릭 엉은 일종의 태국식 쌈장으로 토마토와 고추, 마늘, 허브를 갈아서 만든다. 함께 곁들여 나오는 각종 채소를 찍어 먹으면 된다. 북부 음식이 이곳의 특기지만, 태국 전역에서 맛 볼 수 있는 대중적인 메뉴 또한 다채롭게 선보인다. 쏨땀, 팟타이, 오믈렛, 생선 요리, 새우 요리까지 외국인들이 좋아하는 메뉴가 많다.

카우 쏘이

북부 지방 분위기가 느껴지는 껫타와

쑤쿰윗 쏘이 33으로 이전한 껫타와

쁘라이 라야 Prai Raya
ปราย ระย้า(สุขุมวิท ซอย 8) ★★★☆

주소 59 Thanon Sukhumvit Soi 8 전화 0-2253-5556 홈페이지 www.facebook.com/PraiRayaPhuket 영업 영업 11:00~22:30 메뉴 영어, 태국어 예산 메인 요리 250~850B(+17% Tax) 가는 방법 타논 쑤쿰윗 쏘이 8 골목 안쪽으로 400m. Map P.19-C2

쑤쿰윗에 있는 푸껫(태국 남부 요리) 음식점이다. 푸껫에 유명 레스토랑인 '라야 Raya'를 운영하는 태국인 가족이 운영한다. 시내 한복판에 있는 콜로니얼 양식의 단층 건물이라 별장처럼 근사하다. 빈티지한 건물과 아치형 창문, 패턴 모양의 타일은 복고적인 감성을 자극한다. 잔디 깔린 야외 정원과 테이블까지 있어 여유롭다. 음식은 남부 요리에 국한하지 않고 대중적인 태국 음식을 골고루 요리한다. 모닝 글로리 볶음, 팟타이, 덮밥(단품 메뉴)도 가능하다. 인기 메뉴 Popular Dishes는 메뉴판 첫 번째 페이지에 따로 구분해놓고 있다.

시그니처 메뉴로는 깽뿌(소면과 함께 나오는 게살을 넣은 옐로 커리) Fresh Crap Meat with Yellow Curry가 있다. 푸껫이 고향인 태국 사람들은 쿠아끄링 무 쌉(국물 없이 만든 다진 돼지고기 카레 볶음) Pan Roasted Khua Kling Curry을 즐겨 먹는다. 매운 음식이 부담된다면 무홍(달짝지근한 돼지고기 조림) Steamed Pork Belly을 곁들이면 된다. 참고로 남부지방 요리는 중부지방(방콕)에 비해 매운 음식이 많은 편이다.

푸껫 음식을 요리하는 쁘라이 라야

Prai Raya

쏜통 포차나(썬텅 포차나)
Sorn Thong Restaurant
ศรทองโภชนา (ถนนพระราม 4) ★★★☆

주소 2829-31 Thanon Phra Ram 4(Rama 4 Road) 전화 0-2258-0118 홈페이지 www.sornthong.com 영업 12:00~23:00(주문 마감 22:00) 메뉴 영어, 태국어, 한국어, 일본어, 중국어 예산 300~2,200B 가는 방법 ①타논 쑤쿰윗 쏘이 24 끝에 있는 맥도날드와 타논 팔람 씨(Rama 4 Road)에 있는 빅 시 엑스트라(쇼핑몰) Big C Extra 사이에 있다. 맥도날드를 바라보고 오른쪽으로 50m 떨어져 있다. ②BTS 프롬퐁 역에서 데이비스 호텔을 지나 타논 쑤쿰윗 쏘이 24 끝에서 좌회전하면 된다. 걸어가기에는 멀기 때문에 택시를 타는 게 편하다. Map P.20-A3

쏨분 시푸드(P.273)와 더불어 방콕에서 유명한 해산물 식당이다. 기업화된 쏨분 시푸드에 비해 서민적인 느낌이 물씬 풍긴다. 화교가 운영하는 평범한 식당이지만 음식맛 때문에 매일 저녁 손님들로 문전성시를 이룬다. 활기 넘치는 분위기로 신선한 해산물 요리를 즐길 수 있다.

시푸드 전문 레스토랑답게 새우와 생선, 게 요리가 다양하고 맛도 좋다. 뿌팟퐁까리와 어쑤언이 인기 있다. 레스토랑 입구에서 숯불에 구워내는 무 싸떼(코코넛 카레를 바른 돼지고기 꼬치구이)는 간식으로 좋다. 똠얌꿍을 비롯해 기본적인 태국 음식과 다양한 중국식 볶음 요리가 가능하다. 주문한 요리와 함께 카우팟 카이(달걀 볶음밥)를 곁들이면 훌륭한 한끼 저녁식사가 된다. 메뉴판에 한국어까지 적혀 있으므로 음식을 주문할 때 편리하다. 손님이 많을 경우 주문한 음식이 나오는데 오래 걸린다. 카드 사용은 안 되고 현금으로 결제해야 한다.

Sorn Thong Restaurant

나 아룬 Na Aroon
ณ อรุณ (โรงแรมอริยาศรมวิลล่า) ★★★★

주소 Ariyasom Villa, 65 Thanon Sukhumvit Soi 1 전화 0-2254-8880~3 홈페이지 www.ariyasom.com 영업 10:30~22:00 메뉴 영어, 태국어 예산 240~950B(+17% Tax) 가는 방법 ①아리야쏨 빌라 1층에 위치. 타논 쑤쿰윗 쏘이 1(능) 골목 안쪽으로 들어가면 골목 끝에 있다(골목 입구에서 600m). ②BTS 펀찟 역 또는 나나 역을 이용하면 된다. Map P.19-C1

부티크 호텔인 아리야쏨 빌라 Ariyasom Villa(P.368)에서 운영하는 태국 음식점이다. 방콕의 번잡한 도심에 해당하는 쑤쿰윗에 있는데, 골목 안쪽에 숨겨져 있어 평화롭다. 녹색 식물이 가득한 정원과 마당 안쪽에 숨겨진 수영장까지 도심의 오아시스를 연상시킨다. 1940년에 지어진 멋들어진 건물과 야외 정원이 우아하게 어우러진다. 빈티지한 옛 건물의 높은 천장과 나무 바닥, 널따란 창문은 시간을 과거로 되돌린 듯한 느낌을 준다.

'건강하고 맛있는 유기농 요리'가 주인의 목표여서 음식이 정갈하다. 기본적으로 채식을 표방하지만, 시푸드 메뉴를 추가해 변화를 줬다(고기가 들어간 메뉴는 없다). 두부, 감자, 가지, 버섯, 파파야를 이용한 음식이 많다. 깽끼아우완(그린 커리) Green Curry, 마싸만 카레 Mussaman Curry, 텃만꿍 Tod Mun Goong, 팟타이 Phad Tai, 똠얌꿍 Tom Yum Goong, 쏨땀 Som Tam, 얌쏨오 Yum Som O, 남프릭 Num Prik까지 다양하다. 애피타이저+메인+디저트로 구성된 2인용 세트 메뉴가 있다. 전체적으로 식재료가 좋고 맵기도 적당하다(현지인의 입맛에는 덜 매운 편). 직원들도 친절하다.

도심에서 즐기는 평화로운 식사 Na Aroon

르안 말리까 Ruen Mallika
เรือนมัลลิการ์
(ซอย เศรษฐีทวีทรัพย์ สุขุมวิท 22) ★★★☆

주소 189 Soi Setthi Thawi Sap, Thanon Sukhumvit Soi 22 전화 0-2663-3211, 08-4088-3755 홈페이지 www.ruenmallika.com 영업 12:00~23:00 메뉴 영어, 태국어 예산 메인 요리 300~1,200B(+10% Tax) 가는 방법 쑤쿰윗 쏘이 22 남쪽 끝자락에 있는 쏘이 쎗티 타위쌉 골목에 있다. BTS 역에서 멀리 떨어진 골목 안쪽에 있어 택시를 타고 가는 게 좋다. 가장 가까운 MRT 역은 쑨 씨리낏 Queen Sirikit National Convention Centre 역, BTS 역은 프롬퐁 역이다. Map P.20-A3

200년 가까이 된 가옥을 개조한 타이 레스토랑. 티크 나무로 만든 전통 가옥과 넓은 정원을 갖추고 있어 도심의 복잡함을 벗어나 여유롭게 식사할 수 있다. 신발을 벗고 올라가야 하는 2층의 평상과 쿠션은 가정집에 들어온 느낌도 준다. 쑤쿰윗에 있지만 골목 안쪽에 있어 위치는 불편하다.

얼핏 보면 투어리스트 레스토랑 같지만 분위기에 결코 뒤지지 않는 태국 음식을 요리해 낸다. 태국 왕실 요리를 외국인의 입맛에 맞추어 정갈하게 요리하는 것이 특징이다. 왕실 요리답게 꽃과 과일을 이용한 음식 플레이팅까지 정성을 들였다. 독특한 음식으로는 식당 정원에서 재배한 식용 꽃을 모아 만든 튀김 요리 '짠 츠 부싸바 Variety of Deep Fried Flowers'가 있다.

목조 가옥이 운치 있는 르안 말리까

외국인 입맛에 맞춘 왕실 요리

더 로컬 The Local
เดอะโลคอล (สุขุมวิท ซอย 23)

추천
★★★★

주소 32-32/1 Thanon Sukumvit Soi 23 **전화** 0-2664-0664 **홈페이지** www.thelocalthaicuisine. com **영업** 11:30~22:30 **메뉴** 영어, 태국어 **예산** 메인 요리 350~1,200B, 저녁 세트 850~2,200B(+17% Tax) **가는 방법** 타논 쑤쿰윗 쏘이 23(이씹쌈) 골목 안쪽으로 550m. BTS 아쏙 역 또는 MRT 쑤쿰윗 역에서 도보 10분. Map P.19-D2

시내 중심가에 있는 고급 타이 레스토랑이다. 쑤쿰윗 중심부인 아쏙에 있지만 100년 넘은 가옥을 근사한 레스토랑으로 탈바꿈했다.

식당 내부는 골동품, 민속품, 흑백 사진, 실크를 전시해 '로컬'이라는 이름처럼 현지(태국) 느낌이 물씬 풍긴다. 안내를 받아 레스토랑 내부로 들어가면 근사한 가정집에 초대받은 느낌이 들게 한다.

전통 조리 기법으로 태국 음식을 요리한다. 외국인이 많이 찾는 곳이라 대부분의 음식이 거부감이 없다. 쏨땀(파파야 샐러드)부터 해산물 요리까지 메뉴가 다양하다. 음식의 맵기를 선택해 주문할 수 있다. 고급 레스토랑답게 플레이팅에도 신경을 써 음식과 조화롭게 어울린다. 전통 복장을 입은 종업원들의 친절한 서비스도 괜찮다.

쑤쿰윗 지역에서 유명한 레스토랑으로 저녁 시간에는 예약하고 가는 게 좋다. 레스토랑의 공식 명칭은 더 로컬 바이 옴텅 타이 퀴진 The Local by Oam Thong Thai Cuisine이다.

쏨얌꿍

THE LOCAL

전통의 맛과 분위기를 느낄 수 있는 더 로컬

따링쁘링 Taling Pling
ตะลิงปลิง (สุขุมวิท ซอย 34)

★★★☆

주소 25 Thanon Sukhumvit Soi 34 **전화** 0-2258-5308~9 **홈페이지** www.talingpling.com **영업** 10:30~22:00 **메뉴** 영어, 태국어 **예산** 180~440(+17% Tax) **가는 방법** 타논 쑤쿰윗 쏘이 34로 들어가서 400m 들어가면 왼쪽 편에 있다. BTS 통로 역 2번 출구에서 도보 15분. Map P.22-A3

30년 넘는 역사를 간직한 곳으로, 방콕 시민들이 사랑하는 태국 음식점 중 하나다. 쑤쿰윗 지점은 골목 안쪽에 있어 드나들기 불편하지만, 통유리로 된 천장 높은 건물과 야외 정원까지 있어 넓고 여유롭다. 국제적인 레스토랑이 가득한 쑤쿰윗임을 감안해, 인테리어는 세련되고 현대적인 감각을 최대한 살렸다. 야외 정원에는 레스토랑의 이름이기도 한 따링쁘링(노란색의 열대 과일) 나무를 심었다.

깔끔한 맛의 태국 요리를 선보인다. 살짝 단맛이 느껴지는 음식도 있지만, 전체적으로 무난하다. 다양한 태국 음식과 디저트를 모두 즐길 수 있다.

교통이 편리한 싸얌 파라곤 Siam Paragon G층(전화 0-2129-4353~4, P.323)에 지점을 운영한다.

따링쁘링

Taling Pling

부라파 Burapa
บูรพา (สุขุมวิท ซอย 11)

★★★★

주소 26 Thanon Sukhumvit Soi 11 **전화** 0-2012-1423 **홈페이지** www.facebook.com/BurapaEasternThai **영업** 화~일 12:00~15:00, 17:00~24:00(휴무 월요일) **메뉴** 영어, 태국어 **예산** 메인 요리 320~980B, 칵테일 320~380B(+17% Tax) **가는 방법** 타논 쑤쿰윗 쏘이 11 골목 끝자락의 홀리데이 인 익스프레스(쑤쿰윗 11) 옆에 있다. BTS 나나 역에서 650m 떨어져 있다.

Map P.19-C1

유명 레스토랑인 씨 뜨랏 Sri Trat(P.88)에서 운영하는 또 다른 태국 음식 전문점이다. 특이하게도 외국인(특히 유럽인) 여행자들을 위한 식당과 술집이 즐비한 쑤쿰윗 쏘이 11에 있다. 럭셔리한 기차를 연상케 하는 실내는 가죽 소파와 창문, 어둑한 조명이 어우러져 빈티지한 감성을 자극한다. 1층은 칵테일 바가 있고, 2층과 3층에서 식사가 가능하다.

메뉴는 본점인 씨 뜨랏과 비슷하다. 태국 동부 지방 음식과 더불어 이싼(동북부 지방) 음식도 요리하는데, 태국의 두 개 지방 요리를 접목해 태국 요리의 확장된 맛을 선보이려고 노력하고 있다. 태국 카레가 메인인데 레드 카레 Red Curry, 마싸만 카레 Massaman Curry, 라왱 카레 Rawang Curry가 있다. 직접 만든 카레 페이스트를 이용해 부드럽고 깊이 있는 맛을 낸다. 새로운 요리에 도전하기 부담된다면 닭고기 구이(까이 땡) Grilled Red Chicken with Chinese An-kak Spices ไก่แดงรมไฟย่าง 또는 돼지목살 구이(라핑 피그) Laughing Pig, Grilled Pork Shoulder with Thai Herb หมูหัวเราะ를 주문하면 된다. 아무래도 태국 허브와 소스를 많이 사용하기 때문에 태국 음식 입문자보다는 다양한 태국 지방 요리를 맛 본 사람들에게 추천한다. 테이블이 많지 않기 때문에 저녁 시간에는 예약하고 가는 게 좋다. 월요일은 문을 닫는다.

싸얌 티 룸
Siam Tea Room

★★★★

주소 1F, Bangkok Marriott Marquis Queen's Park, Thanon Sukhumvit Soi 22 **전화** 0-2059-5999 **홈페이지** www.thesiamtearoom.com **영업** 08:00~23:00 **메뉴** 영어, 태국어 **예산** 메인 요리 260~695B(+17% Tax) **가는 방법** 타논 쑤쿰윗 쏘이 22 골목 안쪽으로 300m. 방콕 메리어트 마르퀴스 퀸스 파크(호텔) 1층에 있다. 가장 가까운 BTS 역은 프롬퐁 역이다.

Map P.21-A2

방콕 메리어트 마르퀴스 퀸스 파크(호텔)에서 운영하는 베이커리를 겸한 레스토랑이다. '깔래'(태국 북부 지방 전통 가옥에 쓰이는 V자 모양의 지붕 장식)를 장식한 목조 건축물을 세웠는데, 내부로 들어가면 5성급 호텔과 어울리는 분위기가 고급스럽다. 베이커리답게 빵과 케이크, 쿠키, 초콜릿이 진열되어 있고 커피도 즉석에서 주문 가능하다. 베이커리 양 옆으로는 레스토랑으로 사용되는 다이닝 룸이 있다. 은은한 조명과 목재를 이용해 차분한 분위기를 연출한다.

메인 요리는 태국 음식으로 외국인을 상대하는 호텔 레스토랑답게 퓨전 태국 요리를 접할 수 있다. 똠얌꿍, 팟타이, 쏨땀 같은 기본적인 태국 음식도 요리해 준다. 구이 종류를 화덕에 올려 주는 등 플레이팅에도 신경을 썼다.

럭셔리한 기차의
식당칸을 연출했다

BURAPA
EASTERN THAI CUISINE & BAR

태국 동부지방 음식을 요리하는 부라파

리왱 카레

Siam Tea Room

베어커리를 연상시키는
싸얌 티 룸

헬릭스 카르티에(엠카르티에 백화점 식당가) 인기
The Helix Quartier ★★★★

주소 The Helix Quarter(EmQuartier), 637 Thanon Sukhumvit(Between Sukhumvit Soi 35 & Soi 37) **홈페이지** www.theemdistrict.com **영업** 10:00~22:00 **메뉴** 영어, 태국어 **예산** 260~1,850B(+17% Tax) **가는 방법** BTS 프롬퐁 역에서 백화점으로 입구가 연결된다. 엠카르티에 백화점 입구에서 봤을 때 왼쪽 건물에 해당한다. Map P.21-B2

엠카르티에(엠쿼티아) EmQuartier 백화점에서 운영하는 최첨단 식당가. 방콕에서 잘 나가는 백화점답게 유명 맛집까지 에어컨 빵빵한 백화점 안으로 끌어들여 식도락까지 만족시킨다. 내부는 '레인포레스트 샹들리에'(100m 높이의 열대 숲을 샹들리에처럼 만든 장식)를 인테리어 디자인처럼 꾸며 자연친화적인 요소도 가미했다. 6F부터 본격적으로 식당가가 시작된다. 빙글빙글 나선형으로 이어진 길을 따라 9F까지 레스토랑이 꼬리에 꼬리를 물고 이어진다.

깝카오 깝쁠라 Kub Kao Kub Pla(캐주얼한 태국 음식점), 나라 타이 퀴진 Nara Thai Cusine(정통 태국 요리), 엠케이 러브 MK Love(샤브샤브 레스토랑), 램 짜런 시푸드 Laem Charoen Seafood(시푸드 레스토랑), 텅스밋 Thong Smith(보트 누들 쌀국수), 룩 까이 텅 Luk Kai Thong(태국 요리 & 시푸드), 스쿠지 어번 피자 Scoozi Urban Pizza(피자 & 이탈리아 음식점), 포 시즌스 Four Seasons(북경 오리와 딤섬 전문점), 르 달랏 Le Dalat (베트남 음식점), 마이센 Maisen(돈가스 전문점), 오드리 카페 데 플뢰르 Audrey Café

43개 레스토랑이 연속해서 이어지는 엠카르티에 백화점 식당가

The Helix Quartier

des Fleurs(플라워숍 겸 프렌치 카페)까지 레스토랑 선택의 폭이 넓다.

와인 커넥션 인기
Wine Connection ★★★☆

주소 K Village 1F, 93~95 Thanon Sukhumvit Soi 26 **전화** 0-2661-3940 **홈페이지** www.wineconnection. co.th **영업** 11:00~01:00 **메뉴** 영어, 태국어 **예산** 메인 요리 260~890B(+10% Tax) **가는 방법** 쑤쿰윗 쏘이 26 끝에 있는 케이 빌리지 1층에 있다. BTS 프롬퐁 역에서 걸어가기 멀고, 골목 입구에서 택시 또는 오토바이 택시(10B)를 타면 편리하다. Map P.20-B3

태국과 싱가포르를 비롯한 아시아 등지에 체인점을 운영하는 와인 도매상이다. 방콕과 푸껫 같은 대도시에서는 레스토랑과 비스트로를 겸한다.

케이 빌리지에 위치한 와인 커넥션은 반원형 구조로 통유리를 사이에 두고 실내와 야외 테이블로 구분된다. 레스토랑은 파스타와 피자에 중점을 두고 있으며, 호주산 소고기를 이용한 그릴 요리나 스테이크도 요리한다. 최고 수준이라고는 할 수 없으나 활기 넘치는 분위기로 가격이 비교적 무난해 매력적이다. 와인을 곁들일 수 있어서 유럽인들이 많은 것도 특징이다.

와인 도매상답게 와인 셀러에는 프랑스와 이탈리아 와인은 물론 호주, 미국, 칠레, 뉴질랜드 와인이 가득 비치돼 있다. 프로모션으로 나오는 와인은 한 병에 600B 정도에서 구매 가능하다.

쑤쿰윗 쏘이 47에 있는 레인 힐 Rain Hill 1층에도 지점을 운영한다. 쇼핑몰 내부에 있고 BTS 역과도 가까워 접근성이 좋다. 씰롬 지역에 머문다면 씰롬 콤플렉스 Silom Complex(P.336) 지점을 이용하면 된다.

와인 도매상을 겸하는 와인 커넥션

Wine Connection

반카라 라멘
Bankara Ramen

★★★☆

주소 The Manor, 32/1 Thanon Sukhumvit Soi 39 **전화** 0-2662-5162 **홈페이지** www.facebook.com/BankaraRamen **영업** 11:00~22:30 **메뉴** 영어, 일본어 **예산** 230~370B(+17% Tax) **가는 방법** 쑤쿰윗 쏘이 39(쌈씹까우) 골목 안쪽으로 700m 떨어진 매너 The Manor ('맨너 쑤쿰윗 쌈씹까우'라고 발음한다) 1층 수라(한식당) 옆에 있다. BTS 프롬퐁 역 3번 출구에서 도보 12분. Map P.21-B1

방콕에 있는 일본 라멘 식당 중 인기투표 1위를 한 곳이다. 일본인들이 대거 거주하는 프롬퐁(쑤쿰윗 쏘이 39) 지역에 있다. 일본어 간판에 일본어 메뉴판, 종업원들도 일본어를 구사한다. 반카라 라멘은 1997년에 도쿄에서 시작해 40여 개의 지점을 운영한다.

2008년에 오픈한 방콕 지점은 방카라 라멘은 첫 번째 해외 지점이기도 하다(태국에서는 '방카라 라멘'이라고 발음한다). 일본 사람뿐만 아니라 태국 사람들에게 잘 알려진 식당이라 라멘 한 그릇 먹기 위해 줄을 서야 하는 경우가 흔하다. 기다리기 싫으면 문 여는 시간에 맞춰 일찍 가거나 주말을 피하는 게 좋다. 참고로 방콕의 대표적인 쇼핑 몰인 씨암 파라곤 G층 식당가(P.234)에 분점 Bankara Ramen@Siam Paragon을 운영한다. 시내 중심가에 있어 교통은 아무래도 씨암 파라곤 지점이 편리하다.

기본 메뉴는 식당 이름과 동일한 '반카라 라멘 ばんからラーメン'이다. 돈코츠(돼지 뼈)와 소유(간장)를 조합해 진

하고 깔끔한 라멘을 만들어 낸다. 좀 더 전통적인 라멘을 원한다면 돼지 뼈를 푹 고아서 우려낸 돈코츠 라멘 とんこつラーメン(메뉴판에는 돈코츠 Tonkotsu 라고만 쓰여 있다)이 있다. 간판에 '도쿄 돈코츠 라멘 東京豚骨ラーメン'이라고 적혀 있을 정도로 이 집의 대표적인 메뉴다. 돼지 뼈와 등 기름을 이용해 우려낸 육수가 진하고 구수하다. 진한 육수(짭짤하면서 살짝 매콤한)에 라멘을 살짝 담가 찍어 먹는 츠케멘 つけ麺 Tsuke Men을 좋아하는 손님도 많다. 라멘 면발에 비해 두툼한 면발이라 식감이 좋다. 테이블과 마늘과 생강 조림, 고춧가루, 깨를 포함한 조미료가 놓여 있는데, 입맛에 맞게 직접 첨가하면 된다.

이사오 Isao
อิซาโอะ (สุขุมวิท ซอย 31)
★★★☆

주소 5 Thanon Sukhumvit Soi 31 **전화** 0-2258-0645 **홈페이지** www.isaotaste.com **영업** 11:00~14:15, 17:00~21:30 **메뉴** 영어, 일본어, 태국어 **예산** 300~650B(+7% Tax) **가는 방법** 쑤쿰윗 쏘이 31(쌈씹엣) 안쪽으로 150m. BTS 프롬퐁 역 5번 출구에서 도보 8분. Map P.21-A2

일식당이 몰려 있는 프롬퐁 일대에서 나름 맛집으로 통한다. 특히 태국인들 사이에서 유명하다. 워낙 인기가 많아 30분 이상 기다려야하는 경우도 흔하다. 복층 건물이지만 테이블이 15개 정도로 규모가 작다. 스시 전문이지만 니기리 스시(생선 초밥), 마키 롤(김초밥), 사시미(생선회), 돈부리(덮밥), 덴푸라(튀김)까지 기본적인 일본 음식을 요리한다.

퓨전 스시 레스토랑을 표방하는 곳이라 독특한 스시들이 많다. 스시 샌드위치 Sushi Sandwich(참

돈코츠 라멘

반카라 라멘(씨암 파라곤 지점)

반카라 라멘 본점

스시 전문 레스토랑 이사오

치와 연어를 넣어 삼각 김밥처럼 만든 샌드위치), 드래곤 Dragon(장어, 아보카도, 새우 튀김, 오이가 들어간 스시), 재키 Jackie(튀김, 날치알, 아보카도를 넣은 새우 스시), 레인보우 Rainbow(무지개 색을 형상화한 생선 스시 세트)가 유명하다. 여러 종류의 스시를 즐기고 싶다면 스시 플래터 Sushi Platter를 주문하면 된다. 점심 시간에는 할인된 세트 메뉴를 제공한다.

페피나
Peppina `인기` ★★★★

주소 7/1 Soi Phrom Chit, Thanon Sukhumvit Soi 31 전화 0-2119-7677 홈페이지 www.peppinabkk.com 영업 월~금 11:30~14:30, 17:00~23:00, 토~일 11:30~23:00 예산 피자 390~890B, 메인 요리 490~3,200B(+17% Tax) 가는 방법 ①쑤쿰윗 쏘이 31(씸씹엔) 안쪽으로 600m 들어가서 사거리에서 우회전한다. 쏘이 프롬찟 ซอย พร้อมจิตร สุขุมวิท 31에 있는 @27/1이라고 적힌 작은 쇼핑몰 입구를 바라보고 왼쪽에 있다. ②쑤쿰윗 쏘이 33(씸씹쌈) 골목으로 들어가도 된다. ③가장 가까운 BTS 역은 프롬퐁 역이지만 걸어가긴 멀다. Map P.21-B1
2014년에 문을 열자마자 방콕에서 피자가 맛있는 집으로 소문났다. 제대로 된 피자를 만들겠다며 이탈리아에서 화덕을 제작해 공수해 왔다고 한다. 피자 도우도 손으로 반죽해 12시간 숙성킨 뒤 화덕에서 구워낸다. 이탈리아 산마르짜노 San Marzano 지방에서 재배한 토마토를 이용해 만든 토마토소스를 사용해 제대로 된 나폴리 피자를 구현해 낸다. 심플한 나폴리 피자를 원한다면 마르게리타 Margherita 또는 마리나

라 Marinara를 주문하면 된다. 피자 튀김 정도로 생각하면 되는 피자 프리따 Pizza Fritta도 맛볼 수 있다. 쎈탄 엠바시 Central Embassy 6층에 있는 오픈 하우스 Open House(P.246)에도 지점이 있다.

에노테카
Enoteca ★★★★

주소 39 Thanon Sukhumvit Soi 27 전화 0-2258-4386 홈페이지 www.enotecabangkok.com 영업 18:00~22:00 메뉴 영어, 이탈리아어 예산 메인 요리 690~1,950B, 세트 1,800~3,500B(+17% Tax) 가는 방법 ①BTS 프롬퐁 역과 아쏙 역 사이에 있는 쑤쿰윗 쏘이 27 골목 안쪽으로 350m. 골목 안쪽 끝자락에서 우회전하면 나즈(클럽) Narz 옆에 있다. ②타논 쑤쿰윗 쏘이 31로 들어가도 길이 연결된다. Map P.21-A1
쑤쿰윗에 있는 고급 이탈리아 레스토랑이다. 곳곳에 맛집이 숨겨진 쑤쿰윗답게, 방콕 시내 중심가에 있음에도 주택가 골목 깊숙이 숨겨져 있다. 아늑한 잔디 정원과 주변의 단층 건물들이 도심의 빌딩숲과 차별화되어 있다. 아늑한 분위기로 밤에만 영업하기 때문에 낭만적인 느낌을 더해준다.
에노테카는 '와인 저장소'를 의미한다. 이탈리아 와인과 식료품(치즈, 햄, 살라미)을 판매하기 위해 만들었다가, 음식을 함께 요리하면서 오늘날의 유명 이탈리아 레스토랑이 됐다고 한다. 레스토랑 내부에는 와인과 식재료가 가득 진열되어 있다. 다른 이탈리아 레스토랑에 비해 음식 메뉴가 적고, 와인이 다양하다. 태국의 물가에 비해 음식 값이 비싸며, 음식 양도 적은 편이다. 저녁 시간에만 문을 연다. 예약하고 가는 게 좋다.

페피나

Enoteca

가보래 & 명가
Kaborae & Myeong Ga ★★★☆

주소 212/41 Thanon Sukhumvit Soi 12, Sukhumvit Plaza 1F 전화 0-2252-5375(가보래), 0-2229-4658(명가) 영업 11:00~24:00 메뉴 한국어, 일본어, 영어, 태국어 예산 350~850B 가는 방법 BTS 아쏙 역 2번 출구에서 쉐라톤 그랑데 호텔과 타임 스퀘어를 지나면 쑤쿰윗 쏘이 씹썽 Sukhumvit Soi 12 입구의 쑤쿰윗 플라자 1층에 있다. Map P.19-C2

한인상가가 밀집한 쑤쿰윗 플라자에서 가장 유명한 한식당이다. 20년 넘게 같은 자리를 지키고 있는 대표적인 한인업소. 깔끔한 실내와 친절한 주인장으로 인해 단골손님도 많다. 영어와 일본어를 포함해 방콕을 소개하는 각종 안내책자에 소개될 정도로 대중적인 인기를 누린다. 2010년 8월에 쑤쿰윗 플라자를 방문한 씨린턴 공주가 이곳에 들러 식사한 후로 더욱 유명해졌다.

가보래와 명가는 주인장이 같아서 쌍둥이 식당처럼 여겨진다. 비슷한 분위기에 메뉴도 큰 차이가 없다. 생갈비, 꽃등심, 돼지갈비부터 육회, 칡 냉면, 돌솥비빔밥, 삼계탕, 낙지볶음까지 모든 한식을 한곳에서 요리한다. 고기 전문점처럼 거한 식사가 아니더라도 비빔밥이나 김치찌개 같은 단품 요리도 먹을 수 있다. 1층은 좁아 보이지만 3층에는 단체 손님을 위한 넓은 공간이 마련되어 있다.

장원
Jangwon ★★★☆

주소 212/9~10 Thanon Sukhumvit Soi 12, Sukhumvit Plaza 1F 전화 0-2251-2636, 0-2251-4367 영업 10:00~23:30 메뉴 한국어, 영어, 일본어 예산 350~900B 가는 방법 BTS 아쏙 역 2번 출구에서 쉐라톤 그랑데 호텔과 타임 스퀘어를 지나면 쑤쿰윗 쏘이 씹썽 Sukhumvit Soi 12 입구의 쑤쿰윗 플라자 1층에 있다. Map P.19-C2

한식당이 가득 몰려 있는 쑤쿰윗 플라자에서 가장 유명한 갈비집이다. 다양한 부위의 소고기를 즐길 수 있는 숯불구이 전문점. 식당 입구에서 열심히 고기를 다듬고 있는 주방장의 손길이 인상적이다. 쑤쿰윗 플라자의 다른 한식당들보다 실내가 넓은 편으로 테이블에서 직접 고기를 구워먹을 수 있다. 기본적인 한식 메뉴도 잘 갖추고 있다.

알아두세요

한인 상가가 밀집한 쑤쿰윗 플라자

쑤쿰윗 쏘이 씹썽(Sukhumvit Soi 12) 입구의 쑤쿰윗 플라자 Sukhumvit Plaza는 한인 상가가 밀집해 있습니다. 4층짜리 상가는 온통 한국어 간판으로 도배되어 있고, 한국과 별 차이 없는 식당, 식료품점, 노래방, 만화방, 당구장, 중식당 등이 잔뜩 입주해 있습니다.

방콕에 사는 교민들이 서로 교류하고 정보를 교환하던 초창기 모습에서 탈피해 현재는 쑤쿰윗의 또 다른 명소로 부각되고 있습니다. 그 이유는 뭐니 뭐니 해도 TV 드라마 〈대장금〉을 시작으로 한 한류 열풍 때문입니다. 김치찌개, 비빔밥, 갈비를 맛보려는 태국인들로 북적댈 정도로 그 인기를 실감하게 됩니다. Map P.19-C2

Nightlife 쑤쿰윗의 나이트라이프

국제적인 동네 분위기를 반영하듯, 쑤쿰윗의 나이트라이프도 다양하다. 영국 선술집 분위기의 브리티시 펍과 기네스 맥주를 마실 수 있는 아이리시 펍이 흔하고, 방콕에서 유명한 클럽도 쑤쿰윗에 터를 잡고 있다. 유흥가인 나나 플라자와 쏘이 카우보이는 방콕의 성인 엔터테인먼트 P.283에서 별도로 다룬다.

슈가 레이
Sugar Ray ★★★★

주소 88/2 Thanon Sukhumvit Soi 24 **전화** 0-2258-4756 **홈페이지** www.facebook.com/Sugarraybkk **영업** 화~일 19:00~02:00(휴무 월요일) **메뉴** 영어 **예산** 380~450B(+17% Tax) **가는 방법** ①타논 쑤쿰윗 쏘이 24에 있는 데이비스 호텔 코너 윙과 데이비스 호텔 메인 빌딩 사이에 있다. ②타논 쑤쿰윗 쏘이 24에 있는 옥토 시푸드 바(레스토랑) Octo Seafood Bar 안쪽으로 들어가면 레스토랑 끝부분에 출입문이 있다. 레스토랑 직원에게 문의하면 위치를 알려준다.

Map P.20-A3

레스토랑 한편에 숨어 있는 매력적인 스피키지 바(1920년대 미국 금주령 시대의 술집처럼 완벽하게 숨겨져 있다). 간판도 없고 별다른 광고도 하지 않지만 훌륭한 칵테일 덕분에 애호가들이 즐겨 찾는다. 흡사 다들 비밀 결사대처럼 무언가를 은밀히 주문하고, 조

용히 술을 음미한다. 30여 석 규모로 아담한 공간은 어둑한 조도와 미니멀한 디자인으로 꾸며 세상과 단절된 듯한 느낌을 준다. 가죽 소파가 칵테일 바를 바라보게 설계되어 있는데, 칵테일을 열정적으로 만들고 시음하는 바텐더의 모습을 지켜보는 것이 색다른 재미를 준다.

엘릭서 넘버 원(봄베이 사파이어 진+인삼+비앙코 베르무트+쿠앵트로+레몬) Elixir No.1, 스멜 라이크 벗 잇 이스 낫(몽키 숄더 위스키+레포사도 데킬라+블루베리 잼+레몬) Smell Like But It is Not, 이스트 코스트 불러바드(캄파리+벵갈 티+라이 베르무트+초콜릿+자몽) East Coast Boulevard, 돈나 플로라(그레이 구스 보드카+생 제르망 엘더플라워+루비 자몽+꿀+레몬) Donna Flora, 본 & 레이즈(봄베이 사파이어 진+타이 티+판단 시럽+라임+만다린 오렌지) Born & Raise 등 창의적인 칵테일을 만들어 낸다. 술값은 밥값보다 비싸다.

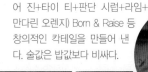

데이비스 호텔 사이에 있는 정문

옥토 시푸드 바 안쪽에 있는 검정색 출입문

비밀스런 칵테일 바

슈가 레이

하바나 소셜
Havana Social ★★★☆

주소 Thanon Sukhumvit Soi 11 **전화** 0-2821-6111, 08-0467-7409 **홈페이지** www.facebook.com/havanasocialbkk **영업** 18:00~02:00 **메뉴** 영어 **예산** 칵테일 280~380B (+17% Tax) **가는 방법** 쑤쿰윗 쏘이 11(씹엣) 입구에서 750m 떨어져 있다. 르 페닉스 Le Fenix 호텔을 지나 골목 왼쪽에 보이는 선 시티 호텔 Sun City Hotel(작고 허름해서 잘 살펴야 한다) 옆 골목 안쪽에 있다. 자그마한 골목으로 길이 막혀 있는데, 'Telefono'라고 적힌 간판을 찾으면 된다.

Map P.19-C1

라틴풍으로 꾸민 비밀스러운 칵테일 바. 쿠바 혁명이 일어나기 전 1940년대의 하바나 분위기를 연출했다. 실내는 은은한 조명과 빈티지한 가구와 벽화로 비밀 아지트처럼 꾸몄다. 방콕에서 쿠바 향기를 느끼게 하는 공간답게, 칵테일도 쿠바산 럼으로 만든다. 쿠바 리브레 Cuba Libre(바카디 블랙+콜라), 다이키리 Daiquiri(화이트 럼+오렌지 주스+꿀), 모히토 Mojito(화이트 럼+민트+라임+사탕수수)가 대표적인 쿠바 칵테일이다. 럼과 보드카, 위스키, 태국 맥주, 수제 맥주도 판매한다.

이곳을 찾기란 쉽지 않아서 오히려 호기심을 자극한다. 골목 안쪽에 있는데, 입구를 찾았다 해도 아무것도 없다. 당황하지 말고 입구에 설치된 공중전화기를 찾아 수화기를 들고 비밀번호를 누른다(비밀 번호는 미리 전화해서 문의해야 한다). 그럼 문을 열어준다. 주말(금·토요일) 22:00~24:00에는 라이브 밴드가 쿠바 음악과 재즈를 연주해준다. DJ를 초빙해 파티를 열기도 하는데, 각종 이벤트는 홈페이지(페이스북)를 참고하면

하바나 소셜 입구

Havana Social

된다. 주말에는 입장료 300B(음료 1잔포함)을 받는다. 복장 규정이 까다롭진 않지만 기본적인 드레스 코드를 지켜야 한다.

위시가
Whisgars ★★★☆

주소 16 Thanon Sukhumvit Soi 23 **전화** 0-2664-4252 **홈페이지** www.whisgars23.com **영업** 16:30~24:00 **메뉴** 영어 **예산** 위스키(1잔) 280~930B, 위스키(1병) 3,900~2만 7,000B, 시가 480~1,100B(+17% Tax) **가는 방법** 타논 쑤쿰윗 쏘이 23 골목 안쪽으로 300m. BTS 아쏙 역 또는 MRT 쑤쿰윗 역에서 도보 10분. Map P.21-A1

위스키 바와 시가 라운지를 결합했다. 벽돌은 노출 시킨 어둑한 실내는 금주령 시대를 연상시키는데, 가죽 소파로 인해 중후한 느낌을 준다. 칵테일이 아닌 싱글 몰트 위스키를 마시기 위해 가는 곳이다. 싱글 캐스크 위스키까지 생산 지역마다 개성이 강한 위스키를 시음할 수 있다. 지역별로 미국·캐나다·아일랜드 위스키까지 종류가 방대하다. 위시가 옆에는 크래프트 Craft라는 수제 맥주 펍이 있는데, 두 업소가 협업하고 있어 수제 맥주도 주문이 가능하다. 시가는 쿠바 산 시가는 드물고 니카라과·도미니카 공화국 시가를 다수 보유하고 있다.

저녁에는 라이브 밴드가 재즈 음악을 연주한다. 방콕 도심에 있어 외국인들이 많이 찾는 편이다.

위시가 쑤쿰윗 지점

위스키 애호가를 위한 위시가

스펙트럼
Spectrum Lounge & Bar ★★★★

주소 29F, Hyatt Regency Hotel, 1 Thanon Sukhumvit Soi 13 **전화** 0-2098-1234 **홈페이지** www.facebook. com/spectrumrooftopbkk **영업** 17:30~01:00 **메뉴** 영어, 태국어 **예산** 맥주 · 칵테일 280~460B, 메인 요리 550~2,800B(+17% Tax) **가는 방법** 타논 쑤쿰윗 쏘이 13 초입에 있는 하얏트 리젠시 호텔 29층에 있다. BTS 나나 역 3번 출구에서 300m. Map P.19-C2

쑤쿰윗 시내 중심가에 있는 5성급 호텔 하얏트 리젠시에서 운영하는 루프 톱 라운지. 방콕 시내 중심가의 빌딩 숲을 감상하며 칵테일이나 맥주 한잔 마시기 좋다(옆에 있는 소피텔이 전망을 살짝 방해하기는 한다). 다른 호텔 비해 뒤늦게 생겼지만 접근성도 좋고 캐주얼한 분위기라 인기가 많다. 슬리퍼와 반바지 착용이 금지되지만 복장 규정도 엄격하지 않다.

루프 톱은 층마다 크기가 다르고 분위기도 차이가 난다. 29층은 에어컨 시설의 실내 라운지와 목재 데크가 깔린 야외 테라스로 구분된다. 실내 공간 덕분에 레스토랑 분위기가 느껴지는데, 저녁 7~9시 사이에는 라이브 밴드가 재즈 음악을 연주해 준다. 메인 요리는 파스타와 스테이크다. 30층은 호텔 꼭대기를 이루는 건물 외벽에 감싸 있으며, 31층은 실질적인 옥상에 해당하는 곳으로 탁 트인 시야를 제공한다. 30층은 디제잉 파티를 열어 클럽처럼 흥겨운 분위기가 연출된다. 층마다 운영시간도 다른데 29층은 17:30분에, 30층은 20:00에 문을 연다. 전망 좋은 자리를 차지하려면 예약하고 가는 게 좋다.

리빙 룸 `인기`
Living Room ★★★★

주소 205 Thanon Sukhumvit, Sheraton Grande Hotel 2F **전화** 02-2649-8353 **홈페이지** www. facebook.com/thelivingroomatbangkok **영업** 10:00~24:00 **메뉴** 영어, 태국어 **예산** 칵테일 380~700B(+17% Tax) **가는 방법** BTS 아쏙 역 2번 출구에서 호텔 로비로 연결통로가 이어진다. 쉐라톤 그랑데 호텔 2층에 있다. Map P.19-D2

방콕 최고급 호텔에서 운영하는 라운지 스타일의 라이브 재즈 바. 오리엔탈 호텔의 뱀부 바 Bamboo Bar와 더불어 방콕 최고의 재즈 바로 꼽힌다. 두 곳 모두 세계적인 재즈 뮤지션을 초빙해 라이브 무대를 꾸리는 것으로 유명하다.

리빙 룸은 쉐라톤 그랑데 호텔 2층에 형성된 식당가에 있다. 푹신한 소파와 쿠션에 몸을 맡기고 감미로운 재즈를 들을 수 있는데, 아무래도 밤이 돼야 제대로 된 분위기가 느껴진다.

라이브로 연주되는 재즈 공연은 요일별로 시간이 다르다. 보통 19:00부터는 가벼운 피아노 음악이 연주되고, 메인 밴드는 21:00 넘어서 공연을 시작한다. 20:30 이후에는 입장료를(300B) 받는다. 반바지와 슬리퍼 차림으로는 입장할 수 없으므로, 기본적인 드레스 코드를 지켜야 한다. 예약 전에 공연 유무를 반드시 확인해야 한다.

평일 오후 시간에는 애프터눈 티 Afternoon Tea (2인 기준 1,950B+17% Tax)가 가능하며, 일요일 오후에는 선데이 재즈 브런치도 즐길 수 있다.

31층 루프 톱

Living Room

스펙트럼 라운지 & 바

쉐라톤 그랑데 호텔에서 운영하는 리빙 룸

어보브 일레븐
Above Eleven

인기 ★★★★

주소 38/8 Thanon Sukhumvit Soi 11, Fraser Suites Sukhumvit 33F **전화** 0-2207-9300, 08-3542-1111 **홈페이지** www.aboveeleven.com **영업** 18:00~02:00 **메뉴** 영어 **예산** 맥주·칵테일 240~480B 메인 요리 450~1,500B(Tax 17%) **가는 방법** 타논 쑤쿰윗 쏘이 11에 있는 르 페닉스 호텔 Le Fenix Hotel을 지나서 프레이저 스위트 쑤쿰윗(호텔) Fraser Suites 33층에 있다. 호텔 로비로 들어가지 말고 건물 옆으로 돌아가서 전용 엘리베이터를 타면 된다. BTS 나나 역 3번 출구에서 도보 15분. Map P.19-C1

방콕 시내에서 인기 있는 야외 루프 톱 레스토랑이다. 도심 한복판인 쑤쿰윗에서 유명한 클럽들이 몰려 있는 쑤쿰윗 쏘이 11에 있다. 프레이저 스위트 쑤쿰윗 꼭대기 층인 33층에 있는데, 도심의 공원처럼 인조 잔디를 이용해 녹색으로 꾸며 휴식 같은 공간을 제공하는 것이 특징이다. 공원의 벤치를 연상케 하는 나무 의자는 쿠션을 깔아 편안하다.

짜오프라야 강변이 아닌 시내 중심가에 있기 때문에 리버 뷰가 아니라 시티 뷰를 즐길 수 있다. 경쟁 업소에 비해 높이는 낮지만 방콕 도심 풍경과 어우러진 빌딩 숲이 매력적인 전망을 제공한다. 쑤쿰윗과 싸얌 스퀘어를 포함한 180° 전망이 펼쳐진다. 선셋 칵테일 또는 맥주 한 잔 마시며 도심의 일몰을 감상하기 좋다. 식사를 원한다면 예약하고 가는 게 좋다.

메인 요리는 '니케이 퀴진 Nikkei Cuisine'으로 알려진 페루-일본 퓨전 요리다. 페루의 대표적인 술인 피스코(포도로 만든 브랜디) Pisco와 사케를 이용한 칵테일도 다양하다. 드레스 코드가 있으니 옷차림을 단정히 하자.

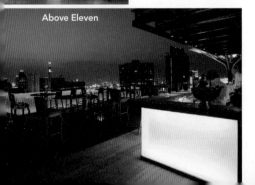

Above Eleven

브루스키
Brewski

인기 ★★★★

주소 30/F, Radisson Blu Plaza Hotel, 486 Sukhumvit Soi 27 **전화** 0-2302-3333 **홈페이지** www.radissonblu.com/en/plazahotel-bangkok/bars **영업** 17:00~01:00(주문 마감 23:30) **메뉴** 영어 **예산** 수제 맥주(250㎖) 240~320B, 병맥주 330~750B(+17% Tax) **가는 방법** 타논 쑤쿰윗 쏘이 25와 쏘이 27 사이에 있는 래디슨 블루 플라자 호텔 30층에 있다. 호텔 로비를 지나서 엘리베이터를 타고 30층으로 올라가면 된다. BTS 아쏙 역 또는 MRT 쑤쿰윗 역에서 500m. Map P.21-A2

방콕의 유행처럼 등장한 호텔 루프 톱 중의 한 곳이다. 다른 호텔과 차별화하기 위해 칵테일 라운지가 아니라 수제 맥주를 판매한다. 여느 맥주 집처럼 캐주얼한 느낌으로 방콕 시내 풍경을 감상하며 편하게 맥주를 마실 수 있다. 그날그날 마실 수 있는 10여 종류의 수제 맥주를 탭에서 직접 뽑아준다. 맥주 잔 크기도 100㎖, 250㎖, 470㎖ 세 종류로 구분해 기호에 맞게 주문할 수 있다. 병맥주는 60여 종을 판매한다. 호텔에서 운영하는 곳 치고는 가격도 부담 없는 편이다.

참고로 30층까지 가는 엘리베이터는 영업시간에만 작동된다. 다른 층은 키 카드를 사용하는 호텔 투숙객만 드나들 수 있다.

브루스키

Brewski

02

Thong Lo(Thonglor)
& Ekkamai 통로 & 에까마이

타논 쑤쿰윗에서 연결되는 수많은 쏘이(골목) 중에서 유난히 골목이 길어서 별도의 거리 이름을 갖고 있다. 통로는 쑤쿰윗 쏘이 55(하씹하)를, 에까마이는 쑤쿰윗 쏘이 63(혹씹쌈)을 의미한다. 유명한 사원이나 박물관 같이 외국인 관광객에게 관심을 끌 만한 관광지는 전무하다. 트렌디한 레스토랑과 카페, 클럽이 몰려 있을 뿐이다. 스타일리시한 태국 젊은이들이 방콕 최신의 유행을 접하기 위해 찾는 '핫'한 동네다.

방콕의 부자 동네로 알려진 곳답게 큰 길에는 고층 아파트가 흔하고 골목 안쪽에는 정원이 딸려 있는 단독 주택이 숨어 있다. 그밖에 레지던스 호텔, 국제적인 레스토랑, 동네 주민들을 위한 미니 쇼핑몰까지 갖추어져 있다. 에까마이는 현재 방콕에서 잘 나가는 클럽들이 대거 등장하면서, 전통적인 클럽 밀집 지역인 RCA의 명성을 추월하고 있다.

방콕을 처음 찾은 여행자에게는 그다지 중요하지 않은 동네다. 하지만 방콕의 볼거리를 섭렵한 여행자들에게는 방콕의 다양함을 체험하기 위해 '뭔가 새로운 게 없을까' 하고 눈독을 들이는 곳이다. 통로와 에까마이는 낮보다 밤에 더 매력적이다. 골목(쏘이) 안쪽에 숨겨진 맛집이나 클럽을 찾아다니다보면 방콕의 밤이 결코 지루하지 않다.

*통로는 텅러로 발음되기도 한다. 영문 표기는 Thong Lo, Thong Lor, Thonglor를 혼용한다.

볼 거 리	★☆☆☆☆	
먹을거리	★★★★★	P.105
쇼 핑	★★★☆☆	P.333
유 흥	★★★★★	P.118

Check 알아두세요

① 통로와 에까마이로 갈 때는 BTS를 이용하는 게 빠르고 저렴하다.

② 지역 내에서는 걷기보다는 오토바이 택시(모또싸이)를 타는 게 좋다.

③ 통로 쏘이 10과 에까마이 쏘이 5는 도로가 서로 연결된다.

| 점심 먹기 좋은 곳 | 싯 앤드 원더(P.105), 더 커먼스(P.114), 쑤판니까 이팅 룸(P.110), 홈두안(P.106), 헹 허이텃차우레(P.106), 카우 레스토랑(P.117) |

Don't miss 이것만은 놓치지 말자

① 더 커먼스에 들려서 시간 보내기.(P.114)

② 맛집 탐방하기.(왓타나 파닛 P.107, 카우 레스토랑 P.117, 쑤판니까 이팅 룸 P.110)

③ 티추카에서 기념사진 찍기 (P.119)

④ 트렌디한 카페에서 빈둥대기.(P.115)

⑤ 타이 마사지 받으며 리프레시하기.(P.348)

⑥ 옥타브(메리어트 호텔 루프 톱)에서 칵테일 마시기.(P.118)

⑦ 미켈러 방콕에서 수제 맥주 맛보기.(P.120)

⑧ 빠톰 오가닉 리빙에서 유기농 제품 구입하기.(P.112)

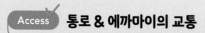

Access 통로 & 에까마이의 교통

BTS 쑤쿰윗 라인이 통로와 에까마이를 관통한다. 쑤쿰윗 아쏙 사거리보다는 정체가 덜하지만 출퇴근 시간에는 차가 막힌다.

+BTS
타논 쑤쿰윗을 따라 BTS 노선이 지난다. 통로로 갈 경우 BTS 통로 역을 이용하고, 에까마이로 갈 경우 BTS 에까마이 역을 이용한다.

+운하 보트
통로와 에까마이 북쪽 끝으로 쌘쌥 운하(크롱 쌘쌥)가 흐른다. 빠뚜남 선착장(타르아 빠뚜남) Pratunam Pier에서 출발한 운하 보트가 지나는데, 통로 선착장(타르아 통로) Thonglor Pier에서 내려 다리를 건너면 통로 북단으로 진

입하게 된다. 지리에 익숙하지 않은 외국인들이 이용하기에는 무리가 따른다.

+마을버스(빨간색 버스)
통로 메인도로를 왕복하는 선풍기 시설의 일반 마을버스다. 버스 번호는 없고 빨간색의 미니버스가 운행한다. 통로 초입에 있는 편의점(세븐 일레븐) 앞에서 버스가 출발한다. 통로 북쪽 끝까지 갔다가 돌아온다. 돌아올 때는 BTS 통로 역을 경유한다. 편도 요금은 8B이다.

Best Course 추천 코스

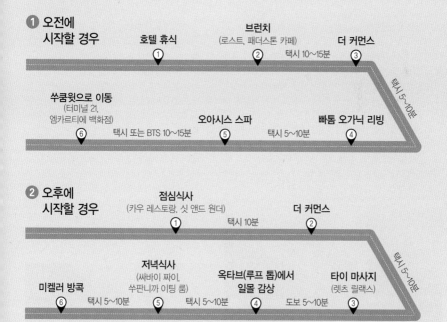

1 오전에 시작할 경우

호텔 휴식 ①
브런치 (로스트, 패더스톤 카페) ②
택시 10~15분
더 커먼스 ③
택시 5~10분
빠톰 오가닉 리빙 ④
택시 5~10분
오아시스 스파 ⑤
택시 또는 BTS 10~15분
쑤쿰윗으로 이동 (터미널 21, 엠카르티에 백화점) ⑥

2 오후에 시작할 경우

점심식사 (카우 레스토랑, 싯 앤드 원더) ①
택시 10분
더 커먼스 ②
택시 5~10분
타이 마사지 (렛츠 릴랙스) ③
도보 5~10분
옥타브(루프 톱)에서 일몰 감상 ④
택시 5~10분
저녁식사 (싸바이 짜이, 쑤판니까 이팅 룸) ⑤
택시 5~10분
미켈러 방콕 ⑥

Travel Plus 통로에서 현지 주민처럼 생활하기

골목을 오갈때는 오토바이 택시가 최고!

마르쉐 통로

통로를 남북으로 왕복하는 빨간색 마을 버스

1. 오토바이 택시(모떠싸이)를 탑니다.

통로와 에까마이는 도로가 길어서 별도의 쏘이(골목) 번호를 갖고 있습니다. 타논 쑤쿰윗에서 쌘쌥 운하까지 남북으로 길게 도로가 이어지기 때문에, 걸어서 다니기에는 제법 멀어요. BTS 역에서 멀리 떨어진 곳들은(쏘이 번호가 높을수록 멀리 떨어져 있다고 생각하면 된다) 오토바이 택시(모떠싸이)를 타면 편리합니다. 방콕에서 골목과 골목을 오갈 때 가장 대중적인 교통편으로 무더운 거리를 걷기 싫어하는 방콕 사람들이 단거리를 이동할 때 애용하는 교통편입니다.

골목 입구마다 승객을 기다리는 오토바이 택시를 어렵지 않게 볼 수 있습니다. 등에 번호가 적힌 조끼를 입고 있는 오토바이 기사들('냅짱'이라고 부른다)이 원하는 목적지까지 데려다 줍니다. 냅짱은 해당 구역 내에서 움직이기 때문에, 골목 안쪽에 숨겨진 곳까지 훤히 꿰뚫고 있어서 목적지를 찾을 때 도움이 됩니다. 요금은 거리에 따라 10~30B. 요금이 정해져 있지만, 외국인이라면 미리 요금을 확인해야 합니다. 단점이라면, 한 명밖에 탑승할 수 없다는 것. 오토바이 기사와 함께 오토바이를 타기 때문에 여성분들은 다소 불편해 합니다. 물론 태국 여성은 아무런 거부감 없이 오토바이 택시를 이용합니다.

2. 커뮤니티 몰에서 생필품을 구입하면 됩니다.

통로와 에까마이는 주택가라서 호텔보다는 레지던스 형태의 서비스 아파트가 많습니다. 주방을 갖추고 있어 집처럼 편하게 지낼 수 있기 때문에 외국인 관광객의 선호도가 높습니다. 통로와 에까마이에 있는 서비스 아파트에 묵는다면, 자연스레 레스토랑보다는 숙소에서 식사를 해결하는 빈도가 높아집니다. 이를 위해 식료품 구입은 필수인데, 동네 지역 주민을 위한 커뮤니티 몰이 잘 되어 있어서, 멀리 가지 않고도 숙소 주변에서 쇼핑이 가능합니다.

통로에서 장 보러 가기 좋은 곳은 마르쉐 통로 Marché Thonglor 1층의 톱스 푸드 홀 Tops Food Hall입니다. 제이 애비뉴 J-Avenue 1층에 있는 빌라 마켓 Villa Market도 괜찮습니다. 다양한 식료품과 과일, 치즈, 와인, 빵, 한국 라면, 조리된 음식까지 한 곳에서 구매가 가능합니다. 에까마이에 머문다면 대형 할인 매장인 빅 시 Big C를 이용하면 편리합니다.

통로를 대표하는 커뮤니티 몰 제이 애비뉴

빅시 에까마이 지점

Restaurant 통로 & 에까마이의 레스토랑

태국적인 느낌은 별로 없지만 통로와 에까마이에는 다양한 나라의 음식점들이 산재해 있다. 다른 지역에 비해 유행이 빨라서 새로운 레스토랑을 많이 만날 수 있다. 도시 생활이 익숙한 사람에게 친근한 카페와 브런치 레스토랑도 많다.

싯 앤드 원더
Sit and Wonder
ซิทแอนวันเดอร์ (สุขุมวิท ซอย 57) ★★★☆

주소 119 Thanon Sukhumvit Soi 57 **전화** 0−2020−6116 **홈페이지** www.sitandwonderbkk.com **영업** 11:00~23:00 **메뉴** 영어, 태국어 **예산** 메인 요리 125~320B **가는 방법** 쑤쿰윗 쏘이 57(하씹쩻) 골목 안쪽으로 250m. 골목 끝 왼쪽에 있는 건물 2층에 있다. BTS 통로 역 3번 출구에서 도보 10분.
Map P.22-B3

비싸고 트렌디한 레스토랑이 가득하기로 유명한 통로(쑤쿰윗 쏘이 55)에서 착한 가격에 태국 음식을 맛볼 수 있는 곳이다. 메뉴가 다양하지는 않지만 관광객들이 좋아할 만한 부담 없는 태국 음식을 요리한다. 에어컨 시설을 갖춰 시원하고, 방콕 관련 흑백 사진을 전시해 갤러리 느낌도 준다. 이곳의 장점은 저렴한 음식 값에 비해 훌륭한 시설을 갖춰 편안하게 식사할 수 있다는 것이다. 볶음밥을 포함한 단품(덮밥) 메뉴를 75~95B에 제공한다. 쏨땀 Papaya Salad과 랍무 Laab Moo 같은 이싼 음식(P.454)도 있어 취향에 따라 음식 선택이 가능하다. 음식을 주문할 때 본인의 입맛에 따라 맵기를 선택할 수 있다.

아룬완 Arunwan
อรุณวรรณ (เอกมัย ซอย 15) ★★★☆

주소 Park X Building, 295 Thanon Ekkamai Soi 15 **전화** 0−2392−5301 **영업** 09:00~19:00 **메뉴** 영어, 태국어 **예산** 80~90B **가는 방법** 에까마이 쏘이 15 입구에 있는 파크 X 빌딩 1층에 있다. BTS 에까마이 역에서 1.7km 떨어져 있어 걸어가긴 멀다.
Map P.23-C1

화교 집안에서 대를 이어 운영하는 서민식당이다. 간판에 한자로 정량명 鄭良明이라고 적혀 있다. 돼지고기와 그 부속물을 이용해 만든 내장탕을 요리한다. 에까마이 거리 북쪽의 허름한 동네에 있는데, 간판이 작아서 눈에 잘 띄는 곳은 아니다. 동네 사람들이 인정한 맛집으로, 미쉐린 빕그루망에 선정되기도 했다. 내장탕은 돼지 곱창, 돼지 간, 선지, 바삭한 돼지고기 튀김(무꼽), 완탕 중에 기호에 맞게 선택해 주문이 가능하다. 국물은 순하고 담백한 편이다. 내장탕에 면을 추가해 쌀국수처럼 주문해도 된다(4종류의 면 중에 하나를 선택하면 된다). 공깃밥까지 추가하면 든든한 한 끼가 된다. 점심시간에는 항상 붐빈다. 참고로 물(주전자에 담긴 보리차)은 무료지만, 컵에 담긴 얼음은 2B을 받는다.

내장탕

Sit and Wonder

아룬완

홈두안 Hom Duan 추천
호아ด่วน (เอกมัย ซอย 2) ★★★★

주소 1/8 Thanon Sukhumvit Soi 63(Ekkamai) 전화 08-5037-8916 홈페이지 www.facebook.com/homduaninbkk 영업 월~토 09:00~20:00(휴무 일요일) 메뉴 영어, 태국어 예산 80~130B 가는 방법 에까마이 쏘이 2(썽) 입구에 있는 에까마이 비어 하우스 Ekamai Beer House를 바라보고 왼쪽으로 들어가면, 정면에 보이는 건물 1층에 있다. BTS 에까마이 역 1번 출구에서 400m 떨어져 있다. Map P.22-B3

방콕에서 제대로 된 북부 음식(치앙마이 요리)을 맛볼 수 있는 곳이다. 치앙마이 출신의 주인장이 정성스럽게 음식을 준비한다. 저렴한 가격에 에어컨 시설을 갖춘 깔끔한 곳이다. 진열대에 음식이 놓여있어 눈으로 보고 선택할 수 있다. 밥과 함께 음식을 한 접시에 담아낼 경우 '랏 카우'라고 말하면 된다.

단품 메뉴로는 치앙마이 대표 음식 세 가지가 있다. 매콤한 코코넛 카레 육수와 노란색 면을 넣은 카우 쏘이 ข้าวซอย(닭고기를 넣기 때문에 카우 쏘이 까이 ข้าวซอยไก่라고 부른다), 돼지고기가 들어간 부드럽고 진한 북부 지방 카레 요리인 깽항레 แกงฮังเล, 매콤한 남응이아우 육수(돼지고기, 선지, 고추, 마늘, 토마토를 넣고 끓인다)에 소면과 비슷한 국수를 넣은 카놈찐 남응이아우 ขนมจีนน้ำเงี้ยว를 모두 맛 볼 수 있다.

카놈찐 남응이아우

치앙마이 음식을 저렴하게 즐길 수 있는 홈두안

헹 허이텃차우레
Heng Hoitod Chawlae 인기

2024 NEW
เฮงหอยทอดชาวเล (เอกมัย ซอย 14) ★★★☆

주소 128/3 Thanon Ekkamai Soi 14 전화 09-4999-7822 홈페이지 www.facebook.com/henghoitodchawlae 영업 10:00~24:00 메뉴 영어, 태국어 예산 100~250B 가는 방법 에까마이 쏘이 14 골목 입구의 큰 길(에까마이 메인 도로)에 있다. BTS 에까마이 역에서 북쪽(타논 에까마이)으로 1.5km 떨어져 있다.
Map P.23-C2

에까마이 지역에서 간단하게 식사하기 좋은 친절한 레스토랑이다. 1973년부터 운영 중인 굴 요리 전문 식당으로 팟타이도 요리한다. 방콕에 5개 지점을 운영한다. 인기 식당임을 방증하듯 각종 방송과 이곳을 방문한 연예인 사진이 빼곡히 붙어 있다. 로컬 식당이지만 에어컨 시설로 깨끗한 것도 매력이다. 접시를 포함한 식기는 고급스럽기까지 하다.

허이텃(홍합과 숙주를 넣은 부침개) หอยทอด, 어쑤언(굴전) ออส่วน, 어루아(어쑤언보다 바삭하게 요리한 굴전) ออลั้ว를 메인으로 요리한다. 팟타이 꿍쏫 Fried Noodle with Prawn(큼직한 새우를 넣은 팟타이)과 카우카무(돼지 족발 덮밥) Rice with Stewed Pork Leg도 추천 메뉴다. 대부분의 음식은 커다란 철판에 즉석에서 요리해준다. 앞쪽에 있는 조리대에서 요리하는 모습도 볼 수 있다. 음식은 크기에 따라 가격이 조금씩 달라진다. 사진이 첨부된 영어 메뉴판도 잘 갖추어져 있고 외국 관광객에게도 친절하다. BTS가 멀리 떨어져 있어 위치는 불편하다.

허이텃

돼지 족발 덮밥

식당을 방문한
연예인 사진이 가득하다

왓타나 파닛
Wattana Panich วัฒนาพานิช ★★★★

주소 336~338 Thanon Ekkamai Soi 18 **전화** 0-2391-7264 **영업** 09:00~19:30 **메뉴** 영어, 태국어, 한국어, 중국어 **예산** 100~200B **가는 방법** 에까마이 쏘이 18(씹뺏) 골목 입구에 있다. 노란색 간판에는 돈염쏭 敦炎松이라는 한자가 적혀 있다. 바로 옆에 제법 큰 쌀국수 식당이 하나 더 있는데, 사람 많은 곳으로 들어가면 된다. 타논 에까마이 북쪽 끝에 해당하기 때문에 BTS 에까마이 역에서 걸어가면 멀다(걸어가면 20분 이상 걸린다). Map P.23-C1

방콕에서 손에 꼽히는 쌀국수 맛집이다. 태국인 화교 집안에서 대를 이어 운영하는 곳으로 50년 가까운 역사를 자랑한다. 미쉐린 가이드 맛집에 선정되면서 더 유명해졌다. 쌀국수 조리대의 초대형 냄비에서 육수를 끓여내는 모습만으로 이곳의 명성을 쉽게 예측할 수 있다. 진하고 걸쭉한 육수를 보는 것만으로도 쌀국수 장인의 향기가 느껴질 정도다. 냄비를 비우지 않고 육수를 추가해 계속 우려내기 때문에, 처음과 끝 맛이 동일하게 유지된다. 식당 분위기는 오래되고 허름하기 짝이 없다. 어수선한 레스토랑 내부는 철제 테이블이 놓여 있을 뿐이다. 각종 신문과 방송에 소개된 기사들이 벽면에 가득 붙어 있다. 다행이도 2층에는 에어컨이 설치되어 있어 그마나 쾌적하게 식사할 수 있다.

대표 음식은 소고기를 푹 고아 만든 '느아뚠'이다. 쌀국수를 넣은 '꾸어이띠아우 느아뚠 ก๋วยเตี๋ยวเนื้อตุ๋น'은 과하지도 않고 부족하지도 않은 육수와 부드러운 쌀국수 면발이 잘 어우러진다. 면발 없이 육수와 고기만 먹고 싶을 경우 '까오라오 느아 เกาเหลาเนื้อ'를 주문하면 된다. 염소 고기와 중국 약재를 푹 고아서 만

든 '패뚠 แพะตุ๋น'도 유명하다. 쌀국수는 면 종류를 선택해 주문하면 된다. 공기밥(카우 쑤어이)도 추가할 수 있다.

쿠아 끄링 빡쏫
Khua Kling Pak Sod
ค้วกลิ้ง+ผักสด ★★★☆

주소 98/1 Thong Lo Soi 5 **전화** 02-185-3977 **홈페이지** www.khuaklingpaksod.com **영업** 09:00~21:00 **메뉴** 영어, 태국어 **예산** 220~580B (+10% Tax) **가는 방법** 통로 쏘이 5 골목 안쪽으로 150m 들어가서 삼거리가 보이면, 진행 방향으로 오른쪽에 있는 골목으로 방향을 튼다. 골목 안쪽으로 20m 더 들어가면 태국어가 적힌 노란색 간판이 보인다. BTS 통로 역 3번 출구에서 도보 15분. Map P.22-B2

통로에 있는 맛집 중의 하나인데, 외국인이 아니라 현지인에게 유명하다. 태국 남부에서 방콕으로 이주한 사람들이 고향 음식이 그리울 때 즐겨 찾는 곳이라고 한다. 골목 안쪽에 있어서 눈에 잘 띄지도 않고, 간판도 태국어로만 되어 있다. 에어컨 시설로 테이블 10여 개가 전부이며, 안마당에 정원을 끼고 야외 테이블이 몇 개 놓여있다. 가정집 분위기가 느껴진다.

식당의 이름이기도 한 '쿠아 끄링(쿠아 킹)'이 대표적인 남부 음식이다. 메뉴에는 영어로 Pan Roasted Khua Kling Curry라고 적혀 있다. 국물 없이 카레 페이스트만 넣고 볶는다. 코코넛 밀크가 없기 때문에 매운 맛이 강하다. 남부 음식의 특징은 녹색의 쥐똥고추(프릭키누)를 많이 넣기 때문에 맵다는 것! 생선소스와 새우 젓갈도 방콕에 비해 많이 넣어서 음식 향이 강하다. 매운 음식을 못 먹는다면 메뉴판에서 'Chilli'가 빠져 있는 음식 위주로 주문하면 된다.

진한 육수가 일품인 소고기 '쌀국수'

역사를 자랑하는 왓타나 파닛

쿠아 크링 빡쏫

싸바이 짜이 Sabai Jai
สบายใจไก่ย่าง(เอกมัย ซอย 3) ★★★★

주소 87 Thanon Ekkamai Soi 3 **전화** 02-714-2622, 0-2381-2372 **홈페이지** www.facebook.com/sabaijaioriginalofficial **영업** 10:30~22:00 **메뉴** 영어, 태국어 **예산** 160~400B **가는 방법** 메인 도로에 있는 빅 시 Big C(쇼핑몰) 지나서 타는 에까마이 쏘이 3 골목 안쪽으로 50m. BTS 에까마이 역 1번 출구에서 1.5 km 떨어져 있다. Map P.22-B2

트렌디한 클럽과 카페가 가득한 통로와 에까마이 일대에서 보기 드문 평범한 현지 식당이다. 방콕 사람들에게 대중적인 인기를 누리는 이싼(북동부 지방) 음식(P.454 참고)을 전문으로 한다. 이싼 음식 중에서 기본에 해당하는 쏨땀(매콤한 파파야 샐러드)과 까이양(닭고기 숯불구이)의 맛이 괜찮다. 쏨땀 중에는 살이 토실토실한 게를 넣은 쏨땀뿌마 Som-Tum-Poo-Mar가 맛이 좋다. 생선과 새우를 포함한 다양한 해산물 음식을 함께 요리한다. 저녁에는 비어 가든처럼 생맥주를 곁들여 식사할 수 있다.

'싸바이 짜이'는 마음이 편하다는 뜻이다. 식당 자체가 '싸바이(근심 걱정 없이 편안한)'한 느낌으로 방콕 도심이 아닌 지방의 소도시에 있는 느

싸바이 짜이-까이양
(닭고기 숯불구이)

에까마이의 대표적인 현지 식당 싸바이 짜이

에까마이 쏘이 3으로 이전한 싸바이 짜이

낌이 든다. 현지인들에게 무척이나 잘 알려진 곳으로 외국인 여행자들도 소문을 듣고 찾아온다. 흔히들 '싸바이 짜이 까이양'이라고 부른다.

브로콜리 레볼루션
Broccoli Revolution ★★★☆

주소 899 Thanon Sukhumvit Soi 49 **전화** 0-2662-5001, 09-5251-9799 **홈페이지** www.broccolirevolution.com **영업** 09:00~21:00 **메뉴** 영어, 태국어 **예산** 220~350B(+7% Tax) **가는 방법** 쑤쿰윗 쏘이 49 옆에 있다(골목으로 들어가지 말고, 골목 입구를 바라보고 왼쪽에 있다). BTS 통로 역 1번 출구에서 400m. Map P.22-A2

방콕 시내(쑤쿰윗)에 있는 채식 전문 레스토랑. 다분히 여행객을 겨냥한 곳으로 벽돌과 녹색 식물을 이용해 아늑하게 꾸몄다. 높은 천장에 복층 구조로 되어 있다. 자연 채광도 좋아 답답한 느낌은 들지 않는다. 유기농 채소와 과일을 이용해 건강한 식단을 제공한다. 샐러드, 버거, 샌드위치, 부리토, 퀘사디아, 파스타, 스프링 롤, 쌀국수, 팟타이, 태국 카레까지 메뉴가 다양하다. 채소와 곡물을 선택해 조합할 수 있는 베간 볼 Vegan Bowl과 브로콜리 퀴노아 차콜 버거 Broccoli Quinoa Charcoal Burger가 인기 있다. 다양한 주스와 커피, 맥주, 와인도 갖추고 있다.

BTS 싸판 딱씬 역 인근에 브로콜리 레볼루션 짜런 끄룽 지점 Broccoli Revolution Charoen Krung(주소 Thanon Charoen Krung Soi 42/1, Map P.29)을 열었다. 샹그릴라 호텔을 비롯해 주변 호텔에 머문다면 지점을 방문하면 된다.

브로콜리 레볼루션

히어 하이
Here Hai เฮียให้ `인기` ★★★☆

주소 112/1 Thanon Ekkamai **전화** 06-3219-9100 **홈페이지** www.facebook.com/herehaifoods **영업** 수~일 10:00~14:30, 15:30~17:00(휴무 월~화요일) **메뉴** 영어, 태국어 **예산** 340~750B **가는 방법** 타논 에까마이 쏘이 10과 쏘이 12 사이의 메인 도로에 있다. BTS 에까마이 역에서 북쪽으로 1.2km 떨어져 있다.

`Map P.23-C2`

에까마이에 있는 자그마한 레스토랑으로 미쉐린 가이드에 선정되면서 유명 레스토랑으로 변모했다. 윙나이 유저스 초이스(방콕 현지 맛집 평가 사이트)에도 선정될 정도로 현지인들에게 인기 있다. 포장과 배달까지 밀려 있어서 항상 붐빈다. 에어컨 시설의 평범한 레스토랑이다. 복층으로 되어 있지만 테이블이 몇 개 없어서 빈자리가 생길 때까지 대기해야 하는 경우가 흔하다. 문 열기 전부터 줄 서 있는 사람들을 어렵지 않게 볼 수 있다. 웍을 이용한 볶음 요리를 맛 볼 수 있는 중국·태국음식점이다. 신선한 게와 갯가재, 새우를 이용한 볶음 요리가 일품이다. 그 중에서도 게살 볶음밥 Insane Crab Fried Rice이 대표 메뉴로 알려져 있다. 여느 레스토랑에서 흔하게 볼 수 있는 음식이지만 Insane(미친, 제정신이 아닌)이라고 붙일 만큼 음식 양이 어마어마하다. 4~6명이 먹을 수 있는 초대형 사이즈(XL Size) 볶음밥도 있다. 갯가재 볶음 Stir Fried Mantis Shrimp도 인기 있는데, 마늘·후추 또는 고추·소금 중에 어떤 것을 넣고 볶을지 선택해서 주문하면 된다. 가격은 비싸지만 불향 가득하고 푸짐한 식사를 할 수 있다. 사진이 첨부된 영어 메뉴판이 있어 주문하는데 어렵지 않다.

똔크르앙
Thon Krueng ต้นเครื่อง `인기` ★★★☆

주소 211/3 Thanon Sukhumvit Soi 49/13 **전화** 0-2185-3070~2, 08-1449-1926 **홈페이지** www.facebook.com/Thonkrueng **영업** 11:00~22:30 **메뉴** 영어, 태국어 **예산** 170~400B(+17% Tax) **가는 방법** 싸미티웻 병원 Samitivej Hospital 지나서 쑤쿰윗 쏘이 49/11과 쏘이 49/13 사이에 있다. BTS 프롬퐁 역 또는 BTS 통로 역을 이용하면 된다. 역에서 걸어가기는 멀고 택시나 오토바이 택시를 타는 게 좋다.

`Map P.22-A1`

통로(쑤쿰윗 쏘이 55) 지역에서 잘 알려진 맛집이다. 1981년부터 영업했으며 오랫동안 인기 있는 태국 식당으로 자리매김하고 있다. 장사가 잘되고 손님들이 증가하면서 2015년 3월에 규모를 확장해 새로운 곳으로 이전했다. 2층 건물로 시원한 에어컨과 유리 창문으로 인해 한결 여유롭다.

정통 태국 음식을 요리한다. 쏨땀, 똠얌꿍, 뿌 팟 퐁 까리를 포함해 웬만한 해산물과 이싼 음식까지 골고루 맛볼 수 있다. 야외 테이블은 밤에 시원한 생맥주를 마실 수 있는 비어 가든 역할도 한다.

싸미티웻 병원 주변으로 이사하면서 접근성이 떨어졌다. BTS 역에서 걸어가긴 멀고, 좁은 골목에 차량이 많아서 퇴근시간에 차가 막히는 편이다.

히어 하이 레스토랑

실내는 아담하다

똔크르앙

쑤판니까 이팅 룸
Supanniga Eating Room

 추천 ★★★★

①통로 본점 ห้องทานข้าวสุพรรณิการ์ (ทองหล่อ) 주소 160/11 Thong Lo(Sukhumvit Soi 55) 전화 0-2714-7508 홈페이지 www.supannigaeatingroom.com 영업 10:00~22:00 메뉴 영어, 태국어 예산 200~650B (+17% Tax) 가는 방법 통로 쏘이 6과 쏘이 8 사이에 있다. '에이트 통로 Ei8ht Thonglor' 빌딩을 바라보고 오른쪽에 있다. BTS 통로 역 3번 출구에서 도보 15분. Map P.22-B2
②싸톤 지점(싸톤 쏘이 10) ห้องทานข้าวสุพรรณิการ์ (สาทร ซอย 10) 주소 28 Thanon Sathon Soi 10 전화 0-2635-0349 영업 11:30~14:30, 17:30~22:30 가는 방법 타논 싸톤 쏘이 10(씹) 골목 안쪽으로 200m 들어간다. BTS 총논씨 역에서 내려서 W 호텔 옆 골목으로 들어가면 된다. Map P.26-A2 Map P.28-B1

'쑤판니까 이팅 룸'은 태국 음식의 오리지널한 맛과 향에 현대적인 감각을 더했다. 밝고 화사한 인테리어만큼이나 깔끔한 음식을 맛볼 수 있다. 겉옷을 잔뜩 부린 호텔 레스토랑과 비교해 양질의 식재료를 이용해 음식 맛을 살렸다. 한 칸짜리 아담한 건물이지만 높다란 천장에 노란색 소파와 목재 테이블, 셀라돈 식기까지 고급스럽다.

레시피는 주인장의 할머니 '쿤 야이 Khun Yai'가 요리하던 비법을 그대로 전수 받았다. '쿤 야이'는 뜨랏(태국 동부 해변 지방)에서 자랐고, 콘깬(태국 동북부 지방의 중심 도시)에서 레스토랑을 운영했기 때문에 생선 젓갈과 이싼(북동부 지방) 음식에 특출나다. 추천 요리로는 무 양 찐째우 카우찌(돼지고기와 찰밥 숯 불구이) Issan Style Pork with Grilled Sweet Sticky Rice, 무 차무앙(차무앙 잎을 넣어 만든 돼지고기 카레) Pork Curry

with Chamuang Leaves, 얌 쁠라 싸릿 톳 끄롭(매콤하고 시큼한 생선 튀김 샐러드) Crispy Fish in Spicy Dressing이 있다. 이싼 음식을 좋아한다면 얌 느아라이(매콤한 소고기 샐러드) Yum Nue Lai도 놓치기 아쉽다. 팟타이 또는 카우팟 같은 외국인 관광객용 태국 음식을 맛보기 위해 찾는 곳은 아니다. 좀 더 다채로운 태국 음식에 눈을 뜨게 해 줄 것이다. 사진으로 된 메뉴판이 갖추어져 있어 새로운 음식에 대한 이해를 돕는다.

반 쏨땀(쑤쿰윗 · 에까마이 지점)
Baan Somtum
บ้านส้มตำ (ซอยสุขใจ สุขุมวิท 40)

 추천 ★★★★

주소 15 Soi Suk Chai, Thanon Sukhumvit Soi 40 전화 0-2381-1879, 09-5546-9546 홈페이지 www.baansomtum.com 영업 11:00~22:00(주문 마감 21:30) 메뉴 영어, 태국어 예산 90~445B 가는 방법 쑤쿰윗 쏘이 40과 쏘이 42를 연결하는 쏘이 쑥짜이에 있다. 일방통행이라 택시를 탈 경우 쑤쿰윗 쏘이 40으로 들어가서, 쑤쿰윗 쏘이 42로 나오게 된다. BTS 에까마이 역 2번 출구에서 600m.

유명한 쏨땀 전문 레스토랑인 반 쏨땀의 분점이다. 반 쏨땀은 '쏨땀(파파야 샐러드) 집'이란 뜻으로, 현지 음식을 부담 없는 가격에 선보인다. 인기가 많아지면서 현재는 8개 분점을 운영하는데, 이곳도 그 중 하나다. 동부 버스 터미널 뒤쪽에 있는 쑤쿰윗 · 에까마이 지점은 넓은 주차장을 갖추고 있다. 레스토랑도 규모가 커서 본점에 비해 덜 북적대는 편이다. 본점과 마찬가지로 주방이 오픈되어 있어 쏨땀 만드는 모습을 직접 볼 수 있다. 카드 사용이 안 되니 현금으로 계산해야 한다. 자세한 내용은 P.270 참고.

Supanniga Eating Room

반 쏨땀 쑤쿰윗 에까마이 지점

파타라 Patara
ภัทรา (ทองหล่อ ซอย 19)

★★★★

주소 375 Thong Lo(Thonglor) Soi 19, Thanon Sukhumvit 55 **전화** 0-2185-2960, 0-2185-2961 **홈페이지** www.patarathailand.com **영업** 11:30~14:30, 17:30~22:00 **메뉴** 영어, 태국어 **예산** 메인 요리 215~985B, 런치 세트 295~495B(+17% Tax) **가는 방법** 통로 쏘이 19 골목 안쪽으로 200m. BTS 통로 역에서 1.7km 떨어져 있어 걸어가긴 멀다. Map P.22-B1

통로(텅러) 지역에서 오랫동안 사랑받고 있는 고급 타이 레스토랑이다. 골목 안쪽의 차분한 거리에 있는 2층짜리 저택이다. 넓은 야외 정원까지 있어 오붓하게 식사하기 좋다. 전통적인 방법으로 태국 음식을 요리하면서 현대적인 감각을 더 했다. 로열 프로젝트 Royal Project(태국 왕실에서 만든 비영리 단체)에서 생산한 유기농 식재료를 사용해 음식의 퀄리티를 높인 것도 매력이다. 참고로 파타라는 주인장 이름으로 런던과 비엔나에 같은 이름의 레스토랑을 운영하고 있다.

태국 요리에서 중요시되는 음식들을 선별해 요리한다. 태국 요리의 맛과 향이 잘 살아있는데, 외국인이 먹기에도 부담 없는 음식이 많다(동네 분위기의 특성상 일본인이 많이 찾는다). 태국 음식 마니아라면 깽(태국 카레) Curry를 맛보고, 태국 향신료에 아직 익숙하지 않다면 볶음 요리 Stir Fried를 주문하면 된다. 태국 사람들이 식사할 때 빼놓지 않고 먹는 얌(태국식 샐러드) Thai Salad는 수박, 가지, 연어, 와규 소고기 등 다양한 식재료를 이용해 만든다. 단품 메뉴로

는 팟타이(볶음 국수), 카우쏘이(북부식 카레 국수), 카우팟 뿌(게살 볶음밥)가 있다. 메뉴판에 사진이 첨부되어 음식 선택이 어렵지 않다. 주중(월~금요일)에는 점심 세트 메뉴도 제공해 준다.

엠케이 골드 MK Gold
เอ็มเค โกลด์ (เอกมัย)

★★★☆

주소 5/3 Thanon Sukhumvit Soi 63(Ekkamai) **전화** 0-2382-2367 **홈페이지** www.mkrestaurant.com **영업** 10:00~21:30 **메뉴** 영어, 태국어 **예산** 뷔페 485~539B **가는 방법** 타논 에까마이 메인 도로를 따라 150m. 램짜런 씨푸드 Laem Charoen Seafood(에까마이 지점)와 같은 건물에 있다. BTS 에까마이 역 1번 출구에서 도보 5분. Map P.22-B3

태국의 대표적인 쑤끼 레스토랑인 엠케이 레스토랑(P.236)의 업그레이드 버전이다. 단층 건물임에도 불구하고 규모가 크다. 테이블끼리 적당히 간격을 유지하고 있어 여유롭게 식사할 수 있는 것도 장점이다. 쇼핑몰에 입점한 일반 엠케이 레스토랑에 비해 실내 인테리어도 고급스럽고 종업원들의 서비스도 좋다. 동네 분위기를 반영하듯 대형 주차장을 완비하고 있다. 터치스크린이나 메뉴판을 보고 원하는 채소와 고기, 면 종류를 고르고 주문하는 방식이다. 채소+고기로 구성된 세트 메뉴도 있으니 인원에 맞게 주문하면 된다. 소스에 마늘과 라임을 넣어 입맛에 맞게 먹을 수 있다. 향신료가 좋으면 '싸이 팍치', 싫다면 '마이 싸이 팍치'라고 외칠 것.

통로 지역에서 인기 있는 타이 레스토랑 파타라

Patara
정갈한 점심 세트 메뉴

신선하고 다양한 식재료를 제공하는 엠케이 골드
MK Gold 에까마이 지점

MK Gold

빠톰 오가닉 리빙
Patom Organic Living
ร้านปฐม (สุขุมวิท ซอย 49/6, ซอย พร้อมพรรค)

인기

★★★☆

주소 9/2 Thanon Sukhumvit Soi 49/6(Soi Prompak) **전화** 09-8259-7514 **홈페이지** www.patom.com **영업** 09:00~19:00 **메뉴** 영어, 태국어 **예산** 커피 100~120B, 도시락 세트 130~150B **가는 방법** 타논 쑤쿰윗 쏘이 49/6(쏘이 프롬팍)에 있는 프롬팍 가든 (콘도) Prompak Gardens 옆에 있다. 메인 도로에서 갈 경우 통로 쏘이 23(텅러 쏘이 23) 골목으로 들어가면 된다. 가장 가까운 BTS 역은 통로 역인데, 걸어가긴 멀다. Map P.22-A1, P.20-B1

빠톰 오가닉 리빙은 '나콘 빠톰'(방콕 인근에 있는 지방 도시)에 기반을 둔 130개의 농장과 정부 기관, 대학이 협업해 재배한 유기농 제품 생산조합에서 운영한다. 방콕의 부촌으로 불리는 통로(쑤쿰윗 쏘이 55) 지역에 있지만, 메인 도로가 아니라 주택가 골목 안쪽에 있어 찾기 어렵다. 하지만 이곳이 방콕인가 싶을 정도로 매력적인 정원을 갖고 있다. 화분과 수목이 가득한 넓은 정원에는 카페로 사용되는 글라스하우스 (유리 집)가 있다. 넓은 창문을 통해 햇볕이 드는 카페에서 녹색의 정원을 감상하며 한껏 쉬어가기 좋다.

식사 메뉴는 유기농 음식들이 도시락처럼 만든 플라스틱 용기에 담겨져 있다. 유기농 주스에 사용하는 과일과 차(茶)는 농장에서 직접 재배한 것이다. 커피는 치앙다오(태국 북부지방)에서 재배한 원두를 사용한다. 허벌 밤 Herbal Balm, 립밤 Lip Bam, 바디 로션, 마사지 오일, 샴푸 등 유기농 제품도 함께 판매한다.

녹지대에 둘러싸인 빠톰 오가닉 리빙

유기농 제품을 판매한다

바미 콘쌔리 Bamee Kon Sae Lee
บะหมี่คนแซ่ลี ทองหล่อ

★★★☆

주소 1081 Thanon Sukhumvit **전화** 0-2381-8180 **영업** 06:30~23:00 **메뉴** 영어, 태국어, 일본어 **예산** 60~120B **가는 방법** BTS 통로 역에서 150m 떨어져 있다. Map P.22-B3

통로 지역(쑤쿰윗 쏘이 55)에서 인기 있는 바미 국수 (에그 누들 Egg Noodle) 식당이다. 에어컨 없는 로컬 식당으로 규모도 크지 않지만 항상 사람들로 붐빈다. 1956년부터 영업 중인 곳으로 식당 내부는 깔끔하다. 면을 직접 만들어 요리하는데도 불구하고 가격이 저렴하다. 육수를 넣을 경우 '바미 남', 비빔국수로 먹을 경우 '바미 행'을 주문하면 된다. 완탕, 돼지고기, 오리고기, 게살을 고명으로 추가할 수 있다. 자극적이지 않고 담백한 맛을 낸다. 볶음밥이나 돼지고기 덮밥을 곁들이면 간단한 식사가 된다. 사진 메뉴판이 잘 되어 있어 주문하는데 어렵지 않다. BTS 역과 가까워 오다가다 들리기 좋다. 주변에 거주하는 일본인들이 많이 찾아서인지 간판과 메뉴판에 일본어가 적혀 있다.

어묵 쌀국수를 선호한다면 옆에 있는 쌔우 누들 (꾸어이띠아우 룩친쁠라 쌔우) Zaew Noodle **แซว ก๋วยเตี๋ยวลูกชิ้นปลา**도 괜찮다. 도로에 테이블을 놓고 장사하는 전형적인 로컬 레스토랑으로 낮에만 문을 연다(영업시간 07:00~15:00).

Egg Noodle Soup

쌔우 누들 Zaew Noodle

바미 콘쌔리

로스트
Roast

★★★★

①통로 1호점 **주소** 335 Thong Lo(Thonglor) Soi 17, The Commons 3F **전화** 09-6340-3029 **홈페이지** www.roastbkk.com **영업** 08:00~22:00 **메뉴** 영어 **예산** 커피 100~180B, 식사 320~1,050B(+17% Tax) **가는 방법** 통로 쏘이 17 골목 안쪽에 있는 '더 커먼스 The Commons' 3F(실제로는 4층)에 있다. 가장 가까운 BTS 역은 통로 Thong Lo 역인데, BTS 역에서 1.7km 떨어져 있어 걸어가긴 멀다. Map P.22-B1
②엠카르티에 백화점 2호점 **주소** 1F, The Helix Quartier, EmQuartier, Thanon Sukhumvit Soi 35 & Soi 37 **전화** 09-5454-6978 **영업** 10:00~22:00 **가는 방법** 엠카르티에 백화점 입구에서 밖을 때 왼쪽 건물에 해당하는 헬릭스 카르티에 1F에 있다. BTS 프롬퐁 역에서 백화점으로 입구가 연결된다. Map P.21-B2
통로(쑤쿰윗 쏘이 55)에서 유행처럼 돼버린 커뮤니티 쇼핑몰에 위치해 있다. 분위기는 카페라기보다 레스토랑에 가깝다. 도시적인 디자인이 편안함을 느끼게 해 준다. 커피와 음료를 만드는 모습을 볼 수 있도록 주방을 개방시킨 것도 편안함과 음식에 대한 신뢰감을 갖게 한다. 타블로이드 신문처럼 만든 메뉴판은

유쾌함을 유발한다. 커피 전문점답게 신선한 원두를 직접 로스팅해서 사용한다. 에티오피아, 과테말라, 엘살바도르, 브라질, 인도네시아 커피까지 다양한 커피를 맛볼 수 있다. 커피를 뽑는 방법은 '드립 커피'와 '프렌치 프레스' 중에 선택하면 된다.
브런치를 즐기기 위해 찾는 사람들이 많다(여성들과 젊은 커플들이 많이 찾는다). 샐러드와 샌드위치는 기본으로 크랩 케이크 베네딕트 Crab Cake Benedict, 살몬 크루도 Salmon Crudo with Dil & Capers, 아메리칸 팬케이크 American Pancakes, 시푸드 스튜 Seafood Stew 같은 추천 메뉴까지 다양하다. 디저트 중에는 스트로베리 와플 Strawberry Waffle이 가장 인기 있다. 저녁 메뉴는 파스타와 스테이크 같은 서양 음식(지중해 음식에 가깝다)으로 바뀐다. 차분하게 커피 한 잔 마시고 싶다면 손님이 몰려오기 전에 아침 일찍 서둘러 가는 게 좋다.
한 가지 희소식! 시내 중심가의 쇼핑 몰에 지점을 열어 접근성이 편리해졌다. 엠카르티에 백화점 EmQuartier(P.331)과 쎈탄 월드 Central World(P.324) 1층에 지점을 열었다. 씰롬 지역에 묵는다면 더 커먼스 쌀라댕 The Commons Saladaeng(P.276) 지점을 이용하면 된다.

Roast at The Commons

로스트 본점(더 커먼스)

로스트 지점(엠카르티에 백화점)

더 커먼스 The Commons
เดอะคอมมอนส์ (ทองหล่อ ซอย 17) ★★★★

주소 335 Thanon Thong Lo(Thonglor) Soi 17 전화 0-2712-5400 홈페이지 www.thecommonsbkk.com 영업 09:00~23:00 메뉴 영어, 태국어 예산 200~680B 가는 방법 통로 쏘이 17(씹쩻) 골목 안쪽에 있다. BTS 통로 역에서 1.7 km 떨어져 있다.

Map P.22-B1

통로(텅러)에서 인기 있는 커뮤니티 몰. 쇼핑보다는 식사에 중점을 두고 있다. 트렌디한 분위기를 선도하는 통로에서도 핫 플레이스로 통한다. M층은 마켓 Market, 1층은 빌리지 Village, 2층은 플레이 야드 Play Yard, 3층은 톱 야드 Top Yard로 구분했다. 특히 M층에 해당하는 마켓에 쑤쿰윗에서 유명한 레스토랑이 몰려 있다. 푸드 마켓처럼 여러 개의 식당이 한자리에 모여 있다. 커피는 루트 커피 Roots Coffee, 아이스크림은 구스 댐 굿 Guss Damn Good, 태국 퓨전 요리는 빡 Pak, 수제 버거는 번 미트 & 치즈 Bun Meat & Cheese, 포케 요리는 헌터 포케 Hunter Poke, 샌드위치와 치즈는 소스드 Sourced, 럽스터와 시푸드는 럽스터 랩 The Lobster Lab, 베트남 음식은 이스트 바운드 East Bound, 맥주는 더 비어 캡 TBC(The Beer Cap)에서 해결하면 된다. 브런치와 디저트를 원한다면 3층에 있는 로스트 Roast (P.113)를 이용할 것.

더 커먼스

The Commons

더 커먼스 M층에 해당하는 마켓

루트 커피 Roots Coffee
★★★☆

주소 1F, The Commons, 335/1 Thong Lo(Thonglor) Soi 17 전화 09-7059-4517 홈페이지 www.rootsbkk.com 영업 08:00~19:00 메뉴 영어 예산 커피 100~160B 가는 방법 통로 쏘이 17(씹쩻)에 있는 더 커먼스 The Commons 1층에 있다. 가장 가까운 BTS 역은 통로 역인데, 걸어가긴 멀다. BTS 역에서 1.7km 떨어져 있다.

Map P.22-B1

방콕의 커피 마니아들 사이에 입소문으로 알려진 자그마한 카페다. 로스팅을 전문으로 하는 곳으로, 방콕 유명 카페에 커피 원두를 제공하기도 한다. 주말에만 잠깐 문을 열던 곳인데 '더 커먼스 The Commons' 내부로 이전하면서 매일 문을 열고 있다. 루트 커피에서는 오로지 커피만 판매한다. 테이블도 몇 개 없어서 아담하다. 커피 원두는 태국 북부에서 생산된 신선한 커피콩을 기본으로 사용한다. 케냐, 콜롬비아, 브라질, 과테말라, 엘살바도르 등 커피 산지에서 수입한 양질의 원두커피도 판매한다. 그날그날 로스팅한 커피는 '투데이스 빈스 Today's Beans'라고 별도로 구분해 놓았다. 전문적인 바리스타 교육을 받은 직원들이 외국인 관광객에게 친절하게 대해 준다.

커피 추출 방식에 따라 에스프레소 Espresso, 필터 커피 Filter Coffee, 콜드 브루 Cold Brew로 구분된다. 필터 커피는 핸드 드립과 프렌치 프레스로 구분된다. 콜드 브루는 장시간 커피를 내려 만든 아이스 커피를 의미한다. 전체적으로 달달한 커피보다는 쓴맛 또는 신맛의 진한 커피를 좋아하는 사람들에게 어울린다. 루트 앳 싸톤 Roots at Sathon(P.275)이라는 지점을 오픈했는데, 본점에 비해 넓고 쾌적하다.

커피 애호가들이 즐겨 찾는 루트 커피

페더스톤 카페
Featherstone Cafe ★★★☆

주소 60 Thanon Ekkamai Soi 12 전화 09-7058-6846 홈페이지 www.facebook.com/featherstone cafe 영업 10:30~22:00 예산 음료 120~160B, 메인 요리 280~750B(+17% Tax) 가는 방법 타논 에까마이 쏘이 12 안쪽으로 800m. 가장 가까운 BTS 역은 에까마이 역이다. BTS 역에서 2㎞ 떨어져 있어 걸어가긴 멀다. Map P.23-C2, Map 전도 D-3

에까마이 지역에서 인기를 얻고 있는 브런치 카페. 타일과 대리석, 스테인드글라스 장식으로 스타일리시하게 꾸몄다. 유럽풍의 독특한 인테리어와 빈티지한 장식으로 인해 예쁜 사진을 담으려는 블로거들이 대거 찾아온다. 곳곳에 사진 찍는 포인트가 많아서 기념사진 찍기 좋다.

색감을 강조한 소다와 커피도 스냅 사진용으로 어울린다. 시그니처 드링크는 스파클링 아포테커리 Sparkling Apothecary에서 선택하면 된다. 식사 메뉴는 샐러드, 버거, 피자, 파스타 같은 브런치 위주로 특별하게 없다. 패션 액세서리와 가족 제품을 판매하는 부티크 숍을 함께 운영한다. BTS 역에서 멀어서 위치는 불편하다.

토비 Toby's
โทบี้ส์ (สุขุมวิท ซอย 38) ★★★☆

주소 75 Thanon Sukhumvit Soi 38 전화 0-2712-1774 홈페이지 www.facebook.com/tobysk38 영업 09:00~16:30 메뉴 영어 예산 음료 100~150B, 메인 요리 250~650B(+10% Tax) 가는 방법 쑤쿰윗 쏘이 38(삼씹뺏) 안쪽으로 650m 떨어져 있다. BTS 통로 역 4번 출구에서 도보 15분. Map P.22-B3

아침형 인간에게 어울리는 브런치 레스토랑이다. 통로 지역에 있지만 골목 안쪽에 깊숙이 숨겨져 있어 주변이 매우 조용하다. 불편한 위치에도 불구하고 일부러 찾아오는 사람들이 많다. 아침 9시에 문 열자마자 아침 식사하러 오는 단골손님도 있다. 벽돌 건물과 원목 인테리어. 넓은 창문과 높다란 천장이 어우러져 여유롭다.

호주 스타일의 아침 식사를 제공한다. 에그 & 브레드 Egg & Bread(계란과 빵)를 기본 베이스로 연어, 베이컨, 스모크 햄, 아보카도, 페타 치즈, 방울토마토 등을 조합해 요리를 한다. 커피 종류도 다양하고 향도 좋다. 커피는 플랫 화이트 Flat White가 유명하다. 착즙 과일 주스도 건강한 맛이다.

디저트로는 바삭하고 달콤한 크리스피 프렌치 토스트 Crispy French Toast가 인기 있다. 저녁 시간에는 폭립 Beer Miso Marinated Pork Ribs, 그릴 치킨 Grilled Chicken, 새우 구이 Chilli Garlic Tiger Prawn, 스파게티 Spaghetti를 메인으로 요리한다.

스타일리시한 페더스톤 카페

브런치 카페로 인기 있는 토비

잉크 & 라이언 카페
Ink & Lion Cafe

★★★☆

주소 1/7 Thanon Ekkamai Soi 2 **전화** 0-2002-6874 **홈페이지** www.facebook.com/inkandlioncafe **영업** 09:00~16:00 **메뉴** 영어 **예산** 110~170B **가는 방법** 에까마이 쏘이 2(썽) 골목 안쪽에 있다. 메인 도로에 있는 에까마이 비어 하우스 Ekamai Beer House 옆 골목으로 들어가면 정면에 보이는 비스톤 Beestone 옆에 있다. **BTS** 에까마이 역 1번 출구에서 500m 떨어져 있다. Map P.22-B3

에까마이 지역에서 꽤나 유명한 카페다. 건축과 그래픽 디자인을 전공한 방콕 태생의 주인이 운영한다. 아담한 카페 내부는 하얀색 벽돌과 나무 바닥이 차분하게 어우러지고, 그림을 전시해 갤러리처럼 꾸몄다. 테이블은 학교에서 쓰던 책상과 의자가 놓여 있다.

직접 로스팅한 원두를 이용해 커피를 만들기 때문에 커피 향이 잘 살아 있다. 커피는 에스프레소, 아메리카노, 카푸치노, 모카, 라테, 아포가토로 구성된다. 드립 커피 Hand-Brewed Coffee로 주문해도 된다. 케이크와 와플 같은 디저트를 곁들여도 좋다. 어정쩡한 위치 때문인지 뜨내기 관광객에게 많이 알려지지 않았다. 방콕 젊은이들과 장기 체류하는 외국인들이 즐겨 찾는다. 원두커피와 에코 백을 포함한 굿즈도 판매한다.

잉크 & 라이언 카페

롤링 로스터(에까마이 지점)
Rolling Roasters Ekkamai

인기 ★★★★

주소 Earth Ekkamai, Thanon Sukumvit Soi 63 **전화** 09-6215-5453 **홈페이지** www.facebook.com/rollingroastersekkamai **영업** 07:00~17:30 **메뉴** 영어 **예산** 130~250B **가는 방법** 에까마이 초입에 있는 어스 에까마이(커뮤니티 몰)에 있다. **BTS** 에까마이 역에서 200m. Map P.22-B3

방콕에서 유명한 로스터리(커피 로스팅 회사)로 대규모 카페를 함께 운영한다. 방콕 사람들에게 엄청난 인기를 얻고 있는 것에 비해 외국 관광객에게 상대적으로 덜 알려져 있는데, 그 이유는 방콕 외곽에 있기 때문이다. 2023년 6월에 에까마이에 지점을 오픈하면서 접근성이 좋아졌다. 원형의 커피바를 중심에 두고 탁 트인 구조로 디자인했다. 복층으로 이루어진 실내는 곡선과 계단을 이용해 미니멀하면서 미래적인 느낌을 준다.

아무래도 태국 사람들이 선호하는 커피숍이다 보니 블랙커피(에스프레소, 아메리카노)보다는 화이트 커피(라테, 더티, 카푸치노, 플랫 화이트, 피콜로, 모카)가 많다. 유자 Yuzu, 말차 Matcha, 캐러멜 Caramel, 코코아 Cocoa 등을 첨가해 만든 스페셜티 커피도 다양하다. 자체적으로 블렌딩한 다크 블렌드 Dark Blend(브라질 · 인도네시아 · 라오스 원두 배합)와 하우스 블렌드 House Blend(브라질 · 콜롬비아 · 태국 원두 배합)를 주로 사용한다. 한 종류의 커피 원두 맛을 맛보고 싶다면 싱글 오리진 중에서 선택하면 된다. 수입 원두를 사용하기 때문에 다른 커피보다 비싸지만 드립 커피로 내려준다.

카우 레스토랑
Khao Restaurant
ร้านอาหาร ข้าว (เอกมัย ซอย 10) **추천** ★★★★

주소 15 Thanon Ekamai Soi 10 **전화** 0-2381-2575, 09-8829-8878 **홈페이지** www.khaogroup.com **영업** 11:30~14:00, 18:00~22:00 **메뉴** 영어, 태국어 **예산** 메인 요리 320~690B(+17% Tax) **가는 방법** 타논 에까마이 쏘이 10 골목 안쪽으로 200m. 빅 씨 Big C 지나서 헬스 랜드 스파 & 마사지(에까마이 지점)을 끼고 오른쪽 골목으로 들어가면 된다. BTS 에까마이 역 1번 출구에서 1.2km 떨어져 있다. Map P.23-C2

쌀(또는 밥)이란 뜻의 '카우'는 태국 음식과 떼려야 뗄 수 없는 관계다. 태국에서 밥이란 곧 일상생활을 의미하기 때문이다. 이곳은 얌(매콤한 태국식 샐러드), 남프릭(매콤한 쌈장에 찍어 먹는 채소와 생선 요리), 깽(태국식 카레)을 메인으로 요리하는 정통 태국식 레스토랑으로, 완성도 높은 음식을 부담스럽지 않은 가격에 선보인다. 주방을 책임지는 조리장 위칫 무까라 Vichit Mukura의 존재감으로도 유명하다. 태국 요리에 정통한 그는 방콕 최고의 호텔로 꼽히는 오리엔탈 호텔에서 28년 동안 수석 요리사로 근무했다. 이곳은 독립한 그가 새롭게 선보인 공간으로, 여느 호텔 레스토랑과 견주어도 이쉽지 않을 만큼 높은 품격을 자랑한다. 쌀 저장고를 현대적으로 재해석한 인테리어가 단연 인상적인데, 원목과 넓은 창문을 통해 자연 채광을 최대한 살린 것이 눈에 띈다. 탁 트인 공간과 높은 천고는 쾌적하고 여유로운 분위기를 자아낸다. 신선한 식재료와 향신료를 사용하며, 메뉴 전반이 과하지 않고 정갈하다.

보.란
Bo.Lan
★★★☆

주소 24 Thanon Sukhumvit Soi 53 **전화** 0-2260-2961~2 **홈페이지** www.bolan.co.th **영업** 수~토 12:00~15:00, 18:00~23:30, 일요일 12:00~15:00(휴무 월~화요일) **메뉴** 영어 **예산** 점심 세트 메뉴 2,900B, 저녁 세트 메뉴 3,600~4,800B(+17% Tax) **가는 방법** 타논 쑤쿰윗 쏘이 53(하씹쌈)으로 100m 들어가면, 진행 방향으로 도로 오른쪽에 있는 좁은 골목 안쪽에 있다. BTS 통로 역 1번 출구에서 도보 5분. Map P.22-A3

보.란은 주인장과 요리사를 겸하는 태국 여성 '보 Bo'와 호주 남성 '딜런 Dylan'을 합성해 만든 이름이다. 보란을 붙여서 읽으면 고대(古代)라는 뜻의 태국어가 된다. 젊은 요리사 커플은 매일 시장을 들락거리며 신선한 식재료를 구입하며 카레 페이스트와 코코넛 밀크까지 직접 만들 정도로 태국 음식에 지대한 공을 들이고 있다.

메인 요리는 20여 종류로 많지 않다. 음식을 코스별로 하나씩 주문하는 알라카르테 메뉴보다는 디저트를 포함해 11가지 음식이 세트로 구성된 보란 밸런스 Bo.Lan Balance를 선택하는 것이 낫다. 보.란 밸런스 메뉴는 계절에 따라 수시로 바뀐다. 가능하면 예약을 하고 가는 게 좋다. 요일마다 문 여는 시간이 다르다. 월요일은 휴무, 일요일은 점심식사만 가능하다.

쌀 저장고를 현대적으로 디자인한 레스토랑 내부

카우 레스토랑

보란

Nightlife 통로 & 에까마이의 나이트라이프

외국인들을 위한 술집보다는 태국 젊은이들이 선호하는 클럽이 가득하다. 한마디로 방콕에서 '잘 나가는' 업소들로 방콕의 클럽 문화를 이끌어 간다고 해도 과언이 아니다. 특히 에까마이 쏘이 5 사거리 주변에 클럽이 몰려 있다.

옥타브 Octave Rooftop Lounge & Bar

 추천 ★★★★

주소 45F, Marriott Hotel Sukhumvit, 2 Thanon Sukhumvit Soi 57 **전화** 0-2797-0000 **홈페이지** www.facebook.com/OctaveMarriott **영업** 17:00~24:00 **메뉴** 영어, 태국어 **예산** 칵테일 390~490B, 메인 요리 450~1,550B(+10% Tax) **가는 방법** 타논 쑤쿰윗 쏘이 57에 있는 메리어트 호텔 쑤쿰윗 내부에 있다. 호텔 로비 안쪽에 있는 엘리베이터를 타고 45층으로 올라가서 종업원의 안내를 따르면 된다. BTS 통로 역 3번 출구에서 400m. Map P.22-B3

고급 호텔의 대명사처럼 여겨지는 호텔 루프 톱 라운지 중의 한 곳이다. 5성급 호텔인 메리어트에서 운영한다. 45층부터 49층까지 층마다 분위기가 조금씩 다르다. 45층은 야외 테라스 형태로 꾸며 레스토랑에 가깝다. 실질적인 루프 톱은 48~49층에 있다. 360°로 펼쳐진 꼭대기 층에는 원형의 바를 중심으로 테이블까지 놓여 있다. 무엇보다 막힘없이 방콕 풍경을 감상할 수 있어 눈을 시원하게 해준다. 강변 풍경이 아닌 시내 중심가의 방콕 스카이라인이 펼쳐진다. 예약하고 가는 게 좋지만, 좌석이 없을 경우 서서 술을 마시면 된다.

맥주보다 칵테일 메뉴가 다양하다. 식사 메뉴는 술과 어울리는 스낵과 스시, 그릴 등 간편한 메뉴로 구성되어 있다. 해피 아워(오후 5시~7시)에는 1+1 프로모션이 제공된다. 오후 8시부터는 DJ가 음악을 틀어준다. 비가 올 때는 실내 공간만 오픈한다. 술 판매는 20세 이상에게만 허용되기 때문에 신분증을 챙겨 갈 것. 기본적인 드레스 코드도 지켜야 한다.

쑤쿰윗 일대가 시원스럽게 내려다보인다

Octave Rooftop Lounge & Bar

메리어트 호텔 쑤쿰윗에서 운영하는 옥타브

티추카
Tichuca Rooftop Bar ★★★★ 인기

주소 46F, T-One Building, 8 Thanon Sukhumvit Soi 40 **전화** 06-5878-5562 **홈페이지** www.paperplane project.net/tichuca **영업** 17:00~24:00 **메뉴** 영어 **예산** 칵테일·위스키 380~650B(+17% Tax) **가는 방법** 타논 쑤쿰윗 쏘이 40 초입에 있는 티원 빌딩 46층에 있다. 빌딩 1층에서 엘리베이터를 타고 40층까지 올라간 다음, 전용 엘리베이터로 갈아타야 한다. BTS 통로 역에서 300m 떨어져 있다. Map P.22-B3

2020년 12월 오픈한 루프 톱 바. SNS에서 사진 찍기 좋은 '핫 스팟'으로 등장한 만큼 사람들로 붐비는 편이다. 티원 빌딩 46층에 올라 대나무 문을 열고 들어서면 정글을 테마로 꾸민 루프 톱이 나온다. 거대한 나무 형상의 조형물이 인상적인데 밤에는 LED 조명을 바꾸어 빛을 더한다. 광섬유 조명이 나뭇가지처럼 매달려 있는 조형물이 바람에 흔들리는 모습이 해파리 같아서 해파리 조명이라고 부르는 한국 관광객도 있다. 루프 톱은 3층으로 공간이 구분되어 있는데, 꼭대기 층에 올라가면 스카이라인을 막힘없이 볼 수 있다. 호텔에서 운영하는 곳이 아니라서 그런지 칵테일과 와인 메뉴는 평범하다. 시그니처 칵테일은 파인애플, 수박, 코코넛 등 열대 과일을 이용해 만든다. 가장 인기 있는 유주 콜라다 Yuzu Colada는 파인애플에 칵테일을 담아준다.

밤 시간에는 항상 북적대는데, 기다리지 않고 입장하려면 문 여는 시간에 맞춰 방문하는 게 좋다(금·토요일은 예약 자체도 불가능하다). 20세 이상이 출입이 가능하며 신분증(여권)을 보여줘야 한다. 호텔

정글을 주제로 만든 티추카

부대시설이 아니라서 복장 규정(드레스 코드)는 느슨한 편이다. 슬리퍼와 반바지는 피하자. 실내 공간이 없기 때문에 비가 오면 문을 닫기도 한다. 출발 전에 날씨를 반드시 확인할 것.

WTF 갤러리 & 카페
WTF Gallery & Café ★★★☆

주소 7 Thanon Sukhumvit Soi 51 **전화** 0-2626-6246 **홈페이지** www.wtfbangkok.com **영업** 수~일 18:00~01:00(휴무 월~화요일) **메뉴** 영어 **예산** 칵테일 250~380B **가는 방법** 타논 쑤쿰윗 쏘이 51 안쪽으로 100m 들어가면, 왼쪽 편에 보이는 막혀있는 작은 골목 안쪽에 있다. BTS 통로 역 1번 출구에서 도보 15분. Map P.22-A2

통로와 에까마이에서 한 블록 떨어진 곳에 위치한 아담한 술집이다. 테이블이 몇 개 없어서 포근한 사랑방 분위기를 연출한다. 복고풍의 사진과 영화 포스터를 이용해 인테리어를 꾸몄다. 술집이지만 오락적인 요소보다는 예술의 향기를 풍긴다. 2·3층은 사진 전시와 설치 미술, 비디오 아트를 위한 갤러리로 운영된다. 음악 공연이 열리기도 한다. 갤러리에서는 창의적이고 파격적인 작품들이 자주 전시된다. WTF는 원더풀 타이 프렌드십 Wonderful Thai Friendship의 약자로 창의적인 생각을 가진 친구들

이 함께 어울리는 소셜 클럽을 지향하고 있다. 예술이나 창작적인 일에 종사하는 태국 젊은 이들이 즐겨 찾는다. 참고로 갤러리는 오후 4시부터 8시까지만 관람(입장료 무료, 월요일 휴무)이 가능하다.

Tichuca Rooftop Bar

WTF Gallery & Café

미켈러 방콕
Mikkeller Bangkok ★★★★

주소 26 Ekamai Soi 10 Yaek 2 **전화** 0-2381-9891 **홈페이지** www.mikkellerbangkok.com **영업** 17:00~24:00 **메뉴** 영어 **예산** 200~460B **가는 방법** 헬스 랜드 스파 & 마사지(에까마이 지점)을 끼고 에까마이 쏘이 10 골목 안쪽으로 300m 들어가서, 카우 Khao 레스토랑 앞 삼거리에서 우회전하고, 150m 직진 후 골목 길 끝 삼거리에서 다시 좌회전한다. 택시를 탈 경우 '에까마이 쏘이 씹 액 썽 เอกมัยซอย 10 แยก 2' 이라고 말하면 된다. BTS 에까마이 역 1번 출구에서 800m 떨어져 있다. Map P.23-C2

덴마크 사람들이 합심해 만든 미켈러는 다른 곳에서는 맛볼 수 없는 수제 맥주 Craft Beer를 판매한다. 방콕 최초의 수제 맥주 바로 알려졌는데, 코펜하겐과 샌프란시스코를 거쳐 서울 신사동(가로수길)에도 지점을 열었다. 30종류의 맥주를 탭에서 뽑아 주는데 수제 맥주라서 매번 똑같은 맥주를 판매하지는 않는다. 칠판에 그날 가능한 맥주 품목이 적혀 있다. 나초 치즈, 트러플 파스타, 수제 버거 같은 음식(320~520B)도 가능하다.

타논 에까마이 골목 안쪽 조용한 주택가에 위치해 있다. 찾아가기 어렵다는 단점이 있지만, 마당 넓은 가정집을 개조한 술집이라 아늑하다. 넓은 창문 밖 으로 보이는 정원을 바 라보며 목재 테이블에 술잔을 놓고, 나무 의자 에 앉아 친구들과 대화 를 나누기 좋다. 건기가 되면 마당에 쿠션을 깔 아 놓고 야외에서 편하 게 맥주 한잔 할 수도 있다.

Mikkeller Bangkok

래빗 홀
Rabbit Hole ★★★★

주소 125 Thanon Sukhumvit Soi 55(Thonglor) **전화** 09-8532-3500 **홈페이지** www.rabbitholebkk.com **영업** 19:00~01:00 **메뉴** 영어 **예산** 칵테일 350~490B(+10% Tax) **가는 방법** 통로 쏘이 5와 쏘이 7 사이에 있는 아이누 Ainu(일식당)을 바라보고 오른쪽에 있다. BTS 통로 역에서 850m 떨어져 있다. Map P.22-B2

방콕의 대표적인 '은둔 칵테일 바'로 작정하고 찾아 가지 않으면 그냥 지나치기 쉽다. 대로변에 있지만 목재로 만든 출입문 만 있을 뿐 간판도 작아서 눈에 잘 띄지 않는다(토끼 굴처럼 작지는 않지만 유심히 살펴야 찾을 수 있다). 얼핏 보면 문 닫은 가게처럼 보이지만 내부에 들어서면 인더스트리얼 인테리어가 눈길을 사로잡는다. 강렬한 붉은색을 사용한 조명과 벽면을 가득 장식한 술병들이 인상적이다. 어둑한 실내 공간은 협소하지만 3층으로 구분되어 있다.

독특하고 창의적인 칵테일 종류도 다양하고 위스키, 버번, 럼, 데킬라, 보드카까지 각종 주류를 구비하고 있다. 메뉴판에 적힌 술 종류가 너무 빼곡해서 선택장애를 일으키기 쉽다. 칵테일은 클래식 Classic, 리프레싱 Refreshing, 드라이 Dry, 프래그런스 Fragrance, 스피릿 포워드 Spirit Forward, 세이버리 Savoury로 구분했는데, 40가지 이상의 칵테일을 만든다. 열대 과일과 향신료를 첨가한 칵테일도 있어 다양한 맛을 음미할 수 있다. 술 맛에 집중하기 위해 음식은 판매하지 않는다.

토끼 굴보다는 큼직한 래빗 홀

인더스트리얼한 느낌의 래빗 홀

홉스(하우스 오브 비어)
HOBS (House of Beers) ★★★☆

주소 1F, Penny's Balcony, 522/3 Thong Lo Soi 16 **전화** 0-2392-3513 **홈페이지** www.houseofbeers. com **영업** 17:00~01:00 **메뉴** 영어 **예산** 맥주 200~680B(+17% Tax) **가는 방법** 통로 쏘이 16에 있는 펜니 발코니(커뮤니티 쇼핑 몰) 1층에 있다. BTS 통로 역에서 걸어가긴 멀다. Map P.22-B1

홉스 본점(통로)

벨기에 사람이 운영하는 벨기에 맥주 전문점이다. 독일 · 영국 · 스페인 맥주도 판매한다. 단순히 수입한 병맥주를 파는 게 아니고 생맥주 Draft Beer도 있어 맥주 애호가에게 사랑받는다. 벨지안 프라이(감자튀김)를 곁들여 맥주 한잔하기 좋다. 외국인들, 관광객보다는 직장인들이 퇴근하고 술 한잔하러 즐겨 찾는다. 방콕 시내에 있는 대형 쇼핑몰에도 지점을 운영한다. 쎈탄 월드(쇼핑몰) 그루브 Groove at Central World(P.245) 지점은 BTS역과 인접해 접근성이 좋다.

더 비어 캡
TBC(The Beer Cap) ★★★

주소 1F, The Commons, 355 Thong Lo(Thonglor) Soi 17 **전화** 0-2185-2517 **홈페이지** www.thebeer cap. com **영업** 11:00~24:00 **메뉴** 영어, 태국어 **예산** 맥주 220~680B **가는 방법** 통로 쏘이 17(씹쩻)에 있는 더 커먼스 The Commons 1층에 있다. Map P.22-B1

더 비어 캡 TBC(The Beer Cap)

통로에서 핫한 쇼핑몰 더 커먼스 The Commons (P.114)에서 맥주 한 잔하기 좋은 곳이다. 맥주를 전문으로 취급하는 곳답게 다양한 수입 맥주와 수제 맥주를 즐길 수 있다. 쇼핑 몰 내부에 있어서 낮에도 문을 연다. 금요일 저녁에는 디제잉, 토요일 저녁에는 라이브 밴드가 공연을 한다.

낭렌 Nunglen(임시 휴업 중)
นั่งเล่น (เอกมัย) ★★★☆

주소 217 Thanon Sukumvit Soi 63 **전화** 0-2711-6564~5 **홈페이지** www.nunglen.org **영업** 월~토 19:00~02:00(휴무 일요일) **예산** 위스키 1,800~4,500B, 맥주 · 칵테일 220~400B **가는 방법** 에까마이 쏘이 5 & 에까마이 쏘이 7 사이에 있다. BTS 에까마이 역 1번 출구에서 타논 쑤쿰윗 쏘이 63(에까마이) 방향으로 도보 20분. Map P.22-B2

태국 젊은이들이 즐겨 찾는 클럽이 밀집한 통로와 에까마이 일대에서 변함없는 인기를 누리는 곳이다. 낭렌은 앉다라는 뜻의 '낭'과 놀다라는 뜻의 '렌'이 합쳐진 말로 라운지 스타일의 클럽이다. 태국의 대표적인 맥주 회사인 비아 씽(싱하 맥주) Singha Beer 사장의 아들이 운영한다.

실내는 특별한 치장이 없이 어둑하나 항상 꽃단장한 젊은이들로 넘쳐난다. 특히 20대 초반의 젊은이들이 많다. 방콕에 있는 클럽 중에서 물 좋은 곳 중 하나로 꼽히며, 외국인들이 별로 없고 태국 젊은이들이 끼리끼리 테이블에 앉아 술 마시며 음악을 즐긴다. DJ가 아닌 라이브 밴드가 음악을 연주하며, 인디 밴드도 종종 무대에 선다. 음악이 강렬해질수록 서서 춤추는 사람들이 늘어난다. 나이 확인을 위해 신분증을 휴대해야 하며, 복장도 신경써야 한다. 일요일에는 문을 열지 않는다. 방콕에서 클럽 이용 시 주의 사항은 P.123 참고.

태국 젊은이들에게 인기 있는 낭렌

72 코트야드
72 Courtyard ★★★☆

주소 72 Thanon Sukhumvit Soi 55(Thonglor) **전화** 0-2392-7999 **홈페이지** www.facebook.com/72Courtyard **영업** 17:00~01:00 (빔 클럽 금·토·일 21:00~01:00) **메뉴** 영어, 태국어 **예산** 맥주·칵테일 180~480B(+17% Tax) **가는 방법** 통로 쏘이 16과 쏘이 18 사이에 있다. BTS 통로 역에서 1.5km 떨어져 있어 걸어가긴 멀다. Map P.22-B1

더 커먼스(P.114)와 더불어 통로에 있는 대표적인 커뮤니티 몰이다. 트렌디한 카페와 바, 클럽이 몰려 있어 방콕 젊은이들에게 인기 있다. G층에 있는 비어 벨리 Beer Belly(홈페이지 www.facebook.com/beerbellybkk)는 중앙 야외 광장에 테이블이 놓여 (태국 사람들이 좋아하는) 비어 가든 분위기를 연출한다. 방콕에서 유행하는 수제 맥주를 포함해 다양한 맥주를 맛볼 수 있다. 맞은편에는 재즈 바 에블 맨 블루스 Evil Man Blues(홈페이지 www.facebook.com/EvilManBlues)가 있다.

2층에는 빔 클럽 Beam Club(홈페이지 www.beamclub.com)이 있다. 미니멀한 디자인의 클럽으로 LED 레이저와 빵빵한 사운드 시스템으로 빛과 소리를 극대화했다. 국제적으로 유명한 DJ들이 언더그라운드 테크노와 하우스 음악을 디제잉해 준다. 입장료는 없으나 술값(맥주·칵테일 260~390B, 위스키 1병 3,900~5,800B)은 비싸다. 이벤트가 열릴 때는 별도 입장료가 있다. 빔 클럽은 현재 금·토·일요일 밤 9시부터 새벽 1시까지만 영업한다.

빔 클럽

72 코트야드

에셜론
Echelon Bangkok ★★★★

주소 Marché Thonglor, 3F, Tower B, 148 Thanon Thong Lo **전화** 09-2535-6558 **홈페이지** www.facebook.com/echelonbangkok **영업** 19:00~02:00 **메뉴** 영어 **예산** 칵테일 390~720B **가는 방법** 마르쉐 통로 쇼핑몰 3층에 있다. BTS 통로 역에서 700m 떨어져 있다. Map P.22-B2

트렌디한 카페와 클럽이 몰려 있는 통로·에까마이 지역의 신상 클럽이다. 독특한 모양새로 눈길을 끄는 마르쉐 통로 쇼핑몰 내부에 있다. 입구는 매우 평범하지만 출입문을 열고 들어서면 범상치 않은 클럽 내부가 나온다. Too Alien for Earth, Too Human for Outer Space(지구에게는 너무 이질적이고, 우주에는 너무 인간적이다)라고 적힌 네온사인이 이곳의 특징을 잘 보여준다.

럭셔리한 기차 칸(설국열차의 1등 칸에서 영감을 얻어 디자인했다고 한다)을 모티브로 트렌디하게 꾸몄는데 붉은색 소파와 조명이 감각적으로 어우러진다. 보딩 패스처럼 생긴 입장권에 적힌 좌석으로 안내 받아 자리를 잡으면 된다. 저녁시간에는 칵테일 바로 운영되고, 밤 10시 30분이 넘으면 클럽으로 변모한다. 클럽 내부도 한쪽은 칵테일 바, 반대쪽은 DJ 부스를 배치했다. 스테이지가 따로 있는 것은 아니고 규모도 작아서 예약하고 가는 게 좋다. 분위기에 걸맞게 술값은 비싸다. 기본적인 드레스 코드도 지킬 것.

에셜론

Travel Plus 방콕에서 클럽 즐기기

1. 언제 가면 좋을까요?

밤 8시쯤 클럽들이 문을 열지만 밤 10시는 넘어야 사람들이 오기 시작합니다. 보통 밤 11시를 기점으로 분위기가 무르익기 시작해 새벽 1시가 넘으면 슬슬 파장 분위기로 접어든답니다.

2. 나이 제한이 있나요?

정부의 방침에 따라 출입 연령 제한이 엄격합니다. 대부분 20세 이상으로 출입 연령을 제한합니다. 외국인이라 하더라도 나이 확인을 위해 신분증을 요구하는 곳이 많답니다. 여권 사본이나 사진이 부착된 신분증을 지참하세요.

3. 복장도 제한이 있나요?

특별히 복장 제한은 없지만 슬리퍼나 반바지를 입으면 입장을 제재합니다. 복장 제한 이외에 소지품 제한도 있습니다. 댄스 클럽을 출입할 때 가방 검사도 하는데요, 마약이나 총기류 반입을 막으려는 이유지요. 총기류는 전혀 걱정하지 않아도 되지만, 마약은 정말 골칫거리여서 심할 경우는 경찰이 들이닥쳐 업소 문을 닫고 소변을 채취하기도 한답니다. 쓸데없는 호기심으로 낭패를 당할 수 있으니 마약은 절대 금지입니다.

4. 입장료가 있나요?

유명 밴드를 초대해 라이브 공연을 할 때를 제외하고 원칙적으로 입장료는 없습니다. 하지만 외국인이라면 사정은 달라집니다. 방콕 클럽은 외국인이 선호하는 곳과 태국 젊은이들이 좋아하는 곳이 극명하게 차이를 보입니다. 태국 젊은이들(그들은 맥주가 아니라 양주를 마십니다)이 즐겨가는 고급 클럽들은 퀄리티를 유지하기 위한 수단으로 외국인에게 입장료 Cover Charge를 부과하는 것이지요. 한산한 평일은 입장료를 부과하는 경우가 드물고, 사람이 많이 몰리는 주말에 별도의 입장료를 받는답니다. 입장료에는 맥주 2병 쿠폰이 포함되어 있답니다. 여러 명이 함께 갈 경우에는 입장료를 낼 필요 없이 위스키 한 병을 시키는 게 더 저렴합니다.

5. 돈은 얼마나 필요할까요?

어떤 곳을 가느냐, 얼마나 술을 마시느냐에 따라 달라지겠지만, 보통 4~6명이 함께 가서 양주 한 병을 시키면 3,000B 정도에서 해결이 가능합니다. 양주 한 병에 1,900~3,000B 정도이고 얼음과 소다, 콜라 등의 믹서 비용을 별도로 추가해야 합니다.

6. 술 카드라는 제도가 있다구요?

태국 사람들은 술에 목숨 걸지 않는답니다. 그저 즐기고 신나게 노는 게 목적이지요. 물론 양주 한 병 값이 그들에게는 무리가 되기도 하구요. 그래서 먹다 남은 술은 업소에 보관할 수가 있는데요, 반드시 술 카드를 받아두어야 다음에 또 사용이 가능합니다.

술을 보관할 때 본인들이 먹다 남은 양주에 표시를 해두니 그것도 잘 확인해 두기 바랍니다. 보통 한 달 이내에 다시 가면 킵해둔 술을 다시 개봉할 수 있습니다. 다시 갈 기회가 생기지 않을 것 같다면 다른 사람에게 선심 써도 좋구요.

7. 주의사항이 있나요?

어디나 사람이 모이고 술이 흥건해지는 곳이면 사고가 발생하기 마련입니다. 최근 한류의 영향을 타고 한국인 관광객들에게 '목적을 갖고 접근'하는 태국 현지인들이 늘었습니다. 남녀노소를 불문, 과하게 친밀감을 보인다거나 술을 사달라고 의도적으로 유혹할 경우 주의해야 합니다. 술에 약을 타서 귀중품을 훔쳐가는 사고가 증가하고 있는 실정입니다. 남이 주는 술은 받아 마시지 말고, 댄스 클럽에 갈 때 과도한 돈이나 보석 장구를 휴대하는 것도 삼가세요.

Khaosan Road

카오산 로드

방콕에 있지만 전혀 방콕답지 않은 동네다. 방콕을 방문하는 외국인이라면 누구나 알고 있는 '여행자 거리'다. 카오산 로드는 방람푸에 위치한 400m에 이르는 작은 길에 불과했다. 1980년대를 거치며 아시아를 횡단하던 히피 여행자들의 아지트가 되면서 세상에 알려졌고, 2000년대를 지나면서는 여행의 보편화와 상업주의가 결합해 세계에서도 유례를 찾기 힘든 여행자 거리로 번영을 거듭하고 있다.

카오산은 현재 타논 람부뜨리 Thanon Rambutri, 타논 프라아팃(파아팃) Thanon Phra Athit, 타논 쌈쎈 Thanon Samsen을 어우르는 방대한 지역으로 확장해 전 세계 여행자들의 해방구 역할을 한다. '가난한 유럽인 여행자들이 머무는 곳'이라고 평가 절하되기도 하지만, 장기 여행자들에게 필요한 숙소, 여행사, 여행자 카페가 밀집해 있어 여행에 필요한 모든 것을 원-스톱 서비스로 해결할 수 있다.

배낭족이 만들어 낸 반(反) 태국적인 문화는 카오산 로드를 찾는 태국 젊은이들과 결합해, 두 개의 상충된 문화가 상호작용하며 방콕의 또 다른 모습을 만들어 낸다. 카오산 로드는 그 곳에 있는 모두가 자유로울 수 있음을 극명하게 보여주는 공간이다. 어느 누구도 구속하거나 방해하지 않는 극한의 자유를 느껴보자.

볼 거 리	★★★☆☆	P.130
먹을거리	★★★★☆	P.135
쇼 핑	★★☆☆☆	P.131
유 흥	★★★★☆	P.144

Check 알아두세요

❶ 카오산 로드는 오후부터 차량 진입이 통제된다.

❷ 카오산 로드는 밤이 되어야 분위기가 업된다.

❸ 외국 관광객이 모이는 곳답게 카오산 로드에서 대마 판매하는 곳을 어렵지 않게 발견할 수 있다. 대마는 한국에서 마약류로 지정되어 있어 섭취 및 소지했을 경우 5년 이하 징역에 처해지므로, 절대로 대마(대마초)를 흡연하거나 대마가 들어간 음료(음식)를 섭취해서는 안 된다. P.68 참고.

❹ 타 프라아팃 선착장(선착장 번호 N13)을 이용하면 배를 타고 왕궁, 왓 아룬, 차이나타운, 아시아티크 등으로 빠르게 이동할 수 있다.

❺ 카오산 로드 주변으로 지하철(MRT 퍼플 라인) 연장 공사가 진행 중이다. 도로를 막아 놓은 일방통행 구간에서는 택시(또는 버스)가 우회해서 돌아간다.

Don't miss 이것만은 놓치지 말자

❶ 노점에서 만들어주는 저렴한 팟타이 맛보기.(P.141)

❷ 버디 로지 호텔 앞 맥도널드 동상에서 기념사진 찍기.(P.131)

❸ 카오산 로드에서 저녁 시간 보내기. (P.146)

❹ 타논 람부뜨리의 노천 바에서 맥주 한 잔 하기.(P.144)

❺ 애드 히어 더 서틴스 블루스 바에서 라이브 음악 감상하기.(P.144)

❻ 저렴한 타이 마사지 받기.(P.147)

❼ 프라쑤멘 요새 옆 공원에서 바람 쐬기. (P.132)

Best Course 추천 코스

① 오전에 시작할 경우
(카오산 로드 + 라따나꼬씬 일정)

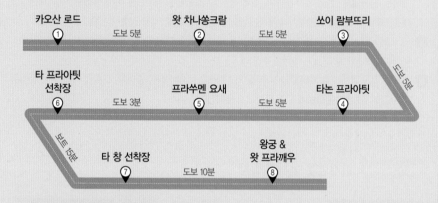

카오산 로드 ① ── 도보 5분 ── 왓 차나쏭크람 ② ── 도보 5분 ── 쏘이 람부뜨리 ③

도보 5분

타 프라아팃 선착장 ⑥ ── 도보 3분 ── 프라쑤멘 요새 ⑤ ── 도보 5분 ── 타논 프라아팃 ④

도보 15분

타 창 선착장 ⑦ ── 도보 10분 ── 왕궁 & 왓 프라깨우 ⑧

② 오후에 시작할 경우
(카오산 로드 일정)

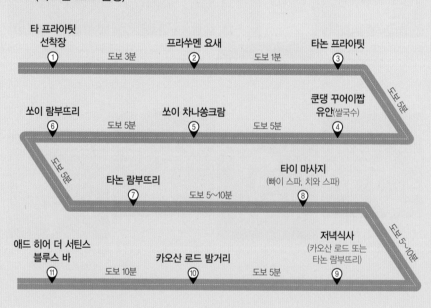

타 프라아팃 선착장 ① ── 도보 3분 ── 프라쑤멘 요새 ② ── 도보 1분 ── 타논 프라아팃 ③

도보 5분

쏘이 람부뜨리 ⑥ ── 도보 5분 ── 쏘이 차나쏭크람 ⑤ ── 도보 5분 ── 쿤댕 꾸어이짭 유안(쌀국수) ④

도보 5분

타논 람부뜨리 ⑦ ── 도보 5~10분 ── 타이 마사지 (빠이 스파, 치와 스파) ⑧

도보 5~10분

애드 히어 더 서틴스 블루스 바 ⑪ ── 도보 10분 ── 카오산 로드 밤거리 ⑩ ── 도보 5분 ── 저녁식사 (카오산 로드 또는 타논 람부뜨리) ⑨

Travel Plus 쑤완나품 공항에서 카오산 로드 가기

쑤완나품 공항에서 카오산 로드까지 직행하는 방법은 공항 버스와 미터 택시가 있습니다. 공항 철도를 이용할 경우 종점인 파야타이 역에서 내려서 택시로 갈아타야 합니다. 밤 12시 이후에는 공항 철도 운행이 끝나기 때문에 무조건 택시를 타야 합니다. 3~4명이 함께 이동한다면 공항부터 미터 택시를 타는 게 여러 모로 편리하죠. 돈므앙 공항에서 시내로 들어가는 방법은 P.66 참고.

● 공항 버스 Airport Bus

쑤완나품 공항에서 카오산 로드를 연결하는 S1번 공항 버스가 운행 중입니다. 공항 청사 1층 7번 회전문 밖으로 나가면 공항 버스 안내 데스크가 있는데, 이곳에서 안내를 받으면 됩니다. 운행 시간은 06:00~20:00까지이며, 40분 간격으로 출발합니다. 편도 요금은 60B입니다.

쑤완나품 공항

● 미터 택시 Taxi−Meter

카오산 로드로 가는 가장 편리한 방법입니다. 공식적인 택시 승강장은 입국장 아래층에 해당하는 1층에 있습니다. 5번 출입문과 6번 출입문 앞에서 택시 탑승 안내를 받으면 됩니다. 쑤완나품 공항에서 카오산 로드까지는 교통 체증이 없다면 약 40분 걸리고 요금은 350B 정도 나옵니다. 공항에서 출발하는 택시는 수수료 50B을 추가로 내야 하며, 교통 상황에 따라 기사들이 고가도로(탕두언)를 이용하기도 합니다. 고가도로 이용료는 승객의 몫으로 구간에 따라 25B와 50B을 추가로 지불해야 합니다. 쑤완나품 공항에서 타는 팔람까우 Thanon Phra Ram 9(Rama 9 Road)를 지나 카오산 로드까지 고가도로를 2회 지나야 하므로 사용료 75B을 추가로 지불해야 하는 셈이죠.

공항 철도 Airport Rail Link

● 공항 철도+미터 택시 Airport Train+Taxi Meter

공항 철도는 카오산 로드까지 연결되지 않습니다. 하지만 방콕 시내까지 가장 빠르게 이동할 수 있어 카오산 로드를 갈 때도 유용하죠. 우선 쑤완나품 공항 지하 1층으로 내려가서 공항 철도를 탑니다. 공항철도 시티라인을 타면 45B로 저렴합니다. 종점인 파야타이 역까지 25분 소요됩니다. 파야타이 역에 도착하면 1층으로 내려가서 미터 택시를 타면 됩니다. 파야타이 역에는 별도의 택시 승차장이 없으므로 도로에서 빈 택시를 세워 타고 가야 하죠. 카오산 로드까지 택시 요금은 70~90B이며, 교통 체증에 따라 15~30분 소요됩니다.

공항 1층 7번 회전문 앞에 있는 S1 공항 버스 안내 데스크

● 카오산 로드에서 공항 가기

쑤완나품 공항에서 카오산 로드로 왔던 방법을 거꾸로 실행하면 됩니다. 미터 택시를 타고 파야타이 역까지 간 다음, 공항 철도로 갈아타는 게 편리한 방법이죠. 이것저것 신경쓰기 귀찮다면 여행사에서 운영하는 미니밴을 이용하도록 합니다. 여행사와 게스트하우스에서 승객을 모아 합승 형태로 미니밴을 공항까지 운행합니다. 편도 요금은 180B이며, 오전 4시~오후 11시까지 1시간 간격으로 운행됩니다. 대중교통(공항버스)을 이용할 경우 P.129 참고.

카오산 로드 도로 표지판

ถนนข้าวสาร
Thanon Khao San

카오산 로드와 인접해 있는 민주기념탑

Access 카오산 로드의 교통

카오산 로드까지는 BTS, 지하철, 공항 철도가 연결되지 않는다. 가장 편리한 교통은 짜오프라야 강을 따라 운행되는 수상 보트다. 그밖에 현지인들을 위한 교통편이지만 운하 보트 노선을 알아두면 방콕 시내로 갈 때 유용하다.

+ BTS · 공항 철도

카오산 로드와 가장 가까운 BTS 역은 랏차테위 역이다. 공항 철도 종점인 파야타이 역은 BTS 파야타이 역과 환승이 가능하다. 랏차테위 역과 파야타이 역은 한 정거장 떨어져 있다. 두 개 역 모두 카오산 로드까지 택시로 15~30분 정도 걸린다. 택시 요금은 70~90B.

+ 지하철 MRT

현재 카오산 로드와 가장 가까운 역은 MRT 싸남차이 Sanam Chai 역 Map P.6-B3 이다. 카오산 로드를 관통하는 MRT 퍼플 라인 연장 공사가 시작됐다. 국회의사당(신청사), 타논 쌈쎈, 타논 프라쑤멘, 민주기념탑을 지나가 된다. 2027년 완공 예정이다.

+ 수상 보트 Express Boat

카오산 로드와 5분 거리인 타논 프라아팃의 타 프라아팃 Tha Phra Athit(Phra Athit Pier) 선착장(선착장 번호 N13)에서 짜오프라야 익스프레스 보트를 타면 된다. 방콕 시내로 간다면 타 싸톤 Tha Sathon 선착장(Sathon Pier)에서 BTS로 갈아타면 편리하다.

+ 투어리스트 보트 Tourist Boat

투어리스트 보트는 타 프라아팃(프라아팃)과 타 싸톤(싸톤) 선착장을 오간다. 편도 요금(1회 탑승)은 60B이다. 자세한 내용은 P.70 참고.

+ 운하 보트 Canal Boat

좁은 수로를 따라 오염된 물을 가르며 빠르게 질주하기 때문에 낭만은 없지만 싸얌과 빠뚜남까지 가장 빠르게 갈 수 있는 교통편이다. 운하 보트 선착장은 타논 랏차담넌 끄랑 끝의 판파 다리(싸판 판파)와 인접한 판파 선착장(타르아 판파) Phan Fa Pier Map P.7-B2 이다. 카오산 로드에서 판파 선착장까지는 도보로 15분 정도 걸린다. 자세한 정보는 P.71 참고.

+ 미터 택시 Taxi-Meter

방콕 시내를 드나드는 가장 편리한 방법이지만 차가 막히는 출퇴근 시간에는 많은 인내심이 요구된다. 3~4명이 함께 이동한다면 BTS에 비해 저렴하다. 차이나타운까지 100B, 싸얌 스퀘어까지 100B, 쑤쿰윗과 씰롬까지 200B, 짜뚜짝 주말시장과 머칫 북부 터미널까지 250B 정도를 예상하면 된다. 카오산 로드 주변은 외국인이 많기 때문에 일부 택시 기사는 요금을 흥정하려 한다. 차를 세워놓고 사람을 기다리는 택시보다는 빈 차로 움직이는 택시를 세워서 타는 게 바가지 쓸 일이 덜하다.

+ 뚝뚝 Tuk Tuk

가까운 거리를 이동할 때 택시처럼 이용한다. 목적지까지의 요금을 탑승 전에 흥정해야 한다. 카오산 로드 주변의 뚝뚝 기사들은 외국인에게 비싼 요금을 제시한다. 바가지 요금과 가짜 보석 가게로 안내하는 뚝뚝 기사를 주의해야 한다. 자세한 정보는 P.167 참고.

수상 보트

카오산 로드와 가까운 타 프라아팃 선착장

운하 보트 판파 선착장

에어컨 버스

뚝뚝

+ 시내 버스 Bus

카오산 로드는 버스가 드나들지 않지만 인접한 타논 프라아팃과 타논 랏차담넌 끄랑에서 버스를 이용하면 방콕 대부분
의 지역으로 이동하는 버스를 탈 수 있다. 버스 노선뿐만 아니라 어느 방향에서 타야 하는지도 확인해야 한다.

[주요 볼거리를 연결하는 버스 노선]

버스 정류장 A	타논 프라아팃(뉴 싸얌 리버사이드 앞) Map P.8-A1
3번 (일반, 에어컨)	타논 프라아팃 → 타논 쌈쎈 → 짜뚜짝 주말시장 → BTS 쑤언 짜뚜짝 역 → 머칫 북부 버스 터미널 → 방쓰 기차역
S1(공항버스)	타논 프라아팃 → 타논 랏차담넌끄랑 → 쑤완나품 공항
A4(공항버스)	타논 프라아팃 → 타논 랏차담넌끄랑 → 돈므앙 공항

버스 정류장 B	타논 짜끄라퐁(땅화쌩 백화점) Map P.9-C1
3번(일반)	타논 짜끄라퐁 → 왕궁 → 왓 포 → 빡크롱 시장 → 싸판 풋 → 웡위안 야이
30번(일반)	타논 짜끄라퐁 → 삔까오 다리 → 삔까오 파따 백화점 → 헬스 랜드 → 쎈탄 삔까오 백화점

버스 정류장 C Map P.9-C2 & D Map P.9-D2	타논 랏차담넌 끄랑 북쪽(시내 방향)
2번(일반), 511번(에어컨)	타논 랏차담넌 끄랑 → 판파 다리 → 타논 란루앙 → 타논 펫부리 → 빠뚜남 → 쎈탄 월드 → 에라완 사당 → BTS 칫롬 역 → BTS 펀칫 역 → BTS 나나 역 → BTS 아쏙 역 → BTS 프롬퐁 역 → 엠포리움 백화점 → 에까마이 동부 버스터미널
79번(에어컨)	민주기념탑 → BTS 랏차테위 역 → BTS 싸얌 역(싸얌 센터, 싸얌 파라곤, 싸얌 스퀘어) → 랏차쁘라쏭 사거리 → 쎈탄 월드
15번(일반)	타논 랏차담넌 끄랑 → 타논 밤룽므앙 → 타논 팔람 능 → 짐 톰슨의 집 → 마분콩 → BTS 싸얌 역 → 싸얌 스퀘어 → 에라완 사당 → 타논 랏차담리 → BTS 랏차담리 역 → 룸피니 공원 → BTS 쌀라댕 역 → 팟퐁 → 씰롬
35번(에어컨)	민주기념탑 → 왓 쑤탓 & 싸오 칭 차 → 타논 짜런끄룽(차이나타운) → MRT 후아람퐁 역 → 타논 쑤라웡 → 타논 짜런끄룽 → 로빈싼 백화점(방락 지점) → BTS 싸판 딱씬 역
183번(에어컨)	민주기념탑 → 빠뚜남(판팁 플라자, 아마리 워터게이트 호텔) → 공항철도 랏차쁘라롭 역 → 전승기념탑
503번(에어컨)	타논 랏차담넌 끄랑 → 타논 랏차담넌 녹 → 라마 5세 동상 → 왓 벤짜마보핏 → 전승기념탑 → BTS 싸남빠오 역 → BTS 아리 역 → 짜뚜짝 주말시장 → 랑씻
509번(에어컨)	민주기념탑 → UN(타논 랏차담넌 녹) → 전승기념탑(BTS 아눗싸와리 차이 역) → BTS 아리 역 → BTS 싸판 콰이 역 → 짜뚜짝 주말시장 → BTS 머칫 역
59번(에어컨)	타논 랏차담넌 끄랑 → 민주기념탑 → BTS 파야타이 역 → 전승기념탑 → 짜뚜짝 주말시장 → 쎈탄 랏파오(백화점) → 까쎄쌋 대학교 → 돈므앙 공항 → 랑씻
S1(공항버스)	타논 랏차담넌끄랑 → 민주기념탑 → 쑤완나품공항
A4(공항버스)	타논 랏차담넌끄랑 → 민주기념탑 → 돈므앙공항

※511번 에어컨 버스 중 탕두언(Expressway) 버스는 쑤쿰윗에 정차하지 않는다. 고가도로를 이용하는 급행 버스다.

버스 정류장 E Map P.9-D2 & F Map P.9-D2	타논 랏차담넌 끄랑 남쪽(삔까오 방향)
79번, 183번, 516번, 556번	타논 랏차담넌 끄랑 → 삔까오 다리(싸판 삔까오) → 파따 백화점 PATA → 쎈탄 삔까오 백화점 → 남부 버스터미널(싸이 따이)

Attractions   카오산 로드의 볼거리

방콕의 옛 모습을 간직한 방람푸 지역에 속해 있어서 카오산 로드 주변에 다양한 볼거리가 많다. 외국인 여행자들이 가득한 카오산 로드에서 한 블록 떨어진 타논 랏차담넌 끄랑, 민주기념탑 등의 볼거리는 방람푸에서 자세하게 다룬다.

왓 차나쏭크람
Wat Chana Songkhram
วัดชนะสงคราม   ★★

주소 Thanon Chakraphong **운영** 06:00~20:00 **요금** 무료 **가는 방법** 카오산 로드 서쪽 끝의 삼거리 코너에 있는 경찰서 맞은편에 있다. Map P.8-B2

여행자 거리인 카오산 로드와 짜오프라야 강과 연한 타논 프라아팃(파아팃) 사이에 있는 불교 사원이다. 왓 차나쏭크람은 전쟁에서 승리한 사원이라는 뜻이다. 라마 1세 때 왕실 사원으로 재건축되면서 새롭게 붙여진 이름이다. 1785~1787년까지 세 번에 걸친 버마(미얀마)와의 전쟁에서 승리한 것을 기념하기 위해 사원의 이름을 바꾸었다고 한다. 라따나꼬씬(방콕) 초기 사원의 건축 양식을 잘 보존한 우보쏫(대법전)을 간직하고 있다. 비슈누, 가루다로 장식된 외부 치장과 유리 모자이크로 만든 창문이 화려한 사원으로, 부처의 일대기를 그린 대법전 벽화도 볼 만하다.

왓 차나쏭크람은 카오산 로드 일대에서 지리를 파악하는데 중요한 이정표가 된다. 흔히 '사원 뒤'라고 부르는 사원의 주인공으로, 여행자들에게는 카오산 로드에서 쏘이 람부뜨리를 오가는 지름길로 사용된다. 승려들이 거주하는 꾸띠(승방)를 통해 사원 후문으로 나갈 수 있다.

왓 차나쏭크람 대법전

사원 정문

사원 뒷 골목에는 게스트하우스가 많아 여행자 거리 풍경이 남아있다

알아두세요

카오산 ถนนข้าวสาร은 어디 있는 산이에요?

방콕에 관한 이야기를 할 때 빼놓지 않고 등장하는 것이 바로 카오산입니다. 방콕에 대한 사전 지식이 없는 사람들은 종종 '카오산'이 산의 이름인 줄 알고 '방콕에 가면 등산할 수 있겠구나'라는 생각도 하는데요, 카오산은 방콕의 거리 이름입니다. 카오산은 '맨 쌀'이라는 뜻으로, 정확한 태국 발음은 '카우싼'입니다. 방콕 건립 초기에는 이곳에서 쌀을 거래했다고 하네요. 따라서 카오산 로드의 정확한 태국 발음은 '타논 카우싼'입니다. 하지만 워낙 많은 외국인들이 들락거리면서 영어식 명칭인 카오산 로드가 보편화되었습니다. 혹시 지방에서 온 택시 기사들이 잘 모를 수 있으니 타논 카우싼이라고 발음한다는 것도 알아두세요.

땅화쌩 백화점

방람푸 시장(딸랏 방람푸)
Banglamphu Market
ตลาดบางลำพู ★★

현지어 딸랏 방람푸 **주소** Thanon Chakraphong & Thanon Tani & Thanon Krai Si **영업** 09:00~24:00 **가는 방법** 카오산 로드에서 도보 5분 또는 수상 보트 타 프라아팃 선착장(선착장 번호 N13)에서 도보 10분. Map P.9-C1

카오산 로드와 가까워 특별한 살 거리가 없더라도 오며가며 들르게 되는 시장. 타논 짜끄라퐁 Thanon Chakraphong과 타논 보워니웻 Thanon Bowonni-wet 사이를 아우르는 넓은 지역에 형성된 시장은 의류와 식료품을 파는 상인들로 분주하다. 노점과 좁은 길을 지나는 행인들과 뒤엉켜 항상 복잡하다. 노점에서는 카레 소스부터 딤섬과 스시까지 즉석에서 만들어 판매하고, 상점에는 청바지, 교복, 잠옷 등을 걸어 놓고 손님을 맞는다. 방람푸 시장 초입에는 땅화쌩 백화점 Tang Hua Seng Dapartment Store(Map P.9-C1)이 있다. 오래된 서민 백화점으로 1층에 슈퍼마켓이 있어 편리하다.

카오산 로드 거리 시장
Khaosan Road Market ★★★

주소 Khaosan Road **영업** 09:00~24:00(휴무 월요일) **가는 방법** 수상 보트 타 프라아팃 선착장(선착장 번호 N13)에서 도보 10분. Map P.9-C2

카오산 로드를 가득 메운 시장. 시내 쇼핑센터나 짜

뚜짝 주말시장까지 갈 시간이 부족한 여행자들을 겨냥해 온갖 기념품과 독특한 디자인의 의류를 판다. 여행자들이 선호할 만한 히피 복장, 저렴한 티셔츠, 벙거지 모자, 지갑과 액세서리를 파는 노점이 많다. 옷과 액세서리 외에 중고책들도 흔하다. 더불어 가짜 학생증이나 기자증을 즉석에서 발급해 주는 불법 영업소까지 즐비하다. 카오산 로드에서 판매되는 물건의 정가가 얼마인지는 아무도 알 수 없다. 흥정은 기본이므로 최선을 다해서 깎아야 한다. 비슷한 물건을 파는 가게가 많으므로 첫 번째 집에서 물건을 구입하지 말고 가볍게 흥정하면서 구입 예상 가능 가격을 탐색하는 것이 좋다. 차량이 통제되는 밤 시간이 쇼핑하기 좋은 때. 태국 젊은이들도 독특한 분위기를 느끼며 쇼핑을 즐긴다. 저녁때는 거리에 팟타이 노점이 등장하고, 노천에서 맥주 파는 레스토랑이 늘어나면서 분위기가 흥겨워진다.

기념 사진 찍기 좋은 버디 로지 호텔 앞의 맥도날드 동상

밤이 되면 더욱 활기넘치는 카오산 로드

산악민족까지 합세해 장사에 여념이 없는 카오산 로드

카오산 로드의 낮 풍경

프라쑤멘(파쑤멘) 요새
Phra Sumen Fort
ป้อมพระสุเมรุ ★★☆

현지어 뻠 프라쑤멘 **주소** Thanon Phra Sumen & Thanon Phra Athit **운영** 05:00~24:00 **요금** 무료 **가는 방법** 타는 프라아팃(파아팃)과 타논 프라쑤멘이 만나는 코너에 있다. **수상 보트** 타 프라아팃 Tha Phra Athit 선착장(선착장 번호 N13)에서 도보 3분.
Map P.8-B1

18세기 방콕이 건설될 때 만들어진 요새로 타논 프라아팃과 타논 프라쑤멘이 교차하는 코너에 있다. 하얀색의 성벽처럼 생긴 요새는 짜오프라야 강으로 공격해 오는 해군을 방어하기 위해 만든 것. 방콕 건설 당시 모두 14개의 요새를 만들었으나 현재는 마하깐 요새 Mahakan Fort(P.156)와 더불어 단 두 개만이 남아 있다.

프라쑤멘 요새 주변에는 짜오프라야 강을 끼고 싼띠차이 쁘라깐 공원 Santichai Prakan Park이 있다. 잔디와 강변 풍경이 어우러진 작은 공원으로 카오산 로드에서 가장 가까운 공원이다. 낮에 그늘 밑에서 소풍을 즐기거나 밤에 시원한 강변 바람을 쐬기 좋다. 주말에는 공연이 열리기도 하며, 해 질 무렵이 되면 사회체육 일환으로 진행되는 단체 에어로빅도 색다른 재미를 준다.

강변에서 볼 때 남쪽으로 삔까오 다리(싸판 삔까오) Pin Klao Bridge, 북쪽으로 라마 8세 대교(싸판 팔람 뺏) Rama 8 Bridge가 있다. 공원 내에서 음주와 흡연은 금지된다.

왓 보원니웻(왓 보원)
Wat Bowonniwet
วัดบวรนิเวศวิหาร ★★

주소 Thanon Phra Sumen **전화** 0-2281-2831 **홈페이지** www.watbowon.org **운영** 08:00~17:00 **요금** 무료 **가는 방법** 카오산 로드 오른쪽에서 타논 따나오 Thanon Tanao를 따라 북쪽으로 올라가면 타논 보원니웻 Thanon Bowonniwet의 방람푸 우체국 맞은편에 있다. 카오산 로드에서 도보 8분. Map P.9-D1

카오산 로드에서 가깝지만 많은 여행자들이 무시하고 지나치는 사원이다. 하지만 태국 사람들이 매우 중요시하는 곳으로 왕실 사원 중의 한 곳이다. 사원의 공식 명칭은 왓 보원니웻 위하라 Wat Bowonniwet Vihara, 줄여서 왓 보원이라고 부른다.

불교 국가인 태국에서 왕족들도 의무적으로 불교에 입문해 수행하게 되는데, 왓 보원니웻은 왕족들이 수행하던 사원으로 중요시됐다. 태국 국민이 가장 사랑했던 국왕인 라마 9세가 이곳에서 수행했던 곳이라 사원의 가치는 더 빛난다. 2016년 12월 국왕의 자리에 오른 라마 10세(라마 9세의 장남)도 이곳에서 수행했다. 참고로 라마 4세(몽꿋 왕)는 왕자 신분이던 시절에 16년 동안(1836~1851)이나 왓 보원니웻의 주지 스님을 역임하기도 했다. 그는 수행을 끝내고 1851년에 국왕의 자리에 올랐다.

왓 보원니웻은 라마 3세 때 건설한 사원으로 노란색의 쩨디가 멀리서도 눈에 띈다. 또한 왓 마하탓 Wat Mahathat과 더불어 불교 대학을 운영하는 두 개 사원

카오산 로드와 인접한 프라쑤멘 요새

Phra Sumen Fort

승려로 수행 중인 라마 9세

라마 8세 대교

왓 보원니웻

중의 하나다. 왕궁과 마찬가지로 사원을 출입할 때는 복장에 각별한 신경을 써야 한다. 왕실에서 사용하고 있는 사원의 일부 구역은 일반인 출입이 금지된다.

국립 미술관
National Gallery
พิพิธภัณฑสถานแห่งชาติ หอศิลป ★★

현지어 피피타판 행찻 호씰라빠 **주소** 4 Thanon Chao Fa **전화** 0-2282-2639 **시간** 수~일 09:00~16:00(휴무 월~화요일 · 국경일) **요금** 200B **가는 방법** 카오산 로드 왼쪽 끝과 만나는 타논 짜끄라퐁 Thanon Chakraphong에서 경찰서를 등지고 왼쪽으로 내려간다. 삼거리 갈림길에서 오른쪽으로 돌아 들어가면, 한인업소인 디디엠과 같은 방향의 타논 짜오파 Thanon Chao Fa에 미술관이 있다. 카오산 로드에서 도보 5분. Map P.8-B2

프라 나콘(방람푸와 라따나꼬씬이 속한 행정구역) Phra Nakhon 지역에서 더러 볼 수 있는 유럽풍이 가미된 왕실 건축물이다. 라마 5세 때인 1902년에 왕실 소속의 화폐주조소로 건설됐으며, 1974년부터 미술관으로 변모했다. 미술관으로서는 다소 어울리지 않는 건물이지만, 20세기 초반에 건설된 아름다운 건축물의 운치가 남아 있다.

특별 전시가 열릴 때를 제외하면 태국 작가들의 회화와 조각 작품을 상설 전시한다. 1층은 현대 미술 작품, 2층은 전통 예술 작품으로 구분해 전시하고 있다. 전체적으로 국립 미술관이라는 명성에 비해 전시물들이 빈약한 편이다. 외국인 입장료가 대폭 인상되어 카오산 로드 인근에 있지만 관광객들에게 큰 주목을 받지 못한다.

국립 미술관

조각과 미술 작품을 전시한 국립 미술관

왓 인타라위한
Wat Intharavihan
วัดอินทรวิหาร ★★

주소 Thanon Wisut Kasat(뜨랑 호텔 Trang Hotel 옆 골목) **운영** 08:00~20:00 **요금** 40B **가는 방법** 타논 위쑷까쌋 Thnon Wisut Kasat에 있는 뜨랑 호텔(롱램 뜨랑) Trang Hotel을 바라보고 오른쪽에 있는 골목 안쪽에 있다. 카오산 로드에서 도보 20~25분. 타 테웻 선착장(선착장 번호 N15)에서 도보 15~20분. Map P.12-A2

방람푸 북단의 타논 위쑷까쌋에 있는 왓 인타라위한은 아유타야 시대에 세워진 오래된 사원이다. 사원은 무엇보다 대형 황금 불상인 루앙 퍼또 Luang Poto로 유명하다. 32m 크기의 아미타불로 라마 4세 때 만들어졌으며 스리랑카에서 가져온 부처의 사리를 불상 머리 부분에 보관하고 있다.

32캐럿의 황금을 녹여 만든 황금 불상은 규모가 워낙 커서 온화한 맛은 없지만, 아침 시간 햇빛을 받으면 유리 모자이크 조각이 아름답게 빛난다. 불상이 워낙 크기 때문에, 불상의 다리 앞에서 향을 피우며 소원을 비는 사람들을 어렵지 않게 볼 수 있다.

왓 인타라위한

사원을 찾은 순례자

황금 불상 루앙 퍼또

Korean Shop 한인 업소

디디엠 DDM

주소 1 Thanon Chao Fa **전화** 0-2281-1321, 070-4067-1321(인터넷 전화) **카카오톡** ddm5bkk **홈페이지** http://cafe.naver.com/ddmoh **요금** 도미토리 250B(에어컨, 공동욕실), 더블 900B(에어컨, 개인욕실), 3인실 1,200B(에어컨, 개인욕실) **식사** 180~330B **가는 방법** 타논 짜오파 Thanon Chao Fa의 국립 미술관 왼쪽으로 약 100m 떨어져 있다. Map P.8-A2

카오산 로드의 대표적인 한인 업소로 여행자 숙소와 한식당을 함께 운영한다. 레스토랑은 한식 전문으로 음식 맛이 좋고 정성도 가득해 여행자들의 입을 즐겁게 해 준다. 삼겹살, 비빔밥, 제육덮밥, 불고기덮밥, 김치찌개, 된장찌개, 순두부찌개, 비빔국수, 냉국수 등 엄선된 식단을 선보인다. 기본 반찬을 제공해주며, 맥주와 소주도 구비하고 있다.

도미토리는 모두 에어컨 시설이다. 6인실, 5인실로 구분된다. 새롭게 정비한 도미토리는 산뜻한 시설에 개인 사물함까지 갖추고 있다. 예쁘게 꾸민 일반 객실(더블 룸, 트리플 룸)은 에어컨 시설로 개인욕실이 딸려 있다. 엘리베이터도 있어서 방까지 오르내리기 편리하다. 기본적인 여행사 업무도 병행한다.

홍익인간 Hong Ik Ingaan

주소 28/2 Soi Rambutri **전화** 0-2282-4361 **홈페이지** www.facebook.com/hiighostel **요금** 식사 180~350B,

8인실 도미토리 300B(에어컨, 공동욕실) **가는 방법** 왓 차나쏭크람 사원 후문을 등지고 왼쪽으로 약 50m 거리에 있다. 망고 라군 플레이스 Mango Lagoon Place를 바라보고 오른쪽에 있다. Map P.8-B2

카오산 로드 일대에서 가장 오래된 한인 업소로 전통을 자랑한다. 저렴한 도미토리 숙소를 운영하지만 에어컨 시설로 업그레이드하면서 쾌적해졌다. 깨끗한 시설의 8인실 도미토리는 침대 하나 당 요금을 받는다. 개인 사물함이 비치되어 있어 편리하다. 1·2층은 레스토랑을 겸한 휴식공간으로 운영한다. 여행사 업무도 병행한다.

동대문 Dong Dae Moon

주소 Soi Rambutri **전화** 08-4768-8372 **카카오톡** bkkdong **홈페이지** http://cafe.naver.com/bkkdong daemoon **영업** 08:00~01:00 **예산** 식사 190~500B **가는 방법** 왓 차나쏭크람에서 타논 프라아팃으로 빠지는 골목에 있다. Map P.8-A2

카오산 로드 주변에서 잘 알려진 여행자 식당이다. 식사는 단순히 한식에 국한하지 않고 태국 음식과 시푸드까지 요리한다. 김치말이 국수가 유명하며, 고추장 두부찌개, 제육쌈밥, 해물파전, 불고기, 고등어 양념조림, 충무김밥, 삼겹살 등 다양한 한국 음식을 맛볼 수 있다. 여행사 업무를 병행하는데 방콕 주변 1일 투어를 포함해 태국 남부 섬까지 가는 교통편도 예약이 가능하다.

디디엠 1층은 한식당으로 운영된다.

한식당을 운영하는 동대문

Restaurant 카오산 로드의 레스토랑

다양한 사람들이 모이는 곳, 다양한 음식을 맛볼 수 있는 곳이 카오산 로드다. 또한 뜨내기 여행자들이 많은 곳이라 전문 음식점보다는 여행자 카페 스타일의 레스토랑이 많은 것이 특징이다. 정통 태국 음식을 즐기려면 현지인들이 많이 오는 타논 프라아팃 Thanon Phra Athit의 레스토랑을 찾아가자.

나이 쏘이 Nai Soi Beef Noodle
나이 쏘이 (ถนนพระอาทิตย์) ★★★

주소 100/2 Thanon Phra Athit 영업 08:00~16:00 메뉴 태국어 예산 쌀국수 150~200B 가는 방법 타논 프라아팃의 타라 하우스 옆에 있다. Map P.8-A1

카오산 로드 일대에서 가장 유명한 쌀국수집이다. 오랜 명성답게 진한 소고기 국물로 우려내는 쌀국수 느아 뚠 Steamed Beef Noodle 한 가지만 고집스럽게 요리한다.

쌀국수에 들어가는 면발과 고명은 직접 선택해야 한다. ①Select Noodle 면발의 굵기 선택하기, ②Soup Or Dry 국물 있는 쌀국수 또는 국물 없는 비빔국수, ③Select Toppings 고명으로 올라가는 소고기 종류 순서대로 고르면 된다. 사진으로 된 메뉴판이 있으니 보고 주문하면 된다. 쌀국수는 두 가지 사이즈로 구분해 요금을 받는다. 한국 관광객에게 유독 인기 있는 곳이라 한국어로 적힌 간판까지 걸어 놨다. 가격이 너무 많이 인상돼서 큰 매력은 없다.

나이 쏘이 소고기 쌀국수

찌라 옌따포 Jira Yentafo
จิระเย็นตาโฟ (ถนน จักรพงษ์) ★★★

주소 121 Thanon Chakraphong 영업 08:00~15:00 (휴무 수요일) 메뉴 한국어, 태국어 예산 60~80B 가는 방법 타논 짜끄라퐁에 있는 Top Charoen Optic 안경원을 바라보고 왼쪽에 있다. 간판이 차양막에 가려 안 보일 때도 있으니 유심히 살펴야 한다.

Map P.9-C1

카오산 로드 일대에서 인기 있는 쌀국수 식당이다. 에어컨 없는 자그마한 서민 식당이지만 현지인들로 항상 붐빈다. 한국 관광객에게도 잘 알려져 있으며, 한국어 메뉴판도 구비하고 있다.

일반적으로 먹는 쌀국수는 '남싸이(꾸어이띠아우 남)'를 주문하면 된다. 맑은 육수에 고명으로 어묵을 넣어준다. 식당의 이름이기도 한 '옌따포'를 주문하면 쌀국수에 붉은 두부장 소스를 넣어준다. 한국어 메뉴판에 붉은 국물이라고 적혀 있다. 간판은 태국어로만 적혀 있으며, 점심 시간이 지나면 문을 닫는다.

옌따포

쿤댕 꾸어이짭 유안 `인기`
쿤댕꾸어이짭유안 (ถนนพระอาทิตย์) ★★★☆

주소 Thanon Phra Alhit **주소** 08-5246-0111 **영업** 월
~토 10:30~21:30(휴무 일요일) **메뉴** 영어, 태국어 **예
산** 60~80B **가는 방법** 타논 프라아팃 남쪽의 해피
스토리 바(레스토랑) Happy Story Bar 옆에 있다.

`Map P.8-A2`

태국 방송과 신문에 여러 차례 소개된 유명한 로컬
식당이다. 라오스의 '카오삐약'과 비슷한 쫄깃한 면발
의 국수인 '꾸어이짭' 전문 식당이다.

꾸어이짭은 일반적인 쌀국수(꾸어이띠아우)와 달리
육수에 면발을 데쳐 내는 것이 아니라, 냄비에 칼국
수처럼 생긴 기다란 면발의 국수를 넣고 끓여 요리
한다. 고명으로는 돼지고기로 만든 햄을 올려준다.
시원한 육수에 고춧가루를 적당히 넣으면 해장에도
더 없이 좋다. 다만, 국수가 뜨거우므로 너무 급하게
먹지 말 것.

영어로 Vietnamese Noodle을 주문하면 된다. 어차피
국수는 '꾸어이짭' 한 종류라서 자리에 앉으면 'Big(피
셋)'이나 'Small(타마다)' 중에 하나만 고르면 된다. 국
수 이외에 '얌 무여(매콤한 돼지고기 햄 샐러드) Pork
Sausage Spicy Thai Salad'도 인기 있는 음식이다. 한
국인 여행자들도 많이 찾기 때문에 주문하는 데 크게
불편하지 않다.

쫄깃한 면발이 일품인 꾸어이짭

쿤댕 꾸어이짭 유안

닥터 어묵 국수(꾸어이띠아우 쁠라 독떠)
Doctor Fish Ball Noodle
โภชนาสยาม (ก๋วยเตี๋ยวปลาด๊อกเตอร์) ★★★☆

주소 148 Thanon Chakraphong **영업** 08:00~17:00
메뉴 태국어, 영어 **예산** 55~70B **가는 방법** 타논 짜
끄라퐁의 끄룽씨 은행 Krungsri Bank 맞은편에 있는
세븐일레븐 옆에 있다. `Map P.9-C1`

카오산 로드 주변에서 꽤나 유명한 쌀국수(꾸어이띠
아우) 식당이다. 다른 쌀국숫집들과 달리 고기가 아
니라 다양한 어묵(룩친)을 고명으로 얹어준다. 덕분에
어묵 국수 식당이라고 알려져 있다.

특별한 메뉴는 없고 쌀국수에 넣을 면발만 고르면 된
다. 보통 가는 면발인 '쎈렉'이 가장 무난하다. 꾸어이
띠아우 육수에 붉은 두반장 소스를 넣은 옌따포도 인
기가 높다. 쌀국수는 물고기 모양의 그릇에 내준다.
음식 양은 작은 편이다. 사진이 첨부된 메뉴판을 보
고 주문하면 된다.

세븐일레븐 옆에서 간판도 없
이 영업하고 있어서 한국
인 여행자들은 '세븐
일레븐 옆 어묵 국수
집'이라고 부른다.

맑은 육수의 어묵 쌀국수

닥터 어묵 국수

헴록
Hemlock ★★★☆

주소 56 Thanon Phra Athit **전화** 0-2282-7507 **영업** 월~토 14:00~23:00(휴무 일요일) **메뉴** 영어, 태국어 **예산** 140~360B **가는 방법** 타논 프라아팃(파라팃)의 남쪽의 리바 수르야(호텔) Riva Surya 맞은편에 있다. Map P.8-A2

타논 프라아팃(프라아팃 로드)의 대표적인 태국 음식점. 1994년부터 영업을 시작해 꽤 많은 단골들이 주기적으로 찾아온다. 외국 여행 책자에도 소개되어 관광객에게도 잘 알려져 있다. 단칸짜리 아담한 레스토랑으로 가정집의 응접실 분위기가 느껴진다. 에어컨 시설과 통유리로 되어 있어 분위기가 좋다. 다양한 태국 음식이 가능하며, 똠얌꿍, 팟타이, 쏨땀 같은 대중적인 태국 음식도 맛 볼 수 있다. 매운 음식을 원한다면 카레 종류를 시키자. 손님이 많은 저녁 시간에는 요리하는 데 시간이 걸리는 편이다.

케이 커피
Kayy Coffee ★★★☆

주소 239/4 Thanon Phra Sumen **전화** 09-6615-1964 **홈페이지** www.facebook.com/kayycoffee **영업** 08:00~17:00 **메뉴** 영어 **예산** 커피 55~130B **가는 방법** 타논 프라쑤멘의 까씨꼰 은행 Kasikorn Bank을 바라보고 오른쪽 골목 안쪽으로 들어간다. 운하 건너기 전 코부아 하우스(호텔) Korbua House 옆에 있다. Map P.9-C1

카오산 로드와 가깝지만 운하 근처의 골목 안쪽에 있어 찾기는 어렵다. 인테리어 같은 치장은 덜어내고 미니멀하게 꾸몄다. 아담한 카페지만 안쪽으로 야외 공간도 있어 여유롭다. 에스프레소 머신을 이용해 아메리카노, 라테, 카푸치노 등 익숙한 커피를 만들어 준다. 스페셜 커피로 오렌지 커피 Orange Coffee(오렌지 주스+에스프레소), 수마리 커피 Sumalee Coffee(허니 레몬 커피)가 있다. 가격도 괜찮고 친절해서 여행자들도 많이 찾는다.

크루아 빠 & 마
Krua Pa & Ma Restaurant ★★★☆
ครัวป๊ากะม้า

2024 NEW

주소 222/1 Thanon Prachathipathai(Thanon Parinayok Soi 6) **전화** 08-9960-8009 **영업** 월~토 10:30~20:00(휴무 일요일) **메뉴** 영어, 태국어 **예산** 65~120B **가는 방법** 방람푸 운하 건너편 타논 쁘린야욱 쏘이 6 골목 안쪽에 있다. 카오산 로드에서 동쪽으로 1km 떨어져 있다. Map P.7-B1

카오산 로드와 결코 가깝다고 할 수는 없다. 운하 건너편 비좁은 골목 안쪽의 주택가에 있어 찾기도 어렵다. 하지만 정감어린 태국 가정식 요리를 원한다면 가볼만한 곳이다. 가정집 마당에 테이블을 놓고 장사한다. 에어컨은 없지만 자연적인 정취를 살려 편안하게 꾸몄다. 똠얌꿍, 똠얌 누들, 팟타이, 볶음밥을 비롯해 각종 볶음 요리와 덮밥을 만들어 준다. 무난한 맛과 저렴한 가격이 매력적이라 일부러 찾아오는 외국 여행자도 많다. 영어 메뉴판을 구비하고 있으며 영어가 통하고 친절하다.

헴록

케이 커피 야외 테이블

크루아 빠 & 마

케이 커피

크루아 빠 & 마

나와 팟타이 Nava Pad Thai
인기
나-와-ผัดไทย
★★★★

주소 Trok Banphanthom **영업** 월~토요일 08:00~ 19:00(휴무 일요일) **메뉴** 영어, 태국어 **예산** 60~70B **가는 방법** 왓 보웬니웻 앞쪽의 타논 프라쑤멘에서 뜨록 반판톰(반판톰 골목) 방향으로 골목을 따라 운하를 건너면 덕롱 카페 Duklong Cafe 지나서 오른쪽에 있다. Map P.10

카오산 로드에 머무는 여행자들이 추천하는 로컬 식당. 운하 건너 쌈쎈 지역의 골목에 있다. 테이블 다섯 개가 전부인 자그마한 식당으로 에어컨을 갖추고 있어 시원하다. 친절하고 저렴한 것도 매력이다. 식당 밖에서는 주인장이 웍에서 음식을 요리한다. 팟타이는 외국 관광객이 먹기에 전혀 부담이 없는 맛이다. 까파우 무 랏카우(돼지고기 바질 볶음 덮밥) Pork Grapao도 인기 메뉴다. 채소, 닭고기, 돼지고기, 새우, 오징어 중에서 선택할 수 있다. 사진이 첨부된 메뉴판이 잘 되어 있다.

푸아끼 Pua-Kee
พัวกี่ (ถนนพระสุเมรุ)
★★★☆

주소 28~30 Thanon Phra Sumen **영업** 09:00~ 16:00 **메뉴** 영어, 태국어 **예산** 70~140B **가는 방법** 타논 프라쑤멘의 PTT 주유소 맞은편에 있다. 마까린 클리닉 Makalin Clinic을 바라보고 왼쪽에 있다. Map P.8-B1

저렴하면서 깔끔한 태국 음식점이다. 프라쑤멘 요새 주변에서 흔하게 볼 수 있는 소규모 레스토랑 중의 하나로 학교가 운영한다. 간판에 한자로 '반기(潘記)'라고 써 있다. 곁에서 보면 쌀국수 노점처럼 보이지만 안에 들어가서 메뉴를 자세히 보면 덮밥까지 메뉴가 다양하다. 밥보다는 쌀국수를 메인으로 요리하는데, 완탕을 직접 만들어 사용한다. 양은 적지만 진하고 깊은 맛의 똠얌꿍도 맛 볼 수 있다. 인기 메뉴에는 사진이 붙어 있으므로 그 위에 적힌 번호로 주문하면 된다. 주변의 대학생들은 물론 여행자들도 즐겨 찾는 곳으로, 점심시간이 지나면 문을 닫는다.

까림 로띠 마따바
Karim Roti-Mataba
การิม โรตี มะตะบะ(ถนนพระอาทิตย์)
★★★

주소 136 Thanon Phra Athit & Thanon Phra Sumen **전화** 0-2282-2119 **홈페이지** www.roti-mataba.net **영업** 화~일 09:00~21:30(휴무 월요일) **메뉴** 영어, 태국어 **예산** 59~159B **가는 방법** 프라쑤멘 요새 Phra Sumen Fort 바로 앞의 타논 프라아팃과 타논 프라쑤멘이 만나는 곳에 있다. Map P.8-B1

방람푸 일대에서 유명한 식당으로 언제나 손님들로 북적댄다. 레스토랑이 워낙 작아 관심을 갖고 찾지 않으면 그냥 지나치기 십상이다. 비좁고 오래된 건물이다. 다행이도 2층은 에어컨 시설이다.

간판에서 볼 수 있듯 로띠 Roti 전문점이다. 로띠는 인도 음식에서 온 것으로 일종의 팬케이크인데 태

로띠 마따바 간판

바나나 로띠

팟타이

나와 팟타이

푸아끼 간판

완탕 국수가 유명한 푸아끼

국 남부에 거주하는 무슬림들도 로띠라 부른다. 로
띠(32~75B)는 첨가물에 따라 10여 종류로 구분된다.
마따바 Mataba는 야채나 닭고기를 첨가한 인도식 팬
케이크로 호떡과 비슷하지만 사용하는 향신료가 한
국과는 전혀 다르다.

낀롬 촘 싸판
Kinlom Chom Saphan
กินลมชมสะพาน ★★★

주소 11/6 Thanon Samsen Soi 3 **전화** 0-2628-
8382 **홈페이지** www.khinlomchomsaphan.com **영업**
11:00~24:00 **메뉴** 영어, 태국어 **예산** 220~960B **가
는 방법** 방람푸 운하를 지나 두 번째 왼쪽 골목인 쌈
쎈 쏘이 3(쌈) 안쪽으로 약 300m 들어간다. 골목길
끝에 있다. Map P.10

쌈쎈 쏘이 쌈 Samsen Soi 3 골목 안쪽으로 들어가면
라마 8세 대교가 가까이 바라다보이는 곳에 레스토
랑이 있다. 방람푸와 카오산 로드 일대에서 멀리 가
지 않고 짜오프라야 강변 분위기를 느낄 수 있는 곳
이다.
태국인들이 좋아하는 전형적인 야외 레스토랑으로
라이브 음악이 곁들여진다. 음식맛은 평범하지만 분
위기 때문인지 저녁 시간이면 손님들로 북적댄다.
'바람을 먹으며 다리를 바라본다'라는 낭만적인 이름
답게 라마 8세 대교의 아름다운 야경을 바라보며 식
사하기 좋은 곳. 에어컨이 없고 강변에 접한 야외에
있기 때문에 저녁때가 되어야 분위기가 난다.

낀 롬 촘 싸판

쪽 포차나
Jok Phochana(Joke Mr. Lek) 인기
โจ๊กโภชนา (สามเสน ซอย 2) ★★★

주소 82~84 Thanon Samsen Soi 2 **전화** 08-8890-
5263 **메뉴** 영어, 한국어, 태국어 **영업** 월~토
16:00~01:00(휴무 일요일) **예산** 100~400B **가는 방법**
타논 쌈쎈 쏘이 2(썽)에 있는 누보 시티 호텔 Nouvo
City Hotel 맞은편의 작은 골목에 있다. Map P.10

타논 쌈쎈의 자그마한 골목에 있다. 주인장 '미스
터 렉' 아저씨의 이름을 따서 쪽 미스터 렉 Joke Mr.
Lek으로 불리기도 한다. 도로에 테이블을 내놓고 장
사하는 전형적인 현지 식당이다. 에어컨 시설의 실내
가 있긴 하지만 협소하다. 식재료를 진열해 놓고 주
문이 들어오면 커다란 웍에서 요리해 준다. 주변에
여행자 숙소가 많아서 외국인이 많이 찾아온다. 한국
어 메뉴판을 구비하고 있을 정도로 한국 여행자들에
게도 잘 알려져 있다. 인기 메뉴인 게 카레, 팟타이,
새우 볶음밥, 모닝글로리 볶음 등은 한국어로 적혀있
다. 주인장이 활달하고, 때론 상술이 좋다. 종이에 음
식 값을 적어서 계산하므로 돈
내기 전에 맞는지 확인할
것. 저녁 시간에만 장사
한다.

게 카레

주인장이 직접 요리하는
쪽 포차나

도로에 테이블이 놓인
쪽 포차나

마담 무써
Madame Musur ★★★

주소 41 Soi Rambutri 전화 0-2281-4238 홈페이지 www.facebook.com/madamemusur 영업 08:00~24:00 메뉴 영어, 태국어 예산 120~190B 가는 방법 왓 차나쏭크람 사원을 끼고 돌다보면 첫 번째 코너에 있다. 메리 브이 Merry V 게스트하우스와 마이 하우스 My House 게스트하우스를 바라보고 오른쪽에 있다. Map P.8-B1

배낭여행자들의 골목인 쏘이 람부뜨리에 있다. 흔히 말하는 사원 뒤쪽(왓 차나 쏭크람 뒤쪽의 여행자 거리를 의미한다)에 있는 분위기 좋은 '바'를 겸한 레스토랑이다. 살짝 해변 휴양지 분위기도 느껴지는데

마담 무써

낮 시간에는 카페로도 손색이 없다. 나무 바닥과 대나무 벽, 목조 테이블, 등나무 의자, 평상과 쿠션으로 인해 나른하고 편안한 분위기를 선사한다. 주방도 개방되어 있어 모든 공간이 막힘이 없다. 아무데나 자리를 잡고 편하게 널브러지면 된다. 에어컨이 없어서 낮에는 덥다. 시원한 셰이크나 맥주, 향긋한 칵테일을 마시며 쉬어가기 좋다. 주인장이 치앙마이 태생이라서 카우쏘이(카레 국수), 깽항레(북부 지방 카레) 같은 태국 북부 음식도 요리한다.

라니스 벨로 레스토랑
Ranee's Velo Restaurant ★★★☆

주소 15 Trok Mayom, Thanon Chakraphong 전화 0-2281-8975 홈페이지 www.facebook.

라니스 벨로 레스토랑

알아두세요

저렴하지만 푸짐한 한 끼 식사를 즐기려면!

카오산 로드 주변에는 노점 식당이 많답니다. 식사 위주로 운영되는 노점으로는 왓 차나쏭크람 Wat Chana Songkhram 사원 후문의 쏘이 람부뜨리 골목이 가장 성업 중입니다. 볶음밥을 포함한 태국 음식이 60~120B으로 저렴해 여행자들에게 인기가 높지요. 타논 람부뜨리 오른쪽 끝에 있는 세븐일레븐과 스웬센 아이스크림 앞 사거리 주변(Map P.9-C1)에는 노점 형태의 야식집이 몇 곳 있습니다. 쌀국수와 디저트 노점도 있지만, 가장 유명한 곳은 죽 집으로 알려진 '란 쪽'입니다. 밥과 다진 고기를 넣고 푹 끓인 '쪽 무'가 유명합니다. 한 그릇에 50B으로 자정 무렵 출출한 배를 채우려는 태국인들로 북적댄답니다.

com/Raneevelo **영업** 화~일 11:00~21:00(휴무 월요일) **메뉴** 영어, 태국어 **예산** 270~490B **가는 방법** 타논 짜끄라퐁 Thanon Chakraphong의 빌라 드 카오산 Villa De Khaosan 옆 골목(뜨룩 마웅) 안쪽으로 100m 들어간다. Map P.9-C2

카오산 로드 뒷골목에 있지만 분위기가 좋다. 넓은 야외 정원이라 편안한 느낌을 준다. 오랫동안 영업한 곳이라 위치와 상관없이 단골손님들도 많다. 화덕에서 장작으로 구운 피자와 직접 만든 홈메이드 파스타, 신선한 커피까지 다양한 기호를 충족시킨다. 태국 음식은 카레와 볶음 요리가 주종을 이룬다. 외국인 여행자들이 드나드는 곳임에도 불구하고 태국 음식 본래의 향과 매운 맛을 간직하고 있다. 친절한 주인장과 편안한 분위기도 좋은 느낌으로 다가온다.

버디 비어
Buddy Beer
★★★☆

주소 181 Thanon Khaosan **전화** 0-2629-5101 **홈페이지** www.facebook.com/buddybeerkhaosan **영업** 12:00~02:00 **메뉴** 영어, 태국어 **예산** 맥주 130~390B, 메인 요리 180~500B(+7% Tax) **가는 방법** 카오산 로드 중앙에 있다. 찰리 마사지 Charlie Massage & Spa를 바라보고 왼쪽. Map P.9-C2

카오산 로드 정중앙에 자리한 대형 레스토랑이다. 버디 로지 호텔 Buddy Lodge Hotel에서 운영한다. 야외에 테이블을 놓아 비어 가든 분위기를 연출한다.

안쪽으로 콜로니얼 건축물까지 있어 분위기가 좋다. 다양한 국적의 여행자들과 어울려 시원한 생맥주 마시며 카오산 로드의 밤공기를 느끼기 좋다. 칵테일과 와인 바, 시푸드 레스토랑을 겸하고 있다. 다양한 식사 메뉴도 구비하고 있어 여러모로 인기가 있다.

콜로니얼 양식의 건물과 어우러진 버디 비어

저녁 시간 맥주 마시며 식사하기 좋은 버디 비어

알아두세요

간편하게 즐기는 길거리 음식

거리 노점에서 파는 음식을 하나씩 사서 자유롭게 거리를 활보하며 식사하는 모습은 카오산 로드의 또 다른 재미이지요. 가장 대표적인 음식은 태국식 볶음면인 팟타이랍니다. 노점 간판에 'PADTHAI'라고 씌어 있으며 간편하게 요리를 하려고 면을 잔뜩 볶아 놓고 손님을 기다립니다. 그냥 팟타이를 주문하면 야채만 간단히 넣어주고, 달걀이나 닭고기를 추가하면 돈을 더 내야 해요. 요즘은 50~70B으로 카오산에서 가장 인기 있는 거리 음식입니다. 카오산 로드의 노점 중에는 조조 팟타이 Jo Jo Pad Thai가 가장 유명합니다. 당염 호텔 Dang Derm Hotel에 딸린 맥도널드 앞쪽에서 장사합니다.

디저트를 찾는다면 로띠 Roti에 도전해 보세요. 일종의 팬케이크로 미리 반죽한 밀가루를 넓게 펴서 바로 바로 구워내는 요리사의 손놀림이 신기할 따름입니다. 바나나, 달걀, 초콜릿 등을 첨가할 수 있으며 30~60B를 받지요.

팟타이 파이타루
Pad Thai Fai Ta Lu
ผัดไทยไฟทะลุ (ถนนดินสอ) `추천` ★★★★

주소 115/5 Thanon Dinso(Dinsor Road) **전화** 08-9811-1888 **홈페이지** www.facebook.com/padthaifaitalu **영업** 10:00~19:00 **메뉴** 영어, 태국어 **예산** 100~220B **가는 방법** 타논 딘써의 Pannee Residence를 바라보고 왼쪽에 있다. 민주기념탑 로터리에서 북쪽으로 120m 떨어져 있다. `Map P.11-B1`

카오산 로드와 가까운 타논 딘써(딘써 거리)에 있는 팟타이 전문 레스토랑. 미쉐린 가이드에 선정되면서 유명해졌다. 뉴욕에서 요리사로 근무했던 태국계 미국인 앤디 양 Andy Yang이 운영한다. 입구는 노점처럼 보이지만 2층에 에어컨 시설의 널찍한 실내가 있다. 한자 간판은 간체로 '발록록' 发达禄이라고 적혀 있다. 웍을 이용한 중국 요리에서 영향을 받아서인지 돼지고기를 많이 쓰는 것이 특징으로, 강한 불 맛을 입혀 팟타이를 즉석에서 요리해 준다. 대표메뉴인 팟타이 파이타루 무양(돼지고기 구이를 올린 팟타이) Pad Thai Fai Ta Lu Moo Yang ผัดไทยไฟทะลุหมูย่าง에서 보듯 다른 팟타이 식당과 차별을 두고 있다. 새우를 넣은 팟타이 파이타루 꿍쏫 Pad Thai Fai Ta Lu Shrimp ผัดไทยไฟทะลุมันกุ้ง กุ้งสด도 인기 있다. 가격에 비해 음식 양은 적은 편이다.

싸얌 스퀘어 쏘이 10(주소 Siam Square Soi 10, 영업 11:00~19:30, `Map P.17`)에도 지점을 운영한다. 젊은 이들이 많이 찾는 동네라 본점에 비해 트렌디한 인테리어로 꾸몄다.

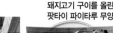
돼지고기 구이를 올린 팟타이 파이타루 무양

식당 내부

딘써 본점

텐 선 Ten Suns 十光
ไร่เทียมทาน(แยก วิสุทธิกษัตริย์ ถนนประชาธิปไตย) `추천` ★★★★

주소 456 Thanon Wisutkasat **전화** 0-2282-1853, 08-5569-9915 **홈페이지** www.facebook.com/Tensunsbeefsoup **영업** 화~일 09:00~16:00(휴무 월요일) **메뉴** 태국어 **예산** 140~220B **가는 방법** 위쑷까쌋 사거리(액 위쑷까쌋) 코너에 있는 푼씬 레스토랑 Poonsinn을 바라보고 오른쪽에 있다. 카오산 로드에서 택시를 탈 경우 60B 정도 예상하면 된다. `Map P.10`

태국으로 이주한 화교 집안에서 3대째 운영하는 자그마한 쌀국수 식당이다. 2019년부터 미쉐린 빕그루망에 선정되고 있다. 한자 간판은 십광(十光)이라고 적혀 있다. 업진살, 양지, 사태 세 종류 소고기를 4~5시간 동안 우려서 만든 육수가 깊은 맛을 낸다. 부들부들한 소고기는 식감이 매우 좋다. 기본은 '꾸어이띠아우 느아 타마다'(보통 소고기 쌀국수라는 뜻) ก๋วยเตี๋ยวเนื้อธรรมดา로 가는 면발(쎈렉)을 추가하면 된다. 갈비탕처럼 국수 없이 먹고 싶다면 '까오라오' เกาเหลาเนื้อ를 주문하면 된다. 밥(카우)을 추가하면 8B를 더 받는다. 소고기 덮밥처럼 나오는 '카우나 느아' ข้าวหน้าเนื้อ도 있다. 고명으로 들어가는 소고기 양을 정확하게 저울에 잰 뒤 넣어준다. 고베 Kobe 소고기를 추가하면 조금 더 비싸진다. 정체를 파악하기 힘든 상호, 고가 도로 아래라는 취약한 위치 따위는 의외로 큰 문제가 되지 않는다. 방콕이 초행인 관광객이라면 낯선 동네겠지만, 카오산 로드에서 그리 멀지 않다. 영어는 잘 통하지 않지만, 사진 메뉴판을 보고 주문하면 된다.

소고기 쌀국수

텐 선 Ten Suns

세븐 스푼 Seven Spoons
세븐스푼스 ถนนจักรพรรดิพงษ
(แยก จปร) **추천**
★★★★

주소 22 Thanon Chakkraphatdi-phong(Chakkrapati pong) **전화** 0-2629-9214, 08-4539-1819 **홈페이지** www.sevenspoonsbkk.com **영업** 월~토 11:00~15:00, 17:00~22:00(휴무 일요일) **메뉴** 영어 **예산** 340~780B **가는 방법** '액 쩌뻐러' 쩌뻐러 사거리 Jor Por Ror Intersection)에서 타는 짝끄라 팟디퐁 방향으로 200m 떨어진 제법 큰 세븐 일레븐 옆에 있다. 가까운 BTS 역이나 지하철역이 없어서 택시를 타야 한다. Map P.7-B1 Map 전도-A2

방콕의 숨겨진 맛집으로 통하는 세븐 스푼은 유럽·지중해 음식이 메인이다. 제철 유기농 채소로 건강하고 맛있는 음식을 요리한다. 점심 시간에는 파스타, 피자, 샐러드, 버거, 샌드위치 같은 브런치로 손색없는 식단으로 구성된다. 페타 샐러드 Feta Salad, 팔라펠 샐러드 Falafel Salad, 퀴노아 샐러드 Quinoa Salad를 보면 신선한 샐러드 본연의 맛을 느낄 수 있다.

저녁 시간에는 파스타와 육류를 메인으로 요리한다. 대표적인 모로코 음식인 치킨 따진 Chicken Tagine, 팬에 살짝 익힌 도미 요리 Pan-seared White Snapper, 베이컨을 감싸서 요리한 포크 필레 Bacon Wrapped Pork Filet 등이 있다.

인기에 비해 레스토랑 규모가 작아서, 예약하고 가는 게 좋다. 일요일 점심 시간에는 문을 열지 않는다.

뻐 포차야
Por. Pochaya
ป.โพชยา (ถนน วิสุทธิกษัตริย์) **2024 NEW**
★★★☆

주소 654 Thanon Wisutkasat **전화** 0-2282-4363 **영업** 월~금 09:00~13:30(휴무 토~일요일) **메뉴** 영어, 태국어 **예산** 80~200B **가는 방법** 액 쩌뻐러(쩌뻐러 사거리) 빼끄จ.ป.ร.에서 타는 위쑷까쌋 방향으로 100m. 카오산 로드에서 북동쪽으로 1.5km 떨어져 있다. Map P.7-B1

이런데 맛집이 있을까 싶을 정도로 어정쩡한 위치에 있다. 하지만 저렴하면서 맛 좋은 음식 덕분에 유명세를 탄다. 대를 이어 장사하는 오래된 식당으로 규모 제법 크다. 단, 에어컨이 없어서 덥다. 중국·태국 음식점으로 볶음 요리가 많은 편이다. 똠얌꿍 같은 기본적인 태국 음식도 요리한다.

추천 메뉴는 게살 오믈렛 Crab Omelet, 다진 소고기 바질 볶음 Stir-Fired Beef with Basil Leaves, 닭고기 캐슈넛 볶음 Stir-Fired Chicken with Cashew Nuts, 돼지 간 마늘 볶음 Fried Pork Liver with Garlic and Paper, 칠리소스를 올린 농어 튀김 Deep Fried Sea Bass with Chilli Sauce이다. 마늘과 고추를 듬뿍 넣고 요리한 음식이 많아서 밥과 함께 식사하기 좋다. 식당 한켠에서 커피도 만들어주기 때문에 식사와 음료를 동시에 해결할 수 있다. 식사시간에는 붐비기 때문에 예약하고 가는 게 좋다. 점심시간이 지나면 문을 닫는다.

건강한 요리를 제공하는 세븐 스푼

위치와 상관없이 맛집으로 알려진 세븐 스푼

게살 오믈렛　다진 소고기 바질 볶음

Nightlife 카오산 로드의 나이트라이프

낮에는 평범한 거리가 밤이 되면 인파로 북적대는 카오산 로드는 거리 자체가 즐거움을 선사한다. 폐차한 미니버스를 개조한 칵테일 바, 영업을 중단한 주유소에 만든 비어 가든, 도로를 점령한 생맥주 가게 등 굳이 비싼 돈을 쓰지 않더라도 사람들과 어울려 분위기에 한껏 젖어 들 수 있다. 길바닥에 쭈그리고 앉아 편의점에서 사온 싸구려 창 맥주 Beer Chang를 한 병 마시면서 자유로움과 낭만이 가득한 카오산의 밤을 즐겨보자. 외국인 여행자들은 사원 뒤편의 쏘이 람부뜨리에 밀집한 숙소 주변의 술집으로, 태국 젊은이들은 라이브 음악을 연주하는 카오산 로드의 술집으로 모여든다.

애드 히어 더 서틴스 블루스 바
AD Here The 13th Blues Bar ★★★★

주소 13 Thanon Samsen **영업** 18:00~24:00 **메뉴** 영어 **예산** 맥주·칵테일 150~260B **가는 방법** 방람푸 운하 건너자마자 도로 왼쪽에 있다. 타논 쌤쎈 쏘이 능 Thanon Samsen Soi 1 골목까지 가지 말고 도로 왼쪽을 살피면 된다. Map P.9-C1

카오산 로드를 살짝 벗어난 타논 쌤쎈에 있다. 외국 여행자들에게 열광적인 지지를 얻고 있는 라이브 바로, 블루스 음악의 열기에 심취할 수 있다. 저녁 시간

블루스 음악에 취하기 좋은 애드 히어

AD Here The 13th Blues Bar

에만 영업하며 라이브 음악이 시작되는 밤 10시가 넘어야 사람들로 북적댄다. 좁은 실내에 손님이 많은 탓에 서로 모르는 사람들끼리 합석해 술잔을 기울이는 일이 흔하다. 마치 동네 사람들의 아지트처럼 알 만한 여행자들은 다 아는 숨겨진 비밀 공간이다.

몰리 바
Molly Bar(Molly 31st) ★★★

주소 108 Thanon Ramburti **전화** 0-2629-4074 **영업** 18:00~02:00 **메뉴** 영어, 태국어 **예산** 140~400B **가는 방법** 타논 람부뜨리의 마이 달링(레스토랑) My Darling을 바라보고 왼쪽에 있다. Map P.9-C2

쏘이 람부뜨리에서 대표적인 라이브 음악을 연주하는 술집. 심플한 인테리어와 음악이 조화를 이루는 곳으로 제법 큰 실내 규모지만 포근한 사랑방 분위기로 인기가 높다.

어쿠스틱 위주의 감미로운 태국 음악을 배경 삼아 술을 마시며 대화를 나누는 태국 젊은이들이 많다. 야외 테이블은 생맥주를 마시며 밤거리 풍경을 즐기는 외국인 여행자들이 자리를 차지하고 있다.

몰리 바

브릭 바
Brick Bar ★★★☆

주소 265 Khaosan Road, Buddy Boutique Hotel 1F 전화 0-2629-4702 홈페이지 www.brickbar khaosan.com 영업 20:00~02:00 메뉴 영어, 태국어 예산 맥주·칵테일 150~400B(주말 입장료 300B) 가는 방법 카오산 로드의 버디 로지 호텔 1층에 있다. Map P.9-D2

카오산으로 모여드는 태국 젊은이들을 유혹하는 대표적인 곳. 버디 로지 호텔에서 운영하며, 카오산에 있지만 쑤쿰윗이나 싸얌 스퀘어의 라이브 클럽 같은 분위기가 느껴진다. 벽돌로 만든 지하 궁전 분위기로 넓직한 실내가 탁 트인 느낌이 들게 한다. 음악을 들으며 식사를 즐기고 흥겹게 떠들기 좋아하는 태국 젊은이들의 놀이 문화를 경험할 수 있다.

태국 밴드가 매일 저녁 라이브 음악을 연주하는데 밤이 깊어질수록 경쾌한 태국 팝송에서 강렬한 블루스 음악을 연주하는 밴드로 교체된다. 주말과 유명 밴드가 공연할 때는 입장료 300B을 별도로 받는다.

물리간스 아이리시 바
Mulligans Irish Bar ★★★

주소 265 Khaosan Road 전화 0-2629-4447 홈페이지 www.mulligansthailand.com 영업 16:00~24:00 메뉴 영어, 태국어 예산 메인 요리 190~720B(+7% Tax), 맥주·칵테일 150~320B 가는 방법 카오산 로드의 버디 로지 호텔 2층에 있다. Map P.9-D2

카오산 로드 메인 도로에 있는 아이리시 바. 붉은 벽돌과 목조 인테리어가 조화를 이루며 높다란 천장에 매달려 돌아가는 선풍기와 큼직한 창문이 시원스럽다. 음식은 브렉퍼스트 메뉴부터 스테이크까지 다양하다. 태국 음식을 기본으로 시푸드 요리도 많다. 피자, 스파게티, 소시지, 샌드위치, 햄버거 같은 유럽 음식도 종류가 다양해 기호에 따라 음식을 고를 수 있다. 낮에는 차분한 레스토랑이지만 밤에는 포켓볼을 치며 술 마시는 손님들로 화려한 분위기다. 매일 밤 10시부터는 라이브 밴드가 음악을 연주한다. 아이리시 바답게 기네스 맥주는 기본.

더 원
The One At Khaosan ★★★☆

주소 131 Thanon Khaosan 전화 06-1415-8990 홈페이지 www.facebook.com/Theonekhaosan 영업 13:00~24:00 메뉴 영어, 태국어 예산 맥주·칵테일 170~950B 가는 방법 카오산 로드의 끄룽타이 은행 맞은편에 있다. Map P.9-C2

계단 형태로 이루어진 테라스 형태의 개방형 공간이다. 독특한 외관 때문에 눈에 쉽게 뜨인다. 낮에도 문을 여는데 다양한 음식을 판매하는 레스토랑처럼 운영된다. 이른 저녁시간에는 맥주를 마시려는 다양한 국적의 사람들이 모여들고, 밤에는 클럽으로 변모해 디제이가 힙합과 EDM을 믹싱해 준다. 꼭대기 층에 디제이 부스가 있고 거리 풍경이 잘 내려다보인다. 생맥주, 수입맥주, 소주, 위스키, 칵테일까지 다양하다.

태국 밴드의 흥겨운 음악을 들을 수 있는 브릭 바

Mulligans Irish Bar

The One At Khaosan

카오산 센터
Khaosarn Center ★★★

주소 80~84 Thanon Khaosan **전화** 0-2282-4366 **영업** 08:00~02:00 **메뉴** 영어, 태국어 **요금** 맥주 100~200B, 메인 요리 100~360B **가는 방법** 카오산 로드 중앙의 끄룽타이 은행 Krung Thai Bank 옆에 있다. 럭키 비어 Lucky Beer 맞은편이다. Map P.9-C2

예나 지금이나 변함없이 외국인 여행자들에게 사랑받는 곳이다. 노점상에 의해 시야를 가린 카오산 메인 로드의 다른 업소에 비해 막힘없이 거리 풍경을 바라볼 수 있다. 야외 테이블에 앉아 있다 보면 자유분방한 카오산 로드의 느낌이 자연스레 전해진다.

식사 메뉴로는 태국 음식부터 스테이크까지 외국인 여행자들이 좋아할 만한 모든 메뉴를 골고루 갖추고 있다. 맞은편에 있는 럭키 비어 Lucky Beer도 비슷한 분위기로, 거리 풍경을 바라보며 맥주 마시는 여행자들로 가득하다.

히피 드 바
Hippie de Bar ★★★

주소 46 Khaosan Road **전화** 0-2629-3508, 08-1820-2762 **영업** 16:00~02:00 **예산** 태국 요리 140~250B, 맥주 120~690B **가는 방법** 디 & 디 인 D&D Inn과 Mischa Cheap(클럽) 사이의 작은 골목 안

쪽에 있다. Map P.9-C2

카오산 메인도로에 있으나, 도로 안쪽으로 살짝 숨어 있다. 목조 건물과 자그마한 야외 마당으로 공간이 구분되어 있다. 앤틱한 분위기의 2층 목조 건물은 자유분방하다. 빈티지 가구와 소파를 배치해 히피스런 분위기도 느껴진다. 야외 마당은 평범한 나무 테이블과 쿠션이 놓여 있는데, 편안하고 자연스럽다. 손님들끼리 서로 어울리는 흥겨운 분위기로 태국 젊은이들에게 유독 인기가 있다. 위스키에 믹서(소다, 얼음)를 섞어 마시거나, 타워 Tower(3,000㎖짜리 생맥주)를 주문해 놓고 술잔을 돌리는 테이블이 많다.

푸 바
Fu Bar ★★★

주소 72/1~5 Thanon Rambutri **전화** 06-1645-5465 **홈페이지** www.facebook.com/fubarkhaosan **영업** 17:00~02:00 **메뉴** 영어, 태국어 **예산** 120~300B **가는 방법** 타논 람부뜨리 초입에 있다. Map P.9-C1

반 찻 호텔 Baan Chart Hotel에서 운영한다. 에어컨 시설의 실내 공간은 복층으로 중국풍의 인테리어로 꾸몄다. 2층에서는 무대를 내려다보며 음악을 즐길 수 있다. 노천 바처럼 야외에도 테이블이 놓여 있다. 저녁 시간에는 라이브 밴드가 무대에 오른다. 다양한 맥주와 칵테일, 태국 음식을 요리한다. 참고로 '푸'는 한자로 복(福)을 의미한다.

카오산 센터

히피 드 바

럭키 비어

푸 바

Spa & Massage 카오산 로드의 스파 & 마사지

카오산 로드에도 태국 전통 마사지를 받을 수 있는 곳이 많다. 고급 마사지나 스파 업소보다는 뜨내기 여행자들을 위한 저렴한 숍이 주를 이룬다. 마사지를 받겠다면 말끔한 매트리스와 에어컨의 쾌적함, 프라이버시가 보장되는 고요함이 중요함에도 불구하고 카오산 로드에서는 그런 격식이 오히려 거추장스럽게 느껴지는 모양이다. 저렴하면 모든 것이 해결되기라도 하는 양, 도로에 마사지 의자를 내다 놓고 영업하는 곳이 많다. 밤이 되면 맥주를 손에 들고 술을 마시며 안마를 받는 유럽 여행자들도 흔하게 눈에 띈다. 고급 마사지 업소처럼 별도의 옷을 제공하지 않기 때문에 청바지 같은 두꺼운 옷은 피하는 게 좋다.

마사지 인 가든
Massage In Garden ★★★☆

주소 1/1 Soi Rambutri **전화** 0-2629-3583 **영업** 12:00~22:00 **요금** 타이 마사지(60분) 250B, 발 마사지(60분) 250B, 타이 마사지+허벌 콤프레스(60분) 400B **가는 방법** 쏘이 람부뜨리의 사원 후문 방향 골목 코너. 레인보우 환전소 Rainbow Exchange 옆에 있다. Map P.8-B1

정원에서 마사지를 받는 독특한 구조로 자연적인 정취를 한껏 느낄 수 있다. 길거리에서 연결되는 입구는 좁지만 안쪽으로 들어가면 넓은 야외 공간에 마사지 숍이 펼쳐진다. 자갈이 깔린 마당과 나무 가득한 정원 그리고 새소리까지, 이곳이 카오산 로드라고 상상하기 힘들 정도다. 일반 마사지 숍과 달리 에어컨이 설치된 실내 공간이 있는 것은 아니다. 커튼을 이용해 공간을 구분한 마사지 받는 곳이 있을 뿐이다. 일반적으로 마사지 베드가 두 개씩 놓여 있다. 에어컨이 없기 때문에 선풍기를 틀어 준다. 고급스런 시설이 아니라 옷 갈아입을 때나 샤워할 때 불편할 수 있다.

치와 스파
Shewa Spa ชีวา สปา ★★★

주소 108/2 Thanon Rambuttri **전화** 0-2629-0701, 08-5959-0066 **홈페이지** www.shewaspa.com **영업** 09:00~24:00 **요금** 타이 마사지(60분) 250B, 허벌 마사지(60분) 400B, 발 마사지(60분) 250B **가는 방법** 타논 람부뜨리의 몰리 바 Molly Bar 옆에 있다. Map P.9-C1

경쟁 업소들보다 요금이 '조금 더' 비싸지만, 그만큼 시설이 좋다. 마사지를 받기 전에 발도 씻겨 주고, 안마용 파자마도 제공해 준다. 럭셔리한 스파와 비교할 바는 못 되지만 실내가 쾌적하고 층으로 구분되어 공간도 여유롭다. 마사지 룸은 매트리스가 일렬로 놓인 구조지만, 커튼이 있어 프라이버시를 보호해 준다. 발 마사지와 어깨 마사지는 야외에서 받을 수 있다. 네일 케어와 미용실을 함께 운영하는데, 얼굴 마사지 Facial Treatment 패키지가 저렴하다. 낮 12시 이전까지 가면 조조할인을 받을 수 있다.

치와 스파 마사지룸

빠이 스파
Pai Spa
ปัยฺ สปา (ถนนรามบุตรี) ★★★★

주소 1156 Thanon Rambuttri **전화** 0-2629-5155, 0-2629-5154 **홈페이지** www.pai-spa.com **영업** 10:00~23:00 **요금** 타이 마사지(60분) 380B, 발 마사지(60분) 380B, 타이 마사지+허벌 콤프레스(90분) 650B, 아로마테라피 마사지(60분) 800B, 스파 패키지(150분) 1,250B **가는 방법** 타논 람부뜨리 끝자락에 있는 롬프라야(보트 회사) Lomprayah 사무실을 바라보고 왼쪽에 있다. Map P.9-C1

카오산 로드에서 한 블록 떨어진 타논 람부뜨리에 있다. 주변의 어수선한 마사지 숍과 달리 티크 나무로 만든 목조 건물이라 분위기가 차분하다. 깔끔한 내부와 에어컨, 목조 건물이 편안함을 선사한다.

럭셔리까지는 아니지만 카오산 로드 일대에서 나름 시설 좋은 곳으로 꼽힌다. 가격 대비 시설과 마사지 수준이 괜찮은 편이다. 한국인 여행자도 많이 찾는다.

1층 리셉션에서 원하는 마사지를 선택하고, 2층에서 발을 씻은 다음. 3층에서 마사지를 받는다.

마사지를 강하게 받을 건지, 약하게 받을 건지도 미리 선택할 수 있다. 여러 명이 마사지를 함께 받는데 바닥에 매트리스가 깔린 것이 아니라 마사지 베드가 놓여 있다. 커튼을 치고 편하게 누워 마사지 받으면 된다. 마사지 받을 때 입을 편한 바지를 제공해 준다.

빠이 스파

타이 란타 마사지
Thai Lanta Massage ★★★☆

주소 110 Thanon Tani **전화** 08-3172-0641 **영업** 10:00~24:00 **요금** 타이 마사지(60분) 250B, 발 마사지(60분) 250B, 오일 마사지(60분) 400B **가는 방법** 타논 따니의 데완 방콕(호텔) Dewan Bangkok 1층에 있다. Map P.9-C1

카오산 로드 북쪽의 타논 따니(따니 거리)에 있는 마사지 숍. 한국인이 운영하는 곳으로 쾌적한 시설에서 마사지를 받을 수 있다. 모로코 풍으로 만든 호텔 1층에 있는데, 외부에서 보더라도 밝고 깨끗한 시설이 느껴진다. 내부는 발마사지 받는 곳과 타이 마사지. 오일 마사지 받는 곳이 파티션으로 구분되어 있다. 마사지 베드가 세 개씩 일렬로 놓여 있는 구조인데, 암막 커튼을 치면 옆 사람에게 방해받지 않고 조용하게 마사지를 받을 수 있다.

타이 마사지를 받을 경우 마사지 전용 복장으로 갈아입고, 개인 물건은 전용 바구니에 담아 보관하면 된다. 등·목·어깨만 집중적으로 마사지를 받을 수도 있다. 두 종류의 마사지를 결합한 스페셜 세트는 90분과 120분으로 구분된다. 기본에 해당하는 타이 마사지는 1시간에 250B이다. 요금은 현금으로 미리 지불해야 한다.

마사지가 끝나면 작은 생수 한 병과 작은 동전 지갑을 기념품으로 준다. 호객행위 하느라 분주한 카오산 메인 로드에 비해 차분하게 마사지를 받을 수 있다.

04

บางลำพู

Banglamphu

방람푸

방콕으로 수도를 옮기면서 라따나꼬씬에 왕실을 위한 공간을 만들었다면, 방람푸는 일반인들을 위해 만든 공간이다. 방콕의 올드 타운 Old Town에 해당하며, 100년은 족히 되는 단층 건물들이 거리 곳곳에 가득하다. 방람푸는 '람푸 나무의 마을'이란 뜻으로 아유타야에서 이주한 중국 상인들이 거주하면서 발전하기 시작했다. 라마 5세 때는 두씻을 연결하는 타논 랏차담넌 Thanon Ratchadamnoen을 건설하며 중심지로 등장했지만, 현재는 빌딩 숲을 이루는 쑤쿰윗이나 씰롬에 비하면 초라할 뿐이다. 왜냐하면 역사 유적이 워낙 많아 개발을 제한하고 있기 때문이다.

방람푸는 1980년대를 거치며 변화를 겪었다. 작은 골목에 불과하던 카오산 로드에 여행자들을 위한 편의시설이 집중되기 시작한 것. 카오산 로드의 성장은 방람푸 전체로 확대되어 다양한 국적의 사람들이 어우러진 국제적인 공간으로 탈바꿈했다.

라따나꼬씬 시대 초기에 건설된 다양한 볼거리와 여행자들에게 친절한 동네 분위기도 매력적이다. 허름한 옛 골목들을 걷다 보면 자연스레 방람푸의 매력에 빠져들게 될 것이다.

볼 거 리 ★★★★☆	P.152
먹을거리 ★★★★☆	P.159
쇼 핑 ★★☆☆☆	
유 흥 ★★★★★	P.144

Check 알아두세요

❶ 관광지에서 만나는 뚝뚝 기사들을 주의하자. 공짜 관광을 시켜 준다며 가짜 보석 가게로 데려간다 (P.167 참고).

❷ 더운 날씨에 많이 걸어야 하므로 적절한 휴식이 필요하다.

❸ 판파 다리(싸판 판파) 아래에서 출발하는 운하 보트를 타면 시내까지 빠르게 이동할 수 있다(P.71 참고).

❹ 사원을 방문할 때는 노출이 심한 옷을 삼가자.

❺ 인접해 있는 카오산 로드와 연계해 일정을 짜면 좋다.

❻ 방람푸 관광 후에 카오산 로드에서 저녁 시간을 보내면 좋다.

Don't miss 이것만은 놓치지 말자

❶ 민주기념탑
둘러보기.(P.153)

❷ 푸 카오 텅에 올라서 주변 경관 감상하기.(P.156)

❸ 팁싸마이에서
팟타이 맛보기.(P.163)

❹ 라마 3세 공원에서
기념사진 찍기.(P.155)

❺ 왓 쑤탓 방문하기.(P.157)

❻ 맛집(메타왈라이 쏜댕,
크루아 압쏜)
탐방하기.(P.162)

❼ 타논 랏차담넌
야경 감상하기.(P.152)

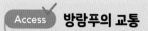

Access 방람푸의 교통

방람푸로 갈 때는 수상 보트나 운하 보트를 타는 것이 가장 좋다. 수상 보트는 타 프라아팃 Phra Athit Pier 선착장을, 운하 보트는 판파 선착장(타르아 판파) Phan Fa Pier을 이용한다. 시내버스에 관한 내용은 카오산 로드의 교통편 P.129 참고.

+ 수상 보트
가장 가까운 수상 보트 선착장은 카오산 로드와 인접한 타 프라아팃 선착장(선착장 번호 N13)이다. 왕궁 앞의 타 창 선착장(선착장 번호 N9)을 이용할 경우 민주기념탑까지 택시로 10분 정도 걸린다.

+ 운하 보트
운하 보트가 출발하는 판파 선착장(Map P.11-B1)을 이용

하자. 푸 카오 텅까지 도보 5분, 민주기념탑까지 도보 10분 이면 갈 수 있다.

+ 지하철 MRT
방람푸를 관통하지는 않지만 MRT 쌈욧 Sam Yot 역과 MRT 싸남차이 Sanam Chai 역이 그나마 가깝다. 민주기념탑을 지나는 MRT 퍼플 라인을 연장 공사 중에 있다. 2027년 완공 예정이다.

Best Course 추천 코스

❶ 오전에 시작할 경우(방람푸 일정)

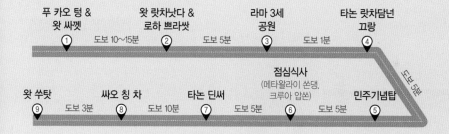

❷ 오후에 시작할 경우(방람푸 + 카오산 로드 일정)

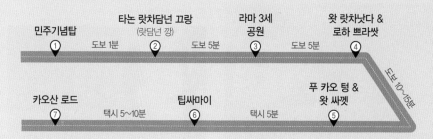

Attractions 방람푸의 볼거리

카오산 로드, 타논 프라아팃(파아팃), 타논 랏차담년 끄랑(랏담년 깡) 같은 거리 자체가 역사를 그대로 간직한 곳들이라 걸어다니며 사원과 건물들을 관람한다.

타논 랏차담년(랏담년)
Thanon Ratchadamnoen
ถนนราชดำเนินกลาง ★★☆

주소 Thanon Ratchadamnoen **가는 방법** 카오산 로드 오른쪽의 타논 따나오 Thanon Tanao 남쪽으로 50m 정도 가면 타논 랏차담년과 만난다.
Map P.7-A1~B2 Map P.11-A1~B1

랏담년은 '왕실 행차'라는 뜻으로 라마 5세가 위만멕 궁전 Vimanmek Palace(P.201)을 지은 후 왕궁을 드나들기 위해 건설한 도로다. 방람푸는 물론 방콕에서 가장 넓은 8차선 도로다. 안쪽은 타논 랏차담년 나이 Thanon Ratchadamnoen Nai, 중앙은 타논 랏차담년 끄랑 Thanon Ratchadamnoen Klang, 바깥쪽은 타논 랏차담년 녹 Thanon Ratchadamnoen Nok으로 구분해 부른다.

거리 곳곳에는 국왕과 왕비의 대형 사진을 걸어 놓고 있으며 국왕과 왕비의 생일이

국왕 초상화가 걸려 있는 타논 랏차담년

타논 랏차담년 끄랑의 방콕 시립 도서관 Bangkok City Library

볼거리가 가득한 타논 랏차담년 끄랑

되면 거리는 더욱 휘황찬란한 조명으로 빛을 발한다. 민주기념탑을 포함해 타논 랏차담년 끄랑에 볼거리가 많다. 유럽 양식이 혼합된 고풍스런 건축물과 화려한 사원들이 많아서 인공조명을 밝히면 아름다운 야경을 감상할 수 있다.

10월 14일 기념비
14 October Memorial
อนุสาวรีย์ 14 ตุลาคม ★★

현지어 아눗싸와리 씹씨 뚤라콤 **주소** Thanon Ratchadamnoen Klang **운영** 09:00~18:00 **요금** 무료 **가는 방법** 카오산 로드 오른쪽에서 타논 따나오 Thanon Tanao를 따라 50m 내려가면 타논 랏차담년 끄랑 사거리가 나온다. 사거리에서 기념비까지는 민주기념탑 방향으로 도보 5분. Map P.7-A2, Map P.11-A1

태국 민주주의 역사에서 가장 아픈 날로 기억되는 1973년 10월 14일을 기념하기 위해 만든 조형물이다. 군부 독재에 항의해 민주 정부 이양을 촉구하며 시위를 벌이던 50만 명의 시민을 향해 탱크까지 투입된 군부의 무력 진압으로 수백 명의 희생자를 낸 날이 바로 10월 14일이다.

기념비는 당시 항쟁의 주 무대가 됐던 타논 랏차담년 끄랑에 쩨디 모양으로 만들었으며, 당시 실상을 고발하는 흑백사진과 관련 신문 기사들로 벽면을 가득 메우고 있다. 태국 현대사에 관한 내용은 〈프렌즈 방콕〉 역사 편(P.429) 참고.

10월 14일 기념비

민주기념탑
Democracy Monument
อนุสาวรีย์ประชาธิปไตย ★★★★

현지어 아눗싸와리 쁘라찻빠따이 **주소** Thanon Ratchadamnoen Klang & Thanon Din So **운영** 24시간 **요금** 무료 **가는 방법** ①타논 랏차담넌 끄랑 중간 로터리에 있다. 카오산 로드에서 도보 15분. ②**운하보트** 판파 Phan Fa 선착장(타르아 판파)에서 내려 타논 랏차담넌 방향으로 도보 10분. Map P.7-B2

카오산 로드에서 남동쪽으로 300m 떨어진 민주기념탑은 타논 랏차담넌 끄랑 Thanon Ratchadamnoen Klang의 이정표에 해당한다. 민주기념탑은 절대 왕정이 붕괴된 1932년 6월 24일, 민주 헌법을 제정한 날을 기념해 만들었다. 이탈리아 출신의 꼬라도 페로씨 Corrado Feroci가 디자인했으며 중앙의 위령탑을 날개 모양의 4개 탑이 감싸고 있다. 탑의 높이는 24m에 불과하지만 조형미에서 뿜어져 나오는 완성도가 압권이다.

탑 주변에 놓인 75개의 대포는 1932년을 불기로 계산한 2475년을 상징하며, 탑 높이는 6월 24일을 의미한다. 기단부에는 새로운 태국 사회를 건설하려는 시민, 군인, 경찰의 모습이 조각되었다.

이정표 역할을 하는 민주기념탑 로터리

민주 기념탑

퀸스 갤러리 Queen's Gallery
หอศิลป์สมเด็จพระนางเจ้าสิริกิติ์
พระบรมราชินีนาถ(ถนนราชดำเนินกลาง) ★★

주소 101 Thanon Ratchadamnoen Klang **전화** 0-2281-5360 **홈페이지** www.queengallery.org **운영** 10:00~19:00(휴무 수요일) **요금** 50B **가는 방법** ①타논 랏차담넌 끄랑의 민주기념탑에서 도보 5분. ②**운하 보트** 타 판파 Tha Phan Fa 선착장(타르아 판파)에서 판파 다리(싸판 판파)를 건너면 오른쪽에 갤러리가 보인다. 도보 5분. Map P.7-B2 Map P.11-B1

라마 9세의 부인, 씨리낏 왕비 Queen Sirikit가 후원해 만든 미술관이다. 5층 규모의 현대적인 미술관으로 국립 미술관에 비해 시설뿐만 아니라 전시 내용도 월등히 뛰어나다. 태국 작가들의 회화, 조각, 사진, 모던 아트와 설치 미술을 층별로 구분해 전시한다.

다양한 회화 작품과 설치 미술을 관람할 수 있는 퀸스 갤러리

퀸스 갤러리

알아두세요
방콕에 아눗싸와리는 두 개가 있다

민주기념탑(아눗싸와리 쁘라찻빠따이 อนุสาวรีย์ประชาธิปไตย)과 전승기념탑(아눗싸와리 차이 อนุสาวรีย์ชัยสมรภูมิ)은 모두 '아눗싸와리'로 불리지만, 일반적으로 '아눗싸와리 차이'에 해당하는 전승기념탑을 의미합니다. 택시를 타고 민주기념탑을 갈 경우에는 '아눗싸와리'라고 말하지 말고 거리 이름인 타논 랏차담넌 끄랑 Thanon Ratchadamnoen Klang ถนนราชดำเนินกลาง으로 가자고 하세요.

라따나꼬씬 역사전시관
Rattanakosin Exhibition Hall
นิทรรศน์รัตนโกสินทร์
(ถนนราชดำเนินกลาง) ★★★

주소 100 Thanon Ratchadamnoen Klang **전화** 0-2621-0044 **홈페이지** www.nitasrattanakosin.com **운영** 화~일 09:00~17:00(휴무 월요일) **요금** 200B (현재 프로모션 적용 100B) **가는 방법** 타논 랏차담넌 끄랑에 있는 민주기념탑에서 150m, 라마 3세 공원 옆에 있다. Map P.7-B2 Map P.11-B1

오늘날의 태국 왕실에 해당하는 라따나꼬씬 왕조(짜끄리 왕조로 불리기도 한다)에 관한 역사를 기록한 전시관이다. 라따나꼬씬은 짜오프라야 강 동쪽(오늘날의 왕궁이 있는 곳)에 자리한 지명이자, 라마 1세부터 시작된 왕조의 이름이기도 하다. 태국 정부에서 자국민의 역사 교육을 위해 만든 전시관답게, 라마 1세부터 라마 9세에 이르기까지 라따나꼬씬 왕조에 관한 내용으로 가득하다. 박물관처럼 단순히 유물을 전시한 것이 아니고, 다양한 영상과 시청각 자료를 통해 과거의 모습을 간접 경험해 볼 수 있도록 했다. 개인적으로 자유롭게 내부를 돌아다닐 수는 없고, 가이드의 안내를 받아 진행되는 투어를 따라 다녀야 한다. 투어는 내국인과 외국인 구분 없이 한 팀으로 묶어 20분 간격으로 진행된다.

전시관 관람은 루트 1 Route 1과 루트 2 Route 2로 구분된다. 루트 1은 라따나꼬씬(방콕)의 건설, 라따나꼬

라따나꼬씬 왕조(짜끄리 왕조)의 국왕 연대기가 자세하게 소개되어 있다

가이드의 안내를 따라 투어가 진행된다.

4층 전망대에서 주변 풍경을 감상할 수 있다.

방콕의 역사와 문화를 시청각 자료를 이용해 보여준다.

นิทรรศน์รัตนโกสินทร์
Rattanakosin Exhibition Hall

씬의 전통 공예 거리, 당시의 전통 공연과 무용, 왕궁 모형과 왕궁 내궁(여성들이 생활하던 곳)의 생활상 모형, 에메랄드 불상의 전래 과정, 왕실 코끼리 등 7개 전시관을 방문한다. 투어의 마지막은 4층에 있는 전망대에서 로하 쁘라쌋(P.155)과 푸 카오 텅(P.156)을 감상하게 된다.

루트 2는 역대 국왕의 일대기를 영화로 감상해야 하기 때문에 영어가 어느 정도 가능해야 한다. 영상 자료를 시청할 때는 오디오 가이드를 착용하고 영어로 된 설명을 들으면 된다. 오디오 가이드는 무료로 대여해 준다. 1,000B 또는 여권을 보증금으로 맡겨야 한다. 투어가 끝난 후 보증금을 환불 받으면 된다.

각각의 루트는 2시간씩 소요된다. 일반적으로 루트 1을 관람한다. 외국인보다 내국인이 더 많이 방문한다. 최소 2시간을 전시실에 있어야하기 때문에 시간적인 여유를 충분히 갖고 방문해야 한다. 더위를 피해 잠시 역사 여행을 하고 싶거나, 우리나라와는 다른 방콕의 왕실 문화에 흥미가 있다면 들러볼 만하다. 〈프렌즈 방콕〉 역사 편(P.429)을 미리 읽고 가면 도움이 된다.

라마 3세 공원
Rama III Park(King Rama 3 Memorial)
พระบรมราชานุสาวรีย์
พระบาทสมเด็จพระนั่งเกล้าเจ้าอยู่หัว ★★

현지어 프라보롬 랏차싸오 프라밧쏨뎃 프라낭끄라오 짜오유후아 **주소** Thanon Ratchadamnoen Klang & Thanon Sanam Chai 교차로 **운영** 24시간 **요금** 무료 **가는 방법** ①타논 랏차담년 끄랑에 있는 민주기념탑에서 동쪽으로 300m. ②카오산 로드에서 도보 15분. ③운하 보트 판파 Phan Fa 선착장(타르아 판파)에서 도보 5분. Map P.7-B2 Map P.11-B1

민주기념탑에서 타논 랏차담년 끄랑을 따라 5분 정도 걷다 보면 나오는 작은 공원이다. 공원 오른쪽에는 라마 3세 동상이, 왼쪽에는 외국 귀빈들의 환영식을 행하던 뜨리묵 궁전 Trimuk Palace이 있다. 공원 뒤편으로는 특이한 첨탑 건물인 로하 쁘라쌋 Loha Prasat이 눈길을 끈다.

참고로 라따나꼬신 왕조(짜끄리 왕조)의 세 번째 국왕인 라마 3세(재위 1824~1851) 때에 이르러 주요 사원들이 완성되고 국가 기반을 확고히 했다.

왓 랏차낫다 & 로하 쁘라쌋
Wat Ratchanatda & Loha Prasat
วัดราชนัดดา & โลหะปราสาท ★★★☆

주소 2 Thanon Maha Chai **운영** 09:00~17:00 **요금** 무료 **가는 방법** 민주기념탑에서 도보 6분. 라마 3세 공원 바로 뒤편에 있다. Map P.7-B2 Map P.11-B1

라마 3세가 그의 어머니를 위해 1846년에 건립했다. 왓 랏차낫다람 Wat Ratchanaddaram으로 불리기도 한다. 우보쏫(대법전)이 인상적인 전형적인 라따나꼬신 양식의 방콕 초기 사원이다. 방콕에서 흔히 볼 수 있는 사원의 대법전보다는 '철의 사원'으로 불리는 로하 쁘라쌋 Loha Prasat 때문에 유명한 사원이다. 37개의 금속으로 이루어진 뾰족탑으로 멀리서 보면 이상한 성처럼 보인다.

37개의 탑은 해탈의 경지에 이르는 과정을 상징한다. 탑 내부의 원형 나무계단을 삥삥 돌아 올라가면 탑 정상 부근까지 올라갈 수 있다. 이곳에서 주변 경관을 감상할 수 있다.

라마 3세 동상 뒤쪽으로 왓 랏차낫다가 보인다

라마 3세 공원의 뜨리묵 궁전 옆으로 라따나꼬신 역사 전시관이 있다

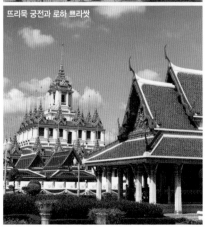
뜨리묵 궁전과 로하 쁘라쌋

왓 랏차낫다 대법전과 로하 쁘라쌋

마하깐 요새
Mahakan Fort
ป้อมมหากาฬ ★

현지어 뻠 마하깐 **주소** Thanon Ratchadamnoen Klang & Thanon Maha Chai **운영** 24시간(내부는 입장 불가) **요금** 무료 **가는 방법** 민주기념탑에서 타논 랏차담넌 끄랑을 따라 도보 5분. 라마 3세 공원 옆. 길 건너에 있다. Map P.7-B2 Map P.11-B1

방콕이 건설될 당시 성벽에 둘러싸인 도시였다는 흔적을 말해주는 마하깐 요새는 도시의 북동쪽을 지키던 요새다. 8각형의 단아한 모습으로 옹앙 운하(크롱 옹앙) Khlong Ong Ang 위의 판파 다리(싸판 판파) Saphan Phan Fa 옆에 있다. 요새 앞으로 흐르는 작은 운하가 예전의 라마 1세가 건설한 방콕의 경계선인 셈이다.

푸 카오 텅 & 왓 싸껫
Phu Khao Thong & Wat Saket
ภูเขาทอง & วัดสระเกศ ★★★★

주소 Thanon Boriphat **전화** 0-2621-2280 **운영** 08:00~17:00 **요금** 100B **가는 방법** ①민주기념탑에서 타논 랏차담넌 끄랑을 지나 판파 다리를 건너서 오른쪽 길인 타논 보리팟 Thanon Boriphat으로 걸어간다. 민주기념탑에서 도보 15분. ②운하 보트 판파 선착장

(타르아 판파) Phan Fa Pie에서 도보 10분.
Map P.7-B2
Map P.11-B2
푸 카오 텅은 라마 1세 때 건설한 인공 언덕. '황금 산 Golden Mount'

푸 카오 텅

마하깐 요새 뒤로 푸 카오 텅이 보인다

이라는 뜻으로 높이는 80m에 불과하지만 평지인 방콕에서 유일하게 산이라 불리는 곳이다. 인공 언덕 정상에는 황금 쩨디를 세우고 라마 5세 때 인도에서 가져온 부처의 유해를 안치하며 종교적으로 중요한 공간으로 거듭났다.

푸 카오 텅은 고층 건물이 들어서기 전인 1963년까지 방콕에서 가장 높은 곳이었다. 344개의 계단을 올라 정상에 서면 방콕 풍경이 시원스럽게 펼쳐진다. 방콕에서 공짜 전망대로서 최고의 입지 조건을 갖춘 곳. 동쪽으로는 방콕 도심의 스카이라인이, 서쪽으로는 짜오프라야 강과 라따나꼬씬 지역의 사원들이 나지막이 펼쳐진다.

왓 싸껫은 푸 카오 텅 입구에 있는 사원으로 라마 1세 때 건설됐다. 성벽 외곽에 만든 화장터는 일반인들에게 인기 있으며 현재도 방콕 사람들이 많이 이용한다. 경내를 둘러보면 검은색 조문복을 입은 사람들을 종종 만날 수 있을 것이다.

푸 카오 텅에서 바라본 왓 싸껫

푸 카오 텅 정상에 세운 황금 쩨디

왓 쑤탓
Wat Suthat
วัดสุทัศน์ (วัดสุทัศนเทพวราราม) ★★★☆

주소 146 Thanon Bamrung Muang **전화** 0–2224–9845 **운영** 08:30~17:30 **요금** 100B **가는 방법** ①민주기념탑 로터리에서 남쪽 방향으로 600m. 민주기념탑에서 타논 딘써 Thanon Din So로 도보 10분. ② 가장 가까운 지하철 역은 쌈욧 역이다. 지하철 역까지 800m 떨어져 있다. Map P.7-B2 Map P.11-A2

방콕 6대 사원 중의 하나로 쑤코타이에서 만든 황동 불상(프라 씨 사카무니 붓다 Phra Si Sakyamuni Buddha)을 안치하기 위해 만든 사원. 라마 1세 때 시작해 라마 3세 때 완공된 초기 라따나꼬씬 사원인데도 쩨디(종 모양의 불탑)와 쁘랑(크메르 양식의 첨탑)을 만들지 않은 독특한 사원이다. 더불어 본존불을 모신 우보쏫(대법전)보다 쑤코타이 불상을 모신 위한(법당)을 더 크게 만든 것도 특징이다.

경내에는 중국에서 전래된 석상과 석탑도 많아 독특한 분위기를 풍긴다. 특히 전형적인 중국 양식의 6각 8층 석탑이 위한을 삥 둘러 세워져 있어, 전형적인 태국 사원과 대비를 이룬다. 사원을 나오기 전에는 내벽을 이루는 회랑을 관람해보자. 158개의 대형 불상을 안치해 불심의 깊이를 느끼게 한다. 사원 주변의 타논 밤룽므앙에는 불교 용품을 파는 상점이 가득해 또 다른 볼거리를 제공한다.

사원 옆의 불교 용품 상점

사원의 회랑을 장식한 불상

왓 쑤탓 대법전

싸오 칭 차
Sao Ching Cha(Giant Swing)
เสาชิงช้า ★★☆

주소 Thanon Bamrung Muang **전화** 0–2281–2831 **운영** 24시간 **요금** 무료 **가는 방법** 타논 밤룽루앙에 있는 왓 쑤탓 정문 옆에 있다. 민주기념탑 로터리에서 남쪽으로 600m. Map P.7-B2 Map P.11-A2

붉은색 기둥만 남아 있는 대형 그네, 싸오 칭 차. 불교가 아닌 힌두교와 연관된 곳으로, 창조와 파괴라는 막강한 힘을 지닌 시바 신이 인간 세상으로 내려오는 것을 환영하기 위해 대형 그네를 탔다고 한다. 4명의 남자가 한 팀을 이뤄 그네를 타고 15m 대나무 기둥에 매단 동전 주머니를 먼저 가로채 오는 시합을 벌이던 것. 남자들의 용기를 시험하는 장소였던 만큼 사고가 빈번히 발생해 1932년 이후부터는 그네타기 시합이 금지됐다.

방콕 시청 광장 앞의 로터리에 있으며, 왓 쑤탓과 가까워 사원의 정문처럼 여겨진다. 왓 아룬, 민주기념탑과 더불어 방콕의 상징적인 건물 중의 하나로 꼽힌다.

끄룽텝 마하나콘으로 시작되는 방콕 지명이 태국어로 적혀 있는 방콕 시청 앞 광장

싸오 칭 차

왓 쑤탓 정문 앞 로터리에 싸오 칭 차가 세워져 있다

반 밧
Ban Bat(Monk's Bowl Village)
บ้านบาตร ★★

주소 Soi Ban Bat **가는 방법** ①푸 카오 텅 입구에서 남쪽으로 400m 내려가면 타논 밤룽므앙 Thanon Bamrung Muang 사거리가 나온다. 사거리 남쪽 첫 번째 골목이 쏘이 반 밧 Soi Ban Bat이다. ②왓 쑤탓에서 갈 경우 타논 봇프람 Thanon Botphram을 따라 오른쪽으로 걸어가다가, 다리를 건너 타논 밤룽므앙 사거리가 나오면 우회전한다. 도보 15분.
Map P.7-B2 Map P.11-B2

방콕에서도 매우 허름하고 오래된 집들과 공방이 가득한 반 밧. '반'은 집 또는 마을, '밧'은 공양 그릇(발우)을 뜻한다. 1700년대부터 시작된 전통 공예는 대를 이어 방콕 최고의 수제 공양 그릇(발우)을 생산하는 마을로 유명하다. 하지만 대형 생산 체계를 갖춘 공장에 밀려 현재는 60여 명만이 전통을 유지하며 생업에 종사할 뿐이다.

그나마 명맥이 유지되는 이유는 품질 좋은 공양 그릇을 사용하려는 깨어 있는 승려들과 방콕 전통 공예에 관심있는 외국인 관광객들 덕분이다. 현장에서 직접 제작한 공양 그릇은 600~1,000B 정도에 구입할 수 있다. 다소 비싼 편이다.

수작업으로 제작되는 발우

발우를 만드는 반 밧 마을

왓 랏차보핏
Wat Ratchabophit
วัดราชบพิตร ★★

주소 Thanon Atsadang & Thanon Fuang Nakhon **전화** 0-2222-3930 **운영** 09:00~18:00 **요금** 무료 **가는 방법** ①왓 쑤탓에서 남서쪽으로 600m 떨어져 있다. ②왕궁 & 왓 프라깨우 입구에서 900m, 왓 포에서 600m 떨어져 있다. ③가장 가까운 지하철 역은 쌈욧 역이다. 지하철 역까지 700m 떨어져 있다.
Map P.7-A2 Map P.6-B2

라마 5세(쭐라롱껀 대왕)가 유럽을 순방하고 돌아와 유럽 스타일 건물을 짓기 시작한 사원이라 무척 독특하다. 고딕 양식으로 만든 법당이라든지, 자개를 이용해 만든 출입문에 유럽식 복장을 착용한 근위병 부조 등 재미있는 볼거리가 많다.

우보쏫(대법전)도 외관은 태국 양식에 내부는 유럽 연회장처럼 꾸몄다. 사원 동쪽 마당은 라마 5세의 직계 왕족들의 유골을 안치한 무덤이다.

왓 랏차보핏 사원의 출입문 장식

유럽 양식이 가미된 왓 랏차보핏

Restaurant 방람푸의 레스토랑

민주기념탑과 왓 쑤탓 주변은 라따나꼬씬 지역과 비슷한 소규모 현지인 식당들이 많다. 특히 타논 따나오 Thanon Tanao와 타논 딘써 Thanon Din So에 오래된 서민 식당들이 즐비하다. 카오산 로드와 타논 프라아팃(파아팃) 지역의 레스토랑은 P.135에서 별도로 다룬다.

몬 놈쏫 Mont Nomsod
มนต์นมสด (ถนนดินสอ)
★★★

주소 160/2-3 Thanon Din So 전화 0-2224-1147 홈페이지 www.mont-nomsod.com 영업 13:00~22:00 메뉴 영어, 태국어 예산 토스트 30~80B, 우유·커피 45~120B 가는 방법 민주기념탑 로터리에서 타논 딘써 Thanon Din So로 진입해 도보 5분.
Map P.7-B2 Map P.11-A2

방콕 시민들에게 가장 사랑받는 토스트 전문점. 태국 음식이 매운 탓에 태국 사람들은 단맛이 나는 디저트를 즐겨 먹는다. 연유와 설탕을 듬뿍 뿌린 달콤한 토스트가 현지인의 입맛에 딱이다. 1964년부터 영업을 시작해 오랫동안 인기를 유지하고 있다. 인기 비결은 직접 만든 빵과 우유. 유명세에도 불구하고 체인점이 별로 없는 이유는 신선한 우유를 공급하기 위한 것이라고 한다.

오후 2시에 문을 열자마자 더위를 식히러 온 학생부터 늦은 밤 쌀국수로 야식을 해결하고 디저트를 먹으려는 현지인들로 장사진을 이룬다. 상호는 '몬'이지만 신선한 우유라는 뜻의 '놈쏫'을 붙여 '몬 놈쏫'이라고 부른다. 국립 경기장 옆(로터스 Lotus 맞은편)의 타논 팔람 1 Rama 1 Road에 분점을 운영한다(P.234 참고).

랏나 욧팍
Rad Na Yod Phak 40 Years
ราดหน้ายอดผัก สูตร 40 ปี
(ถนนตะนาว) ★★★★

주소 514 Thanon Tanao 전화 0-2622-3899 영업 09:00~21:00 메뉴 태국어 예산 60~90B 가는 방법 타논 따나오에 있는 비빗 호스텔 Vivit Hostel을 바라보고 왼쪽에 있다. Map P.11-A2

방콕의 옛 거리 풍경이 남아 있는 타논 따나오에 자리한 로컬 레스토랑이다. 40년 넘는 노포로, 현지인 손님들이 항상 가득하다. 분위기는 허름하지만 '랏나' 맛집으로 현지인들에게 제법 유명하다. 랏나는 걸쭉한 고기 국물 소스를 얹은 면 요리로, 중국요리 울면과 비슷하다. 보통 넓적한 면발(쎈야이)과 돼지고기를 넣어 만든 '쎈야이 랏나 무 เส้นใหญ่ ราดหน้าหมู와 바삭하게 튀긴 면(바미 끄롭)에 해산물 볶음을 올린 '바미 끄롭 랏나 탈레' บะหมี่กรอบ ราดหน้าทะเล가 인기 메뉴다. 영어가 잘 통하는 곳은 아니지만, 식당 벽면의 음식 사진을 보고 주문하면 된다. 미쉐린 빕그루망에 선정되면서 외국 관광객도 종종 찾아온다. 에어컨이나 쾌적함은 기대하지 말 것.

몬 놈쏫(본점)

쎈야이 랏나 무

바미 끄롭 탈레

랏나 욧팍

진저브레드 하우스(반 카놈빵킹)
Gingerbread House
บ้านขนมปังขิง
(ซอยหลังโบสถ์พราหมณ์ ถนนดินสอ) ★★★☆

주소 Soi Lang Bot Phram, Thanon Din So **전화** 09-7229-7021 **홈페이지** www.facebook.com/house2456 **영업** 화~일 11:00~20:00(휴무 월요일) **메뉴** 영어, 태국어 **예산** 음료 95~169B, 태국 디저트 120~140B **가는 방법** 타논 따나오의 방콕 시청과 왓 쑤탓 중간에 있는 쏘이 랑봇프람에 있다. 민주기념탑에서 남쪽으로 400m. Map P.11-A2

109년의 역사를 간직한 목조 건물을 개조해 디저트 카페로 운영한다. 이곳은 방콕의 올드 타운인 방람푸에 남은 몇 안 되는 매력적인 목조 가옥으로 티크 나무 건물의 미감을 곳곳에서 느낄 수 있는데, 세월이 더해져 빈티지한 매력이 고스란히 전해진다. 목조 계단과 창문, 섬세한 목조 조각 장식까지 태국적인 감성이 가득하다. 마당에는 오래된 망고 나무가 그늘을 드리우고, 실내는 에어컨 시설로 쾌적하다.

태국어 간판을 내건 만큼 외국인 여행자보다 이곳 사람들에게 더 인기 있다. 커피와 차(茶) 등 음료를 판매하는데, 현지 입맛에 맞추었기 때문에 연유와 설탕을 듬뿍 넣어 달짝지근한 맛을 낸다. 태국식 디저트는 금세공 접시에 보기 좋게 낸다. 담음새와 인테리어가 모두 훌륭해 인증 사진을 남기기에 더할 나위 없는 곳이다.

매툼 팟타이
Mae Thum Padthai

แม่ทุมผัดไทยเจ๊ง (ถนน ศิริพงษ์) ★★★★

주소 Thanon Siri Phong **전화** 09-9432-6669 **영업** 월~토 10:00~20:00(휴무 일요일) **메뉴** 영어, 태국어 **예산** 90~120B **가는 방법** 방콕 시청을 바라보고 오른쪽 도로에 해당하는 타논 씨리퐁에 있다. 민주기념탑에서 남쪽으로 400m, 카오산 로드에서 남동쪽으로 1km 떨어져 있다. Map P.11-B2

방콕 시청 옆쪽에 있는 팟타이 전문 로컬 식당이다. 에어컨은 없지만 실내외 공간이 청결하다. 골목에도 테이블이 놓여있다. 식당 안쪽에서 요리하는데 오픈 키친으로 주방도 깨끗하다.

다섯 종류의 팟타이를 요리하는 곳으로 사진 메뉴판까지 잘 갖추어져 있다. 새우를 넣은 '팟타이 꿍' Shrimp Pad Thai, 닭고기를 넣은 '팟타이 까이' Pad Thai Chicken 중에 하나를 고르면 된다. 기본에 충실한 맛으로 땅콩, 숙주, 라임을 곁들여 준다. 기호에 따라 고춧가루를 첨가해도 된다. 팟타이 소스를 이용해 만든 새우볶음을 미끄롭(바삭하게 튀긴 면)에 올려주는 '미끄롭 팟타이' Pad Thai Crispy Noodles도 있다. 생긴 지 얼마 안 됐지만 손님들의 평가가 좋다. 외국 관광객도 부담 없이 찾기 좋은 곳이다. 영어를 사용하는 주인장도 친절하다. 가격도 적당하다.

팟타이 꿍

목조 건문의 운치가 가득한 진저 브레드 하우스

청결한 식당 내부

밋꼬유안 Mit Ko Yuan
มิตรโกหย่วน (ถนนดินสอ)
★★★☆

주소 186 Thanon Din So **전화** 0-2224-1194 **영업**
11:00~14:00, 16:00~22:00 **메뉴** 영어, 한국어, 태국
어 **예산** 100~250B **가는 방법** 민주 기념탑 로터리에
서 남쪽(타논 딘써) 방향으로 300m. 방콕 시청을 끼
고 있는 왼쪽 도로에 해당하는데, 태국어 간판(영어
간판은 보이듯 말 듯 적어 놨다)이 작아서 유심히 살
펴야한다. Map P.7-B2

방콕의 올드 타운으로 알려진 방람푸에서 오래된 역
사를 자랑하는 태국 음식점이다. 단칸짜리 식당으로
1966년부터 영업하고 있다. 벽면에는 개업 당시 사
용하던 메뉴판과 가격이 걸려 있다(그 시절 음식 가
격이 10B이었다). 세월은 흘렀지만 대를 이어 장사하
는 곳으로 예전 모습과 크게 다르지 않다. 바뀐 거라
고는 물가 상승에 따라 음식 값이 올랐다는 것뿐이
다. 볶음밥이 60~70B, 단품 메뉴가 100~130B으로
여전히 저렴하다.

카레 종류보다 중국 음식에서 영향을 받은 볶음 요
리가 많은 편이다. 다양한 음식을 요리하는데 사진이
첨부된 메뉴판이 10페이지에 달한다. 추천 메뉴마다
Recommend라고 적혀 있고, 음식의 맵기도 고추 숫
자로 표기되어 있다. 특히 똠얌꿍(코코넛 밀크를 적
게 사용해 시큼하고 매운 맛을 낸다)이 유명하다.

방콕 시민들에게 나름 맛집으로 알려져 있다. 태국
음식을 좋아하는 외국인들도 제법 찾아온다. 단점은
에어컨이 없어서 덥다는 것. 토~일요일
에는 저녁시간에서 문을 연다.

똠얌꿍과 볶음밥

밋꼬유안

마더 로스터(빠뚜 피 지점)
Mother Roaster(Pratu Phi Branch) ★★★☆
มาเธอร์โรสเตอร์ ประตูผี(ถนน มหาไชย)

주소 457 Thanon Maha Chai **전화** 08-9488-
0112 **홈페이지** www.facebook.com/motherroaster
ghostgale **영업** 수~일 09:00~17:00(휴무 월~화요
일) **메뉴** 영어 **예산** 110~240B **가는 방법** ①마하깐
요새에서 타논 마하차이를 따라 남쪽으로 500m. ②
MRT 쌈욧 역에서 북쪽으로 500m. Map P.11-B2

딸랏 노이(딸랏 너이) Talat Noi에 있는 마더 로스터
(P.221)의 지점이다(대부분의 관광객은 딸랏 노이를 들
렀다가 마더 로스터 본점을 방문한다). 빠뚜 피 지점
은 올드 타운에 해당하는 방람푸에 있다(카오산 로드
와 비교적 가깝다). 오래된 복층 건물로, 트렌디한 카
페에 비하면 소박한 느낌이 들지만 그만큼 편하고 아
늑하다. 이름처럼 어머니가 케어해주는 정성스런 커피
를 맛 볼 수 있다. 로스팅(직접 로스팅하고), 브루(핸드
드립으로 커피를 내리고), 서빙(커피를 내주는) 과정을
거친다. 커피 추출 방법(핸드 드립, 싸이폰, 모카포트,
수동 ROK 프레소)도 선택할 수 있는데, 직접 손으로
하나하나 커피를 내리기 때문에 시간이 걸린다.

연유가 들어간 밀크 커피는 없고, 오로지 블랙 커피
만 만들어 낸다. 뜨거운 커피를 마실지 아이스 커피
를 마실지를 결정하면, 주인장에 거기에 맞은 커피
원두를 추천해 준다. 커피 원두도 시향해 볼 수 있다.
수입 원두도 있지만 가능하면 태국에서 생산된 로컬
커피를 맛보자. 치앙마이와 치앙라이에서 생산한 원

두를 추천한다. 참고로
70세가 넘은 주인장(어
머니)은 은퇴 후 바리
스타로 새로운 삶을 살
고 있다고 한다.

마더 로스터(빠뚜 피 지점)

메타왈라이 쏜댕
Methavalai Sorndaeng
เมธาวลัย ศรแดง

 추천
★★★★

주소 78/2 Thanon Ratchadamnoen Khlang **전화** 0-2224-3088 **영업** 10:30~23:00 **메뉴** 영어, 태국어 **예산** 260~950B(+17% Tax) **가는 방법** 타논 랏차담 넌 끄랑에 있는 민주기념탑 로터리에 있다.

Map P.7-B2 Map P.11-B1

역사와 전통을 간직한 레스토랑이다. 1957년부터 영업하고 있다. 왕실과 관련된 건물들이 가득한 방콕 올드 타운(왕궁을 중심으로 한 라따나꼬신 시대의 옛 방콕)에서 유독 눈길을 끄는 레스토랑이다. 유럽풍의 오래된 건물은 그 자체로 역사 유적처럼 보이고, 레스토랑 내부는 그 자체로 빈티지하다. 1970년대의 연회장 분위기로 실내 장식과 테이블 세팅까지 정중한 느낌이 든다. 특이하게도 남자 직원들이 서빙하는데 해군 정복을 유니폼으로 착용해 안정감을 준다. 유리창 너머로 민주기념탑이 보여서 분위기도 좋다.

외국인 관광객보다는 방콕 시민들에게 잘 알려진 맛집 중의 한 곳이다. 200가지 이상의 다양한 태국 음식을 요리한다. 태국 음식에 들어가는 소스와 향신료가 부족하지도 넘치지도 않는다. 덕분에 태국 음식의 풍미가 잘 살아

메타왈라이 쏜댕

Methavalai Sorndaeng

있다. 혼자 가서 단품 요리로 식사하기보다는, 여러 명이 다양한 음식을 주문해 함께 식사하기 적합하다. 레스토랑 중앙의 피아노 바에서는 잔잔한 재즈 음악과 태국 팝송이 라이브로 연주된다. 메타왈라이 쏜댕은 쏜댕 레스토랑이란 뜻으로 '란아한 쏜댕'이라고 부르기도 한다. 2020년부터 미쉐린 가이드 방콕편 1 스타 레스토랑에 선정되고 있다.

크루아 압쏜 Krua Apsorn
ครัวอัปษร (ถนนดินสอ)

 추천
★★★★

주소 169 Thanon Din So **전화** 0-2685-4531, 08-0550-0310 **홈페이지** www.kruaapsorn.com **영업** 10:30~20:00(휴무 일요일) **메뉴** 영어, 태국어 **예산** 140~530B **가는 방법** 민주기념탑 로터리에서 남쪽으로 연결되는 타논 딘써 방향으로 도보 3분.

Map P.7-B2 Map P.11-A1

방콕에서 오래된 도로 중의 하나인 타논 딘써에 있다. 타논 딘써에는 동네 분위기에 걸맞은 오래된 소규모 레스토랑이 많다. 그중에서도 크루아 압쏜은 태국 요리 음식점으로 유명한데, 왕족들이 즐겨 찾을 정도다.

분위기보다는 맛과 전통을 중요시하는 복고적인 트렌드에 충실한 레스토랑이다. 태국의 각종 방송과

Krua Apsorn

크루아 압쏜

언론에도 여러 차례 등장했다. 최근 '방콕의 숨겨진 맛집 찾기' 열풍이 불면서, 외국 언론에도 심심치 않게 소개되고 있다.

곁에서 봐도 아담한 크루아 압쏜은 유리창 너머로 오순도순 앉아서 정겹게 식사하는 손님들의 모습이 보인다. 가족과 친구들, 연인끼리 찾아와 식사하는 모습은 소박한 즐거움이 가득하다. 부담 없이 먹을 수 있는 (그래서 태국 사람들이 좋아하는) 정갈한 태국 요리를 선보인다. 메뉴는 30여 종으로 많지 않다. 레스토랑 안쪽으로 야외에도 테이블이 놓여 있지만 인기에 비해 식당 규모가 작아서 항상 분주하다. 일찍 문을 닫기 때문에 늦지 않게 가도록 하자. 저녁때는 준비한 식재료가 동나기 때문에, 원하는 음식을 못 먹을 수도 있다.

인기 메뉴는 게살을 넣은 오믈렛(카이찌아우 뿌푸) Omelet with Crab Meat, 바질과 고추를 넣은 홍합 볶음(호이 맹무 팟차) Fried Mussels with Basil Leaves and Chilli, 바삭한 돼지고기와 청경채 볶음(카나 무끄롭) Stir-fried Chinese Cabbage with Crispy Pork, 닭날개 튀김(삑 까이 텃) Fried Chicken Wings, 어묵을 넣은 그린 카레 볶음(키이우완 팟 행) Fried Fish Ball with Green Curry, 게살을 발라서 요리한 게 카레 볶음(느아 뿌 팟퐁 까리) Crab Meat in Curry Powder and Southern-style Yellow Curry이 있다. 사진이 부착된 영어 메뉴가 구비되어 있다.

팁싸마이 Thip Samai
ทิพย์สมัย (ถนนมหาไชย)

인기
★★★☆

주소 313 Thanon Maha Chai **전화** 0-2221-6280, 0-2226-6666 **홈페이지** www.thipsamai.com **영업** 09:00~24:00(휴무 화요일) **메뉴** 영어, 태국어 **예산** 90~500B **가는 방법** ①왓 랏차낫다 Wat Ratchanatda 에서 타논 마하차이 Thanon Maha Chai를 따라 남쪽

으로 도보 10분. ②가장 가까운 지하철 역은 쌈욧 역이다. 지하철 역까지 900m 떨어져 있어 걸어가긴 멀다. Map P.7-B2 Map P.11-B2

1966년부터 영업을 시작해 50년 넘도록 팟타이를 요리한다. 외국인들도 좋아하는 태국식 볶음국수인 팟타이는 조리가 손쉽고 편하게 즐길 수 있는 가장 대중적인 태국 음식이다. 식당 앞에서는 요리사들이 솥처럼 생긴 커다란 프라이팬에 연신 면을 볶아댄다.

전통과 맛을 자랑하는 식당이 그러하듯 팁싸마이도 오로지 팟타이 하나만 요리한다. 대신 8가지로 종류를 세분화해 손님들의 입맛에 따라 골라먹을 수 있다. 주문은 테이블에 놓인 주문 용지에 원하는 음식을 체크하면 된다.

가장 일반적인 팟타이는 보통 팟타이라는 뜻으로 '팟타이 탐마다'라고 부르며 가장 저렴하다. 통통한 새우를 넣은 팟타이 만 꿍과 오믈렛을 곁들인 팟타이 피쎗 Superb Pad Thai은 신선한 새우를 곁들여 먹음직스럽다. 독특한 팟타이에 도전하고 싶다면 새우, 오징어, 게살, 망고를 넣어 요리한 팟타이 쏭크루앙 Pad Thai Song-kreung을 추천한다. 가격은 500B으로 팟타이치고 비싸다.

해가 지는 저녁 시간부터 새벽까지 영업하므로 밤에만 찾아갈 것. 밀려드는 관광객으로 인해 줄을 서서 차례를 기다려야하는 건 기본이다. 워낙 인기가 많아서 방콕 시내 쇼핑몰에도 체인점을 열었다. 싸얌 파라곤 쇼핑몰 G층(P.234)과 아이콘 싸얌 6F(P.337)에 분점을 운영한다. 럭셔리 쇼핑몰에 들어선 체인점에서는 팟타이 한 그릇을 169~519B에 판매해 본점보다 훨씬 비싸지만, 접근성이 좋고 낮 시간에도 식사가 가능하다.

팟타이 전문 레스토랑 팁싸마이

에어컨 시설로 리모델링했다

팁싸마이 아이콘 싸얌 지점

팁싸마이 본점

05

Ratanakosin

라따나꼬씬

1782년에 라마 1세가 짜끄리 왕조(라따나꼬씬 왕조)를 창시하며 새로운 수도로 건설한 지역이다. 짜오프라야 강 서쪽의 톤부리에서 강 동쪽의 라따나꼬씬 지역으로 옮겨온 것으로, 강과 운하에 의해 섬처럼 만들었기 때문에 꼬 라따나꼬씬 Ko Ratanakosin(라따나꼬씬 섬)이라고도 불린다.

태국의 전성기를 누렸던 아유타야 도시 모델을 기초로 만들었으며, 강과 운하는 물론 성벽을 쌓아 외부의 침입으로부터 방어하도록 설계했다. 특히 강 동쪽에 도시를 건설해 버마(미얀마)의 공격에 대응하며 태국 제2의 전성기를 구가하는 계기를 마련했다. 그러나 지금은 방콕에서 과거 240년 전의 라따나꼬씬 시대를 상상하기는 어렵다. 해상 교통도 퇴색하고 성벽도 없어지면서 옛 도시 구조를 예측하기는 불가능해졌기 때문.

하지만 방콕을 대표하는 왕궁과 왓 프라깨우, 왓 포를 포함한 방콕 초기 유적들의 화려함이 가득하다. 태국을 방문한 여행자가 가장 먼저 발길을 들여놓는 라따나꼬씬은 과거 태국 왕실의 화려함과 옛 공간을 그대로 유지하고 있으며 현재를 살고 있는 방콕 사람들의 애환이 담긴 삶의 모습을 볼 수 있다.

볼거리	★★★★★	P.168
먹을거리	★★★☆☆	P.181
쇼핑	★☆☆☆☆	

Check **알아두세요**

❶ 왕궁, 왓 프라깨우, 왓 포에서는 반바지나 노출이 심한 옷은 삼가야 한다.

❷ 사원들은 벽에 둘러싸여 무덥기 때문에 충분한 휴식과 수분 섭취를 해야 한다.

❸ 유명 관광지 주변에서 만나는 호객꾼들을 조심해야 한다.

❹ 타 띠안 선착장에서 배를 타면 강 건너 왓 아룬에 닿는다.

❺ 타 띠안 선착장 옆의 루프 톱 레스토랑에서 왓 아룬 야경을 감상할 수 있다.

❻ 지하철 MRT 싸남차이 역(Map P.6-B3)이 왓 포와 가깝다.

Don't miss **이것만은 놓치지 말자**

❶ 화려함의 극치를 보여주는 왓 프라깨우 둘러보기.(P.168)

❷ 태국 왕실 건물이 가득한 왕궁 방문하기.(P.172)

❸ 왓 포에서 와불상을 배경으로 기념사진 찍기.(P.174)

❹ 짜오프라야 강변 풍경 감상하며 식사하기.(P.182)

❺ 강변의 루프 톱 레스토랑에서 왓 아룬 야경 감상.(P.184)

❻ 왓 포에서 마사지 받기.(P.175)

❼ 국립 박물관에서 태국 역사 공부하기.(P.176)

Best Course **추천 코스**

① 핵심 코스(라따나꼬씬+왓 아룬 일정)

타 창 선착장 ① — 도보 10분 — 왕궁 & 왓 프라깨우 ② — 도보 10~15분 — 왓 포 ③

점심식사 (타 띠안 선착장 주변 P.183) ④

도보 5~10분

타 띠안 선착장 ⑤ — 보트 3분 — 왓 아룬 ⑥

② 하루 코스(왓 아룬+라따나꼬씬 일정)

왓 아룬 ① — 도보 3분 — 왓 아룬 선착장 ② — 보트 3분 — 타 띠안 선착장 ③

도보 5분

왓 포 ④

도보 5~10분

점심식사 (타 띠안 선착장 주변 P.183) ⑤

타논 마하랏 ⑥ — 도보 5분 —

도보 10~15분

왕궁 & 왓 프라깨우 ⑦

싸남 루앙 ⑧ — 도보 5분 — 왓 마하탓 ⑨ — 도보 5분 — 국립 박물관 ⑩

Access   라따나꼬씬의 교통

짜오프라야 강과 연결된 수상 교통이 발달했으며, 지하철 MRT 싸남차이 역이 생기면서 대중교통을 통한 이동도 수월해졌다.

+ 지하철(MRT)

지하철 MRT 블루 노선을 이용하면 된다. 후아람퐁 역에서 출발해 차이나타운을 지나 짜오프라야 강 건너 톤부리까지 연결된다. 그 중 싸남차이 Sanam Chai 역 Map P.6-B3 이 왓 포와 인접해 있다.

+ 수상 보트

왕궁과 왓 포를 드나들 때 가장 유용한 교통편이다. 타 창 Tha Chang 선착장(선착장 번호 N9) 또는 타 띠안 Tha Tien 선착장(선착장 번호 N8)을 이용한다. 카오산 로드에서 출발할 경우 타 프라아팃 Tha Phra Athit 선착장(선착장 번호 N13)에서 보트를 타고, 씰롬에서 출발할 경우 타 싸톤 Tha Sathon(Sathon Pier) 선착장에서 보트를 탄다. *보트 선착장 보수 공사로 인해, 따 띠안 선착장에 보트가 정박하지 않고 맞은편(강 건너)에 있는 '왓 아룬' 선착장 앞에 내려준다. 타 띠안 선착장으로 가려면 강을 건너는 보트(르아 캄팍)로 갈아타야 한다.

+ 투어리스트 보트

주요 관광지와 가까운 선착장 9곳만 들른다. 왕궁을 갈 경우 타 마하랏 Tha Maharaj 선착장에 내려서 걸어가면 된다. 왓 포로 가는 경우, 왓 아룬 선착장에 내려 강 건너는 보트를 타고 타 띠안 선착장으로 가야한다. 보트 요금은 1일 탑승권(200B) 형식으로 판매한다. 자세한 내용은 P.70 참고.

알아두세요

관광객을 노리는 호객꾼 사례

[사례 1] 왕궁 문을 닫았다면서 접근해 온다

왕궁 주변은 관광객들로 항상 붐비고, 방콕을 처음 방문한 사람들이 대부분이기 때문에 관광객들을 상대하는 호객꾼들도 많다. 왕궁 주변에서 만나게 되는 호객꾼들은 '어디를 가느냐? Hallo! Where Are You Going?'하고 물으며 접근해 온다. 대화에 관심을 보이기 시작하면 관광객에게 접근한 호객꾼은 '오늘은 왕궁 문을 닫았으니 가봐야 소용없다'는 말로 미끼를 던지며, 다른 관광지를 안내해준다고 유혹할 것이다. 왕궁과 싸남 루앙 주변에서 '왕궁 문 닫았다'고 말하거나 표를 대신 구해준다며 접근해 오는 사람은 그냥 무시하자. 왕궁은 특별한 왕실 행사가 있을 때를 제외하고 점심시간을 포함해 1년 365일 문을 연다. 입장권은 매표소에서 개별적으로 구입해야 한다.

[사례 2] 뚝뚝으로 저렴하게 시내 구경을 시켜준다고 한다

왕궁 앞에서 만난 호객꾼들에게 넘어갔다면 다음은 그들과 연계된 뚝뚝 기사를 부른다. 뚝뚝 기사는 저렴한 요금에 방콕 시내 관광을 시켜준다며 차에 타라고 권유한다. 만약 공짜(Free)라는 말에 혹해 뚝뚝을 타게 된다면, 어딘지 모를 허름한 사원을 한두 개 방문하거나 중요하지 않는 볼거리를 안내받게 될 것이다.

[사례 3] 정해진 보석가게나 수수료를 챙길 수 있는 상점으로 데리고 간다

공짜로 방콕 관광을 시켜주는 동안 뚝뚝 기사는 방콕에서 최대의 보석 박람회가 열린다느니, 보석을 사다가 한국에서 팔면 큰 이익을 챙길 수 있다는 말로 유혹하기 시작한다. 방콕에서 싸고 좋은 보석을 살 수 있다는 말에 현혹됐다면, 뚝뚝 기사는 수수료를 한 몫 챙길 수 있는 보석가게로 데리고 간다. 뚝뚝 기사를 따라 보석가게에 갔다면 강압적으로 물건을 사야하는 일이 비일비재하다. 만약 사기를 당했다면, 곧바로 인근 경찰서나 관광 경찰서를 찾아가야 한다. 관광지에서 공짜는 없다는 것만 명심하면 사기당할 확률은 거의 없다.

공짜 관광을 시켜준다는
뚝뚝 기사를 조심하자

Attractions 라따나꼬씬의 볼거리

방콕 역사가 한눈에 보이는 라따나꼬씬을 돌아보려면 반나절 이상은 걸린다. 태국에 첫발을 들이면서 가장 먼저 찾게 되는 곳으로, 황금빛으로 치장된 화려한 건축물들을 만날 수 있다.

왓 프라깨우
Wat Phra Kaew วัดพระแก้ว ★★★★★

주소 2 Thanon Na Phra Lan **전화** 0-2623-5499, 0-2623-5500(+내선 3103) **홈페이지** www.palaces. thai.net **운영** 08:30~15:30 **요금** 500B(왕궁 입장료 포함) **가는 방법 수상 보트** ①타 창 Tha Chang 선착장 (선착장 번호 N9)에서 내려 타논 나프라란 Thanon Na Phra Lan 거리를 따라 400m 직진한다. ②투어리스트 보트를 탈 경우 타 마하랏 선착장에서 600m. ③MRT 싸남차이 역 1번 또는 2번 출구에서 1.3㎞. Map P.6-B2

휘황찬란함으로 무장한 왓 프라깨우는 라마 1세가 방콕으로 수도를 정하며 만든 왕실 사원이다. 왕궁 안에 세운 왕실 전용 사원인데 사원에 승려가 거주하지 않는 것이 특징이다. 태국에서 가장 신성시하는 불상인 '프라깨우 Phra Kaew'를 본존불로 모시고 있어 에메랄드 사원

왕궁 출입문에 해당하는 승리의 문(빠뚜 위쎗 차이씨)

Emerald Temple이라고 부른다.

일반인이 드나들 수 있는 입구는 단 한 곳이다. 왕궁의 북쪽 벽에 해당하는 승리의 문(빠뚜 위쎗 차이씨) Wiset Chaisri Gate으로 타논 나프라란에 있다.

사원 안으로 들어서면 처음에는 구조가 복잡해 당황할 수 있다. 시계 방향을 따라 왼쪽으로 이동하면서 관람하면 된다. 왓 프라깨우의 봇(대법전)을 지나면 왕궁을 거쳐 승리의 문으로 되돌아 나오게 된다.

성벽에 둘러싸인 왓 프라깨우와 왕궁은 타논 나프라란 거리에 출입구가 있다

왓 프라깨우

알아두세요

아무리 더워도 복장에 신경 쓰세요!

왕궁과 왓 프라깨우는 매표소에 가기 전에 복장 심사를 받아야 합니다. 신성하고 엄숙한 곳인 만큼 태국 왕실이나 불교와 상관없는 외국인 관광객도 복장에 각별한 주의를 기울여야 합니다. 노출이 심한 옷을 삼가야 하는 일반 불교 사원보다 복장 규정이 더욱 엄격한데요, 반바지와 미니스커트는 물론 소매 없는 옷을 입거나 슬리퍼를 신어도 안 됩니다. 치마는 무릎을 덮어야 합니다. 자신의 복장이 규정에 합당한지는 복장 심사대를 통과할 때 자연스레 체크가 됩니다. 노출이 심한 옷을 입었다면 담당 직원이 복장 대여소로 안내합니다. 여자들의 경우 기다란 천 조각을 치마처럼 입을 수 있는 싸롱을, 남자들은 헐렁한 바지를 대여해 줍니다. 원활한 반납을 위해 예치금 200B를 맡겨야 합니다. 안타깝게도 왕궁 내부의 복장 대여소는 현재 운행이 중단된 상태입니다(왕궁 바깥에 있는 상점에서 옷을 사서 입어야합니다). 아무리 덥더라도 정해진 규정대로 옷을 입고 가는 게 현명합니다.

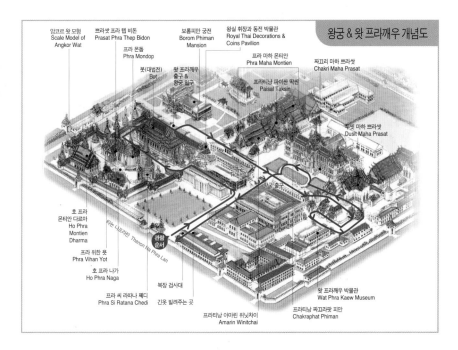

왕궁 & 왓 프라깨우 개념도

앙코르 왓 모형
Scale Model of Angkor Wat

쁘라쌋 프라 텝 비돈
Prasat Phra Thep Bidon

프라 몬돕
Phra Mondop

보롬피만 궁전
Borom Phiman Mansion

왕실 휘장과 동전 박물관
Royal Thai Decorations & Coins Pavilion

봇(대법전)
Bot

왓 프라깨우 출구 & 왕궁 입구

프라 마하 몬티안
Phra Maha Montien

짜끄리 마하 쁘라쌋
Chakri Maha Prasat

프라티낭 파이싼 딱씬
Paisal Taksin

두씻 마하 쁘라쌋
Dusit Maha Prasat

호 프라 몬티안 다르마
Ho Phra Montien Dharma

티논 나프라란 Thanon Na Phra Lan

왓 프라깨우 매표소
Ticket

왕궁 출구

프라 위한 욧
Phra Vihan Yot

호 프라 나가
Ho Phra Naga

프라 씨 라따나 쩨디
Phra Si Ratana Chedi

긴옷 빌려주는 곳

복장 검사대

프라티낭 아마린 위닛차이
Amarin Winitchai

프라티낭 짜끄라팟 피만
Chakraphat Phiman

왓 프라깨우 박물관
Wat Phra Kaew Museum

프라 씨 라따나 쩨디
Phra Si Ratana Chedi

왓 프라깨우 내부에 들어서면 종 모양의 황금 탑이 가장 먼저 눈에 띤다. 쩨디는 전형적인 스리랑카 양식으로 부처님의 유골을 안치했다.

프라 몬돕 Phra Mondop

쩨디 오른쪽은 왕실 도서관으로 쓰이던 프라 몬돕이다. 은으로 사각 기단을 만들고 진주를 이용해 내부를 장식했다. 불교 서적을 보관하고 있으나 일반에게 공개되지 않는다.

쁘라쌋 프라 텝 비돈
Prasat Phra Thep Bidon

프라 몬돕 오른쪽에 있는 법왕전 Royal Pantheon이다. 라마 1세부터 시작된 짜끄리 왕조 Chakri Dynasty 역대 왕들의 동상을 실물 크기로 만들어 보관하고 있다. 전체적으로 겹지붕의 라따나꼬씬 초기 건축 양식을 띠고 있으나 지붕 중앙에 옥수수 모양의 크메르 불탑(쁘랑)을 융합한 구조로 되어 있다. 내부가 공개

프라 씨 라따나 쩨디(사진 왼쪽)와 프라 몬돕(사진 중앙)

왓 프라깨우의 출입문을 지키는 수문장(Yaksa)

되는 날은 1년 중 딱 하루로 짜끄리 왕조 창건 기념일(4월 6일)이다.

쁘라쌋 프라 텝 비돈에서는 건물 주변의 탑과 조형물에도 관심을 갖는다. 주로 〈라마끼안〉(P.171)에 등장하는 신들의 조각인데 태양을 받아 반짝이는 금빛 조각들로 화려하다. 가장 인상적인 조각은 끼나리 Kinaree. 사람의 얼굴과 새 모양을 합친 반인반조(半人半鳥)의 형상이다.

봇(대법전) Bot

왓 프라깨우에서 가장 크고 화려한 건물이다. 처음 건축 당시 모습을 그대로 간직하고 있으며 태국에서 가장 신성한 불상인 프라깨우 Phra Kaew(에메랄드 불상)를 본존불로 모신다.

대법전 입구에서는 독특한 석조 조각상을 볼 수 있다. 이 조각상은 중국 풍채가 풍기는 관음보살로 화교들이 태국 왕실을 위해 헌정한 것이다. 관음보살 석상 옆에는 두 마리의 소가 조각되어 있는데, 라마 1세가 탄생한 소띠 해를 기념하기 위해 만든 것. 대법전 외관에서 눈여겨봐야 할 것은 지붕을 연결하는 112개의 처마로 독수리 모양 가루다가 장식되어 있다.

프라깨우(에메랄드 불상) Phra Kaew

태국에서 가장 신성시되는 불상이다. 프라깨우를 본존불로 모시고 있어, 왕실 사원의 이름도 왓 프라깨우라고 불린다. 프라깨우는 에메랄드 불상으로 알려졌지만, 엄밀히 말해 푸른색 옥으로 만들었다. 불상이 만들어진 정확한 시기는 알 수 없지만 인도에서 처음 만들어 스리랑카를 거쳐 태국으로 전해진 것으로 여겨진다.

프라깨우는 1434년에 태국 북부의 치앙라이 Chiang Rai에서 최초로 발견됐다. 석회 회반죽으로 감싼 불상이 실수로 파손되면서 불상의 존재가 세상에 알려지게 됐다. 그 후 불상은 란나 왕조의 수도였던 치앙마이 Chiang Mai와 라오스의 수도 비엔티안(위양짠) Vientiane을 거쳐 방콕으로 옮겨졌다. 프라깨우를 모셨던 사원은 모두 왓 프라깨우라 불리는데 치앙라이, 치앙마이, 비엔티안에 같은 이름의 사원이 지금도 실존하고 있어 불상의 중요성을 짐작케 한다.

크기가 66cm 밖에 되지 않는 작은 불상이 이처럼 여러 나라에서 중요시되는 이유는 새로운 왕조의 번영과 왕실의 행운을 가져온다는 믿음 때문이다. 라오스에서 태국으로 불상이 옮겨진 것도 새로운 왕조를 창조한 라마 1세가 라오스와 전쟁을 벌여 전리품으로

쁘라쌋 프라 텝 비돈

쁘라쌋 프라 텝 비돈(법왕전)
앞쪽에는 황금색 불탑 한 쌍이
좌우에 세워져 있다

끼나리 조각상

프라깨우 ⓒ태국관광청

왓 프라깨우 대법전

왓 프라깨우에 있는 앙코르 왓 모형

힌두 신화가 그려진 왕궁 벽화

빼앗아 왔기 때문이다.

프라깨우는 3·7·11월에 한 번씩 계절의 변화에 따라 옷을 갈아입는다. 국왕이 직접의복을 교환하는 행사를 진행할 정도로 국가에서 신성시하고 있다.

앙코르 왓 모형
Scale Model of Angkor Wat

캄보디아 대표 유적인 앙코르 왓 모형이 왓 프라깨우 내부에 있다. 쁘라쌋 프라 텝 비돈 뒤편에 놓여 있는 이 모형은 라마 4세(재위 1851~1868) 때 만든 것. 그 이유는 태국이 앙코르 왓까지 영토를 확장했던 지나간 역사 때문이다.

동남아시아의 패권을 장악했던 크메르 제국의 영향력이 급속히 약화된 15세기에 앙코르 왓을 점령했던 아유타야 왕조에 이어, 짜끄리 왕조의 라마 4세 때도 앙코르 왓을 재점령했다. 그 후 캄보디아를 식민지배한 프랑스의 요청으로 앙코르 왓을 반환한 1906년까지 태국이 지배했다.

태국은 앙코르 왓의 반환을 두고두고 후회했다. 태국인들의 가슴속에서는 여전히 앙코르 왓을 태국 땅으로 여기고 있다. 하지만 태국이라는 나라가 생기기 전부터 동남아시아의 문화와 종교, 건축에 지대한 영향을 미쳤던 캄보디아 입장에서 생각하면 못산다는 이유 하나만으로 여전히 앙코르 왓을 자기 땅처럼 여기는 태국에 대한 불만이 높은 것은 당연한 일이다.

벽화 The Murals

사원 내부 벽면을 가득 메우고 있는 벽화는 1,900m에 이르는 방대한 크기다. 라마 1세 때 그려진 것으로 여러 차례 보수 공사를 거쳐 현재도 원형 그대로 보존되어 있다. 178개 장면으로 구분되는 벽화는 사원 북쪽 벽면의 중간에서 시작된다. 힌두교 대서사시 〈라마야나 Ramayana〉의 주요 장면을 묘사했다. 태국에서는 〈라마끼안 Ramakian〉으로 각색됐다.

알아두세요

라마야나가 뭐예요?

세계에서 가장 긴 힌두 대서사시로 유명한 라마야나는 '라마의 이야기'라는 뜻입니다. 라마야나의 주인공인 라마 Rama는 힌두교에서 가장 사랑받는 세상을 유지하는 신인 비슈누 Vishnu의 화신으로 인간의 모습을 하고 있지요. 전체적인 줄거리는 라마 Rama와 그의 부인 시타 Sita와의 사랑이야기를 근간으로 악(惡)으로 대변되는 라바나 Ravana를 물리치고 권선징악을 이룬다는 내용입니다.

제사장들의 신의를 얻어 신들로부터 절대로 죽지 않고 영원한 생명을 얻은 라바나를 무찌르기 위해 인간으로 변한 라마의 주된 활약이 박진감 넘치게 묘사됩니다. 라마를 돕는 신들 중에 원숭이 모습의 하누만 Hanuman 장군도 라마야나에서 빼놓을 수 없는 인물. 하누만은 중국으로 넘어가 우리들이 잘 알고 있는 〈서유기〉의 손오공으로 각색되었답니다. 짜끄리 왕조 국왕도 '라마'라 칭하는데요. 인간의 모습으로 변해 악을 물리치고 선을 구가한다는 라마야나의 핵심답게, 태국 국왕들도 신이 인간의 모습으로 세상에 내려와 국민들을 위해 치세를 베푼다는 뜻이 담겨 있습니다.

왕궁 Grand Palace
พระบรมมหาราชวัง ★★★★

현지어 프라 랏차 왕(프라보롬마하랏왕) **주소** Thanon Na Phra Lan **전화** 0-2623-5499, 0-2623-5500 **홈페이지** www.palaces.thai.net **운영** 08:30~15:30 **요금** 500B(왓 프라깨우 입장료 포함) **가는 방법** 왓 프라깨우에서 대법전을 지나 연결된 문을 통과하면 넓은 정원이 있는 왕궁 내부가 나온다. Map P.6-B2

왓 프라깨우와 더불어 방콕을 대표하는 볼거리다. 1782년, 짜오프라야 강 서쪽의 톤부리 Thonburi에서 강 동쪽의 라따나꼬씬으로 수도를 옮기며 건설한 짜끄리 왕조의 왕궁이다. 라마 1세 때부터 세운 왕궁은 새로운 왕들이 즉위할 때마다 건물을 신축하면서 현재의 모습으로 확장되었다. 국왕이 거주하던 궁전. 대관식에 사용되던 건물. 정부 청사. 내궁까지 들어선 방대한 규모이지만 일반인의 출입이 허용되는 곳

왕궁에서 거행된 라마 9세(푸미폰 국왕) 즉위식

은 극히 일부에 불과하다. 참고로 라마 8세가 왕궁에서 총에 맞아 살해된 이후 라마 9세부터는 찟뜨라다 궁전 Chitralada Palace에 거주하고 있다.

왕궁을 지키는 근위병

보롬피만 궁전
Borom Phiman Mansion

왕궁 내부에 있는 4개 궁전 중 가장 왼쪽에 있다. 1903년 라마 5세 때 유럽 양식으로 건축되었다. 라마 6세부터 라마 8세까지 거주했던 왕궁으로 현재는 태국을 방문한 외빈들을 위한 숙소로 사용되고 있다.

프라 마하 몬티안
Phra Maha Montien

라마 1세 때인 1785년에 건설된 궁전으로 프라티낭 아마린 위닛차이 Amarin Winitchai, 프라티낭 파이싼 딱씬 Paisan Taksin, 프라티낭 짜끄라팟 피만 Chakraphat Phiman으로 구성된다.

프라티낭 아마린 위닛차이는 라마 1세 때부터 알현실로 쓰였으며, 국왕 생일 때 정부 주요 인사들을 접견하던 곳이다. 프라티낭 파이싼 딱씬은 대관식이 행해지던 곳으로 국왕이 사용하던 의자 앞으로 정부 각료들이 앉던 좌석이 8각형 모양으로 배치되어 있다. 프라티낭 짜끄라팟 피만은 라마 1세~3세가 머물던 궁전으로 사용됐다.

짜끄리 마하 쁘라쌋
Chakri Maha Prasat

왕궁 내부 중에서 가장 주목을 받는 건물로 왓 프라깨우에서 왕궁으로 들어서면 오른쪽에 보이는 건물이다. 유럽을 순방하고 돌아온 라마 5세가 만들어 르네상스 건축 양식을 가미하고 있다. 완공 시기는 1882년으로 짜끄리 왕조가 탄생한 지 정확히 100년이 되는 해다. 라마 5세부터 라마 6세까지 외국 사절단을 접견하고 연회를 베풀던 장소로 사용됐다.

프라 마하 몬티안(사진 왼쪽)과 짜끄리 마하 쁘라쌋(사진 오른쪽)

프라 마하 몬티안(사진 왼쪽)과 두씻 마하 쁘라쌋(사진 오른쪽)

짜오프라야 강에서 바라 본 왕궁

유럽 양식의 보롬피만 궁전

유럽 양식과 태국 양식이 혼재된
짜끄리 마하 쁘라쌋

두씻 마하 쁘라쌋 Dusit Maha Prasat

왕궁 부지에서 가장 오른쪽에 있으며, 라따나꼬씬 시
대의 건축 양식을 잘 반영한 건물로 평가받는다. 기단
은 하얀색 대리석을 이용해 십자형 구조로 만들었으
며, 래커와 금색으로 치장된 문과 창문이 화려하다.
또한 네 겹의 겹지붕과 국왕의 왕관 모양을 형상화한
7층첨탑도 인상적이다.

두씻 마하 쁘라쌋은 라마 1세 때인 1790년에 건설되
었다. 라마 1세가 자신이 사망한 후 시신을 화장하기
전에 보관하려고 만든 건물. 라마 1세 이후에도 지금까
지 존경받는 왕족들이 죽으면 화장하기 전까지 시신
을 안치해 조문객들을 맞고 있다.

짜끄리 마하 쁘라쌋

두씻 마하 쁘라쌋

알아두세요

방콕은 '끄룽텝(천사의 도시)' กรุงเทพ이라고 부릅니다.

방콕이란 이름은 방 마꼭 Bang Makok에서 유래했습니다. 톤부리 시대 왕실이 있던 마을 이름이 서양인들에게 전
해지며 방콕 Bangkok으로 변질된 것이지요. 방콕의 정확한 태국식 발음은 '방껵'이지만 현지인들은 '끄룽텝 Krung
Thep'이라고 부릅니다. 라따나꼬씬으로 수도를 옮긴 짜끄리 왕조에 의해 붙여진 이름으로 '천사의 도시'라는 뜻입
니다.

하지만 끄룽텝의 본래 명칭은 모두 43음절로, 세계에서 가장 긴 도시 이름으로 기네스북에 선정됐다고 합니다.
발음하기도 어려운 방콕의 본명은 다음과 같습니다. 끄룽텝마하나콘 아몬라따나꼬씬 마힌타라윳타야 마하디록
폽 놉파랏랏차타니부리롬 우돔랏차니웻마하싸탄 아몬피만아와딴싸팃 싹까탓띠야윗싸누깜쁘라씻 กรุงเทพมหานคร
อมรรัตนโกสินทร์ มหินทรายุธยา มหาดิลกภพ นพรัตนราชธานีบูรีรมย์ อุดมราชนิเวศน์มหาสถาน อมรพิมานอวตารสถิต
สักกะทัตติยวิษณุกรรมประสิทธิ์

왓 포
Wat Pho วัดโพธิ์ ★★★★

주소 2 Thanon Sanam Chai **전화** 0-2226-0335 **홈페이지** www.watpho.com **운영** 08:30~18:30 **요금** 200B(무료 생수 쿠폰 1장 포함) **가는 방법** ①수상 보트 '왓 아룬 선착장'에 내려서 르아 캄팍(강을 건너는 페리)을 타고 강 건너편 '타 띠안 선착장'에 내린다. 타 띠안 선착장에서 100m 앞에 있는 사거리에서 직진해서 100m 더 가면 사원 입구가 나온다. ②MRT 싸남차이 역 2번 출구에서 400m. Map P.6-B3

아무리 사원에 관심 없는 여행자라도 꼭 가봐야 할 사원. 16세기 태국의 새로운 수도, 방콕이 생기기 전에 만들어진 사원으로 공식 명칭은 왓 프라 쩨뚜폰 Wat Phra Chetuphon이다. 아유타야 양식으로 지은, 방콕에서 가장 오래된 사원인 동시에 최대 규모를 자랑하는 사원으로 왕궁과 더불어 라따나꼬씬 지역의 최대 볼거리로 손꼽힌다. 종교적으로 신성시되는 사원이므로 사원을 방문할 땐 노출이 심한 옷을 삼가야 한다. 반바지, 미니스커트, 민소매 옷은 피해야 한다. 왓 포가 현재의 모습을 갖춘 것은 라마 1세 때로 왕실의 전폭적인 지지 아래 증축됐다. 전성기 때에는 1,300여 명의 승려와 수도승이 수행했을 정도다. 또한 라마 3세(재위 1824~1851) 때는 왕실의 후원을 바탕으로 개방 대학의 면모도 갖추었다. 석판과 벽화, 조각 등으로 교재를 만들어 의학, 점성학, 식물학, 역사 등 다양한 학문을 교육했다. 태국 최초의 대학이었으며 자유로운 분위기에서 학문 수행이 가능했다고 한다. 현재도 타이 마사지를 포함한 태국 전통 의학을 연구하는 총본산으로 10~15일 과정의 타이 마사지 과정을 교육하고 있다.

타 띠안 선착장에서 왓 포로 이어지는 거리 풍경

사원 입구

왓 포는 거대한 하얀색의 벽으로 둘러싸여 있다. 입구는 두 곳으로, 타논 타이왕 Thanon Thai Wang과 타논 쩨뚜폰 Thanon Chetuphon의 출입문을 통해 드나들 수 있다. 왕궁과 가까운 타논 타이왕으로 들어갈 경우 와불상을 먼저 보게 되고, 왓 포의 정문에 해당하는 타논 쩨뚜폰으로 들어가면 대법전부터 방문하게 된다.

프라 우보쏫(대법전) Phra Ubosot

타논 쩨뚜폰에서 입구를 통해 사원에 들어서면 가장 먼저 만나게 되는 곳이다. 전형적인 아유타야 양식의 건축물로 1835년에 복원했으며, 아유타야에서 가져온 불상을 본존불로 모시고 있다.

대법전 기단부에는 대리석을 조각한 회랑이 있다. 모두 152개 장면으로 〈라마끼안〉을 묘사했다. 왕궁의 벽화에 비해 화려하진 않지만 정교한 석조 부조를 대할 수 있다. 대법전은 불상 박물관 역할도 수행한다. 외벽을 따라 394개의 황동불상이 전시되어 있다. 전시물은 태국 불상 중 가장 아름답고 우아하다고 평가되는 아유타야와 쑤코타이 양식의 불상이 주를 이룬다.

불상이 가득 전시된 왓 포 회랑

왓 포 대법전 지붕장식 (짜오파)

왓 포 대법전

왓 포 대법전의 본존불

왓 포 와불상

왓 포 쩨디

The Reclining Buddha

쩨디 Chedi

대법전에서 와불상을 보러 가기 전에 들르게 되는 곳이다. 도자기 조각을 발라 반짝이는 4개의 초대형 쩨디는 짜끄리 왕조 초기 왕들에게 헌정한 것. 라마 1세는 녹색, 라마 2세는 흰색, 라마 3세는 노란색, 라마 4세는 파란색을 상징한다. 4개의 초대형 쩨디 앞쪽의 사원 마당과 와불상을 모신 법당 사이에도 작은 쩨디들로 반짝인다. 모두 91개로 왕족들의 유해를 보관하고 있다.

와불상 The Reclining Buddha

왓 포에서 가장 유명한 곳이다. 위한 프라 논 Vihan Phra Non이라 불리는 법당 내부에 있다. 와불상은 태국에서 가장 큰 규모로 길이 46m, 높이 15m를 자랑한다. 석고 기단 위에 황금색으로 칠해진 와불은 열반에 든 부처의 모습을 형상화했다. 왓 포가 열반 사원이라는 이름으로 불리는 이유도 와불 때문이다. 와불이 너무 커서 전체의 모습을 한번에 보기 힘들

고 발바닥은 아래 있어서 그나마 자세한 윤곽을 볼 수 있다. 발바닥에는 자개를 이용해 그림을 그렸는데 108번뇌를 묘사하고 있다.

왓 포 마사지 Wat Pho Massage

왓 포 사원 내부에서 운영하는 마사지 숍으로 타이 마사지를 교육하는 곳으로 유명하다. 오랫동안 마사지를 시술한 검증된 안마사들이 경직된 근육을 풀어주어 최고의 효과를 느낄 수 있다. 일반 업소에 비해 혈을 눌러 몸의 피로를 푸는 고대 안마 방식을 그대로 전수받은 것이 특징이다.

대법전 오른쪽의 타논 싸남차이 Thanon Sanam Chai 방향의 보리수나무 옆에 있으며, 번호표를 받고

마사지 교육을 위해 만든 석판이 사원에 전시되어 있다

기다리는 사람들이 많아 찾기 쉽다. 요금은 타이 마사지 1시간에 480B, 발 마사지 1시간에 480B이다.

Travel Plus 타이 마사지를 배워볼까요?

마사지를 배워보고 싶다면 마사지 코스에 참여해도 좋습니다. 사원 외부에 별도 시설을 운영하는 왓 포 마사지 스쿨은 1995년부터 태국 정부의 지원 아래 일반인을 대상으로 정기 교육 프로그램을 운영하고 있습니다. 전통 타이 마사지를 포함한 4가지 코스를 운영하며, 총 교육 시간은 30시간. 하루 강습 시간에 따라 5일 코스와 10일 코스로 구분해 교육을 실시합니다. 전용 교재를 이용하며 파트너와 직접 실습을 통해 마사지 과정을 습득할 수 있습니다. 과정이 끝나면 시험을 통과한 후 자격증을 받을 수 있습니다.

● 왓 포 마사지 스쿨 Wat Pho Massage School
주소 392/33~34 Soi Phenphat, Thanon Maharat 전화 0-2622-3551, 0-2622-3533 홈페이지 www.watpomassage.com 수강료 타이 마사지 1만 3,500B(30시간), 발 마사지 1만 2,000B(30시간), 아로마테라피 1만 3,000B(30시간) 가는 방법 왓 포 후문에서 연결되는 타논 마하랏 Thanon Maharat에서 강변 방향으로 이어지는 골목인 쏘이 펜팟 Soi Phenphat에 있다. Map P.6-B3

국립 박물관
National Museum
พิพิธภัณฑสถานแห่งชาติ พระนคร ★★★

현지어 피피타판 행찻 **주소** 4 Thanon Na Phra That **전화** 0-2224-1333 **운영** 수~일 09:00~16:00(매표 마감 15:30, 휴무 월~화요일·국경일) **요금** 200B **무료 가이드** 수 09:30(영어·프랑스어·일본어), 목 09:30(영어·프랑스어·독일어) **가는 방법** ①**수상 보트** 타 창 선착장(선착장 번호 N9)에서 내려 타 논 나프라란 Thanon Na Phra Lan→타논 나프라탓 Thanon Na Phra That으로 도보 15분. ②싸남 루앙 서쪽으로 탐마쌋 대학교와 국립 극장 사이에 있다. 카오싼 로드에서 도보 15~20분. Map P.6-B1

동남아시아에서 가장 큰 박물관으로 태국에 대한 이해를 돕는 안내자 역할을 한다. 시대별로 정리된 박물관 전시물은 선사 시대부터 쑤코타이 Sukhothai, 아유타야 Ayuthaya, 라따나꼬씬 Ratanakosin(방콕 Bangkok)으로 이어지는 태국 역사 전반에 관한 유물과 조각, 불상 등을 전시하고 있다. 박물관은 싸남 루앙의 서쪽에 위치하며 타논 나프라탓에 입구가 있다.

태국 역사 개관실
Gallery of Thai History

매표소를 바라보고 오른쪽에 있는 건물로 사진과 모형을 통해 태국 역사를 보여준다. 각 왕조별로 주요한 행적과 국왕들의 동상을 재현해 놓았다. 가장 눈여겨봐야 할 것은 개관실 초입의 쑤코타이 시대 전시실로 람캄행 대왕 King Ramkhamhaeng(재위 1278~1299)이 만든 실제 석조 비문이 전시되어 있다. 비석에는 태국 최초의 문자가 새겨져 있다.

국립 박물관 입구

왓 붓다이싸완 & 땀낙 댕
Wat Buddhaisawan & Tamnak Daeng

프라깨우 불상 다음으로 태국에서 신성시하는 프라씽 Phra Sing 불상을 안치하기 위해 만든 사원. 짜끄

Gallery of Thai History

리 왕조 초기의 전형적인 사원으로 1787년에 건설됐으며, 내부에는 부처의 일대기를 묘사한 벽화가 남아 있다. 사원 왼쪽에는 티크 나무로 만든 땀낙 댕이 있다. 라마 1세의 큰 누나인 씨 쑤다락 공주 Princess Si Sudarak의 개인 별장으로 붉은색을 띠고 있어 붉은 집이라고도 불린다.

중앙 전시실 Central Hall

국립 박물관에서 가장 많은 볼거리가 있는 중앙 전시실은 라마 1세 때 만든 왕나 궁전 Wang Na Palace을 개조한 것이다. 왕실에서 사용하던 장신구와 보물을 전시한 특별 전시실부터 시작해 모두 14개의 섹션으로 구분된다.

주요 전시품들은 태국 왕실에 기증된 보물, 18세기에 사용된 왕실 장례 마차, 태국 전통 가면 춤에 사용된 콘 Khon 마스크와 유흥용품·도자기와 벤자롱·자

제1별관 야외에 전시된 크메르 양식의 조각품

왕실 건물을 개조해 만든 중앙 전시실

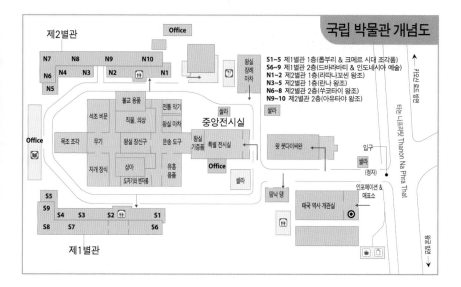

국립 박물관 개념도

S1~5 제1별관 1층(롭부리 & 크메르 시대 조각품)
S6~9 제1별관 2층(드바라바티 & 인도네시아 예술)
N1~2 제2별관 1층(라따나꼬씬 왕조)
N3~5 제2별관 1층(란나 왕조)
N6~8 제2별관 2층(쑤코타이 왕조)
N9~10 제2별관 2층(아유타야 왕조)

개 장식·무기·석조 비석·전통 의상과 직물·전통 악기를 전시하고 있다. 이밖에도 라오스, 캄보디아, 자바, 발리에서 수집한 악기와 의류가 전시되어 있다.

제1별관 Southern Building

태국이 성립되기 전 태국 지역에 살던 국가에 관한 전시물이 주를 이룬다. 1층은 태국 중부에 위치한 롭부리 Lopburi 유적을 전시한다. 실내보다는 야외에 전시된 다양한 힌두교 불상과 조각상들이 볼 만하다. 모두 롭부리 지역에서 출토된 12~13세기 유물들로 태국이 성립되기 전에 크메르 제국이 만든 조각품들이다. 2층에서는 6세기 무렵 태국 영토에 몬족이 건

설했던 드바라바티 시대 유물 Dvaravati Art을 전시한다. 태국에 불교가 최초로 전래된 나컨 빠톰에서 발견된 6세기경의 법륜(다르마)이 눈길을 끈다.

제2별관 Northern Building

태국 왕조를 시대별로 구분해 예술품과 불상을 전시한다. 1층은 치앙마이를 중심으로 태국 북부에서 번창했던 란나 왕조 Lanna Dynasty와 현재 왕조인 라따나꼬씬 시대 유물을 전시한다. 2층에는 13~14세기에 번성했던 쑤코타이와 14~18세기 태국 최고의 황금기를 구가했던 아유타야 시대 유물이 가득하다.

알아두세요

사원은 '왓 Wat'이라 부릅니다

불·법·승을 모두 갖춘 사원을 태국에서는 '왓'이라 부릅니다. 사원은 우보쏫(또는 봇) Ubosot(대법전)과 위한 Vihan(법당)으로 꾸며지며, 승려가 머무는 승방은 꾸띠 Kuti라고 합니다. 태국 사원에서 가장 신성한 공간은 우보쏫인데, 승려들의 출가의식이 이루어집니다. 위한은 일반 신도들이 찾아와 공양을 드리는 법당입니다. 대부분의 사원들이 위한에 본존불을 모십니다.

태국 사원에서는 화려한 탑들도 눈여겨봐야 합니다. 탑은 양식에 따라 쩨디 Chedi와 쁘랑 Prang으로 구분됩니다. 쩨디는 종 모양의 탑으로 전형적인 스리랑카 양식을 따랐으며 부처나 태국 왕들의 유해를 모십니다. 쁘랑은 옥수수 모양의 탑으로 크메르 건축에서 기인했답니다. 일반적으로 힌두교와 불교에서 우주의 중심으로 여기는 수미산을 상징합니다.

싸남 루앙 Sanam Luang
สนามหลวง ★★

주소 Thanon Na Phra That & Thanon Ratchadam noen Nai & Thanon Na Phra Lan **운영** 24시간 **요금** 무료 **가는 방법** ①수상 보트 타 창 Tha Chang 선착 장에서 도보 10~15분. ②카오산 로드에서 도보 15분. Map P.6-B1~B2 Map P.8-B3

라마 1세 때 왕궁과 함께 조성된 왕실 공원. 왕실 바로 앞에 있는 타원형 광장으로 주요한 국가 행사가 열리던 곳이다. 가장 중요한 행사는 농경제 Royal Ploughing Ceremony로 왕실 주관으로 매년 4월에 열린다. 또한 국왕과 왕비의 생일과 왕족의 장례식 등 주요 국가 경조사가 열리는 장소이기도 하다. 라마 5세 때는 싸남 루앙 주변에 국방부, 통신부 등 유럽풍의 정부 청사였던 건물을 신축해 왕실이 관할하는 공원다운 면모를 풍겼다.

현재는 조용하고 한적한 공원으로 일반인에게 개방된다. 특별한 볼거리를 기대하기보다는 왓 프라깨우, 국립 박물관, 왓 마하탓, 탐마쌋 대학교 같은 주요 볼거리를 가기 위해 지나쳐 가는 것으로 만족하자.

탐마쌋 대학교
Thammasat University
มหาวิทยาลัยธรรมศาสตร์ ★★

현지어 마하윗타얄라이 탐마쌋 **주소** 2 Thanon Phra Chan **홈페이지** www.tu.co.th **가는 방법** ①수상 보트 타 창 Tha Chang 선착장 앞 사거리에서 북쪽으로 500m. ②카오산 로드에서 출발해 타논 프라아팃을 따라 쭉 내려가면 탐마쌋 대학교 구내식당으로 연결된다. 도보 10~15분. Map P.6-A1~B1 Map P.8-A2

쭐라롱껀 대학교와 더불어 태국 최고 명문 대학으로 손꼽힌다. 프랑스에서 유학한 쁘리디 파놈용 Pridi Phanomyong 박사에 의해 1934년에 설립됐으며 법학·정치학을 중심으로 민주주의에 관한 다양한 학부를 개설했다. 제2차 세계대전 동안에는 일본의 아시아 침략에 반대하는 캠페인을 주도하고, 1970년대에는 군사 쿠데타에 대항하는 대규모 학생 시위를 주도했다. 특히 1973년 10월 14일 시위에는 무려 1만 명의 학생이 참여했는데, 캠퍼스 내에서 군인들의 발포로 77명이 사망하고 857명이 부상당하는 참사가 발생했다. 덕분에 탐마쌋 대학교는 태국 민주주의의 상징처럼 여겨진다.

카오산 로드에서 왕궁으로 가는 길에 들를 수 있다. 태국 대학생들의 모습이 궁금하거나 대학 구내식당(P.181)에서 저렴하게 식사를 하고 싶다면 잠시 틈을 내어 들어가 보자.

부적 시장(딸랏 프라 크르앙)
Amulet Market
ตลาดพระเครื่องท่าพระจันทร์ ★★★

현지어 딸랏 프라 크르앙 **주소** Trok Nakhon, Thanon Maharat **운영** 08:00~18:00 **가는 방법** 타 프라짠(선착장)과 타 마하랏(쇼핑몰) 사이의 좁은 골목에 있다. Map P.6-A1

타논 마하랏 주변에서 흔히 볼 수 있는 불상을 조각한 부적을 판매하는 시장이다. '프라 크르앙 Phra Khreuang'으로 불리는 작은 부적은 몸에 지니고 있으면 사고를 예방하고 악귀를 쫓는다고 여겨진다. 불심이 강한 태국인들은 마치 귀금속을 고르듯 프라 크르앙을 살피며 효험 좋은 부적을 고르느라 여념이 없다. 부적 시장에서는 다양한 불교 용품도 함께 거래된다.

부적 시장은 현지어로 '딸랏 프라 크르앙'이라고 부

왕궁 앞에 조성된 왕실 공원 싸남 루앙

탐마쌋 대학교

른다. 타 프라짠(프라짠 선착장) Tha Phra Chan 옆에 있기 때문에 '딸랏 프라 크르앙 타프라짠' 또는 줄여서 '딸랏 프라 타프라짠'이라고 말한다.

타논 마하랏 Thanon Maharat
ถนนมหาราช ★★★

주소 Thanon Maharat **운영** 24시간 **요금** 무료 **가는 방법** ①수상 보트 타 창 Tha Chang 선착장(선착장 번호 N9)을 나오면 타논 마하랏과 바로 연결된다. ②카오산 로드에서 출발할 경우 타논 프라이팃 Thanon Phra Athit을 따라 쭉 내려가서 탐마쌋 대학교 캠퍼스를 통과하면 된다. 도보 15~20분. Map P.6-A2

라따나꼬씬 지역에서 옛 모습을 가장 잘 간직한 거리다. 짜오프라야 강과 연하고 있어 방콕 시민들의 삶이 강과 얼마나 밀접하게 연관되어 있는지 경험할 수 있다. 거리는 탐마쌋 대학교 후문 쪽에서 시작해 왓 포 앞까지 이어진다. 높은 건물이 없어 거리가 어수선하다. 거리에는 방콕 초기부터 형성된 약재, 부적, 종교 용품을 파는 작은 상점들이 줄지어 있다. 선착장을 오가는 사람들의 분주한 모습과 유동인구가 많은 탓에 곳곳에 작은 노천 식당들이 즐비한 것도 매력이다.

싸얌 박물관(뮤지엄 오브 시암)
Museum of Siam
มิวเซียมสยาม ★★

주소 Thanon Maharat **전화** 0-2225-2777 **홈페이지** www.museumsiam.org **운영** 화~일 10:00~18:00(휴무 월요일) **요금** 100B **가는 방법** ①왓 포 남쪽으로 400m 떨어진 타논 마하랏에 있다. ②MRT 씨남차이 역 1번 출국 앞에 있다. ③수상 보트 타 띠안 Tha Tien 선착장(선착장 번호 N8)에서 타논 마하랏 방향으로 도보 10분. Map P.6-B3

경제부 청사로 사용되던 유럽 양식의 건물을 박물관으로 사용한다.

동남아시아 지역의 고대 역사를 다룬 쑤완나품('황금의 땅'이라는 뜻) 전시실부터 불교의 전래 과정, 아유타야 제국의 400년 역사, 라따나꼬씬 왕조에서 현대에 이르기까지 태국 역사를 소개한다. 톤부리 시대의 지도, 태국 농촌 마을 모형, 태국과 교역했던 나라들의 선박 모형, 태국 현대사를 기록한 보도 자료를 함께 전시하고 있다. 딱딱한 느낌을 주는 기존의 박물관들과 달리 시청각 자료를 많이 갖추어 직접 만져보고 조작하면서 태국 문화를 체험하고 학습하도록 설계했다.

불상과 승려가 조각된 프라 크르앙

불상이 대량으로 거래되는 부적 시장(딸랏 프라 크르앙)

탐마쌋 대학교 후문에서 이어지는 타논 마하랏

Museum of Siam

왓 마하탓 대법전과 쁘랑(불탑)

락 므앙 옆(왕궁 오른쪽)에 있는 유럽 양식의 국방부 건물

왓 마하탓 Wat Mahathat
วัดมหาธาตุ ★★★

주소 3 Thanon Maharat **전화** 0-2221-5999 **운영** 09:00~17:00 **요금** 무료 **가는 방법** ①수상 보트 타창 선착장(선착장 번호 N9) 앞 사거리에서 타논 마하랏 Thanon Maharat을 따라 북쪽으로 250m. 타 마하랏(쇼핑몰) Tha Maharaj 입구 맞은편에 사원 후문이 있다. ②사원 정문은 씨남 루앙을 끼고 있는 탐마쌋 대학교 남쪽에 있다. ③왕궁(왓 프라깨우)에서 북쪽으로 250m 떨어져 있다. Map P.6-A2~B2 Map P.8-A3

왓 포 Wat Pho와 더불어 중요한 사원으로 꼽힌다. 방콕이 형성되기 이전인 아유타야 시대에 건설된 오래된 사원이다. 방콕으로 수도를 이전한 라마 1세 때인 1803년에 왓 마하탓으로 칭해 왕실 사원 중의 한 곳으로 관리하며 규모가 확장되었다. 라마 4세가 국왕이 되기 전 이곳에서 승려 생활을 했을 정도로 중요시되던 사원이다. 우보쏫(대법전)에만 승려 1,000명이 수행 가능하다고 하니 사원 규모를 짐작할 수 있을 것이다. 사원 내부는 회랑을 만들어 불상을 전시하고 있으며, 대법전 뒤쪽으로 꾸띠(승방) 건물들이 가득 들어서 있다. 사원은 건축적인 완성도나 화려함보다 태국 최고의 불교대학으로서 가치가 높다. 마하 쫄라롱

왓 마하탓 회랑을 장식한 불상들

껀 불교대학 Maha Chulalongkon Buddhist University 이 사원 내부에 있어 수많은 승려들이 수행하고 있다. 태국뿐 아니라 라오스, 캄보디아, 베트남에서 온 승려들도 많다.

락 므앙
Lak Muang(City Pillar Shrine)
หลักเมือง ★★★

주소 2 Thanon Lak Muang **전화** 0-2222-9876 **운영** 08:30~17:30 **요금** 무료 **가는 방법** ①수상 보트 타창 선착장에서 내려 왕궁 앞을 지나는 타논 나프라란 → 타논 락므앙 Thanon Lak Muang으로 도보 15분. ②타 창 선착장에서 동쪽으로 650m, 왕궁에서 동쪽으로 350m 떨어져 있다. Map P.6-B2

태국 도시 구성에서 없어서는 안 될 락 므앙. 도시 탄생을 기념하고 도시의 번영을 위해 만드는 기둥이다. 방콕 락 므앙은 라마 1세가 라따나꼬씬으로 수도를 옮긴 1782년 8월 21일을 기념해 만들었다. 크기는 4m로 연꽃 모양을 형상화했으며 태국을 보호하는 수호신, 프라 싸얌 테와티랏 Phra Sayam Thewathirat의 정령이 깃들어 있다고 여겨진다. 신성한 사원과 마찬가지로 순례자들이 찾아와 꽃과 향을 바치며 안녕과 행운을 기원한다.

락 므앙 뒤쪽 좌측 가장자리에서 태국 전통 무용 '라콘 깨 본 lakhon kae bon' 공연이 열리기도 한다. 희망했던 소원이 이루어지면 신에게 감사드리는 의미에서 춤을 봉헌하는 것으로 운이 좋으면 무료로 태국 전통 춤을 관람할 수 있다.

락 므앙을 찾은 순례자

씨남 루앙에서 왓 마하탓 정문이 연결된다

탑과 사당을 만들어 락 므앙을 보호하고 있다

Restaurant 라따나꼬씬의 레스토랑

방콕 초기에 건설된 오래된 건물이 많아서 현대적인 시설의 레스토랑은 많지 않다. 소규모로 운영되는 오래된 식당이 많고, 쌀국수와 덮밥 같은 간단한 식사는 쉽게 해결할 수 있다. 특히 선착장 주변으로 시장이 형성되어 온갖 군것질 거리가 많다. 왓 포 후문에서 타 띠안 선착장으로 이어지는 좁은 골목에는 짜오프라야 강(강 건너편에 왓 아룬이 보인다) 풍경을 감상하며 식사할 수 있는 분위기 좋은 레스토랑이 속속 문을 열고 있다.

탐마쌋 대학교 구내식당
Thammasat University Restaurant ★★★

현지어 마하윗타알라이 탐마쌋 **주소** 2 Thanon Phra Chan **영업** 10:00~18:00 **메뉴** 태국어 **예산** 35~50B **가는 방법 수상 보트** ①타 창 선착장에서 타는 마하랏을 따라 도보 15분. 타 프라짠(선착장) 옆의 대학교 후문으로 들어가면 된다. ②카오산 로드에서 타는 프라아팃을 따라 쭉 내려가면 탐마쌋 대학교 구내식당으로 연결된다. 도보 15분. Map P.6-A1 Map P.8-A2

카오산 로드와 가까운 탐마쌋 대학교 안에 있는 구내식당. 특별한 목적 없이 대학 캠퍼스를 거닐며 태국 학생들을 만나는 것도 즐거움이지만, 대학생들을 위한 저렴한 구내식당을 이용할 수 있는 것도 여행자들에게는 큰 즐거움이다.

강변을 끼고 있으며 푸드코트처럼 다양한 음식점들이 입점해 있다. 쿠폰을 사용하지 않고 원하는 식당에서 음식을 주문하고 돈을 내면 된다. 카오팟, 팟타이, 쌀국수, 쏨땀과 덮밥 위주의 단품요리가 주를 이룬다.

에어컨은 없지만 강 옆에 있어 시원하다

저렴하게 식사할 수 있는 탐마쌋 대학교 구내식당

반 타띠안 카페
Baan Tha Tien Cafe
บ้านท่าเตียนคาเฟ่ ★★★

주소 392/2 Thanon Maharat **전화** 09-5151-5545 **홈페이지** www.facebook.com/BaanThaTienCafe **영업** 07:30~17:00 **메뉴** 영어, 태국어 **예산** 80~120B **가는 방법** ①왓 포(사원) 후문과 인접한 로열 타띠안 빌리지(호텔) The Royal Tha Tien Village 1층에 있다. ②수상 보트 타 띠안 선착장(선착장 번호 N8) 앞 사거리에서 왓 포(사원) 후문을 지나 진행 방향으로 300m 더 간다. ③MRT 싸남차이 역에서 500m 떨어져 있다. Map P.6-B3

왓 포와 타 띠안 선착장 주변 레스토랑 중 외국인 관광객, 특히 유럽인에게 인기 있는 태국 음식점이다. 부담 없는 가격에 에어컨 시설도 갖춰 점심 시간에 더위를 피해 쉬어가기 좋다. 메뉴는 많지 않지만 볶음밥과 덮밥, 팟타이, 그린 커리, 똠얌꿍 같은 기본적인 태국 요리를 맛볼 수 있다. 테이블이 몇 개 없어서 식사 시간에 분주한 편이다. 저녁에는 문을 열지 않는다.

외국 여행자에게 인기 있는 반 타띠안 카페

타 마하랏 Tha Maharaj
ท่ามหาราช ★★★☆

주소 1/11 Trok Thawhiphon, Thanon Maharat (Maharaj) **전화** 0-28663163~4 **홈페이지** www.thamaharaj.com **영업** 10:00~22:00 **메뉴** 영어, 태국어 **예산** 180~500B **가는 방법** ①**수상보트** 타 마하랏 Tha Maharat(Maharaj) 선착장과 붙어 있지만 수상 보트(짜오프라야 익스프레스 보트)는 서지 않는다. 타 창 Tha Chang 선착장(선착장 번호 N9)에 내려서 걸어가야 한다. ②왕궁에서 출발할 경우 왓 마하탓 후문 방향에 있는 타논 마하랏에서 연결되는 좁은 골목(뜨록 타위폰 Trok Thawiphon)으로 들어가면 된다. ③**투어리스트 보트**를 탈 경우 '타 마하랏' 선착장에 내리면 된다. Map P.6-A2, Map P.8-A3

짜오프라야 강변을 정비하면서 새롭게 건설된 커뮤니티 쇼핑몰(동네 주민을 위한 소형 쇼핑몰)이다. 오래된 '타 마하랏' 선착장('타'는 선착장이라는 뜻이다)을 현대적인 시설로 재단장했다. 선착장 주변으로는 미로처럼 얽힌 복잡한 골목과 오래된 상점들이 가득하다.

레스토랑과 카페가 많이 입점한 타 마하랏은 왕궁 주변에서 식사하기 좋은 곳이다. 특히 에어컨 시설이 부족한 왕궁 주변의 오래된 식당에 비해 쾌적하게 식사할 수 있다. 강변 풍경을 덤으로 즐길 수 있다. 탐마삿 대학교가 인접해 있어 대학생들도 즐겨 찾는다. 주말에는 강변 무대에서 공연이 펼쳐지기도 한다.

커피와 브런치는 커피 클럽 The Coffee Club, 시푸드는 싸웨이 레스토랑 Savoey Restaurant, 달달한 디저트는 애프터 유 디저트 After You Dessert Cafe, 커피는 스타벅스 Starbucks가 괜찮다.

타 마하랏

메이크 미 망고 인기
Make Me Mango ★★★☆

주소 67 Thanon Maharat **전화** 02-622-0899 **홈페이지** www.facebook.com/makememango **영업** 10:30~20:00 **메뉴** 영어, 태국어, 중국어 **예산** 130~325B **가는 방법** ①왓 포(사원) 후문에서 연결되는 타논 마핫랏(마하랏 거리)에 있는 끄룽타이 은행 Krung Thai Bank(간판에 KRT라고 적혀 있다)을 바라보고 오른쪽 골목 안쪽에 있다. 인 어 데이(호텔) Inn A Day와 같은 골목에 있다. ②MRT 싸남차이 역에서 600m 떨어져 있다. Map P.6-B3

왓 포 Wat Pho 뒤쪽의 허름한 골목을 다니다 보면 눈에 띄는 트렌디한 망고 디저트 카페. 올드 타운에 있는 오래된 상점을 개조해 젊은 감각으로 꾸몄다. 협소한 공간을 층층이 구분해 공간을 나눴다. 망고 빙수, 망고 아이스크림, 망고 선데, 망고 푸딩, 망고 스무디, 망고 소다까지 망고 마니아를 위한 달달한 디저트가 가득하다. 대표 메뉴로는 메이크 미 망고 Make Me Mango(생과일 망고 반쪽+망고 아이스크림+망고 푸딩+찰밥), 트리플 망고 Triple Mango(망고 아이스크림+망고 푸딩+망고 사고), 망고 & 스티키 라이스 Mango & Sticky Rice(망고+찰밥)가 있다.

'타 띠안 Tha Tien' 선착장과 왓포 주변에서 더위를 피해 달달한 망고 디저트를 먹고 싶다면 들르기 좋다. 태국 젊은이들로 북적댄다. 주인이 친절하다.

Make Me Mango

메이크 미 망고

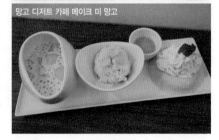
망고 디저트 카페 메이크 미 망고

홈 카페 타 띠안
Home Cafe Tha Tien ★★★☆

주소 10 Soi Tha Tien(Thatian), Thanon Maharat **전화** 0-2622-1936 **홈페이지** www.facebook.com/homecafebkk **영업** 월~토 10:30~18:30(휴무 일요일) **메뉴** 영어, 태국어 **예산** 90~180B **가는 방법** ①왓 포 후문 맞은편에 있는 쏘이 타띠안 골목 안쪽으로 30m, 이름 디 호스텔 Arom D Hostel 옆 골목으로 들어가면 된다. ②가장 가까운 지하철역은 **MRT** 싸남차이 역이다. 지하철에서 600m 떨어져 있다. Map P.6-B3

타 띠안 선착장 주변에 있는 아담한 공간이다. 팟타이, 볶음밥, 덮밥, 쏨땀(파파야 샐러드), 똠얌꿍, 깽끼아우 완(그린 커리), 깽 마싸만 까이(치킨 마싸만 카레) 같은 기본적인 태국 음식을 맛볼 수 있는 곳으로, 폭이 좁고 자그마한 상점을 개조해 캐주얼한 분위기의 레스토랑으로 거듭났다. 방콕의 옛 정취가 남아있는 허름한 골목과 콜로니얼 양식의 건물이 묘하게 어우러진다. 복층 건물로 에어컨 시설이라 더위를 피해 식사하기 좋다. 특히 점심시간에 간단히 허기를 달랠 단품 메뉴가 많은 편이다. 밥과 반찬을 접시에 내어주는데, 100B 이내에서 한 끼 식사를 해결할 수 있다. 사진과 함께 추천 음식, 음식의 맵기 등이 첨부된 메뉴판이 있어 주문이 편리하다. 왓 포와 가깝다는 이유로 찾아오는 외국 관광객이 주된 손님이다. 부담 없는 맛과 저렴한 가격, 친절한 태국인 주인장 덕분에 인기가 있다.

아담한 복층 건물로 오래된 상점을 리모델링했다

홈 카페 타 띠안

촘 아룬 Chom Arun
ชมอรุณ ★★★★

주소 392/53 Thanon Maharat **전화** 09-5446-4199 **홈페이지** www.facebook.com/chomarun **영업** 12:00~21:00 **메뉴** 영어, 태국어 **예산** 메인 요리 240~700B(+17% Tax) **가는 방법** ①타 띠안 선착장에서 500m 떨어져 있다. 왓 포 남쪽(서쪽)에서 연결되는 타논 마하랏에서 리바 아룬 호텔 Riva Arun Hotel 방향으로 들어가면 된다. 리바 아룬 호텔 앞쪽의 강변에 있다. ②가장 가까운 지하철역은 **MRT** 싸남차이 역이다. 지하철에서 600m 떨어져 있다.

Map P.6-B3

왓 아룬(새벽 사원)을 바라보며 식사하기 좋은 루프톱 레스토랑. 상호의 '촘'은 바라보다, '아룬'은 새벽이란 뜻이다. 강변에 늘어선 대부분의 루프톱이 바 Bar에 가깝다면, 이곳은 술 보다 음식에 방점을 두고 있어 레스토랑다운 면모를 갖췄다. 스프링 롤, 치킨 윙, 파파야 샐러드, 모닝글로리, 팟타이, 볶음면, 볶음밥, 똠얌꿍, 게 카레 볶음 등 관광객이 선호하는 태국 음식만 추려서 선보이는데, 약 40여 종류로 선택이 편리하다. 실패할 확률이 적은 음식들로 구성했으며, 음식 맛도 외국인 관광객에게 전혀 부담스럽지 않다. 저녁 시간에는 미리 예약해야 원하는 자리를 얻을 수 있다. 한국인 관광객이 즐겨 찾는다.

루프 톱에서 강 건너 왓 아룬이 보인다

층고가 높아 시원스런 레스토랑 내부

촘 아룬

롱롯 Rongros   인기
โรงรส   ★★★★

주소 392/16 Thanon Maharat **전화** 09-6946-1785
홈페이지 www.rongros.com **영업** 11:00~15:00,
17:00~22:00 **메뉴** 영어, 태국어 **예산** 메인 요리
260~550B(+17% Tax) **가는 방법** ①타 띠안 선착장
에서 500m 떨어져 있다. 왓 포 남쪽(서쪽)에서 연
결되는 타논 마하랏에서 리바 아룬 호텔 Riva Arun
Hotel 방향으로 들어가면 된다. ②가장 가까운 지하
철역은 MRT 싸남차이 역이다. 지하철에서 600m 떨
어져 있다. Map P.6-B3

짜오프라야 강변의 전망 좋은 레스토랑이다. 촘 아룬
(P.183), 쑤판니까 이팅 룸(P.185)과 더불어 타 띠안 선
착장 주변 맛집으로 알려져 있다. 롱롯은 태국어를 붙
여 읽으면 '차고'라는 뜻이 되고, 띄어 읽으면 '풍미
가득한 집'이란 뜻이 된다. 해지는 시간에는 루프 톱
야외 테라스 테이블이 더욱 낭만적이다. 공간이 협소
해 테이블이 촘촘히 붙어 있는 단점이 있다. 유명세에
비해 레스토랑 규모가 작아서 자리 잡기가 힘들다. 루
프 톱 야외 테이블은 몇 달 전부터 예약이 밀린다.
외국 관광객이 찾는 지역에 있음에도 불구하고 좀 더
전통적인 맛의 태국 음식을 요리한다. 모닝글로리 튀
김(얌 팍꿍끄롭) Morning Glory Tempura Salad, 볶음
밥+새우구이(카우팟꿍 롱롯) Rongros Fried Rice with
Grilled Prawns, 파인애플 볶음밥(카우팟 쌉빠롯 씨라
차) Sriracha Pineapple Fried Rice 같은 관광객에게
무난한 태국 음식도 많다. 태국 음식에 익숙하다면
그린 커리(깽키아우완) Green Curry, 바질 볶음(카우
팟끄라파우) Kraprao Basil Stir-Fried, 똠얌꿍 남싸이
Tom Yum Giant Tiger Prawn을 주문해도 괜찮다.

언록윤 On Lok Yun
ออน ล็อก หยุ่น (ถนนเจริญกรุง)   ★★★☆

주소 72 Thanon Charoen Krung **전화** 0-2233-9621
홈페이지 www.facebook.com/OnLokYunCafeBKK **영
업** 05:30~14:30 **예산** 음료 30~35B, 식사 60~100B
가는 방법 ①쌀라 짜럼끄룽 왕립 극장 Sala Chalerm
krung Royal Theatre โรงมหรสพหลวงศาลาเฉลิมกรุง을
바라보고 왼쪽으로 100m. 왓 포에서 동쪽으로 800m
떨어져 있다. ②MRT 쌈욧 역 3번 출구에서 100m.
Map P.14-B1

방콕 올드 타운과 차이나타운에 걸쳐 있는 오래된 식
당이다. 1933년에 문을 열었는데, 한자로 안락원 安樂
園이라고 자그마하게 적혀 있다. 70~80년대 분위기
가 고스란히 남아 있는 (홍콩 뒷골목에 있을 법한) 중
국식 카페로 아메리칸 블랙퍼스트를 제공한다. 영업
을 시작할 당시에는 신선했을 테지만(당시에 가장 큰
극장이던 쌀라 짜럼끄룽 왕립 극장이 바로 옆에 있다).
세월이 흐른 지금은 레트로한 감성이 추억을 자극한
다. 한약방을 연상시키는 오래된 진열장과 칠이 벗겨
진 원탁 테이블이 시선을 끈다. 당연히 에어컨은 없다.
태국 사람들에게 인기 있는 식당으로, 언밸런스가 주
는 엇박자가 묘한 재미를 선사한다. 아침식사 메뉴
는 계란, 베이컨, 햄, 소시지를 선택해 조합하면 된다.
식빵을 곁들여 주는 '카야'(코코넛 밀크, 계란 노른자,
커스터드로 만든 잼) Egg Custard Bread(Kaya)가 유
명하다. 연유(또는 버터, 설탕)를 듬뿍 올린 토스트도
인기 있다.

토스트와 밀크 티

쌀라 짜럼끄룽 왕립 극장

1933년 오픈할 때 모습을 그대로 간직한 언록윤

풍미 가득한 집이라는 뜻의 롱롯

쑤판니까 이팅 룸(3호점)
Supanniga Eating Room
ห้องทานข้าวสุพรรณิการ์
(ท่าเตียน, ถนน มหาราช)

추천
★★★★

주소 392/25-26 Thanon Maharat(Maharaj Road) 전화 0-2714-7608, 0-2015-4224 홈페이지 www. supannigaeatingroom.com 영업 11:00~22:00 메뉴 영어, 태국어 예산 220~650B(+17% Tax) 가는 방법 ①왓 포 남쪽으로 연결되는 타논 마하랏에서 리바 아 룬 호텔 Riva Arun Hotel 방향으로 들어가면 된다. 리 바 아룬 호텔 앞쪽 강변에 있다. ②타 띠안 선착장 에서 500m 떨어져 있다. ③MRT 싸남차이 역에서 600m 떨어져 있다. Map P.6-B3

쑤판니까 이팅 룸 Supanniga Eating Room(P.110 참고) 에서 짜오프라야 강변에 오픈한 3호점이다. 방콕에서 유명한 로스팅 업체인 루트 커피 Roots Coffee(P.114 참고)와 협업해 만들었다. 아담한 카페 분위기의 1층 은 에어컨 시설이며, 2층 야외 테라스에서는 짜오프 라야 강과 왓 아룬 풍경이 시원스레 보인다.

더 덱 & 아마로사 바
The Deck & Amarosa Bar

인기
★★★☆

주소 36~38 Soi Pratu Nokyung, Thanon Maharat 전화 0-2221-9158~9 홈페이지 www.arunresi dence.com 영업 월~목 11:00~22:00, 금~일 11:00

~23:00 메뉴 영어, 태국어 예산 맥주 190~390B, 메 인 요리 360~880B(+17% Tax) 가는 방법 ①왓 포 남 쪽 출입문이 있는 타논 마하랏에서 길을 건너 쏘이 빠뚜녹용 골목 안쪽으로 1000m 들어간다. 아룬 레지 던스 1층에 있다. ②수상 보트 타 띠안 Tha Tien 선착 장(선착장 번호 N8)에서 도보 10분. ③MRT 싸남차이 역에서 600m 떨어져 있다. Map P.6-B3

짜오프라야 강을 끼고 있는 아룬 레지던스 Arun Residence에서 운영한다. 골목 안쪽에 숨어 있어 찾 기는 어렵다. 하지만 이곳을 찾아낸다면 탁 트인 전 망에 놀라게 된다. 강변을 끼고 야외에 목재 테라스 형태로 만들었다. 강 건너에는 방콕의 상징적인 아이 콘인 왓 아룬(새벽 사원)이 그림처럼 펼쳐진다. 해 질 무렵 분위기는 한껏 무르익는다.

태국 음식을 메인으로 해서 파스타와 리조토, 등심 스테이크, 양고기 카레까지 동서양의 음식이 적절하 게 구성되어 있다. 식사가 아니더라도 해지는 시간에 맞추어 음료(선셋 드링크) 한잔하며 강바람을 쐬기에 좋다. 이때는 4층 옥상에 있는 아모로사 바 Amorosa Bar를 이용하자. 저녁 식사 때 전망 좋은 자리를 잡 고 싶으면 미리 예약하고 가는 게 좋다.

참고로 아룬 레지던스 바로 옆에는 동일한 주인장 이 운영하는 쌀라 아룬(호텔) Sala Arun(홈페이지 www.salaarun.com) 안에 잇 사이트 스토리 Eat Sight Story(홈페이지 www.eatsightstorydeck.com)가 있다. 이곳에서도 강 건너 왓 아룬 풍경이 시원스럽게 보 인다.

The Deck

쑤판니까 이팅 룸

아룬 레지던스에서
운영하는 더 덱

쌀라 라따나꼬씬
Sala Rattanakosin
ศาลารัตนโกสินทร์ (ซอย ท่าเตียน)   ★★★★

주소 39 Soi Tha Tien, Thanon Maharat **전화** 0-2622-1388 **홈페이지** www.salahospitality.com/rattanakosin **영업** 11:00~16:30, 17:30~22:30 **메뉴** 영어 **예산** 맥주 · 칵테일 220~450B, 메인 요리 390~1,250B(+17% Tax) **가는 방법** ①타논 마하랏에서 연결되는 쏘이 타 띠안 골목 끝에 있다. 왓 포 남쪽 출입문 맞은편 골목으로 들어가면 된다. ②**수상 보트** 타 띠안 Tha Tien 선착장(선착장 번호 N8)에서 도보 10분. ③MRT 싸남차이 역에서 700m 떨어져 있다. Map P.6-A3

'더 덱'이 흥행에 성공한 이후 등장한 또 다른 야외 테라스 형태의 레스토랑이다. 부티크 호텔인 쌀라 라따나꼬씬에서 운영한다. 방콕의 옛 모습을 간직한 거리에 있어서 입구는 허름하다. 골목 안쪽이라서 찾기 어렵지만 호텔 로비를 지나 레스토랑에 들어서면 분위기가 확 바뀐다. 짜오프라야 강과 강 건너 왓 아룬(새벽 사원) 풍경이 그림처럼 멋지게 펼쳐진다. 강과 주변 경관을 살려 스타일리시하게 꾸몄다. 1·2층에 에어컨 레스토랑, 5층 옥상에 만든 루프 톱 바 '더 루프 The Roof'로 구분되어 있다. 층이 높을수록 전망이 좋다. 야외 공간은 늦은 오후(특히 건기의 해 질 무렵)에 분위기가 배가된다.

메인 요리는 태국 음식에 중점을 둔다. 비프 버거, 생선 스테이크, 호주 소고기 스테이크 같은 서양 음식도 양질의 식재료를 사용한다. 루프 톱 바는 저녁 시간(17:30~23:00)에만 문을 연다.

임엔빌(임나이므앙)
IM En Ville
อิ่ม ในเมือง (ถนนเฟื่องนคร)   ★★★☆

주소 59 Thanon Fueang Nakhon **전화** 06-5612-6688 **홈페이지** www.facebook.com/imenvillebangkok **영업** 카페 09:00~18:00, 레스토랑 11:30~21:00(휴무 수요일) **메뉴** 영어, 태국어 **예산** 커피 110~180B, 메인 요리 280~629B **가는 방법** MRT 쌈욧 역에서 700m 떨어져 있다. Map P.전도 A-2

방콕 올드 타운의 느낌을 잘 보여주는 힙한 느낌의 카페. 20년 가까이 방치돼 있었던 150년 된 오래된 건물을 리모델링해 만들었다. 옛 건물 내부의 벽면과 천장을 그대로 살려 빈티지한 감성을 자극한다. 인테리어로 꾸민 태국어 자판과 노출 콘크리트, 2층의 나무 바닥이 어우러져 분위기가 좋다. 창밖으로 왓 랏차보핏 Wat Ratchabophit(P.158) 사원의 황금색 탑이 내다보여 방콕의 정취를 더한다.

1층은 카페 임 Cafe IM, 2층은 59 임 모던 비스트로 59 IM Modern Bistro로 구분해 운영한다. 아무래도 태국 젊은이에게 인기 있는 곳이라 커피는 달달한 편이다. 브런치, 파스타, 스테이크, 시푸드, 케이크까지 식사와 디저트 메뉴도 다양하다. 저녁식사는 예약하고 가는 게 좋다. 2022년에 문을 연 신상 카페로 사진 찍기 좋아 핫 플레이스로 알려지고 있다.

Sala Rattanakosin

빈티지한 인테리어가 돋보이는 임엔빌

쌀라 라따나꼬씬에서 바라본 왓 아룬

창 밖으로 보이는 왓 랏차보핏

알아두세요

살아있는 신으로 추앙받았던 라마 9세,
푸미폰 아둔야뎃 Bhumibol Adulyadej(1927~2016)

푸미폰 국왕(라마 9세)

라마 9세의 본명은 푸미폰 아둔야뎃입니다. 하버드 의대를 다니던 마히돈 왕자 Prince Mahidon의 아들로, 1927년 12월 5일 미국 매사추세츠에서 태어났어요. 태국어를 포함해 영어, 프랑스어, 독일어를 유창하게 구사할 수 있었던 푸미폰 국왕은 즉위 당시 스위스 로잔 대학교에 재학 중이었으며, 재즈 작곡자이자 색소폰 연주자로서도 명성이 대단했죠.
푸미폰 국왕은 1946년 6월 9일에 라마 9세로 즉위합니다. 친형이었던 아난타 마히돈 국왕(라마 8세) King Ananda Mahidol(재위 1935~1946년)이 급작스럽게 사망하면서 왕위에 오르게 됐답니다. 태국 왕의 정치적인 실권은 없지만 국왕의 언행은 실정법을 뛰어 넘어 강력한 영향력을 행사합니다. 1973년과 1992년의 유혈 쿠데타를 주도한 장군들을 권력에서 물러나게 했을 뿐만 아니라 2007년과 2014년 초에 발생한 무혈 쿠데타

푸미폰 국왕 초상화

라마 9세의 재위 당시 모습

도 국왕의 구두 승인으로 인해 평화롭게 마무리됐을 정도입니다. 또한 국왕 생일날 국가 지도자를 불러 놓고 열리는 국민 축사에서 언급된 말들은 국가 정책의 잣대가 되기도 했습니다.
푸미폰 국왕은 자신의 한평생을 바쳐 궂은일을 마다하지 않았습니다. 젊은 시절에는 1년에 200일 이상을 시골 마을을 방문하며 국민들 곁으로 다가갔고, 다양한 왕실 프로젝트를 통해 가난한 사람들의 생활 개선과 소수 민족의 복지 증대에 힘을 쓰기도 했답니다. 그의 정성어린 모습에 태국 국민들은 진심을 다해 왕에 대한 존경과 신뢰를 표현했습니다. 태국 사람들의 마음속에는 아버지(또는 살아 있는 부처) 같은 존재로 여겨지기도 합니다. 태국의 가정집은 물론 식당과 사무실까지 국왕과 왕비의 사진을 걸어 놓은 모습을 흔하게 볼 수 있답니다. 국경일로 지정된 국왕 생일은 '아버지의 날'로 불립니다.
20세의 나이에 국왕의 자리에 올랐던 푸미폰 국왕은 건강이 악화되면서 2016년 10월 13일 88세의 나이로 씨리랏 병원에서 서거했습니다. 세계 최장수 국왕으로 알려졌던 푸미폰 국왕은 70년 126일 동안 국왕을 자리를 지켰답니다. 왕실에 대한 국민들의 사랑은 노란색으로 표현됩니다. 노란색은 라마 9세가 탄생한 월요일을 상징하는 색으로, 왕실 휘장을 담은 깃발도 노란색입니다. 라마 9세는 서거 이후에도 생일인 12월 5일을 국경일로 지정해 국왕의 업적을 기리고 있습니다.
푸미폰 국왕은 씨리낏 왕비 Queen Sirikit와 결혼해 4명의 자녀를 두고 있습니다. 첫째는 우본 라따나 Ubon Ratana 공주(1951년 생), 둘째는 마하 와치라롱꼰 Maha Vajiralonkorn 왕자(1952년 생), 셋째는 마하 짜끄리 씨린톤 Maha Chakri Sirindhorn 공주(1955년 생), 막내는 쭐라폰 Chulabhon 공주(1957년 생)입니다. 권력 승계 절차에 따라 외아들인 마하 와치라롱꼰 왕세자가 2016년 12월 1일에 국왕(라마 10세)의 자리를 승계했습니다. 참고로 왕족은 왕궁이 아니라 찟라다 궁전 Chitralada Palace에서 생활하고 있습니다.
극진한 존경을 받는 태국 왕실에 대한 모독이나 비하 행위는 외국인도 법으로 처벌을 받을 수 있으니 조심해야 합니다. 왕실을 비하하는 발언을 하거나 국왕 사진을 향해 삿대질을 하는 것도 안 됩니다. 국왕 얼굴이 들어간 동전을 밟고 가는 것도 큰 실례가 됩니다. 태국의 모든 화폐 앞면에는 현재 국왕의 모습이 담겨 있으므로 주의해야 합니다.

06

ธนบุรี

Thonburi

톤부리

엄밀히 말해 방콕은 톤부리에서 시작됐다. 라따나꼬씬으로 수도를 옮기기 전, 15년 동안 태국의 수도 역할을 했던 곳이다. 아유타야 왕조가 망하고 짜끄리 왕조가 생기기까지 1767년부터 1782년 사이 프라야 딱씬 장군 General Phraya Taksin이 이끈 톤부리 왕조는 단 한 명의 왕으로 운명을 마감한 비운의 왕조다.

톤부리는 짜오프라야 강 서쪽의 방콕 노이 운하(크롱 방콕 노이) Khlong Bangkok Noi와 방콕 야이 운하(크롱 방콕 야이) Khlong Bangkok Yai에 형성된 지역이다. 강과 운하가 거미줄처럼 엮여 있으며, 운하(Khlong)를 따라 물을 벗삼아 생활해가는 전통어린 삶의 모습이 여전히 남아 있다.

톤부리로 가기 위해서는 보트를 타야 하는데 강을 건너는 것 자체가 여행의 잔재미로 느껴진다. 여행자들에게는 방콕의 상징처럼 여겨지는 왓 아룬과, 르아 항 야오(긴 꼬리 배)를 타고 운하 안쪽 깊숙이 들어가면 한적한 풍경과 인심 좋은 사람들을 만나게 될 것이다.

볼 거 리	★★★★☆ P.191
먹을거리	★★★☆☆ P.197
쇼 핑	★☆☆☆☆

알아두세요

❶ 수상 보트를 타기 위해서는 잔돈을 미리 준비하자.

❷ 강을 건너는 르아 캄팍은 목적지를 반드시 확인하고 보트를 타야 한다.

❸ 왓 아룬 앞 임시 선착장에 수상 보트(짜오프라야 익스프레스 보트)가 정박한다.

❹ 왓 아룬 선착장 맞은편에 타 띠안 선착장이 있다. 타 띠안 선착장에서 왓 포까지 걸어서 5분 거리에 있다.

❺ 카오산 로드로 직행할 경우 수상 보트를 타고 타 프라아팃 선착장에 내린다.

Don't miss 이것만은 놓치지 말자

❶ 왓 아룬 배경으로 기념사진 찍기. (P.191)

❷ 짜오프라야 강을 오가는 수상 보트 타보기.(P.285)

❸ 왓 아룬의 중앙 탑 계단을 올라 주변 풍경 보기.(P.191)

❹ 강 건너편 루프 톱에서 왓 아룬 야경 감상하기. (P.185)

❺ 시간이 허락한다면 왓 빡남 다녀오기 (P.197)

Access 톤부리의 교통

톤부리는 육로 교통보다 수상 교통이 발달해 있다. 짜오프라야 강을 건너기 위해서는 보트가 필수 교통수단이다. 택시를 탈 경우 삔까오 다리(싸판 삔까오) Saphan Pin Klao를 건너야 하기 때문에 목적지까지 한참을 돌아가게 된다.

+ 르아 두안 Chao Phraya Express
씨리랏 병원과 씨리랏 의학 박물관은 타 왕랑 Tha Wang Lang 선착장(선착장 번호 N10)을, 씨리랏 피묵싸탄 박물관은 타 롯파이 Tha Rot Fai(Thonburi Railway Station) 선착장(선착장 번호 N11)을 이용한다.
*보트 선착장 보수 공사로 인해, 따 띠안 Tha Tien 선착장(선착장 번호 N8번)에 보트가 정박하지 않고 맞은편(강 건너)에 있는 '왓 아룬' 선착장 앞에 내려준다.

+ 투어리스트 보트
주요 관광지와 가까운 선착장 9곳만 들른다. 왓 아룬 편의

왓 아룬 선착장을 이용하면 된다. 보트 요금은 1일 탑승권(200B) 형식으로 판매한다. 자세한 내용은 P.70 참고.

+ 르아 캄팍 Cross River Ferry
강 건너편을 오갈 때 이용한다. 타 프라짠 Tha Phra Chan 선착장(탐마쌋 대학교 후문 앞)에서는 타 왕랑(씨리랏) 선착장과 타 롯파이 선착장을 오가는 두 개의 보트 노선을 운영한다. 타 마하랏 선착장(P.182)에서도 타 왕랑(씨리랏) 선착장까지 보트가 운행된다. 왓 아룬을 갈 때는 타 띠안 Tha Tien 선착장(선착장 번호 N8)을 이용한다.

Best Course 추천 코스

① 핵심 코스(왓 아룬 + 왓 포 일정)

왓 아룬 선착장 ① — 도보 1분 — 왓 아룬 ② — 보트 3분 — 타 띠안 선착장 ③ — 도보 5분 — 왓 포 ④

② 하루 코스(톤부리 + 라따나꼬씬 일정)

왓 아룬 ① — 보트 3분 — 타 띠안 선착장 ② — 도보 5분 — 왓 포 ③ — 도보 5분 — 점심식사(타 띠안 선착장 주변 P.183) ④ — 도보 10~15분 — 왕궁 & 왓 프라깨우 ⑤ — 도보 5~10분 — 타 창 선착장 ⑥ — 보트 5분 — 타 왕랑 선착장 ⑦ — 도보 3분 — 왕랑 시장 ⑧ — 도보 10~15분 — 씨리랏 병원 & 의학 박물관 ⑧ — 도보 5~10분 — 타 롯파이 선착장 ⑨ — 보트 10분 — 타 프라아팃 선착장 ⑩ — 도보 5~10분 — 카오산 로드 ⑪

Attractions 톤부리의 볼거리

방콕에 단 하루만 머문다면 왓 프라깨우 & 왕궁과 더불어 톤부리의 왓 아룬은 꼭 봐야 할 볼거리다. 왓 아룬은 방콕의 상징처럼 여겨지는 곳으로 일출과 일몰 시간에 더욱 아름답다. 톤부리의 정취를 느끼고 싶다면 긴 꼬리 배를 빌려 운하 투어에 참가하자.

왓 아룬
Wat Arun วัดอรุณ ★★★★

주소 34 Thanon Arun Amarin **전화** 0-2891-2185 **운영** 08:30~17:00 **요금** 100B **가는 방법** ①수상 보트 왓 아룬 바로 앞에 있는 왓 아룬 임시 선착장에 내리면 된다. ②투어리스트 보트 왓 아룬 선착장에 내리면 사원 입구가 나온다. ③왓 포에서 갈 경우 타 띠안 선착장에서 강을 건너는 보트(르아 캄팍)를 타고 맞은편에 있는 왓 아룬 선착장에 내리면 된다. Map P.6-A3

새벽 사원 Temple Of The Dawn이란 이름으로 더 유명한 사원이다. 본래 아유타야 시대에 만들어진 왓 마꼭 Wat Makok이었으나 톤부리 왕조를 세운 딱씬 장군에 의해 왓 아룬으로 개명되었다. 이는 버마(미얀마)와의 전쟁에서 승리하고 돌아와 사원에 도착하니 동이 트고 있다고 해서 붙여진 이름이다.

왓 아룬은 톤부리 왕조의 왕실 사원으로 신성한 불상, 프라깨우를 본존불로 모시기도 했다. 15년이란 짧은 기간으로 왕실 사원의 역할을 다한 왓 아룬은 새로이 등장한 라따나꼬씬의 짜끄리 왕조에 의해 대형 사원으로 변모하기 시작했다. 라마 2세 때 대형 탑인 프라 쁘랑 Phra Prang을 건설했고, 라마 4세 때 중국에서 선물 받은 도자기 조각으로 프라 쁘랑을 장식하며 단순한 사원에서 화려한 사원으로 탈바꿈했다.

프라 쁘랑은 전형적인 크메르 양식의 건축 기법으로 힌두교와 연관된다. 탑을 통해 힌두교의 우주론을 형상화한 것인데, 중앙의 높이 82m 탑이 우주의 중심인 메루산 Mount Meru(수미산)을 상징한다. 주변의

네 개의 작은 탑은 우주를 둘러싼 4대양을 의미한다. 중앙 탑은 계단을 통해 중간까지 올라갈 수 있다. 가파른 계단을 오르면 라따나꼬씬의 왕궁과 왓 포를 포함한 짜오프라야 강 일대의 탁 트인 전경이 파노라마처럼 펼쳐진다.

왓 아룬의 대법전은 프라 쁘랑 뒤쪽에 있다. 전형적인 라따나꼬씬 건축(방콕 초기 사원 건축) 양식으로 만든 단아한 3층 지붕 건물이다. 라마 2세가 직접 디자인한 불상을 대법전 본존불로 모시고 있다. 부처의 일대기를 그린 벽화도 선명하게 남아 있다. 왕실 사원으로 건설됐던 곳이라 입장할 때 복장에 신경을 써야 한다. 미니스커트, 반바지, 슬리퍼, 민소매 같은 노출이 심한 옷은 삼가야 한다.

왓 아룬의 프라 쁘랑

왓 아룬의 대법전

왓 아룬 야경

왓 아룬에서 바라 본 방콕 풍경

왕실 선박 국립 박물관
Royal Barge National Museum
พิพิธภัณฑสถานแห่งชาติ เรือพระราชพิธี ★★

현지어 피피타판 행찻 르아 프라랏차피티 **주소** Khlong Bangkok Noi **전화** 0-2424-0004 **운영** 09:00~17:00 **요금** 100B(사진 촬영 시 100B 추가) **가는 방법** 수상 보트 ①타 싸판 삔까오 선착장(선착장 번호 N12)에서 내려 삔까오 다리 Pin Klao Bridge 아래. 첫 번째 골목인 쏘이 왓 두씨따람 Soi Wat Dusitaram으로 들어간다. 골목에 박물관 안내판이 있으나 워낙 좁은 골목으로 찾아들어 가야 하기 때문에 동네 사람들에게 길을 물어보자. 선착장에서 박물관까지 도보 20분. ②긴 꼬리 배를 빌려 운하 투어할 때 들러도 된다. Map P.6-A1 Map P.13-A2

짜오프라야 강과 연결되는 방콕 노이 운하 Khlong Bangkok Noi에 있다. 짜끄리 왕조 국왕들이 사용한 269척의 선박 중에 8척의 중요한 선박을 보관한 왕실 선박 박물관. 왕실 선박의 특징은 뱃머리를 장식한 황금빛의 화려한 동물들로 〈라마끼안〉에 등장하는 힌두교 신들과 연관되어 있다.

가장 눈여겨봐야 할 선박은 '황금 백조'라는 뜻을 지닌 쑤판나홍 Suphannahong이다. 라마 6세가 사용하던 선박으로 길이 50m, 무게 15톤에 달한다. 나무 한 개를 깎아 만든 세계에서 가장 큰 통나무배로 이름처럼 황금 백조가 뱃머리에 조각되어 있다.

선왕인 라마 9세 행차 때 사용했던 나라이쑤반 Narai Suban도 눈여겨보자. 뱃머리에는 국왕을 상징하는 나라이 Narai가 조각되어 있으며, 사람 모양의 새인 쑤

반 Suban이 나라이를 태우고 있다. 태국 사원에서 흔히 볼 수 있는 장식이기도 하다.

왓 라캉 Wat Rakhang
วัดระฆัง ★★

주소 250 Thanon Arun Amarin **운영** 08:00~17:00 **요금** 무료 **가는 방법** 수상 보트 ①타 창 Tha Chang 선착장(선착장 번호 N9)에서 강을 건너는 르아 캄팍을 타고 타 왓 라캉 Tha Rakhang 선착장에 내리면 사원이 바로 앞에 있다. ②타 왕랑 선착장(선착장 번호 N10)에서 왓 라캉으로 바로 간다면 왕랑 시장을 관통해 강변과 연한 좁은 길을 따라 도보 10~15분. Map P.6-A2

사원의 규모나 아름다움에 비해 여행자들의 발길이 뜸한 왓 라캉은 라마 1세가 국왕이 되기 전에 머물렀던 사원이다. 짜오프라야 강을 사이에 두고 왕궁과 마주보고 있어 타 창 선착장에서 보트를 타고 강을 건너야 한다.

사원 내부에는 전형적인 라따나꼬씬 시대 건축 양식으로 만들어진 우보쏫(대법전)과 크메르 양식으로 만들어진 탑인 쁘랑 Prang이 있다. 하지만 사원을 유명하게 하는 것은 다름 아닌 라캉(종)이다. 종소리가 너무도 아름다워 라마 1세가 수도를 라따나꼬씬으로 옮길 때 범종도 새로운 왕실 사원인 왓 프라깨우로 가져갔을 정도라고 한다. 오늘날 왓 라캉에 보관되어 있는 범종은 라마 1세가 새롭게 만들어 선사한 모사품이다.

사원에 들어갔다면 대법전 내부 벽화를 눈여겨보자. 힌두 신화인 〈라마끼안〉과 불교의 우주 진리를 표현한 화려하고 섬세한 벽화가 창문 틈 사이로 들어오는 햇빛과 조화를 이룬다. 사원 입구의 선착장 주변에서는 물고기를 방생하며 소원을 비는 사람들의 모습을 흔하게 볼 수 있다.

라마 6세가 사용하던 쑤판나홍 선박

왓 라캉

왕랑 시장 Wang Lang Market
ตลาด วังหลัง ★★

현지어 딸랏 왕랑 **위치** 타 왕랑 선착장 Tha Wang Lang 주변 **운영** 09:00~20:00 **가는 방법** 수상 보트 타 왕랑 선착장(선착장 번호 N10)에 내리면 선착장 주변이 왕랑 시장이다. Map P.6-A1

타 왕랑(씨리랏) 선착장 주변에 형성된 재래시장이다. 보트를 타고 강 건너를 오가는 방콕 소시민들의 일상적인 삶과 어울려 시장은 활기가 넘친다. 과거 태국 남부를 연결하는 기차역과 가까웠기 때문에, 방콕에 가장 먼저 태국 남부 음식이 전래된 곳이라고 한다.

왕랑 시장은 선착장부터 좁은 골목 사이에 시장이 형성되어 비좁다. 노점상이 많아 살 것보다는 먹을거리가 더욱 눈길을 끈다. 일정이 빠듯하지 않다면 선착장의 부둣가 2층 식당에 자리 잡고 바삐 움직이는 사람들을 보며 여유를 부려보자.

왕랑 시장

재래 시장 답게 다양한 노점이 들어서 있다

타 왕랑 선착장 주변으로
왕랑 시장이 형성되어 있다

씨리랏 병원(롱파야반 씨리랏)
Siriraj Hospital
โรงพยาบาลศิริราช ★

주소 2 Thanon Wang Lang **전화** 0-2419-9465 **홈페이지** www.si.mahidol.ac.th **가는 방법** ①수상 보트 타 왕랑 선착장(선착장 번호 N10)에서 도보 5분. ②수상 보트 타 롯파이 선착장(선착장 번호 N11)에서 내려서 걸어가도 된다. Map P.6-A1

태국 최초의 의료 기관이다. 1888년 라마 5세(쫄라롱껀 대왕) 시절에 만들어졌다. 당시 유행하던 콜레라를 치료하기 위해 국왕이 앞장서 의료 시설을 만든 것. 콜레라로 18개월 만에 사망한 그의 아들 '씨리랏'을 기리기 위해 병원 이름을 씨리랏 병원으로 지었다고 한다. 왕궁 뒤쪽에 있다고 해서 왕랑 병원 Wang Lang Hospital이라고 불리기도 했다(씨리랏 병원은 오늘날의 왕궁 뒤편에 해당하는 짜오프라야 강 건너편에 있다).

현재는 태국 최대의 병원으로 변모했으며, 마히돈 대학교 Mahidol University 의과 대학까지 들어서 있다. 2009년부터 2016년 서거할 때까지 라마 9세(푸미폰 국왕)가 이곳에서 치료받으며 명성이 더해졌다. 씨리랏 의학 박물관과 씨리랏 피묵싸탄 박물관을 함께 운영한다.

씨리랏 병원

현대적인 대학 병원으로 변모한 씨리랏 병원

씨리랏 의학 박물관
Siriraj Medical Museum
พิพิธภัณฑ์การแพทย์ศิริราช ★★☆

현지어 피피타판 씨리랏 **주소** 2 Thanon Wnag Lang, Siriraj Hospital **전화** 0-2419-2618 **홈페이지** www.sirirajmuseum.com/siriraj-medical-museum-en.html **운영** 10:00~16:30, 매표 마감 15:30(휴무 화요일·국경일) **요금** 200B **가는 방법** 수상 보트 타 왕랑 선착장(선착장 번호 N10)에서 내리면 오른쪽에 씨리랏 병원이 보인다. 씨리랏 병원으로 들어간 다음 'Museum'이라 쓰인 안내판을 따라가면 병리학 박물관이 나온다. Map P.6-A1 Map P.13-A2

씨리랏 병원 Siriraj(Sirirat) Hospital에서 운영하는 의학 박물관이다. 두 동의 건물로 나뉘어 모두 6개 박물관으로 구성된다. 아둔야뎃위콤 건물 Adun-yadetvikrom Bldg. 2층에는 병리학 박물관 Ellis Pathological Museum과 법의학 박물관 Forensic Medicine Museum이 있다. 병리학 박물관은 교통사고 등으로 사망한 사람들의 장기, 폐, 심장 같은 신체 기관을 전시한다. 의대생들을 위해 교육용으로 만들었는데 너무 적나라한 모습에 혐오스럽기까지 하다. 법의학 박물관에서는 1950년대 태국을 떠들썩하게 했던 연쇄살인범 '씨우이 Si Ouy'를 포함해 연쇄 강간범 등 잔혹한 범죄를 저지른 자들의 미라를 만들어 전시하고 있다.

아둔야뎃위콤 건물 앞에 있는 해부학 건물 Anatomy Bldg. 3층에는 해부학 박물관이 있는데, 입구부터 음산한 분위기를 자아낸다. 다양한 인체를 해부해 전시하고 있으며, 특히 태어나자마자 사망한 '샴 쌍둥이'의 표본을 다량 전시하고 있다. 몸은 하나지만 머리가 두 개

과거 한약방을 재현한 모형

미라와 신체 장기등을 보존한 씨리랏 의학 박물관

인 샴 쌍둥이가 최초로 태어난 곳이 태국이라고 한다. 박물관 내부는 사진 촬영이 금지된다.

씨리랏 피묵싸탄 박물관
Siriraj Phimukhsthan Museum
พิพิธภัณฑ์ศิริราชพิมุขสถาน ★★

현지어 피피타판 씨리랏 피묵싸탄 **주소** 2 Thanon Wang Lang, Siriraj Hospital **전화** 02-419-2601~2 **홈페이지** www.sirirajmuseum.com/bimuksthan-en.html **운영** 10:00~17:00(휴무 화요일) **요금** 200B **가는 방법** 수상 보트 타 롯파이 Tha Rot Fai(Thonburi Railway Station) 선착장(선착장 번호 N11)에서 도보 3분. Map P.6-A1 Map P.13-A2

씨리랏 병원에서 2012년에 만든 씨리랏 피야마하랏까룬 병원(롱파야반 씨리랏 피야마하랏까룬) Siriraj Piyamaharajkarun Hospital(홈페이지 www.siphhospital.com) 안에 있다. 기존의 톤부리 기차역(오늘날의 톤부리 역은 기존의 위치에서 더 서쪽으로 이전했다) 부지를 매입해 현대적인 병원 시설을 신축하면서, 역사적인 가치를 지닌 옛 톤부리 역 청사를 보존해 씨리랏 피묵싸탄 박물관을 만들었다. 태국 전통 의학과 현대 의학에 관한 내용을 전시하고 있다. 박물관 앞쪽에는 과거에 운행되던 기차도 전시되어 있다.

박물관 앞 쪽에는 황금색으로 반짝이는 정자가 세워져 있다. 과거 왕랑 궁전 Wang Lang Palace(왕궁 뒤쪽에 있던 궁전이란 뜻이다)을 복원한 것이다. 인공 연못 위에 정자를 세웠으며, 정자 내부에는 라마 5세 동상을 모셨다. 박물관은 본관을 입장할 때만 입장료를 받기 때문에, 박물관을 거쳐 씨리랏 병원으로 들어가는 데는 아무런 문제가 되지 않는다.

옛 톤부리 기차역 청사 앞에는 기차와 철로가 놓여 있다

씨리랏 피묵싸탄 박물관 전경

왓 깔라야나밋
Wat Kalayanamit
วัดกัลยาณมิตรวรมหาวิหาร ★★☆

주소 Soi Wat Kalayanamit **요금** 무료 **가는 방법** MRT 싸남차이 역에서 300m 떨어진 타 앗싸당(타르아 앗싸당) Atsadang Pier เท่าเรืออัษฎางค์에서 강을 건너는 르아 캄팍을 타면 왓 깔라야나밋에 도착한다.

Map P.14-A2

여행자들의 발길은 뜸하지만 태국 관광청에서 선정한 방콕 9대 사원 중의 하나로 1825년 라마 3세 때 건설됐다. 짜오프라야 강과 접하고 있는 전형적인 라따나꼬씬 시대 사원으로 멀리서도 눈에 띄는 인상적인 사원이다.

3층의 겹지붕으로 만든 멋스런 우보쏫(대법전)과 태국에서 가장 큰 동종(銅鐘)을 보관한 종루가 볼 만하다. 사원 내부에 중국과의 교역을 통해 전래된 중국 불상이 모셔져 있어 화교들의 발길도 잦다.

짜오프라야 강변의 왓 깔라야나밋 사원

왓 깔라야나밋 일몰

왓 프라윤 Wat Phrayun
วัดประยุรวงศาวาสวรวิหาร ★★

요금 무료 **가는 방법** 산타 크루즈 교회에서 나오면 같은 골목에 왓 프라윤으로 들어가는 후문이 보인다.

Map P.14-A2

산타 크루즈 교회 옆에 있는 독특한 모양새의 불교 사원이다. 사원의 공식 명칭은 왓 프라윤웡싸왓 워라위한 Wat Prayunwongsawat Worawihan이다. 멀리서도 흰색의 종모양 쩨디가 선명하게 보이는 사원으로 특이하게도 우보쏫(대법전)이 없고 위한(법당)만 두 개를 만들었다. 사원 경내에는 인공 언덕인 '카오 머 Khao Mo'가 있다. 사원을 건설한 라마 3세의 변덕스러움이 잘 묻어나는 곳으로 연못과 동굴을 만들고 언덕 정상에는 미니어처로 만든 법전과 쩨디까지 만들어 놓았다. 그 후 라마 3세 추종자들에 의해 각종 양식의 미니어처 탑들이 세워지면서 태국 사원에서 보기 힘든 기이한 공간으로 변모했다.

사원 옆 쪽의 라마 1세 기념 대교(싸판 풋) Memorial Bridge를 건너면 차이나타운 초입에 해당하는 빡크롱 시장(P.208)이 나온다.

왓 프라윤 쩨디(종 모양의 불탑)

왓 프라윤 사원 경내에 있는 인공 언덕

산타 크루즈 교회 Santa Cruz Church
วัดซางตาครู้ส (วัดกุฎีจีน)   ★★

주소 Soi Kutijin, Thanon Thetsabansai 1 **요금** 무료 **가는 방법** 왓 깔라야나밋을 바라보고 왼쪽 골목으로 나간 다음 쏘이 왓 깔라야나밋 Soi Wat Kalayanamit이 나오면 좌회전한다. 첫 번째 사거리인 타논 텟싸반싸이 능 Thanon Thetsabansai 1에서 우회전하면 산타 크루즈 교회로 들어가는 쏘이 꾸띠찐 Soi Kutijin이 나온다. 왓 깔라야나밋에서 도보 5분. 길이 좁기 때문에 동네 주민들한테 길을 물어보자. Map P.14-A2
방콕에 정착한 초기 포르투갈인들이 1913년에 건설한 가톨릭교회다. 당시 톤부리 지역에만 4,000명의 포르

투갈인이 거주하며 태국과 왕성한 무역을 벌였으나 현재는 교회를 제외하면 유럽적 풍취는 거의 찾아볼 수 없다. 교회도 평일에는 한적한 편으로 토요일 저녁과 일요일 오전 예배 시간에만 교회 내부를 방문할 수 있다. 태국식 명칭은 왓 꾸띠찐 Wat Kutijin이다.

포르투갈 상인들이 1913년에 건설한 산타 크루즈 교회

Travel Plus 방콕의 옛 모습을 찾아 떠나는 운하 투어 Canal Tour

아유타야 시대부터 라따나꼬씬 시대까지 싸얌(태국) 사람들에게 수상 교통은 없어서는 안 될 불가결한 요소랍니다. 강과 운하로 형성된 물줄기는 생활 전반에 지대한 영향을 미쳤을 정도니까요. 현대적인 도시로 변모한 라따나꼬씬에 비하면 개발이 미비한 톤부리는 옛 모습을 경험하기 좋은 곳입니다. 방콕 외곽까지 멀리 떠나지 않고도 긴 꼬리 배(르아 항 야오) Long Tail Boat만 타면 100년을 훌쩍 건너 뛴 과거의 한 시점으로 돌아갈 수 있지요.
한때 동양의 베니스라는 별명을 얻을 정도로 칭찬이 자자했던 물의 도시 방콕. 긴 꼬리 배를 타고 운하로 들어서면 방콕 도심에서는 절대로 볼 수 없는 열대 지방의 한적한 풍경을 만나게 됩니다. 운하를 향해 계단이 이어진 목조 가옥들, 운하 주변에서 식기를 닦거나 빨래를 하는 아낙들, 더위를 식히기 위해 다이빙을 하는 아이들의 천진난만한 모습까지.
보트를 빌리기 가장 편리한 곳은 왕궁과 가까운 타 창 Tha Chang 또는 타 띠안 Tha Tien 선착장입니다. 관광객이 많이 드나드는 곳인 만큼 호객꾼들의 성화가 대단하니 일정과 요금을 미리 흥정하는 게 좋지요. 요금은 코스와 인원에 따라 다릅니다. 1시간 정도 배를 빌릴 경우 1,500~1,900B(2~6명 기준)에 흥정하면 됩니다. 바가지 요금이 극성을 부리자 최근 여행사에서 공정 요금을 제시한 투어도 운행하고 있습니다. 8명 출발 기준으로 1인당 요금 450B으로 저렴합니다.
톤부리의 대표적인 운하인 방콕 노이 운하 Khlong Bangkok Noi와 방콕 야이 운하 Khlong Bangkok Yai를 연결해 돌아보는 코스가 일반적입니다. 왕실 선박 박물관을 시작으로 왓 쑤완나람, 왓

따링찬 수상시장 / Khlong Chak Phra / Khlong Bangkok Noi / 왕실 선박 박물관 / 씨리랏 병원 / 왕궁 / 크롱 랏마욤 수상시장 / Khlong Bang Noi / 왓 포 / Khlong Mon / 왓 아룬 / Khlong Bang Waek / 왓 깔라야나밋 / 방루앙 아티스트 하우스 / Khlong Bangkok Yai / 왓 빡남 / 짜오프라야 강

씨쑤다람, 왓 쑤완키리, 따링짠 수상시장을 거쳐 왓 깔라야나밋(P.195)을 지나 짜오프라야 강으로 돌아 나오는데, 90분 정도가 걸립니다. 참고로 따링짠 수상시장은 주말에만 형성되기 때문에 토요일과 일요일에 운하 투어에 참여하면 더욱 풍부한 볼거리를 볼 수 있습니다.

왓 빡남(왓 빡남 파씨짜런) Wat Paknam
วัดปากน้ำภาษีเจริญ ★★★☆

주소 Thanon Thoet Thai Soi 28 **전화** 0-2467-0811 **운영** 08:00~18:00 **요금** 무료 **가는 방법** ①타논 텃타이 쏘이 28 골목으로 들어가서 왓 쿤짠 Wat Khunchan(사원) 옆의 운하를 건너면 된다. ②MRT 방파이 Bang Phai 역에서 800m 떨어져 있다. Map P.30 Map P.196

아유타야 시대에 건설된 사원으로 400년이 넘는 역사를 간직하고 있다. 7.9에이커(약 9,600평) 규모로 정원과 운하에 둘러싸여 있다. 왓 빡남을 유명하게 만든 건 주지승을 지냈던 프라몽콘텝무니(루앙퍼 쏫짠싸로) พระมงคลเทพมุนี(1884~1959년)로, 태국 불교에서 중요시되는 탐마까야 명상 Dhamma kaya Meditation을 창시했다. 이는 붓다가 득도할 때 행했던 명상법으로 여겨진다. 경내에 모신 스님의 등신불은 신자들이 찾아와 금박지를 붙여 놓은 까닭에 황금색으로 변해있다.

관광객이 사원을 찾는 이유는 대형 불상과 쩨디(불탑)를 보기 위해서다. 2012년에 건설된 80m 크기의 쩨디는 프라 마하 쩨디 마하랏차몽콘 Phra Maha Chedi Maharatchamongkhon이라 불린다. 쩨디 내부에는 녹색 유리로 만든 또 다른 탑이 있다. 돔 모양의 천장에는 보리수나무 아래서 명상하고 있는 붓다가 그려져 있는데, 탑과 어우러져 마치 작은 우주를 연상케 한다. 최근에 완성된 대형 불상(프라 붓다 탐마까야 텝몽콘)은 70m 크기로 웅장하다.

왓 빡남 사원의 대형 불상

작은 우주를 형상화한 녹색 유리 탑

Restaurant 톤부리의 레스토랑

쑤파트라 리버 하우스
Supatra River House ★★★★

주소 266 Soi Wat Rakhang, Thanon Arun Amarin **전화** 0-2411-0305 **홈페이지** www.supatrariverhouse. net **영업** 11:30~14:30, 17:30~23:00 **메뉴** 영어, 태국어 **예산** 메인 요리 250~1,700B(+17% Tax) **가는 방법** 타 창 Tha Chang 선착장(선착장 번호 N9)에서 강을 건너는 르아 캄팍 (수상 보트)를 타고 타 라캉 Tha Rakhang 선착장에서 내린다. 왓 라캉 앞에서 오른쪽 골목으로 도보 5분. Map P.6-A2

짜오프라야 강 건너 톤부리 쪽 강변에서 가장 근사한 레스토랑이다. 티크 나무로 만든 2층 전통가옥을 개조한 것이 특징. 전통가옥의 주인인 쿵잉 쑤파트라 Khunying Supatra가 자신이 거주하던 저택을 지금의 모습으로 탈바꿈했다. 에어컨이 설치된 실내도 좋지만 저녁에는 강변 테라스가 훨씬 운치 있다.

정통 태국 음식 전문점으로 다양한 태국 음식과 시푸드 요리를 먹을 수 있다. 가격은 비싸지만 그만큼 음식의 맛과 양으로 보답한다. 저녁에는 왕궁을 포함한 강변의 야경을 덤으로 얻을 수 있다. 토요일 저녁 7시 30분에는 야외무대에서 전통 무용을 공연한다. 저녁 시간에는 타 마하랏(P.182) 선착장에서 운행하는 레스토랑 전용 보트를 이용하면 편리하다.

Supatra River House
DINING THEATRE
EXOTIC THAI & SEAFOOD CUISINE
Tel 0-2411-0305 0-2411-0874

쑤파트라 리버 하우스

07

Dusit

두씻

유럽을 방문한 후 태국으로 돌아온 라마 5세(쭐라롱껀 대왕, 재위 1868~1910)가 새롭게 건설한 신도시. 두씻은 유럽 도시를 모델로 삼아 가로수 길을 내고 왕실 건물을 빅토리아 양식으로 꾸몄으며 대리석을 수입해 사원을 만들었다. 당시에는 매우 파격적인 계획도시를 건설했다.

두씻은 라따나꼬씬 지역과 더불어 다양한 볼거리를 간직한 곳이다. 위만멕 궁전으로 대표되는 두씻 정원, 방콕에서 단일 사원으로 가장 아름다운 왓 벤짜마보핏, 유럽 여느 도시의 궁전을 연상케 하는 아난따 싸마콤 궁전, 현재 국왕이 거주하는 찟라다 궁전 Chitralada Palace까지 국왕과 왕실을 위해 만든 공간들로 가득하다.

공해와 차량으로 신음하는 방콕의 다른 지역과 비교해 신록이 우거진 두씻 지역은 고층 빌딩보다는 관공서, 대학 등이 몰려 있어 비교적 조용하다. 국왕과 왕비가 행차하던 타논 랏차담넌 녹 Thanon Ratchadamnoen Nok을 따라 방콕의 작은 유럽 속으로 들어가 보자.

볼 거 리	★★★☆☆ P.200
먹을거리	★★☆☆☆ P.204
쇼 핑	★★★★★

 **Check** **알아두세요**

❶ 두씻 궁전 내의 대부분 건물들이 대대적인 보수 공사로 인해 관광객 입장을 금하고 있다.

❷ 아난따 싸마콤 궁전은 먼발치서만 바라다볼 수 있다.

❸ 왕실 건물을 방문하려면 복장에 신경을 써야 한다. 노출이 심한 옷을 삼가자.

❹ 왓 벤짜마보핏은 아침 시간에 방문하는 게 좋다. 태양이 사원을 비추고 있어 반짝반짝 빛난다.

❺ 타 테윗 선착장 주변에 분위기 좋은 강변 레스토랑이 있다.

 Access **두씻의 교통**

라따나꼬씬과 더불어 왕실 건물이 많아서 BTS와 지하철 노선은 없다. 수상 보트를 탈 경우 타 테윗 선착장이 가장 가깝다.

+ 수상 보트
타 테윗 선착장(선착장 번호 N15)에 내려서 타논 쌈쎈 Thanon Samsen → 타논 씨 아유타야 Thanon Si Ayuthaya 방향으로 도보 20~30분 정도 걸린다.

+ BTS
파야타이 Phayathai 역이나 아눗싸와리(전승기념탑) Victory Monument 역에서 내려 택시를 이용한다. 택시 요금은 70~80B 정도.

Best Course **추천 코스**

왓 벤짜마보핏
① 도보 10분
라마 5세 동상
② 도보 5분

아난따 싸마콤 궁전 입구
(내부 출입 불가)
③

Attractions 두씻의 볼거리

왕궁이 있는 라따나꼬씬과 더불어 왕실 건물이 많은 지역이다. 위만멕 궁전과 아난따 싸마콤 궁전 등 화려한 볼거리가 많았지만, 대부분의 볼거리들이 보수 공사로 인해 현재 출입이 제한되고 있다. 대리석 사원으로 불리는 왓 벤짜마보핏이 가장 볼만하다.

왓 벤짜마보핏(왓 벤)
Wat Benchamabophit
วัดเบญจมบพิตร ★★★★

주소 69 Thanon Phra Ram 5(Rama 5 Road) & Thanon Si Ayuthaya 전화 0-2282-7413 홈페이지 www.watbencha.com 운영 08:00~17:30 요금 50B 가는 방법 ①카오산 로드에서 뚝뚝 또는 택시로 10~15분. ②라마 5세 동상에서 도보 10분. Map P.12-B2

유럽풍의 건물을 많이 세운 라마 5세 때 만들었다. 대리석 사원 Marble Temple으로 불린다. 완벽한 좌우 대칭에서 느껴지는 정제된 완성미가 압권. 특히 태양빛을 받아 반짝이는 아침이면 그 어떤 사원보다도 아름답다. 우보쏫(대법전) 또한 대리석으로 만들었다. 태국의 왕실 사원치고는 엉뚱한 발상이지만, 건축 자재가 주는 특이함과 대칭미가 주는 안정감이 잘 어울린다.

사원 입구는 보행로를 만들어 파격을 시도했으나, 전체적인 구조는 전형적인 태국 사원 건축 양식인 십자형 구조를 바탕으로 만들었다. 대법전 내부에는 쑤코타이 시대 불상을 안치했으며, 창문은 스테인드글라스로 장식해 유럽의 색채를 가미하고 있다. 이렇듯 곳곳에서 대비와 대칭을 강조한 것이 왓 벤짜마보핏의 매력이다.

본존불인 프라 풋타 친나랏 Phra Phuttha Chinnarat 은 프라깨우와 더불어 태국에서 신성시되는 불상이다. 진품과 동일한 크기로 만든 복제품이지만 불상 아래에 라마 5세의 유해를 보관해 큰 의미를 지닌다. 대법전 뒷마당은 불상을 전시한 회랑이다. 태국뿐만 아니라 주변 국가에서 가져온 53개의 불상이 전시되어 있다. 다양한 재질과 양식으로 만든 불상을 진열해 마치 불상 박물관 같은 느낌마저 들게 한다.

대법전을 나온 다음에는 사원 경내를 산책하자. 수로와 나무다리, 연꽃 연못을 갖춘 넓은 사원 부지를 걷다 보면 자연스레 명상하는 기분이 든다.

왕실 사원으로 건설됐던 곳이라 입장할 때 복장에 신경을 써야 한다. 미스스커트, 반바지, 슬리퍼, 민소매 같은 노출이 심한 옷은 삼가야 한다.

왓 벤짜마보핏 본존불

수로와 정원으로 연결된 사원 경내

대법전의 스테인드글라스 장식

대리석 사원으로 불리는 왓 벤짜마보핏

두씻 궁전(공사 중. 내부 관람 불가)
Dusit Palace
พระราชวังดุสิต ★★★

현지어 쑤언 두씻(프라 랏차윙 두씻) **주소** 16 Thanon Ratchawithi & Thanon U-Thong Nai & Thanon Ratchasima & Thanon Si Ayuthaya **전화** 0-2281-5454 **홈페이지** www.vimanmek.com **가는 방법** ①뚝뚝이나 택시를 타면 된다. 카오산 로드 또는 아늣싸와리(전승 기념탑)에서 70~80B 정도 나온다.

Map P.12-B1

유럽 순방에서 돌아온 라마 5세, 쭐라롱껀 대왕 King Chulalongkon이 새로운 왕궁과 왕실을 위해 건설한 두씻 궁전. 1897년부터 1901년까지 건설했는데 공원과 궁전을 함께 조성해 두씻 공원 궁전 Dusit Garden Palace이라고도 불린다. 새로운 시대에 걸맞게 새로운 도시를 건설하려 했던 쭐라롱껀 대왕의 이념을 반영해 넓은 잔디 정원 안에 격식을 갖춘 빅토리아 양식의 건물들로 가득 채웠다. 전체 면적 64,749㎡으로 13개의 궁전이 들어서 있다. 위만멕 궁전, 아난따 싸마콤 궁전, 아피쎅 두씻 궁전이 가장 중요한 건물로 꼽힌다.

2017년부터 시작된 대대적인 보수 공사로 인해 내부 관람은 불가능하다. 라마 5세 동상 뒤쪽으로 보이는 아난따 싸마콤 궁전을 배경으로 기념사진 한 장 찍는 것으로 만족해야 한다.

위만멕 궁전(공사 중. 내부 관람 불가)
Vimanmek Palace
พระที่นั่งวิมานเมฆ ★★★

태국 최초로 유럽을 방문하고 돌아온 라마 5세가 만든 빅토리아 양식의 건물. 세계에서 가장 큰 티크 목조 건물이다. 못을 사용하지 않고 나무 압정으로 지어 건축적인 완성도 또한 높이 평가받는다. 전체적으로 3층의 L자 구조이며, 코너에는 팔각형 4층 건물이 연결되어 있다.

위만멕 궁전은 본래 1868년, 방콕 동쪽의 꼬 씨 창 Ko Si Chang에 지은 라마 5세의 여름 별장이다. 국왕 자신이 사랑하던 건물을 1901년에 두씻 정원으로 옮겨와 왕궁으로 사용한 것이다. 그러나 라마 5세가 위만멕에 거주한 기간은 그가 사망하기 전까지 불과 5년이다. 라마 5세가 사망한 1910년 이후에는 왕족들이 다시 라따나꼬씬의 왕궁으로 옮겨가 생활했으며, 위만멕 궁전은 왕실 물품 보관소로만 명맥을 유지했을 뿐이다.

위만멕 궁전이 다시 사랑받기 시작한 것은 1982년의 일이다. 선왕인 라마 9세의 부인, 씨리낏 왕비 Queen Sirikit의 후원 아래 박물관으로 재탄생했기 때문이다. 궁전의 81개의 방 가운데 31개 방을 일반에게 공개하고 있다.

궁전 내의 박물관은 국왕 집무실, 침실, 욕실, 응접실은 물론 쭐라롱껀 대왕(라마 5세)의 개인 소장품과 왕실 용품을 전시하고 있다. 또한 라마 5세가 유럽을

두씻 궁전을 연결하는 타논 랏차담넌 거리에는 왕실 휘장을 장식했다

내부 관람이 불가능하지만 기념 사진 찍기 좋은 아난따 싸마콤 궁전

위만멕 궁전

위만멕 궁전

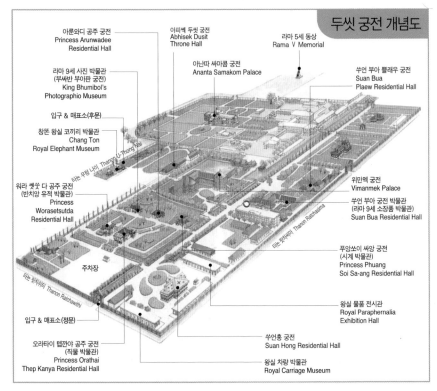

두씻 궁전 개념도

아룬와디 공주 궁전
Princess Arunwadee
Residential Hall

아피쎅 두씻 궁전
Abhisek Dusit
Throne Hall

라마 5세 동상
Rama V Memorial

라마 9세 사진 박물관
(부싸반 부아판 궁전)
King Bhumibol's
Photographio Museum

아난따 싸마콤 궁전
Ananta Samakom Palace

쑤언 부아 쁠래우 궁전
Suan Bua
Plaew Residential Hall

입구 & 매표소(후문)

창똔 왕실 코끼리 박물관
Chang Ton
Royal Elephant Museum

타논 우텅 나이 Thanon U-Thong Nai

워라 쎗쑷 다 공주 궁전
(반차양 유적 박물관)
Princess
Worasetsutda
Residential Hall

위만멕 궁전
Vimanmek Palace

쑤언 부아 궁전 박물관
(라마 9세 소장품 박물관)
Suan Bua Residential Hall

타논 랏차씨마 Thanon Ratchasima

주차장

타논 랏차위티 Thanon Ratchawithi

푸앙쏘이 싸앙 궁전
(시계 박물관)
Princess Phuang
Soi Sa-ang Residential Hall

입구 & 매표소(정문)

오라타이 텝깐야 공주 궁전
(직물 박물관)
Princess Orathai
Thep Kanya Residential Hall

쑤언홍 궁전
Suan Hong Residential Hall

왕실 차량 박물관
Royal Carriage Museum

왕실 물품 전시관
Royal Paraphernalia
Exhibition Hall

순방하면서 선물 받은 귀중한 물건과 중국, 일본, 이 탈리아, 벨기에, 영국, 프랑스 등에서 전해진 공예품, 도자기, 벤자롱, 크리스털 등으로 방을 꾸며 놓았다. 국왕이 거주하던 엄숙한 곳이기 때문에 왕궁과 마찬 가지로 복장 규정이 엄격하다. 미니스커트(치마는 무 릎을 덮어야 한다), 속이 비치는 스커트, 반바지, 찢어 진 청바지, 어깨가 드러난 민소매 옷을 착용하면 입 장할 수 없다. 싸롱(기다란 천모양의 치마)을 걸쳐야 하는데, 대여해 주지 않고 100B을 받고 판매한다. 카 메라와 소지품은 입장 전에 모두 사물함(사용료 20B) 에 보관해야 한다. 현재는 궁전의 내부 시설 공사로 인해 관광객 방문을 일시적으로 중단하고 있다.

아피쎅 두씻 궁전(공사 중. 내부 관람 불가)
Abhisek Dusit Throne Hall
พระที่นั่งอภิเศกดุสิต ★★

빅토리아 양식의 목조 건축물로 목조 베란다를 장식 한 격자세공이 매우 아름다운 곳이다. 1904년에 국왕 대관실로 만든 궁전으로 외부는 잔디를 가득 메운 정 원과 화단, 분수대로 꾸며 유럽의 궁전에 들어온 느 낌을 받는다. 궁전 내부는 황금으로 치장하지 않고 순백으로 장식해 담백함을 선사한다. 현재는 씨리낏 왕비가 지원하는 직업 및 기술 증진 협회(SUPPORT: Promotion of Supplementary Occupation & Related Techniques Foundation)에서 생산한 직물, 실크, 공예 품, 바구니 등을 전시하고 있다.

빅토리아 양식을 가미한 목조 건물 아피쎅 두씻 궁전

아난따 싸마콤 궁전(공사 중. 내부 관람 불가)
Ananta Samakom Palace
พระที่นั่งอนันตสมาคม ★★★☆

현지어 프라티낭 아난따 싸마콤 **전화** 0-2283-9411 **홈페이지** www.artsofthekingdom.com **운영** 화~일 10:00~16:00, 매표 마감 15:30(휴무 월요일 · 국경일) **입장료** 일반 150B, 학생 75B **가는 방법** 라마 5세 동상 뒤쪽에 보이는 건물이다. 두씻 궁전 정문보다는 후문(타논 우텅 나이)으로 들어가면 더 빠르다.

돔 모양의 아치 지붕이 이국적인 풍채를 풍기는 건물로 두씻 궁전 내에서 유럽 색채가 가장 강한 건물이다. 이탈리아 건축가가 설계했으며 대리석으로 지은 르네상스 양식의 궁전으로 라마 6세 때인 1925년에 완공됐다. 물론 건설을 지시한 사람은 유럽 문화에 감동받은 라마 5세. 국왕의 정치적인 행사보다는 외국 귀빈을 맞이하던 접견실로 사용했다. 라마 7세가 왕정 폐지를 공식적으로 서명한 역사적인 장소이기도 하다. 민주 혁명 이후에는 입헌 정부를 수립해 국회의사당으로 사용했다.

궁전 내부에 들어서면 화려한 장식에 압도된다. 중앙에는 국왕이 외빈 접견 때 사용하던 의자가 놓여 있

고, 〈라마끼안〉에 등장하는 신들과 유럽풍의 조각들이 곳곳에 장식되어 있다. 고개를 올려 천장을 살펴보면 역대 국왕들의 업적을 묘사한 벽화가 돔 하나하나 그려져 있음을 알 수 있다.

왕궁과 마찬가지로 복장 규정을 준수해야 한다. 소매 없는 옷이나 반바지, 미니스커트를 착용하면 입장할 수 없다. 남성은 긴 바지, 여성은 긴 치마 또는 긴 바지를 입어야 입장이 가능하다. 긴 치마(싸롱 Slaong)는 매표소에서 빌릴 수 있다(대여료 50B). 내부 사진 촬영은 금지되며, 소지품은 사물함에 보관해야 한다. 심지어 스마트폰도 휴대가 불가능하다. 매표소에서 한국어로 된 오디오 가이드를 대여해 준다.

라마 5세 동상 Rama Ⅴ Memorial
พระบรมรูปทรงม้า ลานพระราชวังดุสิต ★★

현지어 프라보롬롭 쏭 마(란프라랏차왕 두씻) **주소** Thanon Ratchadamnoen Nok & Thanon Si Ayuthaya **운영** 24시간 **요금** 무료 **가는 방법** ①카오산 로드에서 출발하면 도보 30분. 뚝뚝을 타고 가면 10분. ②왓 벤짜마보핏에서 출발하면 도보 10분. 두씻 정원 내부의 위만멕 궁전까지는 도보 20분.

Map P.12-B1

라마 5세, 쭐라롱껀 대왕(재위 1868~1910)은 태국 역사상 가장 위대한 국왕으로 칭송받는 인물이다. 태국 근대화에 앞장섰고, 서구 열강으로부터 식민지가 되지 않고 독립을 유지하는 데 큰 공헌을 했다. 특히 노예제도를 폐지해 국민적 신망이 매우 두텁다.

라마 5세 동상은 그가 유럽을 방문하고 돌아와 건설한 두씻 정원 앞 광장에 세워져 있다. 사령관 복장에 기마 자세를 취하고 있는 청동 조각으로 프랑스 조각가가 만들었다. 짜끄리 왕조의 다른 국왕들의 동상에 비해 기품과 힘이 넘친다. 동상 앞에는 향을 피우며 존경을 표하는 사람들이 많다. 특히 라마 5세를 기념하는 10월 23일이 되면 수많은 인파들의 추모 행렬이 밤까지 이어진다.

르네상스 양식으로 건설한 아난따 싸마콤 궁전

라마 5세 동상 뒤로 아난따 싸마콤 궁전이 보인다

아난따 싸마콤 궁전

Restaurant 두씻의 레스토랑

짜오프라야 강변의 '타 테웻(테웻 선착장) Tha Thewet(Thewet Pier 또는 Thewes Pier) 주변에 분위기 좋은 레스토랑이 몇 곳 있다.

인 러브
In Love ★★★☆

주소 Thewet Pier, 2/1 Thanon Krung Kasem **전화** 0-2281-2900 **영업** 11:00~24:00 **메뉴** 영어, 태국어 **예산** 140~430B **가는 방법** 수상 보트 '타 테웻' 선착장(선착장 번호 N15) 바로 옆에 있다. 수상 보트가 운행을 중단하는 밤에는 택시를 타고 가야한다. 카오산 로드에서 택시로 10분. Map P.12-A1

테웻 선착장(타 테웻) 바로 옆에 만든 야외 테라스 형태의 레스토랑이다. 복층으로 이루어졌기 때문에 2층 테라스에서의 전망이 뛰어나다. 짜오프라야 강과 라마 8세 대교(싸판 팔람 뺏) Rama VIII Bridge가 막힘없이 펼쳐진다. 해질 무렵에 주변 경관이 가장 아름답다. 현지 기후에 익숙한 태국 현지인들에게 인기 있는 레스토랑이다. 저녁에는 라이브 밴드가 음악을 연주한다. 시푸드를 포함한 다양한 태국 음식을 요리한다. 태국 사람들이 좋아하는 매콤한 태국식 샐러드(얌)와 생선 요리가 많다.

스티브 카페 Steve Cafe `인기`
สตีฟ คาเฟ่ (ศรีอยุธยา ซอย 21 เทเวศ) ★★★★

주소 68 Thanon Si Ayuthaya Soi 21, Wat Thewarat **전화** 0-2281-0915, 08-4361-4910 **홈페이지** www.stevecafeandcuisine.com **영업** 11:00~20:30 **메뉴** 영어, 태국어 **예산** 190~420B(+17% Tax) **가는 방법** ① 국립 도서관 옆길인 타논 씨 아유타야 끝까지 가면 왓 테와랏 꾼촌 워라위한 Wat Thewarat Kunchon

타 테웻 선착장에서 보이는 스티브 카페

Worawihan (줄여서 '왓 테와랏'이라고 말하면 된다)이 나온다. 사원을 통과해 후문으로 나오면 연결되는 작은 골목 끝에 있다. ② **수상 보트**를 타고 갈 경우 '타 테웻' 선착장에 내리면 된다. 수상 보트는 해가 지면 운행하지 않는다. ③카오산 로드에서 택시로 10분. Map P.12-A1

강변을 끼고 있는 주택가 골목의 사원 뒤쪽에 숨겨져 있다. 60년이나 된 가옥을 레스토랑으로 변경해 사용한다. 나무 바닥과 나무 테이블, 나무 의자가 빈티지한 느낌을 준다. 과거에 강변에 만든 목조 가옥이 어떠했는지 엿볼 수도 있다. 참고로 스티브는 태국인 주인장의 영어 이름이다.

외국인 관광객을 위한 곳이라기보다는 태국 사람들을 위한 맛집이다. 입소문을 타고 유명해져 각종 언론에 소개되고 있다. 시원한 강변 바람을 맞으며 식사할 수 있어 저녁에 인기가 높다. 음식은 20년 주방 경력을 자랑하는 주인장의 모친이 직접 요리한다. 그만큼 태국 음식 고유의 향신료와 맛에 충실하다. 물론 음식의 맵기도 태국 음식답다.

태국 음식이 익숙하지 않다면 해산물 요리와 볶음 요리 같은 무난한 음식을 주문하자. 메뉴가 다양하므로 본인의 취향에 따라 고르면 된다. 추천 레스토랑임에는 틀림이 없으나 외국인 관광객에게 호불호가 갈릴 가능성이 높다. 태국 음식의 맛과 향에 익숙한 사람들에게 더욱 어울리는 식당이다. 레스토랑이 규모가 작아서 저녁 시간에는 미리 예약하면 좋다.

In Love

Steve Cafe

08

Chinatown

차이나타운

라마 1세가 방콕을 건설하며 중국 상인들을 위한 거주 지역으로 만든 차이나타운은 타논 야왈랏 Thanon Yaowarat을 중심으로 재래시장이 밀집한 지역이다. 중국 사원은 물론 대를 이어오는 한약재상, 금은방, 샥스핀·딤섬 식당과 한자로 쓰인 거리 간판은 마치 중국의 어느 도시를 연상케 한다. 화교는 태국 인구의 14%를 차지하며 태국 경제의 80%를 장악해 막강한 힘을 가진다. 재계뿐만 아니라 정치, 군사 분야까지 태국 전반적인 주류 사회를 이끌고 있다. 18세기 때부터 태국으로 이주해 세대를 거듭하며 태국 사회에 녹아들었기 때문에 중국어가 아니라 태국어를 모국어로 사용한다.
차이나타운은 전체가 시장통이라고 해도 과언이 아니다. 복잡한 도로를 따라 차량과 사람들이 넘쳐난다. 또한 벽화 거리와 감성 카페가 매력적인 딸랏 노이, 도둑 시장으로 불리는 나컨 까쎔, 인도인 골목 파후랏 등이 중국 사원과 조화를 이룬다. 유적이 다양하지는 않지만 사람 사는 모습 자체가 활기를 불어넣어 주는 곳, 차이나타운. 언제나 활력 넘치고, 때론 혼란스럽기까지 한 그곳에서는 지도에 의지하지 말고 발길 가는 대로 좁은 골목을 누비며 사람들과 어깨를 부딪쳐 보자.

Check 알아두세요

❶ 아무리 정교한 지도라도 길 찾는데 도움이 안 된다. 적당히 헤맬 것은 각오하자.

❷ 차이나타운의 상점은 해가 지면 문을 닫는다. 물건은 낮 시간에 구입하자.

❸ 저녁때가 되면 노점 식당들이 도로에 하나둘 들어선다.

❹ 인도 물건을 구입하고 싶다면 파후랏에 잠시 들려보자.

❺ 차이나타운에 있는 쏘이 나나와 쑤쿰윗에 있는 쏘이 나나를 혼동하지 말 것.
쑤쿰윗 쏘이 나나(P.283)는 유흥업소가 몰려 있다.

❻ 딸랏 노이 골목에 힙한 카페가 몰려 있다.

Don't miss 이것만은 놓치지 말자

❶ 타논 야왈랏에서 중국어 간판 배경으로 사진 찍기.(P.210)

❷ 딸랏 노이(딸랏 너이) 골목길 탐방하기 (P.212)

❸ 왓 뜨라이밋의 황금 불상 감상하기. (P.213)

❹ 차이나타운 밤거리 노점 식당 탐방하기.(P.215)

❺ 쏘이 텍사스 시푸드 골목에서 저녁식사하기.(P.217)

❻ 쏘이 나나 (차이나타운)의 트렌디한 펍 방문하기(P.219)

❼ 차이나타운의 비좁은 골목 거닐기. (P.210)

❽ 딤섬 레스토랑에서 점심식사하기.(P.216)

차이나타운의 교통

수상 보트와 지하철이 발달해 있어 접근이 용이하다. 차이나타운에서는 걷는 게 최선의 방법이다.

+ 수상 보트

타 싸판 풋 Memorial Bridge 선착장(선착장 번호 N6)과 타 랏차웡 선착장(선착장 번호 N5) 두 곳이 차이나타운과 연결된다. 빡크롱 시장과 파후랏을 먼저 보고 싶다면 타 싸판 풋 선착장에, 타논 야왈랏으로 직행하고 싶다면 타 랏차웡 선착장에 내리자.

딸랏 노이에 갈 경우 타 끄롬짜오타(항만청) Marine Department 선착장(선착장 번호 N4)을 이용하면 된다. 오렌지 색 깃발 달린 짜오프라야 익스프레스 보트만 선착장에 들린다.

+ 투어리스트 보트

빡크롱 딸랏(N6/1 선착장) Pak Klong Taladd 선착장과 타랏차웡(N5 선착장) Ratchawongse 선착장을 이용하면 된다. 보트 요금은 1일 탑승권(200B) 형식으로 판매한다. 자세한 내용은 P.70 참고.

+ 지하철(MRT)

후아람퐁 역→왓 망꼰 역→쌈욧 역→싸남차이 역 방향으로 지하철(MRT 블루 라인)이 차이나타운을 관통한다.

Best Course 추천 코스

❶ 오전에 시작할 경우(차이나타운 관광)

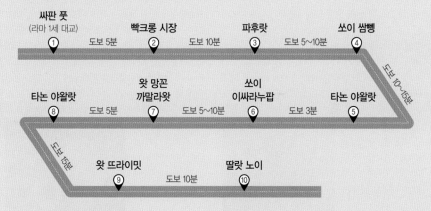

❷ 오후에 시작할 경우(차이나타운 맛집 탐방)

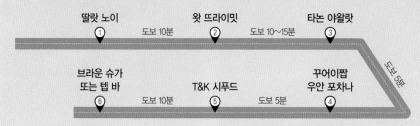

Attractions 차이나타운의 볼거리

특별한 목적지를 정하지 않고 거리를 걸으며 분위기를 느끼는 것만으로 차이나타운은 충분히 가치 있는 지역이다. 재래시장 분위기에 흠뻑 젖어 사람 사는 냄새를 맡아 보자.

싸판 풋(라마 1세 대교)
Saphan Phut(Memorial Bridge)
สะพานพุทธ ★★

주소 Thanon Saphan Phut **운영** 24시간 **요금** 무료 **가는 방법** 수상 보트를 타고 타 싸판 풋 선착장(선착장 번호 N6)에 내리면 된다. Map P.14-B2

방콕에 최초로 건설된 교량이다. 짜오프라야 강 동쪽과 서쪽을 연결하는 아치형 다리로 총 길이는 678m다. 방콕 건설 150주년을 기념하기 위해 1932년 4월 6일에 개통했다. 싸판 풋은 싸판 프라 풋타욧파 Saphan Phra Phutta Yodfa의 줄임말이다. 싸판은 다리, 프라 풋타욧파는 방콕을 건설한 짜끄리(라따나꼬씬) 왕조의 첫 번째 왕인 라마 1세(재위 1782~1809)를 의미한다. 싸판 풋 오른쪽(차이나타운 방향) 진입로에 라마 1세 동상을 함께 건립했다.

싸판 풋 옆의 프라뽁까오 다리(싸판 프라뽁까오) Phra Pokklao Bridge에는 짜오프라야 스카이 파크 Chao Phraya Sky Park가 조성되어 있다. 짜오프라야 강 위에 만든 폭 8.5m, 길이 280m의 야외 공원으로 강변 풍경을 내려다 볼 수 있다. 05:00~20:00시까지 출입이 가능한데 그늘이 없어서 낮에는 덥다.

라마 1세 동상

방콕 최초의 현대적인 교량 싸판 풋

빡크롱 시장(빡크롱 딸랏)
Pak Khlong Market
ปากคลองตลาด ★★★

주소 Thanon Chakraphet & Thanon Atsadang **운영** 24시간 **가는 방법** ①수상보트 타 싸판 풋 선착장 Memorial Bridge(선착장 번호 N6)에서 200m 떨어져 있다. ②MRT 싸남차이 역 5번 출구에서 200m 떨어져 있다. Map P.14-B1

라따나꼬씬 지역과 경계를 이루던 운하 하구에 형성된 재래시장이다. 과거 방콕 도성으로 운반되는 채소와 꽃이 집결하는 도매시장으로 옛 모습을 그대로 간직한 채 지금까지도 활발한 상거래가 이루어진다. 짜오프라야 강변의 욧피만 리버 워크 뒤쪽. 타논 짜끄라펫 일대가 전부 꽃 시장으로 방콕 최대 규모를 자랑한다. 호텔이나 레스토랑이 하루를 시작하기 위해 꽃을 사들이는 새벽에 가장 분주하다.

거리 곳곳에서 꽃목걸이를 판매하는 상인도 어렵지 않게 볼 수 있다. 재스민과 장미를 이용해 만드는 꽃목걸이는 프앙말라이 Phuang Malai พวงมาลัย라고 부른다. 행운을 빌거나 존경의 의미를 담아 상대에게 건넬 때 사용된다.

프앙말라이

방콕 최대의 꽃시장 빡크롱 시장

크롱 옹앙(옹앙 운하) 워킹 스트리트
Klong Ong Ang Walking Street
ถนนคนเดินคลองโอ่งอ่าง ★★☆

주소 Khlong Ong Ang, Damrong Sathit Bridge, Thanon Charoen Krung **운영** 금~일요일 16:00~22:00 **요금** 무료 **가는 방법** ①MRT 쌈욧 역에서 1번 출구에서 100m 떨어져 있다. ②타논 아왓랏 쏘이 35에 내리면 싸판 파누판 Phanuphan Bridge สะพานภาณุพันธ์5에 닿는다. Map P.14-B1

방콕 구도심 재정비 사업의 일환으로 2020년에 만들어진 보행자 전용 도로. 크롱 옹앙(옹앙 운하)을 사이에 두고 1.5km에 이르는 산책로를 만들었다.

담롱 싸팃 다리(싸판 담롱 싸팃) Damrong Sathit Bridge สะพานดำรงสถิต에서 한 다리(싸판 한) Saphan Han Bridge สะพานหัน까지 워킹 스트리트가 이어진다. 주말(금~일요일) 저녁에는 야시장과 노점이 들어서 활기를 띈다. 현지인들은 운하에서 카약을 타기도 하고, 거리에서는 각종 공연이 펼쳐지기도 한다.

운하 주변의 오래된 건물은 벽화를 그려 넣어 둘러보는 재미도 쏠쏠하다. 벽화는 중국 상인과 인도 상인들의 생활상이 주를 이룬다. 운하 주변으로 차이나타운과 파후랏(인도인 거리)이 가깝기 때문이다. 낮 시간에도 방문은 가능하지만 벽화 이외에는 특별한 볼거리는 없다.

참고로 크롱 옹앙은 방콕이 건설되던 라마 1세 때인 1783년에 만들어진 오래된 운하.

파후랏(리틀 인디아)
Phahurat(Little India)
พาหุรัด ★★

주소 Thanon Phahurat & Thanon Chakkraphet **운영** 08:00~18:00 **요금** 무료 **가는 방법** ①타논 파후랏과 타논 짜끄라펫에 걸쳐 있다. 수상 보트 타 싸판 풋 선착장(선착장 번호 N6)에서 600m 떨어진 인디아 엠포리움(쇼핑 몰) India Emporium 옆 골목으로 들어가면 된다. ②MRT 쌈욧 역 1번 출구에서 500m 떨어져 있다. Map P.14-B1

분명 차이나타운의 한 부분이지만 중국적인 색채는 온데간데없고 사리를 입은 여자들과 터번을 둘러 쓴 남자들이 가득한 인도인 거리다. '리틀 인디아 Little India'라 불리는 곳으로 가네쉬, 비슈누, 락슈미 같은 힌두교 신들이 상점마다 도배되어 있다. 인도 관련 음악, 영화, 향, 인도 스타일의 옷과 가방 등 소품을 살 수 있고, 인도 식품점과 인도 음식점도 많다.

파후랏 중심에는 화려한 황금 돔이 시선을 집중시키는 시크교 사원이 있다. 씨리 그루씽 사바 Siri Gurusingh Sabah 사원으로 시크교도들의 성전을 모시고 있다. 사원 지붕을 화려하게 장식한 황금 돔이 눈길을 끄는 사원으로 1932년에 건설됐다. 매일 아침 9시에 신도들이 모여 종교 행사를 치른다.

힌두교 신들이 가득한 파후랏 상점

시크교 사원 씨리 그루씽 사바

워킹 스트리트에 그려진 벽화

크롱 옹앙(옹앙 운하)

인도 사람들이 상권을 형성한 파후랏

타논 야왈랏
Thanon Yaowarat
ถนนเยาวราช ★★★★

주소 Thanon Yaowarat **영업** 08:00~24:00 **요금** 무료 **가는 방법** ①차이나타운의 중심 도로에 해당한다. **수상 보트** 타 랏차원(선착장 번호 N5번)에서 도보 10분. ②MRT 왓 망꼰 역 1번 출구에서 도보 5분.
Map P.15-C1

차이나타운에서 가장 넓은 도로로, 차이나타운을 칭할 때 '야왈랏'이라고 부를 정도로 대표적인 거리다. 1.5km에 이르는 도로를 따라 한자 간판, 약재상, 금은방, 향, 제기 용품, 홍등, 샥스핀 식당, 중국 건어물 상점 등이 거리를 가득 메운다. 대를 이어오며 100년 넘도록 같은 곳에서 장사하는 상인들도 많아 차이나타운의 역사가 고스란히 담겨 있는 곳이다. 야왈랏 거리는 차들로 인해 항상 복잡하고, 도로와 연결된 좁은 골목에 분주히 드나드는 상인들은 생업에 열중하며 바쁘게 움직인다.

상점들이 문을 닫는 저녁이 되면 거리에 노점들이 생기기 시작해 또 다른 분위기를 연출한다. 방콕 스트리트 푸드의 성지라고 해도 과언이 아닐 정도로 다양한 먹을거리들이 발길을 사로잡는다. 저렴한 가격은 기본으로 시푸드 노점부터 디저트 노점까지 다채롭다. 허름해 보이지만 미쉐린 가이드에서 선정된 맛집도 여러 곳 있다.

쏘이 이싸라누팝(야왈랏 쏘이 6)
Soi Issaranuphap
ซอย อิสรานุภาพ (ซอย เยาวราช 6) ★★★

주소 Soi Issaranuphap, Thanon Yaowarat Soi 6 **영업** 08:00~18:00 **요금** 무료 **가는 방법** ①타논 야왈랏 쏘이 6(혹)에서 연결되는 좁은 골목이다. 타논 짜런끄룽 방향에서도 진입이 가능하다. ②MRT 왓 망꼰 역 2번 출구에서 도보 3분. Map P.15-C1

타논 야왈랏과 연결되는 작은 골목으로 '야왈랏 쏘이 혹 Yaowarat Soi 6'이라고 불린다. 어둑하고 좁은 골목으로 식료품이 주로 거래된다.

자칫 엽기스러운 장면이 연출되는 이곳에는 목 매달린 닭고기와 오리고기를 비롯해 생선 머리, 건어물, 인삼 뿌리까지 식용으로 쓰이는 모든 것들을 판매한다. 골목 끝의 타논 짜런끄룽과 만나며 이곳에 장례용품을 판매하는 상점들이 밀집해 있다. 도로를 건너면 차이나타운에서 가장 큰 중국 사원, 왓 망꼰 까말라왓 입구가 나온다.

타논 야왈랏 밤풍경

타논 야왈랏 낮풍경

온갖 식재료가 거래되는 쏘이 이싸라누팝

쏘이 이싸라누팝의 상점들

쏘이 쌈뼁(쏘이 와닛 능)
Soi Sampeng(Soi Wanit 1)
ซอย สำเพ็ง(ซอย วานิช 1) ★★★

주소 Soi Sampeng, Soi Wanit 1 **운영** 08:00~18:00
요금 무료 **가는 방법** 차이나타운의 메인 도로인 타논 야왈랏 남쪽으로 한 블록 떨어져 있다. 차량이 드나들지 못하는 좁은 골목이라 걸어 다녀야 한다.
Map P.15-B1~C1

차이나타운 건설 초기에 화교들이 정착한 거리다. 골목 전체가 시장 통이라 쌈뼁 시장(딸랏 쌈뼁 ตลาดสำเพ็ง) Sampeng Market이라고도 불린다. '쏘이'는 좁은 골목을 의미하는데, 쏘이라고 부르기도 어려운 자그마한 골목이 길게 이어진다. 건설 당시에는 홍콩 영화에나 등장할 법한 어두운 뒷골목이었으나, 1990년대부터 차이나타운은 상업의 중심지로 성장했다. 메인 도로에 해당하는 타논 야왈랏에 대형 금은방들이 들어섰다면, 뒷골목에 해당하는 쏘이 쌈뼁에는 소상공인들이 밀려들었다.

쌈뼁에서 거래되는 품목은 볼펜 뚜껑부터 보석까지 다양하다. 장신구를 만들 수 있는 여러 가지 재료를 파는 가게가 많고 의류, 가방, 직물, 캐릭터 용품, 시계, 액세서리가 주거래 품목이다. 골목이 워낙 좁아 마음 편히 걷기도 힘든데, 손수레를 끌고 가는 인부와 간식거리를 파는 상인까지 뒤섞여 늘 혼잡하다.

골목 전체가 시장 통이라 쌈뼁 시장이라 불린다

비좁은 골목에 시장이 형성된 쏘이 쌈뼁

왓 망꼰 까말라왓
Wat Mangkon Kamalawat
วัดมังกรกมลาวาส ★★★

주소 Thanon Charoen Krung Soi 21 **전화** 0-2222-3975 **운영** 08:00~18:00 **요금** 무료 **가는 방법** ①쏘이 이싸라누팝 끝으로 가면 타논 짜런끄룽과 만난다. 길 건너 왼쪽 첫 번째 골목인 쏘이 이씹엣 Soi 21로 들어가면 사원이 나온다. ②MRT 왓 망꼰 역 3번 출구에서 도보 5분. Map P.15-C1

용이 휘감고 있는 기와지붕과 용련사(龍蓮寺)라고 쓰인 현판에서 보듯 전형적인 중국 사원이다. 차이나타운에서 가장 큰 중국 대승 불교사원으로 1871년에 설립됐다.

사원 입구는 사천왕(四天王)이 좌우를 지키고 있고 내부는 중국 불상을 모신 대웅보전(大雄寶殿)이 중심에 있다. 대웅보전 옆으로는 선조들의 공덕을 비는 조사전(祖師殿)을 포함해 도교와 유교 학자를 모신 사당을 함께 만들었다. 화교는 물론 태국 사람들도 끊임없이 찾아와 향을 피우고 촛불을 올리며 소망을 기원한다.

사원 입구를 지키는 사천왕상

사원 내부의 대웅보전

차이나타운의 대표적인 중국사원 왓 망꼰 까말라왓(용련사)

딸랏 노이(딸랏 너이)
Talat Noi ตลาดน้อย ★★★☆

주소 Trok San Chao Rong Kueak, Soi Wanit 2 **운영** 24시간 **요금** 무료 **가는 방법** ①수상 보트(오렌지색 깃발이 달린 짜오프라야 익스프레스 보트)를 이용할 경우 타 끄롬짜오타 선착장(N4번 선착장) Marine Department에 내리면 된다. ②MRT 후아람퐁 역에서 1km 떨어져 있다. Map P.17

딸랏 노이는 작은 시장이라는 뜻으로 차이나타운 남쪽의 짜오프라야 강변에 형성된 지역이다. 방콕 건설 초창기인 200년 전부터 중국 상인들이 정착해 생활하고 있다. 기계·자동차 부품을 거래하는 소규모 상점이 많은 것이 특징이다. 현재는 시장이라기보다는 마을이나 동(洞) 같은 작은 단위의 행정구역을 의미한다. 오래된 동네가 젊은 세대에게 새로운 감성으로 느껴지면서 매력적인 공간으로 변모하고 있다. 미로 같은 좁은 골목을 거닐다 빈티지한 카페와 레스토랑을 발견하는 즐거움은 덤이다.

딸랏 노이에서 중심이 되는 곳은 뜨록 싼짜오 롱끄악 Trok San Chao Rong Kueak 골목이다. 벽화로 유명한 골목으로 딸랏 노이 스트리트 아트 Talat Noi Street Art라고 불린다. 지역 주민의 생활상과 중국풍의 벽화들이 위트 넘치게 그려져 있다. 참고로 싼짜

오 롱끄악(롱끄악 사당) ศาลเจ้าโรงเกือก은 골목에 있는 중국 사당으로, 한나라 왕을 모신 사당이란 뜻으로 한왕묘 漢王廟라고 현판에 적혀 있다.

빠뚜 찐
China Gate
ซุ้มประตูจีน เยาวราช (วงเวียนโอเดียน) ★★

주소 Thanon Yaowarat & Thanon Charoen Krung **요금** 무료 **가는 방법** 차이나타운 동쪽 입구에 해당하는 타논 야왈랏과 타논 짜런끄룽이 만나는 오디안 로터리(윙위안 오디안) Odean Circle 가운데에 있다. Map P.15-D2

1998년에 만든 중국식 홍예문(빠뚜 찐) China Gate이다. 차이나타운의 입구를 알려주는 이정표다. '빠뚜'는 문(門), '찐'은 중국을 뜻한다. 라마 9세의 여섯 번째 띠 돌림(72세 생일)을 기념하기 위해 화교들과 태국 정부가 공동으로 만들었는데, 풍수지리 사상에 따라 동쪽을 바라보고 있다.

현판 앞쪽에는 태국어로 '국왕의 6번째 띠 돌림을 축하하는 출입문'이라는 글씨가 씌어 있다. 현판 뒤쪽에는 씨린톤 공주 Princess Maha Chakri Sirindhorn가 한자로 직접 쓰고 서명한 '성수무강(圣寿无疆)'이라는 글자가 적혀 있다.

딸랏 노이 주택가 골목

싼짜오 롱끄악(롱끄악 사당)

거리에는 폐차된 자동차도 전시되어 있다

Talat Noi Street Art

딸랏 노이 벽화 거리

빠뚜 찐(사진 오른쪽) 로터리에서 왓 뜨라이밋(사진 왼쪽)이 보인다

왓 뜨라이밋
Wat Traimit วัดไตรมิตร ★★★☆

주소 Thanon Mittaphap Thai–China(Thanon Traimit) & 661 Thanon Charoen Krung **전화** 0–2623–3329~30 **홈페이지** www.wattraimitr-withayaram.com **운영** 황금 불상 08:00~17:00, 2·3층 전시실 화~일 08:00~16:30(휴무 월요일) **요금** 황금 불상 100B, 2·3층 전시실 100B **가는 방법** 정문은 타논 밋따팝 타이-찐 Thanon Mittaphap Thai–China에 있다. **지하철** 후아람퐁 역에서 차이나타운 방향으로 도보 10분. Map P.15-D2

차이나타운 동쪽 입구에 있는 황금 불상 Golden Buddha을 모신 사원. 사원 규모는 작지만 세계에서 가장 크고 비싼 황금 불상을 보려고 찾아오는 관광객들로 붐빈다. 황금 불상의 공식 명칭은 '프라 마하 붓다 쑤완 빠띠마꼰 Phra Maha Buddha Suwan Patimakon'으로 무게 5.5t의 순금으로 만든 3m 높이의 불상이다. 돈으로 환산하면 140억 원이나 되는 엄청난 보물이다.

황금 불상은 15세기에 만들어진 아름다운 쑤코타이 양식의 불상으로 라마 3세 때 방콕으로 옮겨졌다. 불상은 버마(미얀마)의 공격으로부터 보호하기 위해 회반죽으로 덧입혀 놓은 것이 1955년 운송 도중 사고로 회반죽이 깨지면서 본래 모습이 세상에 알려졌다고 한다.

황금 불상은 현재 프라 마하 몬돕 Phra Maha Mondo 에 모셔져 있다. 2008년에 완공된 프라 마하 몬돕은 4층 규모의 거대한 스투파로, 황금 불상의 가치에 걸맞게 웅장하고 화려하게 건설했다. 2층과 3층은 전시실로 운영되며 4층에 황금 불상을 모신 법전을 만들었다. 2층 전시실은 차이나타운의 역사와 관련된 내용으로 꾸몄고, 3층 전시실은 황금 불상의 역사와 발견 과정을 상세히 소개하고 있다.

매표소에서 미리 입장권을 구입해야 관람이 가능하다. 4층에 있는 황금 불상(100B)과 2·3층 전시실(100B)로 구분해 입장권을 판매한다. 종교적으로 신성시하는 곳이라 복장을 단정히 해야한다.

후아람퐁 기차역
Hua Lamphong Railway Station สถานีรถไฟหัวลำโพง ★★

현지어 싸타니 롯파이 후아람퐁 **주소** Thanon Phra Ram 4(Rama 4 Road) **가는 방법 지하철** 후아람퐁 역에서 도보 5분. Map P.15-D2

방콕의 메인 기차역인 후아람퐁 역은 1916년 네덜란드 건축가에 의해 완공되었으며 아트 데코 Art Deco 양식의 건물이다. 둥근 천장과 네오클래식 양식의 외관이 잘 어울리는 건물로 20세기 초기 건축의 멋과 아름다움이 그대로 남아 있다. 참고로 태국 전국을 연결하는 방콕 기차역이 후아람퐁 역에서 끄룽텝 아피왓 역(싸타니 끄랑 끄룽텝 아피왓) Krung Thep Aphiwat Central Terminal으로 이전했다(P.77 참고). 2023년 1월부터는 치앙마이, 핫야이를 포함해 태국 북부와 남부 지방으로 갈 경우 새로운 기차역을 이용해야 한다.

왓 뜨라이밋 황금 불상

후아람퐁 기차역

황금 불상을 모신 프라 마하 몬돕

Restaurant 차이나타운의 레스토랑

동네 전체가 시장이기 때문에 어디서 뭘 먹을까 하는 걱정은 하지 않아도 된다. 쌀국수, 딤섬, 시푸드까지 다양한 식사가 가능하다. 상점들이 문을 닫는 저녁 시간이 되면 거리 노점이 생기면서 활기를 띈다.

나이몽 허이텃 Nai Mong Hoi Thod
นายหมงหอยทอด ★★★

주소 539 Thanon Santhi Phap **전화** 0-2623-1890 **홈페이지** www.facebook.com/hoithod539 **영업** 수~일요일 10:00~19:00(휴무 월~화요일) **메뉴** 영어, 태국어 **예산** 100~300B **가는 방법** ①타논 짜런끄룽에서 연결되는 타논 싼티팝 Thanon Santhi Phap 방향으로 30m 정도만 올라가면 삼거리 못 미쳐 오른쪽에 있다. ②MRT 왓 망꼰 역 1번 출구에서 도보 5분. Map P.15-C1

차이나타운에서 유명한 굴 요리 전문점이다. 굴, 계란, 야채를 함께 넣고 볶은 '어쑤언'과 홍합을 넣고 바삭하게 구운 '허이 텃'이 유명하다. 식사용으로는 카우팟 뿌(게살 볶음밥)와 꾸어이띠아우 쿠어 까이(닭고기를 넣은 국수 볶음)가 있다. 자그마한 서민 식당으로 에어컨 시설은 없다. 커다란 불판을 이용해 조리하게 때문에 실내가 더운 편이다. 저녁때는 식당 앞 도로에 테이블이 놓인다. 메뉴판에 사진이 붙어 있어 주문하는데 어렵지 않다. 사이즈(대·중·소)에 따라 가격을 달리 받는다.

중국식 굴전 어쑤언

나이몽 허이텃

앤 꾸어이띠아우 쿠아 까이
Ann Guay Tiew Kua Gai
ก๋วยเตี๋ยวคั่วไก่แอน (ถนนหลวง) ★★★☆

주소 419 Thanon Luang **전화** 0-2621-5199 **영업** 14:00~23:00 **메뉴** 영어, 태국어 **예산** 60~110B **가는 방법** ①차이나타운 중심부(타논 야왈랏)에서 북쪽으로 800m 떨어진 타논 루앙에 있다. 끄랑 병원(롱파야반 끄랑) Klang Hospital(Bangkok Metropolitan Administration General Hospital) 정문에서 동쪽으로 200m. ②MRT 왓 망꼰 역 1번 또는 3번 출구에서 800m. Map P.15-C1

쌀국수 볶음의 한 종류인 꾸어이띠아우 쿠아 까이를 요리한다. 쎈야이(넓적한 면발)를 이용해 강한 불에 볶다가 닭고기 살을 첨가하는 간편한 음식이다. 간장만 조금 넣을 뿐 소스를 거의 첨가하지 않고 볶는다. 얇은 면이 불에 익으면서 떡처럼 부드럽고 바삭거린다. 기본 메뉴인 '쿠아 까이'에 계란을 첨가할 경우 '옵 까이'를 주문하면 된다. 볶음 재료로 닭고기 이외에 돼지고기, 오징어, 새우, 햄 등을 선택할 수 있다. 영어 메뉴를 갖추고 있다. 저녁 시간에만 장사한다.

닭고기 볶음 국수
꾸어이띠아우 쿠아 까이

앤 꾸어이띠아우 쿠아 까이 간판

꾸어이짭 나이엑
Nai Ek Roll Noodles 인기
ก๋วยจั๊บนายเล็ก (ปากซอยเยาวราช 9) ★★★☆

주소 442 Thanon Yaowarat(Yaowarat Soi 9) **영업** 08:00~24:00 **메뉴** 영어, 태국어, 중국어 **예산** 70~150B **가는 방법** ①호텔 로열 방콕 Hotel Royal Bangkok 맞은편, 타논 야왈랏 쏘이 9 골목 입구와 붙어 있다. ②MRT 왓 망꼰 역 1번 출구에서 300m. Map P.15-C2

차이나타운에서 유명한 길거리 음식점이다. 1960년부터 장사를 시작해 현재는 타논 야왈랏(차이나타운 메인 도로)의 대표 식당으로 자리를 잡았다. 저렴하고 인기가 많아 줄서서 기다릴 정도로 붐빈다. 노점 식당답게 영어 간판은 없다. 영어로 검색할 때는 '나이 엑 롤 누들 Nai Ek Roll Noodles'로 해야 한다.

돼지고기를 이용한 단품 메뉴를 제공한다. 밥과 함께 나오는 덮밥을 주문하면 간단하게 식사하기 좋다. 카우 카 무(밥+돼지 족발 조림) ข้าวขาหมู Braised Pork Rump with Rice, 카우 무 끄롭(밥+바삭하게 구운 돼지고기) ข้าวหมูกรอบ Deep Fried Crispy Pork with Rice, 카우 씨콩무(밥+돼지 갈비) ข้าวซี่โครงหมู Pork Spareribs Stew with Rice가 대표적이다.

식당 이름이기도 한 대표 메뉴 꾸어이짭 ก๋วยจั๊บ Roll Noodles Soup도 인기 메뉴다. 꾸어이짭은 둥근 롤 모양의 하얀색 쌀국수 때문에 '롤 누들'로도 불린다. 돼지 뼈와 후추로 우려낸 육수에 돼지고기와 부속물을 고명으로 넣어준다. 후추 향이 강한 편으로 일반적인 태국 쌀국수와는 다르다.

꾸어이짭

꾸어이짭 나이엑

꾸어이짭 우안 포차나
Kuai Chap Uan Phochana 인기

ก๋วยจั๊บอ้วนโภชนา ★★★☆

주소 408 Thanon Yaowarat **영업** 화~일 12:00~24:00(휴무 월요일) **메뉴** 영어, 태국어 **예산** 꾸어이짭(보통) 60B, 꾸어이짭(곱빼기) 100B **가는 방법** ①타논 야왈랏에 있는 더블 독 티 룸 Double Dog Tea Room을 바라보고 왼쪽에 있다. ②MRT 왓 망꼰 역 1번 출구에서 300m. Map P.15-C2

차이나타운에서 유명한 꾸어이짭(둥근 롤 모양의 쌀국수) 노점 식당으로 밤에만 장사한다. 극장으로 사용하던 허름한 건물 1층과 도로에 테이블이 놓여 있다. 꾸어이짭은 후추 향이 강한 육수에 돼지 간과 내장 같은 부속물을 넣어 준다. 바삭하게 익힌 돼지고기(무꼽)를 함께 넣어주기 때문에 씹히는 맛도 좋다. 보통(태국어로 탐마다) Small 또는 곱빼기(태국어로 피쎗) Large중 하나를 고르면 된다. 계란을 추가(싸이 카이)하면 10B를 더 받는다.

간판 같은 건 없지만 맛집으로 알려져, 도로에 줄 서서 차례를 기다리는 사람들로 항상 북적댄다. 미쉐린 빕그루망에 선정되면서, 호기심 삼아 찾아오는 관광객까지 합세했다. 밤에는 자리를 잡으려면 30분 이상 기다리는 경우가 흔하다. 낮 시간에 맞춰 가면 그나마 대기 시간이 적다.

꾸어이짭

맛집으로 알려져 30분 이상 기다리는 건 기본

꾸어이짭 우안 포차나

후아쎙홍
Hua Seng Hong ฮั้ว เซ้ง ฮง ★★★☆

주소 371~373 Thanon Yaowarat **전화** 0-2222-0635, 0-2222-7053 **홈페이지** www.huasenghong.co.th **영업** 10:00~24:00 **메뉴** 영어, 태국어 **예산** 국수·볶음밥 95~220B, 메인 요리·시푸드 300~1,500B **가는 방법** ①타논 아왈랏의 쏘이 이싸라누팝과 타논 쁘랭남 Thanon Plaeng Nam 사이에 있다. ②MRT 왓 망꼰 역 1번 출구에서 350m. Map P.15-C1

35년 넘도록 영업하며 무수한 단골 고객을 확보하고 있는 곳. 차이나타운에서 가장 유명한 식당이다. 레스토랑 입구에 진열된 샥스핀만으로도 무엇을 요리하는지 짐작케 하며, 100가지가 넘는 다양한 메뉴 중에 어떤 걸 주문해야 할지 고민하게 만든다.

샥스핀과 제비집 요리는 물론 다양한 시푸드, 홍콩국수, 딤섬이 가장 인기 있는 메뉴다. 예산도 무엇을 먹느냐에 따라 천차만별이다. 참고로 한자 간판은 화성풍(和成豐)이라 씌어 있다. 유명한 중식당게 주요 백화점에 체인점을 운영한다.

후아쎙홍

딤섬부터 시푸드까지 다양한 중국 음식을 요리하는 후아쎙홍

Hua Seng Hong

롱토우(롱터우) 카페
Lhong Tou Cafe
หลงโถว คาเฟ เยาวราช ★★★

주소 538 Thanon Yaowarat **홈페이지** www.facebook.com/Lhongtou **영업** 08:00~22:00 **메뉴** 영어, 태국어 **예산** 딤섬 60~90B, 음료 80~180B, 세트 메뉴 179~299B(+17% Tax) **가는 방법** 싸미티웻 병원(차이나타운 분원) Samitivej Hospital โรงพยาบาลสมิติเวชไชน่าทาวน์ 三美泰医院에서 차이나타운 방향으로 200m. Map P.15-C2

차이나타운 초입에 있는 젊은 취향의 카페. 좁은 공간을 중국풍의 인테리어와 트렌디한 디자인으로 꾸몄다. 거한 중국 음식이 아니라 딤섬이나 완탕 같은 가벼운 디저트를 제공한다. 커피보다 달달한 타이 밀크 티 Thai Milk Tea를 곁들이면 좋다. 아침 시간에는 대나무 찜통에 담아주는 차이니스 세트 Chinese Set가 인기 있다. 복층으로 구성된 테이블의 독특함과 함께 아담한 음식들은 사진 찍기 좋다. 정통 중국 음식을 기대했다면 실망할 수 있다. 간체로 적혀 있는 한자 간판은 롱터우 龙头, 즉 '용두'(용머리)를 뜻한다.

롱토우 카페

중국 디저트와 밀크 티

좁은 공간을 효율적으로 꾸민 롱토우 카페

차이나타운의 번잡함과 대비되는 롱토우 카페

쏘이 텍사스(타논 파둥다오) 시푸드 골목
Soi Texas Seafood Stalls
ถนนผดุงด้าว เยาวราช
(ปากซอยเท็กซัส)   인기
★★★☆

주소 Thanon Phadung Dao(Soi Texas) & Thanon
Yaowarat **영업** 18:00~24:00 **예산** 메인 요리
240~850B **가는 방법** ①타논 야왈랏과 연결되는 도
로인 타논 파둥다오 Thanon Phadung Dao에 있다.
저녁이 되면 삼거리 입구에 해산물 노점 식당이 등장
한다. ②MRT 왓 망꼰 역 1번 출구에서 350m.
Map P.15-C2

차이나타운이 어두워지고 상인들의 발길이 뜸해지면
유독 바빠지는 거리가 있다. 일명 '쏘이 텍사스 Soi
Texas'라고 불리는 타논 파둥다오로 저녁이 되면 저
렴한 시푸드 식당이 문을 열고 노점상들이 등장한다.
거리에 탁자와 의자가 놓이고 얼음에 재운 신선한 해
산물이 진열되기 시작하면 허기진 배를 채우려는 손
님들이 하나둘 찾아온다. 시장통의 활기가 그대로 전
해지는 야시장의 먹자골목 분위기로 매우 서민적이다.
골목 입구에서 봤을 때 오른쪽에 T&K 시푸드 T&K
Seafood, 왼쪽에 렉&룻 시푸드 Lek & Rut Seafood
가 있다. 에어컨 시설을 갖춘 T&K 시푸드가 규모도
크고 사람도 많은 편이다.
새우구이(꿍 파우), 게 카레 볶음(뿌 팟퐁까리), 생선
튀김+마늘(쁠라 텃 까티얌), 생선 튀김+칠리소스(쁠라
텃 프릭)가 가장 보편적인 음식들이다. 달걀 볶음밥
(카우팟 카이)에 새우찌개(똠얌꿍)나 야채 볶음(팟 팍
루암밋)을 곁들이면 든든한 한 끼 식사가 될 것이다.

시푸드 골목에 있는 렉 & 룻 시푸드

T&K 시푸드

롱끄란느아
Rongklannuea
โรงกลั่นเนื้อ (ถนน ทรงวาด)

2024 NEW
★★★☆

주소 937 Thanon Songwat **전화** 06-3830-6335
홈페이지 www.facebook.com/RongKlanNuea **영
업** 10:00~22:00 **메뉴** 영어, 태국어, 중국어 **예산**
100~250B **가는 방법** 차이나타운 남쪽의 타논 쏭왓
에 있다. 수상 보트 타 랏차웡(N5번 선착장)에서 동
쪽으로 500m, MRT 왓 망꼰 역에서 남쪽으로 600m
떨어져 있다. Map P.15-C2

우면왕 牛面王이라는 한자 간판에서 알 수 있듯 소
고기 쌀국수 전문 식당이다. 차이나타운 중에서도 유
럽풍의 목조 장식 건물이 가득한 타논 쏭왓(쏭왓 거
리)에 있다. 식당 건물 자체가 역사 유적이라고 해도
과언이 아닐 정도로 옛 건물을 잘 보존하고 있다. 비
교적 새롭게 문을 열었음에도 불구하고 힙한 분위기
덕분에 젊은이들의 눈길을 사로잡고 있다. 푹 고아
만든 육수와 부드러운 소고기가 잘 어울려진다. 국물
이 있으면 '꾸어이띠아우 남' Broth Noodle, 국물 없
는 비빔국수는 '꾸어이띠아우 행' Dried Noodle이다.
면과 소고기 종류를 선택해 주문하면 된다. 사진 메
뉴판이 잘 되어 있어 주문하는데 어렵지 않다. 로컬
식당치고는 깨끗하게 운영되는데, 에어컨이 없어서
덥다. 차이나타운 중심가와 가까운 타논 파둥다오에
지점(주소 9 Thanon Phadung Dao, Map P.15)을 운
영한다.

소고기 쌀국수
롱끄란느아 牛面王
빈티지한 감성의 쌀국수 식당

홍씨앙꽁
Hong Sieng Kong 인기
ฮงเซียงกง ★★★☆

주소 734 Soi Wanit 2 **전화** 09-5998-9895 **홈페이지** www.facebook.com/HongSiengKong **영업** 화~일 10:00~20:00(휴무 월요일) **메뉴** 영어, 태국어 **예산** 커피 · 디저트 140~240B, 식사 200~340B **가는 방법** 쏘이 와닛 2에서 연결되는 쏘이 쯔우쓰꽁 Soi Chow Su Kong 골목으로 들어간다. 골목 안쪽에 있어서 찾기 어렵지만 식당 간판이 곳곳에 붙어 있어 안내판을 따라가면 된다. Map P.17

딸랏 노이 지역에 있지만 짜오프라야 강변을 끼고 있어 분위기가 좋다. 150년이 넘는 오래된 건물을 카페와 레스토랑으로 개조했다. 중국풍의 오래된 건물은 과거 중국과 거래되던 쌀을 저장하던 곳이었다고 한다. 목재와 시멘트, 벽돌을 이용해 만든 건물은 그 자체로 빈티지하고, 오랜 세월을 거치며 자란 나무뿌리들이 건물을 휘감고 있는 모습은 잊진 유적을 발견한 듯한 감동을 준다. 모두 6개 건물로 구성되어 있으며 널따란 뒷마당은 짜오프라야 강과 맞닿아 있다. 골동품과 도자기 등이 전시되어 있으며 일부 공간은 갤러리로 사용하고 있다. 커피와 디저트뿐만 아니라 식사까지 가능하다. 내부 입장을 위해서는 입구에서 주문과 계산을 먼저 해야 한다. 맛집이라기보다는 SNS 감성에 충실한 핫 플레이스에 가깝다. 사진 찍기는 더 없이 좋다. 참고로 홍씨앙꽁 옆에는 중국 사당인 싼짜오 쯔우쓰꽁 Chow Sue Kong Shrine ศาลเจ้าโจวซือกง 清水祖師廟가 있다. 딸랏 노이에서 가장 오래된 사당으로 복건성에 이주한 화교들이 1804년에 건설했다.

참깽
Charmgang 추천
ชามแกง (เจริญกรุง ซอย 35) ★★★★☆

주소 14 Thanon Nakhon Kasem Soi 5(Thanon Charoen Krung Soi 35) **전화** 09-8882-3251 **홈페이지** www.facebook.com/charmgangcurryshop **영업** 월~금 18:00~22:00, 토~일 12:00~14:00, 18:00~22:00 **메뉴** 영어, 태국어 **예산** 메인 요리 480~620B(+17% Tax) **가는 방법** ①타논 짜런끄룽 쏘이 35 또는 타논 나콘까쎔 쏘이 5로 들어가면 된다. ②MRT 후아람퐁 역에서 900m 떨어져 있다. Map P.17

딸랏 노이와 인접한 뒷골목에 있는데, 태국 음식을 본연의 맛으로 요리하는 매력적인 레스토랑이다. 메트로폴리탄 호텔에 운영하는 미쉐린 원 스타 레스토랑 '남 Nahm'에서 오랫동안 경력을 쌓아 온 세 명의 젊은 셰프들이 합작해 만들었다. 주방을 개방시켜 요리하는 모습과 소리까지 가까이서 들을 수 있는 것도 매력이다. 럭셔리 호텔의 주방에 오랫동안 근무한 경력 때문인지 음식 재료 선별과 준비 과정, 조리 과정까지 프로페셔널하다.

레스토랑의 부제목을 카레 숍 Curry Shop이라고 명명했을 정도로 카레 요리에 정통하다. 매운 음식을 좋아하면 생선이 들어간 깽쿠아 쁠라인씨 Smoked Kingfish Curry with Penny Wort แกงคัวปลาอินทรีย์를 추천하고, 매운 음식이 부담되면 소고기가 들어간 깽파냉 깸우우뚠 Phanaeng Curry of Braised Beef Cheek แกงพะแนงแก้มวัวตุ๋น을 주문하면 된다. 애피타이저와 디저트도 훌륭하기 때문에 코스 요리로 구성해도 손색이 없을 곳이다.

옛 건물에는 시간의 흔적이 남아있다
짜오프라야 강변의 야외 카페

달콤한 디저트
Smoked Kingfish Curry with Penny Wort
미쉐린 1스타 레스토랑 출신의 젊은 셰프들이 운영하는 참깽

플로럴 카페 앳 나파쏜(나파쏜 카페)
Floral Cafe at Napasorn
นภสร (ถนน จักรเพชร)
★★★☆

주소 67 Thanon Chakkraphet **전화** 09-3629-6369
홈페이지 www.facebook.com/floralcafe.napasorn
영업 09:00~19:00 **메뉴** 영어 **예산** 커피 110~150B
가는 방법 ①**빡크롱** 시장 맞은편 타논 짝끄라펫
에 있다. ②**수상보트** 타 싸판 풋 선착장 Memorial
Bridge(선착장 번호 N6)에서 타논 짝끄라펫 방향으로
400m. ③**MRT** 싸남차이 역 5번 출구에서 250m.
Map P.14-A1

꽃 시장으로 이름난 빡크롱 시장과 인접해 있다. 주변
분위기에 걸맞게 플로리스트가 운영하는 꽃집을 카
페로 활용했다. 냉방 시설을 갖춘 곳이라, 꽃 시장을
둘러보다 잠시 쉬어가기 좋다. 입구부터 카페 내부까
지 꽃으로 장식해 숲 속에 들어온 느낌을 준다. 1층에
서는 주문 받은 화환을 만드느라 분주하고, 카페는 건
물 2층과 3층에 걸쳐 자리한다. 메뉴는 커피, 차, 스무

디 등의 음료와 천연 재료로 만든 케이크, 아이스크림
등 디저트로 이뤄진다. 아담한 공간엔 샹들리에와 오
래된 가구들이 자리해 레트로적인 분위기를 자아내
는데, 꽤나 포토제닉하다. 외국인 여행자에게도 친절
하다.

나파쏜 카페

카페 2층

각종 소품이 전시된 카페 3층

Nightlife   차이나타운의 나이트라이프

야시장이 형성되는 타논 야왈랏의 밤거리가 차이나타운의 매력이다. 쏘이 나나 Soi Nana에는 독
특하게 꾸민 술집이 몰려 있다.

브라운 슈가   인기 2024 NEW
Brown Sugar
★★★★

주소 18 Soi Nana(Chinatown), Thanon Maitri
Chit **전화** 06-3794-9895 **홈페이지** www.brown
sugarbangkok.com **영업** 17:00~01:00 **메뉴** 영어, 태
국어 **예산** 맥주 · 칵테일 180~450B(+10% Tax) **가는
방법** 차이나타운의 쏘이 나나 골목에 있다. MRT 후
아람퐁 역에서 400m. Map P.15-B1

1985년부터 오랫동안 방콕의 대표적인 재즈 클럽으
로 명성을 이어오고 있는 곳이다. 1990년대만 해도
방콕의 3대 재즈 클럽으로 꼽히던 곳인데, 2023년 2
월에 세 번째 장소인 쏘이 나나(차이나타운)으로 이
전했다. 차이나타운 초입의 오래된 건물들 사이로 칵
테일 바가 몰려 있는 힙한 지역이다. 과거에 비해 규

모가 커지고 위치도 좋아졌다. 식당처럼 꾸민 1층은
별 볼일 없고, 재즈 음악을 들으려면 2층으로 올라가
면 된다. 라이브 무대를 중앙에 만들어 관객의 시선
을 분산하지 않고 공연의 집중도를 높였다. 라이브
음악은 저녁 8시부터 연주되는데, 밤이 깊을수록 메
인 밴드가 무대에 오른다.

소극장 분위기의 브라운 슈가

텝 바 Tep Bar ★★★★ 추천
เทพ บาร์ (ซอยนานา ถนนไมตรีจิตร)

주소 69~71 Soi Nana, Thanon Maitri Chit 전화 09-8467-2944 홈페이지 www.facebook.com/TEPBARBKK 영업 화~일요일 18:00~01:00(휴무 월요일) 메뉴 영어, 태국어 예산 칵테일 330~500B(+17% Tax) 가는 방법 타논 마이뜨리찟 거리에서 연결되는 작은 골목인 쏘이 나나에 있다. MRT 후아람퐁 역에서 500m. Map P.15-D2

차이나타운 초입의 골목 안쪽에 숨겨진 술집이다. 이런데 '바'가 있을까 싶을 정도로 방콕 나이트라이프의 중심가에서 빗겨나 있다. 하지만 어렵게 찾아간 보람이 느껴질 정도로 독특한 매력을 선사한다. 방콕에서 만날 수 있는 태국적인 느낌의 술집이다. 태국어 간판과 태국 전통 악기가 전시된 실내 분위기가 예술 공연장 같은 느낌도 준다.

술은 비아 씽(씽하 맥주) Singha Beer이나 비아 창(창 맥주) Chang Beer보다는 '야동 ยาดอง Yadong'을 추천한다. 야동은 허브를 이용해 만든 태국 전통 약주다. 3종류의 야동을 맛 볼 수 있는 야동 세트 Yadong Set를 제공한다. 칵테일도 야동으로 만들기 때문에 다른 곳에서는 접하기 어려운 것들이 많다. 일반적으로 '쏘이 나나'라고 하면 쑤쿰윗에 있는 유흥가를 의미하므로, 택시를 탄다면 반드시 차이나타운으로 가자고 얘기해야 한다.

야동(태국 전통 약주)을 이용해 칵테일을 만든다

텝 바

빠하오 Ba Hao ★★★☆
ปาเฮา (ซอยนานา เยาวราช)

주소 8 Soi Nana, Thanon Maitri Chit, Yaowarat 전화 06-4635-1989 홈페이지 www.ba-hao.com 영업 화~일 18:00~24:00(휴무 월요일) 메뉴 영어, 태국어 예산 메인 요리 248~368B, 칵테일 268~358B(+8% Tax) 가는 방법 ①차이나타운 초입에 해당하는 쏘이 나나 골목에 있다. 쑤쿰윗에 있는 유흥가와 구분하기 위해 '쏘이 나나 야왈랏'이라고 부른다. ②MRT 후아람퐁 역에서 500m. Map P.15-B2

차이나타운의 초입에 해당하는 쏘이 나나에 있는 중국풍의 칵테일 바. 70년대에 만들어진 건물을 트렌디하게 변모시켰다. 붉은색 조명과 대리석 테이블을 이용해 홍콩에 있을 법한 분위기를 연출한다. 다른 곳에서 맛보기 힘든 칵테일은 중국 약재와 허브, 과일 향을 첨가해 만든다. 칭다오 맥주는 기본이며, 탭에서 뽑아주는 수제 맥주도 구비하고 있다.

완탕, 탄탄면, 전병 같은 중국 요리도 있다. 식사보다는 술 마시기 좋은 곳이다. 테이블이 6개 밖에 없어서 예약하고 가는 게 좋다. 주말 저녁에는 줄이 길게 늘어서기도 한다. 참고로 빠하오는 8호(八號)를 뜻하는데, 중국에서 8은 돈을 많이 벌라는 의미로 쓰이는 행운의 숫자이다. 때문에 계산서에 추가되는 서비스 차지도 7%가 아니라 8%를 받는다.

8호(八號)를 뜻하는 빠하오

차이나타운 느낌을 현대적으로 재해석했다

마더 로스터 Mother Roaster

딸랏 노이에서 가장 유명한 카페로 드립 커피를 맛 볼 수 있다. 원두 향을 맡아보고 커피를 선택할 수 있다. 자동차 부품 창고로 사용되던 건물로 1층에는 고철 덩어리가 그대로 쌓여 있다. 좁은 계단을 통해 2층으로 오르면 목조 건물의 카페가 나온다. 건물 외벽에 벽화가 그려져 있어 사진 찍기 좋다.
홈페이지 www.facebook.com/motherroaster

벽화가 인상적인 마더 로스터

쏘헹타이 So Heng Tai โซวเฮงไต๋

복건성 출신의 부유한 중국 상인이 230년 전에 건설한 중국식 저택. 기와지붕 건물이 중정과 수영장을 둘러싸고 있다. 가족 박물관처럼 운영하며 입장료 50B을 받는다.
홈페이지 www.facebook.com/Sohengtai

중국식 저택 쏘헹타이

쏘헹타이 출입문

반림남 Baan Rim Naam

1800년대부터 사용되던 세관 창고를 레스토랑으로 사용한다. 정원과 널따란 야외 공간이 강변 풍경과 어우러진다. 시멘트 바닥에 쿠션, 방석, 돗자리가 놓여 있어 널브러지기 좋다.
홈페이지 www.facebook.com/thehouseattheriver

라 카브라 La Cabra

덴마크에 본사를 두고 있는 카페. 미니멀한 디자인이 힙한 동네 분위기와 잘 어울린다. 수입 원두를 이용한 핸드드립과 스페셜티 커피를 만든다. 커피 값은 비싸다.
홈페이지 www.facebook.com/lacabra.thailand

반림남

라 카브라

09

สยาม

Siam

싸얌

역사 유적이 가득한 라따나꼬씬의 사원을 보느라 머리가 아팠다면, 방콕의 현재를
가장 잘 보여주는 싸얌을 찾아가자. 태국 젊은이들이 선호하는 패션 거리로 유행의
최첨단을 걷는 곳이다. 대표 쇼핑가 싸얌 스퀘어는 태국 젊은이들을 위한 톡톡 튀는
의류와 액세서리 상점들로 가득하다. 무더운 여름 싸얌 스퀘어의 좁은 골목을 걸으
며 땀 흘리는 일은 곤혹스럽지만 발품을 판 만큼 마음에 드는 아이템을 발견해 내는
일은 쇼핑의 큰 즐거움이 된다. 그렇다고 1,000B으로 하루종일 쇼핑을 하러 다니는
10대들을 위한 곳으로 한정한다면 그건 오해다. 마분콩 MBK Center을 시작으로 싸
얌 디스커버리 Siam Discovery, 싸얌 센터 Siam Center, 싸얌 파라곤 Siam Paragon
까지 대형 쇼핑몰이 밀집해 국제화와 고급화를 선도하는 곳이기도 하다.
오렌지색 승복을 입은 승려를 대신해 미니스커트와 펑키 머리, 피어싱과 문신으로
몸을 치장한 젊은이들이 거리를 활보하는 싸얌. 그곳에서 현재의 방콕을 느껴보자.

볼 거 리	★☆☆☆☆	P.225
먹을거리	★★★★☆	P.229
쇼 핑	★★★★★	P.320

Check **알아두세요**

① 싸얌 스퀘어 주변에 대형 쇼핑 몰이 밀집해 있다.
② 마분콩 MBK Center은 중저가 물건을 구입하기 좋다.
③ 명품을 구입하려면 싸얌 파라곤 1층을 공략하자.
④ 싸얌 센터와 싸얌 디스커버리는 젊은 취향의 편집 숍이 많다.
⑤ BTS 싸얌 역에서 환승이 가능하다.

Don't miss **이것만은 놓치지 말자**

① 짐 톰슨의 집
구경하기.(P.226)

② 싸얌 파라곤에서 쇼핑과
식사하기.
(P.234)

③ 무료 미술관
(방콕 아트 & 컬처 센터)
관람하기. (P.227)

④ 싸얌 센터와 싸얌
디스커버리의 트렌디 숍
둘러보기.(P.322)

⑤ 싸얌 스퀘어에서
나만의 쇼핑 아이템
발견하기.(P.225)

⑥ 인기 레스토랑에서
식사하기.(P.231)

⑦ 망고 디저트 맛보기.(P.229)

Access 싸얌의 교통

두 개의 BTS 노선이 교차하는 지점이라 교통이 편리하다. 싸얌 Siam 역이나 싸남낄라 행찻(국립 경기장) National Stadium 역을 이용하면 된다. 다양한 노선의 버스가 타논 팔람 능 Thanon Phra Ram 1(Rama 1 Road)을 지난다.

+ BTS
싸얌 스퀘어, 싸얌 파라곤, 싸얌 디스커버리 쇼핑몰로 가려면 싸얌 Siam 역에서 내린다. 마분콩, 짐 톰슨의 집을 가려면 싸남낄라 행찻(국립 경기장) National Stadium 역을 이용한다.

+ 버스
카오산 로드에서 출발한다면 타논 랏차담넌 끄랑 Thanon Ratchadamnoen Klang에서 15, 79번 버스를 탄다. 싸얌 스퀘어 앞의 타논 팔람 능(Rama 1 Road)을 지난다.

+ 운하 보트
카오산 로드에서 싸얌을 갈 때 택시보다 빠르고 저렴한 교통편이다. BTS 싸얌 역과 가장 가까운 선착장은 싸판 후어창 선착장(타르아 싸판 후어창) Saphan Hua Chang Pier이다. 선착장에서 마분콩까지 도보 10분, 싸얌 스퀘어까지 도보 15분.

+ 공항 철도
쑤완나품 공항에서 싸얌까지 공항 철도는 연결되지 않는다. 공항 철도 시티 라인을 타고 종점인 파야타이 역에서 내려 BTS로 갈아타야 한다.

Best Course 추천 코스

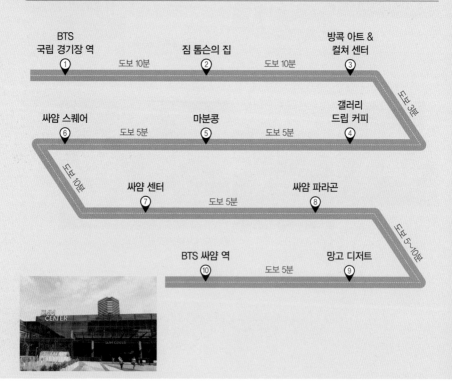

BTS 국립 경기장 역 ①	도보 10분	짐 톰슨의 집 ②	도보 10분	방콕 아트 & 컬쳐 센터 ③

도보 3분

싸얌 스퀘어 ⑥	도보 5분	마분콩 ⑤	도보 5분	갤러리 드립 커피 ④

도보 10분

싸얌 센터 ⑦	도보 5분	싸얌 파라곤 ⑧

도보 5~10분

BTS 싸얌 역 ⑩	도보 5분	망고 디저트 ⑨

Attractions 싸얌의 볼거리

싸얌의 가장 큰 볼거리는 짐 톰슨의 집이다. 태국의 중요 문화유산에서 차지하는 비중은 낮지만 의외로 만족도가 높다. 싸얌 주변을 돌아다니며 윈도 쇼핑을 하거나 맛있는 음식을 먹으며 입을 즐겁게 하자.

싸얌 스퀘어
Siam Square สยามสแควร์ ★★★☆

현지어 싸얌 쓰퀘 **주소** Thanon Phra Ram 1(Rama 1 Road) **운영** 10:00~23:00 **가는 방법** BTS 싸얌 역 2 · 4 · 6번 출구에서 도보 1분.
Map P.16-A~B, 1~2 Map P.17

방콕의 모던 라이프를 선도하는 싸얌 스퀘어. 서울의 명동처럼 패션을 선도하고 젊음의 거리를 형성한다. 태국의 10대와 20대가 원하는 트렌드는 모두 다 있다 해도 과언이 아닐 정도.

의류, 액세서리, 가방, 신발, 학생 용품, 서점, 영어 학원, 팬시 용품, 패스트푸드점, 영화관이 밀집해 있다. 싸얌 스퀘어 원 Siam Square One, 마분콩 MBK Center, 싸얌 디스커버리 Siam Discovery, 싸얌 센터 Siam Center, 싸얌 파라곤 Siam Paragon 대형 쇼핑몰도 주변에 가득하다.

싸얌 스퀘어는 타논 팔람 능 남쪽을 아우르는 명칭으로 헤아릴 수 없는 작은 골목들로 이루어져 있다. 태국 최고의 명문 대학인 쭐라롱껀 대학교 Chulalongkon University와 가까워 낮에는 대학생들이 진을 친다. 특히 주말이면 한껏 멋을 부린 젊은이들로 가득해 젊음의 거리를 실감케 한다.

독특한 상점이 가득한 싸얌 스퀘어

알록달록한 싸얌 스퀘어 풍경

싸얌 스퀘어 주변 풍경

쭐라롱껀 대학교
Chulalongkon University
จุฬาลงกรณ์มหาวิทยาลัย ★

현지어 마하윗타얄라이 쭐라롱껀 **주소** 24 Thanon Phayathai **전화** 0-2215-0871 **홈페이지** www.chula.ac.th **요금** 무료 **가는 방법** BTS 국립 경기장 역이나 싸얌 역에서 마분콩 앞쪽의 타논 파야타이를 따라 도보 15분. Map P.16-A2~B2

태국에서 최초로 설립된 대학이면서 태국 최고의 대학으로 평가받는 쭐라롱껀 대학교. 쭐라롱껀은 라마 5세의 본명으로 왕궁에 근무하던 신하들을 위해 만든 교육 시설이 발전해 대학이 된 것이다. 흔히 줄여서 '쭐라'라고 부른다. 태국 대학생들은 하얀색과 검은색으로 구성된 깔끔한 교복을 입는다. 유니폼 상의 가슴 부분에는 해당 대학의 배지를 부착하도록 되어 있는데 '쭐라' 학생들의 자부심은 그 누구보다도 강해 수업이 없는 날도 배지를 착용한 교복을 입고 다닐 정도다.

쭐라롱껀 대학교

새롭게 정비된 싸얌 스퀘어 거리

짐 톰슨의 집(짐 톰슨 하우스)
Jim Thompson House Museum
พิพิธภัณฑ์ บ้านจิมทอมป์สัน ★★★★

티크 나무를 이용해 만든 목조 가옥의 멋을 느낄 수 있는 짐 톰슨의 집

현지어 반 찜탐싼 **주소** 6 Kasemsan Soi 2, Thanon Phra Ram 1(=Rama 1 Road) **전화** 0-2216-7368 **홈페이지** www.jimthompsonhouse.org **운영** 10:00~17:00 **요금** 요금 200B(22세 이하 학생 100B) **가는 방법** ①BTS 국립 경기장(싸남낄라 행찻) 역 1번 출구에서 까쎔싼 쏘이 썽 Kasemsan Soi 2 안쪽으로 400m 걸어간다. ②운하 보트 싸판 후어창 선착장(타르아 싸판 후어 창)에서 내려 운하 옆으로 이어진 길을 따라 250m. Map P.16-A1 Map P.24-A2

건축가이자 미군 장교였으며 골동품 애호가였던 짐 톰슨. 그가 만든 집은 도시 속의 이상향 같다. 한 사람의 집이라고 하기엔 너무도 근사한 공간과 개인이 수집한 소장품으로 호평을 얻으면서 방콕의 유명 관광지가 되었다.

운하가 인접한 조용한 주택가 골목에 위치한 짐 톰슨의 집에 들어서면 200년을 훌쩍 넘겨버린 건물이 우리를 반긴다. 티크 나무로 만든 여섯 채의 건물은 태국 중부 지방 특유의 곡선미로 인해 우아하다. 못을 사용하지 않고 만든 건축물들은 널따란 정원과 어울려 자연미도 함께 선사해준다.

건물 내부는 짐 톰슨이 직접 수집한 골동품들로 가득하다. 도자기, 회화, 불상 수집에 남다른 안목을 보였는데, 차이나타운이나 전당포를 돌아다니며 직접 수집했다고 한다. 집안 내부는 혼자 마음대로 드나들 수 없으므로 가이드의 안내를 따르자. 영어, 프랑스어, 일어, 중국어로 진행되는 가이드와 함께 낮은 발걸음을 옮기다 보면 대형 박물관에서 경험하지 못한 포근함이 자연스레 느껴질 것이다.

가이드 투어 후에는 자유롭게 정원을 둘러보면 된다. 짐 톰슨 레스토랑 Jim Thompson Restaurant(P.231)과 짐 톰슨 실크 매장을 함께 운영한다.

알아두세요

짐 톰슨의 인생을 바꿔놓은 방콕

1906년 미국 델라웨어 Delaware에서 태어난 짐 톰슨은 뉴욕 출신의 건축가이자 CIA의 전신인 OSS에서 근무한 미군 장교였답니다. 1940년부터 미국 정보부에서 복무하는 동안 북아프리카와 유럽을 거쳐 1945년에 동남아시아로 발령 받아 방콕에서 근무하게 되었죠. 짐 톰슨의 방콕 생활은 그의 인생을 송두리째 바꿔 놓은 결정적인 계기가 됩니다. 제2차 세계대전이 끝나고 뉴욕으로 돌아가지 않고 태국에 머물며 실크에 관한 연구를 하기 시작한 것이지요. 1948년 타이 실크 회사 Thai Silk Company Ltd.를 설립하고 연구에 몰두한 결과 타이 실크를 고급화하는 데 성공합니다. 서양인이라는 신분의 특수성 때문에 미국과 유럽 고객들과 친분을 쌓으며 태국을 대표하는 짐 톰슨 타이 실크 Jim Thompson Thai Silk를 탄생시켰답니다. 그의 전설적인 이력은 미스테리한 죽음으로 인해 더욱 유명해졌는데요, 1967년 말레이시아의 카메론 하일랜드 Cameroon Highland에서 아침 산책 중에 실종된 것입니다. 엄청난 수색 작업에도 불구하고 끝내 시신은 발견되지 않았다고 합니다. 사망 원인으로 베트남 공산당에 의한 납치, 실크 산업 경쟁자에 의한 살인, 트럭 운전사에 의한 자동차 사고 등 추측만 난무할 뿐 그 어떤 것도 밝혀진 게 없습니다. 또한 짐 톰슨이 실종된 같은 해에 미국에 살던 친누나도 살해되는 불행이 겹치면서 신비한 추측들은 더욱 무성해졌답니다.

방콕 아트 & 컬처 센터 ★★★★
Bangkok Art & Culture Center(BACC)
หอศิลปวัฒนธรรมแห่งกรุงเทพมหานคร

방콕 아트 & 컬처 센터

현지어 호 씰라빠 쑤왓타나탐 **행** 끄룽텝마하나콘 **주소** 939 Thanon Phra Ram 1(Rama 1 Road) **전화** 0-2214-6630~8 **홈페이지** www.bacc.or.th **운영** 화 ~일 10:00~20:00(휴무 월요일) **요금** 무료 **가는 방법** 타논 팔람 능 Thanon Phra Ram 1 & 타논 파야타이 Thanon Phaya Thai 사거리에 있다. 마분콩 MBK Center 맞은편으로 BTS 싸남낄라 행찻(국립 경기장) 역 3번 출구에서 도보 1분.

Map P.16-A1 Map P.24-A2

방콕 아트 & 컬처 센터는 그 동안 미술관이나 전시 공연에 목말라하던 이들에게 반가운 명소로 인기가 높은 명소다. 방콕 시내 한복판인 싸얌 스퀘어와 가까워 젊은이들과 학생들의 방문도 잦다. 시원한 에어컨은 물론 창문을 통해 방콕 도심까지 내려다 보여 도심 풍경도 만끽할 수 있다. 입장료가 없어 아무 때나 편하게 드나들면 된다.

9층 건물 전체를 문화 센터로 사용하는데, 총 면적이 2만 5,000㎡에 이른다. 1~6층에는 도서관, 오디토리움, 스튜디오를 비롯해 상설 전시관, 카페, 레스토랑, 기념품 숍이 들어서 있다. 기념품 숍은 직접 디자인해서 제작한 작품들로, 재치 넘치는 물건들이 많다.

7~9층은 방콕 아트 & 컬처 센터의 하이라이트에 해당된다. 다양한 회화, 사진, 설치 미술, 조각, 디자인, 영상 자료를 전시한다. 태국 아티스트들의 작품을 정기적으로 교체 전시하며, 종종 국제적인 작가들의 작품을 전시하기도 한다. 무엇보다(플래시를 터트리지 않을 경우) 사진 촬영이 가능해 딱딱하고 엄숙한 분위기를 배제한 것이 매력(작품 보호를 위해 사진 촬영을 금하는 곳도 있다).

전시실 입구에 있는 짐 보관소에 소지품을 맡겨야 하며, 카메라나 핸드폰은 휴대하고 들어갈 수 있다.

Bangkok Art & Culture Center(BACC)

7~9층을 나선형을 연결해 작품 전시관을 구성했다

알아두세요

싸얌สยาม은 태국의 옛 이름!

싸얌은 태국의 옛 국가 명칭입니다. 팔리어에 어원을 둔 '암갈색'이라는 뜻으로 아마도 태국 사람들의 피부색 때문인 것으로 여겨집니다. 싸얌은 Siam이라고 적힌 영어 표기 때문에 '시암' 또는 '샴'으로 발음되기도 합니다. 참고로 '샴 쌍둥이'에 쓰이는 샴이 바로 태국을 의미한답니다. 싸얌이라는 국호는 1939년부터 자유의 나라라는 뜻의 '쁘라텟 타이 ประเทศไทย', 즉 태국 Thailand으로 개명됐습니다(역사적으로 라마 7세 때인 1932년에 절대 왕정이 붕괴됐습니다). 태국 사람들은 싸얌이라는 통상적인 이름 대신 왕조를 분리해 쑤코타이 Sukhothai, 아유타야 Ayutthaya, 톤부리 Thonburi, 라따나꼬씬 Ratanakosin 이런 식으로 옛 국가 명칭을 사용합니다.

왓 빠툼와나람
Wat Pathum Wanaram
วัดปทุมวนาราม ★★

주소 Thanon Phra Ram 1(Rama 1 Road) **운영** 07:00~18:00 **요금** 무료 **가는 방법** 싸암 파라곤과 쎈탄 월드 중간에 있다. BTS 싸암 역 5번 출구에서 도보 5분. Map P.16-B1

쇼핑몰이 가득한 싸암 스퀘어에서 흔치 않은 불교 사원이다. 현란한 백화점과 호텔이 사원을 감싸고 있는 독특한 구조다. 1857년 라마 4세(몽꿋 왕 King Mongkut) 때 건설됐다. 왕이 거주하던 쓰라 빠툼 궁전 Sra Pathum Palace에 만들었던 왕실 사원이다. 우보쏫(승려들의 출가 의식이 행해지는 곳)과 위한(법전), 쩨디(불탑)로 이루어진 전형적인 라따나꼬씬(짜끄리 왕조) 시대의 사원이다.

사원은 건축적으로 특별함은 없지만, 태국 왕족들의 유해를 모셨기 때문에 태국인들은 중요한 사원으로 여긴다. 2011년에 보수 공사를 해서 현대적인 사원처럼 보인다. 참고로 쓰아 댕(레드 셔츠)이 주도한 반정부 시위(태국의 역사 P.429 참고)의 마지막 진압 때 시위대 대피소로 쓰였던 곳이다. 2010년 5월 19일에 있었던 군 진압에 의해 민간인 인명 피해를 내면서 언론의 주목을 받기도 했다.

대형 쇼핑 몰에 둘러 싸여 있는 왓 빠툼와나람

왓 빠툼와나람

마담 투소 밀랍 인형 박물관
Madame Tussauds Wax Museum
พิพิธภัณฑ์หุ่นขี้ผึ้งมาดามทุสโซ ★★★

현지어 파피타판 훈키풍 마담 툿쏘 **주소** 989 Thanon Phra Ram 1(Rama 1 Road), Siam Discovery 6F **전화** 0-2658-0060 **홈페이지** www.madametussauds.com/bangkok **운영** 10:00~19:00 **요금** 일반 990B, 어린이 790B(홈페이지나 여행사를 통해 예약하면 할인된다) **가는 방법** 싸암 디스커버리(쇼핑몰) 6층에 있다. BTS 싸암 역 1번 출구에서 도보 5분. Map P.17

프랑스 태생의 마담 투소가 설립한 밀랍 인형 박물관이다. 1835년 영국 런던에 최초의 박물관이 설립된 이래 뉴욕, 할리우드, 라스베이거스, 시드니, 도쿄, 홍콩, 상하이를 포함해 14개 도시에서 박물관을 운영하고 있다. 방콕의 마담 투소 밀랍 인형 박물관에서는 900여 개의 실물 크기 밀랍 인형을 전시하고 있다.

태국의 국왕과 태국의 유명 연예인, 버락 오바마·마오쩌둥·간디·다이애나·아이슈타인 같은 역사적인 인물, 야오밍·크리스티아누 호날두 같은 스포츠 스타, 안젤리나 졸리·브래드 피트·레오나르도 디카프리오·톰 크루즈·니콜 키드먼·오프라 윈프리·성룡·이소룡 같은 유명 영화배우들의 실물 크기 밀랍 인형과 함께 기념사진을 찍을 수 있다. 홈페이지를 통해 미리 예약하거나 여행사를 통하면 입장료를 할인 받을 수 있다.

마담 투소 밀랍 인형 박물관

Madame Tussauds Wax Museum

Restaurant 싸얌의 레스토랑

쇼핑과 더불어 다양한 먹을거리가 있는 싸얌. 젊음의 거리답게 캐주얼한 카페 스타일의 레스토랑이 많다. 방콕의 유명 체인점 레스토랑이 대거 입점해 있으며, 쇼핑몰마다 푸드코트가 있어 식사 걱정은 안 해도 된다. 디저트나 아이스크림 전문점, 카페도 많아 쇼핑하느라 지친 몸을 재충전할 수 있다.

애프터 유 디저트 카페
After You Dessert Cafe ★★★

주소 G/F, Siam Paragon **전화** 0-2610-7659 **홈페이지** www.afteryoudessertcafe.com **영업** 10:00~22:00 **메뉴** 영어, 태국어 **예산** 215~275B(+7% Tax) **가는 방법** ①싸얌 파라곤 G층 식당가에 있다. ②마분콩 MBK Center 3F에 지점을 운영한다. Map P.17

방콕에서 잘 나가는 디저트 카페. 일본 스타일의 카페로 방콕의 젊은이들과 학생들이 주 고객이다. 메뉴로는 달콤한 모든 것을 구비하고 있다. 대표 메뉴는 달달한 토스트. 그중에서도 아이스크림과 꿀을 곁들인 시부야 허니 토스트 Shibuya Honey Toast가 유명하다. 망고가 흔한 곳이다 보니 망고 빙수 Mango Sticky Rice Kakigori도 인기 있다. 이외에도 팬케이크, 푸딩, 와플까지 다양한 디저트를 선보인다.

인기를 반영하듯 방콕의 주요 쇼핑몰에 지점을 운영한다. 마분콩 MBK Center, 쎈탄 월드 Central World, 아이콘 싸얌 Icon Siam, 터미널 21 Terminal 21, 제이 애비뉴 통로 13 J Avenue Thonglor 13, 씰롬 콤플렉스 Silom Complex 지점이 접근성이 좋다. 유동인구가 많은 곳답게 손님이 많아서 대기표를 받아야 하는 경우가 흔하다.

애프터 유 디저트 카페

망고 탱고
Mango Tango ★★★

주소 Siam Square Soi 3 **전화** 08-1619-5504 **홈페이지** www.facebook.com/MangoTangoThailand **영업** 12:00~22:00 **메뉴** 영어, 태국어 **예산** 150~250B **가는 방법** 싸얌 스퀘어 쏘이 3에 있다. BTS 싸얌 역에서 도보 5분. Map P.17

한국에서는 비싸지만 태국에서는 흔한 망고를 이용해 다양한 디저트를 만드는 카페. 싸얌 스퀘어의 젊은 느낌을 가장 잘 대변해 주는 카페로 망고 향과 잘 어울린다. 망고 아이스크림, 망고 스무디, 망고 푸딩, 망고 펀치, 망고 샐러드 등 망고로 만들 수 있는 모든 디저트가 총집합되어 있다. 망고 이외에 신선한 과일로 만든 다양한 음료와 아이스크림도 판매한다.

인기 메뉴는 가게 이름과 동일한 '망고 탱고'. 망고 반쪽+망고 아이스크림+망고 푸딩을 곁들여 준다. 이 밖에도 태국인들의 디저트로 사랑받는 마무앙 카우 니야우(찰밥에 망고와 코코넛 밀크를 얹은 것)도 달콤하고 부드럽다.

손님이 많기 때문에 친절한 서비스를 기대하기는 힘들다. 주문은 1인 1메뉴를 원칙으로 한다. 터미널 21 Terminal 21(쇼핑몰) LG층에 지점을 운영한다.

다양한 망고 디저트를 판매하는 망고 탱고

오까쭈 Ohkajhu `인기`
โอ้กะจู ★★★★

주소 3F, Siam Square One Shopping Mall, Thanon Phra Ram 1(Rama 1 Road) **전화** 08-2444-2251 **홈페이지** www.ohkajhuorganic.com **영업** 10:00~22:00 **메뉴** 영어, 태국어 **예산** 185~565B **가는 방법** BTS 싸얌 역과 붙어 있는 싸얌 스퀘어 원(쇼핑몰) 3F에 있다. Map P.17

치앙마이에서 시작해 방콕으로 세를 넓힌 유기농 샐러드 레스토랑이다. 팜 투 테이블(농장에서 식당 테이블까지)을 모토로 하는 만큼, 치앙마이에 있는 농장에서 채소를 직접 재배해 레스토랑으로 공수해 온다. 샐러드 레스토랑이라고 하면 채식 전문 식당을 연상하기 쉽지만, '오까쭈'는 유기농 채소를 이용한 다양한 음식을 제공한다. 푸릇푸릇한 채소와 아보카도, 곡물을 조합해 기호에 맞게 샐러드를 주문할 수 있고, 그 외에도 연어, 스테이크, 소시지, 파스타를 이용한 요리를 선보이며 메뉴에 다양한 변주를 줬다. 채식주의자가 아니더라도 누구나 즐길 수 있고, 음식 양이 푸짐해서 한 끼 식사로 손색이 없다. 명성에 걸맞게 태국 사람들에게 엄청난 인기를 누리고 있다. 핫한 레스토랑답게 대기 예약을 하고 자리 나기를 기다려야 한다. 자연히 테이블에 앉은 다음에도 음식이 나오는데 시간이 걸린다.

워낙 인기가 많아서 싸얌 스퀘어 지역에만 2개 지점을 운영하는데, 두 곳 모두 인접해 있다. 싸얌 스퀘어 2 Siam Square Soi 2 지점(Map P.17)은 SCB(Siam Commercial Bank) 은행 옆에 있다.

유기농 샐러드로 유명하다

오까쭈를 만든 세 명의 창업자

인터(란아한 인떠) Inter `인기`
ร้านอาหาร อินเตอร์ สยามสแควร์ ★★★☆

주소 432/1-2 Siam Square Soi 9 **전화** 0-2251-4689 **영업** 11:00~21:30 **메뉴** 영어, 태국어 **예산** 90~290B **가는 방법** 싸얌 스퀘어 원(쇼핑몰) 후문을 등지고 정면에 있는 싸얌 스퀘어 쏘이 까우 Soi 9에 있다. BTS 싸얌 역에서 도보 8분. Map P.17

싸얌 스퀘어에서 유독 현지인들에게 인기가 많은 태국 음식점이다. 1981년부터 영업하고 있다. 태국 사람들이 즐겨 먹는 태국 요리가 많다. 팟타이, 덮밥, 똠얌꿍, 쏨땀, 생선 요리까지 선택의 폭이 넓다. 거품 없는 음식 값과 무난한 음식 맛이 인기의 비결이다. 2층으로 규모가 큰 편임에도 불구하고 식사 시간에는 자리 구하기가 힘들다.

고급스럽진 않지만 전체적으로 깔끔하며 에어컨 시설이라 쾌적하다. 주방이 개방되어 요리하는 모습도 볼 수 있다. 외국인을 위한 사진 메뉴판도 잘 갖추고 있다. 정부 정책에 따라 오후 2시부터 오후 5시까지는 맥주를 판매하지 않는다. 인터의 태국식 발음은 '인떠'다. 식당이란 뜻의 태국어를 붙여 '란아한 인떠'라고 발음하면 된다.

팟 까프라우 무쌉 (다진 돼지고기와 바질 볶음)

에어컨 시설의 인터 레스토랑

쩨오 쭐라 Jeh O Chula `인기`
เจ๊โอว (ซอยจรัสเมือง, ถนนบรรทัดทอง) ★★★☆

주소 113 Soi Charat Mueang, Thanon Banthat Thong **전화** 08-1682-8816 **영업** 16:40~24:00 **메뉴** 영어, 태국어 **예산** 150~650B **가는 방법** ①국립 경기장과 쭐라롱껀 대학교 사이의 쏘이 짜랏므앙에 있다. 타논 반탓텅 Thanon Banthat Thong으로 들어가면 된다. ②가장 가까운 BTS 역은 싸남낄라 행찻 National Stadium 역인데, BTS 역에서 1.5km 떨어져 있다. `Map P.16`

쭐라롱껀 대학 주변의 로컬 레스토랑이다. 식당 이름은 '쩨오'인데, 쭐라롱껀 대학 주변임을 강조하기 위해 '쩨오 쭐라'라고 부른다. 저녁 시간에만 영업하는 식당으로, 40년 넘는 세월이 역사를 말해준다. 각종 방송에 등장했을 뿐만 아니라 태국의 식당 평가 사이트인 웡나이 유저스 초이스 Wongnai Users' Choice 베스트 1에 선정되기도 했다. 워낙 유명해서 자리가 날 때까지 한 시간 이상 기다려야 하는 경우가 흔하다. 번호표를 받고 차례를 기다리면 된다. 다행이 에어컨 시설의 실내에서 식사할 수 있다.

각종 볶음 요리, 해산물 요리, 얌(매콤한 태국식 샐러드)까지 태국 사람들이 좋아하는 대중적인 음식이 가득하다. 메뉴판만 35페이지에 달한다. 스페셜 메뉴로는 마마 오호 Mama Ohho มาม่าโอ้โห가 있다. 똠얌 육수에 마마(태국의 대표적인 인스턴트 라면)를 넣고 끓인 라면으로 자극적인 맛을 낸다. 무쌉(다진 돼지고기), 무끄럽(바삭한 돼지고기 구이), 탈레(해산물), 루암(모듬)을 선택해 주문하면 된다. 한국 방송 덕분에 한국 여행자들은 마마 똠얌 มาม่าต้มยำ이라고 부른다.

마마 오호(마마 똠얌)

쩨오 쭐라

짐 톰슨 레스토랑
Jim Thompson Restaurant `인기` ★★★☆

주소 6 Kasemsan Soi 2, Thanon Phra Ram 1(Rama 1 Road) **전화** 0-2612-3601 **홈페이지** www.jimthompsonrestaurant.com **영업** 일~화 12:00~16:30, 수~토 12:00~16:30, 18:00~23:00 **예산** 태국 요리 380~920B (+10% Tax) **가는 방법** BTS 싸남낄라 행찻(국립 경기장) 역에서 1번 출구에서 까쎔싼 쏘이 2(썽) 골목 안쪽으로 걸어간다. 짐 톰슨의 집 매표소 옆에 레스토랑이 있다. `Map P.16-A1`

방콕의 대표적 관광지 가운데 하나인 짐 톰슨의 집에서 운영한다. 티크 나무 전통 가옥으로 분위기도 좋고, 창밖으로 정원도 보여 여유롭다. 직접 생산한 실크를 이용해 인테리어를 장식해 놓았다. 짐 톰슨의 집 별채에서 식사하는 느낌으로 정성스럽게 준비된 음식과 친절한 종업원들의 서비스까지 모두 만족스럽다. 정통 태국 음식들은 외국인이 즐기기 부담 없을 정도로 향신료를 조절한 것이 특징이다. 굳이 식사가 아니더라도 땀을 식힐 겸 음료를 한 잔 즐겨도 좋다. 레스토랑과 별도로 실크 카페 Silk Cafe를 운영한다. 커피와 열대 과일을 이용한 시원한 스무디를 마실 수 있다. 역시나 티크 나무 전통 가옥이라 분위기가 좋다.

외국 관광객에게 부담없는 태국 요리

짐 톰슨 레스토랑

Jim Thompson Restaurant

쏨땀 누아 Somtam Nua
ส้มตำนัว ★★★☆

주소 392/14 Siam Square Soi 5 **전화** 0-2251-4880 **영업** 11:00~21:00 **메뉴** 영어, 태국어 **예산** 110~490B (+17% Tax) **가는 방법** BTS 씨암 역 4번 출구에서 씨암 스퀘어 쏘이 하 Siam Square Soi 5로 들어간다. 역에서 도보 5분. Map P.17

씨암 스퀘어에서 가장 유명한 쏨땀(파파야 샐러드) 전문 식당이다. 한때 CNN 선정 방콕 최고의 쏨땀 레스토랑으로 선정되기도 했다. 젊은이들이 몰려드는 씨암답게 젊은 감각으로 꾸민 것이 인기의 비결. 태국 사람들이 좋아하는 음식인 쏨땀 메뉴를 다양화해 선택의 폭을 넓힌 것도 손님들을 계속 끌어들이는 요인 중의 하나다.

쏨땀 종류만 12가지로 매운 걸 잘 먹지 못한다면 '땀타이 Papaya Salad Thai'를 주문하고 태국 사람처럼 쏨땀을 먹고 싶다면 '땀무아 Papaya Mixed Salad'를 시키자. 땀타이는 땅콩과 말린 새우가 들어간 가장 기본적인 쏨땀이다. 땀무아는 돼지껍데기 튀김, 태국 소시지, 국수면발을 함께 넣어 만든 샐러드다.

색다른 맛을 원한다면 망고 샐러드인 땀마무앙 Mango Salad이나 소면을 넣은 땀쑤아 Papaya Salad with Thai-flour noodle도 맛보자. 쏨땀과 곁들이면 좋을 음식은 까이텃 Fried Chicken, 커무양 Hot and Spicy Herbs with Minced Beef이다. 밥으로는 찰밥인 카우 니아우 Sticky Rice를 주문하면 된다.

인기를 반영하듯 두 곳의 지점을 운영한다. 방콕의 대표적인 쇼핑 몰인 쎈탄 월드 Central World 3층과 쎈탄 엠바시 Central Embassy 5층에 있다. 대형 쇼핑 몰 내부에 입점해서인지 현대적인 감각으로 인테리어를 꾸몄다.

반 쿤매
Ban Khun Mae บ้านคุณแม่ ★★★☆

주소 2F, MBK Center, 444 Thanon Phaya Thai **전화** 0-2048-4593 **홈페이지** www.bankhunmae.com **영업** 11:00~23:00 **메뉴** 영어, 태국어 **예산** 태국 요리 190~450B, 세트 500~800B(+10% Tax) **가는 방법** 마분콩 MBK Center 2층 오른쪽 편의 식당가에 있다. BTS 씨남낄라 행찻(국립 경기장) National Stadium 역에서 연결되는 스카이워크(지상 보행로)를 따라 쇼핑 몰 내부로 들어가면 된다. Map P.16-A1

'어머니의 집'이라는 뜻처럼 포근하고 아늑하다. 씨암 스퀘어에서 대표적인 타이 레스토랑으로 마치 태국 가정집에 들어온 듯한 느낌을 준다. 1998년부터 영업을 시작했는데, 최근 마분콩 MBK Center 쇼핑몰 내부로 위치를 옮겼다. 팟타이, 똠얌꿍, 쏨땀(파파야 샐러드), 까이 싸떼(닭고기 싸떼), 꿍낭파우(새우구이), 카우니아우 마무앙(망고 찰밥)을 포함해 태국 카레까지 다양한 태국 음식을 요리한다. 음식 맛은 향이 강하지 않아 태국 향신료에 적응하지 못한 외국인 입맛에도 적합하다. 음식을 하나씩 주문해도 되고 뭘 고를지 모르겠다면 세트 메뉴를 선택하자. 세트 메뉴는 2인 이상 주문해야 하며 6가지 음식과 과일이 포함된다.

쏨땀 누아 쎈탄 월드 지점 · 쏨땀(사진 우)과 까이 텃(사진 좌)

Ban Khun Mae

쏨땀 누아 본점

반 쿤매 레스토랑

갤러리 드립 커피
Gallery Drip Coffee ★★★☆

주소 939 Thanon Phra Ram 1(Rama 1 Road), Bangkok Art & Culture Center 1F **전화** 08-1989-5244 **영업** 화~일 10:30~19:30(휴무 월요일) **메뉴** 영어, 태국어 **예산** 80~160B **가는 방법** 방콕 아트 & 컬처 센터(BACC) 1층에 있다. BTS 싸남낄라 행찻(국립경기장) 역 3번 출구에서 도보 1분. Map P.16-A1

태국에서 보기 드문 '드립 커피'를 마실 수 있다. 두 명의 태국 사진작가가 운영한다. 원두를 직접 갈아서 커피를 만들기 때문에, 유명 커피 체인점에 비해 커피를 뽑아내는 속도는 느리지만 커피 향이 실내에 가득하다.

태국 북부 산악 지방에서 재배되는 커피콩을 사용한다. 산악 민족의 생계에도 도움을 주는 공정 무역을 추구한다. 빠미앙 오가닉 나인 원 Pamiang Organic 9-1과 매짠따이 피베리 Maejantai Paeberry가 대표적이다. 13가지 원두를 배합해 만든 자체 브랜드 커피인 '어라운드 더 월드 Around the World'도 맛볼 수 있다. 원두커피는 매장에서 직접 구입이 가능하다.

사진작가들이 꾸민 카페라 그런지 실내 디자인도 예술적인 향취가 가득하다. 실내가 좁고 손님들이 많아서 북적대는 느낌이 든다.

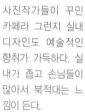

신선한 원두를 이용한 드립 커피를 내준다

갤러리 드립 커피

콧 얌 Khoad Yum
โคตรยำ ★★★☆

주소 414/9 Thanon Phra Ram 1(Rama I Road) **전화** 08-0949-9249 **홈페이지** www.facebook.com/KhoadYumThailand **영업** 11:00~21:30 **메뉴** 영어, 태국어 **예산** 150~500B(+7% Tax) **가는 방법** 타논 팔람 능 Rama I Road에서 타논 앙리두낭 Henri Dunant Road 방향으로 10m. 같은 건물 1층에 식당이 줄지어 있다. BTS 싸얌 역에서 50m 떨어져 있다. Map P.17

싸얌 스퀘어에 새로 생긴 태국식 샐러드(얌 Yum) 전문 식당이다. '얌'은 고추와 피시 소스를 이용한 매콤한 샐러드인데, 쏨땀(파파야 샐러드)과 더불어 대표적인 서민음식으로 태국 사람이라면 누구나 즐겨 먹는 음식이다. 싸얌 스퀘에서 영업하는 식당답게 (트렌디한 느낌과는 멀지만) 에어컨 시설로 깨끗하게 꾸몄다. 쇼핑 나온 현지인들은 물론 주변 대학에 다니는 학생들까지 찾아온다. 식사시간에는 빈자리가 생길 때까지 기다려야하는 경우도 있다. 인기가 높아지면서 방콕 시내에만 4개 지점을 운영하고 있다(싸얌 지점은 지역 이름을 넣어서 Khoadyum Siam으로 검색해야 한다).

'얌' 전문 식당답게 새우, 소시지, 닭고기, 굴, 꼬막, 게, 연어 등 다양한 재료를 이용해 만든다. 서민 식당에 비해 가격은 비싸지만 음식 양도 많고 조리 과정도 깔끔하다. 물론 음식 맛도 괜찮다. 현지인을 상대하는 곳인 만큼 음식 맵기도 잘 유지하고 있다. 한국인이 먹기에 부담 없는 매운 맛이다(태국 음식에 어느 정도 익숙한 사람이면 좋아할 맛이다). 소면(카놈찐) Rice Noodle, 밥(카우쑤어이) Steamed Rice, 찰밥(카우니아우) Sticky Rice를 추가하면 된다. 태국어가 적힌 주문지에 체크해야하는데, 사진이 첨부된 메뉴판을 보고 주문하면 직원이 체크해 준다.

캐주얼한 레스토랑 내부

몬 놈쏫(팔람 능 지점)
Mont Nomsod(Rama 1) `인기` ★★★☆

주소 96 Thanon Phra Ram 1(Rama 1 Road) **전화** 0-2001-9145 **홈페이지** www.montnomsod.com **메뉴** 영어, 태국어 **예산** 30~85B **영업** 12:00~21:00 **가는 방법** ①타논 팔람 능 Thanon Phra Ram 1(Rama 1 Road)의 로터스 Lotus's 맞은편에 있다. 한식당 숙달 Sookdal을 바라보고 왼쪽에 있다. 현지어로 '몬놈쏫 팔람 능 มนต์นมสด พระราม 1'이라고 말하면 된다. ②BTS 싸남낄라 행찻(국립 경기장) National Stadium 역에서 500m. Map P.16

1964년부터 현재까지 방콕 시민들의 사랑을 받고 있는 디저트 전문점. 마분콩에 운영하던 분점은 문을 닫고 국립 경기장 옆에 새로운 지점을 열었다. 직접 만든 빵과 토스트, 카야 잼, 우유, 밀크 티 등 달달한 간식거리 가득하다. 주변에 대학교가 있어 트렌디한 카페처럼 꾸몄다. 영업시간은 낮 12시부터로 본점보다 일찍 문을 연다. 자세한 내용은 P.159 참고.

툭빡 Tookpak
ถูกปาก ★★★☆

주소 Stadium One, 811 Thanon Phra Ram 1(Rama 1 Road), Soi Chula 5 **전화** 06-1635-5667 **홈페이지** www.facebook.com/tookpak.bkk **영업** 10:30~21:30 **메뉴** 영어, 태국어, 중국어 **예산** 220~750B **가는 방법** 타논 팔람 1의 스타디움 원(쇼핑몰) 옆에 있다. 쏘이 쭐라 5로 들어가도 된다. BTS 싸남낄라 행찻(국립 경기장) 역에서 550m. Map P.16

람빵 Lampang(태국 북부의 치앙마이 인근 도시)에서 레스토랑을 운영하던 가족이 방콕에 내려와 만든 레스토랑이다. '홈 쿠킹'을 표방하는 곳으로 집안에서 요리하던 방법을 전수해 음식을 만든다. 섬머 롤 Summer Roll부터 볶음 요리까지 신선한 식재료를 이용해 만든 따뜻한 음식을 내준다. 태국 음식에 익숙하다면 게살 코코넛 카레 세트 Crab in Coconut Curry with Betel Leaves Set แกงปูใบชะพลู, 태국 음식에 익숙하지 않다면 게살 볶음밥 Stir-Fried Crab Meat with Rice ข้าวผัดกองทัพปู을 맛보자. 외국 관광객에게 많이 알려진 곳은 아니지만 주변 호텔에 머문다면 나쁘지 않은 선택이다.

싸얌 파라곤 G층 식당가
Siam Paragon Food Hall `인기` ★★★☆

주소 991 Thanon Phra Ram 1(Rama 1 Road), Siam Paragon GF **홈페이지** www.siamparagon.co.th **영업** 10:00~22:00 **메뉴** 영어, 태국어 **가는 방법** 싸얌 파라곤 G층에 있다. BTS 싸얌 역 3번 또는 5번 출구에서 도보 5분. Map P.17

싸얌 파라곤 G층에 있는 푸드코트와 대형 슈퍼(Gourmet Market)가 합쳐진 대규모 식당가이다. 백화점 한 층을 가득 메우고 있어 음식 선택의 폭이 넓다.

고급 백화점답게 유명 레스토랑이 입점해 있다. 팁 싸마이 Thip Samai, 텅 스밋 Thong Smith, 따링쁘링 Taling Pling, 나라 타이 퀴진 Nara Thai Cuisine, 칠리 타이 Chilli Thai, 만다린 오리엔탈 숍 The Mandarin Oriental Shop, 아미치(이탈리아 음식점) Amici, 더 비빔밥 The Bibimbab, 엠케이 골드, 버거킹, 맥도널드 등이 지점을 운영한다.

교통이 편리한 데다가 유동 인구가 많고, 실내 에어컨이 빵빵하기 때문에 식당가는 늘 분주하다.

몬놈쏫

깔끔하고 정갈한 툭빡 레스토랑

켐핀스키 호텔에서 운영하는 타이 레스토랑 싸부아

싸얌 파라곤 G층 식당가에 있는 팟타이 전문점 팁싸마이

연꽃을 활용해 인테리어를 꾸민 싸부아

싸얌 파라곤 푸드 홀

싸부아
Sra Bua by Kiin Kiin
 ★★★★

주소 1F, Siam Kempinski Hotel Bangkok, 991/9 Thanon Phra Ram 1(Rama 1 Road) 전화 0-2162-9000 홈페이지 www.srabuabykiinkiin.com 영업 점심 12:00~15:00, 저녁 18:00~24:00(마지막 주문 21:00까지) 메뉴 영어 예산 메인 요리 810~960B, 런치 세트(4 코스) 2,150B, 디너 세트(8 코스) 3,900B (+17% Tax) 가는 방법 싸얌 켐핀스키 호텔 1층에 있다. BTS 싸얌 역에서 400m. Map P.16-B1

럭셔리한 호텔인 켐핀스키에서 운영하는 타이 레스토랑으로 덴마크 출신의 쉐프가 운영한다. 싸부아는 연꽃 연못(싸=연못, 부아=연꽃)이란 뜻이다. 아시아 베스트 레스토랑 50, 미쉐린 가이드 원 스타 레스토랑에 선정됐을 만큼 방콕의 대표적인 파인 다이닝으로 꼽힌다. 태국 음식에 현대적인 감각을 더해 창의적인 음식을 선보인다. 참고로 덴마크 코펜하겐에 본점에 해당하는 '낀낀' Kiin Kiin('낀'은 태국어로 '먹다'라는 뜻이다) 레스토랑을 함께 운영한다.

레스토랑 내부에 자그마한 연꽃 연못을 만들고 티크 나무를 이용해 호사스럽게 인테리어를 장식했다. 완성된 음식이 한 번에 제공되는 것이 아니라, 음식마다 특성을 살리기 위해 요리가 나오면 소스나 드레싱을 직접 첨가해주는 방식을 택한다. 단순히 음식을 맛보는 것에 그치지 않고 눈으로 보는 즐거움까지 더해 미각과 시각을 동시에 충족시킨다.

단품으로 주문하기 보다는 세트 요리를 즐기는 게 좋다. 점심 세트는 4 코스, 저녁 세트는 8 코스로 되어 있다. 제철 음식을 사용하기 때문에 메뉴는 계절에 따라 조금씩 변동된다. 50석 규모로 제한적이라 예약하고 가는 게 좋다. 기본적인 복장 규정도 지킬 것. 6세 이하 아동은 출입이 제한된다.

Hokkaido Scallop

Slow Cooked Beef Rib

반댕 Baan Daeng by Methavalai Sorndaeng 추천 2024 NEW
บ้านแดง (บล็อค 28, ซอย จุฬาฯ 5) ★★★★

주소 Block 28 Creative & Startup Village, Chula Soi 5 전화 08-0365-6328 홈페이지 www.facebook.com/baandaengrestaurant 영업 11:00~21:00 메뉴 영어. 태국어 예산 200~890B(+10% Tax) 가는 방법 여러 동으로 구분된 블록 28의 A구역 1층에 있다. 쭐라 쏘이 5 또는 쭐라 쏘이 40 골목으로 들어가면 된다. 쭐라 100주년 기념공원에서 남쪽으로 400m. MRT 쌈 얀 역에서 서쪽으로 800m 떨어져 있다. Map P.16

민주기념탑 옆에 있는 메타왈라이 쏜댕(P.162)에서 운영한다. 메타왈라이 쏜댕 주인장의 자녀(20대 후반들)이 합심해 만든 레스토랑이다. 태국 전통을 강조한 본점에 비해 모던한 느낌이 강하게 든다. 그도 그럴 것이 대학생들이 많은 쭐라롱껀 대학교 주변에 있고, 크리에이티브 & 스타트업 빌리지를 표방한 블록 28 Block 28 건물에 입점해 있기 때문이다(관광객이 찾아가기에는 위치가 불편하다). 실내는 높은 층고와 넓은 채광 덕분에 밝고 경쾌한 느낌을 준다. 왕실 전통 요리를 하는 본점에 비해 메뉴도 캐주얼하

다. 너무 방대한 음식보다는 누구나 부담 없이 즐길 수 있는 태국 음식에 초점을 맞췄다. 애피타이저(15종류), 태국 샐러드(9종류), 태국 카레(10종류), 메인 요리(18종류), 단품 메뉴(10종류), 디저트(7종류)를 요리한다. 수박 무침 Watermelon Bites, 카이찌아우(태국식 오믈렛) Thai Omelette, 팟끄라파우 무쌉(다진 돼지고기+바질 볶음) Stir Fried Pork with Holy Bail, 쏨땀(파파야 샐러드) Thai Papaya Salad, 팟타이 Pad Thai with Shrimps, 커무양(돼지목살구이) Grilled Pork Neck, 똠얌꿍 Creamy Tom Yum with Shrimps, 마싸만 카레 Massaman Curry 등 태국 음식 입문용으로 좋은 음식도 많은 편이다.

색감이 어우러진 태국 음식

목조 건물 디자인을 가미한 반댕 레스토랑 내부

Travel Plus 방콕에서 쑤끼 즐기기

쑤끼 Suki란 전골 요리로 일본의 샤브샤브, 중국의 훠궈와 비슷해요. 하지만 샤브샤브에 비해 육수가 시원하고 부드러우며, 훠궈에 비해 매운맛이 없어 누구나 즐길 수 있는 음식입니다. 쑤끼를 주문하는 방법은 간단합니다. 메뉴판을 보고 먹고 싶은 음식 재료를 고르면 됩니다. 야채, 어묵, 고기, 해산물, 국수 등으로 종류가 다양합니다. 한 접시씩 따로 따로 시키는 것이 귀찮다면 세트를 시키는 것도 좋아요. 더 좋은 방법은 야채만 세트로 시키고 고기와 해산물은 본인이 먹고 싶은걸 추가로 고르는 것! 육수는 추가해도 돈을 더 받지 않습니다. 쑤끼를 찍어 먹는 소스는 약간 달콤한 맛의 칠리소스를 사용합니다. 다진 고추(프릭), 마늘(까티암), 라임(마나오)을 추가해 본인의 입맛에 맞게 조절하면 됩니다.

태국에서 가장 대중적인 쑤끼 전문점은 엠케이 레스토랑 MK Restaurant입니다. 흔히들 엠케이 쑤끼 MK Suki라고 말하는데, 현대적인 감각으로 업그레이드한 엠케이 골드 MK Gold도 있습니다. 방콕에만 206개 지점이 있는데, 소비되는 음식이 많기 때문에 그 만큼 신선한 식재료를 제공할 수 있답니다. 쎈탄 백화점 Central, 로빈싼 백화점 Robinson, 빅 시 Big C, 로터스 Lotus를 포함해 웬만한 쇼핑몰에 MK가 하나씩 있다고 생각하면 됩니다. 싸얌 스퀘어 주변에서는 마분콩 MBK Center 7층과 싸얌 스퀘어 원 Siam Square One 5층, 싸얌 파라곤 G층에 있는 MK 골드 레스토랑을 이용하면 됩니다.

°10

ชิดลม & เพลินจิต

Chitlom &
Phloenchit 칫롬 & 펀찟

고급 쇼핑몰이 밀집한 칫롬과 펀찟은 방콕을 대표하는 '쇼핑 스트리트'다. 쎈탄 월드 (센트럴 월드) Central World를 시작으로 명품 매장이 즐비한 게이손 빌리지 Gaysorn Village와 쎈탄 엠바시(센트럴 엠바시) Central Embassy, 전통 공예 매장까지 한곳에서 모든 쇼핑이 가능한 지역이다.

쇼핑가가 몰려 있고 시내 중심가에 위치해 있어서 언제나 심한 교통 체증을 앓는다. 방콕(끄룽텝)이 '천사의 도시'라 불리는 것은 모두 거짓말이라는 것을 입증이라도 하려는 듯 자동차에서 뿜어내는 매연은 한낮의 더위와 섞여 큰 인내심을 요구하게 만든다. 하지만 시원한 에어컨이 숨통을 트이게 만드는 대형 쇼핑몰에 들어서면 상황은 바뀐다. 연중 365일 할인 행사가 어디선가 진행 중일 것 같은 칫롬과 펀찟 지역은 다양한 디스카운트 혜택으로 '사는 즐거움'이 가득하다.

Check 알아두세요

❶ 쎈탄 월드(센트럴 월드) 앞 사거리는 교통 체증이 심하다.

❷ 시내 중심가로 이동할 때는 택시보다 BTS가 편리하다.

❸ 대형 백화점들은 여름(6월 중반~8월 중반)에 섬머 세일을 실시한다.

❹ 무료로 제공하는 방콕 지도나 여행정보지의 할인 쿠폰을 적절히 이용하자.

❺ 공원 뒤쪽이란 뜻의 랑쑤언에는 가로수 길을 따라 레지던스 호텔이 몰려 있다.

❻ 대형 쇼핑몰에는 유명 레스토랑들이 체인점을 운영한다.

Don't miss 이것만은 놓치지 말자

❷ 에라완 사당에 들려서 소원 빌기.(P.240)

❶ 쎈탄 월드(센트럴 월드)에서 쇼핑하기.(P.324)

❸ 쎈탄 엠바시(센트럴 엠바시)에서 브런치 즐기기.(P.328)

❻ 바와 스파에서 마사지 받기.(P.357)

❹ 레드 스카이 & CRU 샴페인 바에서 야경 감상하기.(P.252)

❺ 오픈 하우스 둘러보기.(P.246)

❼ 빅 시 Big C에서 식료품 구입하기.(P.325)

칫롬 & 펀찟의 교통

BTS 쑤쿰윗 노선이 관통하며, 운하 보트의 환승 선착장인 빠뚜남 선착장(타르아 빠뚜남) Pratunam Pier도 랏차쁘라쏭 사거리와 가깝다.

+ BTS
쎈탄 칫롬 백화점이나 쎈탄 엠바시, 쏘이 루암루디로 갈 경우 펀찟 역에서 내린다. 쎈탄 월드, 게이손 빌리지, 에라완 사당, 랑쑤언 Lang Suan을 갈 경우 칫롬 역을 이용한다.

+ 운하 보트
빠뚜남 선착장(타르아 빠뚜남)을 이용하자. 쎈탄 월드까지

도보 5분. 에라완 사당과 BTS 칫롬 역까지 도보 10분 정도 걸린다.

+ 버스
카오산 로드의 타논 랏차담넌 끄랑에서 2, 79, 511번 버스를 탄다. 에어컨 버스인 511번 버스가 가장 편리하다(P.129) 참고.

Best Course 추천 코스

① 펀찟 역 주변 추천 코스

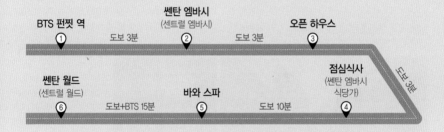

② 칫롬 역 주변 추천 코스

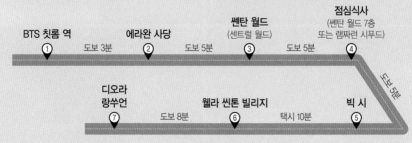

Attractions | 칫롬 & 펀찟의 볼거리

볼거리보다는 쇼핑이 집중된 지역이다. 쇼핑하다 지쳤다면 에라완 사당을 들러보자. 공짜로 태국 전통 무용을 구경할 수 있다.

에라완 사당
Erawan Shrine
ศาลท้าวมหาพรหมเอราวัณ ★★★

현지어 싼 타오 프라 프롬 에라완 **주소** Thanon Ratcha–damri & Thanon Phloenchit **요금** 무료 **가는 방법** 랏차쁘라쏭 사거리에 있다. 게이손 빌리지(쇼핑몰) 맞은편. 그랜드 하얏트 에라완 호텔 옆에 있다. BTS 칫롬 역 2번 출구에서 도보 3분.
`Map P.18-A1` `Map P.16-B2`

태국 사람들이 개인적인 소망을 기원하는 사당 중에 가장 유명한 곳이다. 특이하게도 불교가 아니라 힌두교 신을 모시고 있다. 시바 Siva, 비슈누 Vishnu, 브라흐마 Brahma로 대표되는 힌두교 3대 신 중에 창조의 신으로 여겨지는 브라흐마를 모시고 있다. 에라완 사당에 모신 브라흐마 동상은 얼굴이 4개인 사면불(四面佛)로 태국에서는 행운과 보호의 신으로 여겨진다.

하루 종일 차로 정체되는 방콕 도심의 랏차쁘라쏭 사거리에 있는데 버스나 택시를 몰고 가는 기사들도 에라완 사당 앞을 지날 때면 두 손을 모아 브라흐마 신을 향해 합장을 올릴 정도다.

참고로 브라흐마는 태국에서 프롬(또는 프라 프롬) Phrom(Phra Phrom)으로 불린다. 에라완 사당은 '싼 타오 마하 프롬 에라완'이라고 부르는데, 존칭의 의미를 담아 '마하 프롬'(위대한 브라흐마)라고 칭했다. 지독한 불교 신자인 태국 사람들이 힌두교 신을 찾아와 소원을 기원하는 이유는 에라완 사당이 가진 특별함 때문이다. 에라완 사당이 특별한 이유는 바로 옆에 있는 그랜드 하얏트 에라완 호텔 Grand Hyatt Erawan Hotel과 깊은 연관이 있다. 1950년대 호텔을 건설하며 크고 작은 사고와 인명 피해가 있었는데, 호텔 주변을 감싸고 있는 나쁜 기운 때문이라 여긴 힌두교 성직자의 충고를 받아들여 작은 사당을 건설했다는 것이다. 그 후 호텔은 무사히 완공(1956년)되고 사업도 번창해 오늘에 이르렀다고 한다.

사람들은 에라완 사당의 특별한 능력 때문에 60년이 넘은 지금까지도 향을 피우고 꽃을 봉헌하며 자신의 소망이 이루어지길 기도한다. 에라완 사당에는 전통 무용을 선사하는

향을 피우며 소원을 비는 사람들로 분주하다

랏차쁘라쏭 사거리에 있는 에라완 사당

Erawan Shrine

에라완 사당의 전통 무용

쎈탄 월드를 바라보고 오른쪽 끝자락 광장에 트리무르티 사당(사진 왼쪽)과 가네쉬 사당(사진 오른쪽)이 있다

에라완 사당과 더불어 방콕 시민들이 소원을 빌기 위해 즐겨 찾는 곳이다. 트리무르티는 힌두교 3대 신(神)을 하나의 신으로 일체화한 것으로 브라흐마 Brahman(창조의 신), 비슈누 Vishnu(유지의 신), 시바 Shiva(파괴와 창조의 신)를 함께 모신 사당이다. 쎈탄 월드의 이세탄 백화점 광장 앞에 있다. 태국에서는 사랑의 신으로 여기기 때문에 장미꽃을 바치며 연인과의 사랑이 영원하길 기원하는 태국 젊은이들이 유독 많다. 트리무르티 사당 바로 옆으로 가네쉬 사당 Ganesh Shrine이 있다. 가네쉬는 코끼리 얼굴을 한 지혜의 신으로 시바 신의 아들이다. 태국 사람들은 성공과 악운으로부터 보호해준다는 믿음을 갖고 있다.

쎈탄 월드 옆쪽(트리무르티 사당을 바라보고 오른쪽)에는 빠툼와나누락 공원(쑤언 빠툼와나누락) Pathumwananurak Park สวนปทุมวนานุรักษ์이 있다. 자그마한 야외 공원으로 연못과 꽃 정원이 도심 속에 어우러진다.

무용수들이 있다. 에라완 사당을 찾는 사람들이 자신의 소망을 이루게 되면 신에게 감사의 표시를 무용수들을 통해 대신 전하는 것이다. 무용수 앞에서 브라흐마 신을 향해 무릎을 꿇고 있는 사람들이 바로 소원을 이룬 사람들이다.

빠툼와나누락 공원 Pathumwananurak Park

트리무르티 사당
Trimurti Shrine
พระตรีมูรติ หน้าเซ็นทรัลเวิลด์ ★

현지어 싼 뜨리무라띠 **주소** 1 Thanon Ratchadamri **요금** 무료 **가는 방법** 쎈탄 월드 앞 광장 우측편에 있다. BTS 칫롬 역에서 도보 10분. 또는 **운하 보트** 빠뚜남 선착장에서 도보 10분. Map P.18-A1

쎈탄 월드(쎈트럴 월드) 앞 도로 풍경

(**Travel Plus**) **방콕의 쇼핑 스트리트, 랏차쁘라쏭** ราชประสงค์

랏차쁘라쏭 Ratchaprasong은 방콕의 쇼핑 스트리트로 통하는 펀찟 & 칫롬 지역에 있는 사거리 이름입니다. 쎈탄 월드 앞을 지나는 타논 랏차담리 Thanon Ratchadamri와 에라완 사당 앞의 타논 펀찟 Thanon Phloenchit이 만나는 곳이지요. 랏차쁘라쏭은 사거리를 중심으로 쎈탄 월드, 게이손 빌리지, 아마린 플라자 같은 유명 백화점들과 그랜드 하얏트 에라완 호텔, 아난타라 싸얌 호텔, 인터콘티넨탈 호텔, 홀리데인 인 같은 초일류 호텔들이 몰려 있습니다. BTS 칫롬 역에서 주요 건물을 연결하는 연결 통로가 있는데요, 지상에 건설된 2km에 이르는 길은 스카이 워크 Sky Walk라고 불린답니다.

Restaurant 칫롬 & 펀찟의 레스토랑

방콕 최대의 쇼핑가 밀집 지역인 만큼 대형 쇼핑몰에서는 손님을 끌어 모으기 위해 거대한 식당가를 함께 운영한다. 쇼핑몰마다 유명 레스토랑이 입점해 있어 멀리 가지 않고 식사와 쇼핑을 한꺼번에 해결할 수 있어 편리하다. 또한 고급 아파트가 몰려 있는 조용한 주택가 골목인 쏘이 루암루디 Soi Ruam Rudi와 쏘이 랑쑤언 Soi Lang Suan에도 레스토랑이 많다.

카페 타르틴
Cafe Tartine ★★★☆

주소 Soi Ruam Rudi at Athenee Residence **전화** 0-2168-5464 **홈페이지** www.cafetartine.net **영업** 08:00~18:00 **메뉴** 영어, 프랑스어 **예산** 190~590B (+10% Tax) **가는 방법** BTS 펀찟 역 4번 출구에서 쏘이 루암루디 골목 안쪽으로 100m. Map P.18-B1

방콕에서 인기 있는 프렌치 카페이다. 야외 테라스와 상큼한 색감이 포근함을 선사하는 실내로 구분된다. 꽃무늬 패턴의 타일과 유리병(와인과 물병)을 전시한 벽면으로 이루어진 인테리어는 단순하면서도 모던한 느낌이 든다. 한쪽은 매력적인 주방 시설이 오픈되어 있어 경쾌한 요리사들의 움직임이 눈에 들어온다.

프랑스 사람이 운영하는 곳답게 크로와상과 커피를 곁들인 아침 식사, 바게트 샌드위치, 크로크 무슈 Croque Monsieur, 크레페 Crepe, 키쉬 Quiche, 타르틴 Tartine, 팽 오 쇼콜라 Pain au Chocolat, 크렘 브릴레 Creme Brulee, 레몬 타르트 Lemon Tart 같은 메뉴들로 구성되어 있다. 샐러드는 본인의 기호에 따라 선택해서 주문이 가능하다.

폴
Paul ★★★☆

주소 Level 1, Central Embassy, 1031 Thanon Pleonchit **전화** 0-2001-5160 **홈페이지** www.facebook.com/paul1889.thailand **영업** 10:00~22:00 **메뉴** 프랑스어, 영어 **예산** 빵·케이크 90~225B, 브런치·샐러드 380~790B(+17% Tax) **가는 방법** 쎈탄 엠바시 1F에 있다. BTS 펀찟 역에서 연결통로가 이어진다. Map P.18-B1

1889년 문을 연 프렌치 베이커리. 전 세계 34개국 430여 곳에 지점을 운영할 정도로 유명하다. 바게트와 크루와상을 기본으로 다양한 프랑스 빵과 파티세리(타르트, 에끌레어, 마카롱, 케이크)가 가득 진열되어 있다. 빵 종류가 140여 가지나 된다. 문 여는 시간에 가면 버터 향과 어우러진 갓 구운 빵 냄새가 식욕을 자극한다. 신선한 빵을 만드는 곳이니만큼 커피를 곁들인 아침 식사나 브런치를 즐기기 좋다.

엠포리움 백화점 Emporium(P.331), 쎈탄 월드 Central World(P.324), 통로 에이트(Map P.22-B2)에 지점을 운영한다.

카페 타르틴

Cafe Tartine

쎈탄·월드(센트럴 월드)에도 분점을 운영한다

폴 Paul @ Central Embassy

싸응우안씨 Sa-Nguan Sri **추천**
สงวนศรี (ถนนวิทยุ) ★★★★

주소 59/1 Thanon Witthayu(Wireless Road) 전화 0-2252-7637, 0-2251-9378 영업 월~토 10:00~15:00(휴무 일요일) 메뉴 영어, 태국어 예산 90~320B 가는 방법 BTS 펀찟 역 5번 출구로 나와서 오쿠라 프레스티지(호텔)를 지나 타논 위타유 방향으로 200m. Map P.18-B1

고층 빌딩이 가득한 시내 한복판에서 고집스럽게 옛 모습을 유지하고 있는 태국 식당이다. 간판도 태국어로만 적혀 있다. 어렵사리 찾아내(식당 간판이 작을 뿐, 큰 길에 있어 찾기 어렵지 않다) 레스토랑으로 들어가면, 70년대 분위기가 고스란히 전해진다(에어컨 시설이 그나마 위안이 된다). 콘크리트로 만든 입구와 어둑하고 낡은 내부는 지하 벙커를 연상시키기도 한다.

온전히 태국 사람들이 좋아하는 음식들로 가득하다. 전체적으로 태국 음식 본연의 향과 맵기가 잘 느껴진다. 메인 요리는 '깽(태국식 카레)'과 '얌(피시 소스를 이용해 만든 매콤한 태국식 샐러드)'이다. 요일별로 스페셜 메뉴 Special Menu도 만드는데, 그날그날 카레 메뉴가 달라진다. 그린 커리 Green Curry로 알려진 '깽키아우완'이 특히 유명하다. 굉장히 부드러운 식감과 진하고 매콤한 카레 맛이 일품이다.

음식 맛뿐만 아니라 가격도 저렴해서 붐비는 편이다. 점심 시간이 되면 주변 직장인들로 북적댄다. 낮 시간에만 잠깐 장사한다.

크루아 나이 반(홈 키친)
Krua Nai Baan(Home Kitchen)
ครัวในบ้าน ★★★☆

주소 90/2 Soi Lang Suan 전화 0-2255-8947, 0-2253-1888, 0-2255-8974 홈페이지 www.khruanaibaan.com 영업 09:00~20:00 메뉴 영어, 태국어 예산 단품 요리 80~300B, 시푸드 450~1,400B 가는 방법 랑쑤언 거리 끝자락에 있다. BTS 칫롬 역 또는 BTS 랏차담리 역을 이용하면 된다. BTS 역에서 걸어가긴 멀다. Map P.18-A2

랑쑤언 지역에 있는 고급 레스토랑들과 달리 트렌디한 인테리어보다는 태국 음식 고유의 맛으로 승부하는 곳이다. 주차장을 갖고 있으며, 실내는 에어컨 시설이라 쾌적하다.

쏨땀, 팟타이, 똠얌꿍, 어쑤언, 뿌 팟퐁 까리까지 웬만한 태국 음식과 시푸드를 한자리에서 맛볼 수 있다. 화교가 운영하는 곳이라 볶음 요리와 해산물 요리가 다양하다. 딤섬도 맛볼 수 있다. 볶음밥이나 볶음 국수를 포함해 단품 요리는 음식 값이 저렴하다.

외국인 관광객보다는 태국 현지인들이 즐겨 찾는다. 간판은 태국어로 쓰여 있으며 홈 키친 Home Kitchen이라고 작게 영어가 적혀 있다.

깔끔하게 요리한 태국 음식

그린 커리 Green Curry

싸응우안씨 입구

깔끔하게 정리되어 있는 크루아 나이 반

땀미 얌미
Tummy Yummy
ร้านอาหาร ตำมียำมี (ซอยต้นสน) ★★★☆

주소 42/1 Soi Tonson **전화** 0-2254-1061 **홈페이지** www.tummyyummytonson.com **영업** 월~토 11:00~14:30, 17:30~22:00(휴무 일요일) **메뉴** 영어, 태국어 **예산** 메인 요리 280~720B(+10% Tax) **가는 방법** BTS 칫롬 역 4번 출구에서 쏘이 뜬쏜 골목 안쪽으로 도보 10분. Map P.18-B1

방콕 시내 중심가에 있으면서도, 골목 안쪽으로 빗겨나 있어 조용하다. 2층 가옥을 레스토랑으로 개조해 정겨움이 가득하다. 누군가의 가정집에 들어온 듯 실내는 포근하고, 안뜰의 야외 정원은 아늑하다. 정성스레 준비한 음식, 친절한 서비스, 정겨운 분위기, 흠 없이 깔끔한 태국 음식까지 모든 것이 매력적이다.

레스토랑 이름은 태국 음식 조리법 중의 하나인 '땀'과 '얌'에서 따왔다. '땀'은 절구에 식재료를 넣고 가볍게 빻아서 만드는 요리, '얌'은 매콤한 태국식 샐러드를 의미한다. 메뉴가 많지 않은 대신 주요 태국 음식을 선별해 맛있게 요리한다. 메뉴판에는 고추의 숫자로 음식의 맵기가 설명되어 있다.

아담한 정원도 있다

차분하게 식사하기 좋은 땀미 얌미

램짜런 시푸드
Laem Charoen Seafood
แหลมเจริญซีฟู้ด ★★★★

주소 Central World 3F **전화** 02-646-1040 **홈페이지** www.laemcharoenseafood.com **영업** 10:30~22:00 **메뉴** 영어, 중국어, 태국어 **예산** 250~990B(+10% Tax) **가는 방법** 쎈탄 월드(센트럴 월드) 3층(쇼핑몰 정면에 해당하는 도로 쪽 방향)에 있다. Map P.16-B1

40년 넘는 역사를 자랑하는 유명한 시푸드 레스토랑이다. 방콕 동쪽의 해안 도시인 라용 Rayong(꼬 싸멧 Ko Samet과 인접한 육지에 위치)에 본점이 있다. 인기에 보답하듯 방콕에도 8개의 체인점을 운영한다. 쎈탄 월드 3F 지점과 더불어 싸얌 파라곤 4F 지점 Siam Paragon(전화 0-26109244, P.323)도 접근성이 좋다.

전문 시푸드 레스토랑답게 신선한 해산물을 요리한다. 생선, 새우, 게, 오징어, 꼬막, 가리비, 어묵까지 다양하다. 대표 메뉴는 피시 소스(남쁠라)가 배어 있는 생선(농어) 튀김 '쁠라까퐁 텃 랏 남쁠라 Deep Fried Sea Bass with Fish Sauce'다. 가장 대중적인 생선 튀김 요리를 처음 요리한 식당이기도 하다. 똠얌꿍, 쏨땀, 얌(태국식 매콤한 샐러드), 각종 새우와 게 요리, 채소 볶음, 카이찌아우(오믈렛)까지 식사 메뉴도 잘 갖추고 있다. 게살 볶음밥(카우팟 뿌) Crab Meat Fried Rice을 곁들이면 된다. 식사 위주의 요리가 많아 점심 시간에도 손님이 많은 편이다.

램짜런 시푸드 Central World

점심 식사로도 좋은 램짜런 시푸드

램짜런 시푸드 Siam Paragon

헤븐 언 세븐스 & 그루브
Heaven On 7th & Groove ★★★☆ 인기

주소 1 Thanon Ratchadamri, Central World **홈페이지** www.centralworld.co.th **운영** 10:30~22:00 **가는 방법** BTS 칫롬 역 1번 출구에서 게이손 빌리지를 끼고 우회전하면 쎈탄 월드가 보인다. 쎈탄 월드 7층에 식당가가 형성되어 있다.
Map P.18-A1 Map P.16-B1

방콕의 대표적인 쇼핑몰인 쎈탄 월드에서 운영하는 식당가. 일반 백화점들의 쿠폰제 푸드 코트와 달리 방콕의 유명 레스토랑들이 입점해 거대한 푸드몰을 형성하고 있다. 헤븐 언 세븐스(7층에 있는 천국)라고 명명되어 있으나, 몰려드는 인파로 인해 현재는 6층까지 식당가가 확장되어 있다. 모든 레스토랑들이 독립적으로 운영되고 있어, 원하는 음식점을 찾아가 식사를 즐기면 된다.

그루브는 쇼핑몰 내부가 아닌 별도의 건물을 만들어 식당가를 꾸몄다. 트렌디한 디자인의 건물로 야외 공간과 실내 공간이 적절히 조화를 이루도록 설계한 것이 특징이다. 그레이하운드 카페 Greyhound Cafe, 홉스 Hobs, 이오 이탈리안 오스테리아 iO Italian Osteria, 코 리미티드(타이 레스토랑) 코 อันลิมิเต็ด, 총짜런(라이브 바 & 레스토랑) Chong Jaroen, 타파스 바 Tapas Bar(지중해·스페인 요리) 등이 입점해 있다.

그루브 @ Central World

타이 레스토랑
Nara Thai Cuisine

Heaven on 7th

쎈탄 월드(센트럴 월드)에서 운영하는 그루브

딘타이펑(鼎泰豊)
Din Tai Fung ★★★☆

주소 5F, Central Embassy, 1031 Thanon Phloenchit **전화** 0-2160-5918 **홈페이지** www.dintaifung.com.tw **영업** 11:00~22:00 **메뉴** 태국어, 영어, 한국어, 중국어, 일본어 **예산** 샤오롱바오 190~370B, 일반 요리 190~350B(+17% Tax) **가는 방법** 쎈탄 엠바시(센트럴 엠바시) 5층에 있다. BTS 칫롬 역과 펀찟 역 사이에 있다. 펀찟 역이 조금 더 가깝다. Map P.18-B1

타이완을 대표하는 레스토랑인 딘타이펑은 '가보고 싶은 세계 10대 레스토랑'에 꼽혔을 정도로 유명하다. 1958년 타이베이에서 시작해 한국, 중국, 일본, 싱가포르, 말레이시아, 인도네시아, 미국을 포함해 30여 곳의 체인을 두고 있다.

딘타이펑은 '크고 풍요로운 솥'이란 뜻으로 딤섬(點心)과 면(麵) 요리를 기본으로 한다. 대표 요리는 딤섬의 한 종류인 샤오롱바오(小龍包) Xiao Long Bao (Steamed pork dumplings)다. 대나무 바구니에 만두피가 얇고 모양새가 예쁜 작은 만두를 넣고 찐 것으로 다진 돼지고기를 채운 만두 속과 육즙이 절묘하게 어울려 훌륭한 맛을 낸다. 새우를 얹은 샤런샤오마이(蝦仁燒賣) Shrimp and pork Shao-mai는 보기에도 고급스럽다. 일반 만두와 달리 손가락 위에 얹어놓고 젓가락으로 만두피를 살짝 찢어 육즙을 먼저 맛본 뒤, 함께 딸려 나오는 생강채를 만두 위에 살포시 얹어 먹으면 더 맛있다. 탕면(湯麵), 볶음밥(炒飯), 완탕(餛飩), 왕만두(大包), 채소볶음(盤類菜餚) 같은 부담 없는 음식을 함께 요리한다.

새우를 얹은 샤런샤오마이

샤오롱바오

딘타이펑 쎈탄 엠바시 지점

텅스밋 Thong Smith `인기`
ทองสมิทร์ ★★★☆

주소 3F, Central World, 1 Thanon Ratchadamri (999/9 Rama 1 Road) **전화** 0-2068-6588 **홈페이지** www.facebook.com/Siameseboatnoodles **영업** 10:00~22:00 **메뉴** 영어, 태국어 **예산** 149~529B(+10% Tax) **가는 방법** ①쎈탄 월드(센트럴 월드) 3F에 있다. ②쎈탄 엠바시(센트럴 엠바시) 5F에 있다. Map P.18-A1, Map P.16-B1

태국 서민들이 즐겨먹던 보트 누들(꾸어이띠아우 르아) Boat Noodle을 한 단계 업그레이드해 트렌디한 쌀국수 레스토랑으로 변모시켰다. 보트 누들은 배 위에서 쌀국수를 만들어주던 것에서 유래했는데, 허브와 향신료를 넣어 진한 육수를 내는 것이 특징이다. 텅스밋은 대형 쇼핑몰 내부에 체인점을 운영해 대중적인 인기를 누리고 있다. 에어컨 나오는 시원하고 깔끔한 곳에서 쌀국수를 맛볼 수 있는데, 쌀국수 식당치고는 비싼 편이다. 소고기 쌀국수 Beef Boat Noodles가 메인이며, 돼지고기·닭고기 쌀국수도 선택이 가능하다. 면발은 다섯 종류 중에서 고르면 되는데, 기본에 해당하는 쎈렉 Original Rice Noodles이 가장 무난하다.

싸얌 파라곤 Siam Paragon(G층), 쎈탄 월드 Siam World (3층), 쎈탄 엠바시 Central Embassy(5층), 엠카르티에 EmQuartier(7층)에 지점을 운영한다. 참고로 나영석 PD가 만든 예능 프로그램 지구오락실에 등장한 곳은 아리 지점 Thong Smith Ari이다.

텅스밋 엠카르티에(엠쿼티어)

텅스밋 쎈탄 엠바시 지점

오픈 하우스 `추천`
Open House ★★★★

주소 Level 6, Central Embassy, 1031 Thanon Ploenchit **전화** 0-2119-7777 **홈페이지** www.centralembassy.com/anchor/open-house **영업** 10:00~22:00 **메뉴** 영어, 태국어 **예산** 300~600B **가는 방법** 쎈탄 엠바시 6F에 있다. BTS 펀찟 역에서 연결통로가 이어진다. Map P.18-B1

쎈탄 엠바시(센트럴 엠바시) Central Embassy(P.328)에서 새롭게 선보인 개방 공간이다. 일종의 '공동생활공간 Co-living Space'을 목표로 문화·예술·다이닝 공간을 접목시켰다. 7,000㎡(약 2,110평)에 이르는 쇼핑몰 6F를 통째로 개방해 서점, 레스토랑, 카페, 라운지, 와인 바를 배치했다. 구글과 유튜브 일본 지사를 건축한 일본 건축회사에서 디자인했다고 한다. 도서관처럼 서재를 만들고 책을 전시한 것이 가장 큰 특징이다. 2만여 권의 책들로 가득 채워진 서점을 중심에 두고 구역을 구분했다. 8개 구역으로 나뉘지만 경계 없이 서로 연결되어 있다. 통유리를 통해 자연 채광과 방콕 도심 전망을 즐길 수 있다.

식당이 곳곳에 있기 때문에 마음에 드는 장소를 택하면 된다. 케이 부티크 Kay's Boutique(브런치), 브로콜리 레벌루션 Broccoli Revolution(채식 요리), 커피올로지 Coffeeology(카페), 남남 Nam Nam(파스타 & 타파스), 페피나 Peppina(피자), 무데키 Muteki(일본 요리)가 있다. 오픈 하우스답게 입장료도 없고 모두에게 개방되어 있다. 굳이 무언가를 사거나 먹지 않더라도 편하게 둘러보고, 중간 중간 마련된 소파에 앉아 쉴 수도 있다.

서점, 레스토랑, 카페, 라운지, 와인 바를 접목시킨 오픈 하우스

쎈탄 엠바시에서 새롭게 만든 오픈 하우스

잇타이
Eathai
★★★☆

주소 B1, Central Embassy, 1031 Thanon Ploenchit **전화** 0-2119-7777 **홈페이지** www.centralembassy.com **영업** 10:00~22:00 **메뉴** 영어, 태국어 **예산** 120~380B(+5% Tax) **가는 방법** 쎈탄 엠바시 지하 1층에 있다. BTS 펀찟 역에서 연결통로가 이어진다.

Map P.18-B1

명품 백화점을 표방하며 쎈탄 백화점에서 새롭게 만든 쎈탄 엠바시 Central Embassy(P.328)에서 운영한다. 고급 내장재와 목재 테이블, 장식까지 신경을 써서 푸드 코트도 고급스러울 수 있다는 것을 증명해 준다. 5,000㎡ 크기의 규모도 인상적이다.

'잇타이'는 3개 구역으로 구분된다. 태국 4개 지역 음식을 요리하는 부엌이란 뜻의 '크루아 씨 빡 Krua 4 Pak'이 중심 구역이다. 쏨땀(파파야 샐러드), 칸똑(북부 지방 전통 음식 세트), 카우쏘이(코코넛 밀크로 만든 북부지방 국수)를 한자리에서 맛볼 수 있다.

스트리트 푸드 섹션 Street Food Section에는 태국에서 흔하게 볼 수 있는 노점 식당들이 들어서 있다. 쌀국수를 포함해 간편한 태국 음식과 디저트를 직접 만들어 준다. 슈퍼마켓에 해당하는 '딸랏 잇타이 Talad Eathai'에서는 식료품과 기념품을 판매한다. '딸랏'은 시장이라는 뜻이다.

계산은 자체 제작한 후불 카드를 사용한다. 입구에서 후불 카드를 받아들고, 음식을 구매할 때 후불 카드를 제시하고, 나갈 때 계산하면 된다. 후불 카드 사용 한도는 1,000B이다.

쎈탄 엠바시에서
운영하는 잇타이

푸드 코트를 고급화 시킨 잇타이

에라완 티 룸
Erawan Tea Room
`인기`
★★★☆

주소 494 Thanon Phloenchit, Erawan Bangkok 2F **전화** 0-2254-1234 **영업** 10:00~22:00 **메뉴** 영어, 태국어 **예산** 애프터눈 티 680B, 태국 요리 320~1,400B (+17% Tax) **가는 방법** 타논 펀찟 Thanon Phloenchit 의 에라완 사당 옆에 있다. 그랜드 하얏트 에라완 호텔 로비로 들어갈 필요 없이 에라완 방콕 Erawan Bangkok 쇼핑몰 2층으로 올라가면 된다. BTS 칫롬 역 2번 출구에서 연결 통로가 이어진다.

Map P.18-A1

오후에 할 일 없이 찻잔이나 기울이는 일은 고급 호텔의 로비에서나 가능한 호사스런 일로 치부되기 쉽지만, 에라완 티 룸에서는 큰돈을 들이지 않고도 깊은 맛의 영국식 홍차를 즐길 수 있다. 모든 차는 은세공이 돋보이는 티 포트에 담아 차이나 도자기로 만든 찻잔에 따라서 마시게 되어 있다. 애프터눈 티 Afternoon Tea는 오후 2시 30분에서 6시 사이로 제한된다. 3단 접시에 제공되는 애프터눈 티는 특이하게도 태국 디저트들로 가득 채워져 있다. 인테리어는 아시아적 색채가 가미된 복고풍으로 꾸몄다. 푹신한 소파와 잔잔한 음악은 방콕의 무더위와 상반된 조화를 이룬다.

티 룸이라는 이름과 달리 식사도 가능하다. 팟타이, 똠얌꿍, 마싸만 카레를 포함한 태국 음식을 요리한다. 태국식 애피타이저와 디저트까지 엄선된 메뉴를 선보인다. 세트 메뉴(1인당  1,350B+17% Tax)도 가능하다. 5성급 호텔에서 운영하는 곳답게 파인 다이닝을 즐길 수 있다. 저녁 시간에는 예약하고 가는 게 좋다.

에라완 티룸

씨리 하우스
Siri House
`인기`
★★★☆

주소 14/2 Soi Somkhit(Somkid), Thanon Pleonchit 전화 09-4868-2639 홈페이지 www.facebook.com/sirihousebkk 영업 08:00~17:00, 18:00~23:00 메뉴 영어 예산 커피 100~150B, 브런치 290~420B, 메인 요리 390~1,750B(+17% Tax) 가는 방법 쏘이 쏨킷 골목 안쪽으로 450m 들어간다. BTS 칫롬 역에서 650m 떨어져 있다. Map P.18-B1

방콕 시내 중심가에 있다는 것이 믿겨지지 않을 만큼 도심 속에 숨겨져 있는 스타일리시한 공간이다. 태국의 부동산 개발회사인 쌘씨리 Sansiri에서 운영한다. 1950년대에 건설된 가정집을 리모델링해 카페와 레스토랑, 칵테일 바로 운영하고 있다. 독특한 공간과 구조 덕분에 근사한 저택에서 식사하는 듯한 느낌을 주는데, 야외 정원과 수영장까지 있어 분위기가 독특하다. 공간이 넓은 만큼 패션 잡지 화보 촬영, 디제잉 파티, 재즈 밴드의 라이브 연주, 독립 영화 상영 등 다양한 행사와 파티가 개최되기도 한다.

레스토랑은 한 곳에서 독점하지 않고 방콕에서 이름난 카페 레스토랑 두 곳이 분담해 운영한다. 한쪽은 커피와 브런치가 유명한 루카 Luka(홈페이지 www.lukabangkok.com)에서, 다른 한쪽의 지중해 음식점으로 잘 알려진 퀸스 Quince(홈페이지 www.quincebangkok.com)에서 파스타, 시푸드, 스테이크를 요리한다. 낮에는 카페 손님이 많고, 저녁 시간에는 야외 정원에서 식사를 즐기려는 사람이 많아서 예약하고 가는 게 좋다. 참고로 루카는 오전 8시부터, 퀸스는 저녁 6시부터 영업을 시작한다.

웰라 씬톤 빌리지
Velaa Sindhorn Village
เวลา สินธร วิลเลจ
★★★☆

주소 87 Soi Lang Suan 전화 0-2253-8999 홈페이지 www.velaalangsuan.com 영업 08:00~22:00 메뉴 영어, 태국어 예산 커피 130~240B, 식사 180~1,350B 가는 방법 쏘이 랑쑤언 끝자락의 씬톤 빌리지에 있다. Map P.18-A2

2020년에 조성된 씬톤 빌리지 Sindhorn Village의 일부분으로 레스토랑과 대형 마트가 들어서 있다. 전체 크기 89,600㎡(약 2만 7,100평) 규모로 럭셔리한 호텔과 레지던스 단지가 조성되면서 이에 따른 부대 시설도 함께 건설했는데, 비싸고 분위기 좋은 레스토랑이 대거 입점해 있다. 웰라(태국어로 시간이라는 뜻)는 도로를 따라 물결이 흐르듯 300m 길이로 구불구불하게 만들었다. 단층 건물이라 식당들이 서로 방해받지 않고 독립적인 공간을 구성하며, 공원을 감상할 수 있도록 야외 테이블을 많이 배치한 것도 특징이다.

커피 아카데믹스 The Coffee Academics(브런치 카페), 호페 Hoppe(커피 하우스), 엘 가우초 티 Gaucho(스테이크), 코 리미티드 Co Limited(태국 요리), 롱씨 포차나 Rongsi Pochana(중국 요리), 메종 사이공 Maison Saigon(베트남 요리), 카무이 Kamui(일식당), 테펜 Teppen(야키니쿠), 림래오응오우 클라우드 드래곤 Lim Lao Ngow Cloud Dragon(어묵 쌀국수), 피자 바 Pizza Bar(피자 전문점) 등 다양한 레스토랑이 들어서 있다. 식료품 Villa Market은 빌라 마켓에서 구입이 가능하다.

씨리 하우스

루카 카페의 야외 테이블

웰라 씬톤 빌리지

코 리미티드 야외 테이블

페이스트
Paste `인기` ★★★★

주소 3F, Gaysorn Village, Thanon 999 Phloenchit **전화** 0-2656-1003 **홈페이지** www.pastebangkok.com **영업** 12:00~14:00, 18:30~23:00 **예산** 메인 950~1,900B, 런치 테이스팅 메뉴 3,600B, 디너 테이스팅 메뉴 4,600B(+17% Tax) **가는 방법** 게이손 빌리지 쇼핑몰 3F에 있다. BTS 칫롬 역에서 쇼핑몰까지 연결 통로가 이어진다. Map P.18-A1

태국 음식 평론가들이 뽑는 '베스트 타이 레스토랑' 중 한곳이자, 자국 맛집 평가 사이트에서 매년 베스트 10으로 꼽히는 곳이다. 미쉐린 1스타 레스토랑으로 선정, 아시아 베스트 레스토랑 31위로 기록되면서 유명세가 더해졌다. 오너 셰프 비 싸텅군 Bee Satongun은 아시아 최고의 여성 요리사로 선정된 화려한 이력을 가지고 있다. 태국 음식 본래의 향과 질감을 재현하기 위해 노력하는 그의 진면목은 메인으로 요리하는 태국 카레에서 제대로 느낄 수 있다. 소금부터 유기농 쌀, 방목해 기르고 도축한 육류, 호주 스패너 크랩 등 식재료를 까다롭게 골라 사용한다.

쇼핑몰 내부에 자리한 고급 레스토랑으로, 건물 3층 한편에 조용하게 자리 잡고 있어 전혀 소란스럽지 않다. 둥근 소파를 이용해 파티션을 구분해 옆 테이블과 적당히 공간이 구분되어 오히려 프라이빗하게 식사하기 좋다. 단품 메뉴(알라카르테)보다는 2인용으로 제공되는 테이스팅 메뉴를 주문하면 좋다. 저녁 시간에는 예약이 필수다.

메인 요리

애피타이저

원형 소파를 이용해 파티션을 구분했다

싸네 짠 Saneh Jaan
เสน่ห์จันทน์ (ถนน วิทย) ★★★★

주소 G/F, Sindhorn Building, 130 Thanon Withayu (Wireless Road) **전화** 0-2650-9880, 06-2534-3394 **홈페이지** www.sanehjaan.com **영업** 11:30~14:00, 18:00~22:00 **메뉴** 영어, 태국어 **예산** 메인 요리(단품) 550~880B, 저녁 세트 1,950~2,650B(+17% Tax) **가는 방법** ①타논 위타유의 씬톤 빌딩 1층에 있다. 같은 건물에 있는 스타벅스 뒤쪽에 있다. ②BTS 펀찟 역에서 900m 떨어져 있다. Map P.18-B2

미쉐린 1스타 레스토랑으로 꼽힌 식당. 고급 식재료와 유기농 채소를 사용하며, 태국 각 지방에서 유명하다는 조리법을 재현해 코스 요리를 선보인다. 공간도 이채롭다. 현대적인 빌딩에 딸려 있는 부속 건물이지만 묵직한 나무 대문을 밀고 들어서면 전혀 다른 세상이 펼쳐진다. 웅장한 레스토랑 내부는 태국의 미감을 담은 사진으로 벽면을 장식해 갤러리처럼 꾸몄다. 주 메뉴로는 얌(매콤한 샐러드), 팟(볶음 요리), 깽(태국식 카레), 똠(찌개)을 포함한 정통 태국 요리와 함께 북부·남부지방 음식을 마련했다. 태국식 디저트가 잘 구성되어 있어, 매운 음식을 먹은 뒤 달콤함으로 뒷맛을 달래기 좋다. 전체적으로 메뉴 구성이나 음식 맛은 관광객을 배려한 곳은 아니다. 태국 음식이 익숙한 사람들에게 적합한 레스토랑이다.

부담되지 않는 가격에 식사하고 싶다면 점심시간을 이용할 것. 애피타이저+메인 요리 1개+태국 디저트로 구성된 비즈니스 런치 세트(850B +17% Tax)를 제공해 준다. 다만 기본적인 드레스 코드(반바지와 슬리퍼를 착용하면 안 된다)는 반드시 지켜야 한다.

애피타이저

타이 디저트

고급스럽게 꾸민 레스토랑 내부

씨윌라이 시티 클럽
Siwilai City Club ★★★☆

주소 5/F, Central Embassy, 1031 Thanon Ploenchit **전화** 02-160-5631 **홈페이지** www.siwilaibkk.com **영업** 11:00~24:00 **메뉴** 영어 **예산** 커피 100~140B, 칵테일 260~420B, 메인 요리 370~1,140B(+10% Tax) **가는 방법** 센탄 엠바시 Central Embassy 쇼핑몰 5F에 있다. BTS 펀찟 역에서 연결 통로가 이어진다.

Map P.18-B1

쇼핑몰 내부에 있지만 웬만한 카페보다 더 트렌디하게 공간을 구성했다. 해변 비치 클럽을 모티브로 꾸몄는데, 야외에 루프 톱 형태의 테라스까지 갖추고 있다. 1,200㎡(약 360평) 규모로 기념품 숍, 카페 & 델리, 다이닝 룸, 시티 라운지, 테라스로 구분해 각기 다른 분위기를 즐길 수 있다. 수제 버거, 시푸드 그릴, 스테이크를 메인으로 요리한다.

루프 톱에 해당하는 테라스는 도심 풍경을 볼 수 있다. 건기(겨울 성수기)에는 야외 테라스 자리를 선호하기 때문에, 미리 예약하고 가는 게 좋다. 밤에는 라이브 밴드가 음악을 연주해준다. 분위기는 좋으나 가성비는 현저하게 떨어진다.

카페, 레스토랑, 라운지, 루프 톱을 결합해 만든 Siwilai City Club

씨윌라이 시티 클럽

피자 마실리아(루암루디 본점)
Pizza Massilia ★★★☆

2024 NEW

주소 15/1 Soi Ruam Rudi(Ruamrudee) **전화** 09-4552-2025 **홈페이지** www.pizzamassilia.com **영업** 11:30~22:00 **메뉴** 영어 **예산** 피자 490~1,290B, 점심 세트 **메뉴** 420B(+17% Tax) **가는 방법** BTS 펀찟 역에서 450m 떨어진 쏘이 루암루디에 있다.

Map P.18-B2

방콕의 대표적인 화덕 피자 레스토랑으로 페피나 Peppina(P.95)와 더불어 아시아-태평양 지역 톱 50 피자 50 Top Pizza Asia-Pacific에 선정된 곳이다. 2015년 자그마한 피자 트럭에서 시작해 현재는 유명한 이탈리안 레스토랑으로 성장했다. 이탈리아인 셰프가 운영하는 곳으로 유럽풍의 바로크 스타일로 클래식하게 꾸몄다. 레스토랑 내부에 있는 두 개의 커다란 화덕이 눈길을 끈다.

이탈리아에서 수입한 유기농 밀가루로 만든 피자 도우, 이탈리아에서 직수입한 올리브 오일, 치즈, 햄, 살라미 등 고급 식자재를 사용하는 것이 특징. 채소는 태국 농장에서 재배한 유기농 식품을 사용한다. 그만큼 피자 가격은 비싸다. 트러플, 캐비아, 연어가 들어간 피자는 1,000B을 호가한다. 경제적인 식사를 원한다면 평일 점심시간(월~금 11:30~14:30)에 제공되는 비즈니스 세트 메뉴를 이용할 것.

유럽에서 공수해 온 화덕

피자 마실리아

Nightlife 칫롬 & 펀찟의 나이트라이프

방콕의 대표적인 쇼핑 지역이지만 나이트라이프도 적절히 즐길 수 있다. 시끌벅적한 댄스 클럽보다는 라운지 스타일의 바와 펍들이 많다.

쎈탄 월드 비어 가든
Central World Beer Garden ★★★

주소 1 Thanon Ratchadamri 영업 18:00~01:00 메뉴 영어. 태국어 예산 생맥주 200~500B 가는 방법 쎈탄 월드(센트럴 월드) 쇼핑몰 앞의 야외 광장에 있다. BTS 칫롬 역 1번 출구에서 도보 10분. Map P.18-A1 밤 기온이 20℃ 이하로 내려가는 방콕의 겨울이 오면 도심 곳곳에서 흔하게 비어 가든을 볼 수 있다. 그중에 최대 규모를 자랑하는 곳이다. 쎈탄 월드 야외 광장에 씽 Singha Beer, 창 Chang Beer, 타이거 Tiger, 하이네켄 Heineken, 칼스버그 Carlsberg 등 유명 맥주 회사들이 저마다 자리를 만들고 라이브 밴드까지 불러들여 활력이 넘친다.

연말이 되면 친구들과의 약속 장소로 가장 사랑받는 장소인 동시에, 신년맞이 카운트다운 행사가 열리는 곳이기도 하다. 비어 가든은 11월 초에서 이듬해 1월 초까지 한시적으로 운영된다. 20세 이상 출입이 가능하며 나이 확인을 위해 신분증을 제시해야 한다.

비어 리퍼블릭
Beer Republic ★★★☆

주소 GF, Holiday Inn Bangkok, 971 Thanon Phloenchit 전화 0-2656-0080 홈페이지 www.beer republicbangkok.com 영업 11:30~24:00 메뉴 영어 예산 생맥주 하프 핀트(284㎖) 120~195B, 생맥주 핀

트(568㎖) 200~550B(+17% Tax) 가는 방법 BTS 칫롬 역 1번 출구에서 도보 1분. 홀리데이 인 방콕(호텔) 입구에 있다. Map P.18-A1

방콕 시내에 있는 맥주 전문 레스토랑으로, 맥주 공화국이란 타이틀에 걸맞게 70여 종의 맥주를 판매한다. 탭에서 뽑아주는 시원한 생맥주와 수제 맥주까지 다양하게 즐길 수 있다. 매장은 인터스트리얼한 디자인과 높은 층고가 어우러져 모던한 느낌을 준다. 여러 대의 대형 TV를 설치해 다양한 스포츠 중계방송을 볼 수 있고, 공간 한편은 도로 쪽으로 개방되어 있어 거리 풍경을 감상하기에도 좋다. 프라이빗한 자리를 원한다면 냉방 시설이 가동된 쾌적한 실내 좌석이 낫다. 낮 시간에도 문을 열고 버거, 포크 립, 치킨 윙, 태국 요리에 이르는 술안주와 식사 메뉴를 선보인다. 저녁엔 라이브 밴드가 음악을 연주한다. 시내 중심가에서 편하게 맥주 한 잔 하고 싶을 경우 무난한 선택지가 될 것이다. 쇼핑몰이 몰려 있는 지역이라 관광객이 드나들기 편리하다.

비어리퍼블릭

연말을 전후해 쎈탄 월드 앞 광장에 생기는 비어 가든

외국 관광객이 편하게 드나들 수 있는 맥주 전문점

레드 스카이 & CRU 샴페인 바
Red Sky &
CRU Champagne Bar　인기　★★★★

주소 55F, Centara Grand Hotel, 999/99 Thanon Phra Ram 1(Rama 1 Road) **전화** 0-2100-1234, 0-2100-6255 **홈페이지** www.bangkokredsky.com **영업** 18:00~01:00 **메뉴** 영어. 태국어 **예산** 맥주·칵테일 430~550B, 메인 요리 790~3,900B (+17% Tax) **가는 방법** 쎈탄 월드 뒤편에 있는 쎈타라 그랜드 호텔 55층에 있다. 호텔 로비(23층)에서 엘리베이터를 갈아타야 한다. BTS 칫롬 역 또는 BTS 싸얌 역에서 도보 15분. Map P.16-B1 Map P.18-A1

쎈타라 그랜드 호텔 Centara Grand Hotel(P.366)에서 운영하는 루프 톱 레스토랑이다. 빌딩 숲을 이루는 방콕 도심의 스카이라인을 바라보며 식사하기 좋은 곳이다. 쎈타라 그랜드 호텔 55층에 있는 레드 스카이는 레스토랑의 가장자리는 통유리로 만들어 안전을 고려함과 동시에 방해받지 않고 전망을 즐길 수 있도록 설계했다.

해가 질 무렵에는 주변 풍경이 붉은 하늘(레드 스카이)로 변모하지만, 해가 진 다음에는 레스토랑 좌우를 장식한 날개 모양의 구조물이 조명을 바꾸어 가며 분위기를 낸다.

59층에는 CRU Champagne Bar(홈페이지 www.champagnecru.com)를 별도로 운영한다. 샴페인 바를 표방하는데 360° 전망을 감상할 수 있다. 시그니처 칵테일이 689B(+17% Tax)으로 레드 스카이에 비해 조금 더 비싸다.

다른 일류 호텔 레스토랑처럼 반바지나 슬리퍼, 찢어진 청바지 등의 복장으로 입장

Red Sky

쎈타라 그랜드 호텔에서 운영하는
레드 스카이 & CRU 샴페인 바

할 수 없다. 해피 아워(16:00~18:00)에는 맥주 또는 칵테일을 1+1으로 제공한다.

스피크이지
The Speakeasy　★★★☆

주소 24~25F, Hotel Muse, 55/555 Soi Lang Suan **전화** 0-2630-4000 **홈페이지** www.hotelmuse bangkok.com **영업** 17:30~01:00 **메뉴** 영어 **예산** 맥주·칵테일 350~550B(+17% Tax) **가는 방법** 뮤즈 호텔 24층과 25층에 있다. BTS 칫롬 역 4번 출구에서 쏘이 랑쑤언 방향으로 도보 10분. Map P.18-A2

호텔 뮤즈(P.366)에서 운영하는 루프 톱 바 Rooftop Bar. 부티크 호텔에서 운영하는 곳이라 그런지 인테리어와 디자인에 신경을 많이 썼다. 1920년대 금주령이 내렸던 미국의 비밀스런 술집을 모티브로 삼았다고 한다. 메뉴판도 종이 신문처럼 만들어 옛 향수를 자극시킨다. 시가 라운지 Cigar Lounge와 프라이빗 룸 Private Rooms은 호사스런 느낌을 준다.

25층은 옥상에 만든 루프 톱 바는 인조 잔디를 깔았고, 궁전을 연상시키는 둥근 돔 모양 장식이 어우러져 우아하다. 방콕 도심의 빌딩을 감싸고 있어 몽롱한 느낌마저 든다. 은은한 조명과 방콕의 야경을 즐기며 낭만적인 시간을 보내기 좋다. 이른 저녁 시간에는 잔잔한 재즈 음악도 흐른다. 씨로코 Sirocco(P.302) 같은 대중적인 곳에 비해 규모가 작아서 사적(私的)인 느낌이 강하다. 시끄럽지 않고 차분한 시간을 보낼 수 있다. 기본적인 드레스 코드를 지켜야 한다. 예약하고 가는 게 좋다.

호텔 뮤즈 25층의 스피크이지

The Speakeasy

Pratunam

빠뚜남

빠뚜남은 문(門)이라는 뜻의 '빠뚜'와 물이라는 뜻의 '남'이 합쳐진 말이다. 남쪽으로 쌘쌥 운하(크롱 쌘쌥) Khlong Saen Saep가 흐르는데, 운하의 수위를 조절하던 수문 (水門)이 있다 하여 붙여진 지명이다. 영어로 워터게이트 Watergate라고 쓰기도 한다. 쌘쌥 운하에서는 방콕 서민들에게 사랑받는 대중교통 수단인 운하 보트가 운행되는 데, 빠뚜남 선착장(타르아 빠뚜남) Pratunam Pier은 기다란 운하 보트 노선의 중심 선착장이 된다.

빠뚜남은 아마리 워터게이트 호텔 Amari Watergate Hotel부터 바이욕 스카이 호텔 Baiyoke Sky Hotel에 이르는 지역으로, 두 개의 호텔 사이에는 빠뚜남 시장(딸랏 빠뚜남)이 형성되어 있다. 방콕 시내에서 가장 큰 재래시장인 빠뚜남 시장은 미로 같은 골목길이어서 혼잡하다. 저가의 의류와 패브릭, 액세서리가 거래되는데, 저렴한 물건들을 구입하려는 현지인들과 인도·중동·아프리카에서 온 보따리 장사꾼들로 하루 종일 북적댄다.

외국인 여행자들에게 특별히 어필하는 매력이 없기 때문에 빠뚜남은 그냥 지나치기 십상이다. 바이욕 스카이 호텔 전망대에서 시원스레 펼쳐지는 방콕 전경이 그나마 아쉬움을 달랠 뿐이다.

볼 거 리	★☆☆☆☆	P.255
먹을거리	★★★☆☆	P.255
쇼 핑	★★★☆☆	P.329
유 흥	★★★☆☆	

 **알아두세요**

1. 바이욕 스카이 호텔의 뷔페 레스토랑을 이용하면 전망대를 공짜로 관람할 수 있다.
2. 빠뚜남은 큰 볼거리가 없어서 인접한 쎈탄 월드(센트럴 월드)와 함께 둘러보면 좋다.
3. 쌘쌥 운하를 오가는 운하 보트를 타면 빠뚜남 시장까지 빠르게 이동할 수 있다.
4. 운하 보트는 빠뚜남 선착장(타르아 빠뚜남)에서 갈아타야 한다.

 빠뚜남의 교통

다양한 버스 노선이 빠뚜남을 지나지만 외국인 여행자들에게는 다소 난해한 교통편이다. 운하 보트 선착장이 빠뚜남 입구에 있어 편리하다. BTS 노선은 칫롬 역이 가장 가깝다.

+ BTS
빠뚜남을 지나는 BTS 역은 없다. 가장 인접한 BTS 역은 칫롬 역으로 빠뚜남 시장까지 도보로 15분 걸린다. 판팁 플라자를 갈 경우 BTS 랏차테위 역에서 내리면 된다.

+ 운하 보트
빠뚜남 선착장(타르아 빠뚜남) Pratunam Pier에서 빠뚜남 시장까지 도보 5분 거리로 가깝다. 카오산 로드에서 출발한다면 판파 선착장(타르아 판파) Phan Fa Pier에서 운하 보트를 타면 된다.

버스에 비해 교통 체증이 없이 빠르게 이동할 수 있지만 운하를 흐르는 물이 더러워서 쾌적하지는 않다.

+ 공항 철도
쑤완나품 공항에서 출발하는 공항 철도 시티 라인이 빠뚜남을 지난다. 랏차쁘라롭 Ratchaprarop 역에서 바이욕 스카이 호텔까지 도보 10분, 빠뚜남 시장까지 도보로 15분 걸린다.

Best Course **추천 코스**

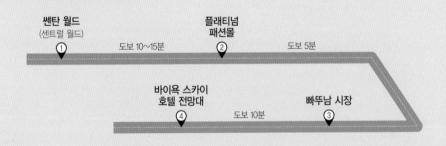

Attractions 빠뚜남의 볼거리

특별한 볼거리는 없다. 빠뚜남 시장(P.329)을 기웃거리거나 바이욕 스카이 호텔 전망대에 올라 방콕 전망을 내려다보면 된다.

바이욕 스카이 호텔 전망대
Baiyoke Sky Hotel
Observation Deck ★★★

주소 77F, Baiyoke Sky Hotel, 222 Thanon Ratchaphrarop 전화 0-2656-3000, 0-2656-3456 홈페이지 http://baiyokesky.baiyokehotel.com 운영 10:00~22:00 요금 400B(음료 1잔 포함) 가는 방법 빠뚜남 시장과 인접한 바이욕 스카이 호텔 77층에 있다. 운하 보트 빠뚜남 선착장에서 도보 15분. 공항 철도 시티 라인 랏차쁘라롭 역에서 도보 10분. Map P.24-B2

방콕에서 두 번째 높은 건물인 바이욕 스카이 호텔에 있다. 야외 전망대가 위치한 곳은 호텔 건물 맨 꼭대기인 84층이다. 높이 309m에 있는 야외 전망대로 회전 장치를 만들어 느린 속도로 움직인다. 야외 전망대는 안전을 위해 보호망이 설치되어 있다. 실내 전망대인 77층은 유리창을 통해 전망을 내려다볼 수 있다. 전망대만 간다면 18층에 있는 호텔 로비를 통하지 말고, 1층에 마련된 전용 엘리베이터를 타고 77층으로 직행하면 된다. 바이욕 스카이 호텔 뷔페에서 점심이나 저녁식사(P.256)를 할 경우 전망대를 무료로 방문할 수 있다.

전망대에서 고가 도로가 얽혀 있는 방콕 풍경이 보인다

Restaurant 빠뚜남의 레스토랑

고급스런 레스토랑은 거의 없고 빠뚜남 시장 주변의 저렴한 로컬 레스토랑이 대부분이다. 에어컨 시설의 저렴한 레스토랑은 플래티넘 패션몰, 빠뚜남 센터, 판팁 플라자 같은 쇼핑몰에 있다.

꼬앙 카우만까이 빠뚜남
Go-Ang Kaomunkai Pratunam
โกอ่างข้าวมันไก่ประตูน้ำ ★★★☆

주소 Thanon Petchburi Soi 30 전화 0-2252-6325 영업 07:30~15:00 메뉴 태국어 예산 닭고기 덮밥 65~95B 가는 방법 타논 펫부리 쏘이 쌈씹 Phetchburi Soi 30 입구에 있다. Map P.24-B2

태국 사람들에게 무척 인기 있는 카우만까이(닭고기 덮밥) 전문점이다. 치킨라이스 Chicken Rice라고 부르는 카우만까이는 푹 고아 기름기를 뺀 부드러운 닭고기를 썰어서 기름진 밥에 얹어 준다. 화교가 운영하는 서민 식당인데, 세월이 더해져 어느덧 빠뚜남의 명물이 됐다. 1960년부터 영업하고 있다. '방콕 최고의 카우만까이'라는 언론의 칭찬이 어색하지 않을 정도다. 쎈탄 월드 맞은편에 2호점(주소 Thanon Ratchadamri, 17 Chaloem Loke Bridge, 영업 08:00~21:00, Map P.18-A1)지점을 열었는데 본점보다 규모가 크다.

꼬앙 카우만까이 빠뚜남 2호점

바이욕 스카이 호텔 뷔페
Baiyoke Sky Hotel Buffet ★★★

주소 22 Thanon Ratchaprarop, Baiyoke Sky Hotel **전화** 0-2656-3000, 0-2656-3456 **홈페이지** www.baiyokehotel.com **영업** 17:30~22:00 **예산** 저녁(76~78층) 730B, 저녁(81~82층) 850B **가는 방법** 바이욕 스카이 호텔 76층과 81층에 있다. ①공항 철도 시티 라인 랏차쁘라롭 역에서 도보 10분. ②운하 보트 빠뚜남 선착장에서 도보 15분. Map P.24-B2

태국에서 가장 높은 바이욕 스카이 호텔 꼭대기에 있는 뷔페 레스토랑이다. 해발 309m에서 방콕 전경을 파노라마로 즐기며 다양한 음식을 배불리 먹을 수 있다. 레스토랑은 아래층(76~78층)과 위층(81~82층)으로 구분해 요금을 다르게 받는다. 아래층은 단체 관광객, 위층은 개별 관광객이 선호한다. 호텔 로비(18층)보다 한 층 위에 있는 19층에서 좌석을 배정받아 전용 엘리베이터를 타고 레스토랑으로 올라가면 된다.

음식은 태국식 시푸드, 일식, 이탈리아 음식과 샐러드, 디저트가 다양하게 준비되어 있다. 점심 때보다 저녁 때 사람들이 많다. 호텔 뷔페 요금으로 전망대를 공짜로 즐길 수 있어 일석이조다. 여행사를 통해 할인된 요금에 미리 예약하는 게 좋다. 단체 관광객이 많아서 북적댄다.

Baiyoke Sky Hotel Buffet

바이욕 스카이 호텔 뷔페

피콜로 비콜로 카페
Piccolo Vicolo Cafe ★★★★

주소 535/32 Trok Wat Phaya Yang, Thanon Banthat Thong **전화** 06-5816-8982 **영업** 09:00~17:00(휴무 화요일) **메뉴** 영어 **예산** 100~180B **가는 방법** ①운하 보트를 탈 경우 싸판 짜런폰 선착장 Sapan Charoenpol Pier에서 내려서 다리 건너 타논 반탓텅 Banthat Thong Road 방향으로 올라가다가 톱스 데일리(마트) Tops Daily 옆 골목으로 들어가서 안내판을 따라 가면 된다. 선착장에서 500m 떨어져 있다. ②BTS를 탈 경우 랏차테위 역에서 내린다. BTS 역에서 900m 떨어져 있다. Map 전도 B-2

빈티지한 감성과 힙한 느낌이 단박에 느껴지는 매력적인 카페. 이런 곳에 카페가 있을까 싶을 정도로 외진 골목 안쪽에 숨겨져 있다(당연히 걸어서 가야 한다). 오래된 콘크리트 건물 몇 동을 개조해 카페, 레스토랑, 갤러리, 소극장으로 꾸몄다. 좁은 골목 안쪽에 마주보고 있는 개성 강한 상점들이 하나의 작은 커뮤니티를 형성하는데 녹색 식물과 어우러져 따뜻한 느낌을 준다(물론 카페 바깥은 덥다). 덕분에 도심 속의 오아시스처럼 사진 찍기도 좋고 쉬어가기도 좋다. 참고로 Piccolo Vicolo는 이탈리아어로 작은 골목이라는 뜻이다.

정성들여 커피를 만드는 것이 느껴질 정도로 에스프레소, 아메리카노, 라테, 카푸치노까지 커피 맛도 깔끔하다. 시그니처 커피는 블랙 코코넛(에스프레소 샷+코코넛) Black Coconut, 블랙 레몬(에스프레소 샷+레몬 시럽) Black Lemon이 있다. 커피 마니아라면 에스프레소와 라테를 각기 다른 잔에 내어주는 피콜로 듀엣 Piccolo Duet을 추천한다. 크로와상, 치크 케이크, 타르트 같은 디저트를 곁들여도 된다.

피콜로 비콜로 카페

อนุสาวรีย์ชัยสมรภูมิ

Anutsawari
아눗싸와리

전승기념탑 Victory Monument 주변을 의미하는 '아눗싸와리'는 방콕 5대 혼잡지역 가운데 하나다. 로터리를 중심으로 동서남북으로 뻗은 도로는 방람푸, 랏차다, 씨얌, 짜뚜짝에서 들어오는 차들로 밤낮없이 분주하다.

방콕을 찾은 여행자들에게 아눗싸와리는 큰 의미가 없다. 대단한 볼거리가 있는 것도 아니고 으리으리한 쇼핑센터가 반기지도 않기 때문이다. 그러나 아눗싸와리를 무시할 수 없는 이유는 방콕 도심에서 느낄 수 있는 '방콕다움'이 있기 때문이다.

사람이 많이 모이는 번화가이지만 건물이 말끔하지도 않다. 다만 방콕 소시민들의 삶이 녹록히 서려 있는 듯 오래된 서민 아파트들과 골목을 가득 메운 노점상들의 모습에서 특별한 반가움을 만날 수 있다.

볼 거 리	★☆☆☆☆	P.259
먹을거리	★★☆☆☆	P.260
쇼 핑	★★☆☆☆	
유 흥	★★☆☆☆	P.261

Check 알아두세요

❶ 아눗싸와리 차이(전승기념탑) 로터리는 교통의 요지로 항상 혼잡하다.

❷ BTS 아눗싸와리 차이 역을 이용하면 드나들기 편리하다.

❸ 아눗싸와리 차이(전승기념탑) 로터리 북쪽의 운하를 따라 쌀국수 식당 골목 Boat Noodle Alley이 형성되어 있다.

❹ 색소폰의 라이브 음악은 밤이 깊을수록 그 빛을 더한다.

Access 아눗싸와리의 교통

아눗싸와리로 가는 가장 편리한 방법은 BTS를 타는 것이다. 버스 노선은 너무 많아서 아눗싸와리 로터리를 중심으로 버스 정류장이 제각각이다. 타고자 하는 버스정류장 위치까지 알고 있어야 한다.

+ BTS

BTS 아눗싸와리 차이(전승기념탑) 역에 내리면 아눗싸와리 한복판에 도착하게 된다. 쑤언 팍깟 궁전을 가고자 한다면 BTS 파야타이 역에서 내리자.

+ 버스

카오산 로드와 인접한 타논 랏차담년 끄랑에서 59번, 503번, 509번 버스가 아눗싸와리로 향한다. 아눗싸와리 로터리의 타논 파야타이 Thanon Phayathai 방면 정류장을 이용한다.

+ 공항 철도

쑤완나품 공항에서 아눗싸와리까지 공항 철도는 연결되지 않는다. 공항 철도 시티 라인을 타고 종점인 파야타이 역에서 내려 BTS로 갈아타야 한다.

Best Course 추천 코스

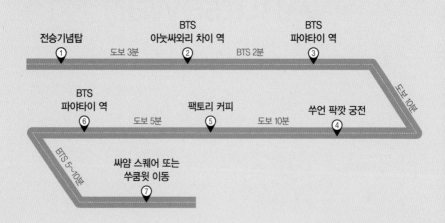

Attractions 아눗싸와리의 볼거리

태국 왕실에서 건설한 쑤언 팍깟 궁전이 가장 큰 볼거리다. 하지만 아눗싸와리는 역사 유적보다는
거리 풍경이 더 눈길을 끈다. 거리 곳곳에서 방콕다운 서민적 풍경을 느낄 수 있다.

쑤언 팍깟 궁전
Suan Pakkad Palace
วังสวนผักกาด ★★★

현지어 왕 쑤언 팍깟 **주소** 352-354 Thanon Si
Ayuthaya **전화** 0-2245-4934 **홈페이지** www.suan
pakkad.com **운영** 09:00~16:00 **요금** 100B **가는 방
법** BTS 파야타이 역 4번 출구에서 타는 씨 아유타야
Thanon Si Ayuthaya 거리를 따라 450m. Map P.24-A1
'배추 정원'이라는 이름 때문에 쑤언 팍깟을 방문하
지 않겠다면 큰 오산이다. 기품 가득한 태국 전통 목
조 가옥의 아름다움과 도심 속의 정원이 주는 운치가
매력적인 쑤언 팍깟은 쭐라롱껀 대왕의 손자인 쭘폿
왕자 Prince Chumbot와 판팁 공주 Princess Pantip가
살던 궁전이다.
태국 북부 지방 건축 양식으로 만든 우아한 건물들은
현재 왕자가 수집한 골동품, 가구, 태국 예술품을 전
시한 박물관으로 사용되고 있다. 청동기 유적을 전시
한 반 치앙 컬렉션 Ban Chiang Collection 전시관을
시작으로 왕실 선박 전시관, 래커 파빌리온 Lacquer
Pavilion 순으로 관람하게 된다.
쑤언 팍깟의 가장 큰 볼거리는 래커 파빌리온. 450년
의 역사를 간직한 아유타야 시대 건축물로 건물 자체
도 보물급이지만 내부를 장식한 벽화로 유명하다. 부
처의 생애와 힌두 신화인 <라마끼안>을 그렸는데, 래
커를 이용했기 때문에 화려함의 극치를 이룬다.
정원 오른쪽은 쭘폿 왕자가 사용하던 응접실과 식당

이 있던 건물이다. 현재는 아유타야 시대 불상을 위
주로 다양한 불상을 전시하고 있다. 2층에서 연결된
건물들은 악기, 중국 도자기, 셀라돈, 벤자롱, 전통 악
기, 콘 가면 등의 전시관으로 사용된다.

전승기념탑(아눗싸와리 차이)
Victory Monument อนุสาวรีย์ชัยฯ ★★

주소 Thanon Ratchawithi & Thanon Phayathai **운영**
24시간 **요금** 무료 **가는 방법** BTS 아눗싸와리 차이
(전승기념탑) 역에서 200m 떨어져 있다.
Map P.24-B1
방콕의 중요한 교통 요지인 '아눗싸와리' 로터리 중
앙에 우뚝 솟은 50m 높이의 첨탑이다. 서구 열강으
로부터 유일하게 식민지배를 받지 않았던 태국의 자
부심이 잘 드러나는 전승기념탑은 인도차이나를 지
배하던 프랑스와의 전쟁에서 승리해 과거 태국 영토
일부를 수복한 것을 기념해 세웠다. 총검 모양의 탑
을 형상화했고, 기단부에 1943년 전투에서 사망한 순
국열사들의 이름을 모
두 새겼다.
로터리 오른쪽에 있는
빅토리 포인트 Victory
Point는 저녁이 되면 작
은 광장에 노점이 들어
서 야시장 분위기를 연
출한다.

전승기념탑

화려한 벽화가 그려진 쑤언 팍깟의 래커 파빌리온

쑤언 팍깟의 하이라이트 래커 파빌리온

Restaurant 아눗싸와리의 레스토랑

아눗싸와리 지역은 현지인들을 위한 '보통' 태국 음식점들이 많다. 타논 랑남 Thanon Rangnam에는 저렴한 현지 식당이 밀집해 있으며, 센추리 플라자에는 패스트푸드 레스토랑이 많다.

팩토리 커피
Factory Coffee

 추천 ★★★★

주소 49 Thanon Phyathai **전화** 08-0958-8050 **홈페이지** www.facebook.com/factorybkk **영업** 08:00～17:00 **메뉴** 영어 **예산** 커피 100~250B **가는 방법** ① BTS 파야타이 역 5번 출구에서 공항 철도 파야타이 역 방향으로 100m. 렛츠 릴랙스(마사지) Let's Relax 옆에 있는 호텔 트랜즈 Hotel Tranz를 바라보고 오른쪽에 있다. ②공항철도 파야타이 역에서 1층으로 내려오면 택시 승강장 맞은편에 있다. Map P.24-A1

커피 애호가들의 명소로 떠오른 곳이다. 2017년과 2018년 태국 국내 바리스타 경연대회 우승자가 운영한다. 시멘트와 벽돌을 노출해 트렌디한 공장(작업실)처럼 꾸몄다. 단순히 커피숍이 아니라 독특한 커피를 만들어내는 '에스프레소 바'를 표방한다. 마치 칵테일을 제조하듯 큐브, 초콜릿 밀크, 아로마, 토닉, 레몬 등을 첨가해 창의적인 커피를 만들어낸다. 에스프레소 커피에 더해진 다양한 첨가물이 풍미를 더해준다. (딱 한 가지만 고르기 힘들지만) 시그니처 드링크 Signature Drink 중에서 선택하면 된다.

단순한 아이스커피를 원한다

화이트 시트러스
White Citrus

면 유리병에 담긴 콜드 브루 Cold Brew가 있다. 한 종류의 원두만 사용한 커피를 원할 경우 싱글 오리진 Single Origin, 여러 종류의 원두를 브랜딩한 커피를 원할 경우 스페셜 빈 Special Bean을 고르면 된다. 직접 로스팅한 커피 원두도 판매한다.

떠이 꾸어이띠아우 르아
Doy Kuay Teow Reua(Toy Boat Noodle)
ต้อยก๋วยเตี๋ยวเรือ (ราชวิถี ซอย 18) ★★★☆

주소 Thanon Ratchawithi Soi 18 **영업** 08:00~17:00 **메뉴** 영어, 태국어 **예산** 쌀국수 보통(탐마다) 15B, 쌀국수 곱빼기(피쎗) 40B **가는 방법** 타논 랏차위티 쏘이 18 골목 끝에 있다. Map P.24-A1

배 위에서 쌀국수를 만들어주던 것에 유래한 보트 누들(꾸어이띠아우 르아) Boat Noodle 식당이다. 전승기념탑 로터리 북쪽의 운하를 따라 보트 누들 식당 골목이 형성되어 있을 정도로 이 지역에서 유명한 음식이다. '떠이 꾸어이띠아우 르아'는 다른 식당들과 떨어져 있고, 에어컨도 없는 전형적인 로컬 식당이다. 간판도 태국어로만 쓰여 있고, 영어도 잘 통하지 않는다. 하지만 다른 곳에 비해 쌀국수 맛이 좋다고 평가받고 있다. 쌀국수 한 그릇에 15B으로 저렴하다. 고명으로 들어가는 돼지고기 또는 소고기 상관없이 같은 요금을 받는다. 길거리 음식에 호기심이 많은 여행자라면 좋아할만 하지만, 청결함을 우선시한다면 추천하지 않는다.

미세스 콜드 Mrs. Cold

팩토리 커피

게 카레 볶음 뿌팟퐁까리

꽝(꾸앙) 시푸드
Kuang Seafoods กวงทะเลเผา ★★★☆

주소 107/12~13 Thanon Rangnam **전화** 0-2642-5591 **영업** 11:00~23:30 **메뉴** 영어, 태국어 **예산** 메인 요리 250~1,600B **가는 방법** 센추리 플라자(쇼핑몰)를 끼고 타논 랑남으로 들어가서 도로 오른쪽 끝까지 가면 된다(약 700m). BTS 아눗싸와리 차이(전승기념탑) 2번 출구에서 도보 15분. Map P.24-B1

타논 랑남에서 인기 있는 시푸드 레스토랑. 한자 간판은 광해선(光海鮮)이라고 적혀 있다. 외국인보다 현지인들이 즐겨 찾는 해산물 식당답게 음식 값이 무난하다. 뿌팟퐁까리(게 카레 볶음), 꿍옵운쎈(새우

당면 뚝배기 졸임), 깽쏨쁠라촌(맵고 시큼한 생선찌개), 어쑤언(굴 계란 철판 볶음) 등 맛 좋은 해산물 요리가 가득하다. 랏차다 훼이꽝 사거리 주변에 머문다면, 랏차다 쏘이 10 Ratchada Soi 10(전화 0-2275-3939, Map P.25) 지점을 이용하면 된다.

Nightlife 아눗싸와리의 나이트라이프

전승기념탑 로터리에는 방콕을 대표하는 재즈 & 블루스 라이브 바인 색소폰이 있다.

색소폰   추천
Saxophone Pub ★★★★☆

주소 3/8 Ratchawithi Soi 11, Thanon Phayathai **전화** 0-2246-5472 **홈페이지** www.saxophonepub.com **영업** 18:00~02:00 **메뉴** 영어, 태국어 **예산** 맥주·칵테일 170~350B, 위스키 1병 1,800~4,500B(+10% Tax) **가는 방법** 아눗싸와리 차이(전승기념탑) Victory Monument 로터리에 있다. BTS 아눗싸와리 역 4번 출구에서 빅토리 포인트 Victory Point 광장 오른쪽 골목에 있다. Map P.24-B1

방콕 나이트라이프를 논할 때 빼놓을 수 없는 곳. 31년 넘도록 방콕을 대표하는 라이브 바로 현지인과 관광객 모두에게 절대적인 지지를 받는다. 라이브로 연

주되는 음악은 블루스와 록 음악이 주를 이루지만, 이른 저녁에는 어쿠스틱 기타 연주도 들을 수 있다. 방콕 커넥션 Bangkok Connection, 티본 T-Bone, 아린 재즈 밴드 Arin Jazz Band, JRP 리틀 빅 밴드 JRP Little Big Band 등 기라성 같은 밴드가 무대에 오른다. 메인 밴드 공연은 밤 9시부터 시작된다.

실내는 2층으로 넓은 편이다. 음악에 심취하고 싶다면 1층의 무대 주변에 자리를 잡고, 친구들과 대화를 나누고 싶다면 2층 테이블에 자리를 달라고 하자. 무대 주변에 자리를 잡고 싶다면 서두를 것. 자정이 가까워지면 라이브 음악이 절정에 이르기 때문에 담소를 나누며 떠들기는 힘들다. 그저 음악에 심취해 기분 좋게 몸과 머리를 흔들며 방콕의 밤을 아쉬워하자.

Saxophone Pub

방콕의 대표적인 재즈 바 색소폰

Travel Plus 나이트클럽이 밀집한 동네 RCA

RCA는 방콕의 대표적인 클럽 밀집 지역입니다. 로열 시티 애비뉴 Royal City Avenue라는 그럴싸한 이름을 갖고 있습니다. RCA는 타논 팔람까우 Thanon Phra Ram 9(Rama 9 Road)에서 타논 펫부리 Thanon Phetchburi까지 이어지는 약 1㎞ 정도 되는 도로입니다. 정부에서 지정한 엔터테인먼트 특별지역 중의 하나로, 밤이 되면 차량출입이 통제되면서 나이트클럽들이 영업을 하도록 경찰들이 특별 배려를 해줍니다. 방콕의 클럽 문화가 심하게 유행을 타는데도 불구하고 RCA의 인기는 변함이 없습니다. 평일에는 다소 썰렁해 보이지만, 주말에는 젊은이들로 북적댑니다. 최근 에까마이 일대의 클럽(P.122)이 급부상하면서 RCA와 선의의 경쟁을 하고 있는 중이기도 합니다.

RCA의 특징은 한껏 멋을 부리고, 섹시한 복장으로 클럽을 찾는 태국 젊은이들이 많다는 것입니다. 공식적인 룰은 아니지만 40세 이상의 노땅들은 자연스레 피하게 되는 동네가 RCA입니다. RCA를 들어서자마자 보이는 오닉스 Onyx와 루트 66 Route 66이 인기 클럽입니다. 참고로 20세 이상 출입이 가능하며, 입구에서 신분증 검사를 합니다. 외국인에게 입장료(커버 차지)를 받습니다. 입장료에는 음료 쿠폰이 포함되어 있으며, 자유롭게 출입할 수 있도록 팔뚝에 스탬프를 찍어줍니다. 대부분의 태국 젊은이들은 맥주가 아니라 위스키와 믹서(얼음, 소다, 콜라)를 섞어 마시면서 춤과 음악을 즐깁니다. 위스키를 병으로 주문할 경우 입장료를 낼 필요는 없습니다. 자세한 내용은 P.123 참고.

오닉스
Onyx ★★★★

주소 29/22–32 Royal City Ave., Thanon Phra Ram 9 **전화** 08-1645-1166 **홈페이지** www.onyxbangkok.com **영업** 21:00~02:00 **예산** 입장료 500B, 위스키 2,200~4,500B **가는 방법** 인근에 BTS나 지하철이 없어서 택시를 타야 한다. 카오산 로드에서 30~40분. 쑤쿰윗에서 20분 정도 걸린다. Map P.25

RCA에서 첫 번째로 만나게 되는 클럽. 쑤쿰윗에나 있을 법한 고급 라운지 형태로 꾸며 인기가 높다. EDM과 하우스 뮤직이 주를 이룬다.

주말 저녁에는 라이브 밴드가 음악을 연주하는데, 실내에는 춤추는 사람들로 늘 만원이다. 2층에 예약 손님을 위한 VIP 구역을 별도로 운영한다.

루트 66
Route 66 ★★★★

주소 29/33–48 Block B, Royal City Ave., Thanon Phra Ram 9 **전화** 0-2203-0936 **홈페이지** www.route66club.com **영업** 20:00~02:00 **예산** 입장료 300B, 맥주 200~340B, 위스키 2,100~3,500B **가는 방법** RCA의 첫 번째 업소인 오닉스와 나란히 붙어 있다. Map P.25

RCA를 대표하는 클럽이다. 예나 지금이나 변함없는 인기를 누린다. 루트 66은 같은 간판 아래 3개의 공간으로 구분해 각기 다른 컨셉트로 꾸몄다. 더 노벨 The Novel은 라이브 연주, 더 클래식 The Classic은 힙합, 더 레벨 The Level은 DJ가 EDM을 믹싱해 주는 클럽으로 운영된다. 태국 유명 가수의 라이브 무대와 각종 기념일 파티까지 다양한 이벤트로 즐거움을 선사한다.

13

ศิลม & สาทร

Silom & Sathon

씰롬 & 싸톤

'풍차'라는 뜻에서 연상되듯 씰롬은 19세기 후반까지만 해도 낙후된 지역이었다. 유럽 상인들이 거주한 강변의 방락 Bangrak 지역의 발전에 힘입어 동반 성장하면서 현재는 방콕 최대의 상업 지역으로 변모했다. 씰롬과 인접한 싸톤은 외국계 은행들과 부티크 호텔들이 대거 포진해 있어 금융과 호텔 업계를 선도한다. 낮에는 오피스 빌딩에서 쏟아져 나오는 직장인들로 분주하지만 밤이 되면 전혀 다른 얼굴로 변신해 방콕 최대의 환락가를 형성한다. 특히나 팟퐁 Patpong으로 대표되는 환락가의 네온사인이 불을 밝히면 흥청대는 도시의 밤이 시작된다. 씰롬은 잘나가는 회사를 다니는 커리어 우먼들과 남성들을 호객하며 삶을 이어가야 하는 여성들의 대조적인 모습을 보여주는 공간이다.

씰롬 & 싸톤은 오로지 일하고 먹고 마시고 즐기기 위해 존재하는 공간처럼 느껴진다. 럭셔리한 레스토랑과 펍, 고고 바, 일본식 요정, 게이 바, 아이리시 펍, 야시장, 일류 호텔의 스카이라운지까지 다양한 기호를 충족해주며 밤늦도록 불야성을 이룬다.

Check 알아두세요

❶ 팟퐁에서의 무절제한 행동은 삼가자.

   특히 술에 취해 현지인들과 다툼을 벌여서는 안 된다.

❷ 보석 상가가 많지만, 가짜 업소도 많다. 무턱대고 보석에 관심을 보이지 말자.

❸ 씰롬 콤플렉스 쇼핑몰 지하에 식당가가 형성되어 있다.

❹ 고급 레스토랑은 점심 세트 메뉴를 할인된 가격에 제공한다.

❺ BTS 세인트 루이스(쎈루이) Saint Louis 역이 새롭게 개통했다.

Don't miss 이것만은 놓치지 말자

❶ 킹 파워 마하나콘 전망대 올라가기. (P.266)

❷ 미쉐린 맛집 탐방하기. (P.269)

❸ 버티고 & 문 바에서 칵테일 마시기.(P.282)

❹ 스파 받으며 몸과 마음의 휴식.(P.355)

❺ 쏨분 시푸드에서 뿌팟퐁까리 맛보기. (P.273)

❻ 쑤코타이 호텔 셀라돈에서 태국 요리 즐기기.(P.279)

❼ 도심 속에서 즐기는 커피 한 잔의 여유.(P.275)

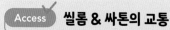

Access 씰롬 & 싸톤의 교통

BTS 씰롬 노선 Silom Line이 씰롬과 싸톤을 관통한다. 지하철도 씰롬 초입을 지나기 때문에 교통이 편리하다. 수상 보트를 탈 경우 타 싸톤 Tha Sathon(Sathon Pier) 선착장에서 BTS로 갈아타면 씰롬 중심가로 쉽게 진입할 수 있다.

+ BTS
팟퐁과 룸피니 공원은 쌀라댕 Sala Daeng 역을 이용하고, 씰롬 남단은 총논씨 Chong Nonsi 역을 이용한다. 싸톤으로 갈 경우 세인트 루이스 Saint Louis 역 또는 쑤라싹 Surasak 역에서 내린다.

+ 지하철(MRT)
씰롬과 싸톤을 관통하지 않지만 룸피니 공원이나 팟퐁을

가기에는 큰 불편함이 없다. 씰롬 역을 이용하면 도보 10분 이내에 씰롬의 주요 지역을 갈 수 있다. 룸피니 역은 룸피니 공원이나 싸톤 지역의 호텔을 오갈 때 유용하다.

+ 수상 보트
타 싸톤 선착장을 이용한다. 선착장에서 씰롬까지 걸어가면 멀기 때문에 BTS 싸판 딱씬 Saphan Taksin 역에서 BTS로 갈아타야 한다.

Best Course 추천 코스

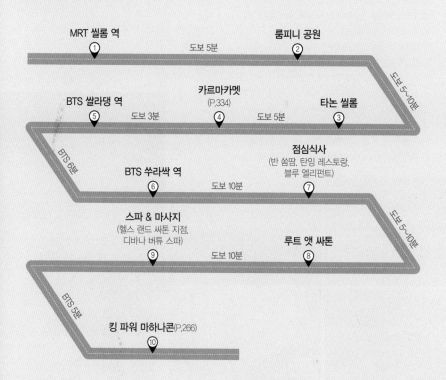

Attractions 씰롬 & 싸톤의 볼거리

씰롬은 관광을 하기보다 먹고 마시고 놀러 가는 곳에 더 어울린다. 도심의 번잡함을 피해 룸피니 공원을 산책하거나 마하 우마 데비 사원에 들러 힌두교 신에게 소원을 빌면서 밤이 되기를 기다리자.

킹 파워 마하나콘
King Power Mahanakhon ★★★★

주소 114 Thanon Narathiwat Ratchanakharin (Narathiwat Road) 전화 0-2234-1414 홈페이지 www.kingpowermahanakhon.co.th 운영 10:00~24:00(입장 마감 23:00) 요금 1,100B(실내 전망대 + 스카이 워크 입장료) 가는 방법 BTS 총논씨 역 3번 출구 앞에 있다. Map P.26-A2

방콕에 새롭게 건설된 최고층 빌딩이다. 77층 규모로 총 높이는 314m에 이른다. 2011년 공사를 시작해 2018년 말에 완공됐다. 통유리로 만든 직사각형 건물로 중간에 나선형으로 움푹 패인 모양을 하고 있다. 킹 파워 면세점을 운영하는 킹 파워 King Power 그룹에서 마하나콘 타워를 인수하면서 지금의 이름이 됐다. 참고로 마하나콘은 '위대한 도시'를 뜻한다. 방콕의 태국식 지명이 바로 '끄룽텝 마하나콘(줄여서 끄룽텝으로 부른다. 천사의 도시라는 뜻)'이다. 빌딩 내부에는 럭셔리 레지던스와 호텔이 들어서 있다. 74층에는 실내 전망대가 있고, 76~77층은 스카이 바로 운영한다. 하이라이트는 건물 꼭대기에 있는 전망대 형태의 스카이 워크 Sky Walk다. 78층에 만든 스카이 워크는 314m

높이로 통유리를 통해 발아래를 굽어보도록 설계했다. 이 전망대에 오르려면 덧신을 신고 안전 요원의 안내에 따라 순서대로 입장해야 한다. 참고로 스카이 워크는 안전을 위해 낮 시간(10:00~19:00)에만 운영된다. 옥상 주변은 루프톱 라운지로 운영되는데, 방콕 전망을 360°로 막힘없이 볼 수 있다. 야외 공간이라 덥기 때문에 관광객들은 해질 무렵 많이들 찾아온다. 음료와 맥주·칵테일(270~480B+17% Tax)을 주문하면 테이블로 안내해 준다. 비바람이 강하게 불거나 기상이 악화되면 안전을 이유로 예고 없이 출입을 통제하기도 한다.

알아둬야 할 것은 고속 엘리베이터가 74층까지 운행되며, 스카이 워크로 갈 경우 별도의 엘리베이터 또는 계단을 이용해야 한다는 점이다. 내려올 때는 킹 파워 면세점을 들러 나오도록 동선이 마련돼 있다. 홈페이지나 여행사를 통해 입장권을 예약하면 할인받을 수 있다.

방콕에서 가장 높은 건물
킹 파워 마하나콘

스카이워크

방콕에서 가장 높은 전망대

ROOFTOP
空中天台
+314 M
HIGHEST BANGKOK

루프톱 라운지는
전망대 역할을 해준다
314m 높이의 킹 파워 마하나콘 전망대

룸피니 공원에서 바라 본 방콕 시내 풍경

룸피니 공원(쑤언 룸피니)
Lumphini Park สวนลุมพินี ★★

주소 Thanon Phra Ram 4(Rama 4 Road) & Thanon Silom **운영** 05:00~20:00 **요금** 무료 **가는 방법** ① BTS 쌀라댕 역 4번 출구에서 도보 5분. ②MRT 씰롬 역 1번 출구에서 룸피니 공원이 바로 보인다.
Map P.26-B1

룸피니는 네팔에 있는 부처가 태어난 작은 마을의 이름이지만 방콕에서는 가장 큰 공원의 이름이다. 규모가 약 60만㎡. 룸피니 공원은 라마 6세가 왕실 소유의 땅을 헌납해 일반 공원으로 만들었다. 공원 중앙에 인공 호수를 만들고 잔디를 심어 야자수 나무가득한 산책로를 형성해 놓아 방콕시민들의 사랑을 듬뿍 받는다. 아침 시간에는 태극권을 연마하는 모습을, 뜨거운 오후가 되면 잔디 위에 돗자리를 깔고 그늘 아래서 휴식을 취하는 모습을, 저녁이 되면 조깅을 하거나 단체 에어로빅 운동을 하는 모습을 볼 수 있다. 공원 입구에는 라마 6세 동상이 세워져 있다.

팟퐁 Patpong
ถนนพัฒน์พงศ์ ★★

주소 Thanon Silom, Soi Patpong **운영** 18:00~02:00 **가는 방법** BTS 쌀라댕 역 1번 출구에서 씰롬 방향으로 도보 5분. Map P.26-A1

방콕을 대표하는 유흥업소 밀집 지역이다. 상업 중심가인 씰롬 한복판에 위치한 팟퐁은 사무실 직원들이

유흥업소가 몰려 있는 팟퐁

퇴근하는 밤이 되면 전혀 다른 얼굴로 변신한다. 거리에는 야시장이 들어서고 성인들을 위한 고고 바 Go Go Bar 네온사인이 불을 밝히며 방콕의 밤이 눈 뜨기 시작한다. 팟퐁 야시장 Patpong Night Market 은 옷, 가방, 시계 등 유명 브랜드의 짝퉁 제품을 판매한다. 그 어떤 곳보다 바가지요금이 심하므로 주의를 요한다. 환락가 한복판에 있어 구경삼아 다녀오기에는 적절치 않다. 자세한 내용은 방콕의 나이트라이프 P.283 참고.

팟퐁 야시장

마하 우마 데비 힌두 사원(왓 캑)
Maha Uma Devi Hindu Temple
วัดพระศรีมหาอุมาเทวี (วัดแขกสีลม) ★★

주소 2 Thanon Pan **전화** 0-2238-4007 **홈페이지** www.srimahamariammantemplebangkok.com **운영** 06:00~20:00 **요금** 무료 **가는 방법** ①BTS 총논씨 역 2번 출구에서 타논 씰롬을 따라 남쪽으로 도보 15분. ②BTS 세인트 루이스(쎈루이) Saint Louis 역에서 700m. Map P.28-B1

1860년대 방콕에 정착한 인도 타밀 나두 Tamil Nadu 출신의 상인이 만든 힌두교 사원으로 시바 신의 부인인 우마 데비(삭티 Shakti)를 모시고 있다. 전형적인 남인도 사원으로 6m 높이의 고푸람 Gopuram과 연꽃 모양의 청동 돔이 사원을 장식한다. 화려한 색으로 치장된 고푸람에는 수많은 힌두 신들이 조각되어 이채롭다. 태국식 명칭은 왓 캑 Wat Khaek이다.

마하 우마 데비 힌두 사원

Restaurant 씰롬 & 싸톤의 레스토랑

상업지역인 씰롬과 싸톤에는 직장인들을 위한 레스토랑이 많다. 현대적인 쇼핑몰에는 팬시한 레스토랑이, 도로에는 허름한 식당이 옛 모습을 간직하고 있다.

폴로 프라이드 치킨(까이텃 쩨끼)   인기
Polo Fried Chicken ไก่ทอดเจ๊กี ★★★☆

주소 137/1-3 Soi Polo(Soi Sanam Khli), Thanon Withayu(Wireless Road) **전화** 0-2252-2252 **영업** 07:00~20:30 **메뉴** 영어, 태국어 **예산** 쏨땀 70~180B, 프라이드 치킨(까이 텃) 130~260B **가는 방법** ①룸피니 공원 오른쪽에 있는 쏘이 폴로(쏘이 싸남크리) Soi Polo(Soi Sanam Khli) 골목 안쪽으로 20m 직진한다. ②MRT 룸피니 역 3번 출구에서 타논 위타유를 따라 북쪽 방향으로 800m. Map P.26-C1

룸피니 공원과 인접한 랑쑤언과 타논 위타유 일대에서 매우 유명한 맛집이다. 식당 이름은 '까이텃 쩨끼'지만, 골목 이름을 따서 폴로 프라이드 치킨 Polo Fried Chicken이라고 더 많이 알려져 있다. 룸피니 공원 주변의 허름한 골목에 위치해 있다. 지하철 역에서 조금 떨어져 있어서 찾아가기 수고스럽지만, 부담 없는 가격과 음식 맛 때문에 인기를 누린다.

쏘이 폴로(현지 발음은 쏘이 뽀로) Soi Polo에 같은 상호를 쓰는 두 개의 레스토랑이 인접해 있다. 한 곳은 닭튀김을 열심히 만들어 내는 노점인데 테이크아웃 위주로 운영 중이고, 다른 한 곳은 에어컨 시설을 갖춘 레스토랑이다.

닭튀김인 '까이 텃 Fried Chicken'과 파파야 샐러드인 '쏨땀 Papaya Salad'이 유명하다. 까이 텃은 바삭한 마늘 튀김을 얹어 맛을 더했고, 느아 양 Grilled Beef은 고기 맛이 부드럽다. 모든 음식은 카우니야우(찰밥)를 곁들여야 제 맛이 난다.

레라오 Lay Lao   2024 NEW
레라오 씰롬 เลลาว สีลม ★★★★

주소 56 Thanon Si Lom, 1F, Yada Bldg. **전화** 08-2168-6658 **홈페이지** www.facebook.com/laylao. restaurant **영업** 10:30~22:00 **메뉴** 영어, 태국어 **예산** 120~795B(+12% Tax) **가는 방법** 타논 씰롬의 야다빌딩 1층에 있다. BTS 쌀라댕 역 3번 출구 앞에 있다. Map P.26-B1

아리 지역에서 인기 있는 이싼(태국 북동부 지방) 음식점의 씰롬 지점이다. 본점에 비해 규모는 작지만 모던한 인테리어로 꾸몄다. 후아힌 출신의 주인장이 운영하는 곳이라 신선한 해산물을 이용한 음식이 많다. 메인 요리인 쏨땀(파파야 샐러드)은 다양한 식재료를 이용해 만든다. 태국 음식이 익숙하지 않다면 오징어 구이(묵카이 레라오)와 팟타이를 주문하면 된다.

Polo Fried Chicken

폴로 프라이드 치킨(까이텃 쩨끼)

레라오 씰롬 지점

이싼 음식점 레라오

짜런쌩 씰롬 Charoen Saeng Silom
เจริญแสง สีลม
(ถนนเจริญกรุง ซอย 49) 추천 ★★★★

주소 492/6 Soi Charoen Krung 49, Silom 전화 0-2234-4602 영업 07:30~13:30 메뉴 태국어 예산 70~320B 가는 방법 ①수상 보트 타 오리안뗀 선착장(선착장 번호 N1)에서 500m. 타논 짜런끄롱 쏘이 49 골목 안쪽에 있다. ②BTS 싸판 딱씬 역 3번 출구에서 600m. 타논 씰롬에 있는 스테이트 타워(르 부아 호텔) 맞은편 골목 안쪽에 있다.
Map P.29 Map P.28-B2

씰롬 끝자락의 골목에 숨겨져 있는 노점 식당이다. 1959년부터 영업 중인 곳으로 현지인들 사이에서 '카무'(돼지족발) ขาหมู 맛집으로 알려져 있다. 한국 방송은 물론 미쉐린 빕그루망에 선정되면서 외국인 관광객에게도 많이 알려졌다. 간판은 태국어로만 적혀 있고, 사진이 첨부된 커다란 메뉴판도 갖추고 있다. '카무'는 크기에 따라 요금이 다른데, 메뉴판을 보고 고르면 된다. 참고로 돼지발목 조림인 '커끼' ขากี도 있다. 밥 한 접시(10B)를 추가하면 간단한 식사가 된다. 싸이퉁(비닐봉지에 포장해 가는 테이크아웃)도 가능하다. 오전 시간에만 장사한다.

노스이스트 레스토랑
North East Restaurant
ร้านอาหาร นอร์ทอีสท์
(ซอย ศาลาแดง 1 พระราม 4) 인기 ★★★☆

주소 1010/12-15 Sala Daeng Soi 1 전화 0-2633-8947 영업 일~토 11:00~21:00(휴무 일요일) 메뉴 영어, 태국어 예산 145~390B(+7% Tax) 가는 방법 타논 팔람 4(씨) Thanon Phra Ram 4(Rama IV Road)와 쌀라댕 쏘이 1(능)이 만나는 삼거리 코너에 있다. MRT 룸피니 역에서 350m, MRT 씰롬 역에서 600m 떨어져 있다. Map P.26-B2

씰롬에 있는 맛집 중 한 곳. 노스이스트는 태국의 북동부 지방 즉, '이싼'을 의미한다. 평범한 로컬 레스토랑이었지만 CNN 여행 프로그램에서 숨은 맛집으로 소개되면서 유명세를 타기 시작했다. 이싼 음식점으로 시작해 현재는 에어컨을 갖춘 태국 레스토랑으로 변모했다. 쏨땀 Som Tum, 까이양 Kai Yang, 커무양 Kor-Moo-Yang, 팟타이, 똠얌꿍, 생선·새우 요리까지 웬만한 인기 음식을 골고루 맛볼 수 있다. 시원한 맥주를 곁들여 식사하기 좋다.

인기에 비해 식당 규모가 작아서 붐비는 편이다. 길 건너에 룸피니 공원이 있지만, 주변에 은행을 포함한 직장인이 많아서 점심 시간부터 붐빈다. 합리적인 가격과 에어컨 시설 덕분에 한국인 관광객도 많이 찾는다.

가성비 좋은 노스이스트 레스토랑

짜런쌩 씰롬
돼지 족발 카무

한국 여행자도 즐겨 찾는 노스이스트

쏨땀 더 Somtum Der
ส้มตำ เด้อ (ถนนศาลาแดง) 인기 ★★★☆

주소 5/5 Thanon Sala Daeng 전화 0-2632-4499 홈페이지 www.somtumder.com 영업 11:00~22:30 메뉴 영어, 태국어 예산 95~280B (+17% Tax) 가는 방법 타논 쌀라댕 안쪽으로 200m 떨어져 있다. BTS 쌀라댕 역 4번 출구에서 도보 5분. MRT 씰롬 역 2번 출구에서 도보 10분. Map P.26-B2

쏨땀(파파야 샐러드) 만드는 식당들이 대부분 허름한 노점들에 반해, '쏨땀 더'는 대중적인 음식을 고급스런 카페 스타일의 레스토랑으로 꾸며 인기를 얻고 있다. 상업지역인 씰롬에서 장사하기 때문에 깔끔한 인테리어가 큰 호응을 얻고 있다. 복층으로 이루어졌고 실내는 좁은 편이지만 오렌지 톤으로 인테리어를 꾸미고 통유리로 치장해 시원스럽다. 식당 한쪽에서 쏨땀을 만드는 모습을 직접 볼 수 있다.

쏨땀 메뉴는 가장 기본적인 '땀타이 Tum Thai'를 비롯해 모두 15가지로 다양화 했다. 매콤한 쏨땀과 어울리는 튀김(텃)과 숯불구이(양)를 추가로 주문해 찰밥(카우 니아우)과 함께 먹으면 좋다. 음식 양은 많지 않지만 레스토랑 분위기만큼이나 음식도 깔끔하다.

쏨땀과 까이텃
(닭고기 튀김)

오픈 키친에서 쏨땀 만드는 모습을 볼 수 있다

쏨땀 더

반 쏨땀 Baan Somtum
บ้าน ส้มตำ (ถนนศรีเวียง) 추천 ★★★★

주소 9/1 Thanon Si Wiang 전화 0-2630-3486 홈페이지 www.baansomtum.com 영업 11:00~22:00 메뉴 영어, 태국어 예산 90~445B 가는 방법 크리스찬 칼리지 Christian College 골목(타논 쁘라무안 Thanon Pramuan)으로 들어가서 첫 번째 삼거리(타논 씨위앙)에서 좌회전해서 150m 내려가면 된다. BTS 쑤라싹 역에서 도보 10분. Map P.28-B1

'반 쏨땀'은 '쏨땀 집'이란 뜻이다. 싸톤에 있는데도 불구하고 빌딩 숲이 아닌 조용한 골목 안쪽에 있다. 특별한 치장은 없지만 에어컨 나오는 실내는 넓고 쾌적하다. 쏨땀 만드는 모습을 직접 볼 수 있도록 주방이 오픈되어 있다. 꾸미기만 그럴싸하고 밥값만 비싼 레스토랑에 비하면 '반 쏨땀'은 매우 합리적인(가격 대비 성능 좋은) 레스토랑이다.

손님들은 당연히 태국 사람들이 주를 이룬다. 방콕 시민들이 좋아하는 태국 음식점이니, 손님들을 통해 음식 맛은 검증을 받았다고 보면 된다. 외국인이라면 주문이 좀 까다로울 수 있는데, 메뉴에 사진이 잘 돼 있다. 메뉴판을 보고 찍으면, 주문 용지에 종업원들이 표시해 주니 부담 갖지 말자. 쏨땀은 모두 22종류로 기호에 맞게 선택하면 된다.

쏨땀의 기본은 '땀타이'로 메뉴판에 Original Som Tum Dish라고 적혀 있다. 게를 넣은 '땀 뿌남', 해산물을 넣은 '땀 탈레'도 있다. 북동부 지방의 이싼 요리(P.454 참고)도 가득하다. 태국 음식에 익숙지 않다면 닭튀김이나 생선 튀김을 시키면 된다. 밥은 찰밥(카우 니아우)을 곁들이면 된다.

Baan Somtum

파파야 샐러드와 곁들여 식사하기 좋은 반 쏨땀

반 쏨땀

로컬 캔틴
The Local Canteen ★★★☆

주소 Thanon Narathiwat Ratchanakharin(Narathiwat Road) Soi 3 & Thanon Phiphat Soi 2 **전화** 0–2007–6590, 09–7078–5710 **홈페이지** www.thelocalcanteen.com **영업** 11:30~14:30, 17:30~22:00 **메뉴** 영어, 태국어 **예산** 165~495B(+10% Tax) **가는 방법** ①BTS 총논씨 역을 이용할 경우 2번 출구 또는 4번 출구로 나와서 타논 나라티왓 랏차나카린 쏘이 3(쌈) ถนนนราธิวาส ราชนครินทร์ ซอย 3 골목으로 100m. ② 타논 껀웬 Thanon Convent에서 연결되는 쏘이 피팟 2(쌍) พิพัฒน์ ซอย 2 골목으로 들어가도 된다.

Map P.26-A2

총논씨 역과 가까운 아담하고 깔끔한 태국 음식점이다. 입구는 좁지만 단층 건물이 터널처럼 안쪽으로 길게 이어진다. 에어컨 시설로 쾌적하며, 가정집에서 쓰는 식기를 진열해 정감이 있다. 같은 골목에 호텔이 많아 관광객을 위한 투어리스트 식당일 것 같지만, 태국인들이 더 많이 찾는다. 특히 점심시간에는 주변 직장인들에게 인기가 있다. 대중적인 태국 음식(또는 길거리 음식)으로 간편하게 식사하기 좋다. 거품 없는 가격에 정갈한 태국 음식을 맛볼 수 있다. 특히 밥과 반찬, 국(찌개)으로 이루어진 점심 세트 메뉴가 매력적이다. 봉사료와 세금이 없는 대신 카드 결제가 안 된다. 리모델링 중이라 인접한 트리니티 씰롬 호텔 Trinity Silom Hotel 1층에 있는 론론 로컬 다이너 Lon Lon Local Diner에서 영업 중이다. 홈페이지를 통해 정확한 위치를 확인하고 갈 것.

반 레스토랑 Baan Restaurant
ร้านอาหาร บ้าน (ถนนวิทยุ) ★★★☆

주소 139/5 Thanon Withayu(Wireless Road) **전화** 0–2655–8995, 08–1432–4050 **홈페이지** www.baanbkk.com **영업** 11:30~14:30, 17:30~22:30(휴무 화요일) **메뉴** 영어, 태국어 **예산** 280~590B(+10% Tax) **가는 방법** 일본 대사관과 룸피니 경찰서 사이에 있다. MRT 룸피니 역 3번 출구에서 룸피니 공원을 끼고(진행 방향으로 왼쪽에 두고) 타논 위타유 방향으로 250m 올라간다. 일본 대사관 지나서 쏘이 프라 쩬(파쩬) Soi Phra Chen 골목 입구와 가깝다.

Map P.26-C1

'반'은 가정집이라는 뜻으로, 태국 가정식을 요리한다. 레스토랑 간판에는 부제처럼 '타이 패밀리 레시피 Thai Family Recipes'라고 적혀 있다. 톱 셰프 타일랜드 심사위원으로 활동했던 태국의 유명 셰프가 운영한다. 같은 주인장이 운영하는 르두 Le Du(P.279)에 비해 실내는 캐주얼하면서도, 룸피니 공원 맞은편에 있어 전반적으로 차분한 분위기다. 녹색 식물이 외벽을 감싸고, 화이트 톤의 실내가 화사하다. 길거리 노점에서 흔하게 먹을 수 있는 대중적인 태국 음식을 고급화했다. 자연에 방사해서 키운 닭이 낳은 달걀, 방목 한 소를 이용한 건식 숙성 소고기, 유기농 쌀 등 양질의 식재료를 사용한다. 가격이 그만큼 비싸지만 맛과 분위기는 깔끔하다.

대표 메뉴는 '반 시그니처 Baan Signature'로 메뉴판에 적혀 있다.

팟펫 커 무양
Stir Fried Pork Jawl in Red Curry Paste

점심 세트 메뉴

로컬 캔틴

반 레스토랑

따링쁘링 Taling Pling
ตะลิงปลิง ★★★☆

주소 653 Thanon Silom Soi 19, Baan Silom **전화** 0-2236-4829~30 **홈페이지** www.talingpling.com **영업** 11:00~22:00 **메뉴** 영어, 태국어 **예산** 180~480B (+17% Tax) **가는 방법** ①타논 씰롬 쏘이 19(씹까우)를 바라보고 오른쪽에 있는 반 씰롬 Baan Silom 내부에 있다. ②BTS 쑤라싹 역을 이용할 경우 타논 쁘라무안 Thanon Pramuan을 가로질러 씰롬 방향으로 가면 된다. BTS 쑤라싹 역에서 600m. ③BTS 총논씨 역에서 갈 경우 타이 항공 사무실을 지나서 씰롬 방향으로 가면 된다. BTS 총논씨 역에서 1.2km 떨어져 있다. Map P.28-B1

방콕에서 깔끔한 태국 음식을 적당한 가격에 먹을 수 있는 곳이다. 따링쁘링은 타이 실크와 소파의 화려한 색상을 첨가해 모던하게 꾸몄다. 메뉴는 대표적인 태국 음식을 모두 갖추고 있다. 두툼한 메뉴판은 음식을 하나하나 사진으로 설명해 보기 편하게 만들어 선택을 돕는다. 편안한 분위기에서 친절한 서비스를 받으며, 맛있는 음식을 즐길 수 있다.

방콕의 대표적인 쇼핑몰인 싸얌 파라곤 G층 지점(전화 0-2129-4353~4)은 시내 중심가에 있어 외국인 관광객들도 많이 찾는다. 쑤쿰윗 쏘이 34(주소 24 Sukhumvit soi 34, 전화 0-2258-5308~9, Map P.22-A3) 지점까지 오픈하면서, 접근이 용이해졌다.

탄잉 레스토랑
Thanying Restaurant
ร้านอาหารท่านหญิง [인기]
(ถนนประมวญ สีลม) ★★★☆

주소 10 Thanon Pramuan **전화** 0-2236-4361, 0-2235-0371 **홈페이지** www.thanying.com **영업** 11:30~22:00 **메뉴** 영어, 태국어 **예산** 260~700B (+7% Tax) **가는 방법** BTS 쑤라싹 역 3번 출구에서 타논 쁘라무안 Thanon Pramuan 안쪽으로 약 100m 걸어가면 된다. 방콕 크리스찬 칼리지 Bangkok Christian College 맞은편에 있다. Map P.28-B1

빌딩 숲으로 변모한 싸톤과 씰롬에서 옛 정취가 남아 있는 오래된 가옥을 개조해 만든 레스토랑. 겉에서 보면 조용한 주택 정도로 보이지만 문을 열고 들어서면 정갈하게 세팅된 고급스런 실내가 나온다. 마치 왕족의 가정집에 초대 받은 느낌이 나며, 왕실 공무원들이 입는 깔끔한 유니폼의 종업원이 손님을 맞는다. 또한 넓은 창밖으로 보이는 정원까지 더해져 화사한 분위기가 마음을 편하게 해준다.

탄잉은 쑤락 와렝 위쑷티 공주 Princess Sulabh-Valleng Visuddhi를 지칭하는데, 라마 7세 때 왕실에서 요리사를 지냈던 인물이다. 왕실에서 요리하던 비법을 그녀의 아들에게 전수해 탄생한 것이 바로 탄잉 레스토랑으로 20년 가까이 방콕에서 영업 중이다. 세트 메뉴가 있는데, 가능하면 단품으로 요리 몇 가지를 고르는 게 더 좋다.

따링쁘링 씰롬 지점

태국 음식점으로 대중적인 인기를 누리는 따링쁘링

Thanying Restaurant

고풍스러운 탄잉 레스토랑

쏨분 시푸드(쏨분 포차나)
Somboon Seafood
สมบูรณ์โภชนา

추천 ★★★★

주소 169/7-11 Thanon Surawong 전화 0-2233-3104, 0-2234-4499 홈페이지 www.somboonsea food.com 영업 11:00~21:30 메뉴 영어, 태국어 예산 550~1,590B(+10% Tax) 가는 방법 BTS 총논씨 역 3번 출구에서 타논 쑤라윙 Thanon Surawong 방향으로 600m. Map P.26-A1 Map P.28-A1

방콕에서 최고로 훌륭한 '뿌팟퐁까리 Fried Curry Crab'를 요리하는 곳이다. 화교가 운영하는 전형적인 시푸드 레스토랑으로 1969년부터 시작해 현재 방콕에만 7개의 분점을 운영한다. 쑤라윙 지점은 방콕 시내에 있어 접근이 용이해 외국인들이 가장 즐겨 찾는 곳이다. 허름하게 생긴 4층 건물은 매일 저녁 손님들로 넘쳐난다. 단체로 간다면 미리 예약하고 가는 게 좋다.

음식은 시푸드에 집중되어 있다. 신선한 해산물을 이용함은 물론 오랜 경험에서 묻어나는 쏨분 레스토랑만의 특별한 맛으로 손님들을 즐겁게 해준다. 대표 음식인 뿌팟퐁까리 Fried Curry Crab는 달걀로 반죽한 카레를 게와 함께 볶은 것으로 누구나 즐길 수 있는 해산물 요리다.

조개 요리는 허브향이 고추와 어울려 환상적인 맛을 내는 팟 호이라이 Fried Oyster with Chilli and Basil, 굴 요리는 밀가루 반죽, 달걀과 함께 볶은 어쑤언 Stir-fried Oyster with Flour and Egg이 좋다.

국립 경기장 옆의 반탓텅 본점(주소 Thanon Ban-thatthong Soi Chula 8, 전화 0-2216-4203, Map P.16-A1)이나 훼이꽝 Huay Kwang 사거리에 있는 랏차다 지점(전화 0-2692-6850, Map P.25)은 현지인이 즐겨찾는다.

교통이 편리한 시내 중심가의 쇼핑몰에도 지점을 운영한다. 쎈탄 엠바시 Central Embassy 5층(전화 02-160-5965~6, Map P.18-B1), 싸얌 스퀘어 원 Siam Square One 4층(전화 0-2115-1401~2, Map P.17), 짬쭈리 스퀘어 Chamchuri Square G층(전화 0-2160-5100, Map P.26-A1) 지점 세 곳으로 시설도 쾌적하다.

코카 쑤끼 Coca Suki
โคคาสุกี้ (สุรวงศ์)

★★★☆

주소 8 Soi Than Tawan, Thanon Surawong 전화 0-2236-9323 홈페이지 ww.coca.com 메뉴 영어, 태국어 영업 11:00~14:00, 17:00~22:00 예산 쑤끼 세트 699~2,488B, 단품메뉴 180~680B 가는 방법 타논 쑤라윙에서 팟퐁을 지나 따와나 방콕(호텔) The Tawana Bangkok 앞에 있는 쏘이 탄따완 골목 안쪽으로 100m 들어가면 된다. Map P.26-A1

1957년부터 영업을 시작한 코카 쑤끼 본점으로 태국에 쑤끼(전골 요리)를 전래한 원조집에 해당한다. 중국 광동에서 태국으로 이주한 화교 가족이 대를 이어 운영하는 관록의 레스토랑이다. 신선한 해산물과 채소를 식재료로 쓰기 때문에 음식 본래의 맛과 향이 잘 살아 있다. 중후한 중식당 분위기로 씰롬 주변의 직장인들과 단체 손님들이 즐겨 찾는 편. 면 요리, 오리구이를 포함해 중국 음식도 함께 요리한다.

쏨분 시푸드의 대표요리 뿌팟퐁까리

Coca Suki

쏨분 시푸드 쑤라윙 지점

코카 쑤끼 쑤라윙 본점

블루 엘리펀트
Blue Elephant
★★★★

주소 233 Thanon Sathon Tai(South Sathon Road) **전화** 0-2673-9353~4 **홈페이지** www.blueelephant.com **영업** 11:30~14:30, 18:00~22:30 **메뉴** 영어, 태국어 **예산** 메인 요리 540~1,280B, 저녁 세트 1,980~2,600B(+17% Tax) **가는 방법** BTS 쑤라싹 역 2번과 4번 출구 사이의 타논 싸톤 따이 Thanon Sathon Tai에 있다. 이스턴 그랜드 호텔 옆에 있다. Map P.28-B1

방콕에서 성공해 유럽으로 뻗어나간 것이 아니라, 특이하게도 유럽에서 성공해 방콕에 진출한 타이 레스토랑이다. 태국인과 벨기에인 커플이 1980년에 벨기에 브뤼셀에 문을 연 이후 런던, 파리, 코펜하겐을 거쳐 방콕에 아홉 번째 지점을 열었다.

방콕 지점은 100년 이상된 콜로니얼 양식의 유럽풍 빌라를 개조했다. 직접 제작한 도자기로 만든 식기라든지, 인테리어 디자인 등 모든 것이 나무랄 것 없이 고급스럽다. 그 어떤 호텔 레스토랑과 견주어도 시설이나 서비스 면에서 결코 뒤지지 않는다.

음식은 타이 왕실 요리를 모티프로 하고 있으나, 외국인들의 기호에 맞게 변형된 퓨전 음식들도 많다. 코스 요리로 제공되는 세트 메뉴도 있다. 파인 다이닝 레스토랑답게 정갈하게 음식을 요리하며, 플레이팅도 신경을 썼다. 자체적으로 운영하는 요리 강습 Cooking Class도 인기 있다.

클래식한 분위가 더해진 블루 엘리펀트

가스신
Katsushin(かつ真)
คัทสึชิน (ซอยทานตะวัน)
★★★☆

주소 9/1 Soi Than Tawan, Thanon Surawong **전화** 0-2237-3073 **영업** 월~토 11:00~14:00, 18:00~22:00, 일요일 11:30~14:30, 17:30~21:30 **메뉴** 영어, 일본어, 태국어 **예산** 290~490B(+7% Tax) **가는 방법** ① 타논 쑤라윙에서 연결되는 쏘이 탄따완 골목에 있다. ②씰롬 쏘이 6 Silom Soi 6 방향으로 들어가도 된다. Map P.26-A1

방콕에서 유명한 돈가스 전문점이다. 팟퐁과 가까운 쏘이 탄따완 골목에 숨겨져 있다. 일부러 찾아가야 하는 곳이지만 언제나 손님이 많다. 일본인 조리장이 즉석에서 돈가스를 만들어 요리한다. 종업원도 일본어를 구사할 수 있어서 일본인 손님이 많다. 주변 직장에 근무하는 태국인들도 합류해 비좁은 식당 내부는 언제나 분주하다.

히레가스 Hire Katsu(안심 돈가스), 로스가스 Rosu Katsu(등심 돈가스)가 대표 메뉴다. 치즈를 넣고 둥글게 말아 튀긴 돈가스 롤 Cutlet Roll도 인기 메뉴다. 바삭하고 두툼한 돈가스를 맛볼 수 있다. 돈가스와 카레를 동시에 맛볼 수 있는 돈가스 카레도 여러 종류가 있다. 대부분의 요리는 밥과 일본식 된장국을 곁들인 세트 메뉴로 주문할 수 있다.

씰롬에 있는 돈가스 맛집 가스신
Katsushin

루트 앳 싸톤
Roots at Sathon 추천 ★★★★

주소 1/F, Bhiraj Tower, 33 Thanon Sathon Tai(South Sathon Road) 전화 08-2091-6175 홈페이지 www. rootsbkk.com 영업 08:00~19:30 메뉴 영어 예산 100~180B 가는 방법 BTS 쑤라싹 역 4번 출구에서 100m. 피랏 타워(빌딩) Bhiraj Tower 1층에 있다.

Map P.28-B1

통로 커먼스(P.114)에 있는 루트 커피의 분점이다. 2018년에 새롭게 오픈했는데 본점에 비해 넓고 채광도 좋아서 여유롭게 커피 마실 수 있다. 태국 북부의 치앙마이와 치앙라이에서 재배된 커피 원두를 이용한다. 직접 로스팅하기 때문에 그날 그날 가능한 커피 종류들이 메뉴에 표시되어 있다. 커피 바를 중심으로 의자와 테이블이 놓여 있어 바리스타들이 커피 만드는 모습을 자연스레 관찰할 수 있도록 했다.

커피는 에스프레소 브루 Espresso Brew, 필터 브루 Filter Brew, 콜드 브루 Cold Brew, 커피 플로트 Coffee Float로 구분된다. 필터 브루는 필터를 이용해 커피를 내려주는 드립 커피, 커피 플로트는 바닐라 또는 체리 향을 첨가해 풍미를 더 했다.

체리 콜라
플로트 커피

Bhiraj Tower 1층에 있는 루트 앳 싸톤

실내 공간이 여유롭다

루카 카페
Luka Cafe ★★★☆

주소 64/3 Thanon Pan(Pan Road), Silom 전화 0-2637-8558 홈페이지 www.lukabangkok.format. com 영업 09:00~18:00(식사 주문은 17:30까지 가능) 메뉴 영어 예산 커피 90~150B, 메인 요리 280~390B(+17% Tax) 가는 방법 타논 빤 Thanon Pan 중간의 까사 파고다 Casa Pagoda 1층에 있다. BTS 세인트 루이스(쎈루이) Saint Louis 역에서 400m.

Map P.28-B1

씰롬 지역에서 인기 있는 카페 스타일의 레스토랑. 브런치 레스토랑으로 알려져 있다. 가구와 인테리어 소품 매장을 레스토랑을 꾸몄다. 독특한 인테리어와 통유리 창을 통해 들어오는 자연채광이 분위기를 더한다.

브리또, 프렌치토스트, 샥슈카, 강남 스타일 치킨, 크로와상, 샌드위치 등의 브런치와 건강한 식단으로 꾸민 샐러드까지 외국인이 좋아할 만한 메뉴가 가득하다. 카페를 겸하기 때문에 커피와 차(茶)를 마시며 시간을 보내기도 좋다.

쑤쿰윗(통로 쏘이 11)에 지점인 루카 모토 Laka Moto (홈페이지 www. lukabangkok. format.com/about-luka-moto)를 함께 운영한다.

다양한 브런치 메뉴가 준비되어 있다

가구 매장을 활용한 루카 카페

더 커먼스 쌀라댕
The Commons Saladaeng ★★★☆

주소 126 Thanon Sala Daeng Soi 1 **전화** 08-0281-8339 **홈페이지** www.thecommonsbkk.com/saladaeng **영업** 09:00~01:00 **메뉴** 영어, 태국어 **예산** 200~680B **가는 방법** 타논 쌀라댕 쏘이 1의 씨리 싸톤(호텔) Siri Sathon 맞은편에 있다. MRT 룸피니역에서 800m, BTS 쌀라댕 역에서 900m 떨어져 있다. Map P.26-B2

지역주민들의 소소한 쇼핑과 식사의 편의를 도모하기 위해 만들어진 커뮤니티 몰이다. 쑤쿰윗 통로(텅러)에 있는 더 커먼스(P.114)의 쌀라댕 지점으로 2020년에 오픈했다. 쌀라댕은 붉은색 정자를 뜻하는데, 이에 착안해 M자 모양의 뾰족한 붉은 색 박공지붕 형태로 만들었다. 높은 층고와 창문, 층을 구분하는 계단으로 인해 트렌디한 분위기다. 3층 건물로 쇼핑보다는 식사에 중점을 두고 있다. 1층은 더 그라운드 The Ground, 2층은 더 마켓 The Market, 3층은 더 스튜디오 The Studio로 구분되는데 개방형 계단을 통해 서로 연결된다.

루트 커피 Roots Coffee(커피 전문점), 로스트 Roast(브런치 카페), 구스 댐 굿 Guss Damn Good(수제 아이스크림), 분똥끼 Boon Tong Kee(치킨 라이스), 번 미트 & 치즈 Bun Meat & Cheese(수제 버거), 헌터 포케 Hunter Poke(포케 요리), 파울마우스 Fowlmouth(치킨 요리), 칸티나 Cantina(뉴욕 스타일 소호 피자), 럽스터 랩 The Lobster Lab(럽스터와 해산물), 탭룸 Tap Room(생맥주와 수제맥주) 등이 입점해 있다.

로켓 커피 바(싸톤 본점)
Rocket Coffee Bar(Rocket S.12) ★★★☆

주소 149 Thanon Sathon Soi 12 **전화** 0-2635-0404 **홈페이지** www.rocketcoffeebar.com **영업** 07:00~17:00 **메뉴** 영어 **예산** 커피 100~280B, 브런치 280~590B(+17% Tax) **가는 방법** 싸톤 쏘이 12에 있는 헬스 랜드(싸톤 지점) 옆 골목으로 300m 들어간다. 더 어드레스 싸톤(레지던스 아파트) The Address Sathorn 맞은편에 있다. BTS 세인트 루이스(쎈루이) Saint Louis 역에서 200m. Map P.26-A2 Map P.28-B1

카페를 겸한 브런치 레스토랑이다. 싸톤 본점은 방콕 도심에 있지만 위치가 어정쩡하다. 유동인구가 많은 상업 중심가가 아닌데도 불구하고 일부러 찾아오는 손님들이 많아 인기를 실감케 한다.

실내는 넓지 않지만 천장이 높아서 시원스럽고 부드러운 목재와 대리석으로 인테리어를 꾸며 온화한 느낌을 준다. 주방이 개방되어 있고, 주방을 둘러 바(bar)처럼 테이블을 배치했다. 덕분에 손님과 주인이 거리감 없이 친근하게 어울리도록 했다.

음료는 당연히 커피에 중점을 둔다. 주인장들이 칵테일 전문가였던 만큼 독특한 주스와 스무디, 칵테일도 제조해 낸다. 브런치 메뉴로는 샐러드와 샌드위치가 있는데 이 또한 다른 곳에서 맛보지 못한 창의적인 식단으로 꾸며져 있다.

바게트, 머핀, 브라우니 같은 직접 만든 신선한 베이커리도 제공한다.

2층 더 마켓

더 커먼스 쌀라댕

로켓 커피 바

비터맨
Bitterman ★★★

주소 Sala Daeng Soi 1 **전화** 0-2636-3256 **홈페이지** www.bittermanbkk.com **영업** 11:00~23:00 **메뉴** 영어 **예산** 280~850B(+17% Tax) **가는 방법** HSBC 은행 옆에 있는 쌀라댕 쏘이 1(능) 안쪽으로 250m 들어간다. BTS 쌀라댕 역 또는 MRT 씰롬 역에서 750m 떨어져 있다. Map P.26-B2

방콕의 상업지구 씰롬에서 만날 수 있는 녹색지대 레스토랑이다. 통유리를 통해 자연 채광이 실내를 비추는데 열대 식물이 가득해 식물원을 연상시킨다. 건축학을 전공한 주인이 설계해서인지 '인더스트리얼'한 디자인이 도시적인 감성도 충족시킨다. 복층 구조로 되어 있는데, 2층은 저녁에만 운영한다.

창 넓은 카페 분위기로 파스타와 샐러드 위주의 브런치에 적합한 메뉴가 많다. 미스터 래피(블랙 파스타) Mr. Rapee, 트러플 크림 파스타 Truffle Cream Pasta, 크랩 파스타 Crab Pasta, 비프 립 Slow-cooked Beef Short Ribs, 와규 스테이크 Wagyu Steak를 메인으로 요리한다.

태국의 하이쏘 Hi-So 젊은이, 주변의 은행가에서 근무하는 비즈니스맨, 소 방콕(호텔) So Bangkok에 머무는 관광객이 즐겨 찾는다. 한국인 관광객에게도 잘 알려져 있다.

도심 속의 녹색 지대 비터맨

식물원을 연상시키는 비터맨

잇 미
Eat Me ★★★★

주소 1/6 Soi Phiphat 2, Thanon Convent **전화** 0-2238-0931 **홈페이지** www.eatmerestaurant.com **영업** 17:00~01:00 **메뉴** 영어 **예산** 메인 요리 850~2,800B(+7% Tax) **가는 방법** 타논 컨웬에서 연결되는 쏘이 피팟 2 골목에 있다. BTS 쌀라댕 역 2번 출구에서 도보 10분. Map P.26-A2

방콕 음식 문화의 다양성을 잘 보여주는 타논 컨웬에 있다. 각종 가이드북에서 추천할 정도로 인기를 누린다. 아시아 베스트 레스토랑 50에 선정되기도 했다. 갤러리를 겸하고 있기 때문에 그림과 사진을 정기적으로 전시한다. 1층은 라운지와 바를 겸하고, 2층은 다이닝 레스토랑으로 이루어졌다. 대나무가 곱게 자란 마당과 2층 야외 테라스에도 테이블이 있다. 저녁에만 영업하기 때문에 심플한 테이블 배치와 은은한 조명도 낭만적이다.

방콕에 있지만 태국 음식이 아니라 인터내셔널 퀴진을 요리한다. 호주 사람이 운영하며, 뉴욕 출신의 조리장이 요리를 담당한다. 고급 식재료와 신선한 향신료를 사용한다. 소고기, 양고기, 연어, 오이스터는 호주에서, 조개 관자는 알라스카에서 수입해 온다. 살짝 아시아적인 풍미를 가미했지만 전체적으로 식재료의 질감이 잘 살린 것이 특징이다. 무엇보다도 좋은 음식, 좋은 와인, 좋은 서비스, 좋은 분위기까지 네 박자가 잘 어우러진다. 방콕에 거주하는 외국인들이 즐겨 찾는다.

갤러리처럼 꾸민 Eat Me

Eat Me

싸완 Saawaan
สวรรค์
★★★★☆

주소 39/19 Soi Suan Phlu, Thanon Sathon **전화** 0-2679-3775 **홈페이지** www.saawaan.com **영업** 17:30~23:30 **메뉴** 영어 **예산** 2,790B(+17% Tax) **가는 방법** 타논 싸톤에서 연결되는 쏘이 쑤언프루에 있다. BTS 총논씨 역에서 1km, MRT 룸피니 역에서 1km 떨어져 있다. Map P.26-B2

천국을 뜻하는 '싸완'이라는 업소 이름만으로도 어느 정도 예측이 가능한 맛집이다. 미쉐린 원 스타 레스토랑으로 선정된 곳으로 코스 요리를 제공한다. 태국 산지에서 직접 공수한 신선한 식재료와 프랑스에서 수입한 양질의 식재료를 이용해 창의적인 방식으로 태국 음식을 요리한다. 어둑한 실내와 나무 바닥, 목재 테이블, 벽면을 장식한 구름 모양의 금속 장식으로 차분하게 꾸몄다. 24명이 식사할 수 있는 아담한 곳으로 반드시 예약하고 가야 한다.

코스 요리는 Raw(신선한 프랑스 오이스터), Fermented (고등어를 발효시켜 만든 소스+새우구이+쌀국수 생면), Boiled(프랑스 샤롤레 소고기+ 소고기 육수 코코넛 수프), Miang(네 종류의 게살+허브 잎), Charcoal(바나나 잎으로 감싼 메기 숯불구이+죽순), Stir-Fried(야생 멧돼지 카레 소스 볶음+돼지 껍데기 튀김), Curry(프랑스 고급 오리+10 종류를 고추로 만든 그린 커리), Dessert(아이스크림+찰밥 디저트) 순서로 제공된다. 음식이 나올 때 마다 설명을 해주는데, 음식 재료를 먼저 보여주기 때문에 시각적인 효과도 크다. 여러 마리의 게를 들고 온다던지, 카레를 만들 때 쓰이는 고추를 보여준다던지 하면서 음식에 대한 기대를 높인다. 와인 페어링을 겸할 경우 1,990B(+17% Tax)가 추가된다.

BOILED

RAW

어둑한 실내는 천국을 형상화했다

프루 Plu
พลู (ซอย พระพินิจ)
★★★★

주소 3 Soi Phra Phinit, Soi Suan Phlu **전화** 0-2642-2222 **홈페이지** www.facebook.com/plubangkok **영업** 11:00~15:00, 17:00~22:30(주문 마감 21:30) **메뉴** 영어, 태국어 **예산** 260~980B(+17% Tax) **가는 방법** 쏘이 쑤언프루에서 연결되는 쏘이 프라피닛 골목 안쪽에 있다. BTS 총논씨 역에서 1km 떨어져 있다. Map P.26-B2

싸톤 지역에 있는 고급 레스토랑으로 골목 안쪽에 있어 차분한 느낌을 준다. 잔디가 곱게 깔린 마당에 유럽 양식을 가미한 콜로니얼 건물이다. 규모가 제법 큰 가정집 분위기로 실내는 창문이 넓고 깔끔하게 꾸며 제법 트렌디하다(화장실에는 샤워 부스와 욕조까지 있다). 선선한 저녁에 식사하기 좋은 야외 테이블도 있다. 정통 태국 식당답게 메뉴는 다양하다. 태국 카레, 똠얌꿍, 태국식 샐러드, 이싼(북동부 지방) 요리, 쌀과 면 요리, 볶음 요리, 해산물 요리부터 남프릭(태국식 디핑 소스)까지 한 곳에서 즐길 수 있다. 특이하게도 몇 종류의 버마 음식도 요리한다. 다양한 디저트와 커피, 칵테일, 와인까지 구비해 식사의 만족도를 높이기 위해 노력하고 있다. 태국 사람들에게 인기 있는 레스토랑으로, 새로운 태국 요리에 도전하기 좋다. 전체적으로 음식이 정갈하기 때문에, 태국 음식 초보자도 무난하게 즐길 수 있는 음식도 많다. 메뉴판에 사진 설명과 맵기 표시가 잘 돼있어 주문할 때 어렵지 않다. 저녁 시간에는 예약하고 갈 것.

다양한 태국 음식을 맛 볼 수 있는 프루 레스토랑

Plu Restaurant

르두
Le Du
★★★★

주소 399/3 Thanon Silom Soi 7 **전화** 09-2919-9969 **홈페이지** www.ledubkk.com **영업** 월~토 18:00~23:00(휴무 일요일) **메뉴** 영어, 태국어 **예산** 세트 메뉴 2,900~3,590B(+17% Tax) **가는 방법** ① 타논 씰롬 쏘이 7 골목 끝에 있다. 다이아몬드 타워 Diamond Tower 맞은편에 있다. ②BTS 총논씨 역을 이용할 경우 4번 출구 앞에 있는 세븐 일레븐 골목으로 들어가면 된다. BTS 총논씨 역에서 도보 3분.
Map P.26-A2

간판이 마치 프랑스 레스토랑 같지만 '르두'는 계절이라는 뜻의 태국어다. 젊고 창의적인 레스토랑으로 아시아 베스트 레스토랑에 매년 선정되고 있다. 또한 미쉐린 가이드 1스타 레스토랑에 선정되기도 했다. 미국에서 요리를 전공하고 미국에서 요리를 하다가 방콕으로 돌아온 젊은 태국인 셰프 2명이 운영한다. 주인장인 똔 Ton(Thitid Tassanakajohn)은 요리 경연 TV 프로인 '탑 셰프 타일랜드' 심사위원으로 활동하기도 했다. 제철에 나는 신선한 식재료를 이용해 요리하기 때문에 메인 요리는 계절에 따라 달라진다. 음식의 주재료와 드레싱을 절묘하게 조화시켰고, 주방이 개방되어 있어 요리하는 모습도 볼 수 있다. 레스토랑도 작아서 30명 정도가 식사를 할 수 있다.

식재료와 조리 방법에 따라 로우 & 콜드 Raw & Cold, 프롬 더 시 From the Sea(해산물 요리), 프롬 더 랜치 From the Ranch(육류 요리)로 구분된다. 저녁 시간에는 코스 요리로 제공되며, 예약하고 가야한다. 일요일은 문을 닫는다.

Le Du

셀라돈
Celadon
 추천
★★★★

주소 13/3 Thanon Sathon Tai(South Sathon Road), Sukhothai Hotel **전화** 0-2344-8888 **홈페이지** www.sukhothai.com **영업** 17:00~23:00(주문 마감 22:00) **메뉴** 영어, 태국어 **예산** 태국 요리 580~2,100B, 저녁 세트 2,600~2,900B(+17% Tax) **가는 방법** MRT 룸피니 역에서 타는 싸톤 따이 방향으로 도보 10~15분. 쑤코타이 호텔 내부에 있다. Map P.26-B2

방콕 최고의 호텔 가운데 하나인 쑤코타이 호텔에서 운영하는 타이 레스토랑이다. 호텔 본관과 떨어진 별도의 건물이라 호텔 투숙객이 아니더라도 식사만 하기 위해 편하게 드나들 수 있다. 셀라돈 레스토랑은 전형적인 쌀라 Sala(태국 양식의 정자) 모양으로 지붕선이 아름다운 것이 특징. 또한 레스토랑 주변으로 연꽃 연못과 정원을 만들어 목가적인 분위기를 연출했다. 평화롭고 온화한 테라스까지 갖추어져 공간을 좀 더 여유 있게 쓸 수 있다.

메뉴는 태국 음식 맛이 잘 전해지는 똠얌꿍, 파넹 까이, 호목탈레, 얌 쁠라믁 등 훌륭한 음식들로 가득하다. 저녁시간(19:30, 20:30)에는 전통 무용을 공연한다. 예약하고 가는 게 좋다. 기본적인 드레스 코드를 지켜야 한다. 코로나 팬데믹 이후 저녁 시간에만 영업하고 있다.

Celadon

쑤코타이 호텔에서 운영하는 셀라돈

남
Nahm ★★★☆

주소 27 Thanon Sathon Tai(South Sathon Road), Metropolitan Hotel 1F **전화** 0-2625-3388 **이메일** nahm.met.bkk@comohotels.com **홈페이지** www.comohotels.com/metropolitanbangkok **영업** 수~일(점심) 12:00~14:00, 매일(저녁) 18:30~20:30 **메뉴** 영어 **예산** 메인 요리 640~940B, 저녁 세트 3,200B(+17% Tax) **가는 방법** MRT 룸피니 역 2번 출구에서 타는 싸톤 따이 방향으로 도보 15분. 반얀 트리 호텔 Banyan Tree Hotel 지나 메트로폴리탄 호텔 1층에 있다. Map P.26-B2

방콕의 대표적인 부티크 호텔인 메트로폴리탄에서 운영하는 타이 레스토랑이다. '남'은 런던에서의 성공을 바탕으로 방콕에 진출한 독특한 케이스. 2010년 방콕에 문을 열며 방콕 레스토랑 업계의 새로운 별로 떠올랐다. 아시아 베스트 레스토랑 5위에 선정 되기도 했다. 미쉐린 가이드에서 원 스타 맛집으로 선정되며 명성을 이어가고 있다.

메트로폴리탄 호텔에 딸린 부대시설이 그러하듯 이곳도 인테리어가 간결하다. 실내는 일본 건축가가 디자인해 일식당 분위기도 느껴진다. 테이블 사이에 나무 창문을 형상화한 칸막이를 설치해 프라이버시를

Nahm

메트로폴리탄 호텔에서 운영하는 남 레스토랑

살짝 보호한 것도 눈에 띈다. 호텔 수영장을 끼고 있는 야외 테이블도 있다.

외국인 조리장이 요리하는 태국 음식이라고 해서 이상할 것 같지만, 향신료가 강한 태국 음식 맛을 잘 살려 요리한다. '남'에서만 맛볼 수 있는 디저트와 칵테일도 매력이다. 저녁 시간에는 예약해야 한다. 기본적인 드레스 코드도 지킬 것.

이싸야 싸야미스 클럽
Issaya Siamese Club
อิษยา สยามมิสคลับ ★★★★

주소 4 Soi Sri Akson, Thanon Chua Phloeng, Sathon **전화** 0-2672-9040, 06-2787-8768 **홈페이지** www.issaya.com **영업** 11:30~14:30, 17:00~20:30 **메뉴** 영어, 태국어 **예산** 메인 요리 450~1,350B, 코스 메뉴 1,900~2,900B(+17% Tax) **가는 방법** ① MRT 룸피니 역을 이용할 경우 쏘이 씨밤펜 Soi Sri Bamphen에 있는 티볼리 호텔 The Tivoli Hotel을 지나서 쏘이 씨악쏜 Soi Sri Akson 골목 안쪽으로 500m 더 들어간다.
②MRT 크롱떠이 Khlong Toei 역을 이용할 경우 큰길(Rama 4 Road)로 가다가 사거리에 좌회전해서 타논 츠아프렁(츠아펑) Thanon Chua Phloeng → (우회전해서) 쏘이 씨악쏜 방향으로 들어가면 된다.
③MRT 역에서 먼 데다가 길이 복잡하고 골목 안쪽에 있어서 택시를 타고 가는 게 편하다. 레스토랑 홈페이지에 가는 방법이 영어와 태국어로 자세히 설명되어 있다(택시 탈 때 보여주면 유용하다). Map p.27 Map 전도-C4

방콕에서 분위기 좋기로 이름난 타이 레스토랑이다. 아시아 베스트 레스토랑 50에 선정되기도 했다. 방콕에서 대할 수 있는 고급 레스토랑의 전형적인 모습을 그대로 따랐다.

유럽 양식이 가미된 오래된 콜로니얼 건축물을 레스토랑으로 개조했다. 1920년에 건설된 목조 가옥을 유럽 인테리어 디자이너가 꾸며 우아함에 화사한 색조를 더했다. 녹색으로 우거진 야외 정원에 쿠션을 깔아 놓아 로맨틱한 분위기를 조성했다. 1층은 레스토랑으로, 2층은 라운지 바 Lounge bar로 구분해 운영된다. 스타일리시한 분위기에 유명 태국 요리사의 음식 솜씨가 더해진다. 조리장인 이안 낏띠차이 Ian Kittichai가 음식에 관한 걸 총괄한다. 포 시즌 호텔에서 태국 요리를 담당했고, 태국 요리책도 여러 권 집필했을

Issaya Siamese Club

정원과 콜로니얼 건축물이 어우러진 이싸야 싸야미스 클럽

뿐만 아니라 토요일 아침에 방송되는 인기 요리 프로그램 진행자이기도 하다. 태국 음식에 대한 깊은 이해를 바탕으로 정통 태국 음식을 요리하지만, 음식을 보기 좋게 만들어 현대적인 감각을 더했다. 음식에 사용되는 소스를 직접 만들고, 중요한 식자재들은 유기농으로 재배해 사용한다.

허브와 생선 소스를 이용한 태국식 샐러드 얌 느아 Yum Nuar에 수입 소고기를 사용하고, 치앙마이에서

재배한 버섯을 이용해 만든 잡곡밥 카우 옵 남리압 깝 헷파우 Asian Multigrains을 비빔밥처럼 담아주고, 매콤한 소스를 바른 돼지갈비 까둑 무 옵 Spice Rubbed Baby Back Ribs은 화덕에서 직접 구워먹게 하고, 카레에 양고기를 넣어 깽 마싸만 깨 Massaman Lamb Shank를 만들기도 한다.

Nightlife   씰롬 & 싸톤의 나이트라이프

낮에는 태국의 주요 은행이 밀집한 상업지구다운 면모를 보이지만, 밤이 되면 유흥가가 불을 밝히며 전혀 다른 모습으로 변모한다. 타논 컨웬 Thanon Convent에는 외국인들이 즐겨 찾는 레스토랑과 술집이 많다.

스칼렛 와인 바
Scarlett Wine Bar ★★★★

주소 188 Thanon Silom, Pullman Hotel G 37F **전화** 0-2352-4000, 09-6860-7990 **홈페이지** www.pullmanbangkokhotelg.com **영업** 18:00~01:00 **예산** 맥주 · 칵테일 240~420B, 메인 요리 440~2,450B (+17% Tax) **가는 방법** BTS 총논씨 3번 출구에서 씰롬 방향으로 걸어간다. 타이항공 사무실이 있는 사거리에서 좌회전한 다음 100m 정도 가면 오른쪽에 풀만 호텔 G가 보인다. 37층에 있다. Map P.26-A2

소피텔을 운영하는 아코르 호텔 그룹인 풀만 호텔 G에서 운영한다. 스카이라운지와 와인 바를 겸한 레스토랑이다. 프랑스에서 온 일류 주방장이 요리하는 프

랑스 음식도 좋지만, 와인을 마시며 방콕 야경을 즐기기에 좋다.

씰롬에 있는 경쟁 업체들에 비해 비교적 낮은 37층에 있으나, 통유리를 통해 보이는 전망은 무척 낭만적이다. 특히 해질녘에 창밖으로 비가 내린다면 로맨틱한 분위기는 배가 된다. 와인 바라는 명성답게 150여 종류 이상의 다양한 와인을 보유하고 있다.

Scarlett Wine Bar

버티고 & 문 바
Vertigo & Moon Bar

 추천 ★★★★☆

주소 21/100 Thanon Sathon Tai(South Sathon Road), Banyan Tree Hotel 61F **전화** 0-2679-1200 **홈페이지** www.banyantree.com/en/thailand/bangkok **영업** 17:00~24:00 **메뉴** 영어, 태국어 **예산** 메인 요리 1,600~4,700B, 맥주 · 칵테일 400~680B(+17% Tax) **가는 방법** MRT 룸피니 역 2번 출구에서 타는 싸톤 따이를 따라 도보 15분. 반얀트리 호텔 61층에 있다. 호텔 로비에서 엘리베이터를 타고 59층까지 가서, 계단을 올라가야 한다. Map P.26-B2

씨로코(P.302)와 막상막하를 이루는 스카이라운지. 초특급 호텔인 반얀 트리 호텔에서 운영한다. 59층까지 엘리베이터로 이동한 다음 걸어서 계단을 올라가면 상상치 못한 공간이 펼쳐진다. 오픈 테라스에서 보는 방콕은 지상에서 봤던 모습과는 다른 느낌이다. 버티고 가장자리는 문 바와 연결된다. 해질녘의 아름다운 풍경을 감상하기에 최적의 장소다. 기상이 악화되면 영업을 중단하기 때문에 식사를 하려면 문의 및 예약 전화는 필수다. 세트 메뉴는 3 코스 메뉴부터 7 코스 메뉴로 구분된다. 와인 포함 여부에 따라 요금이 달라진다. 와인을 포함하지 않고 식사만 할 경우 3 코스 메뉴는 4,100B(+17% Tax), 4 코스 메뉴는 4,700B(+17% Tax)이다.

버티고 & 문 바보다 한 층 낮은 60층에는 버티고 투 Vertigo Too가 있다. 에어컨 시설로 실내에 만들었는데, 아치형 창문을 통해 풍경을 감상할 수 있다. 잔잔한 라이브 음악이 연주된다.

베스퍼
Vesper

 2024 NEW ★★★★

주소 10/15 Thanon Convent **전화** 0-2235-2777 **홈페이지** www.vesperbar.co **영업** 17:30~01:00 **메뉴** 영어 **예산** 칵테일 400~520B(+17% Tax) **가는 방법** BTS 쌀라댕 역에서 200m 떨어진 타논 껀웬에 있다. Map P.26-A2

씰롬에서 인기 있는 칵테일 바. 2016년부터 꾸준하게 아시아 베스트 바 50에 선정되고 있는 곳이다. 아무래도 유럽 사람들이 선호하는 지역이다 보니 인테리어 역시 유럽풍으로 꾸몄다. 어둑한 실내는 대리석 테이블과 가죽 의자를 배치해 고급스럽고 아늑하게 꾸몄다.

창의적인 칵테일을 만드는데 열중하는 곳으로 메뉴판도 아트 북 The Art Book이라고 칭했다. 망고 맨해튼 Mango Manhattan, 바나나 팬케이크 사워 Banana Pancake Sour, 잭 프루트 스프릿 Jackfruit Spritz 등 이름만으로도 독특한 칵테일을 제조해 준다. 칵테일은 한 잔에 400B 이상으로 비싼 편. 복장 규정이 엄격하진 않지만 슬리퍼나 허름한 옷차림은 삼가는 게 좋다. 예약은 손님이 적은 8시 이전까지만 가능하며, 그 이후 시간은 빈자리가 생기는 데로 테이블을 안내해 준다.

Vertigo & Moon Bar

버티고 & 문 바

씰롬 지역에서 유명한 칵테일 바

베스퍼 Vesper

Travel Plus 방콕의 성인 엔터테인먼트

방콕은 성인문화 산업이 발달한 도시로 밤이 되면 낮과는 전혀 다른 모습으로 변모합니다. 특이하게도 방콕 도심에 유흥업소가 밀집해 있답니다.

● 팟퐁 Patpong ถนนพัฒน์พงศ์

야시장과 고고 바가 몰려 있는 팟퐁

주소 Thanon Patpong, Silom **영업** 18:00~02:00 **예산** 맥주 170~220B **가는 방법** BTS 쌀라댕 역 1번 출구에서 도보 5분. Map P.26-A1

방콕 나이트라이프를 논할 때 빼놓아서는 안 되는 곳으로 방콕을 대표하는 환락가. 1970년대를 거치면서 베트남 전쟁을 수행하던 미군들을 위한 위락 시설로 사랑받으면서 태국인보다는 외국인 손님이 더 많아지기 시작했다. 팟퐁은 방콕 상업중심지인 씰롬과 맞닿아 있다. 팟퐁 쏘이 능 Patpong Soi 1과 팟퐁 쏘이 썽 Patpong Soi 2으로 구분되는 좁은 골목은 낮에는 한적하고 사람도 없지만 저녁이 되면 야시장이 생기고 유흥가가 불을 밝히며 유혹의 거리로 변모한다. 붉은색으로 번쩍이는 네온사인은 킹스 캐슬 King's Castle, 킹스 코너 Kings Corner, 슈퍼 푸시 Supper Pussy, 푸시 갤로어 Pussy Galore 등 이름만으로도 충분히 자극적이다.

팟퐁의 업소들은 대부분 1층은 고고 바 Go Go Bar, 2층은 엽기적인 스트립 쇼를 시현하는 업소들이 위치한다. 고고 바들은 맥주 한 잔 마시며 구경삼아 들르는 관광객들도 있으나 2층은 호객꾼들에 의한 바가지가 극성을 부린다. 나갈 때 문을 닫아놓고 별도의 공연 관람료를 요구하기 때문이다. 업소 내에서 호객꾼들과의 마찰, 특히 몸싸움은 아주 어리석은 행위이므로 절대로 술 취한 상태에서 시비에 휘말려서는 안 된다. 단순한 관광지가 아니므로 항상 주의해야 한다.

● 나나 플라자 Nana Plaza นานา พลาซ่า

나나 플라자 입구

주소 Thanon Sukhumvit Soi 4 **영업** 18:00~02:00 **예산** 맥주 150~200B **가는 방법** BTS 나나 역 2번 출구에서 나와서 랜드마크 호텔을 지나 사거리에서 왼쪽 방향으로 쑤쿰윗 쏘이 씨 Sukhumvit Soi 4에 있다. 역에서 도보 5분. Map P.19-C2

팟퐁과 더불어 방콕의 대표적인 고고 바 밀집 지역. 거리에 형성된 팟퐁과 달리 콤플렉스 형태의 3층짜리 엔터테인먼트 플라자에 여러 업소가 다닥다닥 붙어 있다. 나나의 특징은 동양인보다는 유럽인들이 주된 손님이라는 것. 역시나 고고 바에서 춤추는 여자들은 성매매를 목적으로 고용됐으며, 트랜스젠더들이 무대에 많이 올라오는 편이다.

● 쏘이 카우보이 Soi Cowboy ซอย คาวบอย

Soi Cowboy

주소 Thanon Sukhumvit Soi 21 **영업** 18:00~02:00 **예산** 맥주 160~200B **가는 방법** ①BTS 아쏙 역 3번 출구에서 도보 5분. ②MRT 쑤쿰윗 역 2번 출구에서 오른 골목이 쏘이 카우보이다. Map P.19-D2 Map P.21-A1

팟퐁과 더불어 베트남 전쟁 시절부터 환락가로 유명세를 떨치던 곳이다. 쑤쿰윗 중심가인 아쏙 사거리와 가까우며 300m 정도 되는 거리에 고고 바가 밀집해 있다.

지속적으로 발전한 팟퐁이나 유럽인들이 몰려드는 나나에 비해 경쟁에서 밀리는 분위기였으나 최근 고고 바들이 분위기 쇄신 차원에서 새로운 쇼를 선보이면서 옛 영광을 서서히 되찾아가고 있는 중이다. 주변에 호텔도 많고 지하철역도 가깝다. 오다가다 지나치게 되더라도 당황하지 말자.

Travel Plus 디너 크루즈 Dinner Cruise

밤이 되면 짜오프라야 강변의 사원들과 호텔들이 화려한 빛을 뿜어냅니다. 시원한 강바람을 맞으며 선상에서 연주되는 라이브 음악의 경쾌함과 함께 방콕의 밤을 즐겨보세요. 디너 크루즈는 대부분 로열 오키드 쉐라톤 호텔 옆의 리버 시티(쇼핑몰) River City 선착장(택시를 탈 경우 '타논 짜런끄룽 쏘이 쌈씹 리워 씨띠 Thanon Charoen Krung Soi 30 River City ถนนเจริญกรุง ซอย 30 ริเวอร์ซิตี้"라고 말하면 된다)에서 출발해 방람푸의 라마 8세 대교까지를 왕복합니다. 출발 시간은 저녁 7시 30분 전후이며, 약 90분 소요됩니다. 보트의 크기와 회사에 따라 요금이 다르지만 여행사를 통해 예약하면 할인이 가능해요. 크루즈 출발 시간보다 30분 정도 일찍 가서 예약된 자리를 배정 받도록 합시다. 크루즈 회사마다 선착장이 다르므로, 출발 장소를 반드시 확인해야 합니다.

짜오프라야 프린세스
Chaophraya Princess

위치 아이콘 씨얌 선착장 **홈페이지** www.chaophraya princess.com **가는 방법** 아이콘 씨얌 Icon Siam 쇼핑몰 앞 보트 선착장에서 출발한다. **전화** 0-2860-3700 **출발 시간** 19:30 **예산** 1,200B Map P.28-A2
한국 여행사에서 가장 선호하는 크루즈다. 태국 음식과 유럽 음식으로 구성된 뷔페가 다양해 풍족한 식사를 할 수 있다. 시간이 흐를수록 라이브하는 가수의 열창이 흥을 돋운다. 각국 여행사로부터 예약이 폭주하므로 미리 예약하자.

펄 오브 씨얌(그랜드 펄 크루즈)
Pearl of Siam(Grand Pearl Cruise)

위치 리버 시티 선착장 **전화** 0-2861-0255 **홈페이지** www.grandpearlcruise.com **출발 시간** 19:30 **예산** 1,400B **가는 방법** 리버 시티 쇼핑 몰 앞에 있는 디너 크루즈 선착장에서 출발한다. Map P.28-A2
태국 음식과 유럽 음식 뷔페를 제공하는 디너 크루즈. 짜오프라야 프린세스보다 규모가 작은 대신 차분하고 낭만적이다. 감미로운 재즈가 라이브로 연주되어 선상에서의 밤이 더욱 로맨틱하다.

러이 나바 디너 크루즈
Loy Nava Dinner Cruise

위치 타 씨프라야(씨파야) Tha Si Phraya 선착장 **전화** 0-2437-7329, 0-2437-4932 **홈페이지** www.loynava.com **출발 시간** 18:00, 20:00 **예산** 1,650B **가는 방법** 로열 오키드 쉐라톤 호텔을 바라보고 오른쪽 강변의 타 씨프라야(씨파야) Tha Si Phraya 선착장에서 출발한다. Map P.28-A2
쌀을 실어 나르던 목조 선박을 재현한 디너 크루즈 선박이다. 70명 정도 탑승할 수 있다. 배 위에서 태국 전통 악기가 연주되기 때문에 차분한 분위기에서 크루즈를 즐길 수 있다. 주로 유럽 여행자들이 즐겨 이용하며 태국 음식과 시푸드 세트가 제공된다.

샹그릴라 호라이즌 크루즈
Shangri-La Horizon Cruise

주소 89 Soi Wat Suan Plu, Thanon Charoen Krung (New Road), Shangri-La Hotel **전화** 0-2236-7777 **출발 시간** 19:30 **요금** 2,200B **가는 방법** BTS 싸판 딱씬 역 또는 수상 보트 타 싸톤 Tha Sathon 선착장에서 도보 10분. 샹그릴라 호텔 내부에 있다. 로비에 문의하면 배 타는 곳을 안내해 준다. Map P.28-B2
샹그릴라 호텔에서 운영하는 디너 크루즈. 방콕의 최고급 호텔에서 운영하기 때문에 비싼 만큼 뷔페로 제공되는 음식이 훌륭하다. 샹그릴라 호텔에서 크루즈가 출발한다. 대형 크루즈 보트에 비해 승선 인원이 적어서 야경과 식사를 즐기기 좋다. 드레스 코드가 있어 반바지 착용은 안된다.

$\left(\text{SPECIAL THEME}\right)$

짜오프라야 강 따라 떠나는 보트 여행

짜오프라야 강과 함께 역사를 같이한 방콕은 차보다 보트로 여행하는 것이 더욱 편리하다. 강변을 수놓은 수많은 사원과 현대 건축물들은 배를 타고 가지 않으면 절대로 볼 수 없는 풍경들. 톤부리와 라따나꼬씬 시대에 건설한 사원들과 유럽 상인들이 만든 가톨릭교회, 그리고 세계적으로 손꼽히는 일류 호텔들까지 짜오프라야 강에는 과거와 현재가 서로 다른 맵시를 자랑하며 옛것과 새것이 함께 어우러진다. 짜오프라야 강의 주요 볼거리들은 타 프라아팃 Tha Phra Athit 선착장에서 타 싸톤 Tha Sathon 선착장 사이에 몰려 있다. 타 프라아팃 선착장에서 싸판 풋 Saphan Phut(라마 1세 대교)까지는 사원들이 많고, 싸판 풋에서 타 싸톤까지는 일류 호텔들이 강변을 화려하게 장식하고 있다. 수상 보트인 짜오프라야 익스프레스 보트에 관한 정보는 교통편 P.69를 참고하자. Map P.3

싸판 풋에서 바라본 방콕 시내 풍경

❶ 타 프라아팃에서 타 왕랑 선착장까지

보트 여행은 카오산 로드에서 도보 5분 거리인 타 프라아팃 선착장(선착장 번호 N13)에서 시작한다. 선착장에 서면 오른쪽 방향에 있는 라마 8세 대교(싸판 팔람 뺏 Rama VIII Bridge)가 가장 먼저 눈에 띈다. 최근에 건설된 다리로 현수교의 아름다움을 한껏 살리고 있다.

타 프라아팃을 출발한 보트는 강 건너의 톤부리 방향에 정박한다. 첫 번째 선착장은 타 싸판 삔까오 선착장(선착장 번호 N12), 두 번째 선착장은 타 톤부리 선착장(선착장 번호 N11), 세 번째 선착장은 타 왕랑 선착장(선착장 번호 N10)이다. 타 왕랑 선착장 맞은편에는 짜오프라야 강변에 만든 쇼핑몰 타 마하랏 Tha Maharaj(P.182)이 있다.

❷ 타 왕랑 선착장에서 왓 아룬까지

타 왕랑 선착장에서 왓 아룬까지는 방콕 볼거리의 핵심인 라따나꼬씬과 톤부리 지역의 유적들이 가득하다. 타 왕랑 선착장을 출발한 보트는 탐마쌋 대학교를 바라보며 강 건너편의 타 창 선착장(선착장 번호 N9)으로 향한다. 왕궁과 왓 프라깨우와 가장 가까운 탓에 타 창 선착장은 외국인들이 많이 보인다.

타 창 선착장에서 타 띠안 선착장으로 가는 동안에는 왼쪽에 왕궁과 왓 프라깨우가 보이고 오른쪽에 왓 라캉이 보인다. 멀리 왓 아룬까지 보이면서 보트 여행이 즐거워지는 구간이다. 왓 아룬 맞은편 타 띠안 선착장 앞에 왓 포가 있다.

짜오프라야 강변의 럭셔리 호텔

❸ 방콕 최초의 교량, 싸판 풋

타 띠안 선착장에서 타 랏차웡 선착장(선착장 번호 N5)까지는 사원보다는 나지막한 건물들이 많다. 왓 아룬 옆으로는 방콕 야이 운하를 경계로 태국 해군 본부와 왓 깔라야나밋이 보인다. 3층 지붕의 대법전이 아름다운 왓 깔라야나밋 옆에는 포르투갈에서 건설한 산타크루즈 교회(P.196)가 있다. 조금 더 내려가면 녹색 철교가 보이는데, 방콕에 최초로 건설된 교량인 싸판 풋(라마 1세 대교) Memorial Bridge이다. 싸판 풋을 경계로 왼쪽은 차이나타운 지역으로 보트에서 특별한 것이 보이지 않는다.

❹ 싸판 풋을 지나면 풍경은 사뭇 다르다

싸판 풋을 지나면 멀리서도 식별이 가능한 고층 빌딩들이 신기루처럼 보이기 시작한다. 항만청이 있는 타 끄롱짜오타(Marine Dep.) 선착장(선착장 번호 N4)을 지나 홀리 로자리 교회가 보이기 시작하면서 이전과는 다른 유럽적인 풍경으로 변모한다.

타 씨프라야(씨파야) 선착장(선착장 번호 N3)에 도착할 때쯤이면 강변에서 처음 만나게 되는 일류 호텔인 로열 오키드 쉐라톤 호텔과 디너 크루즈가 출발하는 리버 시티 River City 쇼핑몰(P.337)이 보인다. 호텔 뒤편에 보이는 내셔널 텔레콤 nt 건물은 하늘과 구름을 비추는 투명한 유리로 인해 금방 식별이 가능하다. 로열 오키드 쉐라톤 호텔 맞은편에도 범상치 않은 건물이 있는데 밀레니엄 힐튼 호텔과 아이콘 싸얌 Icon Siam(P.337) 쇼핑몰이다.

❺ 타 오리얀뗀(오리엔탈) 선착장 주변의 유럽건물들에 주목하자

타 씨프라야 선착장에서 타 싸톤 선착장 Sathon Pier까지는 유럽풍의 건물들과 방콕을 대표하는 초일류 호텔들의 향연이 펼쳐진다.

내셔널 텔레콤 건물 뒤로는 황금 돔을 간직한 64층의 스테이트 타워 건물이 있다. 방콕의 명물이 된 씨로코 & 스카이 바 (P.302)가 바로 황금 돔 아래에 있다. 타 오리얀뗀(오리엔탈) 선착장(선착장 번호 N1) 바로 앞은 오리엔탈 호텔이다. 오리 엔탈 호텔 왼쪽은 네오클래식 양식의 구 세관청이, 오른쪽은 옆은 네덜란드 상인들이 건설한 동아시아 회사 건물이 고층 건물들 사이에서 강변을 향해 건축미를 뽐내고 있다.

보트 여행의 종착점인 타 싸톤 선착장은 딱씬 대교(싸판 딱 씬) 아래에 있다. BTS와 연계되는 유일한 보트 선착장으로 항상 사람들로 분주한 선착장 옆는 샹그릴라 호텔, 맞은편 에는 페닌슐라 호텔이 위용을 자랑하며 짜오프라야 강변의 고급 호텔의 명맥을 이어준다.

저렴한 대중교통 수단 짜오프라야 강 익스프레스 보트

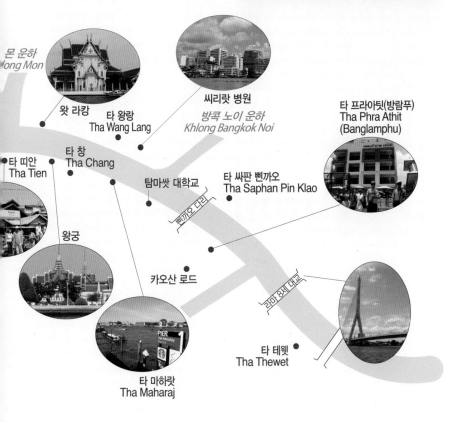

몬 운하
Khlong Mon

왓 라캉

타 왕랑
Tha Wang Lang

씨리랏 병원

방콕 노이 운하
Khlong Bangkok Noi

타 프라아팃(방람푸)
Tha Phra Athit
(Banglamphu)

타 창
Tha Chang

타 띠안
Tha Tien

탐마쌋 대학교

빈까오 다리

타 싸판 삔까오
Tha Saphan Pin Klao

왕궁

카오산 로드

라마 8세 대교

타 테웻
Tha Thewet

타 마하랏
Tha Maharaj

14

บางรัก & ริเวอร์ไซด์

Bangrak & Riverside 방락 & 리버사이드

방락은 라마 4세 때 만든 방콕 최초의 포장도로인 타논 짜런끄룽 Thanon Charoen Krung(New Road)을 중심으로 한 강변 지역이다. '사랑의 마을'이라는 달콤한 뜻을 지닌다. 이름 때문인지 태국 커플들이 혼인신고할 때 가장 즐겨 찾는 동네로 유명하다.

방락은 20세기 초반부터 형성됐는데, 싸얌과 교역하던 유럽 상인들이 정착했기 때문에 유럽풍의 건물과 교회들이 많이 남아 있다. 오리엔탈 호텔, 어섬션 성당, 구 세관청 등이 대표적인 건물. 하지만 허름한 골목들은 100년 이상의 역사를 고스란히 간직한 채 옛것과 새것이 서로 공존한다.

씰롬 남단을 연하는 방락은 주변 지역의 성장으로 오히려 빛바랜 느낌마저 들게 한다. 방콕 도심이라는 사실이 무색할 정도로 오래된 건물들은 전당포, 보석가게, 식료품점, 영세 식당이란 간판을 내걸고 세상의 변화와 무관한 듯 제자리를 지킨다.

Check 알아두세요

❶ 타 싸톤 선착장에서 수상보트를 타면 왕궁, 왓 아룬, 카오산 로드까지 빠르게 이동할 수 있다.

❷ 타 싸톤 선착장은 수상보트(짜오프라야 익스프레스 보트)와 투어리스트 보트 타는 곳이 구분되어 있다. 매표소도 별도로 운영한다.

❸ 타 싸톤 선착장에서 아시아티크와 아이콘 싸얌으로 가는 보트가 운행된다.

❹ 수상보트 타 싸톤 선착장에서 BTS(싸판 딱씩 역)로 갈아타면 시내로 이동이 편리하다.

❺ 강 건너편에 BTS 골드 라인이 개통했다. 짜런나콘 Charoen Nakhon 역과 크롱싼 Khlong San 역 두 개를 운영 중이다.

Don't miss 이것만은 놓치지 말자

❶ 수상보트 타고 짜오프라야 강 여행하기.(P.285)

❷ 아시아티크 야시장 다녀오기.(P.295)

❸ 루프 톱에서 야경 감상하기.(P.302)

❹ 아이콘 싸얌에서 쇼핑과 강건너 풍경 감상하기.(P.337)

❺ 잼 팩토리에서 시간 보내기.(P.293)

❻ 디너 크루즈를 즐기며 야경 감상하기.(P.284)

Access 방락 & 리버사이드의 교통

짜오프라야 강변에 연해 있는 지역으로 수상 보트를 타는 게 가장 편리하다. BTS는 싸판 딱씬 Saphan Taksin 역을 이용하자.

+ BTS
수상 보트 타 싸톤 Tha Sathon(Sathon Pier) 선착장과 연결되는 BTS 싸판 딱씬 역을 이용한다.

+ 투어리스트 보트
타 싸톤 Sathon(Central Pier) 선착장→아이콘 싸얌 쇼핑몰 방향으로 투어리스트 보트가 운행된다.

Best Course 추천 코스

① 오전에 시작할 경우(방락 & 리버사이드 관광)

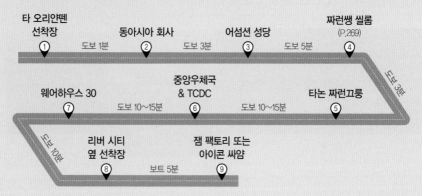

타 오리얀뗀 선착장 ① — 도보 1분 — 동아시아 회사 ② — 도보 3분 — 어섬션 성당 ③ — 도보 5분 — 짜런쌩 씰롬 (P.269) ④ — 도보 3분 — 타논 짜런끄룽 ⑤ — 도보 10~15분 — 중앙우체국 & TCDC ⑥ — 도보 10~15분 — 웨어하우스 30 ⑦ — 도보 10분 — 리버 시티 옆 선착장 ⑧ — 보트 5분 — 잼 팩토리 또는 아이콘 싸얌 ⑨

② 오후에 시작할 경우(씰롬 남단+아시아티크 일정)

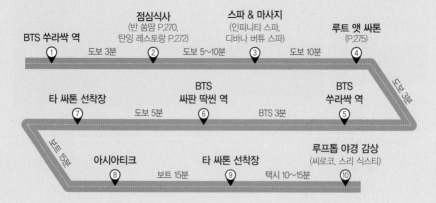

BTS 쑤라싹 역 ① — 도보 3분 — 점심식사 (반 쏨땀 P.270, 탕잉 레스토랑 P.272) ② — 도보 5~10분 — 스파 & 마사지 (인피니티 스파, 디바나 버튜 스파) ③ — 도보 10분 — 루트 앳 싸톤 (P.275) ④ — 도보 3분 — BTS 쑤라싹 역 ⑤ — BTS 3분 — BTS 싸판 딱씬 역 ⑥ — 도보 5분 — 타 싸톤 선착장 ⑦ — 보트 15분 — 아시아티크 ⑧ — 보트 15분 — 타 싸톤 선착장 ⑨ — 택시 10~15분 — 루프톱 야경 감상 (씨로코 스리 식스티) ⑩

Attractions 방락 & 리버사이드의 볼거리

주요 볼거리는 유럽풍의 건물과 성당이다. 이슬람 사원도 어우러져 독특한 분위기를 풍긴다. 짜오 프라야 강의 수상 보트를 타고 방락의 풍경을 보는 것도 좋다.

롱 1919
Lhong 1919 ★★★

주소 248 Thanon Chiang Mai 전화 09-1187-1919 홈페이지 www.lhong1919.com 운영 10:00~18:00 요금 무료 가는 방법 ①강 건너편의 타논 치앙마이에 있다. BTS 크롱싼 역에서 650m 떨어져 있다. ② MRT 후아람퐁 역에서 1km 떨어진 타 씨왓디 선착장 Sawasdee Pier까지 걸어가서, 르아 캄팍 Cross River Ferry를 타고 강을 건너도 된다.
Map P.15-C2 Map 전도 A3

짜오프라야 강변 재정비 계획의 일환으로 만들어진 볼거리. 1850년에 만들어진 중국식 건물과 사당을 리모델링해 예술·문화 공간으로 재창조했다. 6,800㎡(약 2,050평) 부지에 디자인 숍과 레스토랑, 휴식 공간이 들어서 있다.

중국 남방에서 이주한 화교 출신의 상인이 건설한 곳답게 중국적인 색채가 가득하다. 안마당을 둘러싸고 건물을 배치한 중국 건축양식인 삼합원(三合院) 형태로, 강변 쪽으로 트여있는 'ㄷ'자 형의 복층 건물이다.

중국 사당을 모신 롱 1919

건물의 정중앙 1층에는 중국 남방에서 바다의 여신으로 여겨지는 마주(媽祖)를 모신 사당 Mazu Shrine이 있다. 벽화도 복원해 원형을 유지하려 애쓰고 있다. 현대적으로 복원한 건물 내부는 아트 & 크래프트 숍 Art & Craft Shop으로 활용된다. 참고로 '롱'은 한자 랑(廊)의 태국식 발음이다.

싸얌 상업은행(타나칸 타이 파닛)
Siam Commercial Bank ★★

주소 1280 Thanon Yotha, Talat Noi 홈페이지 www.scb.co.th 운영 10:00~17:00 요금 무료 가는 방법 ①수상 보트 타 끄롬짜오타 선착장(선착장 번호 N4) Marine Department에서 150m 떨어져 있다. ②리버 시티(쇼핑몰) 뒷길인 쏘이 와닛 2 Soi Wanit 2 골목으로 들어가도 된다. Map P.28-A2

1907년 1월 30일에 설립된 태국 최초의 은행이다(은행 건물은 1910년에 완공됐다). 짜오프라야 강변에 있는 이탈리아 양식의 건축물로 야외 잔디 정원과 조화롭게 어울린다. 동남아시아에서 건설된 콜로니얼 건축물답게 더위를 피하기 위해 천장을 높게 만들고 주랑과 덧문으로 출입문을 냈다. 외벽은 스투코 조각으로 치장했다. 현재도 변함없이 은행으로 운영되고 있다. 차이나타운 남쪽의 딸랏 노이(P.212)와 가깝다. 참고로 싸얌 상업은행은 줄여서 SCB 은행으로 불리는데, 전국에 905개 영업점을 운영하고 있다.

홀리 로자리 교회
Holy Rosary Church
วัดแม่พระลูกประคำ (วัดกาลหว่าร์) ★★

현지어 왓 매프라 룩 쁘라캄(왓 까라와) **주소** 1318 Wanit Soi 2, Thanon Yotha **가는 방법** 수상 보트 ① 타 끄롬짜오타(항만청) Marine Dept. 선착장 (선착장 번호 N4)에서 내려 항만청 건물과 만나는 쏘이 짜런 파닛 Soi Charoen Phanit에서 우회전한다. 타논 요타 Thanon Yotha와 만나는 삼거리의 작은 광장 오른편에 있다. 타 끄롬짜오타 선착장에서 도보 5분.
Map P.28-A2

Holy Rosary Church

성모 마리아를 위해 포르투갈 상인들이 만든 가톨릭 교회로 톤부리의 산타 크루즈 교회 Santa Cruz Church (P.196)와 비슷한 시기인 1787년에 세워졌다. 네오 고딕 양식의 건물로 규모는 작지만 하늘을 향해 치솟은 종탑과 스테인드글라스로 만든 창문이 아름답기로 유명하다. 포르투갈 신부 깔바리오 Calvario의 이름에서 유래해 태국 사람들은 왓 까라와 Wat Kalawara 부른다. 딸랏 노이(딸랏 너이) Talat Noi(P.212)와 가까우므로 함께 둘러보면 좋다.

어섬션 성당
Assumption Cathedral
อาสนวิหารอัสสัมชัญ ★★☆

주소 23 Soi Oriental, Thanon Charoen Krung Soi 40 **전화** 0-2234-8556 **운영** 08:00~16:30 **요금** 무료 **가는 방법** 수상 보트 타 오리안땐 선착장(선착장 번호 N1)에 내려 쏘이 오리안땐 Soi Oriental 골목으로 들어가면 동아시아 회사 건물을 지나서 오리엔탈 호텔 입구 맞은편에 성당이 있다. Map P.28-B2 Map P.29
유럽인이 정착하며 팔랑 쿼터 Farang Quarter가 형성되기 시작한 1809년에 프랑스 신부 파스칼이 세운 성당이다. 전형적인 로마네스크 양식의 로마 가톨릭 교회로 프랑스와 이탈리아에서 수입한 건축 자재를

사용해 만들었다.
현재 모습은 1909년에 신축된 건물로 대리석으로 만든 교회당 제단과 스테인드글라스 장식, 32m 높이에 이르는 성당의 시계탑 등이 전형적인 유럽 교회 양식을 띠고 있다. 성당 뒤쪽에는 학교가 있다. 참고로 파랑 Farang은 서양인을 뜻하는데, 프랑스 France를 태국식으로 발음한 '파랑쎄'에서 유래했다.

동아시아 회사
East Asiatic Company
ตึกเก่าบริษัทอีสท์เอเชียติก ★

주소 Thanon Charoen Krung Soi 40 **운영** 24시간 **요금** 무료(내부 관람 불가) **가는 방법** 수상 보트 타 오리안땐 선착장(선착장 번호 N1)에서 도보 1분.
Map P.28-B2 Map P.29
네덜란드 사업가가 창업한 해상무역 회사 사무실로 1901년에 만들었다. 강변을 향해 멋을 낸 아이보리색의 전형적인 유럽 건물. 태국과 왕성한 무역업을 하던 라마 5세 때는 건물 지붕에 네덜란드 국기가 펄럭였다고 한다. 내부 출입은 불가능하다.

어섬션 성당

동아시아 회사

방콕인 박물관(방콕키안 뮤지엄)
Bangkokian Museum
พิพิธภัณฑ์ชาวบางกอก ★★★

현지어 피피타판 차우방꺽 **주소** 273 Thanon Charoen Krung Soi 43(Saphan Yao Alley) **전화** 0-2233-7027 **홈페이지** www.facebook.com/Bkk Museum **운영** 화~일 09:00~16:00(휴무 월요일) **요금** 무료 **가는 방법** 타논 짜런끄룽 쏘이 43에 있다. **수상 보트** 씨프라야 선착장(선착장 번호 N3)에서 600m 떨어져 있다. Map P.28-A2

개인이 소유한 세 채의 목조 건물을 박물관으로 사용한다. 방콕 사람들의 생활상 전체를 볼 수 있는 박물관은 아니고, 1940~1950년대 방콕 중·상류층이 살던 집과 생활용품을 전시한 민속 박물관 정도로 생각하면 된다. 당시에 사용하던 가구, 침대, 불상, 도자기, 시계, 라디오, TV, 전축, 화폐, 우표, 식기, 주방용품 등이 전시되어 있다. 앞쪽에 있는 건물은 1937년에 만든 것으로 유럽 양식을 가미한 티크나무 건물이다. 생활 공간으로 사용되던 곳으로 거실, 응접실, 침실, 화장실이 있다. 뒤쪽에 있는 건물은 1927년에 만든 것인데 병원으로 사용했다고 한다. 큰 볼거리는 아니지만 무료입장인데다가 안내해주시는 봉사자들이 친절해 시간나면 들러볼 만하다. 한적한 골목에 있으며 건물 전체가 나무와 정원에 둘러싸여 있어 도심 속에서 잠시 여유를 느껴볼 수 있다.

방콕키안 뮤지엄 내부

Bangkokian Museum

잼 팩토리
The Jam Factory
เดอะแจมแฟคทอรี (เจริญนคร) ★★★

주소 The Jam Factory, 41/1-5 Thanon Charoen Nakhon(Charoen Nakorn Road) **전화** 0-2861-0950 **홈페이지** www.facebook.com/TheJamFactory Bangkok **운영** 11:00~22:00 **가는 방법** ①리버 시티(쇼핑 몰) 맞은편. 밀레니엄 힐튼(호텔) 옆에 있다. ② 크롱싼 석착장 Khlong San Pier(타르아 크롱싼 ท่าเรือ คลองสาน)에서 강변 산책로를 따라 걸어가면 된다. 수상 보트가 운행되지 않고, 리버 시티(쇼핑 몰) 옆에 있는 르아 캄팍 Cross River Ferry를 타고 강을 건너면 크롱싼 선착장(편도 요금 5B)에 닿는다. ③BTS 크롱싼 역에서 350m 떨어져 있다.

Map P.28-A2 Map 전도-A3

잼 공장으로 쓰이던 오래된 공장과 창고를 개조해 복합 문화 & 다이닝 공간으로 변모했다. 태국의 유명 건축가(두앙릿 분낫 Duangrit Bunnag)가 디자인했다. 강변의 야외 테라스부터 시작해 여러 개의 창고 건물이 잔디 정원과 보리수나무와 어우러진다. 각기 다른 창고는 카페, 레스토랑, 서점, 갤러리, 건축 회사 사무실로 운영된다. 건기(겨울)에는 야외에서 각종 공연과 전시뿐만 아니라 벼룩시장이 열리기도 한다. 잼 팩토리 옆쪽으로 크롱싼 시장(딸랏 크롱싼) Khlong San Market이 있다.

잼 공장을 개조해 만든 잼 팩토리

웨어하우스 30
Warehouse 30 ★★★

주소 Thanon Charoen Krung Soi 30 **홈페이지** www.facebook.com/TheWarehouse30 **운영** 11:00~20:30 **가는 방법** 타논 짜런끄룽 쏘이 30에 있다. 수상보트 타 씨프라야 선착장(선착장 번호 N3)에서 200m.
Map P.28-A2

잼 팩토리 Jam Factory(P.293)를 디자인한 유명 태국 건축가가 새롭게 만든 창조적인 공간이다. 1940년대에 창고로 만들어졌다가 용도를 다해 사용하지 않고 방치됐던 7동의 창고를 쇼핑과 레스토랑, 카페, 갤러리, 스크린 룸, 크리에이티브 센터를 포함한 복합 공간으로 재창조 시켰다.

허름한 창고 건물 외관과 트렌디한 인테리어가 어울려 힙하다. 의류와 패션 소품, 책과 꽃, 빈티지한 제품, 수공예품, 오가닉 & 아로마 제품을 판매한다. 4,000㎡(약 1,200평) 규모로 창고와 창고가 이어지게 만들어 자유롭게 내부를 이동할 수 있다. 카페도 있어 커피 마시며 잠시 쉬어갈 수도 있다. 인접한 타일랜드 크리에이티브 & 디자인 센터 TCDC(P.295)와 함께 둘러보면 좋다.

중앙 우체국 G.P.O.
ไปรษณีย์กลาง (บางรัก) ★★

현지어 쁘라이싸니 끄랑 **주소** Thanon Charoen Krung Soi 32 **운영** 09:00~16:00 **가는 방법** 타논 짜런끄룽 쏘이 쌈씹썽 Thanon Charoen Krung Soi 32 입구에 있다. Map P.28-A2

태국 중앙 우체국으로 일반 우편 업무를 보는 곳이지만 워낙 오래되어 우편 박물관으로 써도 좋을 건물이다. 건물 지붕 코너에 조각된 독수리 모양의 대형 가루다가 인상적인 곳으로 우표 수집하는 사람들에게 반가운 곳이 될 것이다.

레스토랑, 카페, 편집숍이 한 공간에 모여 있다

옛 건물은 그래도 살려 리모델링했다

창고를 개조해 만든 웨어하우스 30

중앙 우체국

타일랜드 크리에이티브 & 디자인 센터 TCDC가 들어서 있는 중앙 우체국 건물

타일랜드 크리에이티브 & 디자인 센터
Thailand Creative & Design Center
(TCDC) ศูนย์สร้างสรรค์งานออกแบบ
(อาคารไปรษณีย์กลาง ถนนเจริญกรุง) ★★★

현지어 쑨 쌍싼 응안 옥뱁(아칸 쁘라이싸니 끄랑) **주소** The Grand Postal Building(GPO), 1160 Thanon Charoen Krung **전화** 0-2105-7400 **홈페이지** www.web.tcdc.or.th **운영** 화~일 10:30~19:00(휴무 월요일) **요금** 무료 **가는 방법** 타논 짜런끄룽 쏘이 32와 쏘이 34 사이에 있는 중앙 우체국 내부에 있다. 중앙 우체국 건물 왼쪽 편에 입구가 있다. **수상 보트** 타 씨 프라야 선착장(선착장 번호 N3)에서 도보 10분.

Map P.28-A2

태국 정부에서 디자이너 육성을 위해 건설한 디자인 센터. 80년 가까이 된 중앙 우체국 내부에 디자인 시설이 들어서면서 새로운 생명력을 불어 넣었다. 1층은 로비와 기념품 숍 Front Lobby & Shop, 2층은 오디토리움 Auditorium, 3층은 미팅 룸 Meeting Room, 4층은 전시실 Function Room, 5층은 도서관과 카페가 들어선 크리에이티브 스페이스 Creative Space로 구분된다. 일반 전시실은 디자인과 관련한 다양한 전시가 열리는 공간으로 무료로 개방해 대중들의 접근성을 높였다. 5층 옥상은 루프톱 가든 Rooftop Garden으로 꾸며 전망대 역할을 해준다.

도서관에는 디자인과 건축, 사진, 패션, 영화 관련 전문 서적 5만 5,000여 권을 소장하고 있다. 도서관 이용은 멤버십 카드를 발급받아야 한다. 원 데이 패스 1 Day Passs는 100B이다. 전시실 관람과 루프 톱(전망대), 카페 이용은 무료로 가능하다.

5층 옥상 전망대에서 바라 본 풍경

아시아티크
Asiatique เอเชียทีค ★★★★

주소 2194 Thanon Charoen Krung Soi 72~76 **전화** 0-2108-4488 **홈페이지** www.asiatiquethailand.com **운영** 16:00~23:30 **요금** 무료 **가는 방법** 타논 짜런끄룽 쏘이 72와 76 사이에 있다. BTS 싸판 딱씬 역 아래에 있는 **수상 보트** 타 싸톤 선착장 Tha Sathon (Sathon Pier)에서 전용 셔틀 보트가 무료로 운행된다. 16:00~23:00까지 15분 간격으로 운행된다.

Map 전도-A4

짜오프라야 강변에 있는 야시장이다. 쇼핑이 주목적이지만 강변 풍경과 어우러져 볼거리로도 손색이 없다. 유럽 상인들이 방콕을 드나들던 1900년대 시절의 항구 분위기를 그대로 재현했다. 강변 바람을 쐬며 방콕의 밤 시간을 즐기거나, 이국적인 풍경을 배경으로 사진을 찍기 좋다. 방콕의 역사와 볼거리, 쇼핑까지 어우러진 방콕의 새로운 명소로 부각되고 있다.

모두 4개 구역으로 구분해 각기 다른 테마로 꾸몄다. 타운 스퀘어 Town Square, 팩토리 구역 Factory District, 워터프런트 구역 Waterfront District, 짜런끄룽 구역 Charoenkrung District으로 나뉜다. 건물 외관은 창고처럼 생겼으나 유럽풍이 가미된 콜로니얼 양식이라 독특하다. 특히 워터프런트 구역은 300m나 되는 기다란 강변 산책로를 만들었다. 아시아티크 스카이 Asitique Sky(홈페이지 www.asiatique-sky.com)라고 불리는 대관람차(요금 500B)도 운영하고 있다.

대관람차

아시아티크

Restaurant 방락 & 리버사이드의 레스토랑

대중적인 레스토랑보다는 마니아들이 반길 만한 곳이 대부분이다. 방락의 오랜 역사와 함께한 쌀국숫집도 흔하지만, 최고급 호텔에서 운영하는 베스트 레스토랑도 많다. 짜오프라야 강변을 끼고 있어 낭만과 분위기를 찾는 여행자들의 필수 코스로 특히 방콕 야경을 보며 크루즈를 즐길 수 있는 디너 크루즈가 인기다.

쪽 프린스 Jok Prince
โจ๊กปรินซ์ (บางรัก)　　★★★

주소 1391 Thanon Charoen Krung **영업** 06:00~12:00, 15:30~22:00 **메뉴** 영어, 태국어 **예산** 50~80B **가는 방법** 로빈싼 백화점(방락 지점)을 지나서 맞은편에 있는 CIBM 은행을 바라보고 왼쪽에 있다. 자그마한 골목 입구에 있는 노점이라 눈에 잘 띄지 않는다. BTS 싸판 딱씬 역 3번 출구에서 도보 5분. **수상 보트** 싸톤 선착장에서 도보 8분. Map P.28-B2 Map P.29

60년 넘는 역사를 간직한 길거리 식당이다. '쪽'은 쪼우(粥)로 알려진 중국식 쌀죽의 태국식 버전이다. 한때 프린스 극장이 골목 안쪽에 있었기 때문에 '쪽 프린스'로 불리기 시작했다. 길거리 식당답게 골목 안쪽에 테이블을 놓고 장사한다. 동네 주민들에게 유명한 서민 식당으로, 줄서서 싸이퉁(비닐봉지에 담아서 테이크아웃하는 것)해 가는 사람들도 많다. 세월의 힘이 더해져 입소문을 타고 외국 여행자들에게까지 알려졌다. 미쉐린 가이드 빕 그루망에 선정되기도 했다. 다진 돼지고기 완자를 넣으면 '쪽 무' Congee with Minced Pork, 계란까지 넣으면 '쪽 무 싸이 카이'를 주문하면 된다. 사이드 메뉴로 중국식 밀가루 튀김인 '빠텅꼬'(Chinese Donut이라고 적혀 있다)를 곁들여도 된다. 아침 시간과 저녁 시간에만 영업하는데, 준비한 음식이 다 팔리면 문을 닫기 때문에 영업시간이 일정치 않다.

쁘라짝 뻿 양
Prachak Pet Yang
ประจักษ์เป็ดย่าง　　★★★☆

주소 1415 Thanon Charoen Krung **전화** 0-2234-3755 **홈페이지** www.prachakrestaurant.com **영업** 08:30~20:30 **메뉴** 영어, 태국어 **예산** 60~160B **가는 방법** 타논 짜런끄룽의 로빈싼 백화점 맞은편, 왓슨스 Watson's를 바라보고 왼쪽에 있다. 상점들이 촘촘히 붙어 있어서 번지수(1415)를 확인하는 게 좋다. 한자 간판은 新記라고 표기되어 있다. BTS 싸판 딱씬 역 3번 출구에서 250m. Map P.28-B2 Map P.29

110년이 넘는 지극히 서민적인 식당. 1909년에 영업을 시작했다. 광동 지방 출신의 화교 가족이 대를 이어 장사한다. 오리고기 구이인 뻿 양 Roast Duck을 전문으로 한다. 오리구이를 이용한 카우 나 뻿(오리구이 덮밥)과 바미 뻿(오리구이를 고명으로 얹은 노란색 국수)이 유명하다. 카우 무댕(돼지고기 훈제구이 덮밥) Red Pork on Rice, 카우 무끄롭(바삭한 돼지고기 편육 덮밥) Crispy Pork on Rice, 카우팟(볶음밥) 등 기본적인 태국 음식을 함께 요리한다. 음식 양은 적다. 실내는 좁지만 에어컨이 나와서 시원하다.

Prachak Pet Yang

쁘라짝 뻿 양

쪽무+빠텅코

쪽 프린스

싸니
Sarnies
★★★☆

주소 101-103 Thanon Charoen Krung Soi 44 **전화** 0-2102-9407 **홈페이지** www.facebook.com/sarnies. bkk **영업** 08:00~22:00 **예산** 커피 100~160B, 브런치 320~650B(+17% Tax) **가는 방법** ①샹그릴라 호텔 뒤쪽의 타논 짜런끄룽 쏘이 44에 있다. ②수상 보트 타 싸톤 선착장 400m, BTS 싸판 딱씬 역에서 300m. Map P.29 방락 지역(샹그릴라 호텔 주변)에서 떠오르는 힙한 카페. 150년 된 상점이 카페로 거듭났다. 과거 강을 통해 교역하던 상인들이 정착했던 터전으로, 19세기에 만들어진 옛 건물을 리모델링했기 때문에 빈티지한 감성이 가득하다. 덕분에 SNS에 올리기 좋은 사진을 찍으려는 태국 젊은이들을 어렵지 않게 볼 수 있다. 주말과 휴일에는 붐비는 편이다. 싸니(샌드위치)라는 상호에서 알 수 있듯 브런치 카페를 표방한다. 샌드위치, 토스트, 달걀 요리를 이용한 브런치 메뉴가 다양하다. 태국 요리 기법을 살짝 가미한 똠얌 에그 베네딕트 Tom Yum Eggs Benedict가 특히 인기 있다. 커피는 원두를 직접 로스팅해 사용한다. 싱가포르에 본사를 두고 있으며, 이곳은 방콕 지점이다. 인기를 반영하듯 분점을 속속 오픈하고 있다. 싸니 로스터리 Sarnies Roastery(주소 34/1 Soi Ton Son, Map P.18-B1)와 싸니 쑤쿰윗 Sarnies Sukhumvit(주소 Thanon Sukhumvit Soi 37, Map P.21-B2) 지점이 있다.

빈티지한 감성이 힙한 느낌을 준다

싸니 Sarnies

하모니크
Harmonique
하르ㅁ̀ㅗ니ㅋ (เจริญกรุง ซอย 34)
★★★☆

주소 22 Thanon Charoen Krung Soi 34 **전화** 0-2237-8175, 0-2630-6270 **홈페이지** www.facebook. com/harmoniqueth **영업** 월~토 11:00~22:00(휴무 일요일) **메뉴** 영어, 태국어 **예산** 메인 요리 220~480B **가는 방법** 수상 보트 타 오리안뗀 Tha Oriental (Oriental Pier) 선착장(선착장 번호 N1)에서 내려 오리엔탈 호텔을 끼고 타논 짜런끄룽 큰길까지 나간다. 큰길이 나오면 왼쪽으로 방향을 틀어 타논 짜런 끄룽 쏘이 쌈씹씨 Thanon Charoen Krung Soi 34로 들어간다. 왓 무앙캐 Wat Muang Khae 조금 못미처 골목 오른쪽에 있다. Map P.28-A2
화교가 살던 오래된 가정집을 개조한 레스토랑. 안으로 들어서는 순간 마음이 푹 놓이는 편안함이 느껴지는 집이다. 마당에는 커다란 반얀 트리가 세워져 있고, 여러 공간으로 구분된 레스토랑에는 다양한 골동품과 꽃들이 여기저기 놓여 있다. 하얀 대리석 테이블의 전형적인 중국 식당이지만 음식은 매우 훌륭한 태국 요리로 가득하다. 특히 생선과 새우가 들어간 해산물 요리가 일품인데 고추, 마늘, 라임과 허브가 제대로 들어간 태국 본연의 맛으로 양도 많아 푸짐하다. 방콕에 거주하는 외국인들이 즐겨 찾는 레스토랑으로 위치와 교통편은 불편하다.

Harmonique

하모니크

목조 건물과 정원이 어우러진 라이브러리 카페

서점을 겸하는 카페 내부

라이브러리 카페(잼 팩토리)
Library Cafe(The Jam Factory) ★★★

주소 The Jam Factory, 41/1 Thanon Charoen Nakhon(Charoen Nakorn Road) **전화** 0-2861-0968 **영업** 09:00~22:00 **예산** 110~185B **가는 방법** 리버 시티(쇼핑 몰) 맞은편. 밀레니엄 힐튼 Millenium Hilton 옆 잼 팩토리 내부에 있다. Map P.28-A2
잼 팩토리(P.293)에 있는 여러 개의 창고 건물 중의 하나다. 오래된 목조 건물이 높은 천장과 통유리가 있는 스타일리시한 카페로 재탄생했다. 같은 건물 안에 서점(캔디드 북숍 Candide Bookshop)과 인테리어 숍(애니룸 홈 & 데코 Anyroom Home & Décor)이 사이좋게 들어서 있다. 카페 앞쪽이 보리수나무가 그늘을 만들어주고, 잔디 정원이 있어 방콕의 도심과는 전혀 다른 분위기를 낸다(살짝 치앙마이 느낌이 든다). 커피, 프라페, 스무디, 와플, 초콜릿 케이크, 초콜릿 크로와상까지 음료와 디저트 모두 달달한 것들로 채워져 있다(커피도 우유와 휘핑크림을 올려 달달하다).

네버 엔딩 섬머(잼 팩토리) [인기]
Never Ending Summer ★★★☆

주소 The Jam Factory, 41/5 Thanon Charoen Nakhon(Charoen Nakorn Road) **전화** 0-2861-0953 **홈페이지** www.facebook.com/TheNeverEnding

Summer **영업** 11:00~22:00 **메뉴** 영어, 태국어 **예산** 290~980B(+17% Tax) **가는 방법** 리버 시티(쇼핑 몰) 맞은편, 밀레니엄 힐튼(호텔) 옆 잼 팩토리 내부에 있다. Map P.28-A2
잼 팩토리(P.293)에 있는 태국 레스토랑이다. 인더스트리얼한 디자인과 모던한 태국 음식으로 유명하다(각종 언론의 소개 기사를 주방 옆 벽면에 걸어 놓았다). 오래된 공장 건물을 개조해 만들었는데, 시멘트와 벽돌이 그대로 노출되어 있다. 넓은 공간을 극대화하기 위해 주방을 포함한 모든 공간을 탁 트이게 디자인했다. 메인 요리는 태국 음식이다. 신선한 채소와 허브, 식재료가 음식을 돋보이게 한다. 팟타이 같은 관광객용 음식이 아니라 남프릭 Nam Phrik 같은 정통 태국 음식을 요리한다. 남프릭은 고추를 갈아 만든 태국식 매운 쌈장으로, 각종 채소가 곁들여 나온다. 태국 카레로는 라쨍까이 Tumeric Curry with Chicken, 깽끼아우완 무 Green Curry with Pork, 파냉 느아 Panang Curry with Beef가 유명하다. 깽쏨 Kang Som과 똠얌꿍 Tom Yum Kung 같은 찌개도 있는데 시큼한 맛을 낸다.
애피타이저로는 미앙캄(향긋한 허브 잎에 말린 새우, 땅콩, 코코넛, 라임, 생강을 싸서 먹는 음식) Meang Kham, 마허(파인애플 위에 잘게 다진 돼지고기 볶음과 고추를 올린 것) Ma Hor가 있다. 태국 음식에 익숙하지 않을 경우 그릴 요리, 볶음 요리, 오믈렛(카이찌야우), 볶음밥 위주로 주문하면 된다.

향긋한 채소와 허브가 어우러진 남프릭

독특한 네버 엔딩 섬머

강변의 여유로움과 야시장의 활기참을
느낄 수 있는 아시아티크

아시아티크
Asiatique ★★★☆

주소 2194 Thanon Charoen Krung Soi 72~76 홈페이지 www.thaiasiatique.com 운영 17:00~24:00 예산 300~980B 가는 방법 수상 보트 타 싸톤 Tha Sathon(Sathon Pier)선착장에서 아시아티크 전용 셔틀 보트를 타면 된다(P.295 참고). Map 전도-A4

방콕의 대표 야시장으로 자리 잡은 아시아티크에 사람들이 몰리면서 레스토랑도 다양해지고 있다. 분위기 좋은 강변(선착장) 쪽에는 고급 레스토랑이 위치해 있다. 아치형의 붉은 벽돌 건물을 현대적인 레스토랑으로 변모시킨 곳들로 강변 풍경도 바라 볼 수 있다. 대표적인 음식점으로 싸얌 티 룸 Siam Tea Room, 해피 피시 Happy Fish, 꼬당 탈레 Kodang Talay, 와인 아이 러브 유 Wine I Love You가 있다.

나린 키친(크루아 나린)
Nalin Kitchen ★★★☆

주소 1463 Thanon Charoen Krung 전화 0-2630-7170 홈페이지 www.facebook.com/nalinkitchen 영업 11:30~23:00 메뉴 영어, 태국어 예산 135~460B 가는 방법 로빈싼 백화점(방락 지점) 맞은편에 있다. Map P.29

BTS 싸판 딱씬 역 주변에 있는 아담한 태국 음식점

나린 키친

이다. 냉방 시설을 가동해 쾌적하고 깔끔하며, 영어가 통하는 곳이라 외국 관광객에게 인기 있다. 스프링롤, 모닝글로리, 쏨땀, 팟타이, 태국 카레, 똠얌꿍, 뿌팟퐁까리 등의 태국 음식을 외국인의 입맛에 맞게 요리한다. 간단하게 식사하기 좋은 덮밥도 있다. 맛도 음식값도 무난하다.

쑥 싸얌(아이콘 싸얌 푸드 코트)
Sook Siam ศุขสยาม ★★★★

주소 G/F, Icon Siam, 299 Thanon Charoen Nakhon Soi .5 전화 0-2658-1000 홈페이지 www.sooksiam.com 영업 10:00~22:00 메뉴 영어, 태국어 예산 단품 메뉴 80~180B 가는 방법 ①아이콘 싸얌(쇼핑몰) G 층에 있다. 수상 보트 타 싸톤 선착장 옆에서 출발하는 아이콘 싸얌 전용 셔틀 보트를 타면 된다. 자세한 방법은 P.337 참고. Map P.28-A2

아이콘 싸얌 Icon Siam(P.337)이라는 초대형 럭셔리 쇼핑몰에 들어선 푸드 코트. 강변에 위치한 쇼핑몰답게 수상시장을 재현해 만들었다. 실제로 배 위에서 음식도 만들어 준다. 네 개 구역(북부, 북동부, 중부, 남부)으로 구분해 각 지방 음식을 판매한다. 꼬치구이, 쌀국수, 덮밥, 과일, 디저트, 음료까지 다양하다. 명품 매장이 가득한 쇼핑몰이지만 이곳 푸드 코트의 가격은 저렴한 편이라 부담 없이 식사하기 좋다. 실내에 자리해 에어컨 바람을 쐬며 머물 수 있다. 참고로 쑥 싸얌은 '행복한 태국(쑥=행복, 싸얌=태국의 옛 이름)'이라는 뜻이다.

쇼핑몰 내부에 수상시장을
재현해 만든 쑥 싸얌

오터스 라운지(오리엔탈 호텔 애프터눈 티)
Authors' Lounge ★★★★

주소 48 Oriental Avenue, Thanon Charoen Krung Soi 40. Mandarin Oriental Hotel 1F **전화** 0-2659-9000 **홈페이지** www.mandarinoriental.com/bangkok **영업** 11:00~17:00 **메뉴** 영어 **예산** 커피·차 240~550B, 애프터눈 티 세트 1,800B(+17% Tax) **가는 방법** 오리엔탈 호텔의 오터스 윙 1층에 있다. **수상 보트** 타 오리안땐 선착장(선착장 번호 N1)에서 도보 5분. 타 싸톤 선착장 Sathon Pier에서 호텔 전용 셔틀 보트를 이용해도 된다. Map P.28-B2 Map P.29

'오리엔탈 호텔 애프터눈 티'라고 통칭되는 곳이다. 멋과 서비스에 관한 한 방콕 최고의 호텔로 치는 오리엔탈 호텔에서 운영한다. 오리엔탈 호텔(만다린 오리엔탈 호텔)의 오리지널 건물에 해당하는 오터스 윙 Authors' Wing 1층에 자리하고 있다. 1887년에 이태리 건축가가 설계한 유럽풍의 콜로니얼 건물이다. 발코니와 아치형 창문, 하얀색의 등나무 가구와 쿠션에 녹색의 대나무를 살짝 대비시켜 우아하고 아늑하다. 반투명 유리창을 통해 자연채광이 실내를 비추기 때문에 포근함을 더한다. 건축물의 역사와 전통과 더불어 이곳을 다녀간 유명인사들로 인해 이름값을 톡톡히 한다.

애프터눈 티 세트는 스콘과 케이크, 샌드위치, 크럼블러, 초콜릿 등으로 이루어진 3단 접시 세트가 차와 함께 제공된다. 프랑스 파리에 본점을 두고 있는 마리아주 프레르 Mariage Freres 또는 싱가포르에 본사를 두고 있는 TWG에서 생산한 고급 홍차를 사용한다. 따뜻한 온도를 유지하기 위해 티 포트를 램프 모양의 다기 위에 올려놓는 세심함도 돋보인다. 티 세트는 혼자 먹기에 양이 많다. 두 명이 간다면 세트 하나를 주문하고 음료를 추가로 주문하면 적당하다. 찻집이긴 하지만 커피와 목테일도 가능하다. 애프터눈 티는 12:00~18:00시(주문 마감 17:30분)까지 가능하다.

르 노르망디
Le Normandie ★★★★

주소 48 Oriental Ave., Thanon Charoen Krung Soi 40, The Oriental Hotel **전화** 0-2659-9000 **홈페이지** www.mandarinoriental.com/bangkok **영업** 화~일 12:00~14:00, 19:00~22:00(휴무 월요일) **메뉴** 영어, 프랑스어 **예산** 점심 세트 2,950~3,850B, 저녁 세트 7,500~8,400B, 메인요리 2,400~5,400B(+17% Tax) **가는 방법** 수상 보트 타 오리안땐 선착장(선착장 번호 N1)에서 도보 5분. Map P.28-B2 Map P.29

세계 최고의 호텔인 오리엔탈 호텔에서 운영하는 프랑스 음식점이다. 호텔의 명성에 걸맞게 방콕 최고의 프랑스 요리를 선보인다. 1958년부터 운영 중인데 지속적인 리모델링을 통해 파인 다이닝 레스토랑 분위기를 유지하고 있다. 럭셔리한 레스토랑답게 2023년 미쉐린 가이드 투 스타 레스토랑으로 선정되기도 했다.

프랑스에서 직접 수입한 음식 재료는 물론 그들의 음식을 가장 잘 아는 최고의 프랑스 주방장이 요리한다. 마멀레이드 색의 고급 실크와 크리스털 샹들리에로 장식된 실내의 우아함은 창밖의 풍경만큼이나 인상적이다. 최대한 격식을 갖추어야 하는 곳으로 예약은 필수다. 차분한 분위기를 유지하기 위해 12세 이하 어린이의 출입도 금지된다.

대표적인 메뉴로는 오리 간 요리와 머스캣 포도 Pan-fried Duck Liver with Pink Peppercorn, Muscat Grape and Dry Fruit, 애플 소스로 요리한 가리비 Seared Sea Scallops with Apple Sauce, 오븐에 구운 송아지 고기 커틀릿 Oven-roasted Double Veal Cutlet 등이 있다. 메인 요리는 한 접시에 2,000B을 호가한다. 다양한 와인도 보유하고 있으니 술을 곁들인 두 명의 저녁값으로 1만B 이상 투자하자. 디저트까지 푸짐한 런치 세트가 상대적으로 저렴하다.

오터스 라운지

오리엔탈 호텔에서 운영하는 프랑스 레스토랑 르 노르망디

Nightlife 방락 & 리버사이드의 나이트라이프

강변에 고급 호텔들이 많아서, 호텔 라운지나 강변 테라스의 야외 바에서 로맨틱한 시간을 보낼 수 있다. 씨로코 & 스카이 바 또는 스리 식스티 같은 루프 톱 바에서는 방콕의 야경이 시원스럽게 내려다보인다. 선상에서 저녁 식사를 즐기는 디너 크루즈(P.284)도 관광객들에게 인기가 높다.

BKK 소셜 클럽
BKK Social Club ★★★★

주소 Four Seasons Hotel, 300/1 Thanon Charoen Krung **전화** 0-2032-0888, 0-2032-0885 **홈페이지** www.facebook.com/BKKSocialClub **영업** 화~일 17:00~24:00(휴무 월요일) **메뉴** 영어 **예산** 칵테일(1잔) 320~790B, 와인(1병) 2,500~1만 5,000B(+17% Tax) **가는 방법** 짜오프라야 강변의 포 시즌스 호텔에 있다. Map 전도-A4

BKK는 방콕을 의미하는 항공용 도시 코드로 BKK 소셜 클럽은 방콕 소셜 클럽과 같은 뜻이 된다. 짜오프라야 강변에 있는 포 시즌 호텔에서 운영하는데 럭셔리 호텔답게 웅장한 느낌의 칵테일 바를 만들었다. 싱가포르를 거쳐 방콕에 온 독일 태생의 유명 믹솔로지스트(바텐더) Mixologist 필립 비쇼프 Philip Bishchoff가 총괄한다. 2020년 12월에 오픈했는데 아시아 베스트 바 50 Asia's 50 Best Bars에 이름을 올리면서 명성을 더했다. 방콕 도심과 떨어져 있는 접

BKK Social Club

라팜파 La Pampa

시그니처 칵테일 에비타

근성이 떨어지는 것은 단점이다.

1970~80년대 부에노스아이레스의 생기 넘치는 바를 연상해 만들었는데, 대리석과 어우러진 로즈골드 색의 기둥, 진갈색의 소파, 위스키가 가득 진열된 벽면 장식까지 화려함을 더한다. 칵테일 메뉴는 아르헨티나와 남미의 음주 문화에서 영향을 받았다. 시그니처 칵테일로 에비타 Evita(플랜테이션 파인애플 럼+캄파리+아페놀+감귤+월계수 잎+계피 가루)와 라팜파 La Pampa(아포스톨레 진+유칼립투스 허니+감귤)가 있다.

뱀부 바
Bamboo Bar ★★★★

주소 48 Oriental Ave, Thanon Charoen Krung Soi 40, The Oriental Hotel 1F **전화** 0-2659-9000 **홈페이지** www.mandarinoriental.com/bangkok **영업** 17:00~01:00 **메뉴** 영어, 태국어 **예산** 칵테일 540B~1,200B(+17% Tax) **가는 방법** 수상 보트 타 오리얀뗀 선착장(선착장 번호 N1)에서 도보 5분. Map P.28-B2

방콕 최고의 재즈 바로 평가받는 곳으로 태국 최고의 호텔인 오리엔탈 호텔에서 운영한다. 유럽의 사교클럽을 연상케 하는 공간으로 방콕에 있으나 전혀 방콕이라고 생각되지 않는 특별한 곳이다.

역사와 전통만큼이나 품위와 멋을 자랑하며, 감미로운 재즈 선율에 모든 이들의 감성을 자극한다. 전속 재즈 밴드의 공연 이외에 앨리스 데이 Alice Day, 셰릴 하이에스 Sheryl Hayes, 모니카 크로스비 Monica Crosby, 맨디 게인스 Mandy Gaines 같은 세계적인 재즈 뮤지션을 초빙해 특별 공연을 열기도 한다. 라이브 음악은 화~토요일 저녁 9시부터 연주된다. 아무나 드나들 수 있는 곳이지만, 아무렇게나 옷을 입고 드나들 수 없으므로 격식에 맞는 복장을 갖추어야 한다.

뱀부 바

씨로코 & 스카이 바
Sirocco & Sky Bar ★★★☆

주소 1055 Thanon Silom & Thanon Charoen Krung, State Tower 63F **전화** 0-2624-9555 **홈페이지** www.www.lebua.com/sirocco **영업** 18:00~01:00 **예산** 칵테일 1,200~1,700B, 메인 요리 2,200~4,900B (+17% Tax) **가는 방법** BTS 싸판 딱씬 역 3번 출구에서 타는 짜런끄룽 Thanon Charoen Krung 방향으로 도보 15분. 스테이트 타워(르 브아 호텔과 같은 건물) 1층에서 전용엘리베이터를 타고 63층으로 올라간다.
Map P.28-B2 Map P.29

방콕을 넘어 아시아 베스트로 선정된 곳으로 해발 200m에 위치한 야외 레스토랑으로서의 명성도 자자하다. 르부아 호텔에서 운영하는데, 황금 돔으로 치장한 63층 야외 옥상에 있다. 일단 씨로코에 들어서면 환상적인 경관에 감탄이 절로 나온다. 짜오프라야 강과 방콕 시내가 파노라마로 펼쳐진다. 루프톱의 가장자리에는 원형으로 이루어진 스카이 바 Sky Bar가 있다. 이곳에선 식사를 하지 않고 칵테일만 마셔도 된다. 칵테일은 한 잔에 1,000B을 호가하고, 식사 메뉴는 3,000~4,000B 가량으로 예상해야 한다. 직원들이 비싼 식사를 권유하는 경우가 많고, 경치는 좋지만 가성비는 현저히 떨어진다.

씨로코보다 한 층 높은 64층에는 디스틸 Distil을 운영

Sirocco & Sky Bar

한다. 돔 내부에 위치한 초호화 스카이라운지로 위스키나 와인을 즐길 수 있다. 우천 시에는 영업을 중단하는 경우도 있으므로 미리 확인할 것. 레스토랑 수준에 걸 맞는 복장을 갖추어야 한다.

씨로코 & 스카이 바

스리 식스티
Three Sixty ★★★★

주소 Millennium Hilton Hotel 32F, 123 Thanon Charoen Nakhon **전화** 0-2442-2000 **홈페이지** www.bangkok.hilton.com **영업** 17:00~01:00 **메뉴** 영어, 태국어 **예산** 맥주·칵테일 300~480B(+17% Tax) **가는 방법** 짜오프라야 강 건너에 있는 밀레니엄 힐튼 호텔 32층에 있다. 타 싸톤 선착장 Sathon Pier에서 호텔 전용 보트가 운영된다. Map P.28-A2

밀레니엄 힐튼 호텔에서 운영하는 재즈 바를 겸한 스카이 라운지다. 호텔 건물 꼭대기에 둥근 비행접시처럼 생긴 부분이 바로 스리 식스티. 이름처럼 360° 파노라마 전망이 펼쳐진다. 에어컨이 나오는 실내는 원형으로 이루어져 있고, 유리창과 접해 소파를 놓았다. 짜오프라야 강 건너편에 있어 경쟁 호텔들의 스카이라운지에 비해 넓은 각도에서 전망을 즐길 수 있다. 풍경에 중점을 둔다면 일몰 시간에 방문하면 좋다. 밤에는 국제적인 재즈 가수와 밴드가 라이브 무대를 선보인다.

강 건너편에 있어서 교통은 불편하지만 씨로코 또는 버티고에 비해 북적대지 않아서 여유롭게 야경을 즐길 수 있다. 슬리퍼나 반바지를 착용하면 입장을 제한하므로 복장에도 신경을 쓸 것.

야외 루프톱에서도 강 건너 방콕 풍경이 보인다

스리 식스티

시월라이 사운드 클럽
SIWILAI Sound Club

★★★★

주소 Central: The Original Store, 1266 Thanon Charoen Krung 전화 0-2267-0415 홈페이지 www.siwilaibkk.com 영업 화~일 18:00~01:00(휴무 월요일) 메뉴 영어 예산 칵테일 390~450B(+17% Tax) 가는 방법 정문은 타논 짜런끄룽에 있지만, 밤 시간에는 후문을 통해 출입해야 한다. 타논 짜런끄룽 쏘이 36과 쏘이 38 사이 골목길에 입구에 있다. 수상 보트 타 오리엔탈 선착장(선착장 번호 N1)에서 300m 떨어져 있다. Map P.29, Map P.28-B2

낮과 밤이 다른 건물에 들어서 있는 칵테일 바를 겸한 재즈 클럽. 태국 최대 백화점인 쎈탄(센트럴) 백화점이 1950년에 처음으로 문을 열었던 건물에 있다. 쎈탄(센트럴) 더 오리지널 스토어 Central: The Original Store(한자 간판은 중앙양행 中央洋行)라고 불리는 아담한 5층 건물로 낮에는 기념품 숍과 전시 공간, 커피 숍(시월라이 카페 Siwilai Cafe)으로 운영된다.

저녁 시간이 되면 시월라이 사운드 클럽으로 바뀐다. 뒷문에 해당하는 클럽 전용 문으로 출입해야 하는데, 뒤쪽에서 보면 아담한 2층짜리 건물만 보일 뿐이다. (오리엔탈 호텔과 가깝긴 하지만) 주변에 특별한 상업시설이 없어서 한적한 뒷골목 분위기를 연출한다. 붉은색 조명을 치장한 실내는 칵테일 바를 만드는 구역과 그랜드 피아노가 놓인 재즈 바로 구분되어 있다. LP판 음악을 들으며 담소 나누며 칵테일 마시기도 좋지만, 가능하면 재즈 공연이 열릴 때 방문할 것. 피아노와 베이스, 트럼펫, 드럼이 어우러진 근사한 재즈 공연은 목·금·토요일 저녁 9시부터 시작된다.

시월라이 사운드 클럽

SIWILAI Sound Club

칼립소 카바레
Calypso Cabaret
คาลิปโซ่ คาบาเร่ต์ (เอเชียทีค)

★★★☆

주소 2194 Thanon Charoen Krung Soi 72~76 전화 0-2688-1415~7 홈페이지 www.calypsocabaret.com 시간 19:30, 21:00 요금 900B(여행사 예약 요금, 음료 수 1잔 포함, 픽업 불포함) 가는 방법 타논 짜런끄룽 쏘이 72와 쏘이 76 사이에 있는 아시아티크 내부에 있다. BTS 싸판 딱씬 역 아래에 있는 타 싸톤 선착장 Sathon Pier에서 전용 셔틀 보트를 타면 된다.

Map 전도-A4

1988년부터 공연 중인 방콕의 대표적인 카바레 공연장이다. 관광객이 많이 찾는 아시아티크 Asiatique (P.295)에 위치해 있다. 540석 규모의 공연장에서 매일 저녁 '까터이' 쇼가 공연된다. 까터이란 트랜스젠더를 말한다. 태국의 트랜스젠더들은 국제 미인대회에서 입상할 정도로 아름답기로 유명한데, 이런 수준급의 미모를 간직한 여성(?)들의 화려한 쇼를 볼 수 있다. 파타야의 대표적인 트랜스젠더 쇼인 알카자 Alcazar(P.394)와 비슷하다.

칼립소는 극장식 카바레 공연장으로 음료를 마시며 편하게 공연을 관람할 수 있다. 무대를 중심으로 테이블이 놓여 있기 때문에 소극장 특유의 관객과의 밀착감이 느껴진다. 공연은 약 1시간 정도로 춤, 노래, 뮤지컬, 코믹극 등으로 꾸며진다. 공연이 끝나면 배우들과 함께 기념사진을 촬영할 수 있다.

Calypso Cabaret

칼립소 카바레

Ari(Aree)

아리

타논 파혼요틴 쏘이 7(파혼요틴 거리 7번 골목) Thanon Phahonyothin Soi 7 주변을 '아리'라고 부른다. 방콕의 흔한 주택가 지역으로 노점상이 길게 늘어선 도로는 일상적인 방콕 풍경을 그대로 보여준다. 큰 도로가 없기 때문에 골목을 배회하다 보면 정겨운 분위기를 느낄 수 있다. 최근 몇 년 사이 골목 곳곳에 독특한 카페와 레스토랑이 생겨나면서 트렌디한 지역으로 부상하고 있다. 방콕 도심에 비해 임대료가 저렴해 젊은 감각의 비즈니스를 새롭게 시도하기 좋기 때문이다.

태국 젊은이들은 핫한 감성 카페에서 사진 찍기 위해 방문하고, 방콕을 여러 번 방문한 외국 관광객은 '무언가 새로운 게 없을까'하고 찾아온다. 방콕 중심가에서 살짝 북쪽으로 빗겨나 있지만 BTS가 관통하면서 교통도 좋아졌다. 짜뚜짝 주말시장 가는 길에 잠시 들러보면 좋다. 특별한 볼거리(관광지)는 없다.

볼 거 리	★☆☆☆☆
먹을거리	★★★★☆ P.305
쇼 핑	★★★☆☆
유 흥	★★☆☆☆

Restaurant 아리의 레스토랑

아리를 찾는 이유는 로컬 레스토랑과 트렌디한 카페를 방문하기 위해서라고 해도 과언이 아니다.
골목 곳곳에 독특한 매력을 자랑하는 레스토랑이 가득하다.

레라오
Lay Lao เล ลาว 인기 ★★★★

주소 65 Thanon Phahonyothin Soi 7 **전화** 0–2279–
4498 **영업** 10:30~21:30 **메뉴** 영어, 태국어 **예산**
95~465B(+12% Tax) **가는 방법** BTS 아리 역에서 타
논 파혼요틴 쏘이 7(쏘이 아리) 방향으로 200m.
Map P.308

아리 지역에서 인기 있는 이싼(태국 북동부 지방) 음
식점이다. 방콕에서 이싼 음식점은 흔하지만 현대적
인 감각으로 요리해 인기 있다. 후아힌 Hua Hin(방
콕 남쪽의 해변 도시) 출신의 주인장이 운영하는 곳
답게 신선한 해산물을 이용한 음식도 많다. 해산물
이 들어간 쏨땀(파파야 샐러드)이 많은 것도 이 때문
이다. 농어 요리(쁠라까퐁), 오징어구이(묵카이), 마늘
새우튀김(꿍 텃 까띠얌), 돼지목살구이(커 무 양), 닭
고기구이(까이 양), 닭 날개 튀김(삑 까이 텃), 볶음국
수(팟타이), 볶음밥(카우팟)까지 메뉴가 다양하다. 시
그니처 메뉴로는 땀탓 레라오(쏨땀+달걀 반숙, 소시
지, 소면, 돼지껍데기 튀
김) ตำถาดเลลาว Green
Papaya Salad with
Boiled Egg, Vietnamese

Sausage, Rice Vermicelli, Crispy Pork Skin가 있
다. 너무 강한 발효 생선 소스가 부담된다면 땀타이
ตำไทย Traditional Green Papaya Salad를 주문해도
괜찮다. 메뉴판에 음식의 맵기뿐만 아니라 시그니처
Signature, 머스트 트라이 Must Try, 베스트셀러 Best
Seller까지 표시되어 있어 주문할 때 참고하면 된다.

텅스밋(아리 지점)
Thong Smith ทองสมิทธ์ อารีย์ 인기 ★★★☆

주소 18 Soi Ari 4 **전화** 0–2550–7449 **홈페이지**
www.facebook.com/Siameseboatnoodles **영업**
10:00~22:00 **메뉴** 영어, 태국어 **예산** 149~529B
(+17% Tax) **가는 방법** 아리 쏘이 4 골목에 있다. BTS
아리 역에서 450m. Map P.308

방콕의 주요 백화점에 지점을 운영할 정도로 유명한
쌀국수 식당이다. 보트 누들(꾸어이띠아우 누들) Boat
Noodle을 한 단계 업그레이드해 트렌디한 레스토랑
으로 완성했다. 아리 지점은 2층 규모의 단독 주택으
로 넓고 쾌적해서 여유롭게 식사하기 좋다. 나영석
PD가 만든 예능 프로그램 '뿅뿅 지구오락실'에 등장
했던 곳이기도 하다. 자세한 내용은 P.246 참고.

카우니아우
Khao Niao
ข้าวเหนียว (ซอย อารีย์สัมพันธ์ 7) ★★★★

주소 20/3 Soi Ari Samphan 7 **전화** 06-1410-8888
홈페이지 www.facebook.com/khaoniao.bkk **영업** 11:00~22:00 **메뉴** 영어, 태국어 **예산** 130~550B(+17% Tax) **가는 방법** 쏘이 아리쌈판 7 골목에 있다. BTS 아리 역에서 1.3km 떨어져 있어 걸어가긴 멀다. Map P.308

아리 지역에 새로 생긴 분위기 좋은 이싼(북동부 지방) 음식점이다. 카우니아우는 찰밥을 뜻하는데, 이싼 음식을 먹을 때는 공깃밥이 아니라 찰밥을 곁들여 먹는다. BTS 아리 역에서 조금 떨어져 있지만, 그만큼 넓은 공간을 이용해 시원스럽게 만들었다. 290㎡ 크기의 부지에 L자 형태의 단층 건물을 세웠다. 직선과 곡선이 어우러진 건물은 아치형 유리창과 정원으로 인해 건물 위치에 따라 다른 느낌을 받도록 설계했다. 대표적인 이싼 음식인 쏨땀(파파야 샐러드) Papaya Salad을 메인으로 요리한다. 쏨땀은 첨가하는 재료에 따라 15가지로 세분된다. 맵기는 네 단계(None, Mild, Spicy, Hot)로 구분해 주문을 받는다. 가장 맵게 주문할 경우 프릭키누(쥐똥고추) 6개를 넣어준다. 조금 더 현지의 맛을 느껴보고 싶다면 '랍'을 주문하면 된다. 다진 돼지고기를 이용해 만드는 랍무 Minced Pork Spicy Salad가 가장 인기 있

쏨땀 Papaya Salad과
랍무 Minced Pork Spicy Salad

자연 채광이 가득한 레스토랑 내부

카우니아우 Khao Niao

다. 커무양(돼지목살 숯불구이) Charcoal Grilled Pork Neck, 까이양(닭고기 숯불구이) Charcoal Grilled Chicken Thigh, 뻑까이텃(닭 날개 튀김) Deep Fried Boneless Chicken Wing을 곁들여 식사하면 된다. 단품 메뉴로 볶음밥, 팟타이, 볶음면 종류가 있다. 사진 메뉴판을 보기 좋게 만들어 주문하는데 어렵지 않다.

옹똥(영떵) 카우쏘이
Ongtong Khaosoi   인기
อองตองข้าวซอย ★★★☆

주소 31 Thanon Phahonyothin Soi 7 **전화** 02-003-5254 **홈페이지** www.ongtongkhaosoi.com **영업** 09:00~20:00 **메뉴** 영어, 태국어 **예산** 109~399B(+17% Tax) **가는 방법** BTS 아리 역에서 타논 파혼요틴 쏘이 7(쏘이 아리) 방향으로 100m. Map P.308

아리 지역에서 유명한 태국 북부 지방 음식점이다. 아담한 레스토랑이지만 에어컨 시설로 깔끔하다. 2층에도 테이블을 갖추고 있다. 인기 식당임을 방증하듯 식사 시간에 붐비는 편이다. 대표 메뉴는 매콤한 카레 국수인 카우쏘이 Khaosoi. 일반적으로 닭고기를 넣은 카우쏘이 까이 Khaosoi with Chicken ข้าวซอยไก를 먹는다. 치앙마이와 비교하면 최고 수준이라고 하긴 힘들지만 방콕에서 맛볼 수 있는 카우쏘이 치고는 괜찮다.
카우깽항레(북부식 돼지고기 카레 덮밥) Northern Style Pork Curry with Rice ข้าวแกงฮังเล, 카놈찐남응이우(선지가 들어간 북부식 매콤한 소면 국수) Rice Noodle with Northern Style Soup ขนมจีนน้ำเงี้ยว 등 기본적인 북부 요리를 함께 제공한다. 북부 음식을 골고루 맛보고 싶다면 칸똑(둥근 대나무 소반에 담아주는 세트 음식) Khantoke ขันโตก을 주문하면 된다.

카우쏘이 까이

아담한 식당 내부

나나 커피 로스터(아리 지점)
NANA Coffee Roasters ★★★★

주소 24/2 Soi Ari 4 **홈페이지** www.nanacoffee
roasters.com **영업** 08:00~18:00 **메뉴** 영어 **예산**
130~250B **가는 방법** 아리 쏘이 4 골목에 있다. BTS
아리 역에서 450m. Map P.308

아리 지역에서 가장 유명하고 규모도 큰 카페. 녹색
정원에 둘러싸인 2층 건물로 주차장도 갖추고 있다.
층고가 높은 실내와 주변의 푸름이 더해져 도심과는
전혀 다른 분위기다. 방콕에 3개의 지점을 운영할 정
도로 성장했는데, 커피 전문 회사답게 원두 선별부터
로스팅까지 세심한 주의를 기울인다. 싱글 오리진(원
두를 섞지 않고 한 종류의 원두에서만 추출한 커피)
을 전문으로 하는데, 태국은 물론 수입 원두까지 30
여 종을 보유하고 있다. 커피를 서빙할 때마다 커피
의 특징을 설명하는 안내판을 함께 가져다준다. 스
페셜 커피로는 시그니처 쿤다 Signature Kanda(에스
프레소+과일 향 차), 니트로 커피 Nitro Coffee(커피+
다크 초콜릿+밀크 초콜릿), 웨이크 업 Wake Up(에
스프레소+유자+오렌지), 아리 쏘이 4 Ari Soi 4 (에스
프레소+코코넛)가 있다. 2018년 사이폰 월드 챔피언,
2019년 태국 바리스타 챔피언, 2020년
태국 브루어 컵 챔피언 등 쟁쟁한
바리스타가 다양한 방법으로 커피를
만들어낸다. 스페셜 커피보다는 한 가
지 커피 맛에 집중할 수 있는 싱글 오
리진을 추천한다.

싸띠 핸드크래프트
SATI Handcraft ★★★★

주소 110/4 Thanon Phra Ram 6(Rama 6 Road) Soi
30 **홈페이지** www.facebook.com/satihandcraftcoffee
전화 06-5165-4266 **영업** 08:00~20:00 **메뉴** 영어
예산 커피 120~200B(+10% Tax) **가는 방법** 타논 팔
람 혹 Thanon Phra Ram 6(Rama 6 Road) 쏘이 30
에 있다. BTS 아리 역에서 1.5km 떨어져 있다.
Map P.308

아리 지역에서 나나 커피 로스터와 막상막하를 이루
는 대형 카페. 로스팅을 직접 하며 원두도 매장에서
판매한다. 카페는 공간이 구분되어 각기 다른 분위기
를 풍긴다. 유리창에 둘러싸인 층고 높은 건물은 식
물원(또는 커피 공장)을 연상케 하며 야외 공간도 정
원처럼 꾸몄다. 인테리어가 어수선해(자체 제작한 굿
즈까지 전시되어 있다) 감성 사진 찍기 좋은 카페는
아니지만 커피 맛 자체가 훌륭하다. 에스프레소, 아
메리카노, 콜드 브루, 플랫 화이트, 캐러멜 라테, 더티
커피, 스페셜 커피까지 다
양한 방식으로 커피를 만
들어 낸다. 독특하고 커피
가 많아서 핸드크래프트
(수공예품) 커피라는 말이
어울릴 정도도. 참고로 메
뉴판은 없고 테이블에 붙
여 놓은 QR 코드를 스캔
해서 주문해야 한다.

베이 아리
Bay Aree ★★★☆

주소 111 Thanon Phahonyothin Soi 7 전화 09-4648-8266 홈페이지 www.instagram.com/bay.aree 영업 10:00~18:00(목~토 10:00~24:00) 메뉴 영어 예산 커피 131~280B 가는 방법 BTS 아리 역에서 타논 파혼요틴 쏘이 7(쏘이 아리) 방향으로 300m. Map P.308

아리 메인 도로에 있는 트렌디한 카페. 간판에는 베이 Bay라고만 적혀 있지만 동네 이름을 붙여 '베이 아리'로 부른다. 기다란 단층 건물 덕분에 길가다 쉽게 눈에 띈다. 실내는 높은 층고와 독특한 인테리어로 유니크하다. 선박 창고를 모티브로 삼아 녹슨 느낌의 철골 구조물과 노출 시멘트, 라테라이트 벽돌, 갈색 가죽, 짙은 색의 가구 등을 배치해 카페를 꾸몄다.

스페셜티 커피를 만드는 곳답게 커피에도 신경을 많이 썼다. 코스타리카, 파나마, 콜롬비아, 브라질, 에티오피아 원두를 배합해 만든 브렌딩 커피는 모두 6종류(Dust Till Dawn, Better Than, Blend No.5, Bully, Bay Blend Brew, Broken)가 있다. 커피(에스프레소 또는 아메리카노)는 기본 요금이고 라테, 모카, 카푸치노, 더티, 드립, 콜드 브루를 선택하면 추가 요금이 붙는 형식이다. 독특한 이름과 배합이 어우러진 스페셜티 커피는 위드 코프 With Coff 중에서 선택하면 된다. 주말에는 늦게까지 영업하며 와인, 위스키, 맥주도 판매한다. 사진 없이 영어만 쭉 적혀 있는 메뉴판을 해석하려면 시간이 걸린다.

검프 아리
GUMP's Ari ★★★

주소 46/5 Soi Ari 4 홈페이지 www.facebook.com/GumpsAri 영업 10:00~22:00 가는 방법 아리 쏘이 4 골목에 있다. BTS 아리 역에서 400m. Map P.308

쏘이 아리 4에 있는 자그마한 커뮤니티 몰이다. 청량감 넘치는 파스텔 톤의 컬러와 디자인이 밝은 에너지를 발산한다. 복층으로 이루어졌는데 쇼핑보다는 레스토랑이 많다. 츠루 우동 Tsuru Udon, 푸 수플레 팬케이크 Fuu.soufflepancake, 르 파리 Le Paris, 팻 앤드 앵그리 Fats and Angry, 침사추이 프라이드 포크 Tsim Sha Tsui Fried Pork 등 가게마다 독특한 디자인으로 꾸몄다. 맛집이 몰려 있는 곳은 아니고 태국 젊은이들이 사진 찍으러 많이 오는 곳이다.

지도:
- Calm Spa
- Thong Smith
- Josh Hotel
- GUMP's Ari
- Nana Coffee Roasters
- Thanon Phahonyothin Soi 7
- Bay Aree
- Lay Lao
- Ongtong Khaosoi
- La Villa
- Soi Ari 5 / Soi Ari 4 / Soi Ari 3 / Soi Ari 2 / Soi Ari 1
- Thanon Phahonyothin
- 카우니아우, 싸띠 핸드크래프트 방면
- BTS Ari

Around Bangkok

방콕 근교

방콕에서 한두 시간이면 도착하는 근교 볼거리도 놓치기 아깝다. 방콕 근교 여행지 중에 가장 인기 있는 곳은 수상시장이다. 강과 운하에 의해 발달한 방콕의 옛 모습을 회상케 하는 곳이다. 담넌 싸두악 수상시장, 암파와 수상시장, 크롱 랏마욤 수상시장 이 관광객에게 많이 알려져 있다. 세 곳 모두 운하를 따라 배를 저어 이동하면서 상 거래가 이루어진다. 운하 주변으로 시장도 형성되어 볼거리와 먹을거리도 가득하다. 수상시장과 더불어 인기 있는 여행지는 매끄롱 기찻길 시장이다. 완행열차가 지나는 기찻길 옆으로 시장이 형성되어 있다. 또한 태국에 불교가 최초로 전래된 곳에 건설 된 나콘 빠톰도 시간을 내어 들러볼 만하다. 세계에서 가장 큰 120m 크기의 프라 빠톰 쩨디가 눈길을 끈다. 방콕 근교의 볼거리는 대중교통으로 여행이 가능하지만, 매우 불편하다. 되도록 여행사나 호텔에서 운영하는 1일 투어를 이용하자.

Attractions 방콕 근교의 볼거리

현대 미술관 MOCA
(Museum of Contemporary Art)
พิพิธภัณฑ์ศิลปะไทยร่วมสมัย ★★★★

현지어 피피타판 씰라빠 타이 루암싸마이 **주소** 499 Thanon Kamphaengphet 6(Kamphaengphet 6 Road) **전화** 0-2016-5666~7 **홈페이지** www.mocabangkok. com **운영** 화~일요일 10:00~18:00(휴무 월요일) **요금** 성인 280B, 학생 120B **가는 방법** ①시내 중심가에서 북쪽(돈므앙 공항 방향)으로 15㎞ 떨어져 있어 택시를 타고 가는 게 좋다. ②SRT 노선이 개통하면서 대중교통으로 접근이 용이해졌다. SRT 방켄 Bang Khen 역에서 700m 떨어져 있다. Map P.30

태국 미술에 관심 있다면 현대 미술관을 방문해보자. 이곳은 사업가이자 예술품 수집가인 분차이 벤짜롱꾼 Boonchai Bencharongkul이 2012년에 건설한 사설 박물관이다. 다소 따분한 국립 미술관에 비해 현대적인 시설과 창의적인 작품이 가득해 태국 예술의 매력을 제대로 느낄 수 있다. 100여 명의 예술가가 그린 회화와 현대 미술 800여 점이 5층 규모의 건물을 가득 메우고 있다. 각 전시실은 높은 층고와 자연 채광을 이용해 미술 작품을 여유롭게 둘러 볼 수 있

타완 닷차니 자화상

도록 고안되었다. 다만 방콕 도심에서 떨어져 있기 때문에 오가는 시간을 포함, 반나절 정도 일정으로 방문해야 한다. G층에 아담한 카페와 야외 공원이 있으므로 잠시 쉬어가는 코스로 삼기에 좋다.

G층은 태국을 대표하는 조각가 파이툰 므앙쏨분 Paitun Muangsomboon(1922~1999년), 키안 임씨리 Khien Yimsiri(1922~1971년), 차룻 님싸머 Chalood Nimsamer(1929~2015년)의 작품을 전시한다. 2층은 시각 예술 작품 중심으로, 불교와 관련된 회화가 주를 이룬다. 3층은 화려한 색감을 강조한 현대 미술 작품을 전시하는데, 전반적으로 신화와 축제를 다뤘다. 4층에는 태국 현대 미술의 오늘을 엿볼 수 있는 작품이 늘어선다. 가장 두드러지는 작가는 타완 닷차니 Thawan Duchanee(1939~2014년)다. 그는 현대 미술뿐만 아니라 드로잉, 조각, 건축 등에서 국제적인 명성을 얻었다. 5층에선 중국, 베트남, 말레이시아, 일본, 러시아 등지에서 수집한 작품을 볼 수 있다. 플래시를 사용하지 않는다면 사진 촬영도 가능하다.

현대 미술관 MOCA

현대 미술관 입구

특별 전시실에 전시된 차룻 님싸머 작품

짜림차이 코씻피팟 작품 The Gateway to Nirvana

딸랏 롯파이 씨나카린(딸랏 롯파이 야시장 1)
Talat Rodfai Srinakarin
ตลาดนัดรถไฟ ศรีนครินทร์ ★★★☆

주소 Thanon Srinakarin Soi 51(Srinagarindra Road Soi 51), Seacon Square **홈페이지** www.facebook. com/taradrodfi **운영** 목~일 17:00~24:00(휴무 월~수요일) **요금** 무료 **가는 방법** ①방콕 시내에서 15km 떨어져 있다. 씨콘 스퀘어(쇼핑몰) Seacon Square 뒤쪽에 해당하는데, 타논 씨나카린 쏘이 51 골목으로 들어가야 한다. ②MRT 옐로 라인 쑤언루앙 라까우 Suan Luang Rama 9 역에서 800m 떨어져 있다. ③ 방콕 시내에서 택시를 탈 경우 차가 막히면 300B, 차가 안 막히면 200B 정도 예상하면 된다. Map P.30

트레인 마켓 Train Market으로 알려진 원조 야시장이다. 방콕 외곽의 타논 씨나카린으로 이전하면서 '딸랏 롯파이 씨나카린'이라 불린다. 여행자보다는 현지 사람들을 위한 야시장으로, 목~일요일 저녁에만 야시장이 들어선다.

이름과 달리 기차를 판매하는 시장은 아니다. 골동품과 빈티지한 제품이 주를 이룬다. 구제 의류와 신발부터 인형, 가구, 카메라, 전축, 상들리에, 심지어 마네킹까지 판매한다. 태국의 야시장답게 저렴한 옷과 액세서리를 선보이는 상점도 가득 들어선다. 오래된 캐딜락 자동차와 프로펠러 비행기까지 진열되어 있어 사진 찍는 재미도 쏠쏠하다. 특별히 무언가를 사지 않더라도 야시장을 둘러보며 다양한 군것질을 즐길 수 있다. 얼음을 넣은 시원한 맥주를 마시며 현지인과 어울려 야시장 분위기를 느끼기 좋다. 다만 관광객을 위한 야시장이 아니라서 기념품으로 살만한 건 많지 않다는 점, 방콕 시내에서 멀리 떨어져 있다는 점이 아쉽다.

빈티지한 물건이 많아 사진찍기 좋다

딸랏 롯파이 씨나카린

창추이 마켓 Chang Chui Market
ช่างชุ่ย (ถนนสิรินธร, ปิ่นเกล้า) ★★★

주소 460/8 Thanon Sirindhorn, Pinklao **전화** 08-1817-2888 **홈페이지** www.changchuibangkok. com **운영** 11:00~23:00(야시장 16:00~22:00) **요금** 무료 **가는 방법** ①삔까오 끝자락에 해당하는 타논 씨린톤에 있다. 카오산 로드에서 서쪽으로 7㎞ 떨어져 있다. ②SRT 방밤루 Bang Bamru 역에서 900m 떨어져 있다. 방쓰 역에서 환승해야 해서 한 참을 돌아가야 한다. Map P.30

'창추이'는 엉성한 예술가라는 뜻으로, 야시장이라기보다는 예술가 마켓에 가깝다. 태국의 유명 의류 브랜드 대표가 전체적인 디자인을 담당했는데, 18개의 독립적인 조형물이 들어서 있다. 특히 미국 록히드사에서 만들었던 L-1011 트라이스타 여객기가 놓여 있어서 비행기 야시장 Chang Chui Plane Night Market이라고도 불린다. 거대하고 낡은 비행기 덕분에 힙한 랜드마크로 거듭났다.

모든 건축 재료는 버려진 창고 단지를 재활용해 만들었다고 한다. 주말에는 낮에도 문을 열지만, 아무래도 밤에 가야 흥성거리는 시장 분위기를 느낄 수 있다. 쇼핑이나 먹거리보다는 구경하고 사진 찍기 좋은 곳으로, 다른 야시장에 비해 덜 활성화됐다. 카오산 로드에서 출발하면 그다지 멀진 않지만, 방콕 서쪽 끝자락에 해당하는 삔까오에 있기 때문에 도심에서 오가기는 불편하다.

비행기가 인상적인 창추이 마켓

창추이 마켓

크롱 랏마욤 수상시장
Khlong Lat Mayom Floating Market
ตลาดน้ำคลองลัดมะยม ★★★☆

현지어 딸랏남 크롱 랏마욤 **주소** Moo 15, 30/1 Thanon Bang Ramat **운영** 토~일 08:00~17:00(휴무 월~목) **가는 방법** ①방콕 시내에서 동쪽으로 19km, 남부 터미널(싸이따이)에서 남쪽으로 4km 떨어져 있다. ②대중교통을 이용할 경우 **BTS** 방와 Bang Wa 역에 내려서 택시(편도 요금 80~100B)를 타면 된다. ③카오산 로드에서 택시를 탈 경우 편도 요금은 140~180B 정도 나온다. Map P.30 Map P.196

방콕 외곽의 수상시장보다 접근성이 좋아 차츰 인기를 얻기 시작한 곳이다. 행정구역상 방콕에 속해 있으며, 시내에서 택시를 타고 갈 수 있는 거리다. 보통 수상시장은 딸랏남(딸랏=시장, 남=물)이라 불리며 배를 띄우고 강을 오가는 형태인데 비해, 크롱 랏마욤은 운하('크롱'이 운하를 뜻한다)의 둔치에 늘어선 '수변'시장의 모습을 띤다. 따라서 상대적으로 규모가 작을 수밖에 없다. 상인들은 운하 옆에 정박해 물건을 팔고, 관광객들은 배를 빌려 운하를 한 바퀴 둘러보는 보트 투어(1인당 100B)를 즐긴다. 정겨운 재래시장 풍경이 고스란히 펼쳐진다. 저렴한 음식을 만들어 팔기 때문에 구경하다 자리를 잡고 식사하며 시간을 보내기 좋다. 아직까지는 외국 관광객보다는 방콕 시민들이 더 많은 편이다. 주말(토~일요일)에만 장이 선다.

운하 옆에 형성된 재래시장

크롱 랏마욤 수상시장

므앙 보란
Muang Boran(Ancient Siam)
เมืองโบราณ ★★★

주소 296/1 Thanon Sukhumvit, Samut Prakan. **위치** 방콕에서 동남쪽으로 10km **전화** 0-2323-4094~9 **홈페이지** www.muangboranmuseum.com **운영** 09:00~19:00 **요금** 일반 700B, 어린이 350B **가는 방법** ①BTS 쑤쿰윗 라인을 타고 종점인 케하 Kheha 역에 내려서 택시를 타도 된다. 케하 역에서 4km 떨어져 있다. ②방콕 시내에 있는 타논 쑤쿰윗에서 511번 버스(요금 20~24B)를 타고 종점인 빡남 Pak Nam에 내린 다음 썽태우(36번 버스, 요금 8B)로 갈아타서 므앙 보란 입구에 내린다. 방콕 교통 사정에 따라 1시간 30분~2시간 정도 걸린다. ③택시를 탈 경우 약 1시간 정도 걸린다(편도 요금 300~400B). Map P.30

세계에서 가장 큰 야외 박물관이란 타이틀을 갖고 있는 건축 공원이다. 므앙 보란은 '고대 도시'라는 뜻으로 태국 전국에 있는 고대 건물들을 실물 크기로 재현해 놓은 역사 공원. 공원의 모양새도 태국 국토 모양과 동일하게 만들었다. 쑤코타이와 아유타야를 포함해 태국의 주요 유적들을 한곳에서 볼 수 있으나 진품에 비해 감동은 떨어진다.

전체 면적 1.3㎢(약 39만 평) 크기에 118개의 건축물이 들어있다. 므앙 보란을 대충 본다고 해도 최소 2~3시간은 예상해야 한다. 공원이 워낙 커서 걸어 다니는 건 힘들다. 매표소에서 자전거 또는 전동 카트를 빌려서 둘러보면 된다. 자전거 대여는 150B이며. 전동 카트는 1시간에 350B(4명 기준)이다. 매표소에서 한국어로 된 오디오 가이드를 무료로 대여해준다.

태국 역사 유적을 재현한 므앙보란

므앙 보란

나콘 빠톰
Nakhon Pathom
นครปฐม ★★☆

운영 07:00~19:00 **요금** 60B **가는 방법** ①방콕 남부 터미널(콘쌍 싸이따이)에서 에어컨 버스와 미니밴(롯뚜)이 수시로 출발한다. 깐짜나부리행 버스도 나콘 빠톰을 지난다. 버스와 미니밴은 약 15분마다 한 대씩 출발. 버스보다 미니밴이 빠르다. 운행 시간은 05:30~22:00이며, 편도 요금은 60B. 나콘 빠톰에는 정해진 버스 터미널이 없다. 버스에 따라 도시 안쪽까지 들어가지 않고 대로변에서 내려주는 경우가 있으니, 반드시 프라 빠톰 쩨디 Phra Pathom Chedi까지 가는지 확인하고 타자. 쩨디 동쪽 입구에 버스가 정차하며 같은 곳에서 방콕으로 돌아오거나 깐짜나부리로 가는 버스를 탈 수 있다. ②톤부리 역에서 기차가 출발한다. 깐짜나부리행 기차를 타고 나콘 빠톰에서 내리면 된다. 자세한 시간은 깐짜나부리(P.413)를 참고하자. Map P.30

방콕에서 서쪽으로 56㎞ 떨어진 작은 도시 나콘 빠톰은 방콕에서 차로 한 시간 거리다. 태국에 불교가 가장 먼저 전래된 곳으로 특별한 의미를 지니며, 세계 최대의 불탑인 프라 빠톰 쩨디 Phra Pathom Chedi พระปฐมเจดีย์로 유명하다. 쩨디(탑) 주변에 사원이 형성되어 왓 프라 빠톰 쩨디 Wat Phra Pathom Chedi라고 부르기도 한다. 석가모니가 태국 땅을 직접 밟지는 않았지만, 불교를 전파하는 데 지대한 공을 세웠던 인도 아소카 대왕 King Asoka(BC 272~BC 232)이 파견한 두 명의 고승이 버마(미얀마)를 거쳐 태국까지 왔다고 전해진다.

당시 나콘 빠톰은 몬족이 건설한 드바라바티 제국 Dvaravati Kingdom의 중심지였는데, 불교가 전래된 것을 기념하기 위해 6세기경에 스리랑카 양식의 탑(쩨디)을 세웠다. 하지만 힌두교를 기반으로 삼았던 크메르 제국이 나콘 빠톰을 점령한 11세기에는 불탑을 부수고, 힌두교 브라만 사상에 입각한 쁘랑을 세웠다고 한다. 그러나 버마(미얀마)의 지배를 받으며 쁘랑마저도 폐허가 돼버렸다.

나콘 빠톰이 현재의 모습을 갖춘 것은 라마 4세 때인 1860년의 일이다. 불교를 국교로 삼았던 짜끄리 왕조는 태국에 불교가 최초로 전래된 곳을 방치해 둘 수가 없었다. 본래 탑 모양과 비슷하게 불탑을 건설했는데, 이번에는 120m 높이로 만들어 세계 최대의 불탑을 건설했다. 황금빛의 오렌지색 불탑은 프라 빠톰

쩨디라고 부른다. 쩨디 주변에 불당과 불상을 안치해 신성함을 강조했다.

프라 빠톰 쩨디에 모신 가장 중요한 불상은 8m 크기의 프라 루앙 롱짜나릿 Phra Luang Rongchanarit이다. 탑의 북쪽 입구로 들어가면 볼 수 있으며, 향을 피우고 연꽃을 바치는 순례자들의 발길로 항상 분주하다. 또한 쩨디 동쪽의 위한(법전)에는 드바라바티 시대에 만든 와불상이 안치되어 있다. 길이 9m로 이곳에서는 순례자들이 소원을 빌며 점을 치느라 분주하다. 무릎을 꿇고 대나무 통을 흔드는 것이 바로 오늘의 운세를 알아보는 것. 막대기 하나가 빠지면 거기에 적힌 번호가 그날의 운세를 말해준다. 운세는 영어가 함께 적혀 있어 해독이 가능하다.

나콘 빠톰의 상징과도 같은 프라 빠톰 쩨디

쩨디(불탑) 주변으로 불상을 모셨다

밀랍 인형 박물관에 전시된 국왕 실물 모형

밀랍인형 박물관
Thai Human Imagery Museum
พิพิธภัณฑ์หุ่นขี้ผึ้ง ★★

현지어 피핏타판 훈키퐁 타이 **위치** 43/2 Moo 1 Thanon Boromratchanchonni(Thanon Pin Klao-Nakhon Chaisi) 31km 지점 **전화** 0-3433-2109, 0-3433-2607 **홈페이지** www.thaiwaxmuseum.com **운영** 월~금 09:00~17:30, 토~일 08:30~18:00 **요금** 300B(아동 150B) **가는 방법** 방콕에서 서쪽으로 약 50km 떨어져 있다. 방콕 남부 터미널에서 나콘 빠톰 행 버스를 타고 밀랍인형 박물관(피핏타판 훈키퐁 타이) 입구에서 내린다. 약 30분 소요. Map P.30

태국 최고 권위의 밀랍인형 기술자인 두앙깨우 핏야껀씹 Duangkaew Phityakonsip이 1989년에 만든 박물관. 마치 살아 있는 것 같은 착각이 드는 정교한 밀랍인형들을 가득 전시하고 있다. 크게 네 가지 종류로 짜끄리 왕조의 역대 왕들, 유명한 승려들, 전통 풍습과 서민들의 일상생활을 소재로 하고 있다. 짜끄리 왕조의 라마 1~8세까지 실물 모형이 특히 볼 만하다. 외국인보다는 태국인들이 즐겨 찾는다.

담넌 싸두악 수상시장
Damnoen Saduak Floating Market
ตลาดน้ำ ดำเนินสะดวก ★★★

현지어 딸랏남 담넌 싸두악 **주소** Amphoe Damnoen Saduak, Ratchaburi Province **위치** 방콕에서 서남쪽으로 104km **운영** 06:00~16:00 **요금** 무료 **가는 방법** ①방콕 남부 터미널(콘쏭 싸이따이)에서 담넌 싸두악 행 에어컨 버스(78번 버스)가 운행된다. 05:40~21:00까지 1시간 간격으로 출발한다. 편도 요금은 64B이며 2시간 정도 걸린다. 참고로 에어컨 버스는 수상 시장 입구의 배 타는 곳에 승객을 내려준다. 수상 시장까지 1~2km로 떨어져 있는데, 걸어가려면 배 타라고 하는 호객꾼들을 따돌려야 한다.

②방콕 남부 터미널에서 출발하는 미니밴(롯뚜)를 타도 된다. 06:00~18:00까지 운행된다(편도 요금 80B).

정해진 출발 시간은 없고 승객이 모이는 대로 출발한다. ③삔까오 미니밴 터미널(옛 남부 버스 터미널 자리를 사용하기 때문에 '싸이따이까오 삔까오'라고 부르기도 한다. 남부 버스 터미널보다 방콕 시내에서 가까우며, 카오산 로드에서 6km 떨어져 있다) Pinklao Minivan Terminal에서도 미니밴(롯뚜)이 출발한다. 06:00~18:00까지 운행되며 편도 요금은 80B이다. ④방콕 여행사에서 담넌 싸두악 반나절 투어(500B)를 진행한다. 터미널까지 오가는 시간을 생각한다면 투어를 이용하는 게 여러모로 편하다. Map P.30

30년 전만 해도 방콕에 수상시장이 활발하게 운영됐으나 육로 교통이 발달하고 도시가 성장하면서 수상시장의 옛 모습은 찾기 힘들어졌다. 이런 옛 정취를 간직하고 있는 곳이 바로 담넌 싸두악이다.

방콕 주변의 수상시장 중에 규모가 가장 큰 곳으로 행정구역상 랏차부리 Ratchaburi 주(州)에 속해 있다. 방콕 주변 여행지 중에서 가장 유명한 곳으로 엽서에서 보던 사진 한 장을 찍기 위해 관광객들이 몰려간다.

수상시장은 이른 아침부터 보트에 각종 야채와 과일, 음식을 싣고 수로를 돌아다니며 활발한 상거래가 이루어진다. 운하를 향해 계단과 출입문을 내놓고 생활하는 주민들에게 상인들이 일일이 찾아다니며 물건을 파는 상거래로 생각하면 된다. 아침에 일찍 가야 본래 수상시장의 풍경을 제대로 느낄 수 있다. 하지만 대부분의 관광버스들이 점심시간을 전후해 도착하기 때문에 수상시장을 오가는 상인들도 관광객을 상대하는 상투적인 모습으로 변모한다. 운하 주변으로는 기념품 가게까지 가세해 가히 관광지다운 풍모를 여실히 보여준다. 보트를 빌려 수상시장을 둘러봐도 된다. 보트 투어 요금은 1인당 150B이다.

도로가 아니라 강을 따라 시장이 들어서 있다

관광지로 변모한 담넌 싸두악 수상시장

암파와 수상시장
Amphawa Floating Market
ตลาดน้ำ อัมพวา   ★★★★

현지어 딸랏남 암파와 **주소** Amphoe Amphawa, Samut Songkhram Province **위치** 방콕에서 서남쪽으로 55km **홈페이지** www.amphawafloatingmarket. com **운영** 금~일 12:00~20:00 **요금** 무료 **가는 방법** ①방콕 남부 터미널(콘쏭 싸이 따이)에서 암파와까지 미니밴(롯뚜)이 운행된다. 터미널 내부의 매표소나 11번 플랫폼에서 표를 구입하면 된다. 06:00~20:00까지 승객이 모이는 대로 출발한다. 편도 요금은 70B이며, 약 60분 정도 소요된다. 돌아오는 막차는 월~목 18:20, 금~일 20:00에 있다. 막차 시간을 미리 확인해 두자. ②방콕 여행사에서 주말(금~일)에 반나절 투어(요금 850B)를 진행한다. 투어는 오후에 출발하며, 반딧불을 보기 위해 보트 투어가 포함된다. ③ 암파와 수상시장과 매끄롱 기찻길 시장(위험한 시장)까지는 6.5km 거리로, 쌩태우(트럭을 개조한 픽업 버스)가 수시로 오간다. 큰 길에서 손을 들어 쌩태우를 세워야 하므로 현지인들에게 길을 물어보는 게 좋다. '빠이 매끄롱' 또는 '빠이 딸랏 매끄롱'이라고 말하면 된다. Map P.30

담넌 싸두악에 비해 외국인에게 덜 알려져 있지만, 방콕 사람들에게는 담넌 싸두악보다 더 큰 인기를 얻고 있는 수상시장이다. 태국의 각종 방송과 언론에서도 방콕 사람들의 주말 여행지를 소개할 때 빼놓지 않고 등장한다. 방콕 포스트에서 선정한 태국 추천 여행지에 선정됐을 정도로. 자국민이 추천하는 여행지라 할 수 있는데, 너무 많이 언론에 노출되면서 밀려드

는 관광객으로 혼잡하기까지 하다.

담넌 싸두악의 남쪽에 있으나 행정구역은 싸뭇 쏭크람 Samut Songkhram 주(州)에 속한다. 매일 수상시장이 형성되지 않지만 주말이 되면 사람들로 인해 발 디딜 틈 없이 북적댄다. 그 이유는 태국 사람들이 좋아하는 운하와 재래시장을 고스란히 느낄 수 있기 때문. 또한 운하 주변의 오래된 목조 가옥에 사람들이 그대로 살고 있어 삶의 현장을 여과 없이 볼 수 있다. 담넌 싸두악과 달리 암파와 수상시장의 배들은 움직이지 않고 한곳에 정박해 있다. 오히려 사람들이 직접 걸어 다니며 먹을 것을 찾아 다녀야 하는 특이한 수상시장이다. 하지만 운하를 따라 상점이 몰려 있고, 운하 옆으로는 재래시장까지 붙어 있어 남의 집들을 하나씩 둘러보는 재미가 있다. 더군다나 먹을거리가 잔뜩이어서 군것질하는 재미도 쏠쏠하다. 관광지에서 흔한 외국인 요금이 아닌 현지인 가격이라 100B만 있어도 사먹을 수 있는 것들이 많다. 운하와 연결되는 계단에 태국인들과 함께 걸터앉아 팟타이(볶음면)나 까페쏫(체에 걸러서 만든 태국 커피)을 시식하도록 하자.

암파와 수상시장은 왓 암파와 Wat Amphawa부터 시작된 운하가 거대한 짜오프라야 강과 만난다. 보트를 빌려 수상시장을 둘러보고 싶다면 늦은 오후가 좋다. 해질녘의 풍경도 운치 있지만, 초저녁에 등장하는 반딧불도 오랜 추억으로 간직될 것이다.

운하를 따라 목조 가옥이 가득한 암파와 수상시장

방콕 시민들의 주말 여행지로 인기 있는 암파와 수상시장

매끄롱 기찻길 시장(위험한 시장)
Mae Klong Railway Markett
딸랏แม่กลอง (ตลาดร่มหุบ) ★★★☆

현지어 딸랏 매끄롱 **주소** Thanon Kasem Sukhum, Mae Klong, Muang Samut Songkhram **홈페이지** www.maeklongnewways.com **운영** 07:00~17:30 **요금** 무료 **가는 방법** ①방콕 남부 터미널에서 미니밴(롯뚜)이 출발하긴 하지만 시내에서 멀리 떨어져 있어 불편하다. 미니밴은 06:00~20:00까지 승객이 모이는 대로 출발한다(편도 요금 70B)이다. ②쁘깨까오 미니밴 터미널(옛 남부 버스 터미널 자리를 사용하기 때문에 '싸이따이까오 쁘깨까오'라고 부르기도 한다. 남부 버스 터미널보다 방콕 시내에서 가까우며, 카오산 로드에서 6km 떨어져 있다) Pinklao Minivan Terminal에서도 미니밴(롯뚜)이 출발한다. 06:00~18:00까지 운행되며 편도 요금은 70B이다. ③북부 버스 터미널 바깥쪽에 있는 미니밴 정류장 Mochit New Van Terminal에서도 미니밴(롯뚜)이 출발한다. 편도 요금은 90B이다. ④방콕 현지 여행사에서 1일 투어를 진행한다. 주말(금~일요일)에는 암파와 수상시장+매끄롱 기찻길 시장, 평일에는 담넌 싸두악+매끄롱 기찻길 시장 투어를 이용하면 된다. ⑤매끄롱 시내에서 암파와까지 썽태우(트럭을 개조한 픽업 버스)가 수시로 오간다. 매끄롱 기차역과 가까운 곳에 썽태우 타는 곳이 있으니, 현지인에게 길을 물어 볼 것. Map P.30

매끄롱(매꽁) Mae Klong은 방콕 서쪽으로 70km 떨어진 싸뭇 쏭크람 주에 있는 작은 도시다. 매끄롱 강변에 도시가 형성되어 있다. 매끄롱은 끄롱(꽁) 강이라는 뜻으로 매남끄롱 Maenam Klong을 줄여서 말한 것이다(더 줄여서 '매꽁'이라고 발음하기도 한다). 암파와 수상시장(P.315)과 인접해 있는데, 암파와 수상시장이 관심을 끌면서 덩달아 주목을 받고 있는 여행지다.

매끄롱은 기찻길 시장이 유명하다. 태국 어디서나 볼 수 있는 평범한 재래시장인데, 기찻길 옆에 시장이 형성되어 독특한 광경을 목격할 수 있다. 기차가 지날 때면 시장의 노점들이 일사분란하게 점포를 철거했다가, 기차가 통과하면 아무 일 없었다는 듯 물건을 철도에 내놓고 장사한다. 노점과 좌판에서 파는 것들은 각종 과일과 채소, 육류, 생선, 식료품, 향신료 등이다.

철도에 물건을 내놓기 때문에 태양을 피하기 위해서 대형 차양막(파라솔)을 설치해 놓는데, 기차가 이동할 때마다 차양막을 접었다 폈다 하는 모습에서 딸랏 롬홉 Talat Rom Hoop(우산을 접는 시장)이라는 별명을 얻기도 했다. 딸랏은 시장, 롬은 우산, 홉은 접다라는 뜻이다. 기찻길 옆에서 장사하는 모습이 위험하게 보인다 하여 딸랏 안딸라이 Talat Antalai(위험한 시장)라고 부르기도 한다. 매끄롱 기찻길 시장에서는 이런 일들이 매일 4번씩 반복된다(기차가 하루 4번 운행되기 때문). 다행히도 기차가 서행으로 움직이기 때문에 그다지 위험하지는 않고(기차가 이동할 때는 시장 안쪽으로 피해 있어야 한다), 시장 상인들은 이런 불편함을 즐기는 분위기다. 오히려 이런 독특함은 태국에서 CF와 방송에 등장해 관심을 끌고 있다.

시장 끝에는 매끄롱 기차역(싸타니 롯파이 매끄롱)이 있다. 1905년에 개통된 기차역으로 매끄롱과 반램 Ban Laem을 연결하는 단거리 노선의 3등석 완행열차가 운행된다.

시장 사이로 기차가 지나다니는 매끄롱 기찻길 시장

위험한 시장으로 알려진 매끄롱 기찻길 시장

평상시에는 평범한 재래시장 풍경을 하고 있다

แม่กลอง
MAEKLONG STATION
ห้องจำหน่ายตั๋ว

Travel Plus ## 방콕 근교는 투어를 이용하면 편리합니다

방콕 근교 볼거리는 서로 방향이 다르기 때문에 하루에 한 곳 이상 여행하기가 힘듭니다. 더군다나 버스 터미널까지 직접 찾아가야 하기 때문에 길에서 허비하는 시간도 많구요. 이런 불편은 여행사를 통하면 한 방에 해결이 가능하지요. 투어는 차량과 가이드, 입장료, 점심 포함을 기본으로 하지만 여행사마다 차이가 있으니 예약할 때 조건을 확인해두기 바랍니다. 저렴한 투어에 참여하려면 방콕의 여행자 밀집 지역인 카오산 로드의 여행사를 이용하세요. 자, 그럼 1일 투어 상품에 대해서 알아볼까요?

● 담넌 싸두악 수상시장 + 매끄롱 기찻길 시장 투어 Damnoen Saduak + Mae Klong Tour(500~600B)
오전 일정으로 진행되는 반나절 투어다. 담넌 싸두악 수상 시장을 먼저 방문하고, 매끄롱 기찻길 시장(위험한 시장)을 들러 방콕으로 돌아온다. 담넌 싸두악 수상 시장만 방문하는 투어(500B)도 가능하다.

● 암파와 수상 시장 + 매끄롱 기찻길 시장 투어 Amphawa + Mae Klong Tour(단체 투어 850B)
암파와 수상시장이 금~일요일에만 문을 열기 때문에 주말에만 가능한 투어다. 오후에 출발해 반나절 일정으로 진행된다. 기차가 통과하는 시간에 맞추어 매끄롱 기찻길 시장을 먼저 방문한다. 인접한 암파와 수상시장으로 이동한 다음에는 자유롭게 돌아다니며 쇼핑과 군것질을 할 수 있다. 해 질 무렵에는 보트를 타고 강으로 나가 반딧불을 관찰한다. 일반적으로 오후 1시에 출발하며, 암파와 수상시장에서 반딧불 보트 투어까지 끝마치고 방콕으로 돌아오면 저녁 9시 30분 전후가 된다.

● 담넌 싸두악 + 깐짜나부리(콰이 강의 다리) Damnoen Saduak + Kanchanaburi(1,000B)
멀리 깐짜나부리까지 다녀오는 투어다. 담넌 싸두악 수상시장을 오전에, 깐짜나부리를 오후에 방문한다. 깐짜나부리에서는 콰이 강의 다리만 보고 오기 때문에 이동 시간에 비해 별로 볼거리가 없다. 많이 보고자 하는 욕심만 앞설 뿐 실제로 제대로 된 여행을 할 수 없기 때문에 그다지 추천할 만한 투어는 아니다.

● 깐짜나부리 투어 Kanchanaburi Tour(1,500B)
방콕에서 두 시간 거리인 깐짜나부리를 다녀오는 투어다. 코끼리 타기(30분)와 뗏목 타기(30분)가 포함된다. 제스 전쟁 박물관, 연합군 묘지를 방문한 다음 죽음의 철도를 지나는 기차를 탄다. 전쟁 박물관 입장료(40B)와 기차 요금(100B)은 별도로 지불해야 한다.

● 에라완 폭포 + 깐짜나부리 투어 Erawan + Kanchanaburi Tour(1,700B)
깐짜나부리 1일 투어를 변형한 상품이다. 깐짜나부리에서 더 멀리 떨어진 에라완 폭포(에라완 국립 공원)를 먼저 방문해 물놀이를 즐기고, 돌아오는 길에 콰이강 다리를 잠시 들르는 일정이다. 에라완 폭포를 방문하는 여행자가 늘어나면서 투어 상품도 다양해졌다. 에라완 폭포+죽음의 철도 기차 탑승(1,800B), 에라완 폭포+코끼리 트레킹(2,100B)을 결합한 1일 투어도 가능하다. 국립공원 입장료와 기차 탑승 요금이 포함된다.

● 아유타야 투어 Ayuthaya Tour(1,000B)
한마디로 사원 투어다. 태국 역사상 최대의 번영을 누렸던 아유타야를 방문해 주요 사원 5개를 한꺼번에 방문한다. 짧은 시간에 너무 많은 사원을 방문해 금방 실증을 느끼는 여행자도 많다. 물론 역사와 문화에 관심 있는 여행자라면 투어가 아니라 아유타야를 직접 방문해 시간을 보낼 것이다.

● 아유타야 오후 투어 + 선셋 크루즈(1,600B)
무더운 낮 시간에 사원을 집중적으로 방문하는 아유타유 투어의 단점을 보완한 새로운 투어다. 오후 1시 30분에 방콕을 출발해 아유타야에 있는 사원 6곳을 방문한 다음, 아유타야를 둘러싼 강을 따라 보트를 타고 풍경을 감상한다.

Shopping
in Bangkok

방콕의 쇼핑

방콕은 홍콩, 싱가포르와 견주어도 손색없는 쇼핑 파라다이스다. 동남아시아 최대 쇼핑몰을 비롯해 명품 매장과 다양한 야시장까지 관광 대국 태국이 제공하는 쇼핑의 위력은 한마디로 대단하다. 거리 곳곳에 먹을거리가 넘쳐나듯 사람이 모이는 곳이면 시장이 형성된다고 해도 과언이 아니다. 방콕의 시장은 현지인들이 선호하는 저렴한 옷과 생필품을 판매하는 벼룩시장과 싸얌, 펀찟을 중심으로 한 쇼핑몰이 밀집한 쇼핑 스트리트로 구분된다. 100B(3,800원)으로 옷 한 벌을 살 수도 있고, 4만B(150만 원)으로 지갑 하나를 살 수도 있다. 그만큼 다양한 기호에 따라 원하는 물건을 고르고 소비가 가능한 곳이 방콕이다. 또한 태국 특유의 재료와 디자인을 가미한 자체 브랜드도 많다. 패션, 인테리어, 홈 데코 등 서구의 멋과 동양의 아름다움을 절묘하게 매치시켜 만든 아이템들은 방콕만의 독특한 멋을 부린다.

싸얌

젊음의 거리답게 다양한 의류, 액세서리 상점이 넘쳐난다. 싸얌 스퀘어의 좁은 골목을 가득 메운 상점과 함께 대형 쇼핑몰 4개가 운집해 있다. 유명 브랜드 매장보다 젊은 취향을 겨냥한 독특한 아이템이 많다.

마분콩 MBK Center
마부뉴크롱 (엠비케쎈터르) ★★★☆

주소 444 Thanon Phayathai 전화 0-2620-9000 홈페이지 www.mbk-center.co.th 영업 10:00~22:00 가는 방법 ①BTS 싸남낄라 행찻(국립 경기장) National Stadium 역 4번 출구에서 연결통로를 통해 도큐 백화점을 거쳐 마분콩으로 들어갈 수 있다. 싸얌 스퀘어에서는 도보 5분. ②운하 보트 싸판 후어 창(타르아 싸판 후어 창) Saphan Hua Chang Pier 선착장에서 내려 타논 파야타이 Thanon Phayathai 거리를 따라 남쪽으로 도보 10분. Map P.16-A1

마분콩은 방콕의 유명 쇼핑몰들을 제치고 가장 많은 손님들이 들락거리는 공간이다. 짜뚜짝 주말시장을 에어컨 빵빵 나오는 현대적인 건물로 옮겨 놓았다고 생각하면 된다. 총 8층 건물에 2,000여 개 매장이 영업 중이다. 주말이면 10만 명의 사람들이 쇼핑하러 오는데 단순한 쇼핑 공간을 넘어서 패스트푸드점, 레스

MBK Center

새롭게 단장한 마분콩 MBK Center

토랑, 영화관 등이 밀집한 종합 문화공간 역할도 한다. 참고로 건물에 쓰인 영어 간판 '엠비케이 센터 MBK Center'라고 말하면 현지인들이 알아듣지 못하므로 꼭 '마분콩'이라고 발음하자.

마분콩이 성공할 수 있었던 비결은 저렴한 물건들을 한데 모아 편하게 쇼핑할 수 있다는 것. 1층에는 의류·신발·가방·지갑·시계·액세서리 매장이 있고, 그 밖에 사진관·스마트폰·카메라·CD 가게·유화 페인팅·명함 가게 등 다양한 업종의 상점이 건물 안에 밀집해 있다. 더불어 쇼핑과 식사를 한곳에서 해결할 수 있는 푸드코트를 포함해 대중적인 레스토랑도 입점해 있다.

마분콩과 같은 건물 오른쪽은 중저가 물건을 파는 도큐 백화점 Tokyu Department Store과 일본 잡화점인 돈돈돈키 Don Don Donki가 들어서 있다.

싸얌 스퀘어 Siam Square
씨얌싸스쾌우르 ★★★☆

주소 Thanon Phra Ram 1(Rama 1 Road)· 영업 10:00~21:00 가는 방법 ①BTS 싸얌 역 2·4·6번 출구로 나오면 바로 싸얌 스퀘어가 보인다. ②운하 보트 싸판 후어 창(타르아 싸판 후어 창) 선착장에서 내려 타논 파야타이를 따라 남쪽으로 도보 15분. Map P.17

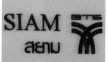
Siam Square

패션 아이템이 가득한 싸얌 스퀘어

BTS 씨암 역에서 내려다보면 창고처럼 생긴 나지막한 건물들이 볼품없어 보이지만, 씨암 스퀘어를 걸어다니다 보면 골목을 메운 상점들로 놀라게 된다.

태국 젊은이들, 특히 10대와 20대 초반을 겨냥한 옷과 물건들을 파는 매장들이 많은 곳으로 서울의 명동과 비슷하다. 태국에서 유행하는 패션이 시작되는 곳으로 새로움을 추구하는 패션 아이템들이 가득하다. 상큼 발랄하고 화사한 옷들이 많아 여름용 옷을 장만하기에 좋다.

씨암 스퀘어 원
Siam Square One ★★★

주소 448 Thanon Phra Ram 1(Rama 1 Road), Siam Square Soi 4 & Soi 5 전화 0-2255-9995 홈페이지 www.siamsquareone.com 영업 11:00~22:00 가는 방법 BTS 씨암 역 4번 출구 앞에 있다. Map P.17

방콕 젊음의 거리인 씨암 스퀘어에 있는 쇼핑몰이다. 건축 디자인에 신경을 쓴 7층 규모의 모던한 쇼핑몰이다. 같은 층이라도 획일적으로 구성하지 않고 오픈스페이스를 통해 공간을 구분하고 있다. 휴식 공간이 많고 햇볕이 들어서 답답하지 않지만, 에스컬레이터를 중심으로 매장이 흩어져 있어 동선은 복잡한 편이다. 학생들이 즐겨 찾는 곳이라 그런지 젊은 태국 디자이너들의 의류, 액세서리 매장이 많다. 레스토랑과 카페는 주로 4~6층에 들어서 있다.

자연 친화적인 제품을 판매하는 에코토피아

Siam Square One

싸얌 디스커버리 Siam Discovery
สยามดิสคัฟเวอรี่ ★★★☆

주소 Thanon Phra Ram 1(Rama 1 Road) 전화 0-2658-1000 홈페이지 www.siamdiscovery.co.th 영업 10:00~22:00 가는 방법 ①BTS 싸얌 역 1번 출구로 나오거나 BTS 싸남낄라 행챗(국립경기장) National Stadium 역에서 내려 연결통로를 따라 도보 5분. ②운하 보트 싸판 후어 창(타르아 싸판 후어 창) 선착장에서 내려 타는 파야타이를 따라 남쪽으로 도보 10분. Map P.17

1997년에 오픈한 싸얌 스퀘어의 대표 쇼핑몰이다. 디자인에 중심을 둔 쇼핑몰로 개장할 때부터 주목을 받았는데, 2016년에 대대적인 보수 공사를 통해 트렌디한 느낌을 한층 더 강화시켰다. 한 마디로 크리에이티브(창의적인)한 쇼핑몰로, 패션, 홈 데코, 인테리어 매장이 들어왔다. 각 층별로 '랩 Lab'이란 이름을 붙였다. 여성 의류와 패션, 액세서리는 허 랩 Her Lab(G층). 남성 패션 아이템은 히스 랩 His Lab(M층). 스마트폰과 전자기기는 디지털 랩 Digital Lab(2F). 인테리어 관련 용품은 크리에이티브 랩 Creative Lab(3F). 취미 관련 제품은 플레이 랩 Play Lab(4F)으로 구분되어 있다.

대표적인 매장으로 로프트 Loft(2F), 해비타트 Habitat (3F), 룸 콘셉트스토어 Room Conceptstore(3F), 탄 Thann(3F), 부츠 Boots(3F), 태국 수공예품을 판매하는 아이콘 크래프트 Icon Craft(3F), 자연 친화적인 제품을 판매하는 에코토피아 Ecotopia(3F)가 있다.

로프트

Siam Discovery

부츠
Boots ★★★☆

주소 ①싸얌 파라곤 Siam Paragon 2F ②마분콩 MBK Center G층 ③아마린 플라자 Amarin Plaza 1F ④터미널 21 Terminal 21 LG층 ⑤쎈탄 월드 Central World 3F ⑥빅 시(랏차담리 지점) Big C 1F ⑦타임 스퀘어 Times Square GF ⑧케이 빌리지 K Village 1F ⑨제이 애비뉴 J-Avenue GF ⑩씰롬 콤플렉스 Silom Complex 2F 홈페이지 www.th.boots.com 영업 10:00~22:00 가는 방법 각 쇼핑몰 가는 방법 참고.

방콕에서 대중적인 인기를 누리는 드러그스토어. 약국을 겸하면서 화장품과 목욕용품 등도 판매하는 곳이다. 영국 브랜드인 부츠 Boots는 방콕에서도 어렵지 않게 찾을 수 있다. 대부분의 쇼핑몰에 매장을 운영하기 때문에 본인이 머무는 숙소와 가까운 곳을 찾아가면 된다.

치약, 칫솔, 비누, 샴푸, 헤어 에센스, 페이셜 폼, 보디 워시, 보디 스크럽, 핸드크림, 보디 로션, 코코넛 오일, 마사지 오일, 선 블록 크림, 타이거 밤, 모기 스프레이 등을 구입할 수 있다. 부츠에서 자체 생산한 제품뿐만 아니라 넘버세븐 No7, 보타닉스 Botanics, 솝 & 글로리 Soap & Glory, 챔프니스 Champneys, 로레알 L'Oréal, 선실크 Sunsilk, 도브 Dove, 니베아 Nivea 제품도 있다. 여행 중에 필요한 제품도 많기 때문에 한국에서 미처 준비하지 못한 것들을 현지에서 구입하기 좋다. 주기적으로 1+1(원 플러스 원) 행사를 하기 때문에 저렴하게 구입할 수 있는 기회도 있다.

다양한 바디제품을 판매하는 부츠

주요 쇼핑몰에 입점해 있는 부츠

식료품 매장 고멧 마켓

고멧 마켓
Gourmet Market ★★★

주소 싸얌 파라곤 지점 Siam Paragon G/F 전화 0-2690-1000(+내선 1214, 1258) 홈페이지 www.gourmetmarketthailand.com 영업 10:00~22:00 가는 방법 BTS 싸얌 역과 붙어 있는 싸얌 파라곤 G층에 있다. Map P.17

방콕에서 유명한 슈퍼마켓 체인이다. 경쟁 업체인 로빈싼 Robisson 백화점에서 운영하는 톱스 마켓 Top's Market에 비해 고급화 전략을 취하고 있다. 고급스런 느낌을 강조하기 위해 대형 백화점 내부에 슈퍼마켓을 운영한다. 이름만 들어도 다 아는 싸얌 파라곤(G층), 엠카르티에 백화점(G층), 터미널 21(LG층), 엠포리움 백화점(5층) 내부에 있다.

'고멧'은 미식(美食)을 뜻하는데 이름처럼 양질의 식재료와 채소, 과일, 육류, 해산물을 제공한다. 태국 음식에 필요한 향신료와 각종 소스, 치즈와 와인을 포함한 수입 식품도 다양하게 구비하고 있다. 테이크아웃할 수 있는 태국 음식과 도시락도 판매한다. 음식이 신선한 만큼 다른 슈퍼마켓보다 비싸게 판매된다. 조금 저렴하게 식재료를 구입하려면 빅 시 Big C 또는 로터스 Lotus 같은 대형 할인매장을 이용하면 된다.

싸얌 센터 Siam Center
싸야미센터오 ★★★☆

주소 Thanon Phra Ram 1(Rama 1 Road) 전화 0-2658-1000 홈페이지 www.siamcenter.co.th 영업 10:00~21:00 가는 방법 BTS 싸얌 역 1번 출구 앞이 싸얌 센터다. 싸얌 디스커버리 내부에서 싸얌 센터로 건너가는 연결통로가 있다. Map P.16-B1, Map P.17

싸얌에 가장 먼저 생긴 쇼핑몰이지만 구태의연하지 않고 새로운 변신을 거듭해 현재까지도 싸얌의 대표적인 쇼핑몰로 인기를 유지하고 있다. 1973년 미국

Siam Center

싸얌 센터 쇼핑몰

SIAM CENTER

건축가가 설계한 4층짜리 건물에는 젊은이들을 겨냥한 트렌드 룩과 기념품 가게들이 밀집해 싸얌 스퀘어와 함께 젊은 패션을 선도한다.

1층은 패션 애비뉴 Fashion Avenue, 2층은 패션 갤러리아 Fashion Galleria, 3층은 패션 비져너리 Fashion Visionary, 4층은 푸드 팩토리 Food Factory로 구분했다. 주요 매장으로는 세포라 Sephora(1층), 캐스 키드슨 Cath Kidston(1층), DKNY(1층), 찰스 & 키스 Charles & Keith(2층), 라코스테 Lacoste(2층), 아시아 북스 Asia Books(2층), 플라이 나우 Fly Now(3층), 그레이하운드 오리지널 Greyhound Original(3층)이 있다. 3층에 태국 디자이너 브랜드가 많이 입점해 있다.

싸얌 파라곤 Siam Paragon
สยามพารากอน ★★★★

주소 991 Thanon Phra Ram 1(Rama 1 Road) 전화 0-2610-8000 홈페이지 www.siamparagon.co.th 영업 10:00~22:00 가는 방법 BTS 싸얌 역 3번 출구로 나오면 싸얌 파라곤 입구다. BTS 연결통로로 들어갈 경우 싸얌 파라곤 2층으로 이어진다. Map P.17

2005년 12월 50만㎡ 규모로 오픈했다. '방콕의 자부심'을 넘어 '동남아시아의 자부심'을 자처하는 고급 럭셔리 쇼핑몰이다. BTS 싸얌 역과 바로 연결되는 싸얌 파라곤은 외부 치장부터 화려하다. 야자수 거리와 분수대까지 고급 호텔 입구를 연상케 하는 정문을 통해 들어가면 MF The Luxury로 명명된 명품 매장

이 한 층을 가득 메운다.

태국 최초로 매장을 오픈한 반 클리프 & 아펠스 Van Cleef & Arpels, 로베르토 카발리 Roberto Cavalli, 마시모 두티 Massimo Dutti, 미키모토 Mikimoto를 포함해 에르메스 Hermes, 프라다 Prada, 살바토레 페라가모 Salvatore Ferragamo, 베르사체 Versace, 샤넬 Channel, 디올 Dior, 버버리 Burberry, 불가리 Bvlgari 까르띠에 Cartier, 롤렉스 Rolex 등 하이쏘 Hi-So(방콕 상류층을 일컫는 말)를 겨냥한 숍이 즐비하다. H&M, 코치 Coach, 자라 Zara, 망고 Mango, 갭 Gap, 자스팔 Jaspal, 플라이 나우 Fly Now 같은 유명 의류 매장을 합치면 250개 이상의 패션 브랜드가 입점해 있다. 태국 기념품과 공예품은 엑소티크 타이 Exotique Thai(4층)에서 판매한다.

대형 식료품점인 고메 마켓 Gourmet Market(홈페이지 www.gourmetmarketthailand.com), 태국에서 가장 큰 서점인 키노쿠니야 Kinokuniya, 16개의 복합 영화관을 갖춘 파라곤 씨네플렉스 Paragon Cineplex, 동남아시아 최대의 수족관 시라이프 방콕 오션 월드 Sea Life Bangkok Ocean World(홈페이지 www.sealifebangkok.com), 아이맥스 영화관 Krungsri IMAX Theatre까지 태국 최고의 쇼핑몰로 활약하고 있다.

패션 브랜드가 가득한 Siam Paragon

싸얌파라곤 H&M 매장

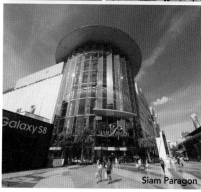

Siam Paragon

칫롬&펀찟

쎈탄 월드를 중심으로 백화점들이 밀집한 방콕 쇼핑의 1번지다. 백화점 두 개와 쇼핑몰이 한 건물에 밀집한 쎈탄 월드, 태국 최고의 백화점 쎈탄, 명품 전문매장 게이손 빌리지, 대형 할인마트 빅시가 모두 이곳에 모여 있다.

쎈탄 월드(센트럴 월드)
Central World
เซ็นทรัลเวิล์ด ★★★★★

주소 4 Thanon Ratchadamri **전화** 0-2635-1111 **홈페이지** www.centralworld.co.th **영업** 10:00~22:00 **가는 방법** ①BTS 칫롬 역 1번 출구에서 게이손 빌리지를 끼고 우회전하면 쎈탄 월드가 보인다. BTS 싸얌 역에서도 연결통로가 이어진다. ②운하 보트 빠뚜남 선착장(타르아 빠뚜남) Pratunam Pier에서 도보 5분. 카오산 로드에서 출발할 경우 79번 또는 511번 버스로 30~40분 걸린다. Map P.18-A1 Map P.16-B1

싸얌 파라곤, 아이콘 싸얌과 더불어 방콕 3대 쇼핑몰 중의 하나다. 쎈탄 월드는 젠 Zen 백화점과 쇼핑몰이 합쳐진 것이다. 총 면적 83만㎡ 크기로 500여 개의 상점과 100여 개의 레스토랑이 들어서 있다. 통유리를 이용해 현대적인 감각으로 리모델링하면서 산

뜻한 분위기로 재단장했다. 매장도 넓어져서 쾌적하게 쇼핑할 수 있다. 쇼핑몰 뒤편에는 고급 레스토랑이 밀집한 그루브 Groove(P.245)와 럭셔리 호텔인 쎈타라 그랜드 호텔 Centara Grand Hotel P.366)까지 만들어 방콕 최대 규모를 자랑한다. 참고로 센트럴 월드보다 쎈탄 월드 เซ็นทรัลเวิล์ด(ㄷ'는 묵음에 가깝기 때문에 '쎈탄 월'로 들리기도 한다)라고 발음해야 현지인이 쉽게 이해한다.

H&M(1층), 자라 Zara(1층), 캐스키드슨 Cath Kidston(1층), 레스포색 LeSportsac(1층), 망고 Mango(2층), 유니클로 Uniqlo(3층), 탑맨 Topman(1층), 나라야 Naraya(1층)를 포함해 다양한 매장들이 입점해 있다.

젠 백화점
Zen Department Store
เซน (เซ็นทรัลเวิล์ด) ★★★★

주소 4 Thanon Ratchadamri **전화** 0-2100-9999 **홈페이지** www.zen.co.th **영업** 10:00~22:00 **가는 방법** 쎈탄 월드 Central World와 붙어 있다. BTS 칫롬 역 1번 출구에서 게이손 빌리지를 끼고 우회전하면 된다. BTS 싸얌 역에서도 연결통로가 이어진다. Map P.18-A1 Map P.16-B1

쎈탄 월드가 업그레이드되면서 가장 많은 혜택을 본 곳이다. 젊은 취향의 의류와 소품을 전문적으로 취급하는 백화점으로 총 7층으로 구성되어 있다. 젠은 선(禪)의 영어식 발음으로 동양적인 느낌이 강조된 디자인의 의류와 액세서리 매장이 많다. 트렌디하고 세련된 느낌의 백화점으로 인테리어와 디스플레이까지 창의적인 감각이 돋보인다. 젠 백화점만의 독특한 브랜드들은 2층을 꾸민 타이 디자이너 갤러리 Thai Designer Gallery에서 만날 수 있다.

층별 주요 매장으로는 1층은 럭셔리 브랜드 패션, 시계, 보석, 화장품, 2층은 여성 컨템퍼러리 패션, 3층은 여성 캐주얼 & 언더웨어, 4층은 남성 정장, 5층은 스포츠, 가방, 신발, 수영복 매장, 6층은 서점과 기념품,

쎈탄 월드와 붙어 있는 젠 백화점

Zen Department Store

젠 백화점

7층은 홈 데코, 주방 용품, 푸드코트가 들어서 있다.

더 마켓 방콕
The Market Bangkok
เดอะ มาร์เก็ต แบงค็อก ★★☆

주소 111 Thanon Ratchadamri 전화 0-2209-5555 홈페이지 www.themarketbangkok.com 영업 10:00~22:00 가는 방법 타논 랏차담리의 쎈탄 월드 (센트럴 월드) 맞은편, 빅 시(빅 시 랏차담리) 옆에 있다. Map P.18-A1

쇼핑 몰이 밀집한 랏차쁘라쏭 지역에 새롭게 생긴 쇼핑몰이다. 2019년에 문을 열었는데 중저가 브랜드 위주의 의류, 잡화 상점들이 들어서 있다. 빠뚜남 시장 주변의 쇼핑몰과 큰 차이는 없지만 쇼핑몰이 규모가 커서 쾌적하게 쇼핑할 수 있다.

G층에 로터스(대형 할인매장) Lotus's, 3F에 식당가가 형성되어 있다. 유명 브랜드가 입점한 것도 아니

고, 워낙 유명한 쇼핑몰이 인근에 있어서인지 빅 시 Big C나 쎈탄 월드(센트럴 월드)에 비해 인기는 떨어진다.

빅 시(빅 시 랏차담리)
Big C(Big C Supercenter)
บิ๊กซี ราชดำริ ★★★

주소 97/11 Thanon Ratchadamri 전화 0-2250-4888 홈페이지 www.bigc.co.th 영업 10:00~22:00 가는 방법 ①BTS 칫롬 역 1번 출구에서 도보 10분. 타논 랏차담리 Thanon Ratchadamri의 쎈탄 월드 맞은편에 있다. ②운하 보트 빠뚜남 선착장(타르아 빠뚜남)에서 도보 5분. Map P.18-A1 Map P.24-B2

고급 의류나 액세서리보다는 생활에 직접적으로 필요한 식료품, 향신료, 음료, 주방 용품, 가전제품을 판매하는 대형 할인 매장이다. 빅 시는 태국 전역에 걸쳐 체인점을 운영하는 서민 백화점으로 방콕에만 23개의 체인점을 운영한다.

랏차담리 지점은 방콕 최대의 쇼핑가에 형성된 할인 매장답게 대형화로 승부수를 띄웠다. 대형 할인 매장이 그렇듯 유통체계를 개선해 요금을 인하한 것이 이곳의 인기 비결. 여행자들을 위한 기념품 매장은 적지만 각종 식료품. 특히 태국 요리에 사용되는 음식 재료와 식료품을 구입하기 좋다.

식료품을 구입하기 좋은 Big C

더 마켓 방콕

Big C

나라야
Naraya ★★★

주소 쎈탄 월드(센트럴 월드) Central World 지점 Room B106-B107, G/F, Central World, Thanon Ratchadamri 전화 0-2255-9522 영업 10:00~22:00 홈페이지 www.naraya.com 가는 방법 쎈탄 월드(센트럴 월드) 1층에 있다. BTS 칫롬 역에서 도보 10분.
Map P.18-A1 Map P.16-B1

한때 한국에서도 선풍적인 인기를 누렸던 '나라야'의 원산지는 다름 아닌 태국이다. 1989년 영업을 시작한 나라야는 천을 누벼 만든 다양한 패브릭 제품을 판매한다. 노란색 바탕에 리본이 달린 로고에서 알 수 있듯이 각 제품마다 리본을 매달아 상큼함을 강조했다. 핸드백, 손지갑, 파우치, 화장품 가방, 앞치마, 사진첩, 휴지통 등 다양한 제품을 판매한다. 면을 소재로 했기 때문에 가벼운 것이 장점이다. 씨암 파라곤(P.323), 빅 씨 랏차담리(P.325), 터미널 21(P.330), 리버 시티(P.337), 아이콘 씨암(P.337), 아시아티크(P.334)를 포함해 14개 지점을 운영한다.

탄
Thann ★★★☆

주소 Central World 2F, Thanon Ratchadamri 전

화 0-2012-0287 홈페이지 www.thann.info 영업 10:00~21:00 예산 라이스 엑스트라 보디 밀크(175㎖) 450B, 샴푸(250㎖) 430B, 에센셜 오일(10㎖) 590B 가는 방법 쎈탄 월드 Central World 2F에 매장이 있다. Map P.16

태국에 본사를 두고 있는 자연친화적인 미용용품 제조 회사다. 태국의 대표적인 브랜드로 자리 잡은 탄은 고급스런 천연재료를 이용해 질 좋은 제품으로 유명하다. 현재 13개국에 매장을 운영하고 있다. 쌀, 시소(일본에서 자라는 초록색 식물의 잎), 꽃과 허브 등 인체에 무해한 재료를 이용한다. 화장품, 스킨케어, 목욕용품, 스파용품 등 제품도 다양하다. 라이스 엑스트라 보디 밀크 Rice Extract Body Milk, 아로마테라피 샤워 젤 Aroma therapy Shower Gel, 아로마틱 우드 에센셜 오일 Aromatic Wood Essential Oil이 인기 상품이다.

게이손 빌리지 3F, 씨암 센터 1F, 엠포리움 백화점 5F, 아이콘 씨암 4F에 매장이 있다. 시내 중심가인 쑤쿰윗 쏘이 47(Map P.22-A2)에는 매장을 겸한 스파 숍을 운영한다.

판퓨리
Panpuri ★★★★

주소 2F, Gaysorn Tower, Gaysorn Village, Thanon Ratchadamri 홈페이지 www.panpuri.com 영업 10:00~21:00 예산 핸드크림(75㎖) 990B, 마사지 오일(300㎖) 1,750B, 디퓨저(100㎖) 2,300B, 페이스 트리트먼트 오일(30㎖) 2,600B 가는 방법 ①게이손 빌리지(P.327)와 붙어 있는 게이손 타워 Gaysorn Tower 2F에 있다. ②쎈탄 월드(P.324) 2F에 있다. ③씨암 파라곤(P.323) 4F에 있다. Map P.18-A1

스파 산업이 발전한 태국에서 고급 스파 브랜드로 유명한 판퓨리. 스파 용품에서 시작해 스킨케어 용품까

아로마 제품으로 유명한 Thann

Thann

판퓨리

지 확장하며 미용 브랜드로 자리를 잡았다. 2004년 방콕에 첫 매장을 오픈한 이후에 프랑스 파리를 포함, 27개국에 지점을 운영하고 있다. 100% 천연 유기농 재료를 이용해 만들기 때문에 피부에 자극이 적고 보습이 풍부하다. 핸드크림, 에센스 오일, 마사지 오일, 샴푸, 헤어 세럼 오일, 샤워 젤, 클린징 폼, 디퓨저, 캔들까지 다양한 제품을 생산한다. 시그니처 제품은 밀크 바스 & 마사지 오일 Milk Bath & Massage 에이다. 품질이 좋은 만큼 가격이 비싸다. 게이손 빌리지 본점(1호점)을 포함해 방콕 주요 쇼핑몰에 지점을 운영하며, 공항 면세점에도 입점해 있다.

게이손 아마린(현재 공사 중)
Gaysorn Amarin ★★★

주소 496~502 Thanon Ploenchit 전화 0-2650-4704 홈페이지 www.facebook.com/AmarinPlaza Official 영업 10:00~21:00 가는 방법 랏차쁘라쏭 사거리에 있는 에라완 사당 옆에 있는 에라완 방콕 Erawan Bangkok(쇼핑몰) 옆에 있다. 인터컨티넨탈 호텔 맞은편에 있다. BTS 칫롬 역 2번 출구에서 도보 1분. Map P.18-A1

대형 백화점이 밀집한 랏차쁘라쏭 사거리에 있다. 아마린 플라자 Amarin Plaza를 게이손 그룹에서 인수해 게이손 아마린으로 리모델링했다. 5층 건물로 캐주얼 의류, 스포츠 의류, 스포츠 용품, 공예품 매장이 주를 이룬다. 1층에서 정기적으로 할인행사가 열린다. 3층은 태국 공예품 매장이 들어선 타이 크래프트 마켓 Thai Craft Market이 있다. 실크 스카프, 전통 복장, 기념 티셔츠, 산악 민족이 만든 소품, 은 공예품, 비누 공예품 등을 판매한다.

게이손 빌리지 Gaysorn Village
เกษรวิลเลจ (ศูนย์การค้าเกษร) ★★★

주소 999 Thanon Phloenchit & Thanon Ratchadamri 전화 0-2656-1149 홈페이지 www.gaysornvillage. com 영업 10:00~20:00 가는 방법 BTS 칫롬 역 1번 출구에서 연결통로가 이어진다. Map P.18-A1

방콕 최대의 교통 혼잡지역인 펀찟과 랏차담리 사거리에서 유독 커다란 'g'자가 새겨진 간판이 눈에 띄는 명품 매장. 과거 게이손 빌리지 Gaysorn Plaza로 불렸으나, 2017년 게이손 타워 Gaysorn Tower를 신축하면서 두 건물을 통틀어 게이손 빌리지라 이름 붙였다.

거리에서도 선명하게 보이는 루이비통 Louis Vuitton 매장을 시작으로 페라가모 Ferragamo, 발리 Bally, 휴고 보스 Hugo Boss, 라이카 Leica, 버투 Vertu, 몽블랑 Mont Blanc, 오메가 Omega, 탄 Thann 등의 유명 브랜드가 대거 입점해 있다. 의류 매장 이외에는 명품 시계와 보석, 타이 아트, 데코, 액세서리, 뷰티 용품 매장이 5층 건물을 가득 메운다. 게이손의 태국식 발음은 께쏜 เกษร이다. 게이손 빌리지는 께쏜 윌렛 เกษรวิลเลจ이라고 부른다.

명품 매장이 들어선 게이손 빌리지

게이손 빌리지

게이손 아마린

Central Chitlom

쎈탄 엠바시

쎈탄 칫롬 백화점(센트럴 칫롬)
Central Chitlom
เซ็นทรัล ชิดลม ★★★☆

주소 1027 Thanon Phloenchit 전화 0-2655-7777 홈페이지 www.central.co.th 영업 10:00~22:00 가는 방법 BTS 칫롬 역 5번 출구로 나오면 백화점이 보인다. Map P.18-A1

방콕을 포함해 치앙마이와 푸껫에 18개 백화점을 운영하는 태국 최고의 백화점. 쎈탄 칫롬은 60년의 역사를 자랑하는 쎈탄 백화점의 효시에 해당하는 곳이다. 시내 중심가에 위치해 고급 백화점의 경쟁을 주도한다. 오래되면 허름할 거라는 선입견을 떨쳐버리기에 충분한 고급 백화점의 품위를 잘 유지하고 있다.

1층의 유명 화장품과 향수 매장을 시작으로 2층은 여성 의류, 가방, 신발, 액세서리, 3층은 청바지를 포함한 유니섹스, 4층은 남성복, 5층은 기념품, 인테리어, 데코, 소품, 전자 제품, 6층은 장난감과 아동 용품, 7층은 서점과 문구 용품 및 고급 푸드코트인 푸드 로프트 Food Loft가 들어서 있다.

쎈탄 엠바시(센트럴 엠바시)
Central Embassy
เซ็นทรัล เอ็มบาสซี ★★★★

주소 1031 Thanon Phloenchit 전화 0-2119-7777 홈페이지 www.centralembassy.com 영업 10:00~22:00 가는 방법 BTS 칫롬 역과 BTS 펀찟 역 사이에 있다. 펀찟 역이 조금 더 가깝다. Map P.18-B1

쎈탄(센트럴) 백화점에서 새롭게 만든 명품 백화점이다. 유명 백화점과의 경쟁을 의식한 듯 트렌디한 디자인과 럭셔리한 매장들로 시선을 압도한다. 영국 대사관이 있던 자리에 건물을 신축해 '엠바시'라는 이름을 붙였다. 내부 디자인은 중앙 홀을 중심으로 곡선으로 연결해 우주선을 연상케 한다. 다른 백화점보다 실내 공간이 넓어서 여유롭게 쇼핑이 가능하다. 구찌 Gucci, 프라다 Prada, 샤넬 Chanel, 에르메스 Hermes, 베르사체 Versace, 겐조 Kenzo, 보테가 베네타

Central Embassy

Bottega Veneta, 톰 포드 Tom Ford, 미우미우 Miu Miu, 랄프 로렌 Ralph Lauren, 자라 Zara를 포함해 유명 패션 브랜드들이 입점해 있다. 6층은 VIP 영화관으로 단장한 엠바시 디플로매트 스크린 Embassy Diplomat Screens(홈페이지 www.embassycineplex. com)이 위치한다.

럭셔리한 쇼핑몰답게 식당가도 고급스럽다. 잇타이 Eathai(P.247), 딘타이펑 Din Tai Fung(P.245), 쏨분 시푸드 Somboon Seafood(P.273), 쏨땀 누아 Somtam Nua(P.232), 워터 라이브러리 Water Library 같은 유명 레스토랑이 식도락가들을 즐겁게 해준다. 5억 달러 이상이 투자된 '쎈탄 엠바시'는 37층 건물로 설계됐으며, 현재는 8층 규모로 백화점과 식당가, 영화관이 들어서 있다. 쇼핑몰 윗층은 파크 하얏트 호텔 Park Hyatt Hotel로 사용된다.

빠뚜남 & 아눗싸와리

빠뚜남은 서울의 동대문 시장처럼 의류시장이 밀집한 지역이다. 재래시장 분위기로 주변의 교통 혼잡과 더불어 항상 북적대는 곳이다. 방콕의 대표적인 의류 도매시장인 빠뚜남 시장과 컴퓨터 상가 판팁 플라자가 있다.

플래티넘 패션 몰
The Platinum Fashion Mall
เดอะแพลทินัม แฟชั่นมอลล์ (ประตูน้ำ) ★★★

주소 542/21~22 Thanon Petchburi 전화 0-2656-5999, 0-2121-8000 홈페이지 www.platinum fashionmall.com 영업 10:00~20:00 가는 방법 타논 펫부리의 빠뚜남 시장 입구에 있는 아마리 워터게이트 호텔 Amari Watergate Hotel 맞은편에 있다. 택시를 탈 경우 '빠뚜남 프라티남'이라고 말하면 된다. 쎈탄 월드 Central World에서 도보 10~15분.

Map P.24-B2

빠뚜남 시장 맞은편에 있는 패션 쇼핑몰이다. 의류 도매상이 가득한 빠뚜남 시장을 현대적인 시설로 재해석했다고 보면 된다. 덥고 복잡한 빠뚜남 시장에 비해 에어컨 시설의 쾌적한 환경에서 쇼핑이 가능하다. 하지만 매장과 매장 사이의 통로가 좁고 사람이 많아서 비좁기는 마찬가지. 총 5층 규모로 2,000여 개 매장이 빼곡히 들어서 있다. 의류와 신발, 가방, 액세서리, 패션 용품이 판매된다. 여성 패션용품

이 대부분이며 기념품 매장은 적다. 도매 시장답게 다른 곳보다 가격 경쟁력이 좋다.

빠뚜남 시장(딸랏 빠뚜남)
Pratunam Market
ตลาดประตูน้ำ ★★

현지어 딸랏 빠뚜남 주소 Thanon Phetchburi & Thanon Ratchaphrarop 영업 09:00~24:00 가는 방법 ①BTS 칫롬 역 1번 출구에서 쎈탄 월드 Central World를 지나 북쪽으로 걸어간다. 쌘쌥 운하 Khlong Saen Saeb 다리를 건너면 아마리 워터게이트 호텔 주변이 전부 시장이다. 쎈탄 월드에서 도보 10분. ② BTS 랏차테위 역 4번 출구로 나올 경우 타논 펫부리를 따라 오른쪽으로 도보 15분. ③운하 보트 빠뚜남 선착장(타르아 빠뚜남)에서 도보 5분.

Map P.24-B2

방콕 최대의 의류 도매시장이다. 고급 브랜드는 없고 저렴한 옷, 가방, 신발, 액세서리 가게로 가득하다. 태국 전통 의상부터 축구 유니폼까지 온갖 의류가 거래된다. 한국인들의 기호에 맞는 물건은 적은 편. 덥고 복잡한 재래시장 분위기로 실내가 어둑한 미로 같은 길을 돌아다니며 쇼핑해야 하는 불편함이 있다. 아마리 워터게이트 호텔 옆쪽에 있던 시장의 일부 지역의 철거되고 재건축될 예정이다. 바이욕 호텔로 들어가는 골목에 있는 바이욕 갤러리 Baiyoke Gallery 주변 골목에 별도의 의류 도매 시장도 형성되어 있다.

The Platinum Fashion Mall

빠뚜남 시장

쑤쿰윗 & 통로 & 에까마이

고급 호텔들이 많이 몰려 있는 아쏙 사거리에 대형 백화점이 많다. 대중적인 백화점인 터미널 21과 엠카르티에(엠쿼티아), 엠포리움 백화점은 외국 관광객들도 많이 찾는 곳이다. 쑤쿰윗은 지역이 워낙 광범위한 데다가, 구역마다 아파트 단지가 몰려있어서 동네 주민들을 대상으로 하는 소규모 쇼핑몰이 늘어나는 추세다.

터미널 21
Terminal 21 ★★★★

주소 88 Thanon Sukhumvit Soi 19 & Soi 21 전화 0-2108-0888 홈페이지 www.terminal21.co.th 운영 10:00~22:00 가는 방법 쑤쿰윗 쏘이 19과 쏘이 21 사이에 있는 로빈싼 백화점 옆에 있다. BTS 아쏙 역 1번 출구 또는 MRT 쑤쿰윗 역 3번 출구에서 도보 3분. Map P.19-D2 Map P.20-A2

아쏙 사거리에 위치한 대형 쇼핑몰이다. 공항 터미널을 모티브로 디자인했다. 층을 오르내리는 안내판은 도착 Arrival과 출발 Departure이라고 표기되어 있고, 층별로 입점한 매장 안내는 공항의 인포메이션 모니터처럼 꾸몄다. 층마다 유명 도시(로마, 파리, 도쿄, 런던, 이스탄불, 샌프란시스코)를 테마로 구성해 꾸몄기 때문에 쇼핑몰 내부를 돌아다니며 사진 찍는 재미도 있다. 화장실도 독특한 디자인으로 눈길을 끈다. 영화관과 슈퍼마켓, 푸드코트, 레스토랑을 포함해 9층 건물에 600여 개의 매장이 들어서 있다. 명품 매장이 아니라 의류, 가방, 구두 같은 패션 매장이 주를 이룬다. 태국 디자이너들이 직접 디자인해 만든 의류 매장도 제법 있다.

Terminal 21

로빈싼 백화점(쑤쿰윗 지점)
Robinson Department Store
โรบินสัน สุขุมวิท ★★★

주소 259 Thanon Sukhumvit Soi 17&Soi 19 전화 0-2252-5121 홈페이지 www.robinson.co.th 영업 10:00~22:00 가는 방법 ①BTS 아쏙 역 3번 출구에서 연결통로가 이어진다. ②MRT 쑤쿰윗 역 3번 출구에서 도보 5분. 웨스틴 그랑데 호텔 Westin Grande Hotel 옆에 있다. Map P.19-D2

'로빈싼'이라고 말하면 태국에서 다 알아듣는 대중적인 백화점. 규모는 크지 않지만 중저가 브랜드가 많다. 다양한 할인 행사가 연중 펼쳐진다. 화장품, 향수, 액세서리 매장을 비롯해 의류, 스포츠, 생활용품 매장이 층별로 구분되어 있다. 지하는 로빈싼 백화점에서 운영하는 톱스 슈퍼마켓 Top's Supermarket 이다. 외국인이 많은 동네답게 치즈와 와인, 식품, 외국 잡지가 큰 비중을 차지한다.

로빈싼 백화점은 씰롬 Silom, 방락 Bangrak, 랏파오 Lat Phrao 지점을 포함해 방콕에 10개 체인점을 운영한다.

로빈싼 백화점에서 운영하는 톱스 마켓

Robinson Department Store

엠포리움 백화점
Emporium Department Store
เอ็มโพเรียม ★★★★

주소 662 Thanon Sukhumvit Soi 24 전화 0-2269-1000 홈페이지 www.emporium.co.th 영업 10:30～22:00 가는 방법 BTS 프롬퐁 역 2번 출구에서 엠포리움 백화점으로 연결되는 에스컬레이터를 타자. Map P.20-A2 Map P.21-B2

방콕을 대표하는 쇼핑몰 중의 하나로 전체적으로 고품격을 표방하지만, 그렇다고 명품 백화점처럼 사람들을 배척하지도 않는다. 입구는 호텔 로비처럼 꾸몄으며, 위층(M층에 해당함)은 야외로 연결되어 맞은편에 있는 엠카르티에 EmQuartier 백화점으로 직행할 수 있도록 했다. 버버리(G층), 디올(G층), 펜디(G층), 티파니(G층), 몽블랑(G층), 구찌(M층), 루이비통(M층), 페라가모(M층), 불가리(M층), 까르띠에(M층) 등의 명품 매장이 입구 쪽에 자리하고 있다. 유명 백화점에 하나씩은 입점해 있는 TWG 티 살롱 TWG Tea Salon(G층), 어나더 하운드 카페 Another Hound Cafe(1F), 아시아 북스(2F), 짐 톰슨 실크(3F), 후지 레스토랑(3F), 고멧 마켓(4F)도 엠포리움 백화점으로 손님을 끌어들이는 이유 중의 하나다.

4F에는 인테리어, 데코, 가정용품, 주방용품 매장이 들어서 있다. 엑소티크 타이 Exotique Thai는 태국에서 생산한 제품들만 모아서 판매한다. 같은 층에 있는 식료품을 판매하는 고멧 마켓 Gourmet Market과 푸드 홀 Food Hall, 식당가도 있어 활기차다. 5층에는 영화관과 AIS 디자인 센터가 있다.

엠카르티에 백화점(엠쿼티아)
EmQuartier
เอ็มควอเทียร์ ★★★★

주소 637 Thanon Sukhumvit(Between Sukhumvit Soi 35 & Soi 37) 홈페이지 www.emquartier.co.th 영업 10:00～22:00 가는 방법 엠포리움 백화점 맞은편에 있다. BTS 프롬퐁 역에서 백화점으로 입구가 연결된다. Map P.21-B2

쎈탄(센트럴) 백화점과 경쟁 관계인 더 몰 그룹 The Mall Group에서 만든 백화점이다. 엠카르티에 백화점은 맞은 편에 있는 엠포리움 백화점의 업그레이드 버전이라고 보면 된다. 세 동의 건물로 구분해 럭셔리 브랜드를 대거 포진시켰다.

입구를 마주보고 왼쪽 건물에 해당하는 헬릭스 쿼르티어 Helix Quartier는 명품 매장과 고급 식당가를 포진시켰다. 루이비통, 구찌, 프라다, 디올, 페라가모, 돌

엠카르티에 백화점

EmQuartier

엠포리움 백화점

엠포리움 백화점

엠포리움 백화점

체앤가바나, 불가리, 까르띠에 등의 럭셔리 브랜드를 만날 수 있다. 5F에는 야외 공원과 전망대를 만들었으며, 6F부터는 43개의 유명 레스토랑이 나선형 복도를 통해 끝없이 이어진다.

자연의 느낌을 강조한 엠카르티에 백화점

입구에서 봤을 때 오른쪽 건물은 글라스 콰르티어 The Glass Quartier다. 에이치앤엠 H&M, 자라 Zara, 유니클로 Uniqlo, 갭 GAP, 세포라 Sephora 같은 패션, 뷰티 브랜드로 채웠다.

중간에 있는 건물은 워터폴 콰르티어 The Waterfall Quartier로 40m 높이의 인공폭포가 건물 외벽을 타고 흘러 내려온다. 플라이 나우 Fly Now, 그레이하운드 Greyhound, 클로젯 Closet, 소다 Soda 등의 태국 패션 브랜드와 콰르티어 씨네 아트 & 아이맥스 Quartier Cine Art & IMAX 영화관이 들어서 있다. 건물 사이는 나무를 조경해 공원처럼 꾸몄으며, 층마다 야외로 통로를 연결해 건물끼리 연결시켰다. 세 개 구역을 모두 합하면 400여 개의 매장이 입점한 대형 백화점이다. 참고로 층을 구분할 때 BF(B층), MF(M층), GF(G층), 1F(1층) 등으로 구분하기 때문에 1F(1st Floor)가 1층을 의미하는 것은 아니다.

엠스피어
Emsphere ★★★☆

주소 628 Thanon Sukhumvit 홈페이지 www.

엠스피어

emsphere.co.th 영업 10:00~22:00 가는 방법 쑤쿰윗의 벤짜씨리 공원 옆에 있다. BTS 프롬퐁 역에서 400m 떨어져 있다. Map P.21-A2

쑤쿰윗 한복판에 들어선 신상 쇼핑몰. 감각적인 인테리어로 모던 라이프 스타일을 강조했다. 인접해 있는 엠포리움 백화점. 엠카르티에 백화점(엠쿼티아)과 같은 회사에서 만들었다. 세 곳의 쇼핑몰을 합쳐서 엠 디스트릭트 EM District라고 부른다. 동남아시아 최초의 이케아 IKEA 매장이 들어서 있지만 관광객이 쇼핑할 만한 곳은 많지 않다. 오히려 식당가가 잘 되어 있다. 무려 90여 개의 식당과 카페가 들어서 있다.

케이 빌리지 K Village
เค วิลเลจ (สุขุมวิท 26) ★★

주소 93~95 Thanon Sukumvit Soi 26 전화 0-2258-9919 홈페이지 www.kvillagebkk.com 영업 10:00~22:00 가는 방법 쑤쿰윗 쏘이 26(이씹혹) 끝에 있다. ①BTS 프롬퐁 역 4번 출구에서 도보 20분. BTS 프롬퐁 역에서 걸어가기 멀기 때문에 쑤쿰윗 쏘이 26(이씹혹) 골목 입구에서 오토바이 택시(20B)를 타면 편리하다. ②타논 팔람씨(Rama 4 Road) 방향에서 간다면 빅 씨 엑스트라 Big C Extra를 지나서 오른쪽에 100m 더 가면 케이 빌리지가 나온다.
Map P.20-B3

방콕의 주택가, 특히 쑤쿰윗 일대에서 유행하고 있는 미니 쇼핑몰 중의 하나다. 케이 빌리지는 트렌디한 경향을 잘 보여주는 미니 쇼핑몰이다. L자 모양의 복층 구조로 50여 개의 상점과 30여 개의 레스토랑이 입점해 있다. 여성 의류와 액세서리 상점이 주를 이루는데, 국제적인 브랜드는 별로 없고 태국 디자이너들의 제품을 판매하는 매장이 대부분이다.

케이 빌리지

제이 애비뉴

제이 애비뉴(쩨 아웨뉴) J Avenue
เจ อเวนิว (ทองหล่อ 15) ★★★

주소 323/1 Thong Lo Soi 15, Thanon Sukhumvit Soi 55 전화 0-2660-9000 영업 10:00~23:00 가는 방법 통로 쏘이 15(씹하)에 있다. BTS 통로 역 3번 출구에서 도보 20분(걸어가긴 멀다). Map P.22-B1
통로에 위치한 방콕 최초의 커뮤니티 몰(동네 주민들을 위한 미니 쇼핑몰)로 대형 백화점까지 가지 않고도 집 주변에서 필요한 것들을 구입할 수 있도록 했다. 방콕 도심의 고급 주택가와 어울리는 현대적인 분위기다. 커다란 레인 트리가 쇼핑몰 입구에 있는데, 자연을 훼손하지 않고 곡선 형태로 쇼핑몰을 만들어 도심 속의 멋과 여유를 더했다.
총 4층 규모로 대형 식료품 매장인 빌라 마켓 Villa Market과 생활용품, 액세서리, 목욕용품, 약국, 미용실, 네일케어, 안경점, 음악 학원 등이 입점해 있다. 볼링장과 노래방을 겸하는 메이저 볼 히트 Major Bowl Hitt가 4층에 위치한다. 1층에는 젊은 감각의 레스토랑과 카페가 많다. 기념품 매장이 적기 때문에 태국적인 상품을 찾는 관광객들에게는 크게 어필하는 장소는 아니다.

마르쉐 통로
Marché Thonglor ★★★

주소 150 Thnon Sukhumvit Soi 55 홈페이지 www.

facebook.com/marchethonglor 영업 10:00~24:00 가는 방법 통로 쏘이 4 입구의 메인 도로에 있다. BTS 통로 역에서 700m 떨어져 있다. Map P.22-B2
통로 메인 도로에 새롭게 등장한 커뮤니티몰이다. 톱스 마켓이 있던 자리에 60,000m² 규모의 현대적인 쇼핑몰이 들어섰다. 건축적인 디자인이 돋보이는 곳으로 야외로 연결된 브리지를 통해 건물들이 이어진다. 조경에도 신경 써서 휴식 공간과 녹색 식물도 많다. 지역 주민을 위한 곳이라 쇼핑보다는 레스토랑과 편의시설이 많은 편이다. 1층(쇼핑몰 입구)에는 24시간 문을 여는 톱스 푸드 홀 Tops Food Hall이 자리하고 있다.

빅 시 엑스트라(빅 시 팔람 씨)
Big C Extra Rama 4
บิ๊กซี พระราม 4 ★★★

주소 2929 Thanon Phra Ram 4(Rama 4 Road) 전화 0-2661-5580 홈페이지 www.facebook.com/BigCRamaFour 영업 08:00~22:00 가는 방법 타논 팔람 씨 Thanon Phra Ram 4(Rama 4 Road)의 로터스 맞은편에 있다. 케이 빌리지(쇼핑 몰) 남쪽으로 200m. Map P.20-B3
방콕의 대표적인 대형 할인매장 빅 시 엑스트라의 팔람 씨 지점이다(영어로 Rama 4는 현지어로 '팔람 씨'로 발음한다). 각종 식료품, 향신료, 과일, 음료수, 술, 주방 용품, 의류 등을 저렴하게 판매한다. 저렴한 푸드 코트와 레스토랑도 1층에 많다. 맞은편에는 또 다른 대형 할인매장인 로터스(팔람 씨 지점) Lotus's가 있다. 쑤쿰윗 쏘이 26 남쪽에 있어 주변에 머물 경우 방문하면 된다.

빅 시 엑스트라

씰롬 & 리버사이드

백화점과 야시장이 공존해 쇼핑하기에 큰 불편은 없다. 쎈탄 백화점과 로빈싼 백화점이 씰롬에 있으며, 저녁에는 팟퐁 일대에 노점이 생겨 북적댄다. 타논 짜런끄룽에 있는 로빈싼 백화점(방락 지점) 주변에는 옛 모습을 간직한 방콕의 거리와 상점들이 남아 있다. 짜오프라야 강변에 형성된 대규모 쇼핑몰인 아이콘 싸얌과 나이트 바자인 아시아티크는 새로운 쇼핑 명소로 각광받고 있다.

아시아티크
Asiatique เอเชียทีค   ★★★★

주소 2194 Thanon Charoen Krung Soi 72~76 **전화** 0-2108-4488 **홈페이지** www.asiatiquethailand.com **영업** 16:00~23:30 **가는 방법** 타논 짜런끄룽 쏘이 72와 76 사이에 있다. BTS 싸판 딱씬 역 아래에 있는 타 싸톤 선착장 Tha Sathon(Sathon Pier)에서 전용 셔틀 보트가 운행된다. 요금은 무료이며, 16:00~23:00까지 30분 간격으로 운행된다. Map 전도-A4

방콕의 대표적 야시장이다. 유럽 상인들이 태국을 드나들던 쭐라롱껀 대왕(라마 5세, 재위 1868~1910년) 시절의 항구 분위기를 재현해 볼거리를 제공하고, 짜오프라야 강변에 있어서 경관도 좋다. 총 면적 48,000㎡의 부지에 1,500여 개의 상점과 40개 레스토랑이 들어서 있다. 건물 외관은 창고처럼 생겼으나 유럽풍이 가미된 콜로니얼 양식이라 독특하다. 의류, 가방, 패션 잡화, 인테리어 용품 등 태국적인 감각의 아이템들을 부담 없는 가격에 구입할 수 있다. 쇼핑이 아니더라도 사진을 찍으며 저녁 시간을 보내기 좋다.

Asiatique

아시아티크

카르마카멧
Karmakamet   ★★★☆

주소 G/F, Yada Building, Thanon Silom **전화** 0-2237-1148 **홈페이지** www.karmakamet.co.th **영업** 10:00~22:00 **가는 방법** BTS 쌀라댕 역 3번 출구 앞에 있는 야다 빌딩 1층에 있다. Map P.26-B1

2001년 짜뚜짝 시장의 자그마한 매장에서 시작해 태국의 대표적인 아로마 제품으로 성장했다. 태국 허브를 이용해 만든 디퓨저가 유명하다. 아로마 캔들, 향주머니, 포푸리를 포함해 은은한 방향제가 가득하다. 회사 규모가 커지면서 에센스 오일, 핸드크림, 비누, 샴푸를 포함한 바디 용품까지 다양해졌다. 현재는 레스토랑을 접목해 트렌디한 공간으로 변모해 인기를 끌고 있다. 쎈탄 월드 Central World 1층(P.324), 카르마카멧 다이너 Karmakamet Diner, 싸얌 스퀘어 쏘이 3에 매장을 운영한다.

아로마 제품이 가득한 카르마카멧

카르마카멧 씰롬 본점

짐 톰슨 타이 실크
Jim Thompson Thai Silk ★★★★

주소 9 Thanon Surawong & Thanon Phra Ram 4(Rama 4 Road) 전화 0-2632-8100, 0-2234-4900 홈페이지 www.jimthompson.com 영업 09:00~21:00 가는 방법 ①BTS 쌀라댕 역이나 MRT 씰롬 역에서 나와서 타논 팔람 씨(Rama 4 Road)의 크라운 플라자 호텔을 지나 타논 쑤라웡 Thanon Surawong으로 들어가면 왼쪽에 있다. ②씰롬 방향에서 간다면 타논 타니야 Thanon Thaniya를 가로질러 타논 쑤라웡 방향에서 오른쪽에 있다. Map P.26-A1

타이 실크를 대중화하고 고급화한 일등 공신인 짐 톰슨 실크는 태국 브랜드 중에서 가장 유명하다. 태국에 거주하면서 실크 산업에 남다른 관심을 가졌던 짐 톰슨 Jim Thompson(P.226)이 설립한 회사다.

의류뿐 아니라 실크를 이용해 만든 다양한 제품을 직접 디자인해 생산·판매한다. 선물용으로 적합한 스카프나 넥타이 이외에 침구 용품, 가방, 티셔츠, 인형까지 기념품이 될 만한 것들도 많아 구경삼아 들러도 좋다. 쑤라웡 매장은 본점이다. 묵고 있는 호텔에서 멀다면 가까운 쇼핑센터나 호텔 면세점에 있는 지점을 들러도 된다. 쎈탄 월드, 싸얌 파라곤, 쎈탄 엠바시, 아이콘 싸얌, 오리엔탈 호텔, 페닌슐라 호텔, 쑤완나품 공항에 매장이 있다.

저렴하게 물건을 구입하고 싶다면 언눗 On Nut에 있는 짐 톰슨 아웃렛(주소 153 Sukhumvit Soi 93, 전화 0-2332-6530~4, 영업 09:00~18:00)을 찾아가자. BTS 언눗 역 1번 출구 또는 BTS 방짝 역 5번 출구로 나온 다음 쑤쿰윗 쏘이 까우씹쌈 Sukhumvit Soi 93까지 가야 한다. 언눗 역에서 도보 20분, 방짝 역에서 도보 10분 걸린다.

짐 톰슨 타이 실크 쎈탄 월드 지점

짐 톰슨 타이 실크 쑤라웡(씰롬) 지점

쌈얀 밋타운 Samyan Mitrtown
สามย่านมิตรทาวน์ ★★☆

주소 944 Thanon Phra Ram 4(Rama 4 Road) 전화 0-2033-8900 홈페이지 www.samyan-mitrtown.com 영업 10:00~22:00 가는 방법 타논 팔람 씨 Thanon Phra Ram 4(Rama 4 Road) & 타논 파야타이 사거리에 있다. MRT 쌈얀 역에서 200m. Map P.26-A1

쭐라롱껀 대학교 남쪽에 있는 쇼핑몰로 오피스와 레지던스가 합쳐진 주상복합 건물이다. 쌈얀은 동네 이름이고, '밋'은 태국어로 친절하다를 의미하니, 밋타운은 친절한 동네 Friendly Town라는 뜻이 된다. 쇼핑몰은 6층 규모로 2019년 11월에 완공됐다. 관광객보다는 지역 주민과 학생들을 위한 시설이 많은 편이다. 홈프로 Home Pro, 빅 시 푸드플레이스 Big C Food Place, 유니클로 Uniqlo, 무지 Muji 매장이 들어서긴 했지만 레스토랑과 카페가 대부분이다. 아세안 Asean(서점)과 쌈얀 코옵 Samya Co-op(스터디 카페)을 운영하며, 5층에는 야외 전망대 Sky Garden도 있다.

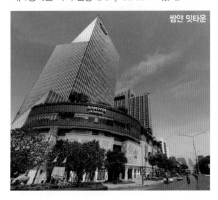
쌈얀 밋타운

씰롬 콤플렉스
Silom Complex
ศีลมคอมเพล็กซ์ ★★★

주소 191 Thanon Silom **전화** 0-2632-1199 **홈페이지** www.silomcomplex.net **영업** 백화점 10:30~21:30, 지하 식당가 10:30~22:00 **가는 방법** ①BTS 쌀라댕 역 4번 출구에서 씰롬 콤플렉스 2층으로 연결통로가 이어진다. ②MRT 씰롬 역 2번 출구에서 도보 7분.

Map P.26-B1

쇼핑몰과 사무실이 동시에 입주해 있는 29층 빌딩이다. 상업지구인 씰롬 중심가에 있다. 쎈탄 백화점을 중심으로 의류, 보석, 안경, 신발, 가방, 미용 관련 상점이 들어선 쇼핑몰. 리노베이션 공사를 통해 현대적인 시설로 변모했다. 자스팔 Jaspal(GF), 망고 Mango(GF), 게스 Guess(GF), 부츠 Boots(2F), 왓슨스 Watsons(2F) 같은 방콕 백화점에서 볼 수 있는 주요 브랜드가 입점해 있다.

씰롬을 지나는 주 고객들이 직장인들이다 보니 다양한 레스토랑이 입점한 것이 특징. 유동 인구가 많은 탓에 간편하고 빠르게 식사가 가능한 체인점들이 대거 포진해 있다. S&P, 엠케이 레스토랑, 램짜런 시푸드, 후지 레스토랑, 와인 커넥션, 본촌 치킨, 애프터유 디저트 카페, 하찌방 라멘 등이 대표적. 지하에는 푸드코트를 함께 운영하는 톱스 마켓 플레이스 Top's Marketplace도 있는데 인기가 높다.

씰롬 콤플렉스 바로 옆 건물인 C.P. 타워 C.P. Tower도 비슷한 분위기로 태국 최초의 패스트푸드점 맥도날드를 중심으로 다양한 레스토랑이 주변 직장인들을 반긴다.

씰롬 콤플렉스에 있는 쎈탄 백화점

방콕 패션 아웃렛
Bangkok Fashion Outlet ★★☆

주소 Jewelry Trade Centre, 919/1 Thanon Silom (Silom Soi 19) **전화** 0-2630-1000 **홈페이지** www.bangkok fashionoutlet.com **영업** 11:00~20:00 **가는 방법** 타논 씰롬에 있는 주얼리 트레이드 센터 1~4층에 있다. 타논 씰롬 쏘이 19(씹까우)로 들어가도 된다. BTS 쑤라싹 역을 이용할 경우 1번 출구로 나와서 타논 쑤라싹 Thanon Surasak으로 가다가, 홀리데이 인호텔 뒤편에 있는 주얼리 트레이드 센터 주차장(진행 방향으로 오른쪽 방향)으로 들어가면 된다.

Map P.28-B1

방콕 시내에 있는 패션 아웃렛이다. 태국의 대표적인 백화점인 쎈탄(센트럴) 백화점 Central Department Store에서 운영한다. 주얼리 트레이드 센터 Jewelry Trade Centre 내부에 있기 때문에 JTC 방콕 패션 아웃렛이라고 부른다.

총 4층 규모로 일반 백화점처럼 층별로 남성, 여성, 아동, 스포츠 용품으로 구분해 매장이 입점해 있다. 유행이 지난 제품을 판매하긴 하지만 평상시에는 30% 이상, 세일 기간에는 70% 이상 할인해 판매한다. 잘만 둘러보면 싼 값에 제품을 구매할 수 있다.

게스 Guess, 라코스테 Lacoste, 갭 Gap, 베네통 Benetton, 에스프리 Esprit, 보시니 Bossini, 지오다노 Giordano, 시슬리 Sisley, 리플레이 Replay, 레스포색 LeSportsac, 와코르, 나이키, 아디다스, 뉴발란스, 크록스 같은 대중적인 의류, 가방, 신발 브랜드를 볼 수 있다.

방콕 패션 아웃렛

아이콘 싸얌
Icon Siam ★★★★

주소 299 Thanon Charoen Nakhon Soi 5 **전화** 0-2495-7000 **홈페이지** www.bangkokriver.com **영업** 10:00~22:00 **가는 방법** ①BTS 싸판 딱씬 역 아래에 있는 타 싸톤 선착장 Tha Sathon(Sathon Pier)에서 무료로 운행되는 전용 셔틀 보트(운행 시간 08:00~23:00, 편도 요금 10B)를 타면 된다. ②투어리스트 보트도 운행되는데, 아이콘 싸얌 앞 쪽의 전용 선착장에 내리면 된다. ③BTS를 이용할 경우 짜런나콘 Charoen Nakhon 역에 내리면 된다.
Map P.28-A2, Map 전도-A3

짜오프라야 강변에 올라선 초대형 럭셔리 쇼핑몰. 강 '건너편'에 등장한 첫 쇼핑몰로 2018년 11월에 오픈했다. 건물은 크게 3개로 구획되는데, 명품 매장이 들어선 아이콘럭스 ICONLUXE, 태국 수공예품 매장을 운영하는 아이콘 크래프트 ICONCRAFT, 그리고 일본 백화점에서 운영하는 싸얌 다카시마야 Siam Takashimaya가 그것이다. 이곳에 H&M, 자라, 유니

싸얌 다카시마야

클로, 나이키, 아디다스 등 대중적인 브랜드를 비롯, 총 500여 개의 브랜드가 입점해 있다.

유명 레스토랑과 카페도 잔뜩 늘어서기 때문에 쇼핑과 식사를 동시에 즐길 수 있다. 특히 쑥 싸얌 Sook Siam이라 불리는 푸드 코트는 수상 시장을 실내에 그대로 재현한 것인데, 태국 각 지역의 음식을 저렴한 가격

아이콘 싸얌에서 바라 본 강 건너 풍경

아이콘 싸얌

에 판매한다. 방콕 최초의 애플 스토어가 위치한 2층엔 야외 공원이 자리하는데, 강 건너 방콕의 도심 풍경을 시원스레 볼 수 있다. 보트를 타고 가야하므로, 다소 불편한 교통편은 감수해야 한다.

리버 시티(리워 씨띠)
River City ริเวอร์ ซิตี้ ★★

주소 23 Trok Rongnamkhaeng, Si Phraya Pier, Thanon Yotha(Yota Road) **전화** 0-2237-0077 **홈페이지** www.rivercitybangkok.com **영업** 10:00~22:00 **가는 방법 수상 보트** ①타 씨프라야(씨파야) Tha Si Phraya 선착장(선착장 번호 N3)에서 도보 10분. 짜오프라야 강변의 로열 오키드 쉐라톤 호텔 옆에 있다. ②차를 타고 갈 경우 타논 짜런끄룽 쏘이 30(쌈씹) Thanon Charoen Krung Soi 30으로 들어가야 한다(도로가 일방통행이라 들어오고 나가는 길이 다르다). Map P.28-A2

방콕을 대표하는 골동품 전문 상가다. 짜오프라야 강변에 위치해 리버 시티라는 이름을 달고 있으나 실제로 거래되는 물건은 태국, 캄보디아, 베트남, 미얀마, 중국, 티베트에서 수집된 불상, 도자기, 가구, 조각, 불교 회화 등의 고가품들이다. 1990년대 후반까지만 해도 캄보디아 앙코르 유적에서 도굴된 진품들을 쇼윈도에 버젓이 전시하고 판매했던 것으로 유명하다.

리버 시티 쇼핑몰은 4층 규모로 100여 개 매장이 입점해 있다. 단체 관광객을 태우는 보트와 디너 크루즈(P.284) 선박이 리버 시티 바로 앞 선착장에서 출발하기 때문에 항상 외국인들로 분주하다.

고가의 골동품이 거래되는 리버 시티

쉐라톤 오키드 호텔 옆에 있는 리버 시티 쇼핑몰

인디 마켓 다오카농(딸랏 인디 다오카농)
Indy Market Dao Khanong
ตลาดอินดี้ ดาวคะนอง ★★★☆

주소 Thanon Suk Sawat, Khwaeng Chom Thong, Dao Khanong, Thonburi **영업** 17:00~24:00 **가는 방법** 다오카농의 타논 쑥싸왓에 있다. BTS 웡위안야이 역에서 남쪽으로 4km 떨어져 있다. Map 전도-A4

방콕에 있는 수많은 야시장 중에 현지 분위기가 가장 강하게 느껴지는 곳이다. 시내 중심가에서 멀리 떨어져 있지만, 야시장 규모도 크고 구역 정리도 잘 되어 있어 편하게 둘러 볼 수 있다. 접근성이 떨어지는 불편한 위치 때문에 외국 관광객보다 현지인들이 즐겨 찾는다. 저녁시간이 되면 선선한(덜 더운) 날씨를 즐기려는 방콕 사람들로 활기 넘친다. 상점, 식당, 펍(술집)까지 440여 개 상점이 가득 들어가 있다. 꼬치구이, 쏨땀, 팟타이, 해산물, 각종 음료와 디저트가 현지

인 가격으로 판매된다. 옷과 신발, 가방, 모자, 액세서리, 소품 등 다양한 물건도 저렴하게 판매된다. 현지인 위주다 보니 기념품 상점은 거의 없는 편이다. 인디 마켓이 여러 곳 있기 때문에 택시 탈 때 반드시 지역 명칭을 함께 말해야 한다.

🛍 랏차다 & 랏파오(랏프라오)

외국인보다 지역 주민들이 즐겨 찾는 할인마트와 쇼핑몰이 주를 이룬다. 태국 최대 백화점인 쎈탄(센트럴) 백화점은 랏차다와 랏파오에 지점을 운영하고 있다.

쎈탄 플라자 그랜드 팔람 까우(쎈탄 팔람 까우)
Central Plaza Grand Rama 9
เซ็นทรัล พลาซา แกรนด์ พระราม 9 ★★★★

주소 Thanon Ratchadaphisek & Thanon Phram Ram 9(Rama 9 Road) **전화** 0-2103-5999 **홈페이지** www.centralplaza.co.th/grandrama9/index.php **영업** 10:00~22:00 **가는 방법** MRT 팔람 까우 Phra Ram 9 역 2번 출구에서 백화점 지하 1층과 연결된다. Map P.25

방콕은 물론 태국 전역에 쇼핑몰을 운영하는 쎈탄 백화점에서 운영한다. 지역 이름을 붙여 '쎈탄 팔람 까우'라고 부른다. 현대적인 시설에서 쾌적하게 쇼핑할 수 있다. 쇼핑몰 내부에는 로빈싼 백화점 Robinson Department Store을 중심으로 유니클로 Uniqlo(GF), 무지 MUJI(GF), 나라야 Naraya(1F), 빅토리아 시크릿 Victoria Secret(1F), 액세서라이즈 Accessorize(1F), 갭 GAP(1F), 자스팔 Jaspal(1F), 망고 Mango(1F), 캐

스키드슨 Cath Kidston(2F), 찰스앤키스 Charles & Keith(2F), 부츠 Boots(3F)를 포함한 다양한 상점들이 입점해 있다.

지하 1층에는 톱스마켓(슈퍼마켓)과 전자제품 매장, 1~5층에는 의류, 패션, 미용, 잡화 매장, 6~7층에는 식당가, 7층에는 SFX 영화관이 들어서 있다. 랏차다에 있는 다른 백화점보다 시설이 좋고, 시내 중심가에 있는 백화점에 비해 북적대지 않는다.

Central Plaza Grand Rama 9

찟페어 야시장(찟페어 랏차다)
Jodd Fairs Night Market
ตลาดจ๊อดแฟร์ ★★★★

주소 Behind Central Plaza Grand Rama 9, Thanon Phra Ram 9(Rama 9 Road) **홈페이지** www. facebook.com/JoddFairs **영업** 16:00~24:00 **가는 방법** ①센탄 플라자 그랜드 팔람 까우(줄여서 '센탄 팔람 까우'라고 부른다) 뒤쪽에 있다. MRT 팔람 까우 Phra Ram 9 역에서 내려서 백화점을 가로질러 후문으로 나가면 된다. ②정문은 타논 팔람 까우 Rama 9 Road에 있다. Map P.25

방콕 도심과 가까운 대표적이 야시장인 딸랏 롯파이 랏차다(랏차다 야시장)가 문 닫고, 장소를 옮겨 찟페어 야시장으로 간판을 바꿔 문을 열었다. 지하철(MRT) 팔람 까우 Phra Ram 9 역 뒤쪽의 넓은 부지에 야시장이 형성된다. 지 타워 G Tower와 유니레버 하우스 Unilever House를 포함해 독특한 모양의 빌딩에 둘러싸여 있다. 방콕의 여느 야시장처럼 노점들이 빼곡히 들어서 있다. 태국 젊은이들이 선호하는 저렴한 옷과 신발, 가방, 소품을 주로 판매한다. 관광객을 위한 기념품은 많지 않다.

야시장답게 노점 식당도 가득하며, 야외에서 맥주를 마시며 시간을 보낼 수 있다. 쌀국수부터 꼬치구이, 해산물, 각종 디저트까지 저렴하고 다양하다. 매운 돼지 뼈 찜인 '렝쌥' Leng Zabb เล้งแซ่บ을 판매하는 식당이 특히 유명하다. 쇼핑보다는 먹고 마시며

방콕의 밤을 즐기기 좋은 야시장이다. 도심과 가깝고 유동 인구가 많은 지역이라 활기찬 분위기다. 찟페어 야시장은 부지 임대 기간이 만료되면 문을 닫을 예정이다. 이에 맞춰 찟페어 댄네라밋(P.340)을 새롭게 열었다.

더 원 랏차다(딸랏 디 완 랏차다)
The One Ratchada Night Market
ตลาด ดีวัน รัชดา ★★★☆

주소 Behind Esplanade Shopping Mall, Thanon Ratchadaphisek **영업** 16:00~24:00 **가는 방법** MRT 쑨와타나탐 Thailand Cultural Centre 역 3번 출구로 나와서 에스플라네이드(쇼핑몰) Esplanade 옆 골목으로 들어간다. 에스플라네이드(쇼핑몰) 후문으로 나가도 된다. Map P.25

딸랏 롯파이 랏차다가 있던 자리에 만들어진 야시장이다. 2022년 9월에 개장했는데 지하철(MRT) 역과 가까워 접근성이 좋다. 에스플라네이드(쇼핑몰) Esplanade 뒤편의 넓은 부지에 야시장이 형성된다. 상설 텐트 모양으로 상점들이 각자의 구역이 정해져 있어 깔끔하게 정비되어 있다. 100여 개의 상점이 들어서 있다. 선선한 밤공기를 즐길 수 있는 야시장답게 먹거리 노점이 다양하다. 맥주를 마시며 라이브 음악을 들을 수 있는 노천 술집도 흔하다.

렝쌥

찟페어 야시장

더 원 랏차다

스트리트 랏차다
The Street Ratchada ★★★

주소 139 Thanon Ratchadaphisek 전화 0-2232-1999 홈페이지 www.thestreetratchada.com 영업 10:00~22:00 가는 방법 MRT 쑨왓타나탐 Thailand Cultural Center 4번 출구에서 훼이쾅 Huay Khwang 사거리 방향으로 도보 8분. 빅 시 엑스트라 Big C Extra 옆에 있다. Map P.25

태국의 대표적인 맥주 화사인 '창 맥주 Chang Beer'에서 만든 대형 쇼핑몰이다. 7층 건물(지하 1층, 지상 6층)로 붉은 벽돌과 조명을 이용해 트렌디하게 디자인했다. 매장과 매장이 막혀 있지 않고, 층과 층이 개방된 형태로 연결되어 시원스럽다. 국제적인 브랜드보다는 태국 디자이너가 만든 의류와 액세서리 매장이 많다.

B층(지하 1층)은 푸드랜드(대형 마트) Food Land, 1층은 뷰티 관련 매장과 패스트 푸드점, 2층은 패션, 액세서리, 3층은 통신, IT 관련 회사, 4층은 레스토랑이 입점해 있다. 버거킹과 스타벅스는 쇼핑몰 입구에 해당하는 1층에, MK 레스토랑과 샤부시 Shabushi 같은 태국인들이 즐겨 찾는 프랜차이즈 레스토랑은 4층에 몰려 있다.

쩟페어 댄네라밋
Jodd Fairs DanNeramit
จ๊อดแฟร์ แดนเนรมิต ★★★★

주소 Thanon Phahonyothin 홈페이지 www.facebook.com/JoddFairs.DanNeramit 영업 16:00~24:00 가는 방법 타논 파혼요틴의 로터스 랏파오(로 땃 랏파오) Lotus's Ladprao 옆에 있다. BTS 하액랏파오 Ha Yaek Lat Phrao 역에서 450m. MRT 파혼요틴 역에서 800m 떨어져 있다.

쩟페어 야시장(P.339)의 엄청난 흥행에 힘입어 추가로 만든 또 다른 야시장이다. 2023년 5월에 오픈했다. 야시장 부지에는 원래 댄네라밋 놀이공원이 있었다. 1976년 방콕에 최초로 생긴 놀이공원으로 2000년까지 운영했던 곳인데, 야시장 입구에는 놀이 공원에서 사용하던 커다란 성(城)이 그대로 남아있다(성 내부로 올라가면 야시장 전체가 내려다보인다). 쩟페어 댄네라밋은 52,800m²(약 1만 6,000평) 규모로 700여 개의 상점이 들어서 있다. 넓은 부지에 일목요연하게 상점이 들어서 있어 쇼핑하기 편리하다. 렝쌥(매운 돼지고기 뼈 찜), 시푸드, 바비큐, 쏨땀, 똠얌국수 등 식당도 다양하다.

랏파오(랏프라오) 지역이라는 불리한 입지조건(BTS가 연결되면서 대중교통이 편리해졌다)에도 불구하고 개장과 동시에 엄청난 인기를 얻고 있다. 빈티지한 자동차와 호수까지 있어 사진 찍으러 오는 현지인도 많다. 평일에는 쎈탄 랏프라오(백화점), 주말에는 짜뚜짝 야시장과 연계해 방문하면 된다.

렝쌥

사진 찍기 좋은 야시장

짜뚜짝

방콕 북부 지역에 해당한다. 토 · 일요에만 형성되는 짜뚜짝 주말 시장과 매일 열리는 농산물 시장인 어떠꺼 시장까지 색다른 재미를 선사한다.

짜뚜짝 주말시장(딸랏 짜뚜짝)
Chatuchak Weekend Market
ตลาดนัดจตุจักร ★★★★

주소 Thanon Phahonyothin & Thanon Kamphaengphet **홈페이지** www.chatuchak.org **영업** 토~일 06:00~18:00(휴무 월~금요일) **가는 방법** ①BTS 머칫 역 1번 출구로 나오면 섹션 16 구역으로, ②MRT 깜팽펫 역 2번 출구로 나오면 섹션 2구역이 나온다. ③카오산 로드에서 버스를 탈 경우 타논 프라아팃 Thanon Phra Athit이나 타논 쌈쎈 Thanon Samsen에서 일반버스 3번을 탄다. 막히지 않으면 40분 정도 걸린다.

토요일과 일요일에 방콕에 머문다면 짜뚜짝에 가보자. 없는 것 없이 모든 물건을 헐값에 판매하는 짜뚜짝 주말시장이야말로 쇼핑 천국 방콕을 대표하는 최대의 상거래 밀집지역이다. 전체 면적 35에이커(약 4만2,800평) 크기에 1만 5,000여 개 상점이 들어서 있으며, 하루 20~30만 명이 방문한다.

방콕 도심에서 북쪽에 있는 짜뚜짝 주말시장은 머칫 북부 버스 터미널 Mochit Bus Terminal에서 짜뚜짝 공원(쑤언 짜뚜짝) Chatuchak Park에 걸친 방대한 땅을 가득 메운 상점들로 빈틈이 없다.

짜뚜짝 시장이 처음으로 생긴 것은 1948년으로 정부 주도 아래 왕궁 앞의 싸남 루앙에 벼룩시장 형태로 만든 것이 시초다. 시작은 미비하였으나 몇 차례 장소를 옮기면서 확장되어 1987년 현재의 위치로 옮겨와 짜뚜짝 시장이란 이름이 붙여졌다. 짜뚜짝은 시장이 위치한 동네 이름으로 'Jatujak Market'이라는 영어 표기를 혼용해 쓴다. 이 때문에 방콕 시민들은 흔히 '제이제이 마켓(정확한 현지발음은 쩨쩨 마켓) JJ Market'이라 부른다.

짜뚜짝 시장은 야외 상설 시장인데 모두 27개 구역으로 구분된다. 판매되는 물건은 의류, 액세서리, 골동품, 가구, 인테리어 용품이 주를 이루며 애완동물까지 모든 것을 판매하는 세계 최대의 주말시장이다.

짜뚜짝의 인기는 단순히 다양한 물건을 저렴한 가격에 파는 데 그치지 않고 태국적인 디자인들을 발전시킨 젊은 예술가들의 독특한 물건이 함께 판매된다는 것에 있다. 짜뚜짝이 아니면 구하기 힘든 물건이 곳곳에 숨겨져 있기 때문에 새로운 물건, 나만의 물건을 찾는 재미를 덤으로 얻을 수 있다.

짜뚜짝 주말 시장
Chatuchak Weekend Market

이정표 역할을 하는 시계탑

비좁고 복잡한 짜뚜짝 주말시장

Travel Plus 짜뚜짝 주말시장 구경하기

● 여행 안내소

시장 내부는 사람들로 인산인해를 이룬다. 섹션 구분만 보고 원하는 상점을 한 번에 찾기는 불가능하기 때문에 미로 같은 길을 몇 번씩 헤집고 돌아다닐 확률이 높다. 짜뚜짝 시장에 관한 지도가 필요하다면 섹션 27(드림 섹션 Dream Section) 앞의 인포메이션 오피스(전화 0-2272-4440~1)로 가자. 은행과 ATM, 공중전화, 에어컨이 설치된 레스토랑과 카페 등의 편의 시설도 주변에 몰려 있다.

벤자롱 도자기

소수민족 공예품 지갑

● 쇼핑 아이템

짜뚜짝 시장에서 가장 많이 판매되는 품목은 단연코 옷이다. 한국 돈 1만 원(300B)이면 두세 벌의 티셔츠를 너끈히 살 수 있는 저렴한 옷들이지만 개성을 살린 독특한 디자인이 많다. 의류 매장 주변은 액세서리, 신발, 가방, 패션 소품 매장도 함께 들어서 있기 마련이라 젊은이들로 늘 북적댄다. 기념품을 장만하려면 수공예품, 골동품, 데커레이션 매장을 찾아가자. 재치 넘치는 소품과 데커레이션 매장이 즐비한 섹션 2~3, 예술적인 향기로 무장한 섹션 7, 전통 악기, 수공예품, 고산족 공예품, 골동품 매장이 밀집한 섹션 25~26을 집중 탐구하면 한국에 가서도 자랑할 만한 물건을 건질 수 있다. 물건 구입은 기본적으로 정액제다. 요금표를 붙인 가게가 많지만 재래시장인 만큼 물건 값을 조금씩 할인해 준다. 대량으로 구매하면 할인율이 커진다.

섹션별 쇼핑 아이템
- 의류·액세서리 : 2, 3, 5, 6, 10, 12, 14, 16, 18, 20, 21, 23
- 잡동사니·중고 의류 : 2, 3, 4, 5, 6, 22, 23, 25, 26
- 데커레이션·가구 : 2, 3, 7, 8, 10, 14, 23, 24, 25
- 세라믹·도자기 : 7, 15, 17, 19, 25
- 수공예품 : 8, 11, 13, 15, 27
- 골동품·수집품 : 1, 25, 26
- 식물·원예 용품 : 3, 4
- 아트(그림)·갤러리 : 5, 7
- 음식·음료 : 1, 2, 3, 4, 5, 20, 21, 26

그릇 도매상

과일 모양의 천연 비누

● 식사하기

짜뚜짝에서 식사 걱정은 하지 않아도 된다. 곳곳에 간식거리와 음료수를 파는 노점이 즐비하다. 식당가는 섹션 2와 섹션 27(드림 섹션)에 많은 편이며 쏨땀, 까이텃 같은 간단한 이싼 음식을 요리하는 곳이 많다. 에어컨이 나오는 레스토랑으로는 인포메이션 오피스 오른쪽의 드림 섹션 입구에 토플루 Toh Plu 레스토랑과 카페 도이 뚱 Cafe Doi Tung이 있다.

여권 커버

● 주의사항

사람들이 몰리는 곳인 만큼 소매치기 사고가 빈번하다. 각자 개인 물품 관리에 만전을 기해야 한다. 소지한 가방은 뒤로 메지 말고 꼭 앞으로 메고 다닌다.

라탄 가방

짜뚜짝 주말시장 개념도

②, ③, ④ 숫자는 섹션(구역) 번호를 의미합니다.

싸얌 상업은행(SCB)
북부 버스 터미널(콘쏭 머칫) 방면
도이뚱 커피
Doi Tung Coffee
지하철 깜팽펫 역 1번 출구
Thanon Kamphaengphet 2
우체국
TMB 은행
Dream Section
인포메이션
MRT
지하철 깜팽펫 역
2번 출구
방콕 은행
Kaarom Specialty coffee
어떠꺼 시장
Thanon Kamphaengphet
시계탑
짜뚜짝 공원
지하철 쑤언 짜뚜짝 역
전승기념탑(아눗싸와리 차이) 방면
타논 파혼요틴 Thaon Phahonyothin
BTS 머칫 역

어떠꺼 시장(딸랏 어떠꺼)
Or Tor Kor Market
ตลาด อตก   ★★★☆

현지어 딸랏 어떠꺼 **주소** Thanon Kamphaengphet
전화 0-2279-2080~2 **운영** 08:00~18:00 **가는 방법**
MRT 깜팽펫 역 3번 출구 앞에 있다. 짜뚜짝 주말시
장과 인접해 있다.

매일 열리는 상설 농산물 시장이다. 태국에서 생산되
는 과일과 채소가 거래된다. 재래시장이긴 하지만 농
산물 상점이 일목요연하게 정리되어 청결하다. 어떠
꺼는 '앙깐 딸랏 프아 까쎗꼰'을 줄여 부른 태국말이
다. 농업종사자 마케팅 조직이란 의미로 영어 약자로
MOF(Marketing Organization for Farmers)라고 표기
된다. 농업 진흥을 위해
만든 곳답게 질 좋고 맛
좋은 양질의 물건이 거
래된다. 두리안과 망고

같은 열대과일은 일반 시장에서 보던 것과 확연한 차
이가 느껴질 정도로 크고 달다.

시장 한쪽에서는 태국 음식을 판매한다. 푸드 코트를
함께 운영하는데, 저렴한
요금에 식사할 수 있어 좋
다. 다양한 태국 음식과 태
국 디저트가 진열되어 있어,
태국 음식에 대한 궁금증
을 해소하기 위해 견학 삼
아 들러 봐도 좋다. 시장에
서 음식을 사갈 때, 비닐봉
지에 음식을 담아가는 '싸이
퉁' 문화도 가까이서 볼 수
있다. 짜뚜짝 시장 맞은편에
있어 주말에 함께 둘러보면
좋다.

간이 식당도 있어
저렴하게 식사하기 좋다

다양한 채소도 거래된다

방콕 상설 농산물 시장인 어떠꺼 시장

Spa & Massage in Bangkok

방콕의 스파 & 마사지

방콕 여행에서 마사지와 스파는 어느덧 필수품목이 되어버렸다. 무더운 여름날, 관광지를 찾아다니느라 지친 몸을 추스르는 데 더없이 좋은 마사지. 타이 마사지는 지압과 요가를 접목해 만든 것이 특징으로 혈을 눌러 근육 이완은 물론 몸을 유연하게 해주기 때문에 치료목적으로 사용될 정도다. 마사지는 태국말로 '누엇 นวด'이라고 한다. 정확히 표현하면 고대 안마 Traditional Massage라는 뜻인 '누엇 팬 보란 นวดแผนโบราณ' 또는 타이 안마 Thai Massage라는 뜻의 '누엇 타이 นวดไทย'라고 부른다. 전통 안마는 전신 마사지를 의미하는데 풀코스는 2시간이 소요된다. 발바닥부터 시작해 머리까지 차례대로 혈을 이중, 삼중으로 누르며 근육을 풀어주는 것이 특징이다.

단순 마사지보다 고급스런 스파는 한마디로 '몸에 돈을 투자'하는 것과 같다. 스파에 쓰이는 재료들은 허브, 과일, 꿀 등으로 만들기 때문에 자연친화적으로 웰빙 개념과도 잘 어울린다.

방콕에서 받을 수 있는 마사지 종류

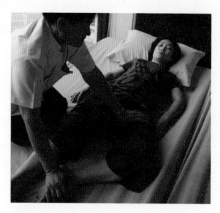

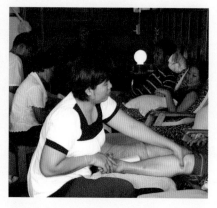

전통 타이 마사지 Traditional Thai Massage

손가락과 손바닥만 이용해 지압하듯 안마하는 것이 특징으로 꺾기, 비틀기 등의 요가 동작과도 결합된다. 발부터 머리까지 연결된 혈관을 차례로 누르는데 혈액 순환과 근육 이완에 효과가 뛰어나다. 전통 마사지는 안마사에 따라 힘이 다르므로 사람에 따라 만족도가 달라진다.

발 마사지 Foot Massage

신체 모든 기능이 발과 연결됐기 때문에 발바닥만 눌러도 스트레스와 긴장 완화에 도움이 된다. 발 마사지는 옷을 입은 채 무릎에서 발바닥까지만 마사지를 시행한다. 안마사는 손과 주먹뿐만 아니라 발 마사지 전용 기구를 이용해 지속적으로 지압을 반복한다. 여행하다 보면 자연스레 걷는 양이 많아지는데 피로해진 발을 쉽게 해주는 데 효과가 매우 높다. 보통 1시간이면 충분하다.

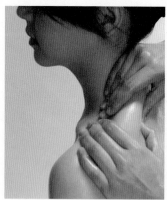

아유르베딕 마사지 Ayurvedic Massage

5,000년 전부터 인도 귀족들 사이에서 행해진 마사지. 인도 전통 의학인 아유르베다에 기초를 두고 있다.
몸의 독소를 빼는 데 효과적이라고 여겨지나, 태국에서는 특정 부위를 지속적으로 지압해 치료 목적으로 쓰인다. 전통 마사지에 비해 오랜 경험의 숙련된 안마사들이 시술한다.

오일 마사지 Oil Massage

전통 마사지에 비하면 부드러운 것이 특징. 샤워 후에 물기를 닦아 내고 약간 촉촉한 상태에서 마사지를 받는다. 허벅지, 어깨, 엉덩이, 복부 부분을 문지르듯 마사지하기 때문에, 피로 회복은 물론 신진대사 촉진에도 효과가 좋다.

아로마테라피 Aromatherapy

오일 마사지와 비슷하나 아로마 에센스 오일을 사용한다. 향기 나는 허브에서 채취한 오일로 재스민, 라벤더, 로즈메리, 페퍼민트, 샌들우드가 대표적이다. 질병 치료보다는 피부 미용과 정서적인 안정감을 주는 데 효과가 있다. 은은한 아로마 향 때문에 마사지를 받다 보면 어느새 잠들어버릴 정도.

보디 랩 Body Wrap

각질을 제거하는 보디 스크럽과 달리 보습 효과가 뛰어나다. 스파 전용 용품을 몸에 발라 바나나 잎이나 랩으로 온몸을 감싼다. 30분 정도가 지나면 놀랍도록 부드러워진 피부를 확인할 수 있다.

허벌 마사지
Herbal Ball Massage

쑥, 생강 등 각종 허브를 넣어 만든다. 거즈에 싸서 둥글게 만들어 스팀으로 찐 다음 몸에 문지르듯 마사지한다. 허브 액이 몸에 스며들어 통증과 결림에 좋다.

핫 스톤 마사지
Hot Stone Massage

현무암을 주로 이용하지만 보석 원석을 이용하기도 한다. 60℃ 정도의 물로 데운 뜨거운 돌을 등과 어깨, 허리 부분에 올린다. 어깨 결림이나 냉증, 불면증에 효과만점.

얼굴 마사지
Facial Treatment

우리가 흔히 말하는 얼굴 마사지로 종류가 다양하다. 클렌징, 마스크, 팩은 기본으로 안티에이징 Anti-Aging, 디톡시파잉 Deto-xifying 등 종류도 다양하다. 피부 미용에 효과가 좋다.

반신욕 Half Bath

욕조에 몸을 담그는 반신욕. 향기 나는 꽃이나 허브 또는 우유에 몸을 담그고 피로를 푼다. 허벌 스팀 이후에 욕조에 몸을 담그면 더욱 좋고, 목욕 후에는 아로마 오일 마사지로 몸을 더욱 윤기 있게 만든다.

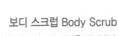

보디 스크럽 Body Scrub

자연 친화적인 스파 전용 용품으로 까칠해진 피부와 각질을 벗겨낸다. 코코넛, 소금, 꿀, 타마린드, 오렌지, 요구르트 등 다양한 천연 재료를 사용한다. 보디 스크럽 후에는 오일 마사지나 아로마테라피로 마무리하면 효과적이다. 보디 스크럽으로 흡수력이 좋아진 피부가 몰라보게 윤기를 되찾는다.

마사지

마사지는 최소 1시간, 기본 2시간이 좋다. 시간이 어떻게 가는지 모를 정도로 2시간이 짧게 느껴진다. 보통 발을 먼저 씻겨주고, 편한 안마 전용 파자마로 갈아입은 다음 안마를 받는다. 안마가 끝난 후에는 작은 성의로 팁을 주는 것도 잊어서는 안 된다. 팁은 50~100B 정도면 적당하다. 마사지 받는 시간을 고려해 최소 문 닫기 2시간 전에는 가야 한다.

헬스 랜드 스파 & 마사지
Health Land Spa & Massage ★★★★

①**아쏙 지점 주소** 55/5 Asok Soi 1, Thanon Sukhumvit Soi 21 **전화** 0-2261-1110 **홈페이지** www.healthlandspa.com **영업** 09:00~23:00 **요금** 타이 마사지(120분) 650B. 발 마사지(60분) 400B, 아로마 테라피(90분) 1,100B **가는 방법** 쑤쿰윗 쏘이 19 또는 쏘이 21에서 연결되는 아쏙 쏘이 1 중간에 있다. BTS 아쏙 1번 또는 3번 출구에서 도보 10분. MRT 쑤쿰윗 1번 출구에서 도보 7분.
Map P.19-D2 Map P.20-A1
②**에까마이 지점 주소** 96/1 Thanon Sukhumvit Soi 63(Ekkamai) **전화** 0-2392-2233 **가는 방법** 빅 시 Big C 쇼핑몰을 지나서 에까마이 쏘이 10 골목 입구에 있다. BTS 에까마이 역 1번 출구에서 도보 15분.
Map P.22-B2
③**싸톤 지점 주소** 120 Thanon Sathon Neua(North Sathon Road) **전화** 0-2637-8883 **가는 방법** BTS 총논씨 역과 BTS 쑤라싹 역 사이에 있는 싸톤 쏘이 씹썽 Sathon Soi 12 골목 입구에 있다. 총논씨 역에서 가는 방법은 Map P.26-A2, 세인트 루이스 역에서 가는 방법은 Map P.28-B1 참고.

방콕의 싸톤에서 시작한 헬스 랜드의 건강 바람은 거침이 없다. 방콕에 8개, 파타야에 2개 지점을 운영하며 대표적인 마사지 업체로 성장한 헬스 랜드.

최대의 매력은 호텔처럼 고급스런 시설과 서비스를 저렴한 요금에 즐길 수 있다는 것. 일단 헬스 랜드 입구는 노란색의 대형 간판으로 시선을 끌게 만들었고, 예스러움을 가미한 코믹한 모습의 마사지 받는 그림이 호기심을 이끈다. 건물은 모두 하얀색의 목조 건물로 시원한 느낌을 주며, 호텔 로비처럼 리셉션을 넓게 만든 것도 특징이다.

로비에 도착하면 원하는 마사지를 신청하고 잠시 기다리면 된다. 그러면 순번에 의해 안마사들이 정해진

Health Land Spa & Massage

헬스 랜드

Spa and Massage

다. 차 한 잔 마시고 안마실로 들어가기 전에 발을 씻겨주는 건 기본. 그다음은 마사지 받기 편한 옷으로 갈아입고 몸을 맡기면 된다.

요금과 시설에 비하면 엄청난 바겐세일로 타이 마사지가 2시간에 650B. 타이 마사지 이외에 아로마테라피 오일 마사지(90분, 1,100B), 발 마사지(60분, 400B), 타이 허벌 콤프레스(120분, 1,000B) 등 기본적인 스파도 함께 받을 수 있다.

가능하면 예약하고 가는 게 좋다. 상황에 따라 30분 이상 기다려야 하는 경우도 있다. 밤 10시까지는 들어가야 마사지를 받을 수 있으니 참고할 것. 또한 10회 사용권을 미리 구입하면 10% 할인 받을 수 있다. 쑤쿰윗에 머문다면 아쏙 지점을, 통로(쑤쿰윗 쏘이 55)에 머문다면 에까마이 지점을, 씰롬과 방락에 머문다면 싸톤 지점을 이용하면 편리하다. 카오산 로드와 가장 가까운 곳은 삔까오 지점이다.

렛츠 릴랙스
Let's Relax ★★★★

①**터미널 21 지점 주소** Terminal 21 Shopping Mall 6F, Thanon Sukhumvit Soi 19 **전화** 0-2108-0555 **홈페이지** www.letsrelaxspa.com **영업** 10:00~23:00 **요금** 타이 마사지(60분) 600B, 타이 마사지+허벌 (120분) 1,200B **가는 방법** 쑤쿰윗 아쏙 사거리와 인접한 터미널 21 쇼핑몰 6층에 있다. BTS 아쏙 역 1번 출구에서 1분. MRT 쑤쿰윗 역 3번 출구에서 도보 1분. Map P.19-D2 Map P.20-A2

②**싸얌 스퀘어 원 지점 주소** 6F, Siam Square One, Thanon Phra Ram 1(Rama 1 Road), Siam Square Soi 4 & Soi 5 **전화** 0-2252-2228 **영업** 10:00~23:00 **가는 방법** 싸얌 스퀘어 쏘이 4와 쏘이 5 사이에 있는 싸얌 스퀘어 원(쇼핑 몰) 6층에 있다. BTS 싸얌 역 4번 출구 앞에 있다. Map P.17

③**쑤쿰윗 쏘이 39 지점 주소** Thanon Sukhumvit Soi 39 **전화** 0-2662-6935 **영업** 10:00~23:00 **가는 방법** 쑤쿰윗 쏘이 39 골목 안쪽에 있다. BTS 프롬퐁 역에서 걸어가긴 너무 멀다. 택시를 탈 경우 쑤쿰윗보다는 타논 펫부리 Thanon Phetchburi 방향에서 진입하는 게 빠르다. Map P.20-A1

④**에까마이 지점 주소** 2F, Park Lane, Thanon Sukhumvit Soi 63(Ekkamai) **전화** 0-2382-1133 **영업** 10:00~23:00 **가는 방법** BTS 에까마이 역 1번 출구에서 400m 떨어진 파크 레인(커뮤니티 몰) Park Lane 2층에 있다. Map P.22-B3

⑤**쑤쿰윗 통로 지점 주소** Grande Centre Point Hotel Sukhumvit 55, Thong Lo(Thonglor) **전화** 0-2042-8045 **영업** 10:00~24:00 **가는 방법** 통로 (쑤쿰윗 쏘이 55)에 있는 그랑데 센터포인트 호텔 5층에 있다. Map P.22-B2

⑥**랏차다 지점 주소** 3F, The Street Ratchada, 139 Thanon Ratchadaphisek **전화** 0-2121-1818 **영업** 10:00~22:00 **가는 방법** 랏차다에 있는 스트리트 랏차다(쇼핑몰) 3F에 있다. MRT 쑨왓타나탐 Thailand Cultural Center 역 4번 출구에서 훼이쾅 Huay Khwang 사거리 방향으로 도보 8분. Map P.25

⑦**마분콩 MBK Center 지점 주소** MBK Center 5F **전화** 0-2003-1653 **영업** 10:00~24:00 **가는 방법** 마분콩 MBK Center 5층의 인터내셔널 푸드 애비뉴 International Food Avenue 옆에 있다. Map P.16

믿고 몸을 맡길 수 있는 유명 마사지 업소. 이곳에서는 이름처럼 몸과 마음을 릴랙스하자. 치앙마이에서 시작된 렛츠 릴랙스는 손님들의 호평에 힘입은 입소문으로 번성한 대표적인 마사지 숍이다. 편안하고 아늑한 실내, 충분히 만족할 만한 서비스 그리고 부담 없는 가격이 인기 비결이다. 2015년 타일랜드 스파 & 웰빙 어워드 Thailand Spa & Well-Being Award에서 가격 대비 만족도가 높은 베스트 스파 업소에 선정되기도 했다. 인기에 힘입어 방콕 중심가 주요 쇼핑몰에 속속 지점을 오픈하고 있다. BTS 역과 가깝고 교통이 편리한 곳은 터미널 21(쇼핑몰) Terminal 21과 싸얌 스퀘어 원(쇼핑몰) Siam Square One 지점이다.

마사지 시술은 전신 마사지와 발 마사지(45분, 450B)는 물론 등과 어깨 마사지(30분, 375B)로 구분해 원하는 부위만 집중적으로 안마를 받을 수도 있다. 또한 아로마테라피 오일 마사지(60분, 1,300B), 아로마 핫 스톤 마사지(90분, 2,300B), 보디 스크럽(60분, 1,300B) 등의 기본적인 스파 메뉴도 받을 수 있다.

대표적인 스파 패키지로는 보디 스크럽과 아로마테라피 오일 마사지, 페이셜 마사지로 구성된 블루밍 라이프 Blooming Life(180분, 3,600B)가 있다. 스파를 받을 경우 전용 스파 룸을 이용하게 된다. 타이 마사지는 매트리스가 놓인 일반 마사지 룸을 이용한다. 미리 예약하고 가는 게 좋다.

렛츠 릴랙스

아시아 허브 어소시에이션
Asia Herb Association ★★★★

쑤쿰윗 24 지점 주소 50/6 Thanon Sukhumvit Soi 24 **전화** 0-2261-7401 **홈페이지** www.asiaherb association.com **영업** 09:00~24:00(예약 마감 22:00) **요금** 타이 마사지(60분) 700B, 타이 마사지+허벌 볼(90분) 1,450B, 허벌 아로마 오일 마사지(60분) 1,250B **가는 방법** BTS 프롬퐁 역 2번 출구에서 쑤쿰윗 쏘이 24(이십씨) 골목 안쪽으로 600m. 호프랜드(서비스 아파트) Hope Land 지나서 반 씨리 트웬티포(콘도미니엄) Ban Siri Twenty Four 맞은편에 있다. Map P.20-A3

타이 마사지를 오랫동안 공부한 일본인이 운영한다. 일본인 특유의 섬세함이 돋보이는 곳으로 홍콩, 타이완을 포함해 아시아 여행자들에게도 잘 알려진 업소다. 특이하게도 일본인이 대거 거주하는 쑤쿰윗 일대에 몰려 있다. 차분하고 쾌적한 시설에 마사지를 받을 수 있어 좋다. 직원들도 오랜 기간 교육을 받기 때문에 마사지도 수준급이다.

정통 타이 마사지를 받을 수 있는 곳이지만 업소 이름처럼 허브로 만든 허벌 마사지로 유명하다. 허벌 볼은 일종의 솜방망이로 태국에서 재배되는 다양한 허브를 이용해 만든다. 마사지용으로 쓰이는 점보 허벌 마사지는 20종의 허브와 약재를 넣어 어깨나 등의 통증을 풀어주는 데 효과가 좋다.

아시아 허브 어소시에이션 쑤쿰윗 24 지점

마사지 메뉴도 단순 지압보다는 허벌 볼에 집중된다. 마사지를 받은 후에 30분 정도 허벌 볼 안마를 함께 받으면 좋다. 마사지는 타이 마사지나 오일 마사지 중에 선택하면 된다. 좀더 전문적인 오일 마사지로는 아로마테라피가 있다. 모든 허벌 볼과 아로마 오일은 매장에서 구입할 수 있다.

본점 이외에 벤짜씨리 공원(BTS 프롬퐁 역) 지점(주소 598 Thanon Sukhumvit, Map P.21-B2)과 나나(쑤쿰윗 쏘이 4) 지점(주소 20 Thanon Sukhumvit Soi 4, Map P.19-C2)을 운영한다.

에이 스파
A Spa & Massage ★★★★

주소 21 Thanon Sukhumvit Soi 18 **전화** 0-2000-7025 **홈페이지** https://aspamassage-spa.business. site **영업** 10:00~22:00(예약 마감 21:00) **요금** 타이 마사지(60분) 500B, 타이 마사지(120분) 900B, 아로마테라피(60분) 750B, 아로마테라피(120분) 1,200B **가는 방법** 타논 쑤쿰윗 쏘이 18에 있는 렘브란트 호텔 옆에 있다. BTS 아쏙 역에서 700m, BTS 프롬퐁 역에서 1.2km 떨어져 있다. Map P.21-A2

쑤쿰윗 지역에서 인기 있는 한국인이 운영하는 마사지 숍이다. 타이 마사지와 아로마테라피(오일 마사지)를 60분, 90분, 120분으로 구분해 받을 수 있다. 타이 마사지는 매트리스가 놓인 4인실, 아로마테라피는 전용 2인실을 이용한다. 아로마테라피를 받을 때는 5종류의 오일 중에 하나를 선택하면 된다. 마사지가 끝나면 다과를 무료로 제공해 준다. 규모는 크기 않지만 깔끔한 시설에 친절한 서비스를 받을 수 있다. 부담스럽지 않은 가격에 만족도가 높은 편이다. 시내 중심가에 있어 주변 호텔에 머무는 관광객들이 즐겨 찾는다. 예약하고 가는 게 좋다. 카카오톡(aspabkk)으로 문의하면 된다.

보디 튠
Body Tune ★★★☆

주소 1F, Maneeya Center Bldg., 518/5 Thanon Phloenchit 전화 0-2253-7177 홈페이지 www.body tune.co.th 영업 11:00~23:00 요금 발 마사지(60분) 420B, 타이 마사지(60분) 450B, 오일 마사지(90분) 1,000B, 아로마 마사지(90분) 1,100B 가는 방법 르네상스 호텔 입구의 마니야 센터 빌딩 1층에 있다. BTS 칫롬 역에서 200m. Map P.18-A1

'편안함이라는 단어를 어떻게 설명하겠습니까? How do you spell Relax?'라는 선정적인 문구로 사람들에게 강인한 인상을 남긴 전문 마사지 업소다. 조용함을 최대의 미덕으로 여기는 곳으로 유명세에 비해 간판이 너무 간결하다.

1998년부터 운영 중인 보디 튠의 특징은 이것저것 다하는 어정쩡한 업소가 아니라 전통 안마만 고집한다는 것. 그만큼 안마 한 가지에 관해서는 자신 있다는 말이다. 손 마사지, 타이 마사지, 발 마사지, 오일 마사지, 아로마 마사지의 다섯 가지 안마 프로그램만 집중적으로 시술한다. 고급스런 시설은 아니지만 조용하고 깨끗하다. 타이 마사지는 매트리스가 놓여 있고 커튼을 이용해 다른 사람과 공간을 구분한다.

현재는 칫롬 본점 한 곳만 영업하고 있다. 씰롬 Silom, 쑤쿰윗 쏘이 39 Sukhumvit 39, 파혼요틴(아리) Phahonyothin, 차이나타운 Chinatown 지점은 임시 휴업 중이다.

보디 튠 타이 마사지

리트리트 언 위타유
Retreat On Vitayu ★★★★

주소 51/7 Soi Polo 3, Thanon Withayu(Wireless Road) 태국어 주소 ซอย โปโล 3 ถนนวิทยุ 전화 02-777-8500 카카오톡 retreatonvitayu 홈페이지 www.retreatonvitayu.com 영업 10:00~22:00 예산 타이 마사지(60분) 600B, 아로마테라피(90분) 1,300B 가는 방법 ①룸피니 공원 오른쪽 도로(타논 위타유)에서 연결되는 쏘이 뽀로 3 골목에 있다. MRT 룸피니 역에서 도보 15분. Map P.26-C1

여행자들이 즐겨 찾는 마사지 업소로 가격대가 합리적이다. 타논 위타유에서 뻗어난 골목 깊숙한 곳에 자리해 교통은 불편하지만, 그만큼 호젓하게 마사지를 받을 수 있다. 태국 전통 마사지 Traditional Thai Massage는 손바닥과 팔꿈치, 무릎을 이용해 지압하기 때문에 강도가 센 편이다. 대표적인 오일 마사지는 아로마테라피 포 시즌스 펄 오일 마사지 Aromatherapy Four Seasons Pearl Oil Massage로 인기가 높다. 마사지를 집중적으로 받고 싶은 부위와 원하는 강도를 미리 귀띔하면 좀 더 꼼꼼하게 매만져 준다.

전통 타이 마사지는 매트리스가 놓인 방을, 아로마테라피(오일 마사지)는 스파 베드가 놓인 방을 이용한다. 모두 1인실과 2인실로 구분된 전용 공간이라 방해 받지 않고 마사지를 받을 수 있다. 발 마사지 공간엔 자그마한 인공 폭포가 있어 명상적인 분위기를 자아낸다. 본격적인 테라피를 받기 전 웰컴 드링크를, 테라피가 끝난 후엔 무료로 제공되는 다과 세트를 즐길 수 있다. 쾌적한 시설과 친절한 서비스도 후한 점수를 받고 있다.

보디 튠 칫롬 지점

보디 튠 씰롬 지점

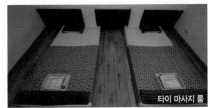
타이 마사지 룸

리트리트 언 위타유

플랜트 데이 스파
Plant Day Spa ★★★★

①펀찟(쏘이 루암루디) 지점 주소 2F, 15/3 Woodberry Commons Building, Soi Ruam Rudi(Ruamrudee) 전화 09-9417-9662 홈페이지 www.plantdayspa. com 운영 10:00~22:00 요금 타이 마사지(60분) 900B, 아로마테라피(60분) 1,400B, 시그니처 패키지 (150분) 4,000~4,800B 가는 방법 루암루디 빌리지 Ruamrudee 맞은편의 우드베리 커먼 빌딩 Woodberry Commons Building 2층에 있다. 낀렌 Kin Lenn 레스토랑 위층이다. BTS 펀찟 역에서 300m 떨어져 있다. Map P.18-B2

②프롬퐁(쑤쿰윗 39) 지점 주소 1F, Bio House Building, Thanon Sukhumvit Soi 39 전화 0-2044-9976, 06-4295-3625 영업 10:00~22:00 가는 방법 타논 쑤쿰윗 쏘이 39의 바이오하우스 1층에 있다. BTS 프롬퐁 역에서 900m 떨어져 있다. Map P.20-A2 코로나 팬데믹 이후에 생긴 새로운 스파 업소 중에 평가가 가장 좋은 곳이다. 방콕 시내 중심가에 있어

접근성이 좋으며 시설도 깨끗하고 고급스럽다. '플랜트'를 강조하기 위해 녹색 식물을 배치해 자연적인 정취를 가미하고 있다. 건물 내부에 있어 규모가 크지는 않지만 그만큼 전문적으로 관리되고 있다. 타이 마사지, 아로마테라피, 똑쎈 Toksen, 허벌 콤프레스 Herbal Compress 등 다양한 시술을 받을 수 있다. 전문 스파 업소답게 스파 용품을 직접 만들어 사용한다. 여느 고급 스파 업소와 동일하게 웰컴 드링크 제공. 마사지를 집중적으로 받은 부위 체크, 족욕, 스파 순서로 진행된다. 스파 룸은 1인실, 커플 룸(2인실), 패밀리 룸(3인실), 타이 마사지 룸으로 구분되는데, 모든 스파 룸은 샤워 시설을 갖추고 있어 편리하다. 스파가 끝나면 음료와 디저트까지 제공해 준다. 펀찟 지점과 프롬퐁 지점 두 곳을 운영한다. 본인이 묵고 있는 숙소와 가까운 곳을 찾아가면 된다. 예약하고 가는 게 좋다.

디오라 랑쑤언
Diora Lang Suan ★★★★

주소 36 Soi Langs Suan 전화 0-2652-1112, 0-2652-1113 홈페이지 www.dioraworld.com 영업 09:00~24:00(예약 마감 23:00) 요금 타이 마사지 700B(60분) · 1,100B(120분), 아로마 오일 마사지 1,200B(60분) · 1,500B(90분), 아로마 오일 마사지+핫 스폰(90분) 1,850B, 오일 마사지+허벌 볼(90분) 1,750B 가는 방법 BTS 칫롬 역 4번 출구에서 랑쑤언 도로 방향으로 350m. Map P.18-A2

플래닛 데이 스파 펀찟 지점

플래닛 데이 스파 프롬퐁 지점

타이 마사지

디오라 랑쑤언 스파 룸

2013년부터 영업 중인 곳. 방콕에서 인기 있는 마사지 업소 중 한 곳이다. 룸피니 공원 뒤쪽 랑쑤언에 있다. 방콕 시내에서 차분하게 마사지를 받을 수 있어 인기 있다. 넉넉한 크기의 마사지 룸 36개를 갖추고 있어 여유롭다. 한국어로 된 마사지 메뉴판을 갖추고 있을 정도로, 한국인을 포함한 아시아 지역 여행자들이 즐겨 찾는다.

마사지로는 타이 마사지, 발 마사지, 아로마 오일 마사지, 핫 스톤 마사지, 포 핸드 마사지가 있다. 핫 스톤을 이용한 오일 마사지 Aroma Oil Massage with Hot Stone과 허브 지압공(허벌 볼)을 이용한 오일 마사지 100% Pure Oil Massage with Herbal Ball가 유명하다. 마사지에 사용하는 천연 아로마 오일과 허벌 볼은 직접 만든 것으로 사용한다.

오전(09:00~13:00)에 아로마 오일 마사지를 받으면 마사지 30분을 추가(또는 골드 마스크 페이셜 60분 무료)로 받을 수 있다. 마사지를 받는 모든 손님에게 200B 상당의 쇼핑 바우처(매장에서 판매하는 아로마 오일, 디퓨저, 비누를 구매할 때 사용할 수 있다)를 제공한다. 아쏙 지점 Diora Luxe Asoke(주소 255 Thanon Asok(Asoke Montri Road), Map P.20-A1)과 룸피니 지점 Diora Luxe Lumpini Asoke(주소 Krits Building, 1032/1-5 Thanon Phra Ram 4(Rama 4 Road), Map P.26-C2)을 운영하고 있다.

캄 스파
Calm Spa ★★★★

①아리 본점 Calm Spa Ari 주소 Soi Ari 4 Nuea(Soi Ari 4 North Alley) 전화 09-6941-8645 홈페이지 www.facebook.com/Calmspathailand 영업 11:00~21:00 요금 오가닉 오일 마사지(60분) 2,000B, 드라이 마사지(60분) 1,200B, 스테이 캄 스파 팩키지(105분) 2,300B(+17% Tax) 가는 방법 아리 쏘이 4에 있다. 타논 파혼요틴 쏘이 7 Thanon Phahonyothin Soi 7에서 아리 쏘이 4 북쪽으로 들어가면 된다. BTS 아리 역에서 500m 떨어져 있다. Map 전도-C1
②펀찟 지점 Calm Spa Phloenchit 주소 888/63-64 Thanon Phloenchit 영업 11:00~21:00 가는 방법 BTS 펀찟 역 앞쪽의 마하툰 플라자 Mahatun Plaza

옆 골목으로 들어가면 된다. Map P.18-B1
방콕 도심에서 조금 떨어져 있는 아리 지역에 있는 스파 업소. 평범한 주택가지만 힙한 카페와 레스토랑이 많아 젊은이들이 많이 찾는 지역에 있다. 골목길 안쪽에 있는데 1층은 바 스토리아 델 카페 Bar Storia del Caffe로 운영된다. 주차장을 갖추고 있고 스파 시설도 널찍해 쾌적하게 마사지 받을 수 있다. 미니멀한 디자인에 층고가 높고 채광이 좋다. 복도 중간에 녹색 식물 가득한 휴식 공간도 있어 여유롭다. 탈의실, 사물함, 샤워시설을 별도로 갖추고 있다. 커플 룸(2인실)은 욕조까지 갖추어져 럭셔리 스파 못지않은 시설이다. 자연적인 분위기에서 몸을 릴렉스하고 조용하게 스파를 받으면 된다.

시그니처는 오가닉 오일 마사지 Organic Oil Massage로 60분/90분/120분 단위로 시술을 받을 수 있다. 스파 용품은 유기농 제품으로 직접 만들며 매장에서 판매도 한다. 타이 마사지를 받길 원한다면 드라이 마사지 Dry Massage를 선택하면 된다. 마사지 받기 전에 차트(마사지 강도나 집중적으로 마사지 받을 부위 등을 체크)를 작성하며 웰컴 드링크를 제공하고, 마사지 후에는 음료와 디저트를 제공해 준다. 시내에 머물 경우 펀찟 지점을 이용하면 된다. 참고로 아리 본점은 캄 하이드어웨이 Calm Hideaway, 펀찟 지점을 캄 인 더 시티 Calm In The City라고 부르기도 한다.

캄 스파 아리 본점

캄 스파 펀찟 지점

자연 친화적인 캄 스파

커플 룸

유노모리 온센
Yunomori Onsen ★★★☆

주소 A-Square, 120/5 Thanon Sukhumvit Soi 26 **전화** 0-2259-5778 **홈페이지** www.yunomorionsen.com **영업** 09:00~24:00 **요금** 온천 550B, 온천+타이 마사지(60분) 950B, 온천+아로마 마사지(90분) 1,650B **가는 방법** 타논 쑤쿰윗 쏘이 26 끝에 있는 에이 스퀘어 A-Square 안쪽에 있다. BTS 프롬퐁 역에서 1.4km 떨어져 있어 걸어가긴 멀다. Map P.20-A3

일본식 온천(온센)과 태국식 마사지를 결합했다. 온천은 남탕과 여탕을 구분했으며, 통나무 욕조, 자쿠지, 습식·건식 사우나 시설을 갖추고 있다. 온천을 입장하기 전에 유카타를 제공해 주며, 부대시설을 이용할 때 유카타를 착용하고 돌아다니면 된다. 참고로 온천탕 내부는 사진 촬영이 금지된다. 온천은 시간 제약 없이 이용할 수 있다.

온천과 별도로 전통 타이 마사지와 아로마 마사지(오일 마사지)를 받을 수 있다. 단순히 마사지만 받아도 되지만, 온천과 마사지를 결합한 온센 & 스파 패키지를 이용하면 편리하다. 식당에서는 간단한 식사(일본 음식 포함)와 생맥주, 생과일주스, 우유도 판매한다. 수면실도 있어서 호텔 체크아웃하고 시간 때우기도 좋다. 마사지를 받을 경유 예약하고 가는 게 좋다.

온천과 마사지를 동시에 즐길 수 있는 유노모리 온센

유노모리 온센의 아담한 정원

핌말라이
Pimmalai ★★★

주소 2105/1 Thanon Sukhumvit Soi 81 & Soi 83 **전화** 0-2742-6452 **홈페이지** www.pimmalai.com **영업** 10:00~22:00 **요금** 타이 마사지(60분) 300B, 발 마사지(60분) 350B, 허벌 콤프레스 마사지(60분) 400B, 아로마 테라피(60분) 650B, 코코넛 오일 마사지(90분) 950B **가는 방법** BTS 언눗 역 3번 출구에서 200m 떨어져 있다. 쑤쿰윗 쏘이 83 Sukhumvit Soi 83(쎗씹쌈) 못미처 방콕 은행 Bangkok Bank 옆에 있다.

내부 시설은 평범한데 방콕에서 보기 드문 전통 목조 가옥이 주는 느낌 때문인지 편안하다. 나무 문을 열고 들어서서 마사지를 받기 전에 차 한 잔으로 더위를 식힌 다음 본격적인 마사지를 받는다. 1층에서는 타이 마사지와 발 마사지를 받을 수 있다. 침대가 쭉 놓인 구조지만 커튼만 치면 옆사람들로부터 방해를 받지 않는다. 2층은 스파를 위한 시설로 오일 마사지, 보디 트리트먼트, 얼굴 마사지를 받는 곳이다. 마사지와 스파 메뉴는 23가지로 전문 스파 업소처럼 골라서 선택할 수 있다. 발 마사지+솔트 스크럽+타이 허벌 콤프레스(180분, 900B), 허벌 스크럽+허벌 스팀+머드 마스크+코코넛 오일 마사지(180분, 2,100B) 등이 있다. 스파 패키지 프로모션 요금은 월별로 다르게 구성된다.

쑤쿰윗의 끝자락인 언눗에 있어 애써 찾아가야 하는 불편함이 따른다. BTS 언눗 역에서 도보 5분 거리라 마음만 먹는다면 그리 먼 길도 아니다.

Pimmalai

핌말라이

스파

굳이 호텔이 아니더라도 방콕에는 고급 스파 업소가 많다. 독립적인 스파 시설이라 호텔처럼 단절된 느낌도 들지 않고, 호텔에 비해 넓고 공간도 여유롭다. 특히 자연적인 느낌을 최대한 살리기 위해 넓은 정원을 갖추고 있어 정서적인 안정감도 동시에 선사한다. 고급 스파들은 미리 예약을 하고 시간을 정해서 찾아가야 한다. 예약 시간보다 조금 일찍 도착해 땀도 식히고 마음도 안정시킨 다음 스파를 받도록 하자.

디바나 버튜 스파
Divana Virtue Spa ★★★★

주소 10 Thanon Si Wiang(Sri Vieng) **전화** 0-2236-6788~9 **홈페이지** www.divanaspa.com **영업** 11:00~23:00(예약 마감 21:00) **요금** 타이 마사지(100분) 1,750B, 아로마 오일 마사지(90분) 2,150B **가는 방법** BTS 쑤라싹 3번 출구에서 타논 쁘라우안으로 들어가면 보이는 방콕 크리스찬 칼리지 앞쪽 골목(타논 씨위앙)에 있다. Map P.28-B1

방콕의 대표적인 럭셔리 스파 전문 업소다. 고급 호텔에 비해 결코 뒤지지 않는 시설과 서비스를 자랑한다. 방콕에서 한번쯤 호사를 누리고 싶다면 가장 추천할 만한 곳이다. 2013년에 아시아 스파 어워즈 Asia Spa Awards와 월드 럭셔리 스파 어워즈 World Luxury Spa Awards를 수상하기도 했다.

디바나 스파의 철학은 몸과 마음뿐 아니라 영혼도 편안함을 누리게 하자는 것. 침묵과 조용함이 주는 최고의 휴식을 이곳에서 느낄 수 있다. 스파는 짧게 70분짜리 싸얌 마사지부터 260분짜리 보디 트리트먼트까지 다양한데, 단순 마사지보다는 2시간 이상의 스파 프로그램을 예약하는 사람이 더많다.

전통 마사지 프로

Divana Spa

그램은 허브를 넣어 만든 솜방망이를 이용한 허벌 콤프레스 Herbal Compress가 추가되는 와일드플라워 콤프레스 Wildflower Compress(100분, 2,450B), 아로마 오일을 이용한 아로마틱 릴랙싱 마사지 Aromatic Relaxing Massage(90분, 2,150B), 루비원석을 이용한 그루스 호르몬 & 루비 핫 스톤 Growth Hormone & Ruby Hot Stone(120분, 3,850B)도 유명하다.

네이처 트리트먼트 Nature Treatment는 보디 스크럽과 아로마 마사지를 동시에 받을 수 있는 프로그램이다. 머드 팩, 아로마틱 밀키 스팀, 알로에 베라 바디 럽 등과 섞어 3시간짜리 스파 패키지로 구성된다. 가장 기본적인 스파 패키지는 네이처 스파 에센스 Nature Spa Essence(130분, 2,950B)다. 9가지 스파와 식사까지 제공되는 5시간짜리 네이처 스파 매그니피센스 Nature Spa Magnificence(310분, 6,950B)도 있다. 보디 스크럽과 아로마테라피에 쓰이는 스파 용품은 20가지 중에 하나를 고르면 된다. 모든 스파 용품은 직접 제작한 것이다.

쑤쿰윗에 있는 디바나 네이처 스파

디바나 버튜 스파

오아시스 스파 수쿰윗 쏘이 31 지점

Oasis Spa

본점 이외에 방콕 시내에 3개의 지점이 더 있다. 쑤쿰윗 쏘이 11 Thanon Sukhumvit Soi 11에 있는 디바나 네이처 스파 Divana Nature Spa(홈페이지 www.divanaspa.com/NurtureSpa, Map P.19-C1)는 자연적인 느낌을 강조한 곳으로 야외 정원과 단독 주택이 여유롭게 어우러진다. 통로 쏘이 17 Thong Lo Soi 17에 있는 디바나 디바인 스파 Divana Divine Spa(홈페이지 www.divanaspa.com/DivineSpa, MapP.22-B1)는 아로마와 유기농 제품을 이용한 오가닉스파 Organic Spa 프로그램도 있다. 쏘이 쏨킷 Soi Somkhit에 있는 디바나 센츄라 스파 Divana Scentura Spa(홈페이지 www.scentura.divanaspa.com/scentuaraspa, Map P.18-B1)는 도심 속 공원 옆 한적한 골목에 있다. 각기 다른 콘셉트로 인테리어를 꾸몄지만 어떤 곳에 가든지 도심의 복잡함은 사라지고 자연적인 정서가 마음을 편하게 해준다.

오아시스 스파
Oasis Spa ★★★★

주소 ①쑤쿰윗 쏘이 31 지점 64 Thanon Sukhumvit Soi 31, Map P.21-B1 **전화** 0-2262-2122 **홈페이지** www.oasisspa.net **영업** 10:00~22:00 **요금** 타이 마사지(120분) 1,700B, 타이 허벌 콤프레스(60분) 1,200B, 보디 스크럽(60분) 1,500B, 페이셜 트리트먼트(60분) 2,900B(+17% Tax) **가는 방법** BTS 프롬퐁역 5번 출구에서 쑤쿰윗 쏘이 쌈씹엣 Sukhumvit Soi 31으로 도보 20분.

2003년 치앙마이를 시작으로 방콕과 파타야까지 영역을 넓힌 전문 데이 스파 업소. 태국 스파 산업에 기여한 공로를 인정받아 2007년에는 총리 상 Prime Minister Awards을 수상했을 정도. 방콕 지점(쑤쿰윗 쏘이 31지점)은 도심 한복판이라 소란스러울 것 같지만 골목 안쪽에 있어 의외로 조용하다. 더군다나 트로피컬 가든 Tropical Garden을 테마로 만든 야외 정원은 도심에서 느끼기 힘든 고요와 평온함을 선사한다. 방콕의 대표적인 고급 스파 업소답게 모든 룸은 개별 샤워와 탈의실을 겸비하고 있다. 빌라 형태로 꾸민 스파 룸들은 잔잔한 음악과 어울려 지친 몸과 마음을 풀어준다.

오아시스 스파의 대표 메뉴는 포 핸드 오일 마사지 Four Hands Oil Massage(60분, 2,500B). 오랜 기간 숙련된 솜씨를 자랑하는 두 명의 테라피스트들이 네 개의 손으로 마사지를 해준다. 하지만 한 사람이 손을 움직이는 착각이 들게 하는데, 그 이유는 두 명이 같은 속도와 같은 무게로 마사지를 하기 때문.

이밖에도 오일 마사지와 허벌 볼을 함께 받을 수 있는 킹 오브 오아시스 King Of Oasis와 퀸 오브 오아시스 Queen Of Oasis(120분, 3,900B)가 있다. 킹 오브 오아시스는 남성들에게 적합한 핫 오일 마사지가 주를 이루는 반면, 퀸 오브 오아시스는 여성들에게 어울리는 부드러운 아로마 마사지로 구성된다.

에까마이 지점으로 어번 오아시스 스파 Urban Oasis Spa(주소 59 Thanon Ekkamai Soi 21, Map P.23-C1)를 운영한다. 두 곳 모두 BTS 역에서 멀기 때문에 무료로 운영하는 셔틀을 이용하면 된다. 예약할 때 픽업 서비스를 문의할 것.

Oasis Spa

인피티니 스파
Infinity Spa ★★★★

주소 1037/1-2 Thanon Silom Soi 21 **전화** 0-2237-8588, 09-1087-5824 **홈페이지** www.infinityspa.com **영업** 09:30~21:30 **요금** 인피니티 아로마(60분) 1,300B, 인피니티 아로마 + 허벌 콤프레스(90분) 1,600B, 인파니티 타이(60분) 900B, 인피니티 타이 + 허벌 콤프레스(90분) 1,300B **가는 방법** 타논 씰롬 쏘이 21 골목 안쪽으로 50m. BTS 쑤라싹 역에서 도보 10분. Map P.28-B2

최근에 오픈한 스파 업소 중에 가장 눈에 띄는 곳이다. 어둑하고 태국적인 인테리어를 강조한 전통적인 마사지 숍과 달리 밝고 화사한 디자인으로 공간의 느낌을 강조했다. 현대적인 연구실처럼 느껴지기도 하는데, 계단으로 연결되는 각 층마다 콘셉트를 달리하며 현대적인 공간에서 편안하게 마사지를 받을 수 있도록 했다. 숙련된 테라피스트들과 전문적인 관리가 이루어지고 있어 만족도가 높은 편이다.

1층은 리셉션으로 예약 상황을 확인하고, 마사지 받기 전에 몸의 상태와 마사지 강도 등을 차트에 체크한다. 웰컴 드링크 한 잔 마시고 2층으로 올라가면 담당 테라피스트가 발을 닦아준다. 네일 케어와 발 마사지는 3층, 타이 마사지와 오일 마사지는 4층에서 받으면 된다.

시그니처 마사지는 인피니티 아로마 Infinity Aroma로 오일을 이용해 강한 압으로 마사지를 해준다. 부드러운 오일 마사지는 릴랙스-아테라피 Relax-

Atheraphy를 선택하면 된다. 천연 아로마 오일은 세 종류로 릴랙스 Relax(라벤더+캐모마일), 디톡스 Detox(레몬그라스+자몽), 에너자이즈 Energize(제라늄+감귤)가 있다.

지압을 이용한 타이 마사지는 인피니티 타이 Infinity Thai로 기본 60분과 허벌 콤프레스를 추가한 90분으로 구분된다. 마사지가 끝나면 다시 1층으로 내려오면 간단한 디저트(망골 찰밥+차)를 제공해 준다.

유명세에 힘입어 쑤쿰윗 지점인 인피니티 웰빙 Infinity Wellbeing(주소 22 Thanon Sukhumvit Soi 20, Map P.21-A2)을 추가로 열었다. 주변에 호텔에 많기 때문에 관광객에게 편리한 위치다.

바와 스파
Bhawa Spa ★★★★

주소 83/27 Thanon Witthayu(Wireless Road) Soi 1 **전화** 0-2252-7988, 0-2252-7989 **홈페이지** www.bhawaspa.com **영업** 10:00~23:00(예약 마감 21:00) **요금** 릴렉싱 타이 터치(타이 마사지 100분) 1,990B, 아로마테라피(100분) 2,450B, 디톡스 마사지(120분) 3,450B **가는 방법** 타논 위타유 쏘이 1(능) 골목에 있다. 베트남 대사관과 Verasu ('위라쑤'라고 읽는다)라고 적힌 빌딩 사이에 있는 골목 안쪽으로 80m. BTS 펀찟 역 2번 또는 5번 출구에서 도보 10분. Map P.18-B2

방콕에서 대사관이 몰려 있는 타논 위타유에 있다. 도심에 해당하지만 골목 안쪽에 있어서 차분하게 스파를 받을 수 있다. 10년 이상 스파 비즈니스를 해온 주인장과 직원들의 전문적인 마인드가 돋보이는 곳이다.

'바와'는 산스크리트어로 존재(Being), 존유(存有)를 뜻한다. 바와 스파는 이름처럼 좀 더 명상적이고 평온한 스

Infinity Spa

인피니티 스파

디자인을 중시한 인피니티 스파 리셉션

BHAWA
status of being

Bhawa Spa

바와 스파

바와 스파 쑤쿰윗 지점

파를 구현하고 있다. 집에서 스파와 마사지를 받는 것 같은 편안함을 선사하는 게 목표라고 한다. 단아한 3층 건물 입구에 들어서면 아담한 정원과 야외 수영장이 보인다. 마사지 받기 전에 마사지의 강도와 피부 성향, 마사지를 집중적으로 받고 싶은 부위를 차트에 표시하면 된다.

스파 룸은 단순함을 강조한 인테리어를 꾸몄다. 목재와 대리석이 어울려 고급스러우면서도 정서적인 안정감을 준다. 싱글 룸과 커플 룸(2인실)으로 구분되어 있다. 예약할 때 원하는 룸 타입을 요청할 수 있다. 스파는 몸의 긴장 풀기, 뭉친 근육 풀기, 몸의 균형 잡기 등에 따라 타이 마사지, 아로마테라피, 허벌 콤프레스 Herbal Compress, 핫 스톤 힐링 테라피 Hot Stone Healing Therapy 등으로 구분돼 있다. 아로마 오일을 이용한 아로마테라피 보디 리트리트 Aromatherapy Body Retreat는 몸의 긴장 완화, 스트레스 해소, 피부 보습에도 효과가 있다. 기본적인 마사지는 100분을 기준으로 한다.

인기가 많아지고 예약이 밀리면서 쑤쿰윗에 분점을 열었다. 분점은 쑤쿰윗 쏘이 8에 있어 바와 스파 온 더 에이트 Bhawa Spa On The Eight(Map P.19-C2)라고 불린다.

탄 생추어리
Thann Sanctuary ★★★★

주소 3F, Gaysorn Village, 999 Thanon Phloenchit
전화 0-2656-1423~4 홈페이지 www.thann

sanctuaryspa.info 영업 10:00~22:00 요금 타이 마사지(90분) 1,500B, 아로마 마사지(90분) 3,000B, 시그니처 마사지(90분) 3,000B, 힐링 스톤 마사지(120분) 4,500B, 스파 패키지(150분) 5,000B 가는 방법 게이손 빌리지 3층에 있다. BTS 칫롬 역에서 연결 통로로 이어지는 게이손 빌리지로 들어가면 된다.

Map P.18-A1

태국을 대표하는 미용용품 브랜드인 '탄 Thann'에서 운영하는 데이 스파. 자연친화적인 천연 재료를 이용한 미용용품으로 유명한 탄의 고급스런 브랜드 이미지를 스파 시설과 접목한 것이 탄 생추어리다.

탄 생추어리 입구는 어둑한 실내조명에 의해 성스러운 장소로 들어가는 느낌을 선사한다. 160㎡ 크기의 실내는 모두 6개의 스파 룸으로 공간 구성을 넓게 했다. 아로마 마사지부터 스웨덴 마사지, 아유르베딕 마사지, 스톤 마사지, 보디 스크럽, 보디 마스크까지 전문 스파 프로그램을 시술한다. 본인의 취향에 따라 페퍼민트, 로즈메리, 라벤더, 오렌지, 캐러파임, 레몬그라스 등 에센스 오일을 직접 선택하면 된다. 탄 생추어리에서 사용하는 모든 스파 용품은 '탄'에서 직접 제작한 제품으로 별도 구입도 가능하다. 스파를 받으려면 예약은 필수며, 예약 시간 15분 전에 도착해 여유롭게 스파를 받도록 하자.

대형 쇼핑몰인 엠포리움 백화점 5F(전화 0-2664-9924)에 지점을 운영한다. 시내 중심가인 쑤쿰윗 쏘이 47에 탄 생추어리와 스파 용품 매장을 새롭게 오픈했다. 탄 쑤쿰윗 47 THANN Sukhumvit 47(전화 0-2011-7104, Map P.22-A2)이라고 본점과 구분해 부른다.

고급 호텔 스파

일류 호텔들이 가득한 방콕과 스파의 메카로 성장한 방콕, 두 가지 모습을 한곳에서 체험하려면 호텔에서 운영하는 스파를 이용하자. 최고의 시설에 최고의 서비스를 받으며 호사를 누릴 수 있다. 다만, 금전적으로 충분한 예산이 필요하다. 해당 호텔에 투숙하지 않더라도 예약이 가능하다.

소 스파(소 소피텔 방콕)
So Spa(Sofitel) ★★★★

주소 11F, Sofitel So Bangkok, 2 Thanon Sathon Neua(North Sathon Road) 전화 0-2624-0000 홈페이지 www.so-bangkok.com 영업 10:00~22:00 요금 마사지(60분) 3,500B, 아로마테라피(90분) 4,500B, 페이셜(60분) 3,500B, 스파 패키지(220분) 9,500B (+17% Tax) 가는 방법 소 소피텔 방콕(호텔) 11층에 있다. MRT 룸피니 역 2번 출구에서 도보 5분. Map P.26-C2

럭셔리 호텔 중의 하나인 소 소피텔 방콕 So Sofitel Bangkok에서 운영한다. 전체적으로 목재를 이용해 편안한 느낌을 주도록 디자인했다. 하지만 대리석 바닥과 벽면 장식(금빛의 새와 나무 디자인)은 소 소피텔 방콕의 세련된 이미지를 그대로 살리고 있다. 룸 피니 공원이 보이는 호텔의 위치를 최대한 활용해 창 밖으로 풍경이 보이도록 한 것도 매력적이다.

스파를 받기 전에 피부 타입, 스파 받을 동안 원하는 음악, 스파 후에 마실 차 종류에 대해 미리 선택할 수 있다. 스파 프로그램은 마사지를 기본으로 보디 스크럽, 페이셜 트리트먼트로 구분된다. 마사지는 단순히 타이 마사지에 한정하지 않고 아유르베딕 마사지, 발리 마사지, 모로코 마사지, 스웨덴 마사지, 스포츠 마사지 등으로 구분되어 있다. 마사지는 60분(3,200B)과 90분(4,250B)으로 구분된다. 다양한 마사지 기법에 따라 마사지 강도를 조절해 꼼꼼하게 마사지 해준다.

스파 용품은 프랑스 쌩끄 몬드 Cinq Mondes 제품을 사용한다(소피텔은 프랑스 호텔 체인이다). 은은한 조명과 푹신한 스파 베드, 안정적인 마사지 솜씨가 몸을 편안하게 해 준다.

치 스파(상그릴라 호텔)
Chi Spa ★★★☆

주소 Shangri-La Hotel, 89 Soi Wat Suan Plu, Thanon Charoen Krung 전화 0-2236-7777(+내선 6072) 홈페이지 www.shangri-la.com/bangkok 영업 10:00~22:00 요금 타이 마사지(60분) 2,700B, 치 발란스(60분) 2,900B, 스파 패키지(120분) 4,800B (+10% Tax) 가는 방법 ①BTS 싸판 딱씬 역 1번 출구 또는 ②수상 보트 타 싸톤 Tha Sathon (Sathon Pier) 선착장에서 도보 5분. Map P.28-B2 Map P.29

방콕의 대표적인 럭셔리 호텔인 상그릴라 호텔에서 운영한다. '치 Chi'는 기(氣)를 뜻하고, 상그릴라는 히말라야 어딘가에 있다고 여겨지는 지상의 낙원을 의미한다. 정적인 느낌으로 인테리어를 꾸며 마음의 평온함을 유지하도록 했다. 방콕에서 가장 큰 스파 룸이라는 가든 스위트는 107㎡ 크기로 개인 정원까지 만들었다. 커플들을 위한 시설은 방 속에 방 개념으로 설계해 고요함을 유지하도록 했다.

스파 테라피는 티베트와 중국의 치유(힐링) 기법을 바탕으로 했다. 스파 메뉴는 크게 아시안 웰니스 마사지 Asian Wellness Massage와 보디 테라피 Body Therapy로 구분된다. 대표적인 마사지 테라피로는 치 발란스 Chi Balance, 센 치 Sen Chi, 치 힐링 스톤 마사지 Chi Healing Stone Massage가 있다.

소 소피텔에서 운영하는 소 스파

상그릴라 호텔에서 운영하는 치 스파

오리엔탈 스파(오리엔탈 호텔)
The Oriental Spa ★★★★★

주소 48 Oriental Ave. Thanon Charoen Krung (New Road) Soi 40 **전화** 0-2659-9000(내선 7440) **홈페이지** www.mandarinoriental.com/bangkok **영업** 09:00~22:00 **요금** 타이 마사지(90분) 4,150B, 오리엔탈 시그니처 트리트먼트(오일 마사지) 90분 4,800B, 풀 데이 스파(5시간 30분) 1만 7,000B(+17% Tax) **가는 방법** ①BTS 싸판 딱씬 역에서 내린 다음 타는 짜런끄룽 Thanon Charoen Krung 방향으로 도보 10분. 쏘이 씨씹 Soi 40 안쪽으로 들어가면 된다. ②수상 보트 타 오리안뗀 Tha Oriental(Oriental Pier) 선착장(선착장 번호 N1)에서 도보 1분. Map P.28-B2

방콕 최고의 호텔인 오리엔탈 호텔에서 운영하는 럭셔리 스파. 호텔과 별도로 운영되는 스파 시설은 호텔 메인 건물 맞은편의 짜오프라야 강 건너에 있다. 서비스에 관한 한 이미 국제적인 여행 매체로부터 호평을 받고 있으니 걱정하지 않아도 된다. 〈트래블 & 레저 매거진 Travel & Leisure Magazine〉을 포함해 여러 차례 베스트 스파 업소로 선정되었다.

주머니 가벼운 사람들을 위해 만든 스파 시설이 아니니 요금도 최고 수준이다. 타이 마사지는 60분에 2,900B, 시그니처 트리트먼트는 90분에 4,500B다. 5시간 30분 동안 진행되는 풀 데이 스파 Full Day Spa는 1만 7,000B이다. 최소 4시간 전에 예약을 해

야 하며, 예약을 취소하면 위약금으로 50% 내야 한다. 프로그램을 꼼꼼히 살펴본 후에 본인에게 맞는 스파를 예약하자. 참고로 성수기에는 예약이 며칠씩 밀리는 경우가 허다하다.

오리엔탈 스파

반얀 트리 스파(반얀 트리 호텔)
Banyan Tree Spa ★★★★★

주소 Banyan Tree Hotel, Thai Wah Tower II 21F, Thanon Sathon Tai(South Sathon Road) **전화** 0-2679-1052, 0-2679-1054 **홈페이지** www.banyantreespa.com **영업** 09:00~22:00 **요금** 타이 마사지(60분) 3,800B, 시그니처 마사지(120분) 8,000B, 스파 패키지(3시간) 9,500~1만 1,500B (+17% Tax) **가는 방법** 반얀 트리 호텔 21층에 있다. MRT 룸피니 역 2번 출구에서 타논 싸톤 따이 Thanon Sathon Tai (South Sathon Road) 방향으로 도보 10분. Map P.26-B2

방콕의 대표적인 럭셔리 스파. 방콕의 초일류 호텔인 반얀 트리 호텔의 명성을 더욱 빛나게 만드는 공간이다. 방콕에 있는 호텔 스파 가운데 가장 많은 23개의 스파 룸을 운영한다. 마사지는 모두 6종류로 타이, 발리, 하와이, 스웨덴, 아일랜드 듀, 아시안 블렌드 마사지 등으로 구분했다. 마사지를 부드럽게 받고 싶으면 아일랜드 듀 마사지 Island Dew Massage, 강하게 받고 싶으면 발리 마사지 Balinese Massage나 아시안 블렌드 마사지 Asian Blend Massage를 선택하면 된다.

보디 스크럽에 쓰이는 스파 용품은 반얀 트리에서 직접 제작한 것들로 열대 과일, 사과와 녹차, 키에피어 라임 Kieffier Lime 등으로 만든 제품들이다. 반얀 트리 스파를 제대로 받고 싶다면 3시간짜리 스파 패키지를 예약하자. 4~5가지 마사지와 보디 스크럽을 함께 받을 수 있는 프로그램으로 로열 반얀 Royal

Banyan(9,500B)과 하모니 반얀 Harmony Banyan(1만 2,500B)이 대표적이다.

Banyan Tree Spa

반얀 트리 스파

판퓨리 오가닉 스파(파크 하얏트 호텔)
Panpuri Organic Spa ★★★★

주소 Park Hyatt, 88 Thanon Withayu(Wireless Road) **전화** 0-2011-7462 **홈페이지** www.panpuri.com/organicspa/park-hyatt-bangkok/index.html **영업** 10:00~22:30 **요금** 시그니처 테라피(90분) 4,800B, 스파 패키지(120분) 5,900B, 스파 패키지(150분) 7,200B(+17% Tax) **가는 방법** ①파크 하얏트(호텔) 11층에 있다. 호텔 입구는 쎈탄 엠바시 Central Embassy 쇼핑몰 뒤편(영국 대사관 방향)에 있다. ② BTS 펀찟 역에서 쎈탄 엠바시까지 연결 통로가 이어진다. Map P.18-B1

5성급 럭셔리 호텔인 파크 하얏트에서 운영하는 스파. 태국의 대표적인 스파 브랜드인 판퓨리 Panpuri(P.326)와 협업해 운영한다. 미니멀한 디자인과 현대적인 터치가 어우러진 파크 하얏트의 특징이 엿보이는 공간이다. 스파 룸은 호텔 객실처럼 탈의실·샤워실과 스파 베드로 공간을 구분했다. 차분한 화이트 톤의 실내는 명상적인 분위기가 물씬하다. 입장하면 웰컴 드링크를 제공해 주고, 아로마 오일을 시향한 뒤 원하는 것을 선택하게 한다. 마사지 강도와 집중해서 마사지 받고 싶은 부위도 미리 체크한다. 시그니처 마사지는 핫 오일 마사지와 허벌 컴프레스를 결합한 아로마테라피다. 스파가 끝난 다음에는 다과를 제공해주는데, 별도의 휴식 공간을 마련해 다른 손님들과 마주치지 않도록 동선을 마련했다.

본점인 판퓨리 웰니스 Panpuri Wellness(홈페이지 www.panpuri.com)와 혼동하지 말 것. 본점은 게이손 빌리지 쇼핑몰(P.327) 12층에 있는데, 호텔보다 조금 더 저렴하며 스파 프로그램 또한 다양하다.

스파 보타니카(쑤코타이 호텔)
Spa Botanica ★★★★

주소 13/3 Thanon Sathon Tai(South Sathon Road) **전화** 0-2344-8900 **홈페이지** www.sukhothai.com **영업** 10:00~22:00 **요금** 타이 마사지(90분) 3,500B, 쑤코타이 시그니처 마사지(90분) 5,000B, 아로마테라피(90분) 4,500B(+17% Tax) **가는 방법** MRT 룸피니 역 2번 출구에서 타는 싸톤 따이를 따라 도보 10분. 독일 대사관과 반얀 트리 호텔 사이에 있는 쑤코타이 호텔 내부에 있다. Map P.26-B2

스파 산업의 확장으로 대부분의 고급 호텔들의 필수품처럼 된 것이 바로 스파 시설이다. 다른 호텔에 비해 비교적 늦게 문을 연 쑤코타이 호텔의 스파 보타니카는 마치 식물원에 들어온 느낌이 들게 한다. 넓은 정원을 갖고 있는 호텔의 매력을 최대한 살려 모든 스파 룸에서 정원이 보이도록 만든 것이 특징이다.

최첨단 장비보다는 자연미를 강조해 최대한의 프라이버시와 공간을 확보해 도심의 번잡함으로부터 벗어나려는 사람들에게 이상적인 공간을 마련해 준다. 가벼운 색의 티크 나무 바닥과 짐 톰슨이 만든 타이 실크로 데코레이션을 꾸며 가정적인 느낌과 럭셔리함을 동시에 느껴지게 만들었다.

호텔 서비스에 관한 한 이미 정평이 난 곳이니 스파에 관해서도 호텔 수준과 맞먹는 서비스를 기대해도 된다. 하루 종일 스파를 받을 수 있는 보타니컬 리프레시 Botanical Refresh(320분, 1만 5,000B)를 비롯해 커플이 함께 스파를 받을 수 있는 스파 타이 투게더 데이 Spa Thai Together Day(210분, 2인 요금 1만 9,500B)까지 다양한 스파 패키지를 운영한다.

Panpuri Organic Spa

파크 하얏트 호텔 판퓨리 오가닉 스파

스파 보타니카

Accommodation in Bangkok

방콕의 숙소

방콕의 숙소는 가격도 다양하고 종류도 많다. 저렴한 숙소는 400B 이하에서도 가능하고, 세계 호텔 베스트 순위에 랭크된 300달러 이상의 럭셔리 호텔도 흔하다. 저렴한 숙소는 배낭 여행자들이 밀려드는 카오산 로드에 집중된 편이고, 고급 호텔들은 쑤쿰윗·씰롬·짜오프라야 강변에 몰려 있다. 연간 4,000만 명의 관광객이 방콕을 들락거린다. 호텔이 많은 대신 경쟁도 심해 적당한 돈만 투자해도 수영장 딸린 호텔에 투숙할 수 있다. 여행사나 호텔 예약 사이트를 효과적으로 이용하면 대폭 할인된 요금에 예약도 가능하다. 뉴욕이나 런던에 본사를 둔 부티크 호텔도 속속 영업을 개시해 트렌디한 여행자들의 기호에 맞춰 빠르게 변화하고 있다. 유럽에 비해 요금이 월등히 저렴해 제대로 호사를 부려봄직하다.

카오산 로드의 숙소

비비 하우스 람부뜨리 2
BB House Rambuttri 2

주소 28/1 Soi Rambuttri **홈페이지** www.bestbed house.com **요금** 680B(에어컨, 개인욕실, TV, 냉장고) Map P.8-B2

사원(왓 차나쏭크람) 뒤쪽 한적한 거리에 있다. BB는 '베스트 베드 Best Bed'의 약자다. 거리 이름을 붙여서 비비 하우스 람부뜨리 BB House Rambuttri라고 부른다. 객실을 리모델링해 쾌적한 것이 장점이며, LCD TV와 냉장고까지 설비도 훌륭하다. 층마다 공동으로 사용할 수 있는 발코니가 딸려 있다. 1층엔 레스토랑을 운영해 분위기가 좋다.

누보 시티 호텔
Nouvo City Hotel

주소 2 Thanon Samsen Soi 2 **홈페이지** www.nouvo cityhotel.com **요금** 슈피리어 클래식 2,500B, 그랜드 딜럭스 3,000B Map P.10

쌈센 지역에서 인기 있는 수영장을 갖춘 호텔이다. 두 동의 건물로 나뉘어 있으며, 객실은 6가지 카테고리로 구분된다. 일반 객실은 32㎡ 크기로 답답한 느낌은 들지 않는다. 그랜드 딜럭스 룸 Grand Deluxe Room부터는 신관에 해당한다. 객실은 목재로 인테리어를 꾸몄으며, 창문이 넓어 채광도 좋은 편이다.

타라 플레이스
Tara Place

주소 113~117 Thanon Samsen **홈페이지** www.tara placebangkok.com **요금** 1,750B(에어컨, 개인욕실, TV, 냉장고) Map P.10

카오산 로드 인근에서 인기 있는 중급 호텔이다. 2012년에 오픈했는데, 객실 시설이 깔끔하다. 매니저가 기본적인 한국어를 구사하며 직원들도 친절하다. 객실 크기는 보통이지만 에어컨 시설에 냉장고, LCD TV가 설치되어 편하고 쾌적하다. 두 동의 건물이 연결되어 있는데, 도로 쪽보다는 안쪽에 있는 건물이 조용하다. 수영장은 없다. 왕궁과 왓 포까지 정기적으로 무료 뚝뚝을 운행한다.

리바 수르야
Riva Surya

주소 23 Thanon Phra Athit **홈페이지** www.rivasurya bangkok.com **요금** 어번 룸 3,600B, 리바 룸 4,500B, 딜럭스 리바 룸 5,500B Map P.8-A2

짜오프라야 강변과 카오산 로드를 동시에 즐길 수 있는 부티크 호텔이다. 빅토리아 양식을 가미해 태국과 유럽적인 느낌을 적절히 조합했다. 강변 전망의 딜럭스 리바 룸 Deluxe Riva Room(40㎡)과 프리미엄 리바 룸 Premium Riva Room(48㎡)은 발코니까지 딸려 있다. 어번 룸 Urban Room은 도로를 끼고 있다.

🛏 싸얌 & 펀찟의 호텔

홀리데이 인 익스프레스(방콕 싸얌)
Holiday Inn Express(Bangkok Siam)

주소 889 Thanon Phra Ram 1(Rama 1 Road) 홈페이지 www.holidayinnexpress.com 요금 스탠더드 2,800~3,200B Map P.16-A1
전 세계적인 호텔망을 구축한 홀리데이 인에서 운영한다. 부대시설과 서비스를 간소화해 합리적인 가격의 객실을 제공한다. 객실은 트렌디한 시설로 현대적인 느낌이 강하게 든다. 일반 객실은 23㎡ 크기로 작은 편이다. 수영장만 없다 뿐이지 쾌적한 호텔로 방콕 시내 중심가에 있어 편리한 교통을 제공한다.

호텔 인디고
Hotel Indigo

주소 81 Thanon Withayu(Wireless Road) 홈페이지 www.bangkok.hotelindigo.com 요금 슈피리어 5,400B, 딜럭스 6,500B Map P.18-B2
방콕 시내 중심가에 있는 5성급 호텔이다. 도심과 잘 어우러지는 트렌디한 느낌의 호텔로 26층, 192개 객실을 운영한다. 색감을 중시하는 부티크 호텔답게 빈티지한 인테리어가 세련된 느낌을 준다. 스탠드와 가구, 미니바, 세면대까지 감각적이다.

싸얌 켐핀스키 호텔
Siam Kempinski Hotel

주소 991/9 Thanon Phra Ram 1(Rama 1 Road) 홈페이지 www.kempinski.com 요금 딜럭스 9,800B, 프리미엄 1만 2,000B Map P.16-B1

독일과 스위스에 본사를 두고 있는 유럽 계열의 럭셔리 호텔이다. 전 세계에서 66개의 호텔을 운영하는데, 빼어난 호텔 건축 디자인으로 유명하다. 교통량과 유동 인구가 엄청난 방콕 시내에 있지만, 호텔 내부는 고요하다. 마치 독립된 하나의 성(城)에 갇힌 듯 외부의 소음과 번잡함을 철저히 차단했다. 호텔 객실에 둘러싸여 있는 야외 수영장과 정원은 푸른색으로 반짝이는 석호(라군)를 대하는 듯 아름답다. 객실은 40~45㎡ 크기의 딜럭스 룸을 기본으로 한다.

파크 하얏트
Park Hyatt

주소 Central Embassy, 88 Thanon Withayu(Wireless Road) 홈페이지 www.hyatt.com 요금 파크 킹 룸 1만 3,000B, 파크 딜럭스 킹 룸 1만 6,000B Map P.18-B1

대표적인 5성급 호텔인 파크 하얏트에서 운영한다. 2017년에 신축한 호텔로, 관리 상태가 좋고 서비스도 훌륭하다. 쎈탄 엠바시(쇼핑몰)와 같은 건물을 사용하는데, 곡선을 살린 현대적인 디자인의 건물 외관부터 눈길을 끈다. 객실은 48~55㎡로 넉넉한 면적을 자랑하며, 화이트 톤으로 군더더기 없이 깔끔한 인상을 준다. 통유리 너머로는 시원한 전망이 펼쳐진다. 9층에는 인피니티 풀, 11층에는 스파와 피트니스, 35층 루프 톱 바가 자리한다.

쎈타라 그랜드 호텔
Centara Grand Hotel

주소 999/99 Thanon Phra Ram 1(Rama 1 Road) 홈페이지 www.centarahotelsresorts.com 요금 슈피리어 6,500B, 딜럭스 7,800B Map P.16-B1

5성급 태국 호텔 체인인 쎈타라 호텔에서 운영하는 대형 호텔이다. 방콕의 대표적인 쇼핑몰인 쎈탄 월드와 붙어 있다. 방콕 도심에 우뚝 솟은 타워 형태로 호텔을 건설했는데, 객실에서의 전망은 두말할 필요 없이 훌륭하다. 객실은 슈피리어 룸부터 프레지던트 스위트까지 9가지 카테고리로 구분된다. 객실의 위치에 따라 방 구조도 약간씩 달라지는데, 측면에 위치한 방일수록 원형 구조가 강하게 느껴진다. 호텔 로비는 23층에, 수영장은 26층에 있다.

호텔 뮤즈
Hotel Muse

주소 55/555 Soi Lang Suan 홈페이지 www.hotelmusebangkok.com 요금 짜ю 딜럭스 6,800B, 딜럭스 코너 7,600B Map P.18-A2

소피텔과 노보텔을 운영하는 프랑스 호텔 그룹인 아코르 계열의 부티크 호텔이다. 고급 레지던스 아파트가 즐비한 랑쑤언(룸피니 공원 뒤쪽)에 있다. 동네 분위기를 반영하듯 현대적이고 고급스런 호텔 외관이 반들거린다. 객실은 유럽적인 느낌을 강조해 중후하면서 로맨틱한 느낌을 준다. 목재 바닥과 대리석으로 치장한 욕실은 안정감을 준다. 전체적으로 나지막한 조명을 사용해 차분한 분위기를 유지하도록 했다.

킴튼 마라이
Kimpton Maa-Lai

주소 78 Soi Tonson, Lang Suan 홈페이지 www.kimptonmaalaibangkok.com 요금 에센셜 룸 1만 1,450B, 프리미엄 룸 1만 3,400B, 레지던스 1만 2,600B Map P.18-A2

킴튼 그룹에서 아시아에 최초로 만든 호텔이다. 랑쑤언 지역에 조성된 씬톤 빌리지 Sindhorn Village의 한 자락을 차지하고 있다. 현대적인 호텔 외관에 더해 연못과 잔디 정원, 인피니티 풀까지 엣지가 느껴진다. 231개의 호텔 객실과 131개의 레지던스로 구성되어 있다. 객실은 48㎡ 크기로 동급 호텔에 비해 넓은 편이다.

씬톤 켐핀스키 호텔
Sindhorn Kempinski Hotel

주소 80 Soi Tonson, Lang Suan 홈페이지 www.kempinski.com 요금 그랜드 딜럭스 1만 1,500B, 그랜드 프리미어 1만 2,600B Map P.18-A2

싸얌 켐핀스키 호텔에 이은 방콕에 두 번째 생긴 켐핀스키 호텔이다. 'S'자를 형상화한 물결 모양의 현대적인 건물 외관이 웅장한 느낌을 주지만, 호텔 주변으로 열대 정원이 감싸고 있어 도심 속에서 자연의 정취를 느끼게 해준다. 자연 채광을 배려해 곡선을 강조한 건축 디자인이 화려한 인테리어 치장을 통해 더욱 럭셔리한 느낌을 준다. 66㎡ 크기의 그랜드 딜럭스 룸을 기본으로 하기 때문에 여느 호텔보다 넓고 쾌적하게 머무를 수 있다.

🛏 쑤쿰윗의 호텔

포 포인츠 바이 쉐라톤
Four Points by Sheraton

주소 4 Thanon Sukhumvit Soi 15 홈페이지 www.fourpointsbangkoksukhumvit.com 요금 딜럭스 4,800B, 프리미엄 5,300B Map P.19-C2
쉐라톤 호텔에서 운영하는 부티크 호텔이다. 쉐라톤 호텔에 비해 부대시설을 간소화 했으나, 심플한 대신 트렌디함을 살린 젊은 감각의 호텔이다. 쑤쿰윗 한복판에 있고 BTS 역과도 가까워 교통은 편리하다(출퇴근 시간에 교통체증이 심하다). 호텔 외관은 레지던스 아파트 분위기를 풍긴다. 객실은 가든 윙 Garden Wing과 풀 윙 Pool Wing으로 구분되어 있다.

파크 플라자 호텔
Park Plaza Hotel

주소 16 Thanon Ratchadaphisek 홈페이지 www.parkplaza.com 요금 슈피리어 3,800B, 딜럭스 코너 4,500B Map P.19-D2
쑤쿰윗에서도 중심가에 속하는 아쏙 사거리와 인접한 4성급 호텔이다. 대규모 호텔보다 부티크 호텔처럼 아늑하고 차분한 호텔을 선호하는 개별 여행자들에게 인기가 높다. 15층 건물로 모두 95개의 객실을 운영한다. 객실은 슈피리어 룸과 딜럭스 코너 룸으로 구분된다. 딜럭스 코너 룸은 32㎡ 크기로 객실 가장자리 코너에 욕조를 배치했다.

그랑데 센터 포인트 호텔 터미널
21 Grande Centre
Point Hotel Terminal 21

주소 2/88 Thanon Sukhumvit Soi 19 홈페이지 www.grandecentrepointterminal21.com 요금 슈피리어 5,800B, 딜럭스 프리미어 6,500B Map P.19-D2

한국인 여행자들이 선호하는 쑤쿰윗에 위치한 호텔이다. 터미널 21(쇼핑몰)과 같은 건물을 쓰기 때문에, 흔히들 '센터 포인트 터미널 21'이라고 부른다. 스탠더드에 해당하는 슈피리어 룸은 32㎡로 객실은 크지 않다. 40㎡ 크기의 딜럭스 룸은 주방 기구, 드럼 세탁기까지 갖추어 레지던스 호텔처럼 꾸몄다. 방콕 시내에 여러 곳의 그랑데 센터 포인트 호텔이 있으므로 혼동하지 말 것.

하얏트 리젠시
Hyatt Regency

주소 1 Thanon Sukhumvit Soi 13 홈페이지 www.hyattregencybangkoksukhumvit.com 요금 스탠더드 8,950B, 딜럭스 1만 1,000B Map P.19-C2
쑤쿰윗 중심가에 있는 5성급 호텔이다. 국제적인 호텔 체인인 하얏트 리젠시에서 운영하기 때문에 호텔 간판만 보고 투숙하는 사람도 많다. 2019년에 신축한 건물답

게 통유리로 만든 현대적인 건물이다. 스탠더드 룸은 35㎡ 크기, 딜럭스 룸은 46㎡ 크기다. BTS 역과 가까워 이동이 편리한 것도 장점이다. 야외 수영장에서 바라보는 도심 풍경도 매력적이다.

아리야쏨 빌라
Ariyasom Villa

주소 65 Thanon Sukhumvit Soi 1 **홈페이지** www.ariyasom.com **요금** 스튜디오 6,900B, 딜럭스 8,000B **Map P.19-C1**

운하를 끼고 만든 빌라 형태의 가옥을 근사한 부티크 호텔로 변모시켰다. 1941년에 건설된 빌라로 모두 24개 객실을 운영한다. 객실은 티크 원목을 이용해 태국적인 느낌을 살려 클래식하게 꾸몄다. 울창한 정원에 둘러싸여 있어 도심이라고는 믿겨지지 않는 차분함이 최대의 매력이다. 수영장, 레스토랑, 스파 시설과 어우러져 있다.

쉐라톤 그랑데 쑤쿰윗
Sheraton Grande Sukhumvit

주소 250 Thanon Sukhumvit **홈페이지** www.sheratongrandesukhumvit.com **요금** 그랜드 7,200B, 프리미어 8,200B, 럭셔리 9,600B **Map P.19-D2**

오랫동안 변함없는 사랑을 받고 있는 방콕 도심의 대표적인 호텔이다. 쉐라톤 호텔 중에도 명품 호텔인 럭셔리 컬렉션 스타우드 호텔 & 리조트 Luxury Collection Starwood Hotel & Resort에 가입된 초일류 호텔이다. 45㎡ 크기의 객실은 타이 실크로 치장해 편한 느낌을 준다. 곡선으로 흐르는 수영장 주변으로 야자수 가득한 정원이 어우러진다.

소피텔 방콕 쑤쿰윗
Sofitel Bangkok Sukhumvit

주소 189 Sukhumvit Road **홈페이지** www.sofitel-bangkoksukhumvit.com **요금** 럭셔리 8,300B, 파크 뷰 9,100B **Map P.19-C2**

소피텔에서 운영하는 방콕 시내(쑤쿰윗)에 있는 럭셔리 호텔이다. 호텔 부지가 넓지 않기 때문에, 하늘을 향해 뻗어 올라가며 시원스럽게 건축한 것이 특징이다. 객실의 나무 바닥과 카펫, 침구와 가구, 소파, 업무용 데스크, 샤워 용품까지 고급 소재를 사용한다.

칼튼 호텔
Carlton Hotel

주소 491 Thanon Sukhumvit **홈페이지** www.carltonhotel.co.th **요금** 딜럭스 6,700B, 패밀리 룸 8,300B, 칼튼 클럽 룸 8,500B **Map P.21-A2**

쑤쿰윗 중심가 메인 도로에 있는 5성급 호텔이다. 신축한 건물답게 현대적인 디자인이 돋보인다. 34층 건물로 338개 객실을 운영한다. 객실은 37㎡ 크기의 딜럭스 룸을 기본으로 한다. 전망이 더 좋은 높은 층 객실은 칼튼 클럽 룸 Carlton Club Room으로 운영된다. 부대시설로는 30m 길이의 야외 수영장, 피트니스, 키즈 클럽, 렛츠 릴렉스 스파, 클럽 라운지가 있다. 한국 직원이 상주하고 있는 것도 장점이다.

씰롬&리버사이드 호텔

이스틴 그랜드 호텔 싸톤
Eastin Grand Hotel Sathorn

주소 33/1 Thanon Sathon Tai(South Sathon Road) **홈페이지** www.eastingrandsathorn.com **요금** 슈피리어 4,800B Map P.28-B1

국제적인 호텔들의 치열한 각축장이 돼 버린 방콕에서. 유명 호텔들과 어깨를 나누며 인지도를 높여 간 태국 호텔 회사인 이스틴 호텔에서 운영한다. 호텔 전면을 통유리로 치장해 현대적인 느낌을 살렸다. 14층에 있는 야외 수영장에서의 전망도 좋다. BTS 역에서 연결통로가 호텔로 이어지기 때문에 편리한 교통을 자랑한다.

유 싸톤
U Sathorn

주소 105/1 Soi Ngam Duphli **홈페이지** www.uhotelsresorts.com **요금** 슈피리어 4,800B, 딜럭스 5,600B Map P.27

방콕 시내(씰롬)와 가까운 아늑한 호텔이다. 수영장과 정원을 둘러싸고 있는 3층 건물로 휴양지에 있는 리조트 분위기를 풍긴다. 정원 방향으로 발코니가 딸려 있는 슈피리어 가든이 전망이 좋다. 딜럭스 룸은 1층에 있어서 테라스에서 정원의 여유로움을 즐길 수 있다. 대로변에서 멀리 떨어져 있어 차분하게 지내기 좋다. 접근이 불편한 단점은 감수해야 한다.

더 스탠더드 마하나콘
The Standard Mahanakhon

주소 114 Thanon Narathiwat Ratchanakharin (Narathiwas Road) **홈페이지** www.standardhotels.com **요금** 스탠더드 7,300B, 딜럭스 8,500B Map P.26-A2

방콕의 가장 높은 건물인 킹 파워 마하나콘 King Power Mahanakhon에 들어선 럭셔리 호텔이다. 방콕이라는 에너지 가득한 도시의 느낌을 담기 위해 밝은 색의 컬러를 과감하게 사용해 힙하게 디자인했다. 호텔 로비, 엘리베이터, 객실로 이어지는 복도까지 색에 압도당한다. 로비와 편집 숍은 1층, 체크인 카운터는 4층, 수영장은 6층에 있다.

소 소피텔 방콕(소 방콕)
So Sofitel Bangkok(So Bangkok)

주소 2 Thanon Sathon Neua(North Sathon Road) **홈페이지** www.so-bangkok.com **요금** 소 코지 7,800B, 소 콤피 8,800B, 소 스튜디오 1만 1,000B Map P.26-C2

방콕 금융가인 싸톤 초입에 있는데, 길 건너에 룸피니 공원이 있어 분위기는 사뭇 다르다. 방콕 최대의 녹지를 배경으로 도심의 스카이라인까지 매력적인 경관이 펼쳐진다. 객실 크기는 38~45㎡로 여느 호텔의 딜럭스 룸과 맞먹는다.

W 호텔 방콕
W Hotel Bangkok

주소 106 Thanon Sathon Neus(North Sathon Road) 홈페이지 www.whotelbangkok.com 요금 원더풀 룸 7,800B, 스펙타큘러 룸 8,800B Map P.26-A2 2012년에 건설한 W호텔의 방콕 지점이다. 현대적인 디자인과 감각적인 인테리어로 치장했다. '블링블링' 한 조명과 장식으로 인해 젊은 감각이 느껴진다. 객실은 41㎡ 크기로 큰 편이다. 색감을 강조해 젊은 층이 선호하는 스타일리시한 디자인으로 꾸몄다. 권투 장갑을 포함해 무어이타이(킥복싱)에 사용하는 소품들을 인테리어로 장식했다.

반얀 트리 호텔
Banyan Tree Bangkok

주소 21/100 Thanon Sathon Tai(South Sathon Road) 홈페이지 www.banyantree.com 요금 딜럭스 7,400B, 오아시스 리트리트 8,800B Map P.26-B2 싱가포르에 본사를 둔 초일류 호텔. 도로 안쪽의 빌딩들에 둘러싸인 느낌이라 갑갑할 것 같지만, 초특급 호텔에서 주는 정제된 완성도가 거리 밖의 풍경과 사뭇 대조적이다. 객실은 모두 침실과 거실이 구분된 스위트룸으로만 이루어졌다. 높은 층은 이그제큐티브 전용 객실들이라 두세 배 비싼 방 값을 내야 한다.

쑤코타이 호텔
Sukhothai Hotel

주소 13/3 Thanon Sathon Tai(South Sathon Road) 홈페이지 www.sukhothai.com 요금 슈피리어 8,600B, 딜럭스 스위트 9,800B Map P.26-B2 태국적인 멋을 최고로 승화시킨 우아한 분위기의 호텔. 쑤코타이는 태국 중부에 있는 도시 이름이자 태국 최초의 왕조를 이룬 곳이다. 동종으로 장식한 작은 연못에서부터 쑤코타이 호텔은 시작된다. 입구에서 호텔 로비까지 걸어 들어가는 가로수 길은 공원의 산책로를 연상케 한다. 7,000㎡의 넓은 정원에 4층짜리 나지막한 건물로 호텔을 꾸며 아늑한 기운이 주변을 감싸고 있는 것이 매력이다.

샹그릴라 호텔
Shangri-La Hotel

주소 89 Soi Wat Suan Plu, Thanon Charoen Krung 홈페이지 www.shangri-la.com 요금 샹그릴라 윙 · 딜럭스 8,300B 샹그릴라 윙 · 딜럭스 발코니 9,600B, 끄룽텝 윙 · 딜럭스 1만 3,000B Map P.29 샹그릴라는 '지상의 낙원'이라는 뜻이다. 두 개의 수영장은 짜오프라야 강을 끼고 만든 열대 정원의 정취가 근심을 단번에 날릴 정도. 초특급 호텔 중에서도 보기 힘든 대형 호텔로 끄룽텝 윙 Krugthep Wing과 샹그릴라 윙 Shangri-La Wing으로 구분된 두 개의 빌딩에서 모두 799개 객실을 운영한다. 객실은 모두 스위트 룸으로 꾸며져 있다.

차트리움 호텔 리버사이드
Chatrium Hotel Riverside

주소 28 Thanon Charoen Krung Soi 70 **홈페이지** www.chatrium.com **요금** 그랜드 시티 뷰 5,900B, 그랜드 리버 뷰 6,400B, 원 베드 룸 7,500B

Map 전도-A4

방콕 도심에서 떨어진 짜오프라야 강변에 있다. 덕분에 주변 건물에 막히지 않은 탁 트인 전망을 제공해준다. 건물은 모두 세 동으로 한 개의 호텔과 두 개의 레지던스 아파트로 구성된다. 그랜드 룸으로 시작하는 객실은 60㎡ 크기로 동급 호텔에 비해 월등히 넓다. 원 베드 룸은 70㎡ 크기로 침실과 거실이 구분되어 있다. 호텔은 396개의 객실을 운영한다.

오리엔탈 호텔(만다린 오리엔탈 방콕)
The Oriental Hotel
(Mandarin Oriental Bangkok)

주소 48 Oriental Ave. Thanon Charoen Krung Soi 40 **홈페이지** www.mandarinoriental.com **요금** 슈피리어 2만 2,600B, 딜럭스 프리미엄 3만 3,000B

Map P.29

짜오프라야 강변에 정착한 유럽인들이 만들었던 호텔 건물 자체의 역사는 무려 150년. 그만큼의 전통과 격식을 갖춘 호텔인데 무엇보다 서비스에 관한 한 이곳을 따라올 호텔이 없다. 투숙객보다 정확히 4배 많은 종업원들이 일하기 때문에 손님 개개인마다의 취향을 훤하게 읽어낸다. 객실은 모두 딜럭스 룸 358개와 스위트 룸 35개로 구성되어 있다.

아난타라 리버사이드 리조트
Anantara Riverside Resort

주소 257/1-3 Thanon Charoen Nakhon **홈페이지** www.bangkok-riverside.anantara.com **요금** 프리미어 딜럭스 6,600~7,500B **Map 전도-A4**

도심에서 멀찌감치 떨어진 짜오프라야 강변에 있다. 방콕이라는 거대 도시에 있지만 강과 어우러진 정원과 수영장 덕분에 해변 리조트 느낌을 준다. 자연 친화적인 아난타라 리조트의 특징이 잘 살아 있다. 객실은 38㎡ 크기로 발코니까지 딸려 있다.

포 시즌스 호텔
Four Seasons Hotel Bangkok at
Chao Phraya River

주소 300/1 Thanon Charoen Krung **홈페이지** www.fourseasons.com **요금** 딜럭스 1만 8,000B, 딜럭스 리버 뷰 2만 1,500B **Map 전도-A4**

2020년에 신축한 호텔로 갤러리를 연상시키는 현대적인 건축 디자인이 돋보인다. 강변과 어우러진 정원과 수영장 덕분에 열대 지방의 정취도 잘 느낄 수 있다. 5성급 호텔답게 50㎡ 크기의 딜럭스 룸을 기본으로 한다.

Out of Bangkok

방콕 근교 지역

방콕에서 버스로 두세 시간이면 한적한 자연과 유네스코 역사 유적이 반긴다. 대중교통이 발달해 이동하기에 편리하며, 여행자들을 위한 호텔도 많아 하루 이틀 머물면서 방콕과는 전혀 다른 풍경을 만끽할 수 있다. 방콕 주변의 대표적인 도시는 아유타야, 깐짜나부리, 파타야가 있다. 태국 역사 상 가장 번성했던 아유타야는 폐허로 방치된 사원들이 가득하고, 깐짜나부리는 콰이 강의 다리를 지나는 기차를 타려는 여행자들로 분주하다. 파타야는 고급 리조트에 머물면서 휴양하거나 밤 문화를 즐기기 적합하다.

พัทยา

Pattaya
파타야

파타야를 찾은 여행자는 해변 휴양지를 찾아온 건전 여행자와 성매매를 목적으로
찾아온 섹스 투어리스트로 극명하게 구분된다. 파타야라는 존재는 태국에서 매우 독
특한 위치에 놓여 있다. 1960년대 베트남 전쟁 때부터 미군들의 휴양지로 개발되어
외국인들을 위한 특별 공간으로서의 성격이 강하다. 방콕과 가깝다는 이유 하나만으
로 어촌 마을이 개발되기 시작해 태국의 대표적인 해변 휴양지로 변모하는 데는 그
리 오랜 시간이 걸리지 않았다. 하지만 푸껫 Phuket이나 꼬 싸무이 Ko Samui에 비
해 항상 부정적인 시선이 따라다닌다. 그 이유는 파타야란 명성을 만들어내는 지대
한 공을 세운 유흥가 때문이다. 밤이 되면 해변 도로 전체가 붉은 네온사인으로 뒤덮
여 환락의 도시로 변모한다. 하지만 부정적인 이미지를 쇄신하려는 태국 정부의 지
속적인 노력과 방콕 신공항의 개항으로 파타야는 몰라보게 변모했다. 고급 리조트들
이 속속 등장하면서 건전한 휴양지로서의 면모도 갖추기 시작한 것. 비행기를 타고
멀리 가지 않고도 바다와 태양이 가득한 열대 해변 휴양지를 즐길 수 있는 곳이다.

Access 방콕에서 파타야 드나들기

방콕 터미널 어디서나 파타야행 버스가 출발하며, 쑤완나품 공항에서도 파타야로 직행하는 버스가 운행된다. 파타야까지 교통 상황에 따라 2~3시간 소요된다.

방콕 동부 터미널 매표소

파타야 버스 터미널

버스

+ 방콕 → 파타야

출발 편수가 가장 많은 곳은 에까마이 Ekkamai에 위치한 동부 버스 터미널(콘쏭 에까마이)이다. 북부 터미널(콘쏭 머칫)에서 출발하는 버스는 모터웨이를 이용하기 때문에 속도가 빠르다. 방콕에 있는 모든 터미널에서 출발하는 버스는 타논 파타야 느아 Thanon Pattaya Neua(North Pattaya Road)에 있는 파타야 버스 터미널 Map P.36-A3을 이용한다.

좀티엔에서 출발하는 쑤완나품 공항행 버스

+ 방콕(쑤완나품 공항) → 파타야(좀티엔 해변)

쑤완나품 공항에서 파타야로 직행하려면 입국장에서 아래층(공항청사 1층)으로 내려가 8번 회전문 앞에서 파타야행 버스를 타야 한다. 에어포트 파타야 버스(홈페이지 www.airportpattayabus.com) 회사에서 운행하는 이 노선은 07:00~20:00까지 1시간 간격으로 출발하며 편도 요금은 143B이다. 종점은 좀티엔 해변과 가까운 타논 탑프라야 Thappraya Road Map P.38-B3에 있다. 파타야 시내로 들어가지 않기 때문에, 차장에게 호텔 이름을 말하고 내릴 곳을 미리 확인해두자. 파타야(좀티엔)→쑤완나품 공항 노선은 07:00~21:00까지 운행된다.

방콕에서 파타야로 가는 버스 운행 노선표

노선	운행 시간	운행 간격	요금(편도)
방콕 동부 터미널(에까마이) → 파타야	06:00~21:00	30분	131B
방콕 북부 터미널(머칫) → 파타야	06:00~18:00	30분	131B

+ 파타야 → 방콕

타논 파타야 느아 Thanon Pattaya Neua(North Pattaya Road)에 있는 버스 터미널 Map P.36-A3에서 출발한다. 목적지에 따라 매표 창고가 서로 다르므로 가고자 하는 터미널 매표소에서 표를 구입하면 된다.

파타야에서 방콕으로 가는 버스 운행 노선표

노선	운행 시간	요금(편도)
파타야 → 방콕 동부 터미널	04:30~21:00	131B
파타야 → 방콕 북부 터미널	05:00~18:00	131B
파타야 → 쑤완나품 공항	06:00, 09:00, 13:00, 15:00, 17:00, 19:00	190B

미니밴(롯뚜)

대형 버스에 비해 이동 시간이 빠르고, 원하는 장소에 내려주기 때문에 현지 지리에 익숙한 현지인들이 즐겨 이용한다. 동부 버스 터미널(에까마이) → 파타야 → 좀티엔행 미니밴은 05:00~19:00까지 출발한다. 터미널 내부에 매표소가 있으며 편도 요금은 파타야까지 130B이다. 북부 버스 터미널(머칫)에도 파타야행 미니밴이 출발한다. 터미널 바깥쪽의 머칫 미니밴 정류장(P.399 참고)을 이용해야 한다. 편도 요금 150B이다.

기차

이용객은 많지 않지만 방콕 후아람퐁 역에서 파타야까지 하루 한 차례 기차가 출발한다. 06:55에 방콕을 출발해 10:35에 파타야에 도착한다. 파타야 출발은 13:57이며 방콕에 18:25에 도착한다. 편도 요금은 31B이다.

Transportation 파타야의 교통

파타야 시내를 이동하려면 썽태우를 타야 한다. 정해진 노선으로 이동하면서 승객들을 태우고 내려준다. 같은 해변 안에서는 이동이 편리하지만 장거리로 나갈 경우 여러 차례 갈아타야 하는 불편함이 있다. 썽태우를 타려면 거리에 서서 손을 들어 차를 세우고 원하는 목적지를 말하면 된다. 방향이 같으면 기사가 타라는 신호를 보낸다. 내릴 때는 썽태우 천장에 달린 벨을 누르면 된다. 참고로 해변 도로인 타논 핫 파타야 Thanon Hat Pattaya(Beach Road)와 타논 파타야 싸이 썽 Thanon Pattaya Sai 2(Pattaya 2nd Road)은 일방통행이라 한 방향으로만 썽태우가 움직인다.

파타야 느아(North Pattaya)
돌고래 동상 로터리

파타야 해변에서 좀티엔 해변으로 갈 경우 타논 파타야 싸이 썽과 타논 파타야 따이 Thanon Pattaya Tai(South Pattaya Road Map P.36-A1) 교차로에서 썽태우를 갈아타야 한다. 파타야 해변에서 방콕행 버스 터미널로 갈 경우 타논 파타야 싸이 썽 과 타논 파타야 느아(North Pattaya Road)가 만나는 돌고래 동상 로터리 Map P.36-B3 에서 썽태우를 타면 된다. 요금은 같은 해변 내에서는 10~20B이고, 파타야 해변에서 좀티엔 해변으로 넘어갈 경우 거리에 따라 20~40B를 받는다. 택시처럼 사용할 경우 썽태우 한 대를 전세내야 한다. 외국인에게 바가지 요금을 적용하는 경우가 있으므로 탑승 전에 흥정하도록 하자.

알아두세요

파타야 도로에서 길이름을 붙이는 법칙

파타야 해변은 메인 도로와 연결되는 작은 골목들이 많아서 혼잡해 보입니다. 더군다나 상점들과 술집이 거리에 가득해 골목 입구를 지나치기 십상입니다. 하지만 파타야는 도로 구성이 의외로 쉽기 때문에 잘 알아 두면 길 찾기는 어렵지 않습니다. 먼저 해변을 끼고 타논 핫 파타야 ถนนหาดพัทยา라고 적힌 해변 도로가 있습니다. 영어로 그냥 '비치 로드 Beach Road'라고 적힌 길이지요. 해변 도로는 남북으로 길이 이어지는 것이 특징. 해변 도로 다음 길은 파타야 두 번째 도로라는 의미로 타논 파타야 싸이 썽(Pattaya 2nd Road) ถนนพัทยาสาย 2이라고 부릅니다. 그렇다면 세 번째 도로는 타논 파타야 싸이 쌈(Pattaya 3rd Road) ถนนพัทยาสาย 3이 되겠군요. 여기서 '썽'은 태국말로 두 번째, '쌈'은 세 번째라는 뜻입니다.

해변 도로와 별도로 동서로 가로지르는 도로가 따로 있습니다. 이 도로는 북쪽부터 차례대로 북쪽(느아), 가운데(끄랑), 남쪽(따이)을 붙입니다. 그러니까 타논 파타야 느아(노스 파타야 로드) ถนนพัทยาเหนือ North Pattaya Roda, 타논 파타야 끄랑(센트럴 파타야 로드) ถนนพัทยากลาง Central Pattaya Road, 타논 파타야 따이(사우스 파타야 로드) ถนนพัทยาใต้ South Pattaya Road가 되는 겁니다.

메인 도로와 연결되는 작은 골목인 '쏘이 Soi'는 북쪽부터 남쪽으로 차례대로 1~13까지 번호가 붙어 있구요, 해변도로 남쪽은 워킹 스트리트 Walking Street가 선착장까지 이어진답니다.

Just Follow Pattaya

낮에는 해변에서 시간을 보내고 오후에는 마사지를 받거나 호텔에서 휴식한 다음 밤이 되면 나이트라이프를 즐기면 된다. 여행보다는 휴양을 목적으로 한 관광객들이 많기 때문에 당일치기 여행자보다는 장기 여행자들이 많다.

Attractions 파타야의 볼거리

해변과 섬이 주된 볼거리다. 심심한 관광객들을 위해 해변에서는 다양한 해양 스포츠가 가능하다. 장기 체류자들은 낮에는 해변에서 빈둥대며 술을 마시고, 밤에는 바에서 여자들과 농을 주고받으며 술을 마신다.

파타야 해변(파타야 비치)
Pattaya Beach หาดพัทยา ★★★

현지어 핫 파타야 **위치** 파타야 해변 도로 일대 **운영** 연중 무휴 **요금** 무료(파라솔 의자 대여료 별도) **가는 방법** 파타야 시내 한복판의 해변 도로 전부가 파타야 해변이다. 버스 터미널에서 썽태우로 10분.
Map P.36-B1~B2
파타야 중심가를 이루는 3km 길이의 해변이다. 각종 유흥업소와 호텔, 편의 시설이 해변과 도로를 사이에 두고 몰려 있다. 파타야 시정부의 노력으로 몇 년 사

이 해변이 몰라보게 깨끗해졌다. 꼬 란을 오가던 스피드 보트도 대부분 선착장으로 옮겨가면서 파타야 해변에서 수영을 즐기는 사람도 늘었다. 하지만 해변을 따라 길게 늘어선 파라솔 아래 의자에 앉아 해산물을 먹거나 술을 마시며 일광욕을 즐기는 관광객들이 더 많다.

Pattaya Beach

바다와 도시가 어우러진 파타야 해변

좀티엔 해변(좀티엔 비치) Jomtien Beach
หาดจอมเทียน ★★★

현지어 핫 쩜띠안 **주소** Thanon Hat Jomtien **운영** 연중 무휴 **요금** 무료(파라솔 의자 대여료 별도) **가는 방법** 파타야 따이 South Pattaya(파타야 해변 끝 내륙 도로, Map P.36-A1)에서 출발하는 합승 썽태우(편도 요금 10B)를 타면 된다. 썽태우는 프라 땀낙 언덕과 좀티엔 해변도로를 지난다. Map P.38

파타야 해변에서 남쪽으로 1km 정도 떨어진 해변이다. 길이 6km로 파타야 해변에 비해 유흥업소가 적고 바다가 깨끗하다. 해변 남쪽으로 갈수록 한적해지며, 꼬 란 Ko Lan까지 가지 않고도 해변에서 수상 스포츠를 즐길 수 있다. 밤에도 조용하기 때문에 파타야에 장기 투숙하는 사람들이 즐겨 찾는 해변이다. 정확한 태국 발음은 '쩜띠안'으로 영문 표기의 오류에 의해 좀티엔이라는 지명이 외국인들 사이에 보편화되어 있다.

카오 프라 땀낙(전망대) Khao Phra Tamnak(Phra Tamnak Mountain Viewpoint)
จุดชมวิว เขาพระตำหนัก ★★★☆

주소 Thanon Phra Tamnak **운영** 07:30~21:00 **요금** 무료 **가는 방법** 파타야 해변과 좀티엔 해변을 오가는 썽태우가 프라땀낙 언덕(타논 탑프라야)을 지난다. 썽태우는 전망대까지 운행하지 않기 때문에 택시(그랩 또는 볼트)를 이용하는 게 좋다. Map P.36-A1

파타야에서 좀티엔으로 넘어가는 언덕에 있다. 프라 땀낙 힐 Phra Tamnak Hill로도 불린다. 파타야 해안선을 볼 수 있는 전망대 역할을 한다. 특히 일몰과 초저녁 시간에 보이는 파타야 풍경이 아름답다. 전망대는 태국 해군 소유의 국영지에 있는데, 언덕 정상에는 태국 해군의 아버지로 불리는 꼬롬루앙 춤폰껫우돔싹 Kromluang Chumphonket Udomsak(1880~1923)의 동상이 세워져 있다. 전망대 뒤쪽의 작은 언덕에는 왓 카오프라밧 Wat Khao Phra Bat 사원이 있다.

좀티엔 해변

파타야 전경을 볼 수 있는 카오 프라 땀낙

전망대에서 파타야 해변이 내려다 보인다

Travel Plus **해양 스포츠를 즐겨 보아요**

해양 스포츠를 즐기려면 좀티엔 해변이나 꼬 란으로 가야 합니다. 특별한 실력이 없는 초보자도 가능한 패러세일링 Parasailing과 바나나보트 Banana Boat 이외에 제트스키 Jet Ski와 시 워킹 Sea Walking 등 종류도 다양한데요. 요금이 천차만별이어서 먼저 흥정하는 게 좋습니다. 하지만 꼬 란의 경우 단체 관광객들을 상대하기 때문에 정해진 가격에서 크게 내려가지 않는 편이랍니다. 대체로 바나나보트는 4인 기준으로 1인당 400~500B, 패러세일링은 500~700B, 제트스키는 600~800B을 받습니다. 시 워킹은 특수 장비를 착용해야 하기 때문에 1,500B으로 비쌉니다.

왓 프라야이(빅 부다 템플)
Wat Phra Yai
วัดพระใหญ่　★★☆

주소 Khao Phra Tamnak(Phra Tamnak Hill) **운영** 07:00~17:00 **요금** 무료 **가는 방법** 파타야 해변에서 좀티엔 해변으로 넘어가는 언덕에 있다. 썽태우가 운행되지 않기 때문에 택시(그랩 또는 볼트)를 이용하는 게 좋다. Map P.38-B2

카오 프라 땀낙에 있는 사원이다. 전망대 반대쪽 언덕 정상에 있는데, 뱀 모양의 나가가 장식된 계단을 통해 사원을 올라가야 한다. 1940년에 건설된 사원으로 18m 크기의 대형 불상을 모시고 있다. 빅 부다 사원 Big Buddha Temple이라고 불린다. 프라 야이는 큰 불상이라는 뜻이다.

사원 입구의 나가 계단

왓 프라야이(빅 부다 템플)

텝쁘라씻 야시장(딸랏 텝쁘라씻)
Thepprasit Night Market
ตลาดเทพประสิทธิ์　★★★★

주소 18 Thanon Thep Prasit **영업** 17:00~22:00 **메뉴** 영어, 태국어 **가는 방법** 타논 텝쁘라씻 거리 북쪽에 있다. 타논 텝쁘라씻 거리 초입에서 썽태우(합승 요금 10B)를 타면 된다. Map P.38-B3

파타야에서 가장 크고 유명한 야시장이다. 많은 사람들이 찾아오면서 현재는 평일에도 문을 여는 상설 야시장으로 변모했다. 상점 구역과 음식 구역을 구분해 500여개 상점이 빼곡히 들어서 있다. 저렴한 의류, 티셔츠, 신발, 가방, 양말, 속옷, 인형, 액세서리를 판매한다. 다양한 음식과 음료, 과일을 판매하는 노점도 가득하다. 진정한 로컬 시장답게 음식 값이 저렴하다. 반찬 가게 들러서 저녁거리를 사가는 현지인들도 어렵지 않게 볼 수 있다. 식사를 할 수 있도록 야외에 테이블도 마련해 두고 있다. 파타야에서 야시장을 딱 한 곳만 가야한다면 이곳을 가면 된다.

텝쁘라씻 야시장(딸랏 텝쁘라씻)

상설 야시장으로 변모한 텝쁘라씻 야시장

란포 나끄르아 시장
Lan Pho Na Kluea Market
ตลาดลานโพธิ์นาเกลือ　★★★

주소 Thanon Pattaya-Na Kluea **영업** 월~토 08:00~18:00(휴무 일요일) **가는 방법** 파타야 느아 North Pattaya에서 북쪽으로 3.5㎞ 떨어져 있다. 돌고래 상 로터리에서 나끄르아(나끄아)행 합승 썽태우를 타고 종점에서 내리면 된다. Map P.36-A3

파타야 북쪽의 나끄르아(나끄아)에 있는 수산물 시장이다. 시내 중심가에 멀리 떨어져 있어 현지인(식당 상인)들이 즐겨 찾는다. 다양한 해산물과 건어물이 모두 판매된다. 해산물은 킬로그램 단위로 무게를 재서 판다. 관광객을 위해 추가 비용을 받고 구입한 해산물을 요리해주는 식당도 있다.

꼬 란
Ko Lan เกาะล้าน ★★★☆

위치 파타야 해변 앞 바다 **운영** 08:00~18:00 **요금** 무료 **가는 방법** 파타야 바리 하이 선착장(타르아 바리 하이) Bali Hai Pier에서 보트로 40분. Map P.36

파타야 해변을 보고 실망했다면 보트를 타고 꼬 란으로 가면 된다. 육지에서 8km 떨어진 타이만 Gulf of Thailand에 자리한 섬으로 파란 바다를 배경으로 각종 해양 스포츠를 즐길 수 있다. 일명 '방파 패키지'로 통하는 방콕–파타야 투어 상품에서 산호섬으로 소개되어 익숙한 섬이다.

섬에는 모두 9개의 해변이 있는데 가장 번잡한 곳은 섬 북쪽 해변인 핫 따웬(따웬 비치 หาดตาแหวน) Hat Tawaen(Tawaen Beach)이다. 모든 패키지 여행사 투어가 들르는 해변으로 오전에는 우리나라의 해운대처럼 사람들로 발 디딜 틈이 없다. 한적하게 시간을 보내고 싶다면 섬 남서쪽 해변인 핫 싸매(싸매 비치 หาดแสม) Hat Samae(Samea Beach)로 가자. 꼬 란에서 가장 깨끗한 모래사장과 바다를 만날 수 있다.

+ 파타야에서 꼬 란 가기

파타야에서 꼬 란으로 가려면 워킹 스트리트 남단의 바리 하이 선착장(타르아 바리 하이 ท่าเรือแหลมบาลีฮาย) Bali Hai Pier에서 보트를 타야 한다. 오전에 여러 차례 보트가 출발하며, 오후 5시에 마지막 보트를 타고 육지로 돌아온다. 일반적으로 꼬 란이라고 하면 마을이 형성된 나반 선착장(타르아 나반 ท่าเรือหน้าบ้าน) Na Ban Pier을 의미한다. 나반 선착장에서는 해변까

지 별도의 교통편을 이용해야 하므로, 가능하면 해변(핫 따웬 또는 핫 싸매)으로 직행하는 보트를 타도록 하자.

섬 남서쪽에 있는 핫 싸매까지는 스피드 보트가 운행된다. 스피드 보트는 핫 따웬 옆의 핫 텅랑(텅랑 비치 หาดทองหลาง) Hat Thonglang을 먼저 들렀다 간다. 선착장에서 핫 싸매까지는 약 40분 걸린다.

● **바리 하이 선착장 → 나반 선착장(편도 30B)**
파타야 출발 07:00, 10:00, 12:00, 14:00, 15:30, 17:00, 18:30
꼬 란 출발 06:30, 07:30, 09:30, 12:00, 14:00, 15:30, 17:00, 18:00

● **바리 하이 선착장 → 핫 따웬(슬로 보트, 편도 30B)**
파타야 출발 08:00, 09:00, 11:00, 13:00
꼬 란 출발 13:00, 14:00, 15:00, 16:00

● **바리 하이 선착장 → (핫 텅랑 경유) → 핫 싸매(스피드 보트, 편도 150B)**
파타야 출발 09:30, 10:00, 11:00, 12:30
꼬 란 출발 15:00, 16:00, 17:00

+ 섬에서 이동하기

큰 섬은 아니지만 해변을 걸어서 다닐 수 있을 만큼 작지는 않다. 섬에서의 이동은 썽태우나 오토바이 택시를 이용하면 된다. 핫 따웬에서 핫 싸매 또는 나반 선착장 Na Ban Pier(타르아 나반)으로 사람이 모이는 대로 썽태우가 출발한다. 썽태우 합승 요금은 거리에 따라 20~40B이며, 오토바이 택시는 거리에 따라 40~60B으로 요금이 정해져 있다.

오전 시간에는 단체 관광객들로 북적인다

산호섬으로 알려진 꼬 란

섬 남서쪽에 있는 해변 싸메 비치

Ko Lan

해양 스포츠를 즐기기 좋은 꼬 란

농눗 빌리지(쑤언 농눗)
Nong Nooch Village
สวนนงนุช ★★★☆

현지어 쑤언 농눗 **주소** 34/1 Moo 7 Na Jomtien, Sattahip **위치** 'Thanon Sukhumvit 163km' 이정표 옆 **전화** 0-3823-8061~3 **홈페이지** www.nongnooch tropicalgarden.com **운영** 08:00~18:00(공연 시간 10:30, 11:30, 13:30, 15:30) **요금** 800B(열대 정원+전통 공연+코 끼리 쇼) **가는 방법** 파타야 해변에서 22km 떨어져 있다. 대중교통이 없기 때문에 택시(그랩 또는 볼트)를 이용하면 편리하다. 여행사 투어를 이용해도 된다.

파타야의 대표적인 관광 코스다. 파타야 시내에서 동쪽으로 18km 떨어진 열대 정원으로 난 농장을 포함해 다양한 열대식물을 이용해 만든 조경 공원이다. 방대한 규모(약 61만 평)의 열대 정원도 볼 만하지만 무엇보다 태국 전통 공연과 코끼리 쇼로 인해 많은 관광객들을 끌어 모은다.

태국의 전통 무용을 비롯해 무에타이, 코끼리를 이용한 전투 장면 재현 등 많은 볼거리를 제공한다. 또한 많은 이들의 사랑을 받는 코끼리들의 재롱도 웃음을 선사한다. 대중교통으로 갈 수 없기 때문에 투어를 이용하는 게 편하다. 모든 투어는 공연 시간에 맞

춰 출발한다. 입장료는 열대 정원(트로피컬 가든), 전통 공연(코끼리 쇼 포함), 농눗 빌리지를 둘러보는 관광버스(셔틀 버스), 뷔페 식사 포함 여부에 따라 달라진다.

열대 정원으로 꾸민 농눗 빌리지

농눗 빌리지 코끼리 공연

파타야 수상시장
Pattaya Floating Market
ตลาดน้ำ 4 ภาค พัทยา ★★★

현지어 딸랏남 파타야 **주소** 451/304 Moo 12, Thanon Sukhumvit, Pattaya Nongprue, Banglamung **전화** 0-3870-6340 **홈페이지** www.pattayafloatingmarket. com **운영** 09:00~20:00 **입장료** 200B(+ 보트 탑승, 짚라인포함 900B) **가는 방법** 파타야에서 동쪽(싸따힙 Sattahip) 방향으로 15km 떨어져 있다. 썽태우를 대절해 가는 게 가장 좋다.

파타야를 찾는 관광객을 위해 만든 지극히 상업적인 수상시장이다. 테마 공원처럼 인위적으로 꾸몄다. 파타야 외곽에 10만㎡ 크기로 조성했다. 태국을 크게 4개 지역(북부, 북동부, 중부, 남부)로 구분해 전통 가옥을 만들었다. 목조 가옥을 중심으로 다양한 상점과 식당이 들어서 있다. 1000여개의 상점에서는 기념품과 의류, 은공예, 목공예품 등을 판매한다. 하지만 전통시장이 아닌 관광지이기 때문에 입장료를 내고 들어가야 한다. 수상 시장만 둘러볼 경우 입장료는 200B인데, 매표소에서는 보트 탑승과 짚 라인이 포함된 패키지 입장권(900B)을 사라고 권유한다. 단체 관광객(중국인 포함)들로 인해 북적댄다. 방콕 주변의 담넌 싸두악 수상

시장(P.314)이나 암파와 수상시장(P.315)과 비교하면 역동적인 느낌은 약하다. 방콕에서 수상 시장을 다녀왔으면 굳이 갈 필요는 없다.

단체관광객들이 즐겨 찾는 파타야 수상시장

관광지로 조성되어 입장료를 내고 들어가야 하는 파타야 수상시장

진리의 성전(쁘라쌋 싸짜탐)
Sanctuary of Truth
ปราสาทสัจธรรม ★★★☆

주소 06/2 Moo 5. Thanon Naklua Soi 12 **전화** 0-3811-0653~4 **홈페이지** www.sanctuaryoftruth museum.com **운영** 08:30~18:00(금~토 08:00~20:30) **요금** 500B(키 100~130cm 어린이 250B) **가는 방법** ①타논 나끄르아(나끄아) 쏘이 12 안쪽으로 1km 들어가면 매표소가 나온다. ②돌고래 상 로터리에 있는 렛츠 릴렉스(마사지) 앞에서 합승 썽태우(편도 요금 10B)를 타고 타논 나끄르아 쏘이 12 입구에 내려서 걸어가거나, 골목 입구에서 오토바이 택시(30B)을 타면 된다. ③터미널 21(쇼핑몰)에서 출발할 경우 썽태우를 100B 정도에 흥정하면 된다. Map P.36-B3

바다를 배경으로 세워 올린 목조 건축물로, 높이 105m, 길이 100m에 이른다. 못을 하나도 사용하지 않고 완성했는데, 200여 명의 장인들이 새긴 조각의 정교함이 가히 경이로울 정도다. 1981년부터 건설을 시작해 아직 공사 중인데, 정확한 완공 시기는 아직 알 수 없다. 빠르면 2025년, 늦으면 2050년에 완공을 목표로 하고 있다. 완공이 늦어지는 이유는 바다와 접해있고, 우기에 지속적으로 비가 내리는 지형적인 특성 때문이다. 게다가 오래된 목조 조각을 지속적으로 교체해야 해서 같은 건물인데 나무 색깔이 각기 다른 모습이다. 참고로 태국의 사업가인 렉 위리야 판 Lek Viriyaphant이 사비로 만들고 있다. 그는 86세 나이로 2000년에 사망했으나, 공사는 지금까지 이어지고 있다. 므앙 보란(P.312)이란 엄청난 규모의 역사 공원을 건설한 사람도 바로 그다.

쁘라쌋은 십자형 구조로 된 탑 모양의 신전 또는 사원을 의미한다. 이는 앙코르 왓을 건설한 크메르 제

정교한 조각이 아름다움을 더한다

국의 힌두 사원에서 흔히 볼 수 있는 양식으로, 아유타야 시대를 거치며 태국의 불교 건축에서도 많이 사용됐다. 결과적으로 이곳은 힌두교와 불교가 융합된 건축물이다. 내부는 동서남북 네 개의 방향을 하나의 공간처럼 분리해, 태국·크메르·인도·중국의 종교적 특색을 살려 꾸며 놓았다. 특히 힌두 신화와 관련된 내용이 많은데 중요한 조각상들은 간단한 안내판을 함께 세워 뒀다. 고대의 생활양식과 불교의 윤회 사상, 중국의 대승 불교·도교·유교와 관련한 내용도 엿볼 수 있다. 정중앙에 있는 왕관 모양의 둥근 탑은 우주의 중심을 상징하며 부처의 가르침으로 열반에 이른 상태를 상징한다.

승려가 거주하는 종교 시설은 아니기 때문에 박물관처럼 관람하면 된다. 신전 뒤쪽(서쪽)으로 들어가 앞쪽(동쪽)으로 나오도록 만든 동선을 따라 둘러보는 것이 좋다. 신성한 공간인 만큼 사원처럼 엄격한 복장 규정을 요구하므로, 짧은 옷을 입었을 경우 입구에서 싸롱(치마 대용으로 쓰이는 기다란 천)을 빌려야 한다. 30분 단위로 관광객을 입장시키며, 내부는 공사가 여전히 진행 중이기 때문에 안전모를 착용하고 관람해야 한다. 한국어 투어는 1일 4회(08:50, 10:50, 13:50, 15:50) 진행된다. 코끼리 타기, 마차 타기, 보트 타기, ATV 체험은 추가 요금을 받는다.

웅장한 목조 건축물 진리의 성전

바다를 배경으로 건설 중인 진리의 성전

Restaurant 파타야의 레스토랑

외국인들이 많이 찾는 도시라 레스토랑이 다양하다. 호텔 레스토랑, 쇼핑몰의 푸드 코트는 물론 거리 노점까지 먹을 걱정을 별로 하지 않아도 되는 곳이다. 쾌적하고 무난한 식사를 원한다면 대형 쇼핑몰들이 제격이다.

쏨땀 나므앙
Somtam Na Mueang
ส้มตำหน้าเมือง ★★★

주소 Thanon Pattaya Neua(North Pattaya Road) 전화 08-6355-4983 영업 10:30~20:30 메뉴 영어, 태국어 예산 60~190B 가는 방법 터미널 21(쇼핑 몰)에서 400m 떨어진 타논 파타야 느아에 있다. Map P.36-A3

파타야 느아 North Pattaya에 있는 쏨땀(파파야 샐러드) 레스토랑. 기본에 해당하는 쏨땀타이 ส้มตำไทย, 새우를 넣은 쏨땀꿍쏫 ส้มตำกุ้งสด, 게를 넣은 쏨땀뿌마 ส้มตำปูม้า, 해산물을 넣은 쏨땀탈레 ส้มตำทะเล, 쏨땀텃(파파야 튀김) ส้มตำทอดกรอบ, 쏨땀카우풋(옥수수 쏨땀) ส้มตำข้าวโพด 등 20여 종의 쏨땀을 만든다. 피시 소스를 적당히 사용하고 맵기도 조절해 외국 관광객도 부담 없이 즐길 수 있다. 까이양(닭고기 구이), 삑까이텃(치킨 윙), 커무양(돼지목살 숯불구이), 카우니아우(찰밥)을 곁들여 식사하면 된다. 팟타이, 팟씨이우, 랏나, 카우팟(볶음밥), 팟까프라우 무쌉(바질 볶음 덮밥)을 포함해 가볍게 식사하기 좋은 단품 메뉴가 많다. 사진이 첨부된 메뉴판이 있어 주문하는데 어렵지 않다.

식당 내부

피어 21(터미널 21 푸드 코트)
Pier 21 ★★★☆

주소 Thanon Pattaya Neua(North Pattaya Road) 홈페이지 www.terminal21.co.th/pattaya/pier21 영업 11:00~23:00 메뉴 영어, 태국어 예산 50~90B 가는 방법 돌고래 동상 로터리 옆에 있는 터미널 21 쇼핑몰 4F에 있다. Map P.36-B3

터미널 21 쇼핑몰에서 운영하는 푸드 코트. 방콕에 있는 피어 21(P.86)과 동일한 콘셉트다. 푸드 코트 입구에서 전용 카드를 구입해 원하는 음식점에서 주문하고 결제하는 방식이다. 쌀국수, 팟타이, 덮밥, 쏨땀, 똠얌꿍, 태국 디저트까지 다양한 현지 음식을 저렴하게 맛 볼 수 있다. 야시장의 노점과 비슷한 100B 이내의 가격으로 식사 메뉴와 음료를 함께 즐길 수 있으니 가성비가 좋다. 위생적인 매장 환경과 에어컨 시설 덕에 쾌적하게 주변 풍경도 감상할 수 있다.

저렴하고 쾌적한 피어 21

터미널 21 쇼핑몰 내부에 있는 피어 21

쩨또 국수
Jae Tho Beef Noodles
ร้านเจ๊โต พัทยา ★★★☆

주소 111 Amphoe Bang Lamung, Chon Buri **전화** 08-9833-1988 **영업** 08:00~16:00 **메뉴** 영어, 태국어 **예산** 70~110B **가는 방법** 파타야 버스 터미널에서 동쪽으로 1.5km 떨어져 있다. 파타야 시내에서 멀기 때문에 택시를 타고 가야한다. Map P.36-A3

파타야에서 유명한 소고기 쌀국수(꾸어이띠아우 느아) 식당이다. 시내 중심가에서 멀리 떨어져 있어 찾아가기 불편하다. 주차장을 겸하는 커다란 공터에 창고형 레스토랑이 들어서 있다. 마치 쌀국수 공장처럼 끝없이 밀려오는 손님들과 분주하게 쌀국수를 만들어주는 직원들로 정신이 없다. 포장 주문까지 밀리는 점심시간이 가장 붐빈다. 쌀국수는 고명으로 들어가는 소고기 종류와 면 종류, 크기 등을 선택해야 한다. 보통(탐마다) Normal, 곱빼기(피쎗) Special, 점보(짬보) Jumbo로 구분해 주문하면 된다. 사진과 번호가 붙어 있는 큼직한 메뉴판을 보고 주문하면 되는데, 쏨땀과 간단한 덮밥을 추가로 주문해 식사하면 된다. 주문하면 음식을 가져다주고 나중에 계산한다.

매 씨르안
Mae Sri Ruen แม่ศรีเรือน ★★★☆

주소 241 Moo 10 Thanon Hat Pattaya(Pattaya Beach Road) **전화** 0-3841-1259 **홈페이지** www.msrpattaya.com **영업** 11:00~23:00 **메뉴** 영어, 태국어 **예산** 80~210B **가는 방법** 파타야 해변 도로에 있는 쎈탄 파타야 비치 페스티벌(백화점) 또는 힐튼 호텔을 바라보고 오른쪽에 있다. Map P.36-B2

60년의 역사를 간직한 태국 음식점이다. 쌀국수 식당에서 시작해 여러 개의 지점을 운영하는 식당으로 성장했다. 꾸어이띠아우 까이(닭고기 쌀국수)가 가장 유명하며 팟타이, 쏨땀, 싸떼, 어쑤언, 스프링 롤, 카

우 카 무(돼지고기 족발 덮밥)를 포함해 60여 가지의 단품 요리를 한자리에서 즐길 수 있다. 일반 서민식당과 달리 레스토랑 규모가 크고 깔끔해 외국인도 부담 없이 식사할 수 있다. 음식 값이 저렴한 대신 음식 양은 적은 편이다. 본점은 파타야 끄랑(주소 241/66 Thanon Pattaya Klang, Map P.36-A2)에 있다.

힐튼 호텔 옆에 있는 매 씨르안·해변 도로 지점

쎈탄 페스티벌 파타야 비치
Central Festival Pattaya Beach ★★★★

주소 Thanon Hat Pattaya(Pattaya Beach Road) Soi 9 & Soi 10 **홈페이지** www.centralfestival.co.th **영업** 11:00~23:00 **메뉴** 영어, 태국어 **예산** 140~800B **가는 방법** 해변 도로 쏘이 9와 쏘이 10 사이에 있는 쎈탄 페스티벌 파타야 비치 백화점 내부에 있다. Map P.36-A2

파타야 최대의 쇼핑몰답게 다양한 레스토랑이 입점해 있다. 특히 5층과 6층에 식당가가 형성되어, 한 곳에서 원하는 음식을 골고루 즐길 수 있다. 엠케이 레스토랑 MK Restaurant (P.236), 후지 Fuji Restaurant, 젠 레스토랑 Zen Restaurant, 이태리 음식점 판판 Pan Pan, 일식 뷔페 샤부시 Shabushi, 피자 컴퍼니 Pizza Company, 시즐러 Sizzler, KFC 등이 입점해 있다. 백화점 맨 아래층에는 푸드 파크 Food Park가 있다. 일종의 푸드코트로 카드를 미리 구입해 원하는 매대에서 음식을 주문하고 카드로 결제하면 된다.

푸드 파크

백스트리트 하우스
Backstreet House ★★★☆

주소 570/265 Thanon Pattaya Neua(North Pattaya Road) **전화** 06-4636-2365 **홈페이지** www.backstreethouse.com **영업** 월~화 10:00~18:00, 목~일 10:00~23:30(휴무 수요일) **메뉴** 영어 **예산** 커피 90~160B, 맥주·칵테일 140~400B **가는 방법** 로터스(로땃) 파타야 느아 Lotus's North Pattaya 지점을 바라보고 오른쪽 골목 안쪽으로 450m. Map P.36-A3

말 그대로 뒷골목에 있는 카페. 파타야 중심가와 가깝지만 골목 안쪽에 숨겨져 있다. 널따란 야외 정원과 나무 그늘 덕분에 자연적인 정취가 가득하다. 에어컨 시설의 커피숍 내부는 빈티지하게 꾸몄다. 더위에 익숙한 태국 사람들은 야외 테이블을 더 선호하는 분위기다. 에스프레소, 아메리카노, 라테, 콜드 브루, 더티 커피, 스페셜티 커피까지 다양한 커피를 맛볼 수 있다. 드립 커피는 수입 원두를 사용한다. 칵테일 바를 겸하고 있어 맥주와 칵테일도 판매한다. 주말 저녁에는 야외무대에서 어쿠스틱 위주의 라이브 음악을 연주해주기도 한다.

라 바게트
La Baguette ★★★☆

주소 164/1 Moo 5 Thanon Naklua **전화** 0-3842-1707 **홈페이지** www.labaguettepattaya.com **영업** 08:00~24:00 **메뉴** 영어, 태국어 **예산** 150~450B **가는 방법** 타논 나끄라 쏘이 20에 있는 우드랜드 호텔 & 리조트 입구에 있다. 돌고래 동상이 있는 원형 로터리에서 타논 나끄라 방향으로 도보 4분. Map P.36-B3

프렌치 베이커리 카페를 표방하는 곳이다. 직접 만들어 바삭한 빵과 크레페, 달콤한 케이크와 초콜릿, 신선한 샐러드, 부드러운 아이스크림까지 디저트들이

가득하다. 파타야 해변으로부터 적당히 떨어져 있어 소란스럽지 않고, 아늑한 실내와 포근한 소파가 어울려 편안함을 선사한다. 우드랜드 호텔 & 리조트에서 운영한다.

인기가 많아지면서 2호점을 열었다. 좀티엔 해변으로 넘어가는 언덕길에 있는 라 바게트(프라땀낙 지점) La Baguette @Pratumnak Hill Jomtien(주소 480/47 Moo 12 Thanon Thappraya, Map P.38-B3)은 해변에서 떨어져 있어 교통이 불편하다.

좀티엔 야시장
Jomtien Night Market ★★★

주소 Jomtien Beach Road **영업** 17:00~23:00 **메뉴** 영어, 태국어 **예산** 60~180B **가는 방법** 좀티엔 해변 도로에 있다. 좀티엔 쏘이 9 Jomtien Soi 9와 타논 쿠안 므앙 Kwan Mueang Road 사이에 있다. Map P.38-A3

좀티엔 해변도로에 형성된 야시장이라 분위기가 좋다. 규모는 크지 않지만 시장이 잘 정비되어 있다. 옷과 기념품을 판매하는 상점도 들어서 있지만 쇼핑보다는 노점 식당 위주로 운영된다. 야외 테이블도 잘 갖추어져 있고, 음식 가격도 저렴하다. 장기 체류하는 외국인(서양인)들이 많은 지역이라 유럽 사람들이 많이 찾아온다. 주변 호텔에 머문다면 바닷바람 쐬며 저녁 식사하러 들르면 좋다. 일부러 찾아갈 필요는 없다.

뭄 아로이(뭄 알러이) Moom Aroi
มุมอร่อย ★★★★

주소 Thanon Naklua Soi 4, Amphoe Si Racha **전화** 0-3822-3252, 08-1154-1069 **영업** 11:00~23:00 **메뉴** 영어, 태국어 **예산** 450~1,400B **가는 방법** ①타논 파타야 느아(돌고래 동상 옆)에서 출발하는 노선의 썽태우는 딸랏 란포 나끄르아(나끄르아 수산물 시장)까지만 운행(10B)된다. 종점에 내려서 나끄르아 쏘이 4까지 15분 더 걸어가면 골목 끝에 뭄 아로이가 나온다. 썽태우 기사에게 추가 요금을 지불하고 레스토랑까지 가거나, 종점에 내려서 세븐일레븐 옆에서 오토바이 택시를 타도 된다.
②파타야 시내에서 썽태우를 대절할 경우 거리에 따라 200~300B에 흥정하면 된다. 파타야 시내에서 썽태우로 15~20분. Map P.36-A3

140여 개의 테이블을 보유한 초대형 해산물 전문 레스토랑이다. 파타야 일대에서 가장 크고 가장 맛있는 해산물 레스토랑으로 평가 받는다. 모퉁이에 있는 맛있는 식당이란 뜻처럼 오가기 불편한 단점이 있다. 신선한 해산물과 무난한 요금이 인기의 비결이다. 한적하고 기다란 해변과 접해 있고, 야외 수영장도 있어 분위기가 좋다. 해 질 때 방문하면 분위기가 더 좋고, 저녁에는 라이브 음악을 연주해 준다.
어쑤언, 꿍 파우, 꿍 텃 끄라티얌, 뿌 팟 퐁 까리, 똠얌꿍, 깽쏨 같은 기본적인 해산물 요리와 더불어 태국인들이 좋아하는 쏨땀 뿌마(게를 넣은 파파야 샐러드), 쁠라믁 팟 카이켐(계란 노른자로 볶은 오징어 볶음), 팟 르아뽀쏫 보란(전통 기법으로 볶은 매운 모듬 해산물 볶음), 쁠라끄라퐁 텃 랏 남쁠라(생선 소스에 찍어 먹는 생선 튀김)까지 다양한 해산물을 즐길 수 있다.
파타야 해변과 가까운 싸이 쌈(주소 15/15 Thanon Pattaya Sai 3, 전화 0-3841-4802, 영업 11:00~24:00, Map P.36-A3) 지점을 운영한다. 계산하기 전에 영수증을 반드시 확인하자. 주문한 것보다 더 많이 계산되는 경우가 종종 있다.

Moom Aroi

바닷가 풍경이 어우러지는 뭄 아로이

뿌뻰 시푸드 Pupen Seafood
ปูเป็น ซีฟู้ด ★★★☆

주소 Thanon Jomtiensaineung, Soi Na Jom Tien 2, Jomtien Beach **전화** 09-4424-6966 **홈페이지** www.facebook.com/pupen24 **영업** 10:00~22:00 **메뉴** 영어, 태국어, 중국어 **예산** 310~1,350B **가는 방법** 좀티엔 해변 도로 끝에 있다. 좀티엔 해변을 지나는 합승 썽태우 종점에 내리면 된다. 내륙 도로에서 쏘이 나 좀티엔(나쩜티안) 2 방향으로 들어가도 된다.
Map P.38-A3

좀티엔 해변에서 가장 크고 유명한 시푸드 레스토랑이다. 1984년부터 영업 중이다. 해변을 접하고 있는 개방형 레스토랑으로 바다를 바라보며 식사하기 좋다. 외지에서 파타야를 찾은 태국 관광객뿐만 아니라 외국인들도 많이 찾아온다. 새우, 오징어, 게, 생선, 조개, 랍스터까지 다양한 해산물을 다양한 방법으로 조리해 준다. 똠얌꿍, 볶음밥, 쏨땀, 채소 볶음 등을 곁들여 식사하면 된다. 단체 손님이 많은 저녁 시간엔 붐벼 음식 나오기까지 시간이 걸린다. 저녁 시간에는 밴드가 라이브 음악을 연주해 준다.

Pupen Seafood

글라스 하우스 실버
The Glass House Silver ★★★☆

주소 Zire, Thanon Naklua Soi 18, Wongamat Beach **전화** 09-8930-9800 **홈페이지** www.glasshouse-pattaya.com **영업** 11:00~24:00 **메뉴** 영어, 태국어 **예산** 260~950B(+17% Tax) **가는 방법** ①윙아맛 해변 Wongamat Beach에 있는 자이어(콘도미니엄) Zire 입구로 들어가서, 바닷가 쪽으로 내려가면 된다. ② 타논 나끄르아 쏘이 18에 있는 쎈타라 그랜드 미라지 비치 리조트 Centara Grand Mirage Beach Resort에서 북쪽으로 300m, 풀만 파타야 호텔 G Pullman Pattaya Hotel G에서 남쪽으로 150m 떨어져 있다.
Map P.36-B3

외국인 관광객보다 자국 사람들에게 유독 인기 있는 해변 레스토랑이다. 파타야에 두 개 지점을 운영하는데, 이곳은 분점에 해당한다. 파타야 시내와 비교적 가까운 윙아맛 해변을 끼고 있으며, 녹색 식물 가득한 온실(글라스 하우스)과 지중해 풍 해변 라운지를 반절씩 조화시켜 독특한 분위기를 자아낸다. 정통 태국 음식점이라기보다 퓨전 레스토랑에 가깝다. 시푸드와 태국 요리, 일본 요리, 파스타와 스테이크까지 메뉴가 다양하다. 냉방 시설을 갖췄으며, 저녁 시간에는 예약하고 가는 게 좋다.

참고로 본점인 글라스 하우스는 파타야에서 남동쪽으로 12㎞ 떨어져 나좀티엔(주소 5/22 Moo 2 Na Jomtien, 전화 0-3825-5922)에 있다. 본점은 시푸드를 포함해 태국 음식에 더 중점을 두고 요리한다. 분위기는 좋지만 택시를 대절하고 이동해야 해서 접근성이 떨어진다.

서프 & 터프
Surf & Turf ★★★☆

주소 499/5 Moo 5, Thanon Naklua Soi 16, Wongamat Beach **전화** 09-1758-3895 **홈페이지** www.facebook.com/Surfandturf.pattaya **영업** 09:00~23:00 **메뉴** 영어, 태국어 **예산** 190~750B **가는 방법** 윙아맛 해변의 풀만 파타야 호텔 G Pullman Pattaya Hotel G에서 북쪽으로 150m. 메인 도로에서 들어올 경우 나끄르아 쏘이 16으로 들어오면 해변과 접한 도로 끝에 있다. Map P.36-B3

윙아맛 해변에 있는 레스토랑이다. 해변에 있어 비치 클럽이라고 칭했지만 클럽보다는 레스토랑에 가깝다. 구석구석 자연적인 정취가 가득하며, 소파와 쿠션이 놓인 라운지 형태로 꾸며 분위기도 좋다. 유럽풍으로 장식한 실내 공간은 날씨가 더우면 에어컨을 틀고, 선선할 땐 창문을 열어 바람을 들인다. 캐주얼한 분위기로 편하게 머물기 좋다.

주변에 거주하는 외국인들이 많이 찾는 곳이라 브런치부터 태국 음식까지 다양하게 즐길 수 있다. 쏨땀(파파야 샐러드), 팟타이, 수제 버거, 피자, 시푸드까지 골고루 선보인다. 브런치 메뉴라도 하루 종일 주문이 가능하다. 달콤한 음료와 디저트도 있으니 식사를 하지 않아도 바다를 마주하며 여유로운 시간을 보낼 수 있다. 맥주, 칵테일, 와인에 스프링 롤, 어니언링, 프렌치프라이 등 스낵을 곁들여도 좋다. 저녁 시간에는 예약 후 방문하길 권한다.

해변과 자연, 유럽풍의 비치 클럽

글라스 하우스 실버

서프 & 터프

윙아맛 해변을 끼고 있는 글라스 하우스 실버

메이스 파타야
MAYs Pattaya ★★★★

주소 315/74 Moo 12, Thanon Thep Prasit **전화** 09-8374-0063 **홈페이지** www.mayspattaya.com **영업** 12:00~22:00(휴무 수요일) **메뉴** 영어, 태국어 **예산** 270~610B(+12% Tax) **가는 방법** 타논 텝쁘라씻 초입에 있다. Map P.38-B3

파타야에서 분위기 좋은 타이 레스토랑으로 손꼽힌다. 여주인장 '메이'가 운영하는 곳으로 어번 타이 다이닝 Urban Thai Dine을 추구한다. 2014년에 노점에서 시작해 현재는 도시적인 느낌의 근사한 레스토랑으로 변모했다. 주변 동네는 별것 없지만 녹색 식물과 꽃장식이 가득한 레스토랑은 분위기가 좋다. 색감 가득한 그림과 대나무 소품(쟁반과 통발)이 벽면을 장식하고 있다. 현대적인 맛을 가미한 태국 요리를 선보이는데 식기와 플레이팅까지 화려하다.

메뉴를 간결하게 만들어 태국 카레와 시푸드에 집중해 요리한다. 추천 메뉴는 MAYs, 매운 음식은 고추가 표시되어 있으니 주문할 때 참고하면 된다. 시그니처 메뉴는 새우를 넣은 메이스 카레 Mays Curry with Prawn와 생선(농어)을 넣은 옐로 카레 Seabass with Yellow Curry다. 다른 카레 세 종류를 맛보고 싶다면 카레 트리오 Curry Trio를 주문하면 된다. 해산물은 농어 튀김 Deep Fried Seabass Topped with Tamarind Sauce을 포함한 농어 요리가 많은 편이다. 단품 메뉴로는 파인애플 볶음밥 Pineapple Fried Rice와 팟타이꿍 Pad Thai Prawn이 인기 있다.

외국 관광객이 즐겨 찾는 곳이라 영어 소통에 문제가 없다. 웰컴 드링크와 물티슈를 먼저 제공해 주는 등 서비스도 괜찮다. 대신 음식 값에 부가세와 봉사료가 추가된다. 저녁시간에는 반드시 예약하고 가야한다(가능하면 점심시간에도 예약하고 갈 것). 손님이 많아서 빈자리가 없기도 하지만, 식당을 통째로 빌려 단체 모임이 열리는 경우도 있다.

스리 머메이드
3 Mermaids ★★★☆

주소 678 Moo 12, Thanon Kasetsin Soi 11 **전화** 09-8516-0227 **홈페이지** www.facebook.com/3MermaidsPattaya **영업** 10:00~23:00 **메뉴** 영어, 태국어 **예산** 메인 요리 320~1,290B(+7% Tax) **가는 방법** 스카이 갤러리에서 남쪽으로 150m. 타논 까쎗씬 쏘이 11 방향으로 들어가도 된다. Map P.38-B1

인어 조형물과 둥지 모양의 둥근 야외 테이블 덕분에 파타야 명소가 된 곳이다. 해변을 내려다보이도록 설계된 야외 레스토랑으로 해질녘의 분위기가 매력적이다. 덕분에 기념사진 찍으려는 관광객들로 인해 항상 북적댄다. 입장료(200B)를 받는 것이 특이한데, 입장료는 음식 값을 계산할 때 쿠폰처럼 사용하면 된다. 태국 음식, 시푸드, 피자, 파스타, 스테이크, 커피, 맥주, 칵테일, 위스키, 와인까지 웬만한 음식과 술을 모두 갖추고 있다. 밤 시간에는 라이브 밴드가 음악을 연주해 준다. 분위기에 걸맞게 음식 값은 비싸다. 저녁시간이나 주말에는 예약하고 갈 것.

스카이 갤러리 The Sky Gallery
เดอะสกายแกลเลอรี่
(ถนนราชวรุณ เขาพระตำหนัก) ★★★☆

주소 Soi Rajchawaroon, 400/488 Moo 12 Phra Tamnak **전화** 09-2821-8588, 08-1931-8588 **홈페이지** www.theskygallerypattaya.com **영업** 10:00~24:00 **메뉴** 영어, 태국어 **예산** 225~895B **가는 방법** ①파타야에서 좀티엔으로 넘어가는 언덕 끝자락에 있다. 타논 프라땀낙→쏘이 랏차아룬 방향으로 가다보면 도로 끝에 있는 코지 비치 호텔 Cozy Beach Hotel 옆에 있다. ②파타야 해변에서 썽태우를 탈 경우 15~20분 걸린다. Map P.38-B1

파타야에서 '핫'한 레스토랑이다. 꼬 란(산호섬)이 내려다보이는 언덕에 있어 전망이 뛰어나다. 해변과 바다, 섬까지 한 폭의 그림처럼 펼쳐진다. 자연을 느낄 수 있도록 야외에 테이블과 쿠션이 놓여 있다. 레스토랑에서 연결되는 계단을 내려가면 바닷가에 닿는다. 규모가 커서 테이블이 넓게 흩어져 있고, 손님도 많아서 직원들의 서비스는 느린 편이다. 해질 무렵부터 저녁 식사 시간에 붐빈다. 아침시간에는 차분하게 브

꼬 란(산호섬)과 바다 풍경이 일품인 스카이 갤러리

바다와 정원이 어우러진 스카이 갤러리

The Sky Gallery

런치를 즐기기좋다. 메인 요리는 쏨땀, 팟타이, 뿌 팟 퐁 까리, 피자, 파스타, 스테이크까지 다양한 태국 음식과 서양 음식을 요리한다. 시내 중심가에서 떨어져 있어 교통이 불편하다.

옥시젠 비치프론트 오아시스
The Oxygen Beachfront Oasis ★★★★

주소 400/1098 Moo 12, Thanon Kasetsin **전화** 06-3174-9399 **홈페이지** www.facebook.com/TheOxygenPattaya **영업** 10:00~22:00 **메뉴** 영어, 태국어 **예산** 메인요리 285~995B(+7% Tax) **가는 방법** 스카이 갤러리에서 남쪽으로 500m. 타논 까쎗씬 끝자락에 있다. Map P.38-B1

스카이 갤러리, 초콜릿 팩토리, 스리 머메이드로 이어지는 프라땀낙 지역에 있는 레스토랑이다. 주변의 경쟁업소들이 언덕 위에서 바다를 내려다보는 구조라면, 옥시젠은 바다를 끼고 있는 비치프론트 레스토랑이다. 열대 해변 정취를 고스란히 느낄 수 있는 구조로 넓은 야외 정원과 숲, 바다가 이어진다. 자연적인 정취를 훼손하지 않고 고급스런 분위기를 최대한 살렸다. 주변의 레스토랑과 독립되어 있기 때문에 섬에 들어온 느낌이 들기도 한다. 해질 때가 분위기가 가장 좋지만, 평온한 아침에 방문해도 나쁘지 않다. 태국 음식과 시푸드를 메인으로 요리하며, 간단하게 식사할 수 있는 단품 메뉴도 있다. 피자, 버거, 파스타, 스테이크까지 요리해 음식 선택 폭이 넓다. 디저트 종류도 다양하다.

The Oxygen Beachfront Oasis

캐비지 & 콘돔
Cabbages & Condoms ★★★★

주소 Birds & Bees Resort 1F, 366/11 Moo 12 Thanon Phra Tamnak Soi 4 **전화** 0-3825-0556~7 **홈페이지** www.cabbagesandcondoms.co.th **영업** 11:00~15:00, 17:30~23:00 **메뉴** 영어, 태국어 **예산** 180~880B(+17%) **가는 방법** 버드 & 비 리조트 Birds & Bees Resort 내부에 있다. 타논 프라땀낙 쏘이 4 골목 안쪽 끝에 있는 아시아 파타야 호텔 Asia Pattaya Hotel 옆에 있다. Map P.38-B1

양배추와 콘돔이라는 특이한 이름의 레스토랑이다. 가족계획과 에이즈 예방 활동을 펼치는 태국 NGO 단체인 PDA(Population and Community Development Association)에서 운영한다. 거대한 정원과 독립 해변이 매력적인 버드 & 비 리조트 내부에 있어 자연적인 정취가 가득하다. 해변과 접해 나무를 이용해 만든 테라스 형태의 레스토랑이 여유로움을 만끽할 수 있다.

해산물과 카레, 얌(매콤한 태국식 샐러드) 등 다양한 태국 음식을 요리한다. 식재료 쓰이는 채소와 허브, 과일은 리조트에서 운영하는 농장에서 직접 재배해 신선하다. 식사 후에는 디저트가 아니라 콘돔을 제공해 준다. 레스토랑과 리조트 수익금은 PDA에서 운영하는 교육 프로그램에 지원된다.

콘돔 장식이 눈길을 끄는 캐비지 & 콘돔

Cabbages & Condoms

쁘라짠반 Prajanban ★★★☆
ข้าวต้มประจัญบาน (ถนน พัทยากลาง)

주소 513/9 Thanon Pattaya Klang(Central Pattaya Road) **전화** 08-1736-3122 **영업** 24시간 **메뉴** 영어, 태국어 **예산** 단품 **메뉴** 60~250B, 해산물 280~480B **가는 방법** 타논 파타야 끄랑의 하버 파타야(쇼핑 몰) 옆에 있는 푸드랜드(슈퍼마켓) Food Land 맞은편에 있다. Map P.36-A2

파타야 끄랑 Central Pattaya에 있는 로컬 레스토랑이다. 관광지에서 멀찌감치 떨어져 있지만 관광객에게도 제법 알려져 있다. 해변에서 멀지만 대로변에 있고 규모도 커서 찾기는 어렵지 않다. 야외석이 대부분으로 넓은 야외 정원을 갖추고 있어서 저녁 시간에 손님이 많은 편이다. 에어컨 룸을 이용하면 추가 요금을 받는다. 저렴한 가격에 무난한 태국 음식을 맛 볼 수 있어 인기가 있다.

식당 규모가 큰 만큼 다양한 음식을 요리한다. 쏨땀(파파야 샐러드), 무양(돼지목살 구이) 같은 이싼 음식부터 깽펫(레드 커리), 똠얌꿍, 팟타이 같은 태국 음식까지 개인적인 기호에 따라 선택이 가능하다. 여러 명이 함께 간다면 해산물을 곁들이면 좋다. 꿍 파우(새우구이), 빠믁 양(오징어 구이), 쁠라까퐁 텃(생선 튀김), 쁠라 능 마나오(시큼한 생선 찜), 얌 빠믁(매콤 새콤한 오징어무침), 꿍 채 남쁠라(다진 고추와 피시 소스를 올린 새우 회) 등이 있는데, 해산물은 무게에 따라 가격이 달라진다. 밥 종류는 카우팟(볶음밥), 카우니아우(찰밥), 카우똠(백미를 익힌 죽) 중에 고르면 된다.

넓은 야외 정원을 갖추고 있다

Spa & Massage 파타야의 스파 & 마사지

퇴폐적인 이미지가 강한 파타야지만, 그곳에도 건전한 마사지 숍이 많다. 대략 1시간에 250~400B 정도를 받는 곳들로 침대만 쭉 놓여 있는 분위기. 일반 마사지 숍보다는 비싸지만 쾌적하고 믿고 찾을 수 있는 곳들은 타이 마사지가 한 시간에 400B 정도 한다. 방콕과 마찬가지로 럭셔리 스파 & 마사지 시설을 이용하려면 특급 호텔을 찾아가야 한다.

렛츠 릴랙스
Let's Relax ★★★☆

①**파타야 1호점 주소** 240/9 Moo 5 Thanon Naklua **전화** 0-3848-8591 **홈페이지** www.letsrelaxspa.com **영업** 10:00~24:00 **요금** 타이 마사지(120분) 1,200B, 아로마테라피(90분) 1,300B **가는 방법** 타논 파타야 느아 Thanon Pattaya Neua(North Pattaya Road)와 타논 나끄르아 Thanon Naklua가 만나는 돌고래상이 있는 로터리 Dolphin Circle 코너에 있다. 우드랜드 호텔 & 리조트를 바라보고 왼쪽에 있다. Map P.36-B3 ②**터미널 21 파타야 지점 주소** 1F, Terminal 21 Pattaya, 777/1 Moo 6, Thanon Pattaya Neua(North Pattaya Road) **전화** 0-3325-2329 **영업** 10:00~24:00 **가는 방법** 돌고래 상 로터리 Dolphin Circle 코너에 있는 터미널 21 파타야(쇼핑몰) 1F에 있다.
Map P.36-B3

파타야를 포함해 방콕, 푸껫, 치앙마이에서 인기 높은 마사지 전문점이다. 타이 마사지와 발 마사지를 기본으로 스파 프로그램도 함께 운영한다. 해변 도로와 가까워 찾아가기 쉬운 이점도 있다. 2018년에 오픈한 터미널 21 파타야(쇼핑몰)에

깨끗하고 편안한 시설의 렛츠 릴랙스

렛츠 릴랙스 파타야 1호점

도 지점을 운영한다. 새로운 시설답게 쾌적하게 마사지 받을 수 있다. 렛츠 릴랙스에 관한 자세한 내용은 P.349 참고.

헬스 랜드 스파 & 마사지
Health Land Spa & Massage ★★★☆

주소 159/555 Moo 5 Thanon Pattaya Neua(North Pattaya Road) **전화** 0-3841-2989 **홈페이지** www.healthlandspa.com **영업** 10:00~24:00 **요금** 타이 마사지(120분) 650B, 발 마사지(60분) 450B **가는 방법** 타논 파타야 느아의 방콕행 버스 터미널 옆에 있다.
Map P.36-A3

방콕을 시작으로 파타야까지 영업 범위를 넓힌 유명 마사지 업소다. 최근 파타야의 마사지 업소 중에 가장 인기를 누리는 곳이다. 인기의 비결은 호텔처럼 꾸민 로비와 시설에도 불구하고 요금이 그리 비싸지 않다는 것. 파타야가 환락가라는 사실을 잊어버리게 할 만큼 몸과 마음을 편하게 해준다. 자세한 내용은 P.348 참고.

헬스 랜드 파타야 지점

Health Land Spa & Massage

Shopping 파타야의 쇼핑

외국인이 많이 찾는 해변 관광지답게 쇼핑 시설은 전혀 불편하지 않다. 방콕에 있는 쎈탄 백화점, 터미널 21, 빅 시 같은 유명 쇼핑몰이 파타야에도 지점을 운영하고 있다.

쎈탄 페스티벌 파타야 비치
Central Festival Pattaya Beach
เซ็นทรัลเฟสติวัล พัทยา บีช ★★★★

주소 333/99 Moo 9 Thanon Hat Pattaya(Pattaya Beach Road) **전화** 0-3300-3999 **홈페이지** www.centralfestival.co.th **영업** 11:00~23:00 **가는 방법** 힐튼 파타야 호텔과 같은 건물로 해변 도로의 쏘이 9와 쏘이 10사이에 있다. 타논 파타야 싸이 썽 Pattaya 2nd Road에도 입구가 있다. Map P.36-B1

태국의 대표적인 백화점인 쎈탄(센트럴)에서 운영한다. 파타야 해변 정중앙에 있어 다른 쇼핑몰보다 입지조건이 월등히 좋다. 쇼핑몰 위층은 힐튼 파타야 호텔이 들어서 있어 해변에서 이정표 같은 역할을 한다. 2009년에 오픈했는데, 현재까지 파타야에서 가장 좋은 쇼핑몰로 평가받았다. 방콕에서 누리던 쇼핑을 파타야에서 그대로 누리게 됐다고 생각하면 된다.

해변 도로에서 내륙도로까지 한 블록에 걸쳐 대규모로 건설한 쎈탄 페스티벌 파타야 비치는 6층 건물로 350여 개의 매장이 들어서 있다. H&M, 자라 Zara, 유니클로 Uniqlo, 톱맨 Topman, 자스팔 Jaspal을 포함한 패션과 미용 관련 브랜드가 다양하게 입점해 있다. 해변도시답게 비치 용품 매장도 많다.

유동인구가 많은 곳인 만큼 식당과 영화관, 볼링장 등의 놀이 시설도 다양하다. 해변 방향의 레스토랑에서는 통유리를 통해 바다 풍경을 감상할 수 있다. 지하에는 식료품점과 푸드 코트가 있어 저렴하게 식사도 가능하다. 쇼핑몰은 저녁 11시에 문 닫지만, 레스토랑과 펍은 새벽 2시까지 영업하는 곳도 많다.

쎈탄 마리나(센트럴 마리나)
Central Marina
เซ็นทรัลมารีนา ★★★

주소 78/54 Moo 9, Thanon Pattaya Sai Song (Pattaya 2nd Road) **홈페이지** www.cpn.co.th **영업** 11:00~23:00 **가는 방법** 파타야 느아(노스 파타야) Pattaya Neua(North Pattaya)의 타논 파타야 싸이 썽에 있다. 알카자 공연장에서 북쪽으로 300m, 싸얌 @ 싸얌 디자인 호텔 파타야 Siam@Siam Design Hotel Pattaya 맞은편에 있다. Map P.36-A3

알카자 공연장과 가까운 덕분에 오랫동안 관광객들에게 인기를 얻고 있는 쇼핑몰이다. 쎈탄 센터 파타야 Central Center Pattaya를 리모델링하면서 쎈탄 마리나(센트럴 마리나)로 바뀌었다. 대형 할인 마트인 빅 시 Big C가 쇼핑몰 내부에 있어 다양한 생필품을 구입하기 좋다. 참고로 파타야에 빅 시가 여러 곳 있기 때문에, 다른 곳과 구분하기 위해 빅 시 파타야 느아 บิ๊กซี พัทยาเหนือ라고 해야 한다.

쇼핑몰 내부는 유명한 프랜차이즈 레스토랑이 들어서 있어 쇼핑과 식사를 동시에 즐길 수 있다. MK 레스토랑, KFC, 스타벅스 등 익숙한 간판을 볼 수 있다. 쇼핑몰 앞쪽에 광장을 만들었는데, 저녁 시간에는 야시장처럼 노점이 들어서서 흥겹다.

힐튼 호텔과 붙어 있는 쎈탄 페스티벌 파타야 비치

파타야 최고의 쇼핑몰 쎈탄 페스티벌 파타야 비치

쎈탄 마리나 Central Marina

터미널 21 파타야
Terminal 21 Pattaya ★★★☆

주소 777/1 Moo 6, Thanon Pattaya Neua(North Pattaya Road) 전화 0-3307-9777 홈페이지 www.terminal21.co.th/pattaya 영업 11:00~23:00 가는 방법 타논 파타야 느아 Thanon Pattaya Neua(North Pattaya Road) & 타논 파타야 싸이 썽 Thanon Pattaya Sai Song(Pattaya 2nd Road)이 만나는 돌고래 상 로터리 코너에 있다. Map P.36-B3

방콕에 있는 터미널 21의 파타야 지점이다. 2018년 10월 19일에 공식 오픈했다. 방콕과 동일하게 공항 터미널을 주제로 쇼핑몰 내부를 꾸몄다. G층은 파리, M층은 런던, 1층은 이탈리아, 2층은 도쿄를 주제로 꾸몄다. 공항을 연상시키듯 비행기 조형물도 건물 앞에 세웠다. 독특한 디자인 때문에 쇼핑과 더불어 사진 찍기 좋은 장소로 인기를 얻고 있다.

명품보다는 중저가의 의류와 패션, 액세서리, 가방, 신발 매장이 입점해 있다. H&M과 유니클로 같은 대중적인 브랜드도 만날 수 있다. 푸드 코트에 해당하는 피어 21 Pier 21을 포함해 다양한 레스토랑까지 합세해 파타야 쇼핑의 새로운 명소로 부각되고 있다. 쇼핑몰 위층은 그랑데 센터포인트 호텔 Grande Centre Point Hotel(홈페이지 www.grandecentrepointpattaya.com)이다.

터미널 21 파타야

로열 가든 플라자
Royal Garden Plaza ★★★

주소 Moo 10, 218 Thanon Hat Pattaya(Pattaya Beach Road) 전화 0-3841-6997 홈페이지 www.royalgardenplaza.co.th 영업 11:00~23:00 가는 방법 해변 도로의 쏘이 13/2 옆에 있다. 내륙 도로(타논 파타야 싸이 썽)에 있는 아바니 리조트 Avani Resort 옆에도 쇼핑몰 입구가 있다. Map P.36-A1

해변 도로에 있는 쇼핑몰로 바닷가와 접해 있어 접근성이 좋다. 한때 파타야 해변에서 가장 좋은 쇼핑몰이었지만, 쎈탄 페스티벌 파타야 비치가 생기면서 경쟁에서 살짝 밀리는 분위기다. 하지만 쇼핑몰 내부에 레스토랑과 놀이시설이 많아서 다양한 층의 관광객들이 유입되고 있다.

G층에는 갭 Gap, 게스 Guess, 에스프리 Esprit 등의 의류 회사가 입점해 있다. 2층에 있는 리플리의 믿거나 말거나 박물관 Ripley's Believe It or Not Museum은 가족 관광객에게 인기가 있다. 4층은 식당가로 창가 쪽에 있는 푸드 웨이브 Food Wave에서 바닷가 풍경을 조망할 수 있다.

Royal Garden Plaza

빅 시 엑스트라(빅 시 파타야 끄랑)
Big C Extra
บิ๊กซี เอ็กซ์ตร้า (บิ๊กซี พัทยากลาง) ★★★

주소 333 Moo 9 Thanon Pattaya Klang(Central Pattaya Road) 전화 0-3841-0073 홈페이지 www.bigc.co.th 영업 08:00~24:00 가는 방법 해변에서 타논 파타야 끄랑 방향으로 1.3㎞ 떨어져 있다. Map P.36-A2

태국에서 전국적인 체인망을 갖춘 대형 할인 마트 빅 시의 업그레이드 버전이다. 1층은 레스토랑과 푸드 코트가 있고, 2층에 식료품 매장이 있다. 규모가 큰 만큼 다양한 제품을 판매하며 가격도 저렴하다. 과일, 채소, 생선, 육류, 빵, 치즈, 음료, 맥주, 냉동식품, 라면, 식재료, 향신료, 생필품까지 한자리에서 구매가 가능하다. 생활 도구, 주방 용품, 가전 용품을 판매하는 홈프로 Homepro도 2층에 있다.

해변 도로에서 떨어져 있어서 관광객보다는 장기 체류하는 외국인들이 즐겨 찾는 편이다. 빅 시 엑스트라보다는 거리 이름을 함께 붙여서 '빅 시 파타야 끄랑'이라고 말해야 쉽게 알아듣는다. 쎈탄 마리나(센트럴 마리나)에 있는 빅 시와 혼동하지 말 것.

빅 시 엑스트라

Nightlife 파타야의 나이트라이프

해변과 더불어 파타야를 찾는 최대의 목적이 바로 나이트라이프다. 워킹 스트리트와 파타야 랜드로 대표되는 거대한 환락가 이외에도 붉은 정육점 불빛은 어디나 넘쳐난다. 하지만 불순한 의도를 배제하더라도 파타야에서 즐길 수 있는 밤문화는 다양하다. 라이브 음악을 연주하거나 시원한 생맥주를 파는 곳은 식당보다 더 많이 지천에 널려 있다.

알카자
Alcazar ★★★☆

주소 78/14 Thanon Pattaya Sai Song(Pattaya 2nd Road) **전화** 0-3841-0224 **홈페이지** www.alcazarthailand.com **공연 시간** 17:00, 18:30, 20:00, 21:30 **요금** 800B(VIP) **가는 방법** 타논 파타야 싸이 썽 Thanon Pattaya Sai Song (Pattaya 2nd Road)에 있다. 쎈탄 마리나(센트럴 마리나) Central Marina 쇼핑몰에서 300m 떨어져 있다. 알카자 공연장 앞 도로가 일방통행이라서 진행방향에 따라 해변 도로로 돌아가야 하는 경우도 있다. Map P.36-A3

파타야뿐만 아니라 태국을 대표하는 공연이다. 일반 공연과 달리 트랜스젠더들이 무대에 올라온다. '까터이'라 불리는 트랜스젠더들은 태국의 제3의 성(性)으로 인정받았는데, 매년 미인대회를 열어 아름다움을 경쟁할 정도다. 국제 트랜스젠더 미인대회에서도 1등에 뽑히는 경우가 허다할 정도로 태국 트랜스젠더는 아름답기로 소문나 있다.

알카자 쇼는 이런 미인대회에서 뽑힌 '까터이'들을 무대에 세운다. 무희들이 펼치는 한 시간 동안의 공연은 각 나라의 다양한 무용과 노래로 꾸며 버라이어티하다. 공연이 끝난 후에는 공연장 밖에서 무대에 섰던 출연진과 기

트랜스젠더들의 화려한 공연이 펼쳐지는 알카자

념사진 촬영도 가능하다. 기념 촬영 후에 팁을 주는 건 필수.

호라이즌 루프톱 바
Horizon Rooftop Bar ★★★★

주소 34F, Hilton Pattaya Hotel, Thanon Hat Pattaya(Pattaya Beach Road) **전화** 0-3825-3000 **홈페이지** www3.hilton.com/en/hotels/thailand/hilton-pattaya-BKKHPHI/index.html **영업** 17:00~01:00 **메뉴** 영어, 태국어 **예산** 칵테일 410~520B, 메인 요리 950~2,250B(+17% Tax) **가는 방법** 해변 도로에 있는 힐튼 파타야 호텔 34층에 있다. 쇼핑몰(쎈탄 페스티벌 파타야 비치)에서 34층까지 직행할 수 없고, 힐튼 호텔 로비가 있는 16층에서 엘리베이터를 타고 34층으로 올라가야 한다. Map P.36-A2

힐튼 파타야 호텔에서 운영하는 곳으로 파타야에서 가장 좋은 루프톱이라고해도 과언이 아니다. 해변 도로 정중앙에 있어 탁 트인 풍경을 360°로 바라볼 수 있다. 기다란 해안선부터 도심의 야경까지 감상할 수 있다.

에어컨 시설의 레스토랑과 야외 루프톱으로 구분되어 있는데, 식사보다는 야외에 놓인 푹신한 쿠션에 앉아 바닷바람을 맞으며 칵테일 마시기 좋다. 해피 아워(오후 5~7시)에는 칵테일을 1+1로 제공해 준다. 기본적인 드레스 코드를 지켜야 하지만 해변 도시인 만큼 방콕처럼 깐깐하지는 않다. 다만 수영복이나 슬리퍼, 탱크톱 등의 착용은 안 된다.

알카자 공연장

Alcazar

호라이즌 루프톱 바

호프 브루 하우스
Hopf Brew House ★★★

주소 219 Thanon Hat Pattaya(Beach Road) **전화** 0-3871-0652~5 **영업** 16:00~24:00 **메뉴** 영어, 태국어 **예산** 맥주 175~450B, 메인 요리 260~790B (+17% Tax) **가는 방법** 파타야 해변 도로의 로열 가든 플라자를 바라보고 왼쪽으로 50m 떨어져 있다. 쏘이 1/13 입구로 스타벅스 커피 옆에 있어 찾기 쉽다.
Map P.36-A1

직접 제조한 생맥주를 맛볼 수 있는 펍을 겸한 레스토랑. 진한색의 통나무로 내부를 장식한 실내는 3층 구조로 파타야 해변에서 보기 드문 대형 술집이다. 전문 이탈리아 레스토랑으로 피자 전용 화덕에서 구워내는 커다란 피자도 인기다. 소시지나 살라미 등 유럽인들이 선호하는 안주가 많은 것도 특징.
저녁 시간에는 전속 라이브 밴드의 음악도 분위기를 돋운다. 올드 팝을 주로 연주하며, 기분이 좋으면 주인이 직접 무대에 올라 아리아를 열창하기도 한다.

호프 브루 하우스

하드 록 카페
Hard Rock Cafe ★★★

주소 429 Thanon Hat Pattaya(Beach Road) **전화** 0-3842-8755~9 **홈페이지** www.hardrockhotels. net/pattaya **영업** 17:00~24:00 **메뉴** 영어, 태국어 **예산** 맥주 · 칵테일 240~500, 메인요리 550~1300B (+17% Tax) **가는 방법** 파타야 해변 도로 중간에 있는 하드 록 호텔 입구에 있다. Map P.36-B2
전 세계적인 브랜드인 하드 록의 파타야 지점이다. 카페 내부 한쪽에서는 하드 록 티셔츠를 판매하고, 메인 무대에서는 밤이 되면 라이브 음악을 연주한다. 이름처럼 하드한 록이 주를 이루지만 관광지인만큼 편한 팝송도 함께 연주된다. 이름에 걸맞게 술값이

비싸다. 엘비스 프레슬리, 퀸 같은 유명 밴드의 앨범 동판과 기타가 가득 전시되어 록 음악에 관심이 있다면 박물관 역할도 해줄 것이다. 같은 이름의 호텔에 딸린 부대시설이지만 호텔 로비를 통하지 않고도 해변 도로를 통해 드나들 수 있다.

하드 록 카페

워킹 스트리트
Walking Street ★★★☆

위치 파타야 해변도로 남단 **영업** 18:00~02:00 **예산** 맥주 100~150B **가는 방법** 파타야 해변 도로 남쪽에서 걸어가야 한다. Map P.36-B1
파타야를 대표하는 환락가다. 저녁이 되면 차량이 통제되고 유흥가가 불을 밝히기 시작한다. 어디가 끝이고 어디가 시작인지 알 수 없는 수많은 노천 바와 고고 바가 파타야를 찾아든 남자들을 유혹하는 공간. 섹스 비즈니스가 마치 공식적인 사업이라도 되는 것처럼 거리 곳곳에 피켓을 들고 나와 선전하느라 여념이 없다.
대부분 불건전한 유흥업소지만 건전한 라이브 음악을 연주하는 곳도 더러 있다. 파타야 유명 시푸드 레스토랑도 해변을 끼고 영업하고 있어 파타야를 찾은 여행자들은 한번쯤 들러 가는 곳이다. 고고 바 Go Go Bar에 관한 내용은 P.283 참고.

환락가 분위기를 잘 보여주는 고고 바

워킹 스트리트

Accommodation 파타야의 숙소

아마리 오션 파타야(아마리 호텔)
Amari Ocean Pattaya

주소 240 Thanon Hat Pattaya(Pattaya Beach Road) **홈페이지** www.amari.com **요금** 딜럭스 더블 4,500~5,800B Map P.36-B3

태국의 대표적인 호텔 회사인 아마리 호텔에서 운영한다. 한때 넓은 정원을 간직한 아늑한 호텔이었으나 해변도로에 현대적인 건물을 신축해 아마리 오션 파타야로 변모했다. 해변을 끼고 있어 멀리서도 눈길을 끈다. 모두 297개의 객실을 갖춘 5성급 시설이다. 현대적인 시설로 무장되어 있으며 모든 객실에서 환상적인 전망을 덤으로 얻을 수 있다.

오조 노스 파타야(롱램 오쏘 파타야 느아)
OZO North Pattaya

주소 240/43 Pattaya Beach Road **홈페이지** www.ozohotels.com/pattaya **요금** 슈피리어 2,800~3,400B, 딜럭스 3,600~4,700B Map P.36-B3

태국의 리조트 회사에서 운영하는 4성급 호텔이다. 외관에서 볼 수 있듯 신축한 호텔이라 깨끗하고 시설이 좋다. 객실은 밝고 심플한 컬러로 디자인했으며 침대와 소파가 구비되어 있다. 객실은 27㎡ 크기로 작은 편이다. 야외 수영장은 성인용과 아동용으로 구분되어 있다. 해변 초입의 중심가에 있어 접근성이 좋다.

홀리데이 인
Holiday Inn

주소 463/68 Thanon Hat Pattaya(Pattaya Beach Road) Soi 1 **홈페이지** www.pattaya.holidayinn.com **요금** 오션 뷰 5,400B, 오션 뷰 코너 7,500B Map P.36-B3

세계적인 호텔 체인망을 구축한 홀리데이 인에서 운영한다. 파타야 해변 도로를 끼고 있어 최적의 위치를 자랑한다. 개별 여행자는 물론 아동을 동반한 가족 여행자들에게도 인기가 높다. 26층 건물로 367개의 객실을 운영한다. 주변 호텔보다 높게 지어 객실에서 보이는 전망이 좋다. 오션 뷰라고 불리는 스탠더드 룸은 38㎡ 크기로 블루와 화이트 톤으로 아늑하게 꾸몄다.

그랑데 센터 포인트 스페이스
Grande Centre Point Space

주소 888 Moo 5, Thanon Naklua(Pattaya-Na Kluea Road) **홈페이지** www.spacepattaya.com **요금** 스페이스 딜럭스 6,800B Map P.36-B3

그랑데 센터 포인트 호텔에서 운영하는 5성급 호텔로 2022년에 오픈했다. 490개 객실을 운영하는 대형 호텔로 외관부터 범상치 않다. 스페이스라는 이름에서 알 수 있는 우주 공간을 모티브로 디자인했다. 객실은 45㎡ 크기의 스페이스 딜럭스 룸과 88㎡ 크기의 스페이스 스위트 룸으로 구분된다. 호텔 규모에 걸맞게 널찍한 야외 수영장이 워터 파크를 연상시킨다. 아이들을 위한 물놀이 시설과 키즈 클럽까지 잘 되어 있어 가족 단위 관광객에게 인기 있다.

힐튼 파타야 호텔
Hilton Pattaya Hotel

주소 333/101 Moo 9 Thanon Hat Pattaya(Pattaya Beach Road) **홈페이지** www.pattaya.hilton.com **요금** 딜럭스 8,300~9,700B `Map P.36-A2`
'힐튼'이라는 이름만으로 럭셔리함이 단박에 느껴진다. 2010년 12월에 완공한 34층짜리 호텔이다. 파타야 해변 중앙에 있는 쎈탄 페스티벌 파타야(백화점)와 같은 건물을 쓴다. 16층에 호텔 로비와 야외 수영장이 있고, 19층부터 33층까지 객실이 들어서 있다. 딜럭스 룸은 46㎡ 크기로 아이보리 톤으로 꾸며 아늑하다. 호텔 자체가 바다를 향하고 있기 때문에 전망이 시원스럽다.

케이프 다라 리조트
Cape Dara Resort

주소 256 Dara Beach, Thanon Naklua(Pattaya-Naklua Road) Soi 20 **홈페이지** www.capedara pattaya.com **요금** 딜럭스 6,800B `Map P.36-B3`
웡아맛 해변 왼쪽(남쪽)의 한적한 해안선 끝자락에 자리한 5성급 호텔이다. 한국인 관광객이 즐겨 묵는 대형 리조트 중 한 곳으로 모두 264개 객실을 운영한다. 2012년에 지은 25층 건물로 객실에서 바다 전망이 시원하게 펼쳐진다. 딜럭스 룸은 38㎡ 크기로 발코니가 딸려 있다. 많이 돌아다니지 않고 휴양하기 적합한 호텔이다.

쎈타라 그랜드 미라지 비치 리조트
Centara Grand Mirage Beach Resort

주소 227 Moo 5 Thanon Naklua Soi 18(Wong Amat) **홈페이지** www.centarahotelsresorts.com **요금** 딜럭스 오션 뷰 6,800~8,200B `Map P.36-B3`
태국 호텔 업계를 대표하는 쎈타라 호텔에서 운영하는 5성급 리조트다. 쎈타라 호텔의 고급스런 시설과 투숙객의 편의를 위한 다양한 부대시설이 접목된 메가톤급 리조트다. 총 객실 수 555개에 걸맞는 거대한 야외 수영장을 보유하고 있다. 두 동의 18층 호텔 건물이 스카이 브리지를 통해 연결된다. 호텔 앞으로는 웡아맛 해변이 길게 펼쳐진다.

로열 클리프 리조트
Royal Cliff Resort

주소 353 Thanon Phra Tamnak **홈페이지** www.royalcliff.com **요금** 로열 클리프 비치 호텔 4,800B(시뷰), 로열 클리프 비치 테라스 5,500B(미니 스위트), 로열 윙 스위트 1만 3,000B(원 베드 스위트)
`Map P.36-B1`
4개의 호텔을 한곳에서 운영하는 파타야 대표 리조트다. 모든 호텔은 5성급 이상으로 전부 다른 수영장과 두 개의 독립 해변을 보유하고 있다. 바다 쪽 전망이 보이는 방을 얻어야 로열 클리프의 제대로 된 맛과 멋을 느낄 수 있다.

02

อยุธยา

Ayuthaya 유네스코 세계문화유산

아유타야

방콕에서 불과 76㎞. 차로 두 시간이면 갈 수 있는 아유타야는 역사의 향기로 가득하다. 씨암(태국)의 두 번째 왕조였던 아유타야는 태국 역사를 통틀어 가장 번성했던 나라다. 절대로 무너질 것 같지 않던 크메르 제국마저 멸망시키고 400년 이상 동남 아시아의 절대 패권을 누렸다. 우텅 왕 King U-Thong이 아유타야를 건국한 1350년 부터 1767년까지 34명의 왕을 배출하며 중국, 인도는 물론 유럽과도 교역하는 국제적인 나라로 성장했다. 하지만 역사는 언제나 힘의 논리에 의해 흥망성쇠를 반복하기 마련. 그토록 번창했던 아유타야도 새롭게 등장한 버마(미얀마)의 공격에 의해 처참히 짓밟히고 수도가 약탈당하는 수모를 겪었다. 그 후 3년이 지나 세력을 재정비해 버마를 몰아냈지만, 버마의 재공격을 두려워한 나머지 짜오프라야 강의 남쪽인 방콕으로 수도를 이전하며, 아유타야는 폐허 속에 방치됐다. 아유타야는 과거의 화려한 모습으로 복원하는 대신 상처투성이인 모습 그대로 방치해 무상한 역사의 흔적을 여과 없이 보여준다. 태국의 문화와 역사, 건축을 사랑하는 사람들에게 절대로 빠놓아서는 안 될 유적지다.

Access ## 방콕에서 아유타야 드나들기

방콕에서 기차와 미니밴(롯뚜)이 수없이 드나들어 교통이 편리하다. 방콕에서 76km 떨어져 있으며 차로 2시간 정도 가면 방콕과 전혀 다른 한적한 시골 도시에 갈 수 있다.

기차

기차를 타고 가는 방법은 두 가지가 있다. 느리지만 저렴한 선풍기 시설의 완행열차는 옛 기차역인 후아람퐁 역 Hua Lamphong Railway Station에서 출발한다. 편도 요금은 15B으로 저렴하지만 아유타야까지 2시간 이상 걸린다. 오전에 출발하는 열차(09:30, 11:15, 11:30, 12:55)를 이용하는 게 좋다. 새롭게 건설한 끄룽텝 아피왓 역 Krung Thep Aphiwat Central Terminal에서는 일반·급행열차가 운행된다. 아유타야를 경유하는 장거리 노선의 열차를 이용하기 때문에 출발 시간

아유타야 기차역

(07:10, 07:30, 08:45, 10:35)이 아침에 몰려 있다. 편도 요금(일반실 선풍기 좌석칸)은 20B이다. 방콕으로 돌아오는 마지막 기차는 오후 6시 경에 끊기므로 늦지 않도록 주의하자.
참고로 완행열차는 돈무앙 역 Don Muang Station에 정차한다. 돈무앙 공항으로 직행할 경우 종점까지 가지 말고 돈무앙 역에 내리면 된다.

미니밴(롯뚜)

+ 방콕(머칫) → 아유타야

미니밴은 방콕의 두 개 버스 터미널에서 출발하는데, 상대적으로 아유타야와 가까운 북부 버스 터미널(콘쏭 머칫)을 이용하는 게 좋다. 06:00~17:00까지 30분 간격으로 출발하며, 편도 요금은 70B이다. 소요 시간은 약 2시간 정도 예상하면 된다.
머칫 미니밴 정류장은 북부 버스 터미널 바깥쪽에 있다. 북부 버스 터미널 앞쪽의 육교를 건너면 되는데 지리에 익숙하지 않은 외국인에

방콕 북부 버스 터미널(콘쏭 머칫)

게는 다소 불편할 수 있다. 목적지마다 미니밴 매표소가 다르고, 타는 곳도 다르다. 미니밴 정류장의 공식 명칭은 싸타니던롯도이싼라낫렉(롯뚜) 짜뚜짝 Minibus Station Chatuchak สถานีเดินรถโดยสารขนาดเล็ก (มินิบัส-รถตู้) จตุจักร이다. 구글 지도 검색은 Morchit New Van Terminal로 하면 된다.

+ 방콕(싸이따이) → 아유타야

남부 버스 터미널(싸이따이)에서도 아유아타행 미니밴은 운행된다. 편도 요금은 70B이다.

방콕 북부 터미널 맞은편의 미니밴 전용 탑승장

+ 아유타야 → 방콕

타논 나레쑤언 Map P.31-A1에서 방콕행 미니밴이 출발한다. 북부 버스 터미널(머칫)과 남부 버스 터미널(싸이따이)행으로 구분된다. 04:00~19:00까지 운행되며, 편도 요금은 70B이다. 북부 버스 티미널

아유타야에서 출발하는 방콕행 미니밴

(머칫)행 미니밴은 돈무앙 공항과 BTS 머칫 역을 지난다(방콕 시내로 갈 경우 BTS 역에 내리면 된다).

여행사 버스(카오산 로드 출발)

카오산 로드의 여행사와 게스트하우스에서도 미니밴을 운영한다. 터미널까지 갈 필요가 없이 예약한 곳에서 픽업해 준다. 오전 7시에 출발하며, 편도 요금은 300B이다.

Transportation **아유타야의 교통**

뚝뚝 & 썽태우

특별한 구분 없이 뚝뚝과 썽태우가 혼용되어 쓰인다. 모양은 뚝뚝이지만 뒷
좌석은 의자를 두 줄로 만든 썽태우처럼 생겼기 때문이다. 혼자서 탈 경우
뚝뚝이 되는 거고, 여러 명이 함께 타면 썽태우가 되는 셈이다. 뚝뚝은 거리
에 따라 30~50B에 흥정하면 된다.

썽태우

뚝뚝 대절

아유타야 사원을 여러 명이 함께 여행할 때 유용하다. 공식 요금은 1시간에
200B이다. 선불로 지불하지 말고 투어가 끝난 다음 이용한 시간만큼 돈을
주면 된다. 기사에 따라 1인 요금이라며 바가지 씌우는 경우도 있으니, 반드
시 차량 한 대당 요금임을 강조할 것.

뚝뚝

자전거

여행자 거리인 타논 나레쑤언 쏘이 쌩 Thanon Naresuan Soi 2과 기차역 앞
에서 쉽게 빌릴 수 있다. 하루에 50~60B을 받으며 아유타야 지도 복사본을
선물로 준다.

자전거 대여

보트

아유타야 기차역(싸타니 롯파이 아유타야) 앞에서 길을 건너 골목 안쪽으로
100m 정도 가면 강을 건너는 보트를 탈 수 있다. 운행 시간 05:00~18:00,
편도 요금 10B이다. 보트를 타고 강을 건너면 여행자 거리와 가까운 짜오프
롬 시장 Chao Phrom Market이 나온다.

기차역 앞에서 보트를 타면 편리하다

Just Follow **Ayuthaya**

섬 외곽의 멀리 떨어진 사원을 뚝뚝으로 먼저 여행한 다음, 섬 안 의 왕궁 터 주변을 걸어서 여행한다.

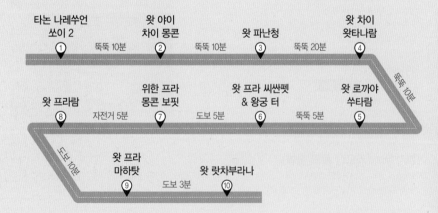

타논 나레쑤언 쏘이 2 ① — 뚝뚝 10분 — 왓 야이 차이 몽콘 ② — 뚝뚝 10분 — 왓 파난청 ③ — 뚝뚝 20분 — 왓 차이 왓타나람 ④

뚝뚝 10분

왓 프라람 ⑧ — 자전거 5분 — 위한 프라 몽콘 보핏 ⑦ — 도보 5분 — 왓 프라 씨싼펫 & 왕궁 터 ⑥ — 뚝뚝 5분 — 왓 로까야 쑤타람 ⑤

도보 10분

왓 프라 마하탓 ⑨ — 도보 3분 — 왓 랏차부라나 ⑩

Attractions 아유타야의 볼거리

아유타야에는 무려 400개가 넘는 사원이 있다. 모든 사원을 방문할 필요도 없고, 하루 이틀로는
모두 돌아보기 불가능하기 때문에 주요한 사원들을 선별해 여행하도록 하자. 주요 유적들은 강으
로 둘러싸인 섬 내부에 몰려 있다. 섬 외부 유적들은 상대적으로 복원 상태가 좋은 대형 사원들이
많다. 모든 사원들은 오후 4~5시까지 개방하며 중요도가 높은 사원은 별도의 입장료를 받는다.

섬 내부 유적들

강에 둘러싸여 섬처럼 이루어진 아유타야 올드 타운은 역사공원으로 지정되어 보호되고 있다. 아유타야에서
반드시 봐야 하는 왓 프라 씨싼펫, 왓 프라 마하탓, 왓 랏차부라나가 모두 이곳에 있다.

왓 프라 씨싼펫
Wat Phra Si Sanphet
วัดพระศรีสรรเพชญ์   ★★★★

주소 Thanon Si Sanphet **운영** 08:00~17:00 **요금**
50B **가는 방법** 왓 프라 마하탓과 왓 랏차부라나 사
이의 타논 나레쑤언 Thanon Naresuan을 따라 도보
10~15분. 위한 프라 몽콘 보핏의 오른쪽에 출입구가
있다. Map P.32-B1

아유타야 시대 사원 건축의 상징처럼 여겨지는 곳으
로 웅장한 규모를 자랑한다. 1448년 보롬마뜨라이로
까낫 왕 King Borommatrailokanat(1448~1488) 때 만
든 왕실 사원으로 승려가 거주하지 않는 것이 특징이
다. 라따나꼬씬의 왓 프라깨우 Wat Phra Kaew와 동
일한 콘셉트로 왕실의 특별 행사가 있을 때 국왕이
직접 행차하던 곳이다.

사원에 들어서면 높다란 3개의 쩨디가 이목을 집중
시킨다. 쩨디는 1503년에 만들어졌으며 높이 16m에
황금으로 치장되어 있었다. 황금의 무게만 250kg에

달했으나 버마(미얀마)의 침략으로 약탈당하여 모두
녹아 없어졌다. 쩨디 내부에는 아유타야 주요 국왕들
의 유해가 안치됐다. 쩨디 주변을 가득 메웠던 법당
과 주요 건물들은 모두 폐허로 남아 있다. 사원 옆문
을 통해 왕궁 터로 들어갈 수 있다.

왕궁 터
Royal Palace
พระราชวังโบราณ อยุธยา   ★

현지어 왕 루앙 **위치** 왓 프라 씨싼펫 오른쪽 **운영**
08:00~17:00 **요금** 무료 **가는 방법** 왓 프라 씨싼펫
내부를 통해 드나들 수 있다. Map P.32-B1

태국 최고 전성기를 누렸던 아유타야 왕국의 수도는
현재 흔적도 없이 사라졌다. 왓 프라 씨싼펫을 건설한
보롬마뜨라이로까낫 왕 때 최초로 건설돼 한 세기 동
안 증축·확대됐으나 1767년 버마(미얀마)와의 전쟁에
서 완패하며 폐허가 되었다. 현재는 무성한 잔디와 함
께 왕궁 성벽의 미세한 흔적만 남아 있을 뿐이다.

아유타야 시대 왕실 사원으로 쓰였던 왓 프라 씨싼펫

Wat Phra Si Sanphet

위한 프라 몽콘 보핏
Vihan Phra Mongkhon Bophit
วิหารพระมงคลบพิตร ★★

주소 Thanon Phra Si Sanphet 운영 08:30~18:30 요금 무료 가는 방법 왓 프라 씨싼펫 왼쪽에 있으며, 왓 프라 마하탓에서 도보 10~15분. Map P.32-B1

위한 프라 몽콘 보핏

왓 프라 씨싼펫 남쪽 입구에 있다. 불법승을 완전히 갖춘 사원이 아니라 불상을 모신 위한(법당)이다. 위한 내부에는 태국에서 가장 큰 청동 불상인 프라 몽콘 보핏을 모시고 있다.

1538년 차이라짜티랏 왕 King Chairachathirat 때 만든 것으로 여겨지며, 17m 크기의 자개를 이용해 불상의 눈을 만든 것이 특징이다. 위한은 1767년에 붕괴된 것을 1951년에 재건축한 것이다. 아유타야의 다른 사원과 달리 나지막한 지붕과 독특한 구조가 눈길을 끈다.

왓 프라 마하탓(왓 마하탓)
Wat Phra Mahathat
วัดมหาธาตุ ★★★★

주소 Thanon Chee Kun 운영 08:00~ 17:00 요금 50B 가는 방법 타논 나레쑤언과 타논 치꾼 사거리에 있다. 여행자 거리인 타논 나레쑤언 쏘이 성 Thanon Naresuan Soi 2에서 자전거로 10분. Map P.32-B1

아유타야 유적을 향해 올드 타운 중심가로 향하면 가

Wat Phra Mahathat

장 먼저 만나게 되는 사원으로, 흔히 '왓 마하탓'이라고 부른다. 보롬마라차 1세(재위 1370~1388) 때 건설하기 시작해 라마쑤언 왕(재위 1388~1395) 때 완성됐다. 왓 프라 마하탓은 '위대한 유물을 모신 사원'이

왓 마하탓

라는 뜻으로 붓다의 사리를 모시기 위해 만들었다. 크메르 양식의 탑인 쁘랑 prang이 높이 38m로 만들어졌으나 버마의 공격으로 파손돼 기단만 남아 있다. 1950년대 사원을 보수하는 과정에서 황금, 크리스털, 호박 같은 보물이 대거 발굴됐으며 현재 짜오 쌈 프라야 국립 박물관에서 보관 전시 중이다.

왓 마하탓은 아유타야의 옛 모습을 유추하며 전성기 때를 회상하게 만든다. 지금은 초라한 모습으로 망한 나라의 애틋함도 느껴지는 곳으로 보리수 나무 뿌리에 휘감겨 세월을 인내한 머리 잘린 불상이 역사의 흔적을 그대로 보여줄 뿐이다.

왓 랏차부라나
Wat Ratchaburana
วัดราชบูรณะ ★★★☆

주소 Thanon Chee Kun 운영 08:00~17:00 요금 50B 가는 방법 타논 나레쑤언과 타논 치꾼 사거리의 왓 프라 마하탓 오른쪽에 있다. 여행자 거리인 타논 나레쑤언 쏘이 2에서 자전거로 10분. Map P.32-B1

태국 역사상 가장 큰 유물 발굴을 가능하게 한 사원

왓 랏차부라나

이다. 아유타야가 전성기를 구가하던 1424년 보롬마라차 2세 King Borommaracha II가 건설했으며, 왕권 쟁탈을 위해 다투다 사망한 그의 두 형제를 기리는 사원이다. 역시나 버마(미얀마)의 공격으로 파괴된 사원은 곳곳에 불상들이 흩어져 있어

왓 탐미까랏

연못에 둘러싸인 왓 프라람

왓 탐미까랏
Wat Thammikarat
วัดธรรมิกราช ★★

주소 Thanon Naresuan **운영** 08:00~17:00 **요금** 무료 **가는 방법** 왓 랏차부라나에서 자전거로 5분. 위한 프라 몽콘 보핏에서 자전거로 5분. Map P.32-B1

왓 랏차부라나에서 위한 프라 몽콘 보핏으로 가는 길에 있는 작은 사원이다. 쩨디와 대법전으로 구성되어 있으나 기단부와 벽면만 남아 있다. 쩨디 기단부는 사자 모양의 '씽 Singha'이 세워져 있다. 아유타야가 성립되기 이전에 건설된 사원으로 평가되고 있으나 정확한 건축 연대는 알려져 있지 않다.

왓 프라람
Wat Phra Ram
วัดพระราม ★★

주소 Thanon Si Sanphet **운영** 08:00~17:00 **요금** 50B **가는 방법** 타논 씨싼펫 Thanon Si Sanphet과 타논 빠톤 Thanon Pa Thon 교차로에 있다. 왓 프라 씨싼펫 입구에서 타논 씨싼펫을 따라 태국 관광청 방향으로 도보 5분. Map P.32-B2

견고하게 생긴 쁘랑(크메르 양식의 탑) 하나만 달랑 남아 있는 사원. 아유타야 왕들에 의해 300년 이상 걸려서 완공됐을 것으로 여겨진다. 정확한 건축 이유는 아직도 확실하지 않다.

다만 아유타야를 창시한 우텅 왕 King U-Thong의 화장터로 만들었다는 설과 나레쑤언 왕 King Naresuan이 자신의 아버지인 라마티보디 왕의 장 식을 하기 위해 만들었다는 설이 유력하다. 여행자의 발길은 적은 편이지만 연못에 둘러싸여 분위기가 좋다.

시간의 무상함을 느끼게 한다.

사원 중앙에 우뚝 솟은 쁘랑은 크메르 제국의 앙코르 톰 Angkor Thom을 정벌하고 돌아온 기념으로 건설한 것이다. 쁘랑은 전형적인 크메르 양식으로, 주변 국가를 정벌하며 가져온 보물들을 쁘랑 내부의 비밀 저장고에 보관해 두었다. 쁘랑에 보관한 보물들은 1957년 도굴꾼들에 의해 우연히 발견됐는데 황금으로 만든 장신구와 청동 불상 등 국보급 유물이 가득했다. 황금 코끼리 동상을 포함한 유물들은 짜오 쌈 프라야 국립 박물관에 전시되어 있다.

계단을 통해 쁘랑 내부로 들어갈 수 있는데, 아유타야 사원 건축에서 보기 힘든 내부 벽화기 이직도 남아 있다.

Travel Plus **코끼리 트레킹**

아유타야에서도 미니 코끼리 트레킹이 가능합니다. 30분 정도 코끼리를 타고 왓 프라람과 왓 프라 씨싼펫까지 다녀오는 코스입니다. 의자와 양산 등으로 코끼리를 치장해 마치 왕족이 된 기분으로 코끼리를 탈 수 있답니다. 출발은 태국 관광청 옆 사거리 코너에서 출발하며 요금은 500B입니다. Map P.32-B2

왓 로까야 쑤타람 วัดโลกยสุธาราม
Wat Lokaya Sutharam ★★★

주소 Thanon Khlong Tho **운영** 연중 무휴 **요금** 무료
가는 방법 왕궁 터 뒤편으로 왓 프라 씨싼펫에서 자
건거로 10~15분. Map P.32-A1

아유타야 유적 중심부에서 서쪽으로 떨어져 있는 사원
인데 와불상으로 유명하다. 42m 크기의 대형 와불상
은 팔베개를 하고 명상하는 모습으로 오렌지 승복이
입혀져 있다. 원래 불상은 나무로 만든 위한(법당) 내
부에 안치되어 있었으나 현재는 야외에 덩그러니 불
상만 남았다. 와불상은 부처가 열반에 든 모습을 형
상화한 것으로, 불상이 크면 클수록 전쟁에서 승리한
다는 믿음과 관련해 아유타야 왕조에서 제작한 것.

왓 로까야쑤타람

짜오 쌈 프라야 국립 박물관
Chao Sam Phraya National Museum
พิพิธภัณฑสถานแห่งชาติ เจ้าสามพระยา ★★★

현지어 피피타판 행찻 짜오 쌈 프라야 **주소** Thanon
Si Sanphet & Thanon Rotchana **운영** 화~일
09:00~16:00(휴무 월요일) **요금** 150B **가는 방법** 타
논 씨싼펫의 태국 관광청 맞은편으로 왓 프라 씨싼펫
에서 자전거로 5~6분. Map P.32-B2

아유타야 국립 박물관에 해당한다. 도시에 있는 3개
의 박물관 중 규모도 가장 크다. 도굴되어 반출되거나
방콕 국립 박물관으로 옮겨진 것을 제외하고 아유타
야의 사원에서 발굴된 유물들을 연대별로 전시한다.
왓 프라 마하탓에서 발굴된 사리 보관함. 왓 랏차부
라나에서 발굴된 불상과 황금 장신구를 포함해 다양
한 불상과 목조 조각 등을 전시한다. 박물관 한쪽에
티크 나무로 재현한 전통 가옥도 볼 만하다.

짜오 쌈 프라야 국립 박물관

짠까쌤 국립 박물관
Chan Kasem National Museum
พระราชวังจันทร์เกษม ★★

현지어 피피타판 행찻 짠까쌤 **주소** Thanon U-Thong
운영 09:00~16:00(휴무 월~화요일) **요금** 100B **가
는 방법** 후아로 야시장 맞은편의 타논 우텅 Thanon
U-Thong에 있다. Map P.32-C1

빠싹 강변 Mae Nam
Pasak에 있는 하얀
성벽에 둘러싸인 짠까
쌤 궁전 Chan Kasem
Palace을 개조해 만
든 박물관이다. 본래

짠까쌤 국립 박물관

Travel Plus ## 아유타야의 밤은 낮보다 아름답다

아유타야 유적은 낮 시간에도 아름다운 자태를 뽐내지만 어둠이 내린 밤에도 눈이 부시
답니다. 해가 지고 어둠이 찾아오는 저녁 7시부터 9시까지 주요 유적들이 야간 조명으로
치장하기 때문이죠. 왓 프라 마하탓, 왓 랏차부라나, 왓 프라 씨싼펫, 왓 프라람을 포함해
멀리 있는 왓 차이 왓타나람까지 무더운 낮에는 느낄 수 없는 낭만을 선사해 줍니다.
방콕에서 당일치기로 찾아온 관광객들이 빠져 나간 시간이라 조용하게 유적을 감상할
수 있는 것도 매력이구요. 사원 내부로 들어갈 수는 없지만 한적한 밤길을 걷는 것만으로
충분한 가치가 있답니다. 길눈이 어둡다면 게스트하우스와 여행사에서 차량을 제공하는
야간 투어 상품에 참여하는 것도 좋습니다.

아유타야 17대 왕인 마하 탐마라차 왕 King Maha Thammaracha이 그의 아들인 나레쑤언 왕의 대관식을 위해 1577년에 건설했다. 궁전은 1767년 버마(미얀마)의 공격으로 폐허가 됐으며 라마 4세 때 복원되어 1936년부터 박물관으로 사용되고 있다.

왓 매낭쁘름 วัดแม่นางปลื้ม
Wat Mae Nang Pleum ★★★

주소 Thanon Chikun, Khlong Sa Bua **운영** 09:00~17:00 **요금** 무료 **가는 방법** 후아로 야시장 뒤쪽 강 건너편의 타논 치꾼에 있다. 후아로 야시장에서 500m. Map P.32-B1

아유타야 시대인 1377년에 건설된 사원으로 원형을 잘 보존하고 있다. 버마(오늘날의 미얀마)가 아유타야를 침략할 당시(1767년) 버마 군대의 주둔지가 있었던 곳이기 때문이다. 오래된 사원임을 느낄 수 있는 아치형 출입문과 우보쏫 Ubosot(승려들의 출가 의식이 행해지는 곳), 위한 Viharn(법당), 쩨디 Chedi(불탑)가 남아 있다. 사자 조각상이 기단부를 받치고 있는 종 모양의 쩨디(불탑)가 볼 만하다.

섬 외부 유적들

아유타야 중심부를 감싸는 강들 때문에 육로 교통보다는 해상 교통을 이용하면 편리하다. 해 지는 시간에 맞춰 선셋 보트 투어에 참여해도 좋다.

왓 차이 왓타나람 วัดไชยวัฒนาราม
Wat Chai Watthanaram ★★★★

위치 짜오프라야 강 건너 서쪽 **운영** 08:00~16:30 **요금** 50B **가는 방법** 왓 프라 씨싼펫에서 자전거로 20분, 뚝뚝으로 10분. Map P.32-A2

아유타야 역사공원 서쪽의 짜오프라야 강 건너편에 있는 대형 사원이다. 1630년 쁘라쌋텅 왕 King Prasat Thong이 그의 어머니를 위해 건설한 사원으로 전형적인 크메르 양식으로 만들었다.

사원의 전체적인 구조는 힌두교의 우주론을 형상화했으며, 중앙의 대형 쩨디는 우주의 중심인 메루산 Mount Meru을 상징한다. 대형 쩨디 주변으로 8개의 대륙을 상징하는 8개의 작은 쩨디를 세우고 회랑을

만들었다. 회랑은 현재 파손되었으나 머리와 팔이 잘린 동상들이 연속해 있어 나름의 분위기를 자아내고 있다.

사원의 현재 모습은 1980년대에 복원한 것이다. 복원 상태가 완벽해 매우 아름다운 사원으로 평가받는다. 강과 접하고 있어 보트를 타고 사원을 방문하면 더욱 좋다. 특히 해가 지는 시간이면 모든 보트 투어가 이곳에 들른다.

Travel Plus ## 강 따라 섬 한 바퀴 돌아보세요!

아유타야의 지리를 이해하는 데 가장 좋은 방법은 보트를 타는 거랍니다. 강들에 의해 섬으로 둘러싸인 아유타야를 여행하는 또 다른 방법으로 멀리 떨어진 사원들을 편하게 방문할 수 있지요. 게스트하우스나 여행사에서 사람들을 모아 오후 4시경에 출발합니다. 소형 보트를 이용하기 때문에 4명 이상이면 출발 가능하구요, 요금은 1인당 250B랍니다. 왓 파난청을 시작으로 왓 차이 왓타나람, 왓 풋타이싸완 등을 방문한답니다.

왓 야이 차이 몽콘 วัดใหญ่ชัยมงคล
Wat Yai Chai Mongkhon ★★★★

주소 Thanon Ayuthaya-Bang Pa In **운영** 08:30~ 16:30 **요금** 20B **가는 방법** 아유타야 신시가지 방향으로 빠싹 강을 건넌 다음 대형 탑이 있는 원형 로터리에서 남쪽(진행 방향으로 오른쪽)으로 가면 된다. Map P.32-C2

아유타야 역사 공원 외곽에 있는 사원 중에 가장 많은 사람들이 들르는 사원이다. 아유타야를 건설한 우텅 왕이 때인 1357년에 건설했다. '큰 사원'이라는 뜻으로 흔히 '왓 야이'라 부른다.

스리랑카에서 공부하고 돌아온 승려들을 위해 건설한 사원으로 불교 경전 연구보다는 명상을 통해 깨달음을 수행하던 곳이다. 사원 중앙에는 72m 높이의 대형 쩨디(프라 쩨디 프라야 몽콘 Phra Chedi Phraya Mongkhon)가 있다. 버마(미얀마)와의 전쟁 승리를 기념하기 위해 나레쑤언 왕이 만든 것. 종 모양의 전형적인 스리랑카 양식의 탑으로 1593년에 건설했다. 또한 사원 입구의 잔디 정원에는 7m 길이의 와불상이 있다.

왓 파난청 วัดพนัญเชิง
Wat Phanan Cheong ★★★

위치 섬 동남쪽 강 건너편의 3053번 국도 **운영** 08:30~16:30 **요금** 20B **가는 방법** 펫 요새(뺌 펫) Phet Fortress(Pom Phet) 오른쪽의 선착장에서 배를 타고 건너는 게 가장 빠르다. 뚝뚝을 탄다면 여행자 거리인 타논 나레쑤언 쏘이 1에서 15분. Map P.32-C2

아유타야가 성립되기 전인 1325년에 건설됐다. 화교들에게 사랑받는 사원으로 한자와 중국 불상들이 곳곳에 가득하다. 이처럼 왓 파난청이 화교들에게 인기가 높은 이유는 아유타야의 주요 무역항이 사원 앞에 위치했기 때문이다.

1407년 중국의 탐험가 쩡허(鄭和)가 방문해 중국과 외교관계를 수립했으며, 황제 영락제가 태국으로 대형 불상을 선물했다. 대법전에 모신 19m 크기의 루앙 퍼 파난청 Luang Po Phanan Cheong(프라 짜오 파난청) 불상이 바로 중국에서 전해진 것이다. 불상과 관련된 또 다른 전설은 아유타야가 버마(미얀마)의 침략을 받아 망할 때 눈물을 흘렸다는 것이다. 그만큼 태국 사람들도 신성시하는 불상인 셈이다.

강변에 만든 왓 파난청 사원

왓 나 프라멘(왓 나 프라메루)
Wat Na Phra Mehn วัดหน้าพระเมรุ ★★

위치 섬 북쪽의 롭부리 강 건너편 **운영** 08:30~16:30 **요금** 30B **가는 방법** 왕궁 터 오른쪽의 타논 우텅에서 롭부리 강 Mae Nam Lopburi를 지나는 다리를 건너야 한다. Map P.32-B1

아유타야가 버마(미얀마)의 공격을 받아 멸망할 당시 유일하게 파괴되지 않고 원형 그대로 살아남은 사원이다. 그 이유는 간단하다. 1767년 버마 군대가 아유타야 왕실을 점령하기 위해 왓 나 프라멘을 거점으로 삼았기 때문이다.

사원의 가장 큰 볼거리는 1503년에 만든 봇(대법전)

왓 나 프라멘 대법전

Bot이다. 전형적인 아유타야 양식 건물로 정성들여 만든 주랑. 연꽃 봉오리 모양으로 곡선을 살린 지붕. 목조 조각으로 장식된 천장까지 당시 건축의 아름다움을 그대로 보여준다. 대법전 내부에는 6m 크기의 아유타야 불상을 안치했는데, 당시 건축 기법에 따라 국왕의 얼굴을 형상화했다고 한다.

대법전 옆에 있는 위한(지성소)에 안치한 드바라바티 양식의 프라 칸타라랏 Phra Khanthararat 불상도 볼 만하다. 태국에서 가장 큰 5.2m 크기의 석조 불상으로 무려 1,300년 전에 만들어졌다.

왓 프라응암(시간의 문) วัดพระงาม
Wat Phra Ngam ★★★

주소 24 Moo 4 Khlong Sa Bua 운영 09:00~17:00 요금 무료 가는 방법 왓 나프라멘 사원에서 북쪽으로 1.5km Map P.32-B1

아유타야 왕조 초기에 건설된 사원으로 여겨지는 곳으로 정확한 건축 시기는 밝혀지지 않았다. '불상이 아름다운 사원'이란 이름과 달리 현재는 폐허로 남아 있다. 사원 경내에는 쩨디(탑) 하나만 남아있을 뿐이다. 이곳의 하이라이트는 나무뿌리에 휘감겨 있는 아치형 출입문이다. 시간의 문 Portal Of Time(빠뚜 행 깐 웰라 ประตูแห่งกาลเวลา)으로 불리는데, 거대한 보리수나무에 감싸인 출입문이 세월의 흔적을 고스란히 보여준다. 일몰 시간에 가면 문틈으로 해가 지는 모습을 볼 수 있다.

왓 푸 카오 텅 วัดภูเขาทอง
Wat Phu Khao Thong ★★

주소 Tanon Ayuthaya–Pa Mok 운영 연중 무휴 요금 무료 가는 방법 왕궁 터에서 북서쪽으로 2km 떨어져 있다. 타논 아유타야–빠목 Tanon Ayuthaya–Pa Mok 을 따라 북쪽으로 가다가 나레쑤언 왕 동상이 보이는 공원 안쪽으로 들어가면 된다. Map P.32-A1

아유타야 중심가에서 북서쪽으로 5km 떨어진 곳에 있는 황금 산 Golden Mount(푸 카오 텅)이다. 버마(미얀마)가 아유타야를 15년간 1차 점령했던 기간인 1569년에 만든 쩨디로 아유타야에서 보던 탑들과는 전혀 다른 모양을 하고 있다. 쩨디는 계단을 통해 중턱까지 오를 수 있으며 역사 공원을 포함해 주변의 중부 평원이 시원스레 펼쳐진다. 쩨디 입구에는 나레쑤언 왕 동상이 세워져 있다.

왓 푸 카오 텅

나레쑤언 왕 동상

Restaurant 아유타야의 레스토랑

고급 레스토랑보다는 저렴한 식당이 많다. 재래시장이나 야시장에서 저렴하게 식사할 수 있다. 멀리가기 귀찮다면 여행자 거리에 있는 레스토랑에서 식사하면 된다.

짜오프롬 시장(딸랏 짜오프롬)
Chao Phrom Market
ตลาดเจ้าพรหม ★★☆

주소 Thanon Naresuan **영업** 04:00~13:00 **메뉴** 영어, 태국어 **예산** 40~50B **가는 방법** 타논 나레쑤언 거리의 암폰 백화점 맞은편에 있다. Map P.32-C1

아유타야 왕조 시대부터 있었던 오래된 재래시장으로 규모가 크다. 식재료(채소, 육류, 해산물), 과일, 태국 디저트, 음료, 옷, 신발, 생필품. 금방, 편의점까지 들어서 있다. 노점 식당도 있어 저렴한 식사도 가능하다. 대부분의 상점들은 오후에 문을 닫는다.

짜오프롬 시장

방이안 야시장(아유타야 야시장)
Bang Ian Night Market ★★★☆

주소 Thanon Bang Ian **영업** 16:00~21:00 **메뉴** 태국어 **예산** 40~80B **가는 방법** 타논 방이안 거리에 있다. Map P.31-A2

태국에서 흔히 볼 수 있는 길거리 노점 야시장이다. 밥과 반찬, 과일을 파는 노점들이 도로를 따라 줄지

방란 야시장

어 있다. 현지인들은 오토바이를 타고 와서 저녁식사에 필요한 음식을 싸이통(비닐봉지에 담아가는 테이크아웃)해 간다. 다른 야시장에 비해 접근성이 좋아 외국 관광객들도 많이 찾아온다.

커피 올드 시티
Coffee Old City ★★★☆

주소 Thanon Chee Kun **전화** 08-9889-9092 **영업** 08:00~17:30(휴무 일요일) **메뉴** 영어, 태국어 **예산** 커피 65~95B. 메인 요리 99~180B **가는 방법** 타논 치꾼의 왓 프라 마하탓 맞은편에 있다. Map P.31-A2

전형적인 투어리스트 레스토랑으로 위치가 좋아서 외국 관광객들이 즐겨 찾는다. 카페를 겸한 레스토랑으로 넓고 깔끔해서 쾌적하게 식사할 수 있다. 토스트 위주의 아침식사 메뉴, 샌드위치, 팟타이, 덮밥을 포함한 기본적인 태국 음식을 요리한다.

커피 올드 시티

빠렉(꾸어이띠아우 르아 빠렉)
Pa Lek Boat Noodle ★★★

주소 Thanon Bang Ian **영업** 08:30~16:30(휴무 수요일) **메뉴** 태국어 **예산** 20B **가는 방법** 타논 방이안 거리 초입에 있다. 왓 마하탓에서 200m 떨어져 있다. Map P.31-A2

50년 넘도록 대를 이어 장사하는 쌀국수 식당이다. 일반 쌀국수에 비해 육수가 진하고 향이 강한 꾸어이띠아우 르아(보트 누들 Boat Noodle)를 만든다. '느아

Beef(소고기 쌀국수)와 '무' Pork(돼지고기 쌀국수) 두 종류가 있다. 쌀국수는 저렴하지만 양은 적다. 면 종류를 다양하게 선택해서 여러 그릇을 주문하는 게 좋다. 에어컨이 없는 로컬 식당으로 점심시간에는 붐빈다.

꾸어이띠아우 르아 빠렉

빠폰 Pa Pron Traditional Pork Noodle
ป้าพร ก๋วยเตี๋ยวหมูสูตรโบราณ ★★★☆

주소 121/2 Pamaprao Soi 10 **전화** 08-1853-7274 **영업** 09:00~15:00 **메뉴** 영어, 태국어 **예산** 쌀국수 30~40B **가는 방법** 타논 우텅에서 연결되는 빠마프라우 쏘이 10 골목 안쪽에 있다. Map P.32-B1

폰 이모(빠폰)가 운영하는 쌀국수 식당. 1969년부터 전통방식으로 돼지고기 쌀국수(꾸어이띠아우 무 보란)를 만든다. 맑은 육수를 넣은 Original Soup, 매콤한 똠얌 소스를 넣은 Spicy Soup, 육수 없이 비빔국수로 먹을 경우 Without Soup을 주문하면 된다. 쌀국수에 넣을 면 종류도 골라야 한다. 저렴한 대신 음식 양은 적은 편이다. 간판은 태국어로만 쓰여 있다. 영어 메뉴판을 갖추고 있다.

마라꺼 Malakor
ร้านอาหาร มะละกอ ★★★☆

주소 Thanon Chee Kun **전화** 09-1779-6475 **홈페이지** www.facebook.com/malakorrestaurant **영업** 09:00~23:00 **메뉴** 영어, 태국어 **예산** 90~350B **가는 방법** 왓 랏차부라나를 등지고 길 건너 왼쪽에 있다. Map P.31-A1

마라꺼

유적지와 가까운 곳에 있는 레스토랑으로 외국 여행자들에게 잘 알려진 곳이다. 아유타야 역사 공원의 조용함과 잘 어울리는 목조 건물로 평상에 앉아 식사를 즐길 수 있다. 태국 음식을 주로 하는데, 적당한 가격에 깔끔한 태국 요리를 맛볼 수 있다. 에어컨 시설의 카페를 함께 운영한다.

쏨땀 쑤깐야 Somtum Sukunya
ส้มตำสุกัญญา ★★★★

주소 11/7 Thanon Ho Rattanachai **전화** 08-9163-7342 **홈페이지** wwww.facebook.com/Somtum Sukunya **영업** 09:00~17:00 **메뉴** 영어, 태국어 **예산** 100~550B **가는 방법** 왓 프라 마하탓 맞은편으로 연결되는 타논 호랏따나차이에 있다. Map P.31-A2

아유타야에서 인기 있는 이싼 음식점. 전형적인 태국 가정집 같은 분위기로, 규모는 작지만 아늑하고 서비스가 친절하다. 쏨땀(파파야 샐러드)과 까이양(닭고기 숯불구이), 느아양(소고기 숯불구이), 커무양(돼지목살 숯불구이)을 곁들여 찰밥(카우니아우)과 함께 먹으면 간단한 식사가 된다. 똠얌꿍과 생선 요리, 새우 요리를 메인으로 추가해도 된다. 역사 유적과도 가까워 외국인 관광객도 즐겨 찾는다. 냉방 시설을 갖춰 쾌적한 것도 장점이다.

쏨땀 쑤깐야

반 쿤프라
Bann Kun Pra 반ุณฑฺพระ ★★★☆

주소 48 Moo 3 Thanon U-Thong **전화** 0-3524-1978 **홈페이지** www.bannkunpra.com **영업** 12:00~22:00 **메뉴** 영어, 태국어 **예산** 150~550B **가는 방법** 타논 우텅 & 타논 빠톤 Thanon Pa Thon 삼거리에서 강변 쪽에 있다. Map P.31-B2

강변과 접하고 있어 분위기가 좋다. 100년 이상된 티크 나무로 만든 전통 가옥의 앞마당을 레스토랑으로 사용한다. 생선과 새우 같은 해산물 요리가 많은 편이며, 깽키우완(Green Curry)와 깽펫(Red Curry) 같은 태국 카레맛도 훌륭하다. 게스트하우스를 함께 운영한다. 오전에는 숙소 손님들을 위한 아침 메뉴만 제공한다.

Bann Kun Pra

섬머 커피 컴퍼니
The Summer Coffee Company ★★★☆

주소 Thanon Bang Ian **영업** 08:00~16:00 **메뉴** 영어 **예산** 95~180B **가는 방법** 왓 마하탓에서 600m 떨어진 타논 방이안에 있다. Map P.31-A2

아유타야에서 유명한 카페로 직접 로스팅한 원두를 이용해 커피를 만든다. 방콕에 있을 법한 모던한 카페로 실내외 공간으로 구분되어 있다. 열대 과일, 오렌지, 티라미수, 메이플 시럽 등을 첨가해 만든 시그니처 커피도 다양하다. 유적지와 상관없이 커피 한 잔 마시며 쉬어가기 좋은 곳이다.

섬머 커피 컴퍼니

란 타 루앙 Raan Tha Luang
란ท่าหลวง ★★★

주소 16/2 U-Thong **전화** 0-3524-4993, 09-6883-7109 **홈페이지** www.raan-tha-luang.com **영업** 10:00~22:00 **메뉴** 영어, 태국어 **예산** 140~350B **가는 방법** 타논 우텅의 ttb 은행을 바라보고 오른쪽에 있다. Map P.31-B2

강변을 끼고 있는 레스토랑이다. 목조 건물의 운치와 강변의 여유로움을 동시에 느낄 수 있다. 외국 관광객이 찾는 곳이지만 음식이나 분위기도 모두 괜찮다. 시푸드 요리가 많은 편이다. 칵테일 바를 겸하고 있으며, 저녁 시간에는 어쿠스틱 음악을 라이브로 연주하기도 한다. 보트 크루즈를 함께 운영한다.

보트 크루즈를 운영하는 강변 레스토랑 란 타 루앙

팍완 Pak Wan
크ว่ยเตี๋ยวผักหวาน (ซอยอู่ทอง 4) ★★★☆

주소 48/3 Thanon U-Thong Soi 4 **전화** 0-3524-2085, 08-9539-9427 **홈페이지** www.facebook.com/PhakHwanAyutthaya **영업** 08:00~21:00 **메뉴** 영어, 태국어 **예산** 80~290B **가는 방법** 왓 쑤언다라ม(사원)이 있는 타논 우텅 쏘이 4 골목 안쪽으로 50m. Map P.32-C2

현지인들에게 인기 있는 가성비 좋은 레스토랑이다. 쌀국수와 팟타이, 쏨땀, 스프링롤 같은 부담 없는 음식들이 가득하다. 무슬림이 운영하는 곳이라 돼지고기는 사용하지 않는다. 에어컨 시설의 실내와 그늘 가득한 야외 정원으로 구분되어 있다. 외국인에게도 친절하다. 가격이 저렴한 대신 음식 양은 적은 편이다.

03

กาญจนบุรี

Kanchanaburi

깐짜나부리

영화 〈콰이 강의 다리〉 때문에 유명해진 곳이다. 제2차 세계대전의 슬픈 역사를 간 직한 도시지만 현재는 방콕 인근의 조용한 휴식처로 사랑받는다. 방콕에서 서쪽으로 130km, 차로 두 시간이면 갈 수 있는 가까운 거리지만 버마(미얀마)와 국경을 접하고 있다.

깐짜나부리는 태국에서 세 번째로 큰 행정구역이다. 드넓은 대지와 험준한 산맥, 미 지의 정글과 폭포가 가득한 미개발 지역, 무려 5개나 되는 국립공원을 갖고 있을 정 도로 수려한 자연경관을 뽐낸다. 많은 여행자들이 방콕에서 당일치기 투어로 콰이 강의 다리만 구경하고 돌아가지만, 깐짜나부리의 진정한 매력을 느끼고 싶다면 최소 한 이틀은 머물자. 그래야 도시를 벗어난 자연과 역사의 현장 속으로 체험 여행을 떠 날 수 있기 때문이다. 더불어 강변의 한적한 수상가옥은 도시 생활에 지친 사람에게 더없이 좋은 도피처 역할을 해줄 것이다.

Access 방콕에서 깐짜나부리 드나들기

방콕의 남부 터미널과 북부 터미널에서 에어컨 버스가 출발하고, 톤부리 역에서 기차가 출발한다. 기차보다는 버스가 더 편리하다. 깐짜나부리까지 2~3시간 정도 예상하면 된다.

버스(방콕 ↔ 깐짜나부리)

+ 터미널 버스

방콕 남부 터미널 에어컨 버스 매표소

방콕 남부 버스 터미널(싸이따이)에서 깐짜나부리까지 버스가 수시로 출발한다. 05:00~20:00까지 30분 간격으로 출발하며, 편도 요금은 110B이다.

+ 미니밴(롯뚜)

미니밴은 남부 버스 터미널(싸이따이)→깐짜나부리, 북부 버스 터미널(콘쏭 머칫)→깐짜나부리 2개 노선이 운행 중이다. 버스보다 빠르긴 하지만 버스 터미널까지 가야 하기 때문에 큰 매력은 없다. 미니밴은 04:00~19:00까지 출발한다. 편도 요금은 130B이다.

+ 여행사 버스

카오산 로드에서 깐짜나부리까지 직행하는 미니밴도 있다. 여행사에서 승객을 모아서 합승 형태로 운영한다. 하루 한 번 오전 7시에 출발한다. 편도 요금은 250B이다.

▶방콕으로 돌아오기(깐짜나부리→방콕)

+ 터미널 버스

깐짜나부리 버스 터미널(버커써 깐짜나부리)은 태국 관광청과 가까운 타논 쌩추또 Thanon Saengchuto에 있다. 방콕을 포함해 깐짜나부리 주변의 소도시를 드나드는 모든 버스가 이곳에서 출발한다. 방콕 남부 터미널(싸이 따이)행 에어컨 버스는 04:00~20:00까지 20분마다 출발한다.

깐짜나부리 버스 터미널

+ 미니밴(롯뚜)

미니밴도 깐짜나부리 버스 터미널에서 출발한다. 목적지는 방콕 남부 터미널(싸이 따이)과 머칫(북부 터미널)이다. 미니밴은 04:00~19:00까지 운행된다. 편도 요금은 거리에 따라 110~130B를 받는다.

깐짜나부리의 게스트하우스에서 미니밴 예약을 대행해준다. 예약 수수료를 내야 하지만 게스트하우스에서 픽업해준다.

기차

방콕의 톤부리역(싸타니 롯파이 톤부리) Thonburi Station Map P.13-A2에서 출발한 기차가 나콘 빠톰 Nakhon Pathom을 거쳐 깐짜나부리까지 간다. 하루 두 차례 기차가 운행되며, 외국인은 구간에 관계없이 한 번 탑승에 100B를 내야 한다. 짜오프라야 강 건너에 있는 톤부리 역에서 출발하기 때문에 기차역까지 가는 길이 고생스럽게 느껴질 수 있다.

깐짜나부리 기차역(싸타니 롯파이 깐짜나부리)은 연합군 묘지와 가까운 타논 쌩추또에 있다. 깐짜나부리 역에서는 방콕 노선 이외에 죽음의 철도를 따라 남똑 Nam Tok까지 기차가 1일 3편 운행된다.

깐짜나부리 기차역

깐짜나부리 → 파타야 → 라용 Rayong

깐짜나부리 버스 터미널에서 라용까지 가는 에어컨 버스도 운행된다. 방콕에 정차하지 않고 파타야를 경유한다. 하루 1회(09:30) 출발한다. 파타야까지 편도 요금은 310B, 라용까지 편도 요금은 310B이다.

+ 기차 시간 및 요금

1. 방콕(톤부리) → 깐짜나부리 → 남똑

기차역	톤부리 Thonburi	나콘 빠톰 Nakhon Pathom	깐짜나부리 Kanchanaburi	콰이 강의 다리 River Kwai Bridge	타끼렌 Tha Kilen	탐 끄라쌔 Tham Krasae	왕퍼 Wang Pho	남똑 Nam Tok
No. 485	–	–	06:08	06:14	07:19	07:38	07:49	08:20
No. 257	07:45	08:52	10:35	10:44	11:33	11:53	12:06	12:35
NO. 259	13:55	15:03	16:26	16:33	17:33	17:51	18:01	18:30

2. 남똑 → 깐짜나부리 → 방콕(톤부리)

기차역	남똑 Nam Tok	왕퍼 Wang Pho	탐 끄라쌔 Tham Krasae	타끼렌 Tha Kilen	콰이 강의 다리 River Kwai Bridge	깐짜나부리 Kanchanaburi	나콘 빠톰 Nakhon Pathom	톤부리 Thonburi
No. 260	05:20	05:46	05:57	06:14	07:12	07:21	08:44	19:50
No. 258	12:55	13:23	13:36	13:54	14:40	14:48	16:31	17:40
NO. 486	15:30	15:58	16:10	16:29	17:29	17:31	–	–

*기차 시간이 자주 변동되므로 출발 전에 미리 확인할 것. (전화 0-3451-1285, 0-3456-1052)

Transportation **깐짜나부리의 교통**

쌈러

자전거를 사람이 직접 모는 릭샤로 지방 소도시에서만 볼 수 있는 교통편이다. 사람이 직접 운전하기 때문에 속도는 느리다. 터미널에서 여행자 거리인 타논 매남꽤 Thanon Mae Nam Khwae까지는 30~50B 정도에 흥정하면 된다.

뚝뚝 & 오토바이 택시

원하는 곳까지 데려다 주는 택시와 비슷한데, 요금을 미리 흥정해야 한다. 요금은 탑승 전에 미리 흥정해야 하는데, 쌈러와 비슷한 선에서 요금이 정해진다. 참고로 깐짜나부리에는 뚝뚝이 많이 운행되지 않는다.

쌈러

썽태우

메인 도로인 타논 쌩추또에서 흔히 볼 수 있다. 손을 들어 세운 다음 방향이 같으면 탑승하면 된다. 보통 버스 터미널, 연합군 묘지, 기차역을 지난다. 요금은 시내 구간의 경우 한 번 탑승에 10B이다.

썽태우

오토바이 및 자전거 대여

여행자 거리에 대여소가 많다. 볼거리들이 서로 떨어져 있기 때문에 깐짜나부리에서 자전거는 매우 유용하다. 에라완 폭포 Erawan Waterfall 등 장거리 구간을 갈 경우 오토바이가 편리하나 안전에 유의해야 한다. 특히 시 외곽은 차량이 적어 차들이 과속하는 곳이 많기 때문에 각별한 주의가 필요하다. 자전거는 40~50B, 오토바이는 200B 정도에 대여가 가능하다.

자전거

Kanchanaburi

깐짜나부리 시내와 외곽에 볼거리들이 산재해 있어 하루로는 부족하다. 여러 곳을 다 보고 싶다면 여행사 투어를 이용하는 게 편리하다. 대중교통을 이용할 경우 깐짜나부리로 돌아오는 마지막 버스를 놓치지 않도록 유의해야 한다.

① Course 1 – 1일 코스

아침부터 서두르자. 최소한 낮 12시 전에는 출발해야 싸이욕 노이 폭포를 관람하고 남똑 역에서 되돌아오는 기차를 탈 수 있다. 마지막 기차를 놓치지 않도록 시간 안배를 잘해야 한다.

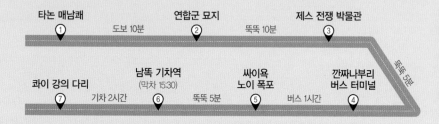

타논 매남쾌 ① — 도보 10분 — 연합군 묘지 ② — 뚝뚝 10분 — 제스 전쟁 박물관 ③ — 뚝뚝 5분 — 깐짜나부리 버스 터미널 ④ — 버스 1시간 — 싸이욕 노이 폭포 ⑤ — 뚝뚝 5분 — 남똑 기차역 (막차 15:30) ⑥ — 기차 2시간 — 콰이 강의 다리 ⑦

② Course 2 – 2일 코스

깐짜나부리 주변 지역을 하루씩 나눠서 다녀온다. 대중교통을 이용하거나 여행사 투어에 참여하면 된다.

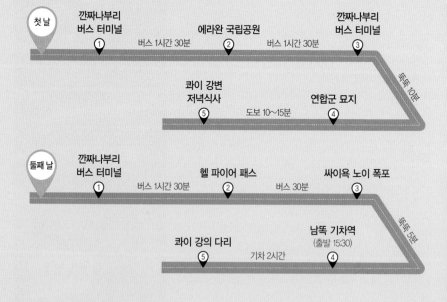

첫 날 — 깐짜나부리 버스 터미널 ① — 버스 1시간 30분 — 에라완 국립공원 ② — 버스 1시간 30분 — 깐짜나부리 버스 터미널 ③ — 뚝뚝 10분 — 연합군 묘지 ④ — 도보 10~15분 — 콰이 강변 저녁식사 ⑤

둘째 날 — 깐짜나부리 버스 터미널 ① — 버스 1시간 30분 — 헬 파이어 패스 ② — 버스 30분 — 싸이욕 노이 폭포 ③ — 뚝뚝 5분 — 남똑 기차역 (출발 15:30) ④ — 기차 2시간 — 콰이 강의 다리 ⑤

Attractions 깐짜나부리의 볼거리

연합군 묘지와 전쟁 박물관 등 제2차 세계대전과 관련된 관광지가 여러 곳 있다. 깐짜나부리 여행의 하이라이트인 죽음의 철도 기차 탑승하기를 빼놓지 말자.

콰이 강의 다리
Bridge Over The River Kwai
สะพานข้ามแม่น้ำแคว ★★★★

현지어 싸판 매남쾌 **주소** Thanon Mae Nam Khwae **운영** 24시간 **요금** 무료 **가는 방법** 콰이 강의 다리 역 바로 앞에 있으며, 여행자 거리에서 자전거로 10분.
`Map P.34-A1`

영화 〈콰이 강의 다리 Bridge Over The River Kwai〉로 더욱 유명한 죽음의 철도(P.421)의 한 구간이다. 깐짜나부리의 상징처럼 여겨지는 철교로 기차가 다니지 않는 시간에는 걸어서 다리를 오갈 수 있다. 콰이 강의 다리는 쾌 야이 강 Mae Nam Khwae Yai 위에 만든 철교. 제2차 세계대전이 한창이던 1943년 2월에 완공됐다. 최초에는 나무를 이용해 다리를 만들었다. 철교가 완성된 것은 3개월 후로, 인도네시아 자바에 있던 철교를 옮겨와 건설했다. 도르래와 기중기를 이용하는 원시적인 방법으로 전쟁 포로들을 동원해 완공했다고 한다.

일본군 군수물자 운반에 필요했던 다리는 1944년 2월과 3월에 연합군의 폭격으로 파괴됐으나, 곧바로 복원됐다. 하지만 같은 해 6월 연합군 추가 공습으로 다시 철도가 완파되면서 전쟁은 끝나게 된다. 현재 철교는 종전 이후에 복구한 것이지만 철교를 이루는 아치는 최초 건설 당시의 원형 그대로라고 한다.

콰이 강의 다리를 만끽하는 가장 좋은 방법은 직접 기차를 타고 죽음의 철도를 여행하는 것이다. 깐짜나부리 역에서 남쪽 역까지 하루 세 차례 완행열차가 왕복한다.

또한 매년 11월 첫째 주가 되면 깐짜나부리 축제 기간으로 당시 모습을 재연하는 빛과 소리 쇼 Light & Sound Show가 화려하게 펼쳐진다.

연합군 묘지
Kanchanaburi War Cemetery
สุสานทหารสัมพันธมิตรดอนรัก ★★★

현지어 쑤싼 타한 쌈판타밋 던락 **주소** Thanon Saeng-chuto **운영** 08:00~18:00 **요금** 무료 **가는 방법** 여행자 거리와 깐짜나부리 기차역에서 도보 10분.
`Map P.34-B1`

일명 죽음의 철도로 불리는 태국-버마 철도 Thailand-Burma Railway를 건설하다 죽어간 6,982명의 시신을 안치한 묘지다. 잘 가꾸어진 잔디 정원에 일렬로 반듯하게 정렬된 비석에는 '자신의 나라를 위해 목숨을 바친' 이들의 이름이 하나씩 새겨져 있다. 당시 죽음의 철도를 건설하다 사망한 전체 인원만 10만 명이 넘는데, 그중 전쟁 포로가 6,000명 정도 된다고 한다.

콰이 강의 다리

Bridge Over The River Kwai

연합군 묘지

죽음의 철도 박물관
Death Railway Museum
พิพิธภัณฑ์ทางรถไฟไทย-พม่า ★★

현지어 피피타판 탕롯파이 타이-파마 **주소** 73
Thanon Chao kanen **전화** 0-3451-0067 **홈페이지**
www.tbrconline.com **운영** 09:00~17:00 **요금** 160B(어
린이 80B) **가는 방법** 타논 쌩추또의 연합군 묘지 옆
에 있다. 여행자 거리에서 도보 10분. Map P.34-B1

제2차 세계대전의 기억과 관련된 깐짜나부리를 여행
하기 전에 먼저 들르면 좋은 곳이다. 수많은 관광객
들이 찾는 연합군 묘지 옆에 만든 인포메이션 센터로
태국과 버마(미얀마)를 연결하던 죽음의 철도에 관한
다양한 정보를 제공한다. 모두 9개의 전시실로 구분
하여 다양한 조형물과 일러스트를 포함해 철도를 건
설하다가 죽어간 전쟁 포로들에 대한 여러 가지 기록
을 전시한다.

죽음의 철도 박물관

HONOURED REMEMBRANCE OF THE FORTITU
RIFICE OF THAT VALIANT COMPANY WHO
BUILDING THE RAILWAY FROM THAILAND T
DURING THEIR LONG CAPTIVITY
WHO HAVE NO KNOWN GRAVE ARE COMME
ME AT RANGOON SINGAPORE AND HONG K
IR COMRADES REST IN THE THREE WAR CEM
KANCHANABURI CHUNGKAI AND THANBYU
ill make you a name and a praise among all people of t
en I turn back your captivity before your eyes. saith the

죽음의 철도를 건설하다가
희생된 전쟁 포로들의
유해를 안치한 연합군 묘지

제스 전쟁 박물관
JEATH War Museum
พิพิธภัณฑ์สงคราม วัดใต้ ★★★

현지어 피피타판 쏭크람 왓 따이 **주소** Thanon
Visuttharangsi **운영** 08:30~16:30 **요금** 50B **가는 방
법** 타논 위쑷타랑씨 Thanon Visuttharangsi 골목

끝에 있다. 강변과 접한 타논 빡프랙 Thanon Pak
Phraek과 만나는 삼거리의 왓 짜이춤폰 Wat Chai
chumphon 옆이다. Map P.34-A2

매끄롱 Mae Klong 강변에 만든 전쟁 박물관. 제2차
세계대전 당시 전쟁 포로들을 수용하던 대나무 오두
막을 재현해 놓았다. 시설과 설비 면에서 현대적인
박물관과 비교할 수 없을 정도로 허름하지만 전시물
들이 당시 상황을 잘 설명해 준다. 전쟁 포로들의 실
상이 담긴 다양한 흑백사진과 신문, 보도 자료들로
가득하다.

제스 JEATH는 제2차 세계대전 당시 깐짜나부리 지
역 전투에 참전했던 일본, 영국, 호주, 미국, 태국, 네
덜란드의 이니셜을 따서 붙인 이름이다. 태국식 명
칭은 '피피타판 쏭크람 왓 따이'로 불린다. 그 이유는
박물관 바로 옆에 있는 사원의 이름이 왓 따이 Wat
Tai(왓 짜이춤폰 Wat Chaichumphon)이기 때문이다.
전쟁 포로 박물관이란 뜻으로 피피타판 악싸 차러이
쓱 พิพิธภัณฑ์อักษะเชลยศึก이라고 불리기도 한다.

제스 전쟁박물관에
전시된 전쟁 포로
그림

JEATH War Museum

전쟁 박물관 War Museum
호아씰라빼라에피피타판쏭크람록 ★★

현지어 피피타판 쏭크람 록 캉 티 썽 **주소** Thanon Mae Nam Khwae **운영** 09:00~18:00 **요금** 50B **가는 방법** 콰이 강의 다리에서 왼쪽으로 50m 정도 떨어진 타논 매남쾌에 있다. Map P.34-A1

제스 전쟁 박물관을 표방한 또 다른 박물관이다. 개인이 운영하는 사설 박물관으로 입구에 녹슨 기차가 전시되어 있다. 콰이 강의 다리와 인접해 있어 관광객을 현혹하기 위해 제스 전쟁 박물관 JEATH War Museum이라고 영어 간판을 달았다. 내부로 들어가면 시대별로 정리된 태국 무기와 도자기, 역대 국왕들의 초상화, 2차 대전 관련 흑백 사진이 전시되어 있다. 전쟁 관련 내용보다는 개인 소장품을 더 많다.

전쟁 박물관

스카이워크
Skywalk ★★★☆

주소 Thanon Song Khwae(Songkwai Road) **운영** 월~금 09:00~18:00, 토~일 08:00~19:00 **요금** 60B **가는 방법** 버스 터미널에서 남쪽으로 1km 떨어진 강변에 있다. Map P.34-A2

콰이 강을 연해 만든 높이 12m, 길이 150m의 전망대로 2022년 9월에 오픈했다. 전 구간이 투명 유리로 되어 있으며, 덧신을 신고 걸어 다녀야 한다. 주변에 높은 건물이 없어서 강과 산에 둘러싸인 주변 풍경을 감상하기 좋다. 엘리베이터를 타고 4층까지 올라간다. 가방은 개인 사물함에 보관하면 된다.

타논 빡프랙(깐짜나부리 워킹 스트리트)
Thanon Pak Phraek ★★☆

주소 Thanon Pak Phraek **운영** 토요일 18:00~22:00 **가는 방법** 버스 터미널에서 남쪽으로 600m. Map P.34-B2

구도심의 메인 스트리트에 해당한다. 깐짜나부리 성문(빠뚜 므앙) Kanchaburi City Gate을 중심으로 도로가 형성되어 있다. 재래시장과 오래된 상점, 티크 나무 목조 건물, 유럽 양식이 가미된 콜로니얼 건물이 남아있다. 대단한 볼거리는 아니지만 옛 정취가 남아 거리를 둘러보며 시간을 보낼 수 있다. 토요일 저녁에는 차량이 통제되고 야시장이 들어서는 워킹 스트리트 Kanchanaburi Walking Street가 생긴다.

청까이 연합군 묘지
Chung Kai Allied War Cemetery
수싼타한쌈판타밋쩡까이 ★★

현지어 쑤싼 쏭크람 청까이 **주소** 깐짜나부리에서 강 건너 서쪽의 왓 탐 카오뿐 Wat Tham Khao Pun 방향으로 4km. **요금** 무료 **가는 방법** 깐짜나부리에서 자전거로 20분. Map P.34-A2

깐짜나부리 시내에 있는 연합군 묘지에 비해 찾는 발길이 현저하게 적어 한적하다. 연합군 전쟁 포로 수용소가 있던 자리에 만든 연합군 묘지로 1,750구의 유해가 안치되어 있다. 영국, 호주, 프랑스, 네덜란드 출신의 사망자들이 주로 묻혀 있다. 깐짜나부리 시내에서 4km 떨어져 있다.

청까이 연합군 묘지

왓 탐 카오뿐
Wat Tham Khao Pun
วัดถ้ำเขาปูน ★★

위치 깐짜나부리에서 강 건너 서쪽으로 약 5km **운영**
07:00~16:00 **요금** 30B **가는 방법** 깐짜나부리에서 자
전거로 30분 정도 걸리며, 청까이 연합군 묘지를 지
나 1km를 더 가면 언덕길 왼쪽에 있다. Map P.34-A2
깐짜나부리 주변의 동굴 중에 시내에서 가장 가까운
곳이다. 청까이 연합군 묘지를 지나 철길이 있는 카
오뿐 역 Khao Pun Station을 통과해 언덕길을 오르
면 사원이 보인다. 사원 자체의 볼거리보다 동굴이
더 큰 볼거리. 종유석 동굴로 불상, 힌두교 신들, 태
국 국왕들을 모신 여러 개의 사당이 동굴 내부에 있
다. 2차 세계대전 때는 일본군의 군수창고와 전쟁 포
로들을 고문하던 장소로 사용됐다고 한다. 동굴의 입
구와 출구가 다르므로
내부의 방향표시를 따
라 한 방향으로 쭉 걸
어가면 된다.

왓 탐 카오뿐

쁘라쌋 므앙씽 역사공원
Prasat Muang Singh Historical Park
อุทยานประวัติศาสตร์เมืองสิงห์ ★★

현지어 우타얀 쁘라쌋 므앙씽 **위치** 깐짜나부리에서
서북쪽으로 43km **전화** 0-3459-1122 **운영** 08:00~
16:30 **요금** 100B **가는 방법** 깐짜나부리 기차역에서
남똑행 기차를 타고 타끼렌 Tha Kilen 역에 내린다(약
1시간 10분 소요, 편도 요금 100B). 기차역에서 1.5km
떨어져 있다. 역 앞에 대기 중인 오토바이 택시를 타
면 된다. Map P.35
크메르 제국 전성기인 13세기에 만들어진 앙코르 사
원. 태국이라는 나라가 등장하기 전 동남아시아를 호
령하던 크메르 제국의 서쪽 국경에 해당한다. 사원은
크메르의 전형적인 건축 양식에 따라 성벽과 해자에

둘러싸인 도시 구조를 띠고 있다. 성벽은 동서남북
방향으로 출입문이 나 있고, 성벽 안쪽 중앙에는 라
테라이트로 만든 사원이 있다.
크메르 제국은 힌두교를 기본으로 하지만 므앙씽 유
적은 불교를 받아들인 이후에 만든 사원이라 본존불
로 아발로키테스바라 Avalokitesvara(관세음보살)를 모
시고 있다. 참고로 쁘라쌋 므앙씽에 있는 불상은 모조
품이고 방콕의 국립 박물관에 진품이 보관되어 있다.

크메르 제국의 유적이 남아 있는
쁘라쌋 므앙씽 역사공원

싸이욕 노이 폭포
Sai Yok Noi Waterfall
น้ำตกไทรโยคน้อย ★★

현지어 남똑 싸이욕 노이 **위치** 323번 국도 **요금** 무
료 **가는 방법** 깐짜나부리 버스 터미널에서 쌍크
라부리 Sangkhraburi행 8203번 버스를 타면 된다.
06:00~18:30까지
30분 간격으로 출
발한다. 편도 요금
은 40B이다. 돌아
오는 막차는 16:30
에 있다. Map P.35
깐짜나부리 인근에
서 현지인들은 물
론 외국 관광객들
이 가장 많이 찾는
폭포로 시내에서
60km 떨어져 있다.

싸이욕 노이 폭포

제법 큰 규모의 폭포수가 시원함을 선사하며, 주변에 식당이 많아 나들이 온 사람들도 많다. 폭포 물이 고인 웅덩이가 있으나 수영하기에는 적합하지 않다. 남똑 기차역과 2㎞ 거리로 시간만 잘 맞추면 폭포를 방문한 후에 기차를 타고 깐짜나부리로 돌아올 수도 있다. 싸이욕 노이 폭포에서 남똑 역까지는 썽태우를 타거나 철길을 따라 걸어가면 된다.

헬 파이어 패스 Hell Fire Pass
ช่องเขาขาด ★★★☆

현지어 청 카우 캇 **위치** 323번 국도 **운영** 09:00~16:00 **요금** 무료 **가는 방법** 깐짜나부리 버스 터미널에서 쌍크라부리행 8203번 버스를 타면 된다. 06:00~18:30까지 30분 간격으로 출발한다. 편도 요금은 50B이다. 동일 노선의 버스가 싸이욕 노이 폭포를 지나며, 군부대처럼 생긴 헬 파이어 패스 입구까지 90분 정도 걸린다. 돌아오는 막차는 16:30경에 있다. Map P.35

죽음의 철도 공사 구간 중 최대의 난코스였던 꼰유 절벽 Konyu Cutting을 일컫는다. 야간에도 공사하기 위해 불을 밝힌 모습이 '지옥 불 Hell Fire' 같다 하여 붙여진 이름이다.

깐짜나부리에서 80㎞ 떨어진 험준한 지형에 철도를 내기 위해서는 산을 깎아야 했다. 전쟁 포로들을 투입해 하루 16~18시간씩 노동력을 착취한 결과 12주 만에 난공사를 끝낼 수 있었다. 공사 장비도 턱없이 부족했기에 맨손이나 곡괭이·해머 같은 단순 장비만으로 엄청난 공정을 완공하였는데, 길이 110m의 헬 파이어 패스를 완성하는 동안 공사에 참여했던 전쟁 포로 70%가 사망하는 참혹한 결과를 초래했다.

현재 헬 파이어 패스는 호주–태국 상공회의소의 지원으로 공사 구간 일부가 복원된 상태다. 또한 현대적인 시설의 헬 파이어 패스 박물관도 운영한다.

박물관에서 꼰유 절벽까지는 걸어서 20분 정도 걸리는 거리다. 박물관에서 제작한 무료 지도를 참고한다면 길 잃을 염려가 없다. 길도 험하지 않으니 미니 트레킹 삼아 다녀오자. 좀 더 상세한 설명을 듣고 싶다면 오디오 키트를 대여하면 되는데, 영어로만 안내되는 것이 단점이다. 신분증과 보증금 200B을 내면 빌릴 수 있다.

참고로 헬 파이어 패스 지역은 미얀마 국경과 가깝기 때문에 검문소를 지나야 한다. 신원확인 차원에서 신분증을 검사하니 여권을 반드시 지참하도록 하자.

헬 파이어 패스

산을 깎아서 철도를 건설한 헬 파이어 패스

에라완 국립공원(에라완 폭포)
Erawan National Park
น้ำตกเอราวัณ ★★★★

현지어 남똑 에라완 **위치** 깐짜나부리에서 북쪽으로 65km **전화** 0-3457-4222 **운영** 08:00~18:00 **요금** 300B(국립공원 외국인 입장료) **가는 방법** 깐짜나부리 버스 터미널에서 8170번 버스가 에라완 폭포 입구까지 간다. 하루 8회(08:00, 09:00, 10:00, 11:15, 13:00, 14:30, 16:00, 17:50) 운행된다. 출발 시간이 종종 변동되므로 미리 시간을 확인해 두자. 편도 요금은 60B. 약 90분 소요된다. 돌아오는 막차는 16:00에 있다.
Map P.35

태국에서 가장 유명한 폭포인 에라완 폭포를 중심으로 형성된 국립공원이다. 총 면적 550km²에 이르는 크기로 깐짜나부리에서 멀리 떨어져 있어 아직까지 오염되지 않은 자연을 만끽할 수 있다. 에라완 폭포는 모두 7개 폭포로 구성되며 입구에서 정상까지 거리는 2.2km다. 한국의 무주구천동과 비슷한 분위기로 폭포 옆으로 형성된 등산로를 따라 7번째 폭포가 있는 정상까지 걸어서 올라갈 수 있다. 천천히 걷는다면 2시간 정도가 소요된다.

폭포는 모두 고유의 이름을 갖고 있으나 사람들은 가장 위쪽에 있는 에라완 폭포의 이름만을 기억할 뿐이다. 에라완은 힌두교에 등장하는 머리 3개 달린 코끼리로 폭포 모양이 에라완과 비슷하다고 해서 붙여진 이름이다.

폭포는 석회암 바위가 침식되어 생긴 탓에 물 색깔이 희고 푸른 옥빛을 띤다. 폭포마다 웅덩이가 자연스럽게 생겨 수영하기도 안성맞춤이니 수영복을 반드시 챙겨가자(현지인들은 반바지에 티셔츠만 입고 물놀

이를 즐긴다). 주말과 휴일이 되면 먹을 걸 챙겨와 소풍을 즐기려는 현지인들로 북적댄다.

에라완 국립공원은 투어보다는 대중교통을 이용해 하루종일 놀겠다는 마음으로 다녀오는 게 좋다. 대중교통을 이용할 경우 돌아오는 막차 시간을 확인해 두자. 국립공원 입구에 식당들이 있으므로 간단한 식사를 해결할 수 있다.

에라완 폭포 주변은 국립공원으로 지정되어 있다

7개의 폭포가 다른 모습으로 여행자들을 반긴다

Erawan National Park

등산과 물놀이를 동시에 즐길 수 있는 에라완 폭포

알아두세요

여행사 투어 상품 이용하기

깐짜나부리 주변 여행지는 로컬 버스로 다녀올 수 있지만 길에서 소비하는 시간이 많은 것이 흠입니다. 그래서 여행사에서 차량과 가이드를 제공하는 형태로 투어를 운영하는데요. 시간이 촉박한 여행자라면 여행사 상품을 이용해도 좋습니다. 대부분 죽음의 철도 기차 탑승을 포함해 헬 파이어 패스, 싸이욕 노이 폭포, 에라완 폭포, 코끼리 트레킹, 뗏목 타기를 적당히 조합한 형태로 일정이 짜여집니다. 입장료와 점심 포함 1일 투어 요금은 1,800~2,200B 정도입니다. 투어를 신청할 때는 입장료 포함 여부를 확인하세요. 보통 아침 8시에 출발해 오후 5시 30분경에 돌아옵니다.

Travel Plus 죽음의 철도 기차 탑승하기

제2차 세계대전과 관련해 동남아시아에서 가장 유명한 곳이자 깐짜나부리 최대의 볼거리입니다. 죽음의 철도 Death Railway(Thai-Burma Railway)는 일본군이 전쟁 물자를 운반하려고 건설한 철도로, 태국 서부의 농쁠라둑에서 출발해 미얀마 탄뷰자얏까지 총길이 416km(태국 구간 303km, 미얀마 구간 112km)에 달합니다.

일본이 버마(미얀마)까지 철도를 연결한 가장 큰 이유는 다름 아닌 인도를 점령하기 위함입니다. 버마를 먼저 공격해 거점을 확보한 일본은 지속적인 무기와 물자 보급이 절실했는데요, 말

탐 끄라쌔 역 앞을 지나는 죽음의 철도

라카 해협이 연합군에 봉쇄된 탓에 해상을 통한 보급로 확보에 애로사항이 많았다고 합니다. 이를 만회하려고 계획한 것이 바로 철도 건설이라고 하는군요.

정글과 산길이 많기 때문에 완공하려면 최소 5년이 걸릴 거라는 측량 결과와 달리, 건설 총책인 일본군 장군은 12개월 안에 완공하라는 지시를 하달합니다. 이로써 연합군 포로를 포함해 강제 동원된 노동자들까지 노예 취급을 받으며 밤낮으로 일해야 했고, 철도는 15개월 만에 완공됐습니다. 하지만 그 결과는 너무도 참혹해 10만 명이나 사망했다고 하네요. 주된 사인으로는 열악한 작업 환경과 과다한 노동, 영양 실조, 말라리아, 열대병이라고 하는군요.

죽음의 철도 탑승은 제2차 세계대전의 현장을 몸소 체험한다는 데 의미가 큽니다. 전 구간 탑승은 불가능하고 태국 내에서만 기차를 타 볼 수 있답니다. 기차는 농쁠라둑에서 출발해 콰이 강의 다리를 지나 남똑까지 130km만 운행됩니다. 가장 박진감 넘치는 구간은 탐 끄라쌔 Tham Krasae 역 바로 앞의 절벽인데요, 바위에 부딪칠 듯한 위험천만한 계곡에 철교가 만들어져 있습니다. 이 구간을 지날 때면 모든 사람들이 창밖으로 머리를 내밀고 사진 찍느라 정신이 없답니다.

죽음의 열차가 재미 있는 또 다른 이유는 태국에서 경험하기 힘든 3등 열차를 타기 때문입니다. 나무로 만든 의자에 선풍기가 돌아가는 완행열차로 기차는 시골 간이역마다 모두 정차합니다. 그래서 차로 한 시간이면 갈 수 있는 거리를 기차로 2시간에 주파하게 됩니다. 하지만 기차를 타고 가는 동안 방콕과 전혀 다른 산과 강이 만들어 내는 자연의 흥겨움을 만날 수 있지요. 또한 현지인들의 통근열차로 활용되기 때문에 순박한 학생들의 때 묻지 않은 웃음도 덤으로 얻을 수 있어 특별한 경험이 될 겁니다. 자세한 기차 시간은 깐짜나부리 기차역 정보(P.413)를 참고하세요.

현지어 탕 롯파이 싸이 모라나 **구간** 농쁠라둑 Nong Pladuk → 깐짜나부리 Kanchanaburi → 콰이 강의 다리 River Kwai Bridge → 남똑 Nam Tok → 쩨디 쌈옹 Three Pagoda Pass(이상 태국) → 탄뷰자얏Thanbyuzayat(이상 미얀마)
착공 1942년 9월 **완공** 1943년 12월 **공사 인원** 약 27만 명(전쟁 포로 6만 명 포함) **사망 인원** 약 10만 명

콰이 강의 다리 기차역

선풍기 시설의 완행열차가 죽음의 철도를 지난다

Restaurant 깐짜나부리의 레스토랑

여행자 숙소가 몰려 있는 타논 매남쾌에는 외국인들을 위한 여행자 레스토랑과 술집이 많아서 식사에 대한 고민을 덜어 준다. 분위기 좋은 레스토랑들은 콰이 강을 끼고 있다.

기차역 야시장(딸랏낫 쩨쩨)
JJ Night Market ★★★

주소 Thanon Saengchuto **영업** 16:00~22:00 **메뉴** 영어, 태국어 **예산** 40~100B **가는 방법** 기차역 앞 광장에 야시장이 생긴다. Map P.35

기차역 앞에 생기는 야시장이다. 저녁 반찬거리를 사러오는 동네 사람들을 위해 각종 음식을 진열해 놓고 장사한다. 태국의 어느 야시장과 큰 차이는 없지만 지방 소도시답게 가격이 저렴하다.

기차역 앞으로 야시장이 들어선다

쌥쌥 Zap Zap
แซบ แซบ ★★★☆

주소 49 Moo.9 Thanon Maenam Khwae **전화** 08-9545-4575 **영업** 11:00~22:00(휴무 목요일) **메뉴** 영어, 태국어 **예산** 80~250B **가는 방법** 타논 매남쾌 & 타논 던락 사거리 코너에 있다. Map P.35

현지인들에게 인기 있는 태국 음식점이다. 쏨땀(파파야 샐러드)을 시작으로 생선 요리까지 웬만한 태국 음식을 골고루 요리한다. 저렴하면서 양도 푸짐하다. 사진이 첨부된 영어 메뉴판을 갖추고 있다. '쌥'은 이싼 지방 사투리로 맛있다는 뜻이다.

쌥쌥 레스토랑

낀카우람
Kin Khao Lam ★★★

주소 Thanon Mae Nam Khwae, Soi England **영업** 10:00~21:00 **메뉴** 영어, 태국어 **예산** 단품 60~120B, 세트 **메뉴** 180~350B **가는 방법** 타논 매남쾌 & 쏘이 잉글랜드 삼거리 코너에 있다. Map P.35

여행자 거리에 있는 로컬 레스토랑으로 북부 음식(치앙마이 음식)을 요리한다. 대표 메뉴는 카우쏘이 Khao Soi. 북쪽 지방에 비해 매콤하게 요리하는 편이다. 외국 여행자들이 많은 지역이다 보니 팟타이, 똠얌꿍, 쏨땀(파파야 샐러드)도 함께 요리한다. 에어컨은 없지만 테이블이 깔끔하게 정리되어 있다.

온 타이 이싼
On's Thai Issan ★★★

주소 Thanon Mae Nam Khwae **전화** 08-7364-2264 **홈페이지** www.onsthaiissan.com **영업** 10:00~22:00 **메뉴** 영어 **예산** 메인요리 80B **가는 방법** 로터스 고 프레시 Lotus's go fresh(편의점) 옆에 있다. Map P.35

태국인이 운영하는 아담한 식당이다. 채식을 전문으로 하며 음식이 담백하다. 마싸만 카레, 똠얌꿍, 팟타이, 쏨땀(파파야 샐러드)를 포함한 기본적인 태국 음식을 맛볼 수 있다. 가격 대비 음식 양이 많은 편이며, 맛도 괜찮다. 요리 강습(쿠킹 클래스)를 운영한다.

그라비떼 커피
Gravité Coffee ★★★☆

주소 5/1 Soi England, Thanon Maenam Khwae **전화** 08-6318-9622 **홈페이지** www.facebook.com/gravitedrip **영업** 08:30~16:00(휴무 화요일) **메뉴** 영어 **예산** 75~140B **가는 방법** 쏘이 잉글랜드 골목에 있다. Map P.35

여행자 거리 주변에서 외국 관광객에게 인기 있는 카페. 마당이 딸린 가정집을 연상시키는 복층 건물이다. 장소를 이전해 더 넓고 쾌적한 공간에서 커피를 마실 수 있다. 아메리카노부터 드립 커피까지 주인장이 정성스럽게 커피를 내려준다. 시원한 에어컨과 잔잔한 음악을 들으며 잠시 쉬어가기 좋다.

똥깐(떵깐) 카페
Tongkan Cafe ★★★★

주소 10 Soi Lao, Thanon Maenam Khwae **전화** 08-9888-8015 **홈페이지** www.facebook.com/TongKanCafe **영업** 10:00~23:00 **메뉴** 영어, 태국어 **예산** 커피 75~105B, 메인 요리 180~479B **가는 방법** 모나즈 리버 콰이(호텔) Monaz River Kwai 옆 골목(쏘이 라오) 안쪽 끝에 있다. Map P.35

콰이 강을 끼고 있는 카페를 겸한 레스토랑. 여행자 거리와 가까운 골목(쏘이 라오스)을 따라 내려가면 강변에 근사한 카페가 나온다.

자연 정취를 최대한 살려 강 풍경을 고스란히 즐길 수 있도록 했다. 자갈이 곱게 깔린 강변은 해변 분위기도 연출한다.

밤이 되면 수상 테이블(플로팅 레스토랑)까지 더해져 낭만적인 분위기를 연출한다. 밤에는 라이브 밴드가 음악을 연주해 준다.

키리타라 레스토랑
Keeree Tara Restaurant
ร้านอาหาร คีรีธารา ★★★☆

주소 431/1 Thanon Maenam Khwae **전화** 0-3451-3855 **홈페이지** www.keereetara.com **영업** 11:00~23:00 **메뉴** 영어, 태국어 **예산** 185~450B **가는 방법** 콰이 강의 다리를 바라보고 왼쪽에 있는 플로팅 레스토랑에 왼쪽(북쪽)으로 50m 떨어져 있다. Map P.34-A1

콰이 강의 다리 오른쪽에 있는 강변 레스토랑이다. 강변을 따라 층을 이루도록 설계된 야외 테라스 형태로 꾸몄다.

다양한 태국 요리와 해산물 요리를 선보인다. 선선한 강바람을 맞으며 여러 명이 술을 곁들여 식사하기 좋다. 해질 무렵에는 더욱 낭만적이다.

태국 개요&여행 준비
Travel information&Preparation

1 태국 프로파일

정식 명칭은 태국 Kingdom of Thailand, 태국어로는 '자유의 나라'라는 뜻의 쁘라텟 타이.

● 국가 원수
국왕(라마 10세 마하 와치라롱꼰)

● 정부 수반
총리(쎗타 타위씬)

● 정치 체제
입헌군주제. 다수당 대표가 총리를 역임하는 의원내각제

● 의회 형태
상하원 양원제. 4년 임기의 하원은 직접 선거로 선출

● 집권당
프아타이당

● 공식 언어
태국어

● 화폐 단위
밧(Baht, THB)

● 수도
방콕(끄룽텝)

● 국기

다섯 개의 가로줄에 파란색, 하얀색, 붉은색의 세 가지 색으로 구성되어 있다. 라마 6세 때 디자인되어 1917년 9월부터 공식 사용됐다. 파란색은 국왕, 하얀색은 불교, 붉은색은 국민의 피를 상징한다. 중앙의 파란색, 즉 국왕을 중심으로 불교와 국민이 함께 어우러져 사는 사회를 국기에 표현한 것.

● 면적
총면적 51만3115㎢로 한국보다 5배 크다. 남북 길이 1,645km, 동서 길이 785km로 북위 6~21°, 동경 97~106° 사이에 위치한다. 동남아시아 대륙의 중심에 위치해 남쪽으로 말레이시아, 북쪽으로는 미얀마와 라오스, 서쪽으로 미얀마, 동쪽으로 캄보디아와 국경을 접한다.

● 인구 및 인구 증가율
인구는 약 6,979만 명(2023년 기준)이고, 인구 증가율은 0.2%다.

● 인종
타이족이 75%로 절대 다수를 차지한다. 화교는 14%로 비율은 적지만 정치 · 경제에 지대한 영향력을 행사한다. 소수민족으로 북부 산악 지역에 고산족(카렌, 몽, 아카, 라후, 리수)이 거주하며, 남부 말레이 국경 지역에 말레이족이 거주한다.

● 언어
전체 인구의 90% 이상이 태국어를 사용한다. 북부 산악 지역의 소수민족들만이 고유 언어를 사용할 뿐이다.

> **알아두세요**

스마트폰 심 카드 SIM Card 구입하기

'심 카드'는 공항에 도착해서 쉽게 구입이 가능합니다. 관광객을 위해 제공되는 투어리스트 심 카드 Tourist SIM Card를 구입하면 됩니다. 4G 데이터는 무제한 사용 가능하고, 전화는 100B 한도 내에서 사용할 수 있답니다. 8일 사용 가능한 심 카드는 299B, 15일 사용 가능한 심 카드는 599B입니다. 데이터 요금제가 아니라 단순히 전화만 걸고 받을 경우 일반 심 카드를 구입하면 됩니다. 가장 싼 심 카드는 49B이며, 이때는 와이파이가 접속되는 곳에서만 인터넷 사용이 가능합니다. 심 카드를 구입하려면 신분증(여권)이 필요합니다.

태국의 전화요금은 선불제로 운영됩니다. 정해진 요금을 다 소진했다면 편의점에서 쿠폰을 사서 충전하면 됩니다. 심 카드 유효 기간은 전화 요금을 충전할 때마다 자동으로 연장됩니다. 참고로 태국의 통신회사는 에이아이에스 원투콜 AIS 1-2-Call(홈페이지 www.ais.co.th), 디택 Dtac(홈페이지 www.dtac.co.th), 트루 무브 True Move(홈페이지 http://truemoveh.truecorp.co.th/) 세 곳이 있습니다.

● 종교

전형적인 남방불교 국가로 전 국민의 94%가 불교를 믿는다. 말레이시아와 국경을 접한 남부 지역에는 이슬람교도가 많지만 태국 전체 인구의 3.8%에 불과하다. 종교의 자유는 인정되지만 모태 신앙으로 불교가 생활의 중심이 된다.

● 문자 해독률

어려워 보이는 태국문자인데도 92.5%로 문자 해독률이 높다.

● 통화

태국 통화는 밧 Baht. 공식적으로는 THB(Thai Baht)이지만, 보통 B만 표기한다. 1B보다 작은 단위는 싸땅 Satang인데, 거의 통용되지 않는다. 100싸땅이 1B이다. 모든 통화에는 현재 국왕의 초상화가 그려져 있다. **환율은 1B=37.11원, 1US$=34.25B이다.** 1US$ 기준으로 30~35B 사이에서 환율이 형성된다.

동전 25 Satang, 50 Satang, 1B, 2B, 5B, 10B
지폐 20B, 50B, 100B, 500B, 1,000B

● 시차

우리나라보다 2시간 느리다. 즉 한국이 12시라면 방콕은 10시.

● 전압

220V, 50Hz로 한국의 전자제품도 사용할 수 있다. 문제는 콘센트의 모양. 한국과 달리 둥근 모양의 콘센트를 사용한다. 대부분의 호텔에서는 콘센트의 모양과 관계없이 사용이 가능하다.

● 국제전화 걸기

태국에서 국제전화를 걸려면 004, 007, 009 중 하나를 누르면 된다. 한국의 국가 번호는 '82'번이며, 걸고자 하는 한국 전화번호에서 '0'을 빼고 번호를 누르면 된다. 즉 009+82+'0'을 뺀 나머지 전화번호를 누르면 된다. 전화 요금은 1분에 3~6B 정도로 통신사마다 차이가 난다. 참고로 태국의 국가 번호는 '66'번이다.

● 인터넷 · 와이파이

인터넷 보급과 더불어 와이파이(Wi-Fi) 접속도 원활하다. 웬만한 레스토랑과 카페에서 Wi-Fi를 무료로 사용할 수 있다. 카오산 로드의 게스트하우스는 저렴한 방값에도 불구하고 여행자들의 편의를 위해 Wi-Fi를 무료로 제공해 주는 곳이 많다. 고급 호텔들은 인터넷이나 Wi-Fi 사용료를 별도로 부과하던 관례에서 벗어나 무료 서비스로 전환하는 곳이 증가하고 있다. 스마트폰이나 노트북을 들고 다니는 여행자라면 체크인할 때 Wi-Fi 사용 여부를 문의하자. 패스워드(비밀번호)를 설정한 곳도 있으니, 미리 확인해두어야 한다.

> **알아두세요**
>
> ## ATM에서 현금 인출하기
>
> 모든 은행과 주요 환전소 옆에는 반드시 ATM 기계가 있습니다. 태국 은행 카드뿐 아니라 한국에서 발행된 카드로도 현금을 인출할 수 있어 편리한데요. 비자 카드 Visa Card나 마스터 카드 Master Card 이외에 시러스 Cirrus와 플러스 Plus 마크가 표시된 현금 카드 모두 사용이 가능합니다.
>
> ATM에서 돈을 인출하려면 카드를 넣고 비밀번호(PIN Number)를 입력해야 합니다. 비밀번호가 인식되면 패스트 캐시 Fast Cash란 안내와 함께 인출할 액수가 화면에 표시됩니다. 패스트 캐시는 신용카드에서 돈을 빼는 것과 같아 수수료가 높으니, 가능하면 본인의 예금 계좌에서 현금을 인출하도록 하세요. 현금을 인출하는 순서는 다음과 같습니다.
>
> 먼저 언어(Language)라고 쓴 명령어를 누른 다음 영어 English→인출 Withdraw→예금 계좌 Saving 순서대로 진행하면 됩니다. 마지막으로 찾을 금액을 누르고 확인(Enter) 버튼을 누릅니다. ATM의 1회 사용한도는 2만B입니다. 참고로 ATM 1회 사용 수수료는 220B입니다.
>
> ATM은 편리한 만큼 주의도 필요하답니다. 카드를 이용한 사기가 동남아시아 지역에서 종종 발생하니 비밀번호가 노출되지 않도록 조심하세요. 또한 한적한 길가에 설치된 ATM보다는 은행에 설치된 ATM을 이용하면 피해를 예방할 수 있습니다.

2 방콕 일기 예보

아열대 몬순기후에 속하는 방콕은 우리나라와 달리 1년 내내 덥다. 온도 변화 없이 연중 30℃를 웃도는 무더운 날씨. 최고 더운 4월에는 낮 기온이 38℃를 훌쩍 넘긴다. 일교차마저 거의 없어서 낮과 밤이 별 차이가 없다. 다만 건기(12~2월) 사이에 밤 기온이 30℃ 아래로 잠시 내려갈 뿐이다. 더운 나라인 탓에 대부분의 건물에서는 시원한 에어컨을 켜고 있다.

방콕의 날씨 및 강우량

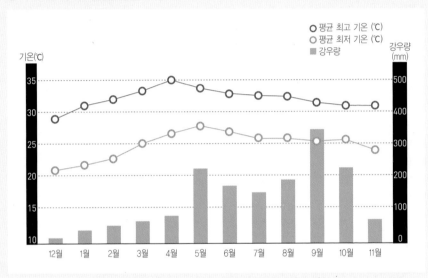

가장 쾌적한 11~2월

1년 중에서 가장 쾌적한 시기. 비는 전혀 내리지 않고 북부 지방에서 선선한 바람이 불어와 밤 기온이 20℃ 아래로 내려간다. 간혹 영상 10℃ 아래로 내려가는 매서운 추위(?)가 오기도 하지만, 겨울이라고 해도 반팔 옷으로 지낼 수 있다. 이 기간에는 현지인들이 목도리까지 두르고 다니는 진풍경을 종종 볼 수 있다.

가장 무더운 3~5월

방콕의 여름이다. 동남아시아 아열대 기후를 제대로 경험할 수 있는 시기. 비도 내리지 않기 때문에 가만히 서 있어도 땀이 날 정도로 덥고 습하다. 충분한 수분 섭취와 휴식 등 개인 건강에 유념해야 한다.

한낮의 빗줄기 5~10월

5월부터 비가 오는 날이 급증하며 10월까지 우기가 이어진다. 한국의 장마나 태풍처럼 며칠씩 계속해서 비가 내리지 않는다. 다만 대기가 불안정해 스콜성 강우가 하루 한두 차례 내릴 뿐이다.
보통 30분에서 1시간 정도 집중호우가 내린 다음 거짓말처럼 해가 다시 나온다. 무더위를 잠시 식혀주는 효과가 있다.

강우량

건기와 우기로 극명하게 구분된다. 건기에는 몇 달 동안 비가 내리지 않다가 우기가 되면 하루에 한 번씩 비가 내린다. 우기 동안 월평균 강우량은 200~300mm이며, 연평균 강우량은 1,600mm다.

3 태국의 역사

태국 역사는 완전한 독립을 최초로 이룩한 쑤코타이에서 시작됐다. 람캄행 대왕 때 태국문자를 창시하고 불교를 받아들여 국가의 기초를 튼튼히 했다. 아유타야와 방콕을 수도로 삼았던 싸얌 Siam은 1939년부터 자유의 나라라는 뜻의 '쁘라텟 타이 Prathet Thai', 즉 타일랜드 Thailand로 불리고 있다.

크메르 Khmer(8~13세기)

자야바르만 2세 Jayavarman II (802~850)를 시작으로 성립된 크메르 왕국 Khmer Kingdom(오늘날의 캄보디아)은 13세기까지 동남아시아의 패권을 장악한 거대한 나라를 세웠다. 앙코르 왓 Angkor Wat을 기점으로 베트남의 메콩델타부터 태국과 라오스, 말레이 반도 일부까지 점령하며 차후 동남아시아 지역에 형성된 국가들의 문화와 예술에 지대한 공을 남겼다.

현재의 태국 중북부의 피마이 Phimai와 파놈 룽 Phanom Rung, 롭부리 Lopburi, 쑤코타이 Sukhothai, 핏싸눌록 Phitsanulok이 당시 크메르 영토에 속해 있었다. 크메르 제국은 12세기 중반 자야바르만 7세 Jayavarman VII(1181~1201)를 기점으로 13세기 중반 이후로 급격한 쇠락의 길을 걸었다.

쑤코타이 Sukhothai(1238~1360)

쑤코타이는 짜오프라야 강 일대의 태국 중부 평원에 성립된 태국 최초의 독립왕조. 크메르 제국이 약해진 틈을 타서 인드라딧야 왕자 Prince Indraditya가 이끄는 군대가 독립을 쟁취한 것이다.

쑤코타이 초기에는 도시 국가 형태의 작은 나라였으나 람캄행 대왕 King Ramkhamhaeng(재위 1279~1298)을 기점으로 성장해 라오스의 루앙프라방을 포함해 태국 중북부 지역을 완전 장악했다.

람캄행 대왕은 영토 확장은 물론 주변 국가와의 유대도 강화했다. 또한 태국 문자를 창시해 문화 · 교육 · 예술의 발전에 지대한 영향을 미쳤으며, 남방 불교 (소승 불교)를 받아들이며 왕과 신을 일치시키는 신앙사상(데바라자 Devaraja)의 근본을 만들었다. 쑤코타이는 람캄행 대왕 이후 뚜렷한 발전을 보이지 못하고, 그의 손자 리타이 왕 King Li Thai(1347~1368)을 거치면서 태국 중부에서 성장한 아유타야 왕국에 흡수되며 지방의 소도시로 전락했다.

란나 왕국 Lanna Kingdom(1259~1558)

태국 북부에 형성됐던 독립 왕국. 란나 왕조는 멩라이 왕 King Mengrai(1259~1317)이 건설한 나라로 치앙쌘 Chiang Saen→치앙라이 Chiang Rai→치앙마이 Chiang Mai로 천도했다.

새로운 도시, 치앙마이를 건설하며 란나 왕국은 260년간 번영을 이루었다. 쑤코타이는 물론 버마(미얀마)의 파간 Pagan 왕조와 유대를 강화하며 라오스 중북부까지 아우르는 주요 국가로 성장했다. 띨록 왕 King Tilok(1441~1487) 때는 람푼 왕국 Lamphun Kimdom을 점령하기도 했으나 급성장한 버마의 공격으로 패망하고 만다. 버마 속국으로 200년간이나 지배를 받다가 18세기에 잠시 독립의 영광을 맛보기도 했으나 독자적인 세력으로 발전하지 못했다. 그후 라따나꼬씬 왕조 (짜끄리 왕조)의 통치를 받다가 1939년 태국에 완전히 편입돼 현재에 이른다.

©태국관광청

란나 왕국

아유타야 Ayuthaya(1350~1767)

태국 역사에서 가장 번성했던 아유타야 왕조는 짜오 프라야 강의 비옥한 중부 평원을 끼고 형성된 나라다. 버마의 파간 왕국도 몽골의 위협으로 약해지고, 쑤코타이도 람캄행 대왕의 사망으로 큰 영향력을 발휘하지 못하자 자연스럽게 등장한 아유타야는 우텅 왕 King U-Thong(1350~1369)을 시작으로 생긴 태국의 두 번째 왕조다.

400년간 34명의 왕을 배출하며 동남아시아의 절대 패권을 차지했다. 현재의 태국과 비슷한 영토로 확장했을 정도. 우텅 왕의 대를 이은 라마티보디 왕 King Ramathibodi 때 소승 불교를 국교화했고, 그의 아들 라마쑤언 왕 King Ramasuen (1388~1395) 때는 쑤코타이를 시작으로 치앙마이까지 점령했다. 그 후 1431년에는 동쪽으로 영토 확장을 시작해 크메르 제국의 본거지 앙코르를 공격해 승리를 이루었다(태국은 1906년까지 앙코르 왓을 점령하고 있었다).

하지만 아유타야의 번영은 항상 완벽했던 것만은 아니다. 버마의 흥망에 따라 위협을 받았으며, 1569년부터 15년간 지배하는 치욕을 당했다. 아유타야를 다시 살린 것은 나레쑤언 왕 King Naresuan (1590~1605)으로 제2의 전성기를 구가했으며, 나라이 대왕 King Narai(1656~1688)을 거치며 절정을 이루었다. 당시 중국과 인도를 연결하는 주요 국가로 성장해 포르투갈, 네덜란드, 영국 등의 유럽 국가와 무역은 물론 외교관계도 수립할 정도였다.

나라이 대왕을 기점으로 아유타야는 별다른 특징을 보이지 못하다가 1766년부터 시작된 버마와의 전면전 끝에 1767년 수도가 함락되면서 왕족은 인질로 잡혀가고, 나라는 멸망했다. 그 후 아유타야는 정글 속에 남겨진 폐허로 방치됐다.

톤부리 Thonburi(1767~1782)

버마에 망한 아유타야의 명예를 회복하는 일은 힘들기만 했다. 중국계 태국인 장군 프라야 딱씬 Phraya Taksin이 군대를 조직해 아유타야를 일시적으로 수복했지만 버마 군대를 두려워한 나머지 짜오프라야 강 남쪽의 톤부리로 옮겨와 새로운 왕조를 건설했다. 해 뜨는 새벽에 도착한 새벽 사원(왓 아룬)에 왕궁과 왕실 사원을 건설했으나 톤부리 왕조는 오래가지 못하고 단 한 명의 왕으로 단명하고 만다. 정신 질환까지 보이던 괴팍한 프라야 딱씬 장군은 그의 수하 장

수였던 짜끄리 장군 General Chakri에 의해 비참한 최후를 맞았다. 짜끄리 장군은 자신을 라마 1세라 칭하고 짜오프라야 강 건너 라따나꼬씬에 새로운 도시를 건설하며 방콕 시대를 열었다.

라따나꼬씬 Ratanakosin(1782~현재)

라따나꼬씬 왕조는 1782년부터 시작된 240년 이상의 역사를 간직한 태국의 네 번째 왕조다. 프라야 짜끄리 장군에 의해 시작되어 짜끄리 왕조라고도 불린다. 현재는 방콕의 일부에 해당하는 라따나꼬씬은 강과 운하에 둘러싸인 인공으로 만든 섬 모양으로 성벽에 둘러싸인 도시였다. 수도를 강 오른쪽으로 옮겨 당시에 강력한 힘을 구축했던 버마(미얀마)의 공격으로부터 도시를 방어하도록 했던 것이다.

짜끄리 왕조 초기

짜끄리 장군은 라마티보디 Ramathibodi(1782~1809)로 이름을 바꾸며 라마 1세로 등극했다. 아유타야 왕조와 아무런 혈연관계가 없었던 그는 데바라자 Devaraja(신왕사상) 대신 담마라자 Dhammaraja(불교 법륜에 입각한 법왕) 시스템을 도입하며 왕권을 유지했다.

라마 2세(1809~1824)와 라마 3세(1824~1851)는 방콕의 주요 사원들과 건물을 완성하며 견고한 국가

톤부리

라따나꼬씬

기반과 새로운 문명을 창조하는 데 앞장섰다. 라마 3세를 거치면서 방콕은 수상 무역의 중심지로 변모했다.

태국의 현대화

27년 동안 승려로 수행을 했던 라마 4세, 몽꿋 왕 King Mongkut(1851~1868)은 과학과 라틴어, 영어를 공부하는 등 유럽 문명에 관심을 가졌다. 태국 최초로 도로를 건설하고 유럽과의 무역도 확대했다. 태국의 근대화를 이끄는 견인차 역할을 했던 왕으로 서양과의 지속적인 교역은 물론 태국의 교육과 법제도를 정비하는 데 노력을 아끼지 않았다.

몽꿋 왕의 뒤를 이은 라마 5세, 쭐라롱껀 대왕 King Chulalongkon(1868~1910)은 그의 아버지의 업적을 따라 태국의 현대화에 앞장섰다. 태국 최초의 병원, 우체국, 전신소 등을 건설했다. 태국 왕 최초로 유럽을 방문하고 돌아와 유럽풍의 신도시, 두씻 Dusit을 건설했다. 가장 큰 업적은 노예제도를 폐지한 것이며, 프랑스와 영국의 식민지배에 맞서 태국의 독립

알아두세요

라따나꼬씬 왕조 연대표

라마 1세 프라야 짜끄리 Phraya Chakri(1782~1809)
라마 2세 풋타래띠아 Phutthalaetia(1809~1824)
라마 3세 낭끄라오 Nangklao(1824~1851)
라마 4세 몽꿋 Mongkut(1851~1868)
라마 5세 쭐라롱껀 Chulalongkon(1868~1910)
라마 6세 와찌라웃 Vajiravudh(1910~1925)
라마 7세 프라짜티뽁 Prajadhiphok(1925~1935)
라마 8세 아난타 마히돈 Ananda
　　　　　 Mahidol(1935~1946)
라마 9세 푸미폰 아둔야뎃 Bhumibol Adulyadej
　　　　　 (1946~2016)
라마 10세 마하 와치라롱꼰(2016~현재)

을 지켜낸 인물로 짜끄리 왕조의 가장 위대한 국왕으로 칭송받는다.

영국에서 유학한 쭐라롱껀 대왕의 아들인 라마 6세(1910~1925)는 기본 교육을 의무화하고 최초의 대학을 설립했다. 그러나 태국 군부 세력으로부터 왕정을 폐지하려는 첫 번째 쿠데타 시도가 그의 재위 기간인 1912년에 발생했다.

절대 왕정 붕괴

라마 6세의 동생이자 쭐라롱껀 대왕의 아들 중에 막내였던 프라짜티뽁 왕자 Prince Prajad hiphok가 라마 7세로 즉위한 것은 1925년. 그는 짜끄리 왕조의 마지막 담마라자(법왕)로 절대 왕정을 폐지하고 1932년에 입헌 민주주의 정부가 들어서도록 서명한 비운의 주인공이 됐다. 10년이란 짧은 즉위 기간 중에 민주 정부를 갈망하는 학생들의 지원에 힘입은 군부의 무혈 쿠데타로 실각했다. 국왕은 통치에 관여하지 못하고 상징적인 존재로 남게 된 셈이다.

쿠데타 당시 후아힌 Hua Hin의 왕실 별장에서 골프를 즐기고 있었던 라마 7세는 1933년에 역 쿠데타를 도모해 왕정 복귀를 노렸으나 실패하고 1935년에 영국으로 망명길에 올랐다.

공석이 된 국왕 자리는 독일에서 태어나고 스위스에서 유학 중이던 10살의 아난타 마히돈 Ananda Mahidol 왕자에게 돌아갔다. 어린 나이에 국왕에 즉위한 라마 8세(1935~1946)는 왕궁의 침실에서 총격에 의해 암살당했다. 국왕의 죽음은 의문만 가득 남기고 미해결인 채로 종결되어, 그의 동생 푸미폰 아둔야뎃 Bhumibol Adulyadej에게 왕위가 계승됐다.

라마 8세가 허수아비 국왕 노릇을 하는 동안 군부 실세인 피분 쏭크람 Pibun Songkhram(1897~1964) 장군이 1938년부터 실질적인 통치를 수행했고, 국가 명칭도 씨암 Siam에서 태국 Thailand으로 1939년 개명하는 특단의 조치를 취했다.

푸미폰 국왕(라마 9세)

친형인 라마 8세가 의문의 죽음을 당해 우여곡절 끝에 짜끄리 왕조 아홉 번째 국왕으로 즉위했다. 푸미폰 국왕은 태국 왕실의 권위를 회복한 왕으로 평가받는다. 쭐라롱껀 대왕과 더불어 위대한 국왕으로 칭송받을 정도. 70년 동안 국왕의 자리를 지키다 2016년 10월 13일 88세의 나이로 서거했다. 자세한 내용은 P.187 참고.

태국 민주주의

라마 9세가 즉위하던 시기는 제2차 세계대전으로 인한 혼돈의 시기였다. 군부 실세로 국정을 장악한 피분 쏭크람 장군은 선거를 통한 정권 연장을 꾀하며 1957년에 실시된 선거에서 승리했다. 하지만 지독한 부정 선거를 자행한 탓에 군부 반대파 싸릿 타나랏 Sarit Thanarat 장군이 정권을 전복시키고 왕정 복귀를 통한 경제 안정을 꾀했다. 하지만 1963년 싸릿 장군의 사망으로 태국 정치는 다시 혼란에 빠져들었다.

1960~1970년대는 중국의 공산화로 인해 동남아시아에 공산화 열풍이 불던 시기였다. 인도차이나의 공산화를 막으려고 베트남 전쟁을 시작한 미국은 군수 기지 건설을 위해 태국과 협력했다. 독재 정권인데도 미국은 타놈 끼띠까촌 Thanom Kitikachorn 정권을 전폭 지지했다.

미국의 경제 지원에도 불구하고 타놈 정권은 더욱 부패했고, 결국 민주주의를 요구하는 학생들의 시위에 직면하게 됐다. 1970년대를 거치면서 태국의 민주주의를 요구하는 학생 시위와 군부 내부의 연속적인 쿠데타와 반 쿠데타가 1990년대 초반까지 이어졌다.

1973년 탐마쌋 대학교를 중심으로 한 대규모 반정부 시위에는 50만 명이 참가했다. 탱크까지 동원해 무력 진압한 결과 350명 이상의 사망자를 냈다. 푸미폰 국왕이 직접 나서서 시민과 군부의 중재자 역할을 했다. 타놈 끼띠까촌 장군과 쁘라팟 짤루싸티안 Praphat Charusathien 장군을 왕실로 불러들여 국왕 앞에서 무릎을 꿇린 것. 이를 계기로 선거에 의한 민주정부가 다시 들어섰다. 하지만 망명을 떠났던 타놈 장군이 승려로 위장해 1976년 태국에 입국하면서 학생 시위가 재발했고, 국정 불안을 이유로 군부가

다시 정권을 장악하는 악순환이 이어졌다.

결국 1992년에 대규모 민주화 시위에 힘입어 같은 해 9월 선거에 의한 민주정부가 들어섰다. 하지만 군부가 정치에 지속적으로 개입하자 다시 학생 시위가 이어졌다. 50명 이상이 무력 진압으로 사망하자 당시 방콕 시장을 지내던 청백리의 상징 짬롱 씨므앙 Chamlong Simuang 시장은 푸미폰 국왕을 알현해 중재를 촉구했다. 결국 국왕의 힘은 다시금 군부 세력을 제압하게 되었다. 이로써 16차례나 반복됐던 군사 쿠데타가 종료하고 선거에 의해 정권 교체가 이루어지는 민주 정부가 들어설 수 있었다.

IMF

1992년 선거는 민주당의 승리로 돌아갔다. 원칙주의자이자 법률가인 추안 릭파이 Chuan Leekphai 총리는 경제 성장을 이루며 민주주의를 회복하는 데 성공적인 역할을 수행했지만 1995년과 1996년도 선거에서 모두 패배했다. 태국 역사상 최대의 부정부패가 자행된 선거는 차와릿 용차이윳 Chavalit Yongchaiyudh이 이끄는 군 장군 출신의 민주정부를 탄생시켰다.

1980년대의 두 자릿수 경제 성장에 안주했던 차와릿 총리는 국내와 국외에서 제기되는 경제 위기를 관리하지 못하고 태국 화폐 밧(Baht)의 환율 방어에 실패했다. 태국의 국제 부채에 기인한 경제 위기는 1달러 대비 25B를 유지하던 태국 화폐가 57B까지 폭락하면서 태국 발 아시아 경제 위기를 초래했다. 1997년의 IMF 구제 금융은 태국 정치 지형도 변화시켰다. 차와릿 총리가 결국 실각하고 민주당의 추안 릭파이 총리가 재집권하면서 경제 위기를 극복하기 시작했다. 1998년에는 환율을 40B대로 끌어 올렸고, 구제 금융도 모두 청산했다. 하지만 그의 곧고 청렴

태국의 민주화 시위

한 이미지는 오히려 태국 사람들에게 심심한 이미지를 선사하며 2001년 총선에서 결국 패배하고 만다.

탁신 치나왓

태국 현대정치의 풍운아, 탁신 치나왓 Thaksin Shinawatra. 치앙마이의 평범한 집안에서 태어나 경찰 간부를 지내고 통신 산업에 진출해 태국 최고의 갑부 자리에 오른 인물이다.

'타이 락 타이당 Thai Rak Thai Party'(태국 사람이 사랑하는 태국 정당)를 만들며 정치에 입문한 2001년 총선에서 과반수 이상의 의석을 차지해 총리가 되었다. 탁신 총리는 재력을 바탕으로 농촌의 개발과 의료 혜택의 개선을 약속한다. 낙후한 지역에 발전 기금으로 100만B씩 경제지원, 30B 의료 정책 등 가난한 사람들을 위한 정책을 입안한 것. 또한 심야 영업시간 단속, 마약과의 전쟁 등을 주도하며 깨끗한 국가를 건설하기 위한 노력도 아끼지 않았다.

탁신 총리는 인기 정책과 함께 자신의 부를 축적하는 일도 게을리 하지 않았다. 태국 최대의 통신 회사인 친 주식회사(Shin Corp.)는 휴대폰 회사인 AIS를 바탕으로 타이 에어 아시아(Thai Air Asia), ITV 방송국을 차례로 인수하며 거대한 탁신 제국을 세웠던 것. 대학에 다니던 그의 아들과 딸이 태국 주식 소유 랭킹 5위 안에 들어 있었고, 그의 집안의 가정부가 백만장자라는 소문까지 퍼지며 방콕을 중심으로 한 도시인들과 지식인들 사이에서 그에 대한 반감이 높아졌다.

2006년 탁신 총리의 부정으로 촉발한 방콕 대규모 반정부 시위에 10만 명이 운집했다. 탁신의 측근이었던 쨤롱 전임 방콕 시장까지 참여해 집회를 주도하며 탁신 하야 운동이 전개됐다.

반정부 시위에 대한 탁신 총리의 대응은 중간 선거였다. 자신의 신임을 묻기 위한 임시 선거였으나, 야당인 민주당은 선거 불참을 선언하고 기권 운동을 벌였다. 탁신 총리가 재집권한 지 1년 만에 다시 치러진 선거에서도 타이 락 타이당은 66%의 득표를 올리는 기염을 토했지만, 방콕과 남부지역에서는 법정 선출 기준인 20% 득표에도 못 미치는 여당 후보자가 속출했다.

중간 선거의 승리에도 불구하고 탁신 퇴진 운동은 지속되었고, 푸미폰 국왕의 권고에도 굴복하지 않고 국왕의 권위에 대항하는 것처럼 비쳤던 탁신 총리는 결국 2006년 9월 무혈 쿠데타로 실각하고 망명길에 올

탁신 치나왓   ©중앙포토

랐다. 무혈 쿠데타를 주도한 쏜티 Sonthi 장군은 국왕의 즉각적인 신임을 받아 과도 정부를 수립했다.

쿠데타가 일어날 당시 탁신 총리는 유엔 총회에 참석하기 위해 뉴욕에 머물고 있었고, 태국으로 돌아오지 못하고 자녀들이 공부하는 런던으로 건너갔다. 실권한 탁신 총리는 주요 외신에 얼굴을 비치면서 재기를 모색했고, 영국 축구 클럽 맨체스터 시티 Manchester City를 사들이면서 다시금 언론의 주목을 받았다.

군부 쿠데타 후 1년 만에 이루어진 자유선거에서 친 탁신 성향의 정당인 파랑빡프라차촌 정당(PPP: People's Power Party)이 승리를 거두었다. 과반 확보에 실패했으나 6개 정당이 연정을 구성해 싸막 쑨타라웻 Samak Sundaravej(재임 2008년 1월 29일~9월 9일)을 총리로 임명했다. 선거 승리 후 탁신 전 총리가 태국으로 귀국하면서 태국 정치 상황은 혼돈 양상을 띠기 시작했다.

레드 셔츠 VS 옐로 셔츠

친(親)탁신 정권이 들어서자 태국의 엘리트 집단은 정치인 쨤롱 씨므앙 Chamlong Srimuang과 언론인 쏜티 림텅꾼 Sondhi Limthongkul을 중심으로 반(反)탁신 운동을 전개했다. 아이러니하게도 쨤롱 씨므앙(육군사령관 출신으로 첫 민선 방콕 시장 역임)은 탁

신의 정치 입문을 도왔던 인물이기도 하다.

국민민주주의 연대(PAD: People's Alliance for Democracy)로 불리는 반탁신 그룹은 노란색 옷을 입고 시위에 참여해 '옐로 셔츠(쓰아 르앙)'로 불린다. 노란색은 국왕을 상징하는 색깔이다. 2008년 5월부터 시작된 반정부 운동은 가두 행진은 물론 정부 청사 앞을 장악하며 싸막 총리의 사임을 요구했다. 옐로 셔츠는 정부를 압박하기 위해 푸껫·끄라비·핫야이 공항을 점거하기도 했다. 결국 싸막 총리는 재임 기간 중 TV 요리 프로그램에 고정 출연하던 것이 문제가 되었다. 정부 공직자가 별도의 직업으로 수입을 올린 것을 문제 삼아 헌법재판소에서 그의 해임을 판결했다.

싸막 총리가 해임되기 직전 태국으로 귀국했던 탁신 전 총리는 부패 혐의에 대한 판결에서 패소할 것을 염려해 공판에 참석하지 않은 채 영국으로 도피해 태국 정국은 더욱 혼돈 속으로 빠져들었다.

의원민주주의제인 태국에서는 다수당 대표가 총리직을 수행하게 된다. 때문에 싸막 총리가 실권했다 하더라도 친탁신 세력은 권력을 지속적으로 유지할 수 있었다. 교육부총리였던 쏨차이 웡싸왓 Somchai Wongsawat(재임 2008년 9월 18일~12월 2일)이 태국의 26대 총리로 새롭게 선출되었는데, 그는 탁신 전 총리와 매제지간이다.

새로운 총리의 선출은 반탁신 연대를 더욱 강화하게 했고 대규모 반정부 시위가 방콕에서 계속해서 이어졌다. 최후 수단으로 쑤완나품 국제공항을 1주일간 점거하며, 옐로 셔츠는 정권교체를 이루었다. 헌법재판소가 집권 여당의 투표 매수를 문제 삼으면서 쏨차이 총리의 정치 활동을 제한했고, 군부 또한 쿠데타를 무기로 정권 이양을 강력히 요구했다. 결국 연정을 구성했던 소수 정당들이 야당이던 민주당을 지지하면서 정권이 바뀌게 되었다. 의회 선거를 통해 민주당 총재인 아피씻 웻차치와 Abhisit Vejjajiva가 2008년 12월 17일에 27대 총리에 취임했다.

민주당으로 정권이 바뀌었다고 해서 태국의 모든 문제가 해결된 것은 아니었다. 옐로 셔츠의 승리는 반대급부로 친탁신 세력의 급속한 재집결을 가져왔다. 반독재민주연합전선(UDD: United Front of Democracy Against Dictatorship)이라 명명된 친탁신 세력은 붉은 옷을 입고 시위에 참여해 '레드 셔츠(쓰아 댕)'라 불린다.

1964년 영국에서 태어나 옥스퍼드 대학교를 졸업한

아피씻 총리는 부정부패를 저지른 것은 아니지만 의회에서 선출된 총리라는 비판에 직면했다. 레드 셔츠의 일관된 주장은 의회 해산과 선거를 통한 총리 선출이었는데, 서민들로부터 대중적인 인기를 확보한 친탁신 세력이 선거에서 승리할 것이라는 확신 때문이다.

레드 셔츠도 정부 청사를 장악하며 반정부 시위의 강도를 높여갔다. 법이 허용하는 범위 내에서 시위를 허락했던 아피씻 총리는 2009년 4월 파타야에서 열린 아세안(동남아시아 10개국 연합) 국제회의를 계기로 강경한 입장으로 선회한다. 한국·일본·중국 국가원수까지 참여한 국제회의는 레드 셔츠가 회의장을 무단 침입하면서 결국 무산되었다. 곧이어 비상사태가 선포되었고 방콕으로 재집결한 시위대를 군대를 동원해 무력으로 진압했다. 반정부 시위 이후 아피씻 총리는 탁신 전 총리의 태국 여권을 말소하며 본격적인 파워 게임을 시작했다.

소강상태에 접어들었던 레드 셔츠의 반정부 시위는 2010년 3월 법원의 탁신 전 총리 재산 몰수 판결을 계기로 다시 점화되었다. 2009년에 비해 시위의 강도를 높인 레드 셔츠는 방콕 도심을 점거하고 조기 총선을 요구했다. 2개월에 걸친 방콕 도심 점거 시위는 두 차례의 무력 진압으로 인해 엄청난 인명 피해를 냈다. 민주기념탑 일대를 점거한 시위대 해산을 위해 2010년 4월 10일 실시된 1차 진압 작전은 25명이 사망하고 800명이 부상했다. 군대의 무리한 해산작전으로 인명피해를 낸 정부는 궁지에 몰렸다.

아피씻 웻차치와   ⓒ중앙포토

4월 12일에는 선관위에서 선거자금 모금 불법행위로 민주당의 해산을 결정하며, 연정이 붕괴될 조짐마저 보였다. 아피씻 총리 또한 조기 총선을 약속하며 레드 셔츠 지휘부와 협상을 시도했다. 하지만 레드 셔츠 지휘부는 무력 진압을 지휘했던 부총리에 대한 해임을 요구하며 협상은 결렬되었다.

결정적인 영향력을 행사하던 군부가 아피씻 총리를 지지하며 2차 진압작전을 실시했다. 저항하는 시위대에 실탄 사격까지 허가된 대규모 진압작전은 5월 19일 동이 트면서 전격적으로 실시되었다. 레드 셔츠 지휘부는 추가 인명피해를 방지하기 위해 자진 투항하며 반정부 시위는 막을 내렸다. 이 과정에서 80여 명이 사망하고, 1,700여 명이 부상을 입었다.

잉락 치나왓

방콕 사태가 수습되고 태국 정부는 의회를 해산하며 2011년 7월에 총선을 실시했다. 여당인 민주당과 야당인 프아타이당 Pheu Thai Party(태국인을 위한 정당이란 뜻)의 접전이 예상됐으나, 예상을 깨고 프아타이당의 압승으로 끝났다. 전체 의석 500석 중에 265석을 휩쓸었다. 의석의 과반을 확보해 연정을 구성하지 않고도 정권 교체가 가능했다.

프아타이당의 당대표는 40세 초반의 여성인 잉락 치나왓 Yingluck Shinawatra (1967년 6월 생). 정치 경험이 없던 여성을 당대표로 선출해 압승을 거두었는데, 잉락 치나왓은 다름 아닌 쿠데타로 실권한 탁신 치나왓의 여동생이다. 그렇게 혜성처럼 등장해 2011년 8월 5일 태국의 28대 총리에 임명됐다. 그는 태국 최초의 여성 총리다.

정치 경험이 없었음에도 불구하고 비교적 긴 시간인 2년 9개월간 총리직을 수행했다. 잉락 총리의 성공에는 어찌 보면 친오빠이자 전임 총리였던 탁신 치나왓의 영향이 컸다. 2007년 무혈 쿠데타로 실각한 탁신 전 총리는 태국으로 귀국하고 못하고 오랜 기간 해외에 머물고 있었는데, 화상 통화를 통해 태국 정치에 직간접적으로 영향력을 행사하고 있었다. 잉락 총리와 집권당인 '프아타이 당'은 정치적인 우세를 앞세워 2013년 11월에 탁신 전 총리의 사면을 추진하게 된다. 부정부패 혐의에 대한 사면(탁신 전 총리는 태국 여권도 말소된 상태였다)뿐만 아니라 태국으로의 귀국을 추진해 정치 활동을 재개시키려는 움직임을 보였던 것이다. 이는 곧바로 반(反) 탁신 진영의 집결을 불러 왔으며, 대규모 반정부 시위를 촉발시켰다.

아이러니하게도 반정부 시위를 이끈 인물은 민주당 출신으로 전임 부총리(민주당 집권 시절 친(親) 탁신 성향의 '레드 셔츠'가 주도했던 반정부 시위를 군대를 동원해 무력 진압했던 인물)를 지냈던 쑤텝 턱쑤반 Suthep Thaugsuban이다. 그는 국민민주개혁위원회(PDRC: People's Democratic Reform Committee)를 구성해 잉락 총리의 사임을 요구하며 반정부 시위를 진두지휘했다. 12월 8일에는 야당(민주당) 국회의원 153명이 국회의원직을 사임하며 반정부 투쟁의 강도를 높였다.

이에 대해 잉락 총리는 2014년 1월 21일 국가 비상사태를 선포하기에 이른다. 이런 와중에서 잉락 총리는 2014년 2월에 조기 총선을 치를 것이며, 이때까지 임기를 채우겠다고 승부수를 던졌다. 결국 민주당의 선거 불참과 투표 거부 투쟁 속에서 선거가 치러졌지만, 헌법 재판소가 선거 자체를 무효화하면서 태국 정치는 끝없는 혼돈 속으로 빠져들었다.

2014년 군사 쿠데타와 군사정권

방콕을 중심으로 대규모 반정부 시위가 6개월 이상 지속되면서 잉락 총리의 정치적 입지를 약화시켰다. 결국 2014년 5월 7일에 헌법 재판소가 잉락 총리의 권력 남용 혐의를 인정하는 판결을 내린다. 이로써 태국 첫 여성 총리의 정치 실험은 막을 내렸다. 부총리였던 니왓탐롱 분쏭파이싼 Niwatthamrong Boonsongpaisan이 총리직을 승계해 과도 정부를 구성했다. 선거를 통한 승리가 불가능했던 민주당은 내각 총사퇴와 민간인이 주축이 되는 중도 정부 수립을 요구하며 반정부 시위를 이어갔다. 잉락 총리의 실각으로 위기감을 느낀 친(親) 탁신 진영인 '레드 셔츠'가 재집결하면서 반정부 시위대와의 충돌 위기감이 고조됐다.

극심한 대립과 선거를 통한 의회 구성이 요원해지면

태국 현대 정치의 아이콘 탁신과 잉락

라마 10세 마하 와치라롱꼰

서 군부 개입의 가능성이 점쳐졌다(태국 정치의 또 다른 핵심 세력인 군부는 여러 차례 쿠데타를 통해 정치에 개입해왔다).

여당의 사전 동의 없이 5월 20일에 전격적으로 계엄령이 선포됐고, 이틀 뒤인 5월 22일에 쿠데타가 일어났다. 쁘라윳 짠오차 Prayut Chan-ocha(1954년 5월 21일 생) 육군 참모총장이 지휘한 쿠데타는 국왕의 재가를 받으며 성공하게 된다.

쿠데타로 집권한 군사 정권은 2016년에 헌법을 개정해 군부의 정치 참여를 가능하도록 했다. 선거를 통한 민간 이양을 실시할 경우 탁씬 전 총리 집안이 만든 정당이 승리할 확률이 높기 때문에, 선거에 패하더라도 정치에 개입할 선 조취를 취한 것이다.

잉락 치나왓(탁씬 치나왓의 여동생) 전 총리가 재임 시절 쌀 수매 정책과 관련해 국가 재정에 손실을 입혔다는 이유로 약 1조2천억 원의 벌금형을 내렸다. 이어서 진행된 부정부패와 직무 유기에 대한 형사재판은 2017년 8월 25일 대법원 선고가 예정되어 있었으나, 선고 전날 잉락 전 총리가 잠적해 해외(영국)로 도피했다. 같은 해 9월에 열린 권석 재판에서 5년의 실형을 선고 받았다.

2016년 푸미폰 국왕 서거와 라마 10세 즉위

1927년부터 70년 동안 국왕(라마 9세)으로 존경을 받았던 푸미폰 국왕이 2016년 10월 13일 88세의 나이로 서거했다. 그 후 권력 승계 절차에 따라 외아들인 마하 와치라롱꼰 Maha Vajiralongkorn 왕세자가 2016년 12월 1일에 국왕의 자리를 승계해 라마 10세가 됐다. 1952년생인 왕세자가 나이 65살에 국왕에 즉위한 것이다.

2019년 총선

군부 쿠데타 이후 5년 만에 처음으로 총선이 2019년 3월 24일에 실시됐다. 군부를 지지하는 신생 정당 팔랑쁘라차랏당 Palang Pracharath Party와 정권 탈환을 노리는 친 탁신계 정당인 프아타이당 Pheu Thai Party 모두 과반 의석 확보에 실패했다. 제1당이 된 프아타이당(137석)이 군부 집권에 반대하는 정당과 연정을 구성하려했지만 실패했고, 제2당인 팔랑쁘라차랏당(116석)이 10여 개 정당과 연합해 집권당이 됐다. 제4당인 민주당(52석)과 제5당인 품짜이타이당(51석)이 팔랑쁘라차랏당을 지원한 게 한몫했다. 이로써 군부 쿠데타로 집권한 쁘라윳 짠오차 총리가 선거를 통해 정권을 연장하게 됐다.

코로나 팬데믹

전 세계를 강타한 코로나 팬데믹의 위협으로부터 태국도 자유로울 수는 없었다. 태국에 첫 번째로 보고된 코로나 감염 사례는 2020년 1월 12일로 중국 우한에서 온 중국 관광객이었다.

코로나가 급속히 확산하면서 2020년 3월 26에는 국가 비상 상태가 선포됐으며, 4월 4일에는 국제 항공편 운항까지 전면 중단됐다. 대규모 백신 접종은 2021년 2월부터 시작했고, 2021년 7월에는 푸껫을 시작으로 제한적인 국제 관광을 재개하기 시작했다. 2022년 10월을 기해 코로나와 관련한 모든 입국 조건을 해제했다.

2023년 총선

쁘라윳 총리 임기가 만료되면서 2023년 5월에 총선이 열렸다. 민주 정부로의 정권 이양과 개혁을 바라는 표심은 팍까오끄라이당(전진당) Move Forward Party을 제 1당(전체 500석 중 152석)으로 만들어놓았다. 젊은 당 대표인 피타 림짜런랏 Pita Limjaroenrat(1980년 9월 5일 생)이 총리 후보로 거론되기도 했지만 보수 정당과 군부의 반대로 인해 연정 구성에는 실패했다. 왕실 모독죄 폐지를 주장하던 정당이 집권당이 될 수는 없는 한계에 부딪혔던 것이다.

태국 총리는 하원(선거로 선출된 국회의원) 500명과 상원(군부가 임명한 의원) 250명이 의회 투표를 통해 과반(376표) 이상의 지지를 받아야 임명된다. 결국 탁신 전 총리 계열의 프아타이당 Pheu Thai Party(141석을 확보한 제 2당)이 군부 계열의 정당과 손을 잡고 추대한 쎗타 타위씬 Srettha Thavisin이 30대 총리로 취임했다.

4 태국의 문화

'자유의 나라'라는 국가 이름에서도 알 수 있듯 태국은 자유를 사랑하는 나라다. 아시아 국가에서 유일하게 식민 지배를 받지 않았다는 태국인들의 자부심은 그들만의 독특한 정서와 문화를 발전시켰다. 태국을 여행하며 받게 되는 첫인상은 '타이 스마일 Thai Smile'일 것이다. 즐거움을 사랑하고 타인을 의식하지 않는 자유로움에서 기인한 '타이 스마일'은 스스로의 자부심과 타인에 대한 관대함을 동반한다. 처음 만난 이방인에게도 스스럼없이 웃음을 선사하며 '싸왓디'라고 말해주는 태국은 외국인에게도 거부감 없이 쉽게 다가설 수 있는 나라일 것이다.

태국인들의 삶의 습관은 어쩔 수 없이 불교와 연관된다. 상대방에게 관대하고 조용한 종교적인 성향에 따라 상대방의 행동이나 가치관에 대해 판단하거나 재판하려 들지 않는 것이 특징이다. 태국인들의 개인적이면서 집단적인 성격은 몇 가지 특성으로 표현된다. 언어를 통해 그 나라의 문화 습관을 알 수 있듯, 일상에서 쓰이는 대화를 통해 태국인들의 삶의 방식을 쉽게 이해할 수 있다. 태국을 여행하다 보면 가장 많이 듣는 인사말 '싸왓디'를 뒤이어 싸바이, 싸눅, 짜이 옌옌, 마이 뺀 라이 같은 언어를 통해 그들의 삶의 모습을 들여다보자.

싸왓디 สวัสดี Sawasdee

태국의 가장 기본적인 인사말이다. 남자의 경우(본인 기준으로) '싸왓디 크랍(싸왓디 캅)', 여자의 경우(본인 기준으로) '싸왓디 카'라고 말한다. 인사말을 건넬 때 와이(두 손을 모아 합장하는 것)를 함께 하는 것이 기본예절이다.

싸바이 สบาย Sabai

싸왓디와 더불어 사람을 만나면 가장 먼저 듣게 되는 단어가 '싸바이 마이?'다. '편안합니까?' 또는 '좋습니까?' 정도의 의미다. '낀 카우 르 양?(밥 먹었어?)'과 비슷한 뉘앙스의 인사말이지만 상대방의 안부와 즐거움을 묻는 성격이 더 강하다. 즐겁고 신나게 노는 '싸눅'에 비해 다소 평범한 듯한 '싸바이'는 평온한 현세를 살고 싶어 하는 태국인들의 마음의 표현이 아닐는지.

싸눅 สนุก Sanook

'즐겁게'라는 뜻으로 태국인들의 생활방식을 가장 잘 나타내는 말이다. 무슨 어려움이 있어도 즐겁고 신나게 살아야 하는 것은 그들의 절체절명의 과제. 하찮은 일을 하건, 막노동을 하건, 따분한 일을 하건 상관없이 그 모든 행위는 '싸눅'을 기본으로 해야 한다. 만약 '마이 싸눅(재미없다)' 하다면 삶의 자체가 저주 받은 것으로 느낄 정도. 그러니 태국에서는 농담을 하건 노래를 하건 운동을 하건 무조건 '싸눅'하게 즐기자.

마이 뺀 라이 ไม่เป็นไร Mai Pen Rai

'괜찮아!', '노 프라블럼!' 정도로 풀이될 마이 뺀 라이는 다양한 의미를 함축한다. 태국인들의 낙천적인 성격을 대변하는 단어임과 동시에 삶을 대하는 태국인들의 여유로움이 묻어나는 말이다.

늦게 도착해도, 일이 어그러져도, 약속이 틀어져도 '마이 뺀 라이' 한마디면 모든 문제가 해결될 정도다. 즉, 어떤 문제에 대해 상대방과의 논쟁을 피하고 쿨한 얼굴을 유지하려는 의도가 다분히 담겨 있다.

짜이 옌옌 ใจเย็นเย็น Chai Yenyen

'마이 뻰 라이'와 더불어 태국인들의 낙천적이고 유유자적한 성격을 대변하는 말이다. '마음을 차갑게 해라'라는 뜻으로 스트레스 가득한 상황에서 차분해지라는 성격을 담고 있다. 화낼 일이 있어도 참고, 급하게 서두르지 말라는 뜻. 음식을 빨리 달라고 보채거나, 무언가 성급하게 행동한다면 분명 '짜이 옌옌'이란 말을 듣게 될 것이다.

와이 ไหว้ Wai

와이는 태국인들의 일상적인 인사법이다. 두 손을 모아 상대방에게 합장하며 존경을 표하는 행위. 낮은 사람이 높은 사람에게, 어린 사람이 어른에게 인사할 때 쓰인다. 와이는 상대방의 나이와 사회적 신분, 존경하는 등급에 따라 합장하는 높이가 달라진다. 보통 입 높이에 손을 올려 합장하며, 국왕에게는 무릎을 낮추고 머리 위로 손을 올려 합장을 한다. 와이를 받으면 상대방에게 와이로 답례하는 게 기본 예절이다.

딱밧 ตักบาตร Tak Bat

딱밧은 승려들의 탁발 수행을 의미한다. 불교 국가인 태국에서 하루도 빠지지 않고 행해지는 종교의식이다. 사원이 있는 곳이면 딱밧이 행해진다고 보면 된다. 매일 아침 6시경 승려들이 맨발로 거리를 거닐며 하루치 필요한 식량을 공양 받는다. 일반인들은 승려에게 공양할 음식(싸이밧)을 준비해 시주한다. 음식뿐만 아니라 돈, 음료수, 꽃도 시주한다. 승려에게 시주할 때 신발을 벗고 승려보다 낮은 자세를 유지하는 것이 특징이다. 무릎을 꿇고 시주하는 경우도 흔하다. 이때 승려들은 축복의 의미로 불경을 읊어준다. 방콕의 경우 도시가 워낙 크고 차들이 많아서 대규모 승려 행렬을 보기는 힘들다. 하지만 방콕에서도 여전히 딱밧이 행해지고 있다.

탐분 ทำบุญ Tham Bun

'좋은 행위를 하다' 또는 '공덕을 쌓는다'라는 의미로 태국인들의 종교적인 삶과 연관된다. 윤회, 업보를 중시하는 불교가 일반인들의 삶의 전반을 지배하기 때문에 공덕을 쌓은 일은 중요한 행위로 여긴다. 승려에게 음식을 제공하는 것, 사원에 시주하는 것, 기부하는 것, 가난한 사람들에게 베푸는 것 등이 모두 탐분에 해당한다. 주말이나 새해 첫날에 사원을 찾아 '탐분'하는 사람들을 흔하게 볼 수 있다.

참고로 태국 남자라면 평생 한 번은 승려 생활을 해야 한다(국왕도 예외 없이 승려 생활을 해야 한다). 일반적으로 20세 이전에 3개월 정도 단기 출가했다가 수행을 마치면 다시 사회로 돌아온다. 승려가 돼서 수행을 하는 것 역시 공덕을 쌓는 일로 여긴다.

태국의 전통복 '와이'

알아두세요

스님과 신체 접촉하면 안 돼요

전 국민의 95%가 불교를 믿는 태국에서 종교와 관련해 주의해야 할 것들이 있습니다. 가장 대표적인 것은 머리를 만지면 안 된다는 것. 신체 중에 가장 높은 부분에 있어 신성하게 여기기 때문입니다. 또한 스님과의 신체 접촉도 금물인데요, 특히 여성분들의 경우 조심해야 합니다. 같은 의자에 앉는 것도 엄격히 금하는데 기념사진 찍겠다고 스님과 팔짱을 끼어서는 안 됩니다.

5 축제와 공휴일

축제

태국의 축제는 왕실과 불교에 관련된 행사가 많다. 불교 행사나 국왕 생일, 왕비 생일 같은 경건한 날은 술집이 자진해 문을 닫으며, 편의점에서도 술 판매를 금한다.

1월

방콕 국제 영화제
Bangkok International Film Festival

태국 최대의 국제 영화제. 17년의 역사 속에서도 아시아 주요 영화제로 성장했다. 매년 150편 이상의 영화가 10일간 상영된다. 방콕에서 열리는 영화제인데도 태국어 자막을 넣지 않아 빈축을 사기도 하지만 다양한 국적의 사람들이 함께 어울리는 국제 영화제다운 면모를 과시한다.

리버 오브 킹 River of Kings

1월 말에 열리는 왕실 선박 행렬을 재연하는 행사로 짜오프라야 강에서 펼쳐진다. 강변에 특별 무대를 설치해 태국 전통 무용과 음악을 곁들여 다양한 공연이 펼쳐진다.

2~3월

설날 Chinese New Year

공식적인 휴일은 아니지만 화교들이 많은 방콕에서는 큰 축제다. 방콕 시에서 주관하는 다양한 행사가 차이나타운에서 펼쳐진다. 태국식 발음은 '뚯찐'.

마카 부차 Makha Bucha

매년 음력 3월 보름에 열리는 불교 행사. 석가모니의 제자 1,250명이 설법을 듣기 위해 모인 날을 기념한다. 일반인들은 밤에 촛불을 들고 사원을 순례하며 부처의 뜻을 기린다.

사원에서 불교행사가 열리는 마카 부차

4월

쏭끄란 Songkran

태국 설날이며 물 축제로 유명하다. 1년 중 가장 더운 4월 15일이 태국의 새해. 신년을 앞뒤로 3일간 연휴 기간이다. 방콕 시민들은 연휴를 이용해 고향을 방문한다.

> **알아두세요**
>
> ## 방콕에서 쏭끄란 즐기기
>
>
>
> 쏭끄란은 '움직인다'라는 뜻의 산스크리트어인 '싼크라티'에서 온 말입니다. 태양의 위치가 백양자리에서 황소자리로 이동하는 때를 의미하는데, 12개를 이루는 한 사이클이 다하고, 또 다른 사이클이 시작됨을 의미합니다. 본래 북부 지방인 치앙마이(란나 타이)에서 시작된 행사로 사원에서 불상을 꺼내 도시를 한 바퀴 돌며 물세례를 받는 것이 전통입니다.
>
> 하지만 고향을 찾아 떠난 텅 빈 방콕에서는 물놀이 개념으로 발전해 어느덧 태국을 대표하는 축제로 변모해 있습니다. 쏭끄란이 아니라 쏭크람(전쟁)이라는 비아냥을 들을 정도로 한바탕 물싸움을 즐길 수 있답니다.
>
> 특히 카오산 로드와 씰롬은 쏭끄란 축제의 핵심으로 정부에서 지원하는 공식적인 물싸움 공간. 나이와 국적에 상관없이 물총 하나면 서로 어울리고 즐거워할 수 있지요. 쏭끄란 기간에 방콕을 방문하면 시간을 내서 카오산 로드 또는 씰롬을 찾아보세요. 동심의 세계로 돌아갈 수 있답니다. 모든 것이 순식간에 젖어버리니 개인 귀중품은 방수 팩에 넣어 소지해야 합니다.

위싸카 푸차

러이 끄라통

일대가 다양한 음식 축제장으로 변모한다.

5월

위싸카 부차 Visakha Bucha
부처의 일생을 기념하는 행사. 태국의 주요한 종교 행사이다. 전국의 사원에서 촛불을 밝히며, 특별 설법이 행해진다. 한국으로 치면 석가탄신일에 해당한다.

왕실 농경제 Royal Ploughing Ceremony
한 해의 농사를 시작하는 것을 축복하는 행사. 왕세자가 싸남 루앙에 나와 행사를 직접 주관한다.

7월

아싼하 부차 Asalha Bucha
깨달음을 얻은 부처가 처음으로 설법한 날을 기념한다. 방콕의 모든 사원이 연등이나 촛불을 밝히고 부처의 탄생을 축복한다.

카오 판싸 Khao Phansa
우기가 시작되는 날부터 3개월간 사원에 머물며 수행하는 안거 수행이 시작되는 날. 태국 젊은이들이 불교에 입문하는 날이기도 하다. 태국 남자들은 평생 한번은 승려가 되어 수행하는 것을 불문율로 여긴다.

국왕(라마 10세) 생일
King Vajiralongkorn's Birthday
2016년 12월에 라마 10세(마하 와치라롱꼰 국왕)가 즉위하면서 국경일로 지정된 국왕 생일도 변경됐다. 왕실 건물이 몰려있는 타논 랏차담넌 일대가 국왕의 초상화와 조명을 이용해 화려하게 장식된다.

9월

채식주의자 축제 Vegetarian Festival
차이나타운에서 열리는 10일간의 축제. 화교들을 위한 불교 축제로 육식을 금하는 대승불교와 관련이 깊다. 축제 기간 동안 채식만 허용되며 차이나타운

10월

쫄라롱껀 대왕 기념일 King Chulalongkon Day
짜끄리 왕조 최고의 왕으로 평가받는 라마 5세의 기일을 기념하는 날이다. 10월 23일이 되면 두씻의 로열 플라자 Royal Plaza에 세워둔 라마 5세 동상 앞에 시민들이 찾아가 꽃과 향을 바치며 그의 공덕을 기린다.

11월

까틴(옥 판싸) Kathin
승려들의 안거 수행이 끝나는 날을 기념하는 행사. 안거 수행(판싸)에서 나온다(옥)고 해서 '옥 판싸'라고도 불린다. 승려들에게 새로운 승복을 제공하고 사원에 필요한 물건을 시민들이 봉양한다. 우기 동안 단기 출가했던 승려들이 승복을 벗고 일반인으로 돌아오는 날이기도 하다.

러이 끄라통 Loi Krathong
연꽃 모양의 끄라통을 강에 띄우며 소망을 기원하는 행사. 짜오프라야 강과 운하에 시민들이 나와 끄라통을 띄운다. 아이들은 폭죽을 터뜨리는 재미에 현혹되어 밤새 소란스럽다. 쑤코타이에서 시작된 탓에 방콕보다는 북부 지방의 전통이 잘 살아 있다.

12월

푸미폰 국왕(라마 9세) 생일
King Bhumibol's Birthday
현재 국왕의 아버지이자 선왕(라마 9세)이었던 푸미폰 국왕의 생일을 기념하는 날. 아버지의 날 Father's Day로 불리기도 한다. 태국인들에게 아버지이자 신으로 추앙받았던 라마 9세에 대한 애정은 남달라서, 국왕 사후에도 생일을 기념해 공휴일로 지정했다.

공휴일

태국의 공휴일은 왕실과 관련된 것이 많다. 신년과 관련해서 양력설을 국경일로 정했으나 음력설은 쉬지 않는다. 대신 태국 설날인 쏭끄란 기간 동안 3일간 공식적인 휴무에 들어간다. 크리스마스는 공식 휴일은 아니지만 방콕의 주요 빌딩과 쇼핑몰 앞에 크리스마스 트리를 장식해 연말 분위기를 더한다. 불교 관련 기념일은 음력으로 날을 정하기 때문에 휴일이 매년 달라진다.

1월 1일 **신정 New Year**

4월 6일 **짜끄리 왕조 기념일 Chakri Day**
라마 1세가 라따나꼬씬(방콕)에 설립한 짜끄리 왕조의 탄생을 기념하는 날.

4월 13~15일 **쏭끄란 Songkran**

5월 말~6월 초 **위싸카 부차 Visakha Bucha**

6월 3일 **왕비 생일 Queen's Birthday**

7월 중순 **카오 판싸 Khao Phansa**

7월 28일 **국왕(라마 10세) 생일 King's Birthday**

8월 12일 **어머니의 날 Mother's Day**
1932년 8월 12일에 탄생한 씨리낏 왕비 생일을 기념하는 날이다.

10월 13일 **푸미폰 국왕(라마 9세) 기념일**
King Bhumibol Memorial Day

10월 23일
쫄라롱껀 대왕 기념일 Chulalongkon Day

10월 말~11월 초
옥 판싸 Ok Phansa
3개월간의 안거 수행이 끝나는 날을 기념한다.

11월 중하순
러이 끄라통 Loi Krathong

12월 5일
푸미폰 국왕(라마 9세) 생일
King Bhumibol's Birthday

12월 10일
제헌절 Constitution Day
1932년 제헌 국회가 성립된 날을 기념하는 날.

푸미폰 국왕(라마 9세)

마카푸차

Thai Food

태국의 음식

방콕은 단순히 먹을거리만 찾아다니는 식도락 여행을 해도 손색이 없는 곳이다. 한 달 이상 똑같은 음식을 먹을 일이 없을 정도로 음식은 널려 있다. 다양한 태국 음식은 물론 전 세계적인 음식점들이 즐비하기 때문이다.

태국 음식이 발달한 까닭은 지역적인 특수성이 크다. 인도와 중국의 교역로 상에 있었기에 자연스레 문화와 문명이 교류하며 음식에도 영향을 끼쳤다. 특히 중국 남부에서 태국으로 이주한 화교들의 영향을 받은 음식들이 많다. 인도 영향을 받아 등장한 것이 카레 종류라면, 중국의 영향을 받아 등장한 것은 다양한 볶음과 시푸드 요리다.

짜오프라야 강을 끼고 있는 중부 평원의 비옥한 땅과 1년 내내 무제한으로 제공되는 신선한 야채도 태국 음식을 발전시킨 중요한 요인이다. 풍족한 음식 재료는 풍족한 음식 문화로 발전됐다. 길을 걷다가 시도 때도 없이 거리 노점(롯 켄)에 앉아서 무언가를 먹으며 즐거워하는 태국 사람들을 발견하는 일은 그리 어렵지 않다.

방콕에서는 하루 세 끼라는 통념을 버리자. 밤늦도록 영업하는 식당이 지천에 널려 있는 탓에 나이트 바자에 쇼핑을 나왔다가도, 나이트클럽에서 새벽 늦도록 춤을 추다가 집에 돌아가는 길에도 삼삼오오 모여 쌀국수 한 그릇을 비우는 일은 너무도 자연스럽다.

태국에서 '먹는 일'은 분명 문화 체험이다. 음식을 잘 먹으면 여행도 잘한다는 말처럼 새로운 음식에 대한 호기심을 가지고 도전하는 일을 게을리하지 말자. 때론 괴팍한 향신료에 곤욕스럽기도 하겠지만 예상치 못한 맛을 발견할 때마다 감탄하게 될 것이다.

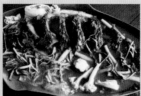

레스토랑 이용법

식사 에티켓

태국은 전통적으로 손으로 음식을 집어먹던 민족이었으나, 1900년대에 들어서 식생활이 바뀌기 시작했다. 오랫동안 유럽과 교류한 탓인지 젓가락 대신 수저와 포크가 식사 도구로 테이블에 올려지면서 젓가락을 사용하는 동북아시아와는 전혀 다른 모습으로 변모했다.

태국에서 밥을 수저와 포크로 먹어야 하는 결정적인 이유는 '공기 밥'이 아니라 '접시 밥'을 내주기 때문이다. 더군다나 찰지지 못한 안남미라 젓가락으로 밥을 먹기에는 무척 곤혹스럽다. 젓가락을 사용하는 곳은 꾸어이띠아우(쌀국수) 집이 전부다.

1. 모든 반찬은 하나씩 주문해야 한다

한국처럼 식사를 주문하면 반찬을 제공하지 않는다. 쌀이 아무리 흔하다고 해도 공기밥도 별도로 계산된다. 두세 명이 간다면 반찬 종류 2개, 수프 종류 1개를 함께 시키는 게 일반적이다.

식사 예절은 반찬을 적당히 덜어 개인 접시에 담아 밥과 함께 먹는 것. 똠얌꿍 같은 수프도 개인 그릇에 담아 먹도록 하자.

2. 물도 사먹어야 한다

태국 식당에서는 한국처럼 물을 공짜로 서비스하지 않는다. 일반 식당에는 테이블에 물이 올려져 있고, 고급 레스토랑에서는 식사 주문과 함께 음료수 주문을 받는다. 테이블에 놓인 물을 마시면 계산서에 함께 청구 된다. 물수건도 돈을 받을 정도로 태국 레스토랑에는 공짜가 없다고 보면 된다. 너무 야속하다고 생각하지 마실. 단지 식사 습관이 다를 뿐이다.

3. 맛있다는 인사를 건네자

식사를 다 하고 난 다음에는 '아로이 막~(너무 맛있어요!)'이란 인사말을 건네는 것도 잊어서는 안 된다.

예산

어떤 것을 먹느냐보다 어디서 먹느냐에 따라 예산은 천차만별이다. 현지인처럼 저렴하게 식사한다면 한 끼에 100B이면 충분하다. 쌀국수나 덮밥 종류의 간단한 식사 정도가 가능하다. 단, 에어컨도 없는 현지 식당을 이용할 때만 가능.

일반 레스토랑에서 식사할 경우 250~350B 정도가 필요하다. 볶음밥 하나에 80B 이상, 카레 같은 메인 요리는 120~200B 선을 유지한다.

고급 레스토랑을 간다면 500B 이상으로 예산이 훌쩍 뛴다. 팟타이(볶음 국수)도 150B은 보통이며 메인 요리 하나가 240~360B 정도다. 두 명이 술을 곁들인다면 1,000B으로 부족한 곳도 많다. 고급 레스토랑은 세금 7%와 봉사료 10%가 별도로 추가되는 곳이 많다.

영업 시간

식당에 따라 다르지만 대부분의 타이 음식점은 오전 10시에 문을 열어 밤 11시에 문을 닫는다. 일류 레스토랑은 점심시간(11:00~14:30)과 저녁시간(18:00~22:30)으로 한정해 영업한다.

밤에만 영업하는 식당은 오후 6시경부터 장사를 준비해 새벽 2시 정도에 마지막 주문을 받는다. 하지만 새벽 2시 심야 영업 시간 제한에도 불구하고 새벽 5시까지 영업하는 업소도 있으니 마음만 먹으면 언제든지 식사가 가능하다.

예약

방콕 레스토랑은 원칙적으로 예약은 필요 없다. 장사가 잘되는 레스토랑이라 하더라도 자리 잡는 건 그리 어렵지 않다. 다만 고급 레스토랑이나 호텔 레스토랑의 경우 예약을 하는 게 좋다. 특히 주말 저녁 시간은 예약이 필수인 경우가 많다. 예약 없이 갔더라도 내쫓지는 않으니 걱정 말자.

태국 음식에 쓰이는 대표적인 향신료 팍치

팁

태국 식당에서 팁은 강제적이지 않다. 서민 식당에서 팁은 필요 없고, 에어컨 나오는 레스토랑의 경우 거스름돈으로 남은 동전을 테이블에 남기면 된다. 거스름돈이 없으면 보통 20B짜리 지폐 한 장을 남긴다. 고급 레스토랑과 호텔 레스토랑은 봉사료 10%와 세금 7%가 계산서에 추가된다.

참고로 태국 식당은 카운터에 가서 직접 돈을 내지 않고, 종업원에게 계산서를 부탁해 계산하면 된다. 일 처리가 느리더라도 화내지 말고 웃으면서 기다리는 것도 예의다. 계산서를 달라고 할 때는 '첵 빈'이라고 말하면 된다.

알아두세요

식당에서 알아두면 유용한 태국어

각종 음식 재료의 태국어 명칭과 조리 방법을 알아두자. 발음이 어렵겠지만 잘 알아두면 요령껏 음식을 주문할 수 있다.

음식 재료

까이(닭고기 Chicken), 무(돼지고기 pork), 느아(소고기 beef), 뼷(오리고기 roast duck), 탈레(시푸드 seafood), 쁠라(생선 fish), 쁠라묵(오징어 Cuttlefish), 꿍(새우 prawn/shrimp), 뿌(게 Crab), 카이(달걀 egg), 팍(야채 vegetable)

요리 방법

팟(볶음 stir-fried), 똠(끓임 boiled), 텃(튀김 deep-fried), 양(구이 grilled), 능(스팀 steamed), 딥(생으로 fresh), 얌(샐러드 salad)

야채 종류

헷(버섯 mushroom), 마크아(가지 eggplant), 마크아텟(토마토 tomato), 만파랑(감자 potato), 따오푸(두부 tofu), 투아뽄(땅콩 peanuts), 투아룽(콩 bean), 땡(오이 Cucumber), 끄라티암(마늘 garlic), 똔홈(양파 onion)

향신료

끄르아(소금 salt), 남딴(설탕 sugar), 프릭(고추 Chilli), 프릭끼누(쥐똥고추 thai Chilli), 팍치(고수 Coriander), 싸라내(민트 mint), 따크라이(레몬그라스 lemongrass), 마나오(라임 lime), 킹(생강 ginger), 남쁠라(생선 소스 fish sauce), 남씨이우(간장 soy sauce), 남쏨 싸이추(식초 vinegar)

음료

까패 론(뜨거운 커피 hot Coffee), 까패 옌(차가운 커피 ice Coffee), 차 론(뜨거운 차 hot tea), 차 옌(차가운 차 ice tea), 차 남옌(연유를 넣은 차가운 차 ice milk tea), 차 마나오(레몬 아이스 티 lemon ice tea), 쿵듬(음료수 drink), 남(물 water), 남빠오(마시는 물 mineral water), 남캥(얼음 ice), 남쏨(오렌지 주스 orange juice), 남따오후(두유 soy milk), 놈쩟(우유 milk), 비아(맥주 beer), 콕(콜라 Coke), 깨우(잔 glass), 꾸엇(병 bottle), 투어이(컵 Cup)

주요 음식

쌀 Rice

태국인들의 주식은 쌀이다. 중부 평야지대에서 생산되는 쌀은 넘쳐나기 때문에 밥값은 싸다. 태국 사람들의 인사가 '낀 카우 르 양?(밥 먹었어?)'인 걸 보면 밥 먹는 게 일상생활에서 매우 중요한 일임이 틀림없다.

식당에서 밥을 주문할 때는 '카우 쑤어이'라고 한다. 쌀밥이라는 의미로 쓰이지만 정확한 뜻은 '아름다운 쌀'이다. 쌀은 아침에 쪽(죽)이나 카우 똠(쌀을 끓여 만든 수프)으로 먹기도 하며, 태국 동북부 지방은 카우 니아우(찰밥)를 즐겨 먹는다.

01-카우 팟
02-카우 똠
03-쪽
04-카우 랏
05-카우 만 까이
06-카우 나뺏
07-카우 무 댕

01 카우 팟 Fried Rice

가장 단순한 요리인 볶음밥. 새우를 넣은 카우팟 꿍 Fried Rice with Prawns, 닭고기를 넣은 카우팟 까이 Fried Rice with Chicken, 게살을 넣은 카우팟 뿌 Fried Rice with Crab, 해산물을 넣은 카우팟 탈레 Fried Rice with Seafood, 달걀을 넣은 카우팟 카이 Fried Rice with Egg 등으로 세분된다.

02 카우 똠 Rice Soup

밥을 넣고 끓인 수프로 새우(카우 똠 꿍)를 넣거나, 해산물(카우 똠 탈레)을 넣는다.

03 쪽 Jok

한국의 죽과 비슷하다. 다진 돼지고기를 넣은 '쪽 무' 가 유명하다.

04 카우 랏 Rice With

태국식 덮밥. 밥과 요리 하나를 한 접시에 담아주는 음식을 통칭한다. 카우 랏 까이(굴 소스 닭고기 볶음 덮밥), 카우 랏 까프라우 무쌉(다진 돼지고기와 바질 볶음 덮밥), 카우 랏 깽펫(붉은색의 매운 카레 덮밥) 이 대표적이다.

05 카우 만 까이
Slices of Chicken Over
Marinated Rice

대표적인 단품 요리. 푹 고아 삶은 닭고기 살을 잘게 썰어 기름진 밥에 얹어 준다. 레스토랑보다는 거리 노점에서 흔하게 볼 수 있다.

06 카우 나 뺏
Slice of Roast Duck
Over Marinated Rice

닭고기 대신 오리구이를 잘게 썰어 밥에 얹어 주는 단품 요리. 주로 화교들이 운영하는 식당에서 볼 수 있다.

07 카우 무 댕
Slice of Red Pork Over Rice

붉은색을 띠는 돼지고기 훈제(무 댕)를 밥에 얹은 단 품 요리. 카우만 까이와 더불어 서민들이 사랑하는 대중적인 음식이다.

08 카우 카 무 Slice of Boiled Pork Leg Over Marinated Rice

간장 국물에 끓인 돼지고기 족발을 잘게 썰어 밥에 얹은 단품 요리. 달걀 장조림을 추가할 경우 '카우 카 무 싸이 카이'라고 말하면 된다.

09 카우 옵 싸빠롯 Fried Rice in Pineapple

볶음밥을 파인애플에 담아주는 음식. 전형적인 여행자 메뉴로 맛이 달달하다.

08-카우 카 무

09-카우 옵 싸빠롯

국수 Noodle

쌀과 더불어 태국인들이 가장 즐기는 음식이다. 중국에서 건너온 것이지만 풍족한 태국 쌀로 만든 쌀국수들은 다양하고 맛도 좋다. 쫄깃한 맛을 내는 면발과 시원한 국물로 인해 사랑을 한몸에 받는 음식. 출출하다 싶으면 아무 때나 먹을 수 있다.

01 꾸어이띠아우 Noodle Soup

우리가 흔히 말하는 쌀국수를 일컫는다. 면발의 굵기에 따라 쎈야이 sen yai, 쎈렉 sen lek, 쎈미 sen mi 세 가지로 구분된다. 쎈야이가 면발이 굵고, 쎈미가 면발이 가장 가늘다. 일반인들이 가장 선호하는 면발은 5mm 정도 굵기의 쎈렉. 쌀국수는 면발을 골랐으면 다음으로 조리 방법을 선택해야 한다. 물국수는 '꾸어이띠아우 남 kuaytiaw nam', 비빔국수는 '꾸어이띠아우 행 kuaytiaw haeng'이라고 주문한다. '남 nam'은 '물', '행 haeng'은 '마른'이라는 뜻이다. 조리 방법까지 골랐다면 어떤 재료를 넣을건지를 선택해야 한다. 돼지고기(무), 소고기(느아), 어묵(룩친) 중에 하나를 고르거나 전부 다 넣어 달라고(싸이 툭 양) 해도 된다.
보통의 쌀국수집은 '꾸어이띠아우 남'을 요리하기 때문에 면발의 종류만 선택하면 알아서 원하는 쌀국수를 내온다. 즉, '쎈렉'이라고만 해도 '꾸어이띠아우

남 쎈렉'을 내올 것이다.

02 바미 Ba-mi

꾸어이띠아우 다음으로 인기 있는 국수 종류. 쌀이 아닌 밀가루 국수로 달걀을 넣어 반죽해 노란색을 띤다. 흔히 돼지고기 훈제를 넣은 '바미 무 댕'을 가

01-꾸어이띠아우

장 즐겨 먹는다. 꾸어이띠아우에 비해 면발이 쫄깃
해 비빔면인 '바미 행 Ba-mi Haeng'도 인기가 높다.

03 옌따포 Yen Ta Po

중국 광둥 지방의 화교들에 의해 전래됐다. 원래는
쌀국수 고명으로 연두부를 넣었는데, 태국에서는 쌀
국수 육수에 매콤한 두반장 소스를 첨가한다. 쌀국
수 국물이 붉은색을 띤다.

04 팟타이 Phat Thai

태국식 볶음면. 꾸어이띠아우 팟타이를 줄여서 부르
는 말로 외국인들에게 태국 음식을 대표하는 것처럼
여겨진다. 약간 달고 신맛이 나는 소스로 쌀국수를
볶은 것인데 두부, 달걀, 말린 새우를 넣어 전체적으
로 단맛을 낸다. 건실한 왕새우를 넣은 '팟타이 꿍'
이 가장 인기가 좋다.

05 팟씨이우
Phat Si-i-u(Phad See Ew)

꾸어이띠아우 팟씨이우를 줄여서 부르는 말. 팟타이
와 비슷하지만 간장과 굴 소스, 야채만 넣어 요리한
다. 대체적으로 굵은 면발의 쎈야이를 이용한다.

06 랏나 Rat Na

꾸어이띠아우 랏나를 줄여서 부른 말. 넓적한 면발
을 굴 소스와 야채, 고기를 넣어 함께 볶아 울면처럼
만든 것. 다른 볶음면에 비해 물기가 많고 면발이 부
드럽다.

02-바미
03-옌따포
04-팟타이
05-팟씨이우
06-랏나

알아두세요

쌀국수를 내 입맛에 맞게 요리하자

쌀국수를 맛있게 먹는 방법은 적당한 조미료를 자기 입맛에 맞게 조절하는 것이
랍니다. 쌀국수집에는 테이블마다 작은 종지에 담긴 4종류의 조미료가 놓여 있습
니다. 생선 소스에 매운 쥐똥고추를 잘게 썰어 넣은 남쁠라 nam plaa, 식초에 파
란 고추를 잘게 썰어 넣은 남쏨 프릭 namsom phrik, 말린 고춧가루 프릭뽄 phrik
pon, 하얀 설탕 남딴 namtan이 그것입니다. 조미료는 대체적으로 시고 매운 맛을
내는 데 쓰이는데요, 달게 먹고 싶다면 투아뽄 thua pon을 달라고 해보세요. 그러
면 땅콩 가루를 가져다 줄 겁니다. 태국 말로는 '투아뽄 미 마이 크랍(캅)'이라고 하
면 됩니다. 마지막으로 한 가지 더! 쌀국수는 대체적으로 양이 적답니다. 더워서 음식 양이 적고 자주 식사하는 태
국 사람들의 습관 때문인데요, 아무래도 건장한 남자들에게는 적게 느껴질 수 있습니다. 두 그릇을 시키기는 부담
되고 한 그릇은 적게 느껴진다면 '피쎗'이라고 말하세요. 스페셜이라는 뜻인데 곱빼기라는 의미로도 쓰입니다.

07-미끄롭

08-카놈찐   09-운쎈

07 미끄롭(미꼽) Mi Krop

바미를 라면처럼 한 번 튀긴 국수. 정확한 명칭은 바미끄롭이지만 줄여서 미꼽이라고 부른다. 음식을 만들어 면 위에 부으면 음식 열기에 의해 미끄롭이 녹으면서 요리가 완성된다.

08 카놈찐 Khanom Jin

한국의 소면과 비슷한 국수 면발을 이용한 요리. 물에 삶아 데친 국수에 각종 카레를 얹어 먹는다. 카레에 따라 향이 강하므로 태국 음식 초보자에게는 다소 무리가 따를 수 있다. 주식보다는 간식의 개념이 강하다.

09 운쎈 Wunsen

가는 면발의 투명한 국수로 당면과 비슷하다. 매콤한 태국식 샐러드인 '얌 yam'에 이용된다. 당면 냉채 샐러드 정도로 생각하면 되는 얌운쎈 Yam Wunsen은 허브와 매운 고추가 운쎈과 버무려져 애피타이저나 술안주로 인기가 있다.

얌(태국식 샐러드)

생선 소스, 식초, 라임, 고추를 버무려 만든 태국식 샐러드를 '얌'이라 부른다. 매운맛과 생선 소스 특유의 향이 조화를 이루는 것이 특징. 드레싱을 얹는 유럽의 샐러드와는 전혀 다른 형태지만 음식 재료의 신선한 맛은 그대로 즐길 수 있다.

소고기를 넣으면 얌 느아 Yam Neua, 오징어를 넣으면 얌 쁠라믁 Yam Plaameuk, 해산물을 넣으면 얌 탈레 Yam Thale가 된다. 얌 운쎈 Yam Wunsen도 같은 조리 방법으로 당면처럼 가는 면을 주재료로 사용한다.

얌 느아   얌 탈레   얌 운쎈

애피타이저

태국 음식은 딱히 애피타이저–메인 요리–디저트로 코스 요리를 즐기지는 않지만, 레스토랑에서는 가벼운 음식들을 위주로 애피타이저를 따로 구성하기도 한다. 태국 사람들의 경우 애피타이저라기보다는 가벼운 메인 요리의 개념으로 얌(매콤한 태국식 샐러드) 정도를 곁들인다.

01 미앙 캄
Miang Kham

태국인들이 입맛을 돋우기 위해 식사 전에 먹는다. 상큼한 향의 식용 찻잎에 말린 새우 또는 멸치 튀김, 라임, 코코넛, 생강, 땅콩을 적당히 올린 다음 타마린드 소스를 얹어 먹는다.

02 텃만 꿍
Deep Fried Shrimp Cake

새우 살만을 골라 둥글게 다져서 튀긴 요리. 생선을 이용한 텃만 쁠라 Deep Fried Fish Cake도 있다. 달콤한 칠리소스에 찍어 먹는다.

03 뽀삐아 텃
Spring Roll

춘권, 즉 스프링 롤이다. 야채와 당면, 고기를 넣고 튀긴 음식. 정통 태국 음식으로 보기에는 무리가 따른다.

04 싸떼 Satay

코코넛 크림을 넣은 노란색의 카레 소스를 발라 숯불에 구운 꼬치구이. 주로 돼지고기(싸떼 무)를 이용하며, 땅콩 소스에 찍어 먹는다.

05 까이 호 바이 떠이
Grilled Chicken Wrapped with Pandanus Leaf

닭고기를 적당한 크기로 잘라 판다누스 잎에 감싸 숯불에 구운 요리. 판다누스 잎의 향기가 음식에 배어 닭고기도 부드럽고 향도 좋다.

01-미앙 캄
02-텃만 꿍
03-뽀삐아 텃
04-싸떼
05-까이 호 바이 떠이

카레 Curry

카레는 태국어로 '깽 Kaeng'이라 부른다. 인도의 영향을 받아 만들어졌지만, 카레 가루 대신에 장처럼 만든 카레 반죽을 사용한다. 물 대신 코코넛 밀크로 간을 조절하기 때문에 첫맛은 맵고 뒷맛은 달콤한 것이 특징이다. 태국 카레는 열대 지방에서만 자라는 다양한 향신료를 사용한다. 팍치(고수)를 비롯해 따크라이(레몬그라스), 킹(생강), 마꿋(라임 잎), 호라파(바질) 등을 첨가해 향을 낸다. 주재료는 돼지고기(무), 소고기(느아), 닭고기(까이), 새우(꿍), 시푸드(탈레) 중에 하나를 고르면 된다.

01-깽 펫　02-깽 파냉
03-깽 키아우 완
04-깽 빠　05-깽 마싸만
06-깽 까리 까이

01 깽 펫 Kaeng Phet
가장 일반적인 태국 카레로 매운 카레라는 뜻이다. 고추를 주재료로 만들어 카레 색깔이 붉다. 붉은 카레라는 뜻의 '깽 댕 Kaeng Daeng'이라고도 불리며, 영어로는 레드 커리 Red Curry로 표기한다.

02 깽 파냉 Kaeng Phanaeng
깽 펫에 비해 매운맛이 덜하다. 다른 카레에 비해 땅콩가루를 많이 넣는 것이 특징.

03 깽 키아우 완 Kaeng Khiaw Wan
파란 고추를 주재료 만들기 때문에 녹색을 띤다. 달콤한 녹색 카레라는 뜻이며, 영어로는 그린 커리 Green Curry로 표기한다. 주로 커민 씨와 가지를 넣어 요리하며, 코코넛 크림을 듬뿍 넣어 국물이 많다.

04 깽 빠 Kaeng Paa
가장 매운맛. 코코넛 밀크를 거의 사용하지 않기 때문에 카레 본래의 매운맛이 가장 잘 살아 있다. 영어 명칭은 정글 커리 Jungle Curry.

05 깽 마싸만 Kaeng Massaman
태국 남부에 사는 무슬림들이 즐기는 카레다. 한국인이 생각하는 카레와 비슷한 맛으로 감자와 닭고기를 넣은 '깽 마싸만 까이'를 주로 요리한다. 밥과 먹기도 하지만 로띠(팬케이크)를 곁들이는 사람들이 더 많다.

06 깽 까리 까이 Kaeng Kari Kai
카레 분말과 달걀, 코코넛 밀크를 섞어 '까리' 소스로 만든다. 태국 카레에 비해 부드럽고 단맛이 강하다.

볶음 & 튀김 요리

중국의 영향을 받은 가장 보편적인 태국 음식. 커다란 프라이팬 하나면 무엇이든 요리가 가능하다. 국과 찌개까지 프라이팬 하나로 요리할 정도.
볶음 요리는 '팟 phat', 튀김 요리는 '텃 thot'으로 불리며 어떤 재료와 어떤 소스를 이용하느냐에 따라 방대한 음식이 만들어진다. 향신료가 강하지 않아 태국 음식 초보자들에게 부담이 덜한 편이다. 참고로 튀김 요리는 주로 해산물을 이용하기 때문에 시푸드 요리편에서 자세히 다룬다.

01-팟 남만 호이

02-까이 팟 멧 마무앙 히마판

03-팟 까프라우

04-팟 프릭 끄라띠암

01 팟 남만 호이
Stir Fried with Oyster Sauce

굴소스를 이용해 만든 볶음 요리. 가장 흔하고 맛이 부담 없어 누구나 즐긴다. 그중에서도 소고기와 버섯을 넣은 느아 팟 남만 호이 헷 Stir Fried Beef and Mushroom with Oyster Sauce이 가장 무난하다. 새우와 버섯을 넣은 꿍 팟 남만 호이 헷 Stir Fried Prawn with Oyster Sauce도 좋다.

02 까이 팟 멧 마무앙 히마판
Stir Fried Chicken and Cashew Nuts

전형적인 중국 요리로 부드러운 닭고기와 달콤한 캐슈넛, 말린 고추를 함께 볶은 음식.

03 팟 까프라우(팟 까파우)
Fried Basil

태국 사람들이 가장 좋아하는 볶음 요리다. 바질을 잔뜩 넣어 특유의 허브향이 입맛을 돋운다. 으깬 고춧가루를 함께 넣기 때문에 매콤함도 동시에 즐길 수 있다. 다진 돼지고기를 넣은 '팟 까프라우 무 쌉 Fried Basil with Minced Pork'이나 닭고기를 넣은 '팟 까프라우 까이 Fried Basil with Chicken'를 추천한다.

04 팟 프릭 끄라띠암(까띠암)
Phat Prik Kratiam

마늘과 고추를 넣어 함께 볶기 때문에 요리할 때부터 매운맛이 코를 진동시킨다. 돼지고기를 넣은 '팟 프릭 끄라띠암 무 Fried Pork with Garlic and Thai Chilli' 또는 소고기를 넣은 '팟 프릭 끄라띠암 느아 Fried Beef with Garlic and Thai Chilli'가 좋다.

05 팟 쁘리아우 완
Fried Sweet & Sour Sauce

새콤달콤한 소스로 요리한 음식, 즉 태국식 탕수육이다. 미리 제조한 탕수육 소스를 사용하기 때문에 당분은 많지 않다. 돼지고기를 넣은 팟 쁘리아우 완 무를 주로 먹는다.

06 팟 팍
Fried Vegetable with Oyster Sauce

굴소스를 이용한 야채 볶음. 닭고기가 들어가면 팟 팍 까이 Fried Vegetable and Chicken with Oyster Sauce, 소고기가 들어가면 팟 팍 느아 Fried Vegetable and Beef with Oyster Sauce, 돼지고기가 들어가면 팟 팍 무 Fried Vegetable and Pork with Oyster Sauce가 된다.

07 무 텃 끄라띠암(까띠암)
Deep Fried Pork with Garlic

돼지고기 마늘 볶음으로 바삭한 돼지고기와 마늘 맛이 잘 어울린다. 고추를 함께 넣을 경우 '무 텃 끄라 띠암 프릭'이라 부른다. 새우를 넣은 꿍 텃 끄라띠암 Deep Fried Prawn with Garlic도 맛이 좋다.

08 팟 펫 Fried Red Curry

매운 카레 볶음. 깽 펫을 바질과 함께 볶은 것. 돼지고기(무), 닭고기(까이), 새우(꿍), 해산물(탈레) 등 모든 음식 재료와 잘 어울린다.

09 팟 팍 깔람
Fried Cauliflower with Oyster Sauce

굴소스로 요리한 콜리플라워 볶음. 돼지고기(무)나 소고기(느아)와 잘 어울린다.

10 팟 팍 카나 Fried Green Vegetable with Oyster Sauce

굴소스로 요리한 청경채 볶음. 돼지고기(무)나 돼지고기 튀김(무끄롭)과 잘 어울린다.

11 팟 팍붕 파이댕
Fried Morning Glory with Oyster Sauce

미나리 줄기 볶음. 마늘과 고추를 넣어 매콤함도 느껴진다. 밥반찬으로 인기가 좋다.

12 팟 팍 루암 밋 Fried Mixed Vegetables with Oyster Sauce

각종 야채를 넣고 볶은 야채 볶음. 밥반찬으로 가장 무난하다.

05-팟 쁘리아우 완　06-팟 팍　07-무 텃 끄라띠암　08-팟 펫
09-팟 팍 깔람　10-팟 팍 카나　11-팟 팍붕 파이댕　12-팟 팍 루암 밋

알아두세요

카이 다오 두어이

태국에서는 달걀 프라이를 '카이 다오'라고 합니다. 카이는 달걀, 다오는 별이란 뜻인데요, 프라이한 달걀노른자가 마치 별처럼 보인다고 해서 붙여진 이름입니다. 볶음밥이나 덮밥 요리를 먹을 때 달걀 프라이를 곁들이고 싶다면 '카이 다오 두어이'라고 부탁하면 됩니다. '달걀 프라이도 함께'라는 뜻으로 보통 5B을 추가로 더 받습니다. 달걀을 이용한 요리로는 오믈렛도 있답니다. '카이 찌아오'라고 부르는데 다진 돼지고기(카이 찌아우 무쌉)나 소시지(카이 찌아우 넴)를 넣으면 맛이 더 좋습니다. 밥과 함께 아주 간단한 한 끼 식사가 될 수 있는데요, '남쁠라'라는 매운 고추를 다져 넣은 생선 소스를 뿌려 먹으면 더 좋습니다.

국 & 찌개

태국 요리에서 수프 종류는 많지 않다. 하지만 태국 요리를 대표하는 똠얌꿍 Tom Yam Kung이 새로운 미각에 눈뜨게 만든다. 이름만큼이나 독특한 똠얌꿍은 처음 맛본 사람에게 아주 괴팍한 음식이 되겠지만, 차츰 맛을 들이기 시작하면 가장 그리운 태국 음식이 될 것이다.

01 똠얌꿍 Tom Yam Kung

똠얌 소스에 새우를 넣어 끓인 수프. 똠얌은 맵고 시고 짜고 단맛을 동시에 내는 음식으로 세계적으로 유명하다. 레몬그라스, 라임, 팍치, 생강 같은 다양한 향신료를 넣기 때문에 주방장의 솜씨에 따라 맛이 천차만별이다. 보통 새우를 넣지만 닭고기를 넣은 '똠얌까이', 해산물을 넣은 '똠얌 탈레' 등도 즐길 수 있다.

02 깽쯧 Kaeng Jeut

'싱거운 국'이라는 뜻으로 국물이 맑아 영어로 '클리어 수프 Clear Soup'라고도 한다. 향신료를 거의 사용하지 않고 생선 소스, 간장, 후추로 간을 낸다. 미역과 당면에 연두부를 넣을 경우 '깽쯧 떠후'가 되고, 다진 돼지고기를 넣으면 '깽쯧 무쌉'이 된다.

03 똠카 까이
Chicken Coconut Soup

코코넛 밀크를 잔뜩 넣고 끓여 매운맛이 전혀 없다. 고추, 라임, 레몬그라스, 생강 등 기본적인 향신료를 넣으며 다른 고기보다는 닭고기를 넣는 게 거의 공식화되어 있다.

01-똠얌꿍

02-깽쯧

03-똠카 까이

이싼음식 Isan Food

이싼은 태국에서 가장 낙후된 동북부 지방을 일컫는 말이다. 라오스와 국경을 접하고 있어 라오스 음식과 비슷하며, 메콩강을 끼고 있어 민물고기를 이용한 요리도 많다.

방콕에도 이싼 음식점은 흔하다. 돈벌이를 위해 방콕으로 이주한 이싼 사람들이 많기 때문. 방콕 서민들에게도 사랑 받는 별미 음식으로 모든 이싼 음식은 찰밥인 '카우 니아우'와 함께 먹는다.

01 **쏨땀** Somtam(Papaya Salad)

태국을 여행하며 똠얌꿍과 더불어 한 번쯤은 먹어봐야 하는 음식. 맵고 신맛이 일품이다. 똠얌꿍에 비해 처음부터 거부감 없이 접근할 수 있으며, 김치 대용으로 한국 사람들에게도 사랑받는 음식이다. 실제로 갓 버무린 무채와 맛이 비슷하다. 쏨땀은 한마디로 파파야 샐러드다. 설익은 파파야를 야채처럼 잘게 썰어 라임, 생선소스, 쥐똥 고추, 땅콩을 넣고 함께 작은 절구에 넣어 방망이로 빻아 만든다.

쏨땀은 인기를 반영하듯 쏨땀 전문점이 등장할 정도며, 재료에 따라 다양하게 변형된다. 가장 기본적인 '쏨땀 타이'는 파파야 샐러드에 땅콩과 마른 새우를 넣어 달달한 편이고 게를 넣으면 '쏨땀 뿌'가 된다. 파파야 대신 설익은 망고를 넣은 '땀 마무앙', 오이를 넣은 '땀 땡', 쏨땀에 소면을 함께 넣은 '땀 쑤아' 등도 인기다.

01-쏨땀 타이

01-쏨땀 뿌

01-땀 땡

02-남똑

02 남똑 Namtok

쏨땀과 더불어 대표적인 이싼 음식. 고기를 편육처럼 썰어 매콤한 향신료, 쌀가루와 함께 살짝 데쳐서 만든다. 남똑은 폭포라는 뜻인데. 요리하다 보면 자연스레 고기 육즙이 배어나오기 때문에 붙여진 이름이다. 돼지고기를 넣은 '남똑 무'가 가장 흔하다.

03 랍 Laap

고기를 잘게 썰어 허브, 향신료, 쌀가루와 함께 무친 음식. 전형적인 라오스 음식으로 메콩강 주변 지역에서는 생선을 넣은 '랍 쁠라'를 즐긴다. 하지만 방콕 도심에서는 돼지고기를 넣은 '랍 무'가 가장 보편적이다.

04 무 양 Grilled Marinated Pork

마늘과 레몬 향에 절인 돼지고기 숯불구이. 생선소스, 마늘, 설탕. 식초, 말린 고춧가루를 넣어 만든 '남 쁠라 찜'이라 부르는 소스에 찍어 먹는다.

05 까이 양
Grilled Marinated Chicken

마늘과 레몬 향에 절인 닭고기 숯불구이. 통닭구이와 비슷하다. 역시 남 쁠라 찜 소스에 찍어 먹는다.

06 찜쭘 Isan Style Suki

쑤끼와 비슷하지만 맛이나 조리 방법이 좀 더 투박하다. 약재와 향신료를 넣은 육수에 고기나 야채를 직접 넣어 끓여 먹어야 한다. 현대적인 전열 조리기구 대신 여전히 시골스런 화덕과 진흙 뚝배기를 사용한다.

03-랍 / 05-까이 양 / 04-무 양 / 06-찜쭘

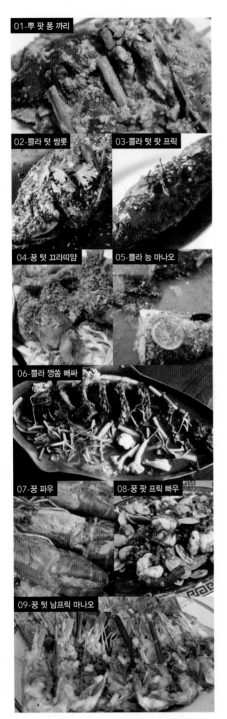

01-뿌 팟 퐁 까리

02-쁠라 텃 쌈롯

03-쁠라 텃 랏 프릭

04-꿍 텃 끄라띠얌

05-쁠라 능 마나오

06-쁠라 깽쏨 빼싸

07-꿍 파우

08-꿍 팟 프릭 빠우

09-꿍 텃 남프릭 마나오

시푸드

시푸드는 대부분 중국에서 이주한 광둥 사람들에 의해 태국에 전래된 탓에 한국인도 부담 없이 즐길 수 있다. 기다란 해안선을 갖고 있는 태국은 신선하고 다양한 해산물을 저렴하게 맛볼 수 있는 최적의 장소다.

01 뿌 팟 퐁 까리
Fried Crab with Yellow Curry Powder
가장 대표적인 해산물 요리. 싱싱한 게 한 마리를 통째로 넣고 카레 소스로 볶은 것. 카레는 특유의 달걀 반죽과 쌀가루가 어우러져 부드럽고 단맛을 낸다.

02 쁠라 텃 쌈롯 Deep Fried Fish with Three Different Sauce
튀긴 생선에 세 가지 맛을 내는 소스를 얹은 것. 맵고 달콤한 맛의 소스가 생선과 잘 어울린다. 생선 대신 튀긴 새우를 이용한 '꿍 텃 쌈롯'도 맛이 좋다.

03 쁠라 텃 랏 프릭
Deep Fried Fish with Chilli Sauce
생선 튀김에 칠리소스를 얹은 것. '쌈롯'과 비슷하나 단맛보다는 매콤한 맛이 더 강하다.

04 쁠라 텃 끄라띠얌(까띠얌)
Deep Fried Fish with Garlic
생선 마늘 튀김. 향신료가 없고 맛이 담백하다. 새우로 요리할 경우 꿍 텃 끄라띠얌 Deep Fried Prawns with Garlic이 된다.

05 쁠라 능 마나오
Steamed Fish with Chilli and Lime Sauce
라임과 마늘, 고추를 잘게 썰어 생선을 넣고 끓인 음식. 보통 생선 모양의 냄비에 담아 직접 끓여 먹도록 해준다.

06 쁠라 깽쏨 빼싸
Steamed Fish with Sour Sauce
깽쏨이라는 시고 매운맛의 소스에 튀긴 생선을 넣고 끓인 음식. 태국식 매운탕으로 생각하면 된다. 쁠라 능 마나오와 마찬가지로 생선 모양의 냄비에 직접

10-꿍 채 마나오
11-호이 텃
12-호이 랑남 쏫
13-꿍 옵 운쎈

끓여 먹을 수 있도록 나온다. 각종 야채와 육수를 추가로 준다.

07 꿍 파우 Grilled Shrimp
가장 흔한 해산물 요리로 새우 숯불구이를 의미한다. 보통 킬로그램 단위로 요금이 책정된다.

08 꿍 팟 프릭 빠우
Fried Prawns with Chilli Sauce
다진 고추와 칠리소스를 넣고 볶은 새우 요리. 매콤한 맛이 새우와 잘 어울린다.

09 꿍 텃 남프릭 마나오 Deep Fried Prawn with Chilli and Lime Paste
튀긴 새우에 다진 고추와 라임 소스를 함께 얹은 것.

10 꿍 채 마나오 Fresh Prawn with Garlic, Lime and Fish Sauce
날 새우에 마늘, 라임, 향신료, 소스를 곁들여 먹는다. 향신료는 주로 라임을 사용하며, 소스를 날 새우에 얹으면 자연스레 새우가 숙성된다.

11 호이 텃
Omelette Stuffed with Mussels
홍합 튀김인데 숙주나물과 쌀가루를 넣어 만든 부침이다. 달콤한 칠리소스에 찍어 먹는다.

12 호이 랑남 쏫 Fresh Oyster
신선한 굴로 마늘 튀김, 라임, 칠리소스를 곁들여 날

로 먹는다.

13 꿍 옵 운쎈 Steamed Prawn with Glass Noodles in Clay Pot
새우와 운쎈(당면), 생강, 마늘을 함께 넣어 찐 음식. 게를 넣은 '뿌 옵 운쎈'도 즐겨 먹는다.

14 팟 프릭 호이라이
Fried Mussels with Basil and Chilli
조개와 고추, 바질을 함께 볶은 요리. 매우면서도 바질의 독특한 향이 잘 어울린다.

15 어쑤언 Fried Oyster
전형적인 광둥 지방의 굴 볶음 요리다. 생굴, 달걀, 쌀가루를 함께 볶는다. 달콤한 칠리소스에 찍어 먹는다.

16 허이 캥 Steamed Mussels
꼬막 스팀. 매콤한 시푸드 소스에 찍어 먹는다. 태국인에게 술안주로 사랑받는 음식 중 하나다.

17 호목 탈레 Steamed Seafood with Curry and Coconut Milk
태국식 해산물 찜. 생선, 새우, 게를 잘게 으깨 코코넛 밀크를 넣고 찐 것. 해산물 식당이 아닌 일반 태국 음식점에서 요리한다. 향신료가 강해 초보자에게 다소 어려운 음식이다.

14-팟 프릭 호이라이
15-어쑤언
16-허이 캥
17-호목 탈레

디저트

음식이 맵기 때문에 디저트는 무조건 달다. 풍부한 과일과 아이스크림이 많아 다양한 디저트를 즐길 수 있다.

01 마무앙 카우니아우

찰밥에 망고를 썰어 얹어 주는 아주 간단한 음식. 망고와 코코넛 크림이 어울려 단맛을 낸다. 망고 시즌에만 볼 수 있다.

02 끌루어이 츠암

설탕 시럽으로 끓인 바나나.

03 팍통 츠암

설탕 시럽으로 끓인 호박.

04 카놈 크록

코코넛 크림으로 만든 태국식 푸딩.

05 싸쿠

태국식 떡. 땅콩, 설탕, 코코넛을 넣으며, 다진 돼지고기를 넣기도 한다.

06 카우끼얌 빡모

싸쿠와 만드는 재료나 방법은 비슷하나, 쌀가루를 이용해 내용물을 감싼다.

01-마무앙 카우니아우
02-끌루어이 츠암
03-팍통 츠암
04-카놈 크록
05-싸쿠
06-카우끼얌 빡모
07-끌루어이 삥
08-끌루어이 탑
09-카놈 끌루어이

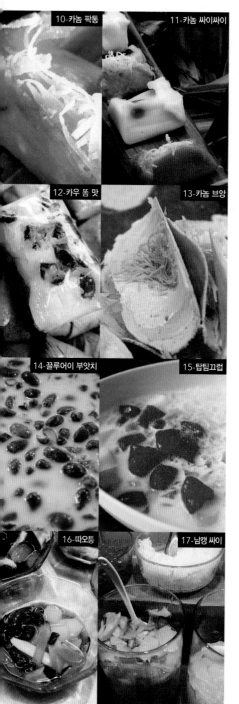

10-카놈 팍통

11-카놈 싸이싸이

12-카우 똠 맛

13-카놈 브앙

14-끌루어이 부앗치

15-탑팀끄럽

16-따오통

17-남캥 싸이

07 끌루어이 삥
껍질을 벗기지 않은 바나나를 숯불에 구운 것.

08 끌루어이 탑
껍질을 벗겨 구운 바나나를 납작하게 누른 것. 시럽을 뿌리기도 한다.

09 카놈 끌루어이
카놈 완의 한 종류로 바나나를 판다누스 잎에 싸서 만든 태국식 스위트.

10 카놈 팍통
카놈 완의 한 종류로 호박을 넣어 만든다.

11 카놈 싸이싸이
카놈 완의 한 종류로 코코넛과 설탕을 넣어 만든다.

12 카우 똠 맛
카놈 완의 한 종류로 찹쌀과 땅콩 또는 바나나를 넣어 만든다.

13 카놈 브앙
달걀 흰자를 이용해 만든 팬케이크.

14 끌루어이 부앗치
바나나를 코코넛 크림에 넣고 끓인 디저트. 같은 종류로 검정 단팥을 넣은 투아담, 호박을 넣은 팍통 부앗이 있다.

15 탑팀끄럽
바삭거리는 붉은 콩을 얼음이나 코코넛 크림에 넣어 먹는다. 과일 등을 섞으면 탑팀끄럽 루암밋이 된다.

16 따오통
각종 과일, 호박, 팥 등 미리 준비된 재료를 서너 개 골라 남야이와 설탕으로 만든 시럽에 넣어 먹는다. 보통 얼음을 넣어 차갑게(따오통 옌) 먹지만, 따뜻한 시럽(따오통 론)에 넣어 먹기도 한다.

17 남캥 싸이
따오통과 동일하나 코코넛 크림에 원하는 재료를 넣어 먹는다. 남캥 싸이는 '얼음을 넣다'라는 뜻으로 코코넛 크림에 항상 얼음을 넣는다.

과일

태국에는 열대지방에서만 볼 수 있는 독특한 과일들이 많다. 바나나(끌루어이), 파인애플(쌉빠롯), 수박(땡모), 코코넛(마프라오), 파파야(마라꺼), 오렌지(쏨), 구아바(팔랑) 같은 과일은 1년 내내 어디서건 쉽게 구할 수 있지만, 망고(마무앙), 람부탄(응어), 망고스틴(망쿳), 두리안(투리안), 로즈 애플(촘푸) 같은 과일은 계절 과일로 제철에 찾아가야 제맛을 즐길 수 있다. 물론 대형 백화점에서는 계절에 관계없이 모든 과일을 구입할 수 있다. 하지만 제철에 비해 맛도 떨어지고 가격도 비싸진다. 태국에서 과일은 디저트로 애용된다. 고급 레스토랑에서 식사 후 신선한 과일을 서비스로 내오는 것은 물론, 꾸어이띠아우 집 옆에는 과일을 적당한 크기로 잘라 얼음에 재워서 파는 노점들이 마치 공생 관계에 있는 업소처럼 자리를 지킨다. 태국 사람들은 과일을 먹을 때 과일 맛을 증가시키기 위해 소금, 설탕, 고춧가루를 섞은 양념에 찍어 먹는다.

마프라오(코코넛) Coconut

야자수 열매로 밋밋한 맛을 낸다. 시원하게 먹어야 제 맛을 느낄 수 있다. 포도당 성분이 많아 영양 섭취에 좋으니 땀을 많이 흘렸다면 한 통씩 코코넛 음료를 마셔두자. 코코넛을 칼로 쪼개 하얀 과일을 함께 먹는다. 말린 코코넛은 음식 재료로 사용된다.

마무앙(망고) Mango

열대과일 중에 가장 사랑받는 과일이다. 5월부터 더운 여름에 주로 생산된다. 외국인들은 노란색의 잘 익은 망고를 선호하지만 태국인들은 파란색의 신맛나는 덜 익은 망고를 선호한다. 망고를 이용한 디저트, '마무앙 카우니아우'도 인기다. 찰밥에 망고와 코코넛 크림을 얹은 것인데, 밥과 과일의 달콤함이 환상의 조화를 이룬다.

마라꺼(파파야) Papaya

파파야는 두 가지 용도로 사용된다. 안 익은 파란색 파파야는 쏨땀(파파야 샐러드)을 만드는 음식 재료로, 잘 익은 오렌지색 파파야는 과일처럼 먹는다. 파파야 특유의 냄새가 약하게 나지만 과일 맛은 부드럽고 달다.

망쿳(망고스틴) Mangosteen

자주색 껍데기에 하얀 열매를 갖고 있는 망고스틴. 딱딱한 겉모습과 달리 부드러운 과일로 가장 사랑받는 열대 과일이다. 5~9월까지가 제철이며 생산이 시작되는 5월에 가장 맛이 좋다.

응어(람부탄) Rambutan

성게처럼 털 달린 빨간색 과일. 보기에 우스꽝스럽지만 껍질을 까면 물기 가득한 하얀 알맹이가 단맛을 낸다. 과도로 가운데를 살짝 칼집을 내면 쉽게 껍질을 깔 수 있다. 7~9월 사이에 흔하게 먹을 수 있으며, 살짝 얼려 먹어도 맛있다.

투리안(두리안) Durian

열대 과일의 제왕이란 칭호를 얻었지만 냄새 때문에 선뜻 시도하지 못하는 과일이다. 도깨비 방망이처럼 생김새도 요상하다. 껍질을 까면 노란색의 과일이 나오는데 입맛을 들이면 중독성이 강해 헤어나기 힘들다. 고약한 냄새로 인해 반입을 금지하는 건물들이 많다.

람야이(용안) Longan

용의 눈이란 독특한 이름을 가진 과일. 줄기에 알맹이가 대롱대롱 매달려 있다. 갈색 모양으로 맛은 람부탄과 비슷한데 단맛이 더 강하다. 살짝 얼려 먹으면 좋다. 7~10월에 생산된다.

춈푸(로즈 애플) Rose Apple

이름처럼 보기 좋은 과일이다. 빨간색과 연한 초록색 두 가지 종류가 있다. 단맛은 강하지 않지만 향기가 좋다. 차게 먹을수록 맛이 좋다. 4~7월에 생산된다.

팔랑(구아바) Guava

태국인들은 완전히 익지 않은 구아바를 선호한다. 떨떠름한 맛을 내기 때문에 소금, 고춧가루 양념에 찍어 먹는다. 팔랑은 태국 사람들이 서양인을 빗대어 부르는 말이기도 하다.

쏨오(포멜로) Pomelo

수박만 한 오렌지. 껍질이 두꺼워 손으로 까기 힘들다. 오렌지보다 크고 토실토실한 알맹이가 씹히는 맛이 좋다. 일부 식당에선 쏨오를 이용해 만든 매콤한 샐러드인 '얌 쏨오'도 선보인다.

깨우만꼰(드래곤 프루트) Dragon Fruit

선인장 열매로 모양이 독특하다. 빨갛고 둥근 모양으로 껍질을 벗기면 깨 같은 검은 점들이 박힌 하얀색 알맹이가 나온다. 맛은 심심한 편이다.

카눈(잭 프루트) Jack Fruit

두리안과 비슷하게 생겼지만, 더 크고 껍데기가 부드럽다. 껍질을 까면 노란색 과일이 나온다. 향은 강하지만 맛은 부드럽다.

잭 프루트

음료

신선한 과일이 지천에 널려 있는 탓에 과일 주스나 과일 셰이크가 흔하다. 술을 사랑하는 태국 민족답게 어디서든 얼음 탄 맥주를 마실 수 있다.

생수

태국에서는 마음 놓고 수돗물을 받아 마실 수 없다. 석회질 성분이 많아 정수된 물을 마셔야 한다. 식당에서 물을 공짜로 제공하지 않는 이유도 물을 사먹어야 하기 때문이다. 생수는 정수 상태에 따라 가격이 다르다. 슈퍼마켓에서 파는 생수는 작은 병(500ml)이 8~10B, 큰 병(1.5L)이 19~22B 정도다.

과일 음료

신선한 과일이 많기 때문에 과일 음료도 풍부하다. 오렌지나 파인애플을 직접 짜서 만든 과일 음료는 '남 폰라마이 nam phonlamai'라 부르고, 과일 셰이크는 '폰라마이 빤'이라고 한다. 과일 주스 중에는 남쏨(오렌지 주스), 남오이(사탕수수 주스)가 인기 있고, 셰이크 중에는 끌루어이 빤(바나나 셰이크), 땡모 빤(수박 셰이크), 마무앙 빤(망고 셰이크)이 흔하다. 길거리 노점에 과일 가게가 넘쳐나듯 과일 셰이크 노점도 흔하다. 매운 음식을 먹을 때 곁들이면 좋다.

에너지 드링크

태국인들은 박카스를 사랑한다. 택시 기사. 노동자 할 것 없이 몸이 찌뿌듯하다 싶으면 박카스 한 병씩을 들이킨다. 그중 가장 대표적인 브랜드가 레드 불 Red Bull로 잘 알려진 '끄라틴댕 Kratin Daeng'이다. 한국을 제외한 세계 여러 나라에 수출되는 끄라틴댕은 태국 10대 기업에 속할 정도로 엄청난 판매량을 자랑한다. 그 외에 엠로이한씹 M150도 인기가 있다. 한국 박카스에 비해 카페인 함량이 높으므로 중독되지 않도록 유의하자.

맥주

태국을 대표하는 맥주는 '씽 Singha'이다. 1934년부터 생산되기 시작한 태국 최초의 맥주로 세월이 흘러도 태국 맥주 시장 점유율 50% 이상을 치지한다. 태국을 방문한 외국인들도 가장 선호하는 맥주로 알코올 도수는 6%. 영어로 싱하 비어 Singha Beer라 표기되어 있지만 정확한 발음은 '씽'. 맥주 로고로 그려진 수호신 역할을 하는 사자를 뜻한다. 주문할 때 '비아 씽'이라고 하자. 씽 다음으로 인기 있는 맥주는 '창 Chang'이다. 창은 코끼리를 뜻한다. 비아 씽과의 경쟁으로 가격을 낮게 책정하는 것이 특징이다. 두 개의 유명 맥주 이외에 레오 맥주 Beer Leo와 타이 맥주 Beer Thai, 치어스 맥주 Cheers Beer 등이 최근 새로이 시장에 뛰어들었다. 저렴한 것이 특징이지만 비아 씽과 비아 창에 비해 인기가 없다.

위스키

태국 위스키들은 쌀로 만들어 보통 위스키보다 달다. 쌩쏨 Sang Som으로 대표되며 알코올 35%를 함유한다. 저렴한 것이 매력으로 태국 서민들이 즐겨 마신다. 쌩쏨 이외에 메콩 Mekong도 있으나 술집에서는 거의 판매하지 않고 슈퍼마켓에서 구입이 가능하다. 쌩쏨보다 싼 대신 독하다. 브랜디 위스키는 조니 워커 Johnnie Walker가 가장 일반적이다. 태국에서 자체 생산한 저렴한 브랜드로는 스페이 로열 Spey Royal, 헌드레드 파이퍼 100 Pipers가 유명하다. 학생들이 많이 가는 클럽이나 술집에서는 태국 위스키가 인기 있다. 태국 사람들은 스트레이트로 마시

지 않고 섞어 마신다(심지어 맥주를 주문해도 얼음을 가져온다). 소다와 얼음을 기본으로 콜라를 섞는 것이 보편적. 업소에서는 먹다 남은 술을 맡기고 나올 수 있으며, 한 달 이내에 다시 가서 술을 마시면 믹서 값만 추가하면 된다. 술 카드를 건네주므로 잘 챙겨둘 것.

양동이 칵테일

양동이 칵테일은 한마디로 태국식 폭탄주다. 과거 탁신 정부 시절 심야 영업시간을 새벽 2시로 단속하며 술을 판매할 수 있는 시간이 제한받자, 음료수로 가장하기 위해 얼음을 담은 양동이에 술을 섞어 마시기 시작하면서 인기를 얻었다. 양동이 칵테일을

제조하는 방법은 간단하다. 얼음이 담긴 양동이에 위스키 작은 병 하나, 콜라, 소다, 끄라틴댕(Red Bull, 태국 박카스)을 동시에 부어 넣고 휘저으면 된다. 저렴하게 마시고 싶은 경우 쌩쏨(태국 럼주)을, 독하게 마시려면 보드카를 이용하면 된다.

양동이 칵테일은 빨대를 꽂아 마신다. 한 명씩 돌아가며 마시기보다 여러 명이 동시에 입을 맞대고 술을 마시면 즐거움이 배가된다. 태국 남부의 섬에 가면 술집에서 흔하게 판매하지만, 방콕에서는 카오산

로드에서나 양동이 칵테일을 판매한다. 영어로 위스키 버킷 Whisky Bucket이라고 적혀 있다. 끄라틴댕 향이 강해서 술이 약하게 느껴지지만, 독한 술을 섞었기 때문에 생각보다 빨리 취기가 올라온다. 과음은 절대 금물이다.

태국 식당에서 영어 메뉴판 읽기

노점이나 현지인이 운영하는 식당에는 메뉴판이 없어서 태국 말로 음식을 주문해야 의사소통에 도움이 되지만, 외국인들이 득실거리는 카오산 로드나 호텔에서는 깔끔하게 정리된 영어 메뉴판을 제공한다. 김치를 영어로 풀어 설명할 수 없듯 태국 음식도 영어로 설명되지 않는 것들이 많다. 하지만 외국인들의 편의를 위해 어쩔 수 없이 영어로 설명된 메뉴판을 준비하기 마련. 고급 레스토랑이나 일류 호텔에서 태국 음식 주문을 돕기 위해 영어 메뉴판 보는 법을 설명한다. 기본적인 단어들만 알면 음식 조합이 어떤 것인지 쉽게 알 수 있으므로 겁먹지 말고 먹고 싶은 음식을 선택하자.

1. 메뉴의 큰 제목을 살핀다

태국 음식이 워낙 다양하기 때문에 한두 페이지 메뉴로 부족하다. 메뉴가 다양할수록 음식을 구분하는 큰 제목을 달아놓기 마련이다. 일반적으로 카레 Curry, 볶음 Stir Fried, 단품 요리 One Plate Dishes, 시푸드 Seafood, 타이 샐러드 Thai Salad, 수프 Soup로 구분된다.

2. 큰 제목 아래 음식을 살핀다

어떤 종류의 음식을 골랐다면 어떤 음식을 먹을지를 선택할 차례다. 카레와 볶음 요리는 재료에 따라 음식이 달라진다. 닭고기 chicken, 돼지고기 pork, 소고기 beef, 오리고기 duck, 새우 prawn, 생선 fish, 해산물 seafood, 야채 vegetable를 주재료로 사용한다.

3. 어떻게 요리하는지를 선택한다

볶음 stir fried 이외에도 그릴에 굽는 grilled, 김으로 쪄내는 steamed, 물에 끓인 boiled, 튀김 deep fried 방법이 있다. 소스로는 굴 소스 oyster sauce, 달콤한 고추 소스 sweet chilli sauce, 간장 소스 soy sauce, 탕수육 소스 sweet & sour sauce, 생선 소스 fish sauce를 주로 요리에 사용한다.

4. 음식을 골랐으면 음료수를 주문한다

태국에서는 물을 서비스로 제공하지 않기 때문에 음료를 고르는 것이 주문의 마지막 차례다. 물 water, 콜라 coke, 과일 주스 fruit juice, 맥주 beer 중에서 선택하면 된다.

Thai Conversation

태국어 여행 회화

여행뿐 아니라 어디를 가더라도 현지 언어를 알면 몸과 마음이 한결 편해진다. 복잡해 보이는 태국 문자와 성조 때문에 처음 접한 사람에게는 어려운 것이 태국어. 하지만 기본적인 단어만 익히면 대화하는 데는 큰 지장이 없다. 아무리 관광 대국이라지만 현지인들과는 영어가 안 통하므로 길을 묻거나 식당에서 큰 도움이 된다.

번호

한국과 동일한 방법으로 숫자를 세면 된다. 십 단위, 백 단위, 천 단위로 계산되므로 규칙만 알면 숫자를 세기는 쉽다.

0	쑨	11	씹엣	80	뺏씹
1	능	12	씹썽	90	까우씹
2	썽	13	씹쌈	100	러이
3	쌈	20	이씹	200	썽러이
4	씨	21	이씹엣	300	쌈러이
5	하	22	이씹썽	1,000	판
6	혹	30	쌈씹	2,000	썽판
7	쩻	40	씨씹	1만	믄
8	뺏	50	하씹	2만	썽믄
9	까우	60	혹씹	10만	쌘
10	씹	70	쩻씹	100만	란

35,729 쌈믄 하판 쩻러이 이씹까우

시간

태국에서 시간은 하루를 5가지 단위로 구분한다.
새벽 1~5시는 **'띠'**,
오전 6~11시는 **'차오'**,
오후 1~4시는 **'바이'**,
오후 5~6시는 **'옌'**,
저녁 7~11시는 **'툼'**이다.
각각의 시간 구분마다 1,2,3,4를 붙이기 때문에 태국에서 시간을 제대로 읽으려면 상당한 노력이 필요하다.

몇 시에요? | 끼 몽 래오?
몇 시간이나? | 끼 추어몽?

얼마나 오래? | 난 타올라이?

분	나티	시간	추어몽
일(day)	완	주(week)	아팃
일주일	능 아팃	달(month)	드언
한 달	능 드언	일(year)	삐
일 년	능 삐	오늘	완니
내일	프룽니	어제	므어 완
지금	디아우 니	다음 주	아팃 나

1am	띠 능	1pm	바이 몽
2am	띠 썽	2pm	바이 썽 몽
3am	띠 쌈	3pm	바이 쌈 몽
4am	띠 씨	4pm	바이 씨 몽
5am	띠 하	5pm	하 몽 옌
6am	혹 몽 차오	6pm	혹 몽 옌
7am	쩻 몽 차오	7pm	능 툼
8am	뺏 몽 차오	8pm	썽 툼
9am	까우 몽 차오	9pm	쌈 툼
10am	씹 몽 차오	10pm	씨 툼
11am	씹엣 몽 차오	11pm	하 툼
정오(noon)	티앙	자정(midnight)	티앙 큰

요일

일요일	완 아팃	월요일	완 짠
화요일	완 앙칸	수요일	완 풋
목요일	완 파르핫	금요일	완 쑥
토요일	완 싸오	휴일	완 윳

인사 및 기본표현

태국어도 존칭어가 있다. 본인보다 나이가 많은 사람이나 높은 직위에 있는 사람에게 공손을 표현하

는 것이 예의. 특히 처음 보는 사람에게는 서로 높여
주는 것이 바람직하다. 태국어에서 존칭 표현은 매
우 쉽다. '카' 또는 '크랍' 딱 한 가지 표현으로 남자
와 여자에 따라 사용하는 단어가 달라진다. 본인 기
준으로 여자라면 '카'를 사용하고, 남자라면 '크랍'을
사용한다. 존칭어는 모든 문장의 후미에 쓴다.

안녕하세요! | **싸왓디 카(크랍)!**
잘 가요. | **싸왓디 카(크랍).**
행운을 빌어요. | **촉디 카(크랍).**
실례 합니다. | **커톳 카(크랍).**
감사합니다. | **컵쿤 카(크랍).**
매우 감사합니다. | **컵쿤 막 카(크랍).**
괜찮습니다.(노 프라블럼) | **마이 뻰 라이 카(크랍).**
요즘 어떻습니까? | **싸바이 디 마이 카(크랍)?**
좋습니다. | **싸바이 디 카(크랍).**
이름이 뭐예요? | **쿤 츠 아라이 카(크랍)?**
내 이름은 00입니다. |
폼(남자)/디찬(여자) 츠 00 카(크랍).
나는 한국 사람입니다. |
폼/디찬 뻰 까올리 따이 카(크랍).
영어 할 줄 아세요? |
쿤 풋 파사 앙끄릿 다이 마이 카(크랍)?
한국어 할 줄 아세요? |
쿤 풋 파사 까올리 다이 마이 카(크랍)?
이걸 태국어로 뭐라고 하나요? |
니 파사 타이 리악 와 아라이 카(크랍)?
천천히 말해 주세요. | **풋 차 차 노이 카(크랍).**
써 줄 수 있어요? |
커 키안 하이 다이 마이 카(크랍)?
이해했어요? | **카오 짜이 마이?**
이해했어요. | **카오 짜이.**
잘 모르겠습니다. 이해가 안돼요. |
마이 카오 짜이 카(크랍).
00 있어요? | **미 00 마이 카(크랍)?**
00 할 수 있어요? | **00 다이 마이 카(크랍)?**
도와 줄 수 있어요? |
추어이 폼(디찬) 다이 마이 카(크랍)?
어디 가세요? | **빠이 나이 카(크랍)?**
놀러갑니다. | **빠이 티아우 카(크랍).**
학교 갑니다. | **빠이 롱리안 카(크랍).**
너무 좋아요. | **촙 막 카(크랍).**
싫어요. | **마이 촙 카(크랍).**

필요 없어요. | **마이 아오 카(크랍).**
너무 좋아요. | **디 막 카 (크랍).**
너무 즐겁다. | **싸눅 막 카(크랍).**
당신을 사랑합니다. |
폼 락 쿤(남자가 여자에게).
찬 락 쿤(여자가 남자에게).

교통

00 어디에 있어요? | **유 티나이 카(크랍)?**
얼마나 먼가요? | **끄라이 타올라이 카(크랍)?**
00 가고 싶은데요. |
폼/디찬 약 짜 빠이 00 카(크랍).
어떻게 가면 되나요? | **빠이 양라이 카(크랍)?**
어디 갔다 왔어요? | **빠이 나이 마 카(크랍)?**
이 차는 어디로 가나요? |
롯 니 빠이 나이 카(크랍)?
버스는 언제 출발하나요? |
롯메 짜 옥 므어라이 카(크랍)?
기차는 몇 시에 출발하나요? |
롯파이 짜 옥 끼 몽 카(크랍)?
막차는 몇 시에 있나요? |
롯메 칸 숫 타이 미 끼 몽 카(크랍)?
언제 도착하나요? | **틍 끼 몽 카(크랍)?**
여기 세워 주세요. | **쩟 티니 카(크랍).**
여기서 내립니다. | **롱 티니 카(크랍).**

여기	티니	저기	티난
오른쪽	콰	왼쪽	싸이
북쪽	느아	남쪽	따이
직진	뜨롱 빠이	거리	타논
기차역	싸티니 롯파이	버스 정류장	싸타니 롯 메
공항	싸남빈	선착장	타 르아
티켓	뚜아	호텔	롱램
우체국	쁘라이싸니	은행	타나칸
ATM	뚜에티엠	식당	란 아한
카페	란 까패	시장	딸랏
병원	롱파야반	약국	란 카이야
오토바이	모떠싸이	택시	딱씨
배	르아		

식당

몇 명이에요? | 끼 콘 캐(크랍)?
세 명입니다. | 쌈 콘 캐(크랍).
메뉴 주세요. | 커 아오 메뉴 캐(크랍).
영어 메뉴판 있어요? |
미 메누 앙끄릿 마이 캐(크랍)?
음료는 무엇으로 하시겠어요? |
컹 듬 아라이 캐(크랍)?
물 주세요. | 커 아오 남쁘라오 캐(크랍).
씽 맥주 한 병 주세요. |
커 아오 비아 씽 쿠엇 능 캐(크랍).
얼음 더 주세요. | 커 아오 익 남캥 노이 캐(크랍).
맵지 않게 해주세요. | 아오 마이 펫 캐(크랍).
담배 피워도 되나요? |
쑵부리 다이 마이 캐(크랍)?
재떨이 주세요. | 커 아오 띠끼야부리 캐(크랍).
화장실은 어디에요? | 헝남 유 티아니 캐(크랍)?
봉지에 싸 주세요. | 싸이 퉁 노이 캐(크랍).
계산서 주세요. |
첵 빈 캐(크랍) 또는 깹 땅 캐(크랍).
배불러요. | 임 래우 캐(크랍).
맛있어요. | 아로이 막 캐(크랍).

숙소 및 쇼핑

얼마예요? | 타올라이 캐(크랍)?
몇 밧이에요? | 끼 밧 캐(크랍)?
이 방은 하루에 얼마입니까? |
헝 티니 큰 라 타올라이 캐(크랍)?
더 싼 방 있어요? | 미 헝 툭 꽈 마이 캐(크랍)?
방을 볼 수 있나요? | 두 헝 다이 마이 캐(크랍)?
이틀 머물 예정입니다. | 유 썽 큰 캐(크랍).
방 값 깎아 줄 수 있어요? |
롯 라카 다이 마이 캐(크랍)?
가방 여기 맡길 수 있나요? |
깹 끄라빠오 티니 다이 마이 캐(크랍)?
더 큰 거 있나요? | 미 야이 꽈 마이 캐(크랍)?
더 작은 거 있나요? | 미 노이 꽈 마이 캐(크랍)?
깎아 주세요. | 롯 다이 마이 캐(크랍).
이것 주세요. | 커 아오 니 캐(크랍).

싸다 | 툭
에어컨 방 | 방 헝 애
일반실 | 헝 탐마다
세탁 | 싹파
핫 샤워 | 남 운

비싸다 | 팽
선풍기 방 | 방 헝 팟롬
전화기 | 토라쌉
담요 | 파홈

알아두세요

알아두면 유용한 기본 단어

나 | 폼(남성)/디찬(여성)
예 | 차이
누구? | 크라이?
언제? | 므어라이?
어디에? | 티나이?
두 명 | 썽 콘
애인 | 팬
한국인 | 콘 까올리 타이
돈 | 응언
좋다 | 디
작다 | 렉
더럽다 | 쏘까쁘록
열다 | 삣
춥다 | 나우
어렵다 | 약
즐겁다 | 싸눅
맵다 | 펫
목마르다 | 히우 남
예쁘다 | 쑤어이
아주 매우 | 막
하다 | 탐
가다 | 빠이
자다 | 논랍
걷다 | 던 빠이
하고 싶다 | 약 짜
먹다 | 낀(정중한 표현은 탄)

당신 | 쿤
아니오 | 마이 차이
무엇? | 아라이?
어떻게? | 양라이?
혼자 | 콘 디아우
친구 | 프언
외국인 | 콘 땅 찻
음식 | 아한
나쁘다 | 마이 디
크다 | 야이
깨끗하다 | 싸앗
닫다 | 삣
차다 | 옌
맛있다 | 아로이
쉽다 | 응아이
덥다 | 론
배고프다 | 히우 카오
아프다 | 마이 싸바이
피곤하다 | 느아이
오다 | 마
주다 | 하이
앉다 | 낭
갖다 | 아오
원한다 | 아오
좋아한다 | 촙

*밥 먹다의 경우 '낀 카오'보다 '탄 카오'라고 쓰는 게 좋다.

INDEX

MEMO

MEMO

MEMO

프렌즈 시리즈 05

프렌즈 **방콕**

발행일 | 초판 1쇄 2009년 1월 5일
　　　　개정 12판 1쇄 2024년 3월 6일

지은이 | 안진헌

발행인 | 박장희
대표이사·제작총괄 | 정철근
본부장 | 이정아
파트장 | 문주미
책임편집 | 박수민

기획위원 | 박정호

마케팅 | 김주희, 박화인, 이현지, 한륜아
디자인 | 변바희, 김미연, 양재연

발행처 | 중앙일보에스(주)
주소 | (03909) 서울시 마포구 상암산로 48-6
등록 | 2008년 1월 25일 제2014-000178호
문의 | jbooks@joongang.co.kr
홈페이지 | jbooks.joins.com
네이버 포스트 | post.naver.com/joongangbooks
인스타그램 | @j__books

ⓒ안진헌, 2024

ISBN 978-89-278-8028-8 14980
ISBN 978-89-278-8003-5 (세트)

프렌즈 시리즈 05

Bangkok
MAP BOOK

프렌즈
방콕 맵북

중앙books

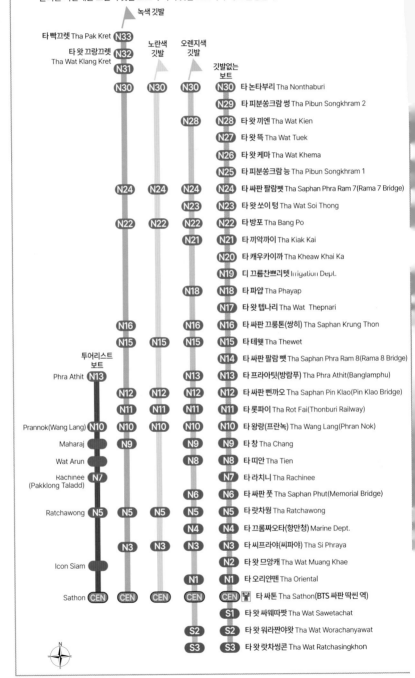

보트 노선도

*보트 노선은 배 후미에 달린 깃발 색으로 구분한다.
*오렌지색 깃발 보트가 가장 많이 운행된다.
*출퇴근 시간에는 노란색 깃발 보트와 녹색 깃발 보트가 추가로 운행된다.

녹색 깃발

타 빡끄렛 Tha Pak Kret **N33**
타 왓 끄랑끄렛 **N32**
Tha Wat Klang Kret **N31**

노란색 깃발

오렌지색 깃발

깃발없는 보트

N30	**N30**	**N30**	**N30** 타 논타부리 Tha Nonthaburi
			N29 타 피분쏭크람 썽 Tha Pibun Songkhram 2
		N28	**N28** 타 왓 끼엔 Tha Wat Kien
			N27 타 왓 뜩 Tha Wat Tuek
			N26 타 왓 케마 Tha Wat Khema
			N25 타 피분쏭크람 능 Tha Pibun Songkhram 1
N24	**N24**	**N24**	**N24** 타 싸판 팔람쩻 Tha Saphan Phra Ram 7(Rama 7 Bridge)
		N23	**N23** 타 왓 쏘이 텅 Tha Wat Soi Thong
N22	**N22**	**N22**	**N22** 타 방포 Tha Bang Po
		N21	**N21** 타 끼악까이 Tha Kiak Kai
			N20 타 캐우카이까 Tha Kheaw Khai Ka
			N19 티 끄롬찬빠리뗏 Irrigation Dept.
		N18	**N18** 타 파얍 Tha Phayap
			N17 타 왓 텝나리 Tha Wat Thepnari
N16		**N16**	**N16** 타 싸판 끄룽톤(쌍히) Tha Saphan Krung Thon
N15	**N15**	**N15**	**N15** 타 테웻 Tha Thewet
			N14 타 싸판 팔람 뺏 Tha Saphan Phra Ram 8(Rama 8 Bridge)
투어리스트 보트		**N13**	**N13** 타 프라아팃(방람푸) Tha Phra Athit(Banglamphu)
Phra Athit **N13**	**N12**	**N12**	**N12** 타 싸판 삔까오 Tha Saphan Pin Klao(Pin Klao Bridge)
N11	**N11**	**N11**	**N11** 타 롯파이 Tha Rot Fai(Thonburi Railway)
Prannok(Wang Lang) **N10**	**N10**	**N10**	**N10** 타 왕랑(프란녹) Tha Wang Lang(Phran Nok)
Maharaj	**N9**	**N9**	**N9** 타 창 Tha Chang
Wat Arun		**N8**	**N8** 타 띠안 Tha Tien
Rachinee (Pakklong Taladd) **N7**			**N7** 타 라치니 Tha Rachinee
		N6	**N6** 타 싸판 풋 Tha Saphan Phut(Memorial Bridge)
Ratchawong **N5**	**N5**	**N5**	**N5** 타 랏차웡 Tha Ratchawong
		N4	**N4** 타 끄롬짜오타(항만청) Marine Dept.
	N3	**N3**	**N3** 타 씨프라야(씨파야) Tha Si Phraya
			N2 타 왓 므앙캐 Tha Wat Muang Khae
Icon Siam		**N1**	**N1** 타 오리얀뗀 Tha Oriental
Sathon **CEN**	**CEN**	**CEN**	**CEN** 타 싸톤 Tha Sathon(BTS 싸판 딱씬 역)
		S1	**S1** 타 왓 싸웨따팟 Tha Wat Sawetachat
		S2	**S2** 타 왓 워라짠야왓 Tha Wat Worachanyawat
		S3	**S3** 타 왓 랏차씽콘 Tha Wat Ratchasingkhon

N

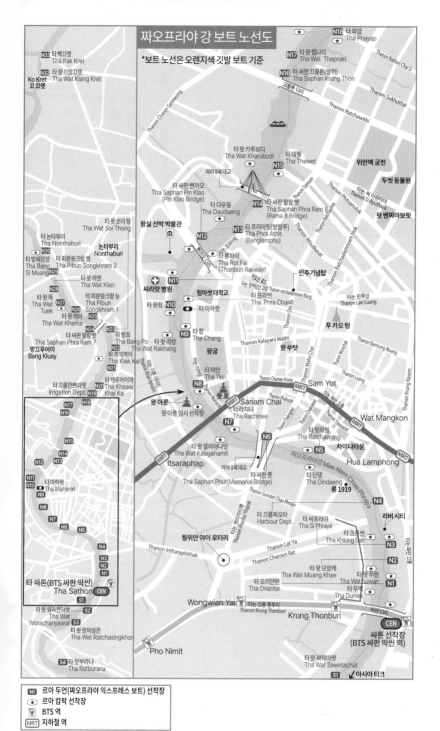

짜오프라야 강 보트 노선도

*보트 노선은 오렌지색 깃발 보트 기준

N33 타 빡끄렛
Tha Pak Kret

N32 타 왓 끄랑끄렛
Tha Wat Klang Kret

꼬끄렛
Ko Kret

타 왓 쏘이텅
Tha Wat Soi Thong

타 논타부리
Tha Nonthaburi

논타부리
Nonthaburi

N30 타 방씨므앙
Tha Bang Si Muang

N29 타 피분쏭크람 썽
Tha Pibun Songkhram 2

타 왓 끼엔
Tha Wat Kien

N28 타 왓 뚝
Tha Wat Tuek

N27 타피분쏭크람 능
Tha Pibun Songkhram 1

N26 N25 타 왓 케마
Tha Wat Khema

N24 타 싸판 팔람쨋
Tha Saphan Phra Ram 7

방끄루어이
Bang Kluay

N23 타 방포
Tha Bang Po

N22 타 왓 라캉
Tha Wat Rakhang

타 끼악까이
Tha Kiak Kai

N20 타 케우카이까
Tha Kheaw Khai Ka

타 끄롬찬쁘라뗏
Irrigation Dept. N19

타 싸판 삔까오
Tha Saphan Pin Klao
(Pin Klao Bridge)

라마 8세 대교

타 다우둥
Tha Daudueng

왕실 선박 박물관

N12

N13

N14 타 싸판 팔람뺏
Tha Saphan Phra Ram 8
(Rama 8 Bridge)

타 프라아팃(방람푸)
Tha Phra Athit
(Banglamphu)

타 롯파이
Tha Rot Fai
(Thonburi Railway)

N11

씨리랏 병원

탐마쌋 대학교

타 프라짠
Tha Phra Chan

N10 타 왕랑

타 마하랏

N9 타 창
Tha Chang

왕궁

타 왓 카루보디
Tha Wat Kharubodi

타 테웻
Tha Thewet

N15

라마 8세 대교

위만멕 궁전

두씻 동물원

왓 벤짜마보핏

민주기념탑

푸카오텅

왓 쑤탓

타 띠안
Tha Tien

왓 포

N8

왓 아룬
왓 아룬 임시 선착장

N7

Sanam Chai
타라치니
Tha Rachinee

N6

타 왓 깔라야나밋
Tha Wat Kalayanamit

라마 1세 대교

타 싸판 풋
Tha Saphan Phut(Memorial Bridge)

Itsaraphap

타 랏차웡
Tha Ratchawong

N5

차이나타운

타 딘댕
Tha Dindaeng

롱 1919

리버 시티

N4

Sam Yot

Wat Mangkon

Hua Lamphong

짜오프라야강 Mae Nam Chao Phraya

타 끄롬짜오타
Harbour Dept.

월위안 아이 로터리

타 씨프라야
Tha Si Phraya

타 크롱싼
Tha Khlong San

N3

N2

타 왓 므앙카에
Tha Wat Muang Khae

타 오리안뗀
Tha Oriental

Wongwian Yai

타 왓 쑤완
Tha Wat Suwan

N1

타 두멕
Tha Dumek

Krung Thonburi

타 왓 워라짠야왓
Tha Wat
Worachanyawat

타 왓 랏차씽콘
Tha Wat Ratchasingkhon

Pho Nimit

타 왓 싸웨따팟
Tha Wat Sawetachat

싸톤 선착장
(BTS 싸판 딱씬 역)

S1 아시아티크

N1 르아 두언(짜오프라야 익스프레스 보트) 선착장

르아 캄팍 선착장

BTS 역

MRT 지하철 역

타 싸톤(BTS 싸판 딱씬)
Tha Sathon

S1
S2
S3
S4 타 랏부라나
Tha Ratburana

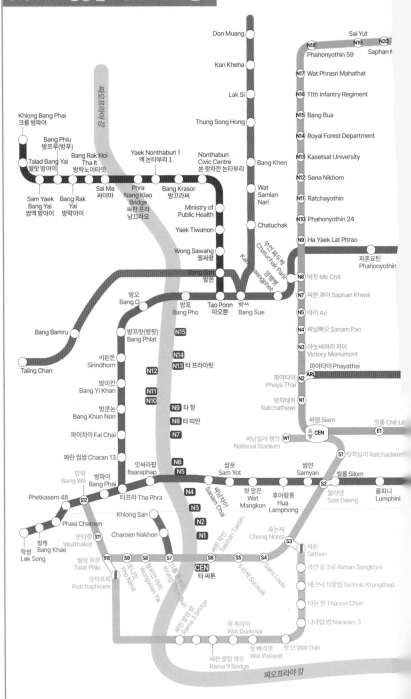

BTS · MRT · 공항 철도 · BRT · 보트 노선도

Don Muang

Kan Kheha

Lak Si

Thung Song Hong

Sai Yut

N18 Phahonyothin 59 **N19** **N20** Saphan M

N17 Wat Phrasri Mahathat

N16 11th Infantry Regiment

N15 Bang Bua

N14 Royal Forest Department

N13 Kasetsat University

N12 Sena Nikhom

N11 Ratchayothin

N10 Phahonyothin 24

N9 Ha Yaek Lat Phrao
파혼요틴 Phahonyothin

N8 머칫 Mo Chit

N7 싸판 콰이 Saphan Khwai

N5 아리 Ari

N4 싸남빠오 Sanam Pao

N3 아눗싸와리 차이 Victory Monument
파야타이 Phayathai

N2 파야타이 Phaya Thai ARL

N1 랏차테위 Ratchathewi

싸얌 Siam CEN 칫롬 Chit Le E1

싸남낄라 행찻 National Stadium W1

S1 랏차담리 Ratchadamri

쌈얏 Sam Yot 쌈얀 Samyan

S2 쌀라댕 Sala Daeng 룸피니 Lumphini

Khlong Bang Phai
크롱 방파이

Bang Phlu
방프루(방푸)

Bang Rak Noi Tha It
방락노이타잇

Talad Bang Yai
딸랏 방야이

Sam Yaek Bang Yai
쌈액 방야이

Bang Rak Yai
방락야이

Sai Ma
싸이마

Phra Nang Klao Bridge
싸판 프라 낭끄라오

Bang Krasor
방끄라써

Ministry of Public Health

Yaek Tiwanon

Wong Sawang
웡싸왕

Yaek Nonthaburi 1
얙 논타부리 1

Nonthaburi Civic Centre
쑨 랏차깐 논타부리

Bang Khen

Wat Samian Nari

Chatuchak

수안 짜뚜짝 Chatuchak Park
짜뚜짝 Kamphaengphet

Bang Sue
방쓰

Bang Bamru

Taling Chan

방오 Bang O

방포 Bang Pho

Tao Poon 따오뿐

방쓰 Bang Sue

N15 방프랏(방팟) Bang Phlat

N14

N13 타 프라아팃

N12 씨린톤 Sirindhorn

N11 방이칸 Bang Yi Khan

N10 방쿤논 Bang Khun Non

N9 타창

N8 타 띠안

N7 파이차이 Fai Chai

짜란 씹쌈 Charan 13

잇싸라팝 Itsaraphap **N6**

N5

방와 Bang Wa

방파이 Bang Phai

Phetkasem 48 **S12**

타프라 Tha Phra

N4 싸남차이 Sanam Chai

N3

Khlong San

N2

N1

쌈욧 Sam Yot

왓 망꼰 Wat Mangkon

후아람퐁 Hua Lamphong

Phasi Charoen

S11 웃타캇 Wutthakat

Charoen Nakhon

짹판 딱씬 Saphan Taksin

홍논씨 Chong Nonsi

S3 싸톤 Sathon

락쏭 Lak Song

방캐 Bang Khae

발랏 프루 Talat Phlu

S10 포 니밋 Wongwian Yai

59

58

S7

CEN 타 싸톤

S6

S5

S4

쑤라싹 Surasak

쌜루이 Saint Louis

아칸 쏭크로 Akhan Songkhro

테크닉 끄룽텝 Technic Krungthep

랏차프륵 Ratchaphruek

끄룽 톤부리 Krung Thon Buri

타논 짠 Thanon Chan

나라람 쌈 Nararam 3

왓 독마이 Wat Dorkmai

싸판 팔랏 까우 Rama 9 Bridge

왓 빠리왓 Wat Pariwat

왓 단 Wat Dan

짜오프라야강

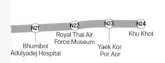

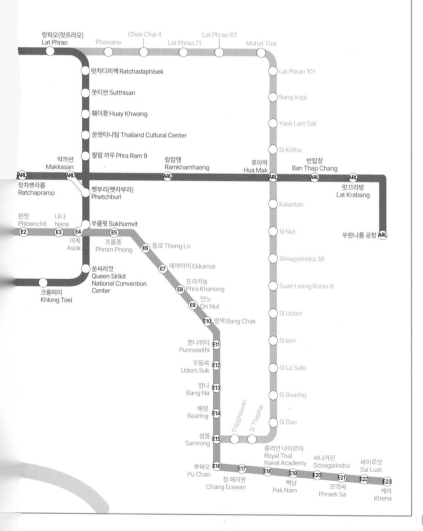

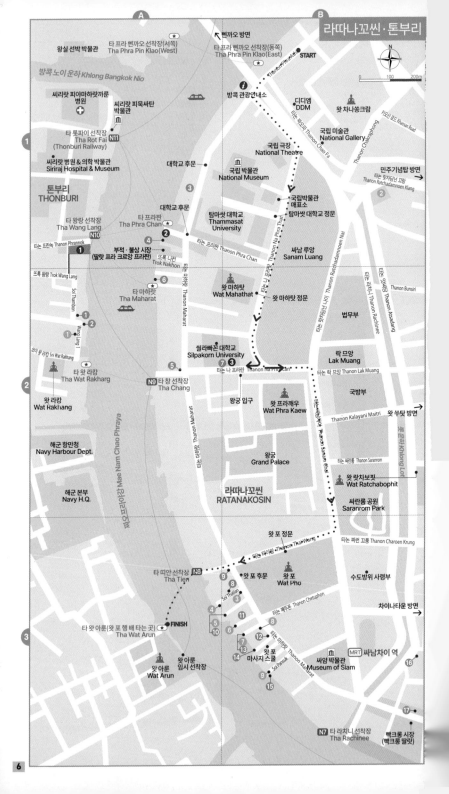

라따나꼬씬·톤부리

왕실 선박 박물관

타 프라 삔까오 선착장(서쪽)
Tha Phra Pin Klao(West)

타 프라 삔까오 선착장(동쪽)
Tha Phra Pin Klao(East)

삔까오 방면

START

방콕 노이 운하 Khlong Bangkok Nio

씨리랏 피야마하랏까룬
병원

씨리랏 피묵싸탄
박물관

타 롯파이 선착장
Tha Rot Fai
(Thonburi Railway)

씨리랏 병원 & 의학 박물관
Siriraj Hospital & Museum

방콕 관광안내소

디디엠
DDM

왓 차나쏭크람

국립 미술관
National Gallery

카오싼 로드 Khaosan Road

타논 짜오파 Thanon Chao Fa

국립 극장
National Theatre

톤부리
THONBURI

대학교 후문

국립 박물관
National Museum

민주기념탑 방면
타논 랏차담넌 끄랑
Thanon Ratchadamnoen Klang

타논 찡찡뼝 Thanon Chingchaphong

대학교 후문

타 프라짠
Tha Phra Chan

국립박물관
매표소

탐마쌋 대학교
Thammasat
University

탐마쌋 대학교 정문

타 왕랑 선착장
Tha Wang Lang

부적·불상 시장
(딸랏 프라 크르앙 프라짠)

뜨록 나컨
Trok Nakhon

씨남 루앙
Sanam Luang

타논 프란녹 Thanon Phrannok

타논 나 프라 탓 Thanon Na Phra That

타논 프라짠 Thanon Phra Chan

타논 랏차담넌 나이 Thanon Ratchadamnoen Nai

타논 랏치니 Thanon Rachinee

타논 분씨리 Thanon Bunsiri

타논 앗싸당 Thanon Assadang

뜨록 왕랑 Trok Wang Lang

Soi Thambon

Wang Lang 1

왓 마하탓
Wat Mahathat

왓 마하탓 정문

법무부

타 마하랏
Tha Maharat

타논 마하랏 Thanon Maharat

타논 마하랏 Thanon Maharat

락 므앙
Lak Muang

쏘이 왓 라캉 Soi Wat Rakhang

타 왓 라캉
Tha Wat Rakharg

씰라빠꼰 대학교
Silpakorn University

타논 나 프라란 Thanon Na Phra Lan

국방부

왓 라캉
Wat Rakhang

타 창 선착장
Tha Chang

왕궁 입구

왓 프라깨우
Wat Phra Kaew

타논 랏 므앙 Thanon Lak Muang

왓 쑤탓 방면

Thanon Kalayani Maitri

해군 항만청
Navy Harbour Dept.

왕궁
Grand Palace

라따나꼬씬
RATANAKOSIN

타논 싸남차이 Thanon Sanam Chai

타논 싸남롬 Thanon Sanamrom

왓 랏차보핏
Wat Ratchabophit

끌렁 Khlong Lot

해군 본부
Navy H.Q.

매남 짜오프라야 Mae Nam Chao Phraya

싸란롬 공원
Saranrom Park

왓 포 정문

타논 타이웡 Thanon ThaiWeng

타논 짜런 끄룽 Thanon Charoen Krung

타 띠안 선착장
Tha Tien

왓 포 후문

왓 포
Wat Pho

수도방위 사령부

차이나타운 방면

타 왓 아룬(왓 포 행 배 타는 곳)
Tha Wat Arun

FINISH

Soi Thaitan

타논 쩻폰 Thanon Chetuphon

MRT 싸남차이 역

왓 아룬
Wat Arun

왓 아룬
임시 선착장

마사지숍

왓 포 쑥

타논 마하랏 Thanon Maharat

싸얌 박물관
Museum of Siam

Soi Pranok

타 라치니 선착장
Tha Rachinee

빡크롱 시장
(빡크롱 딸랏)

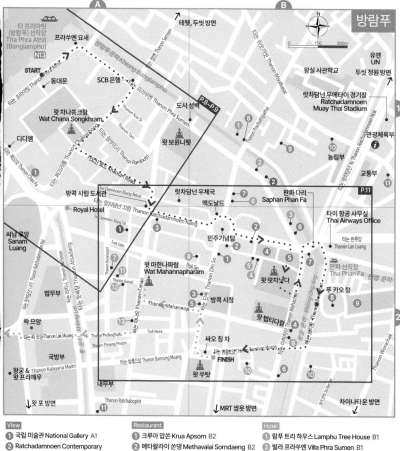

타 프라아팃
(방람푸 선착장
Tha Phra Athit
(Banglamphu)
N13

타 프라아팃 Thanon Phra Athit

START

동대문

왓 차나쏭크람
Wat Chana Songkhram

디디엠

SCB은행

프라쑤멘 요새

방람푸 운하 Khlong Banglamphu

테웻, 두씻 방면

타논 싸멘 Thanon Samsen

타논 프라 쑤멘 Thanon Phra Sumen

Thanon Krai Si

Thanon Tani

Thanon Ramburi

카오싼로드 Khaosan Road

도시 성벽

왓 보원니웻

P.8~P.9

타논 쏙싸빠따야 Thanon Prachathipatai

타논 욷따낏 Thanon Wisutkasat

왕실 사관학교

유엔
UN
두씻 정원 방면

랏차담넌 무에타이 경기장
Ratchadamnoen
Muay Thai Stadium

농림부

관광체육부

교통부

P.11

방콕 시립 도서관

Royal Hotel

싸남 루앙
Sanam
Luang

법무부

락 므앙

국방부

왕궁 &
왓 프라깨우

왓 포 방면

랏차담넌 끄랑 Thanon Ratchadamnoen Klang

랏차담넌 우체국

맥도날드

민주기념탑

몬 놈쏫 Mont

왓 마하나파람
Wat Mahannapharam

Thanon Din So

Trok Sin

Thanon Mahannop

Trok Nawa

Thanon Tanao

방콕 시청

싸오 칭차

왓 쑤탓

FINISH

판파 다리
Saphan Phan Fa

왓 랏차낟다

왓 텝티다람

판파 선착장
Tha Phan Fa

푸 카오 텅

타이 항공 사무실
Thai Airways Office

Thanon Lan Luang

Khlong Ong Ang

Thanon Maha Chai

타논 붐룽므앙 Thanon Bamrung Muang

차이나타운 방면

Thanon Worachak

대무부

MRT 쌈욧 방면

Thanon Ratchabophit

View
1 국립 미술관 National Gallery A1
2 Ratchadamnoen Contemporary Art Center B2
3 10월 14일 기념비 October 14 Memorial A2
4 라따나꼬씬 역사 전시관 B2
5 라마 3세 공원 Rama III Park B2
6 퀸스 갤러리 Queen's Gallery B2
7 마하깐 요새 Mahakan Fort B2
8 푸 카오 텅 Phu Khao Thong B2
9 왓 싸껫 Wat Saket B2
10 반 밧 Ban Batt B2
11 왓 랏차보핏 Wat Ratchabophit A2

• • ▸ 도보여행 루트
• • ▸ 추가 도보여행 루트

Restaurant
1 크루아 압쏜 Krua Apsorn B2
2 메타왈라이 쏜댕 Methavalai Sorndaeng B2
3 몬 놈쏫 Mont B2
4 팁싸마이 Thip Samai B2
5 밋꼬유안 Mit Ko Yuan B2
6 마더 로스터(빠뚜 피 지점) Mother Roaster B2
7 팟타이 파이타루 Pad Thai Fai Ta Lu B1
8 The Family Restaurant B1
9 Krua Pa & Ma B1
10 뻐 포자야 B1
11 세븐 스푼 Seven Spoons B1

Entertainment
1 프라나콘 바 Phra Nakhon Bar A2
2 DECOMMUNE B1

Hotel
1 람푸 트리 하우스 Lamphu Tree House B1
2 빌라 프라쑤멘 Villa Phra Sumen B1
3 Ayathorn Bangkok B2
4 히어 호스텔 Here Hostel B2
5 Siam Champs Elyseesi B2
6 파니 레지던스 Pannee Residence B1
7 분씨리 플레이스 Boonsiri Palce A2
8 반 딘써 Baan Dinso B2
9 팀 맨션 Tim Mansion B2
10 천 부티크 호스텔 Chern Boutique Hostel B2
11 디 호스텔 D Hostel A2
12 웨어하우스 방콕 The Warehouse Bangkok A2
13 비빗 호스텔 Vivit Hostel A2

라따나꼬씬 · 톤부리

Restaurant
1 꾸어이띠아우 콘타이 Kuay Tiaw Khon Thai A2
2 쑤파트라 리버 하우스 Supatra River House A2
3 탐마쌋 대학교 구내식당 A1
4 타 프라짠 선착장 옆 현지 식당 골목 A1
5 골든 플레이스 Golden Place A2
6 S&P, 싸웨이 Savoey, 스타벅스 커피 A2
7 크리싸 Krisa B2
8 홈 카페 타 띠안 B3
9 팟타이 끄라퉁 텅 B3
10 Eat Sight Story B3
11 메이크 미 망고 Make Me Mango B3
12 반 타띠안 카페 Baan Tha Tien Cafe B3
13 더 덱 The Deck B3
14 룽쌍, 촘 아룬, 쑤판니까 이팅룸 B3
15 ViVi The Coffee Place B3
16 팜 투 테이블 Farm To Table B3
17 Floral Cafe at Napasorn B3

Shopping
1 왕랑 시장 Wang Lang Market A1
2 프라짠 시장 Phra Chan Market A1
3 나라야 Naraya B2

Hotel
1 Theatre Residence A2
2 로열 호텔 Royal Hotel B1
3 아롬 디 호스텔 Arom D Hostel B3
4 쌀라 라따나꼬씬 Sala Rattanakosin A3
5 쌀라 아룬 Sala Arun B3
6 인 어 데이 Inn A Day B3
7 아룬 레지던스 Arun Residence B3
8 쩨뚜폰 게이트 호텔 Chetuphon Gate Hotel B3
9 Aurum The River Place B3

• • ▸ 도보여행 루트

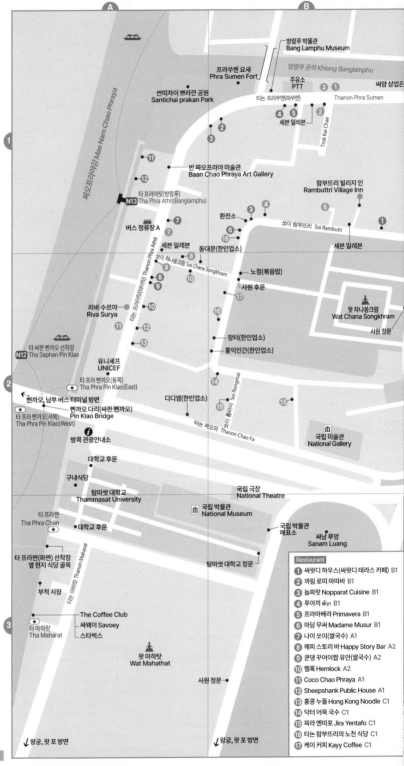

타논 프라쑤멘(파쑤멘)
Thanon Phra Sumen

방람푸 박물관
Bang Lamphu Museum

방람푸 운하 Khlong Banglamphu

프라쑤멘 요새
Phra Sumen Fort

주유소
PTT

싸얌 상업은

찐띠차이 쁘라깐 공원
Santichai prakan Park

세븐 일레븐

Trok Kai Chae

반 짜오프라야 미술관
Baan Chao Phraya Art Gallery

람부뜨리 빌리지 인
Rambuttri Village Inn

타 프라아팃(방람푸)
Tha Phra Athit(Banglamphu)

환전소

쏘이 람부뜨리 Soi Rambutri

버스 정류장 A

세븐 일레븐

세븐 일레븐
Thanon Phra Athit

동대문(한인업소)

쏘이 차나쏭크람 Soi Chana Songkhram

노점(볶음밥)

사원 후문

왓 차나쏭크람
Wat Chana Songkhram

리바 수르야
Riva Surya

사원 정문

타 싸판 삔까오 선착장
Tha Saphan Pin Klao

유니세프
UNICEF

장터(한인업소)

홍익인간(한인업소)

타 프라 삔까오(동쪽)
Tha Phra Pin Klao(East)

삔까오, 남부 버스 티미널 방면

삔까오 다리(싸판 삔까오)
Pin Klao Bridge

타 프라 삔까오(서쪽)
Tha Phra Pin Klao(West)

디디엠(한인업소)

타논 짜오파 Thanon Chao Fa

국립 미술관
National Gallery

방콕 관광안내소

대학교 후문

구내식당

탐마쌋 대학교
Thammasat University

국립 극장
National Theatre

타 프라짠
Tha Phra Chan

대학교 후문

국립 박물관
National Museum

타 프라짠(파짠) 선착장
옆 현지 식당 골목

국립 박물관
매표소

씨남 루앙
Sanam Luang

부적 시장

탐마쌋 대학교 정문

The Coffee Club
싸웨이 Savoey
스타벅스

타 마하랏
Tha Maharat

왓 마하랏
Wat Mahathat

사원 정문

왕궁, 왓 포 방면

왕궁, 왓 포 방면

Restaurant	
1	싸왓디 하우스(싸왓디 테라스 카페) B1
2	까림 로띠 마따바 B1
3	놉파랏 Nopparat Cuisine B1
4	푸아끼 ਘਨ B1
5	프라마베라 Primavera B1
6	마담 무써 Madame Musur B1
7	나이 쏘이(쌀국수) A1
8	해피 스토리 바 Happy Story Bar A2
9	쿤댕 꾸어이짭 유안(쌀국수) A2
10	헴록 Hemlock A2
11	Coco Chao Phraya A1
12	Sheepshank Public House A1
13	홍콩 누들 Hong Kong Noodle C1
14	닥터 어묵 국수 C1
15	찌라 옌따포 Jira Yentafo C1
16	타논 람부뜨리의 노천 식당 C1
17	케이 커피 Kayy Coffee C1

쌈쎈, 테웻 방면
카오산 로드

다이아몬드 하우스
쌈쎈 쏘이 쌤 Samsen Soi 2
누보 시티 호텔
칠랙스 리조트 Chillax Resort

은행(SCB)
까씨꼰 은행
타논 프라쑤멘 Thanon Phra Sumen

끄룽타이 은행
쑤네타 호스텔
왓 보원니웻
Wat Bowonniwet

뉴 월드 백화점(폐쇄)
타논 끄라이씨 Thanon Krai Si
방람푸 시장
Banglamphu Market
KFC
땅화쌩 백화점
Tang Hua Seng
방람푸 우체국
세븐 일레븐

버스 정류장 B
타논 따니 Thanon Tani
노점(디저트)
스웬쎈 아이스크림
란 쪽(죽집)

끄룽씨 은행
타논 람부뜨리 Thanon Rambutri
반찻 Baan Chart

버디 로지 호텔
맥도날드

당덤 호텔
Dang Derm Hotel
Susie Walking Street
카오산 로드 Khaosan Road
D&D 인
끄룽타이 은행
Boots

랏차담넌 우체국
버스 정류장 D
민주기념탑, 판파 선착장(운하 보트) 방면
버스 정류장 F

Boots
쏘이 담넌 끄랑 느아 Soi Damnoen Klang Neua
방콕 시립 도서관
Bangkok City Library

뜨록 마욤 Trok Mayom
10월 14일 기념비
October 14 Memorial

동전 박물관
Coin Museum
버스 정류장 C
타논 랏차담넌 끄랑 Thanon Ratchadamnoen Klang
버스 정류장 E

로열 호텔
Royal Hotel
쏘이 담넌 끄랑 따이 Soi Damnoen Klang Tai

---

18 빠텅꼬 Pa Tong Go C1
19 마이 달링 My Darling C2
20 스타벅스 커피 C2
21 쏘사나 Shoshana C2
22 조조 팟타이 Jo Jo Pad Thai C2
23 라니스 벨로 레스토랑 Ranee's Velo C2
24 에토스 Ethos D2
25 Mango Vegetarian & Vegan D1
26 My Darling Khaosan D2

Spa & Massage
1 Thai Lanta Massage C1
2 치와 스파 Shewa Spa C1
3 마사지 인 가든 B1
4 찰리 마사지 Charlie Massage & Spa C2
5 허벌 스파 Herbal Spa C2
6 빠이 스파 Pai Spa C1

Entertainment
1 애드 히어 더 서틴스 블루스 바 C1
   AD Here The 13th Blues Bar
2 푸 바 Fu Bar C1
3 몰리 바 Molly Bar(Molly 31st) C2
4 타창 방콕 Tha Chang Bangkok C2

5 브릭 바 Brick Bar D2
6 물리간스 아이리시 바 Mulligans D2
7 더 원 The One C2
8 클럽(디스코) The Club C2
9 카오산 센터 Khaosarn Center C2
10 방콕 바 Bangkok Bar C2
11 루프 The Roof C2
12 버디 비어 Buddy Beer C2
13 히피 드 바 Hippie de Bar C2
14 Mischa Cheap C1
15 럭키 비어 Lucky Beer C2
16 리리 카오산 Rere Khaosan C2
17 프라 나꼰 바 Phra Nakorn Bar D2
18 로코 클럽 Rocco Club C2

Hotel
1 Mad Monkey Hostel B1
2 케이시 게스트하우스 K.C. Guest House B1
3 잼 호스텔 Jam Hostel B1
4 뉴 싸얌 3 게스트하우스 New Siam 3 B1
5 엠버 호텔 The Ember Hotel C1
6 람푸 하우스 Lamphu House B1
7 타라 하우스 Thara House A1

8 에라완 하우스 Erawan House A2
9 Khaosan Art Hotel A2
10 와일드 오키드 빌라 Wild Orchid Villa A2
11 뉴 싸얌 리버사이드 New Siam Riverside A2
12 Chillax Heritage Hotel A2
13 뉴 싸얌 2 게스트하우스 New Siam 2 A2
14 BB House Rambuttri 2 B2
15 BB House Rambuttri B2
16 망고 라군 플레이스 Mango Lagoon Place B2
17 벨라 벨라 게스트하우스 Bella Bella B2
18 메리 브이 게스트하우스 Merry V B1
19 뉴 싸얌 팰리스 빌 New Siam Palace Ville B2
20 베드 스테이션 호스텔 카오산 C1
21 GO INN Khaosan C1
22 빌라 차차 Villa Cha Cha C1
23 ibis Styles Bangkok Khaosan Viengtai C1
24 데완 방콕(롱뺌 데완) Dewan Bangkok C1
25 타이 코지 하우스 Thai Cozy House C1
26 싸꾼 하우스 Sakul House C1
27 카오산 팰리스 Khaosan Palace C1
28 The Mulberry Hotel D2
29 Villa De Khaosan C2
30 Casa Vimaya Riverside C1

9

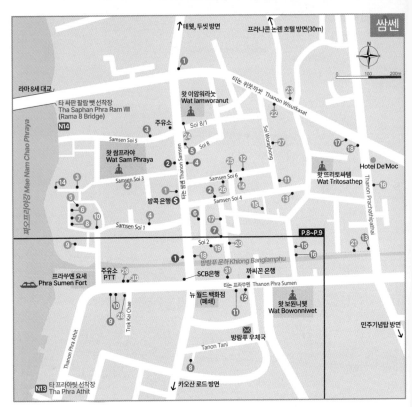

쌈쎈

라마 8세 대교
테웻, 두씻 방면
프라나콘 논렌 호텔 방면(30m)

타 싸판 팔람 뺏 선착장
Tha Saphan Phra Ram VIII
(Rama 8 Bridge)
N14

주유소

왓 이암워라눗
Wat Iamworanut

Soi 8/1

Soi 8

Thanon Wisutkasat

Samsen Soi 5

왓 쌈프라야
Wat Sam Phraya

Samsen Soi 3

Samsen Soi 6

방콕 은행

Samsen Soi 4

왓 뜨리또싸텝
Wat Tritosathep

Hotel De'Moc

Thanon Prachathipatai

Thanon Thanon Samsen

Samsen Soi 1

Soi Woatphong

P.8~P.9

Soi 2

바람푸 운하 Khlong Banglamphu

프라쑤멘 요새
Phra Sumen Fort

주유소
PTT

SCB은행

까씨꼰 은행

타논 프라쑤멘 Thanon Phra Sumen

뉴 월드 백화점
(폐쇄)

왓 보원니웻
Wat Bowonniwet

Thanon Phra Athit

Trok Kai Chae

바람푸 우체국

민주기념탑 방면

Tanon Tani

N13
타 프라아팃 선착장
Tha Phra Athit

카오산 로드 방면

Mae Nam Chao Phraya

피으쓰리야끄리

Restaurant

1. 이자카야 엔 Izakaya En
2. 루안 Laun
3. 테디 더 베이크 Teddy The Bake
4. 팟타이 나나 Padthai Nana
5. 스누즈 커피 하우스 Snooze Coffee House
6. 쪽 포차나 Jok Phochana
7. 코지 하우스 Cozy House
8. 레몬커드(카페) Lemoncurd
9. 푸아끼 潘記
10. 프리마베라 Primavera
11. 하찌방 라멘 Hachiban Ramen
12. 빠텅꼬 Pa Tong Go
13. The Family Restaurant
14. 낀롬 촘 싸판 Kinlom Chom Saphan
15. 나와 팟타이 Nava Pad Thai
16. 덕롱 카페 Duklong Cafe
17. 텐 선 Ten Suns
18. 푼씬 Poonsinn

Entertainment

1. 애드 히어 더 서틴스 블루스 바
   AD Here The 13th Blues Bar
2. 포스트 바 Post Bar

Hotel

1. 타라 플레이스 Tara Place
2. 쌈쎈 쌈 플레이스 Sam Sen Sam Place
3. 방콕 싸란 Bangkok Saran
4. 오키드 하우스 The Orchid House
5. 펜팍 플레이스 Penpark Place
6. 벨라 벨라 리버뷰 게스트하우스
   Bella Bella Riverview Guest House
7. 레드 도어 Red Door
8. 리버라인 게스트하우스
   The Riverline Guest House
9. 위와리 방콕 V Varee Bangkok
10. Let's Zzz Bangkok
11. 싸바이 방콕 Sabye Bangkok
12. 4 Monkeys, The Amused Hotel

13. 쌈 하우 오스텔 3 Huww Hostel
14. 쌈쎈 스트리트 호텔 Samsen Street Hotel
15. 쌈쎈 360 호스텔 Samsen 360 Hostel
16. Centra by Centara Hotel
17. The Twin Hostel
18. 다이아몬드 호텔 Diamond Hotel
19. 누보 시티 호텔 Nouvo City Hotel
20. 칠랙스 리조트 Chillax Resort
21. 람푸 트리 하우스 Lamphu Tree House
22. 스와나 호텔(롱램 싸와나) Swana Hotel
23. 뜨랑 호텔 Trang Hotel
24. 카사 니트라 Casa Nithra
25. 나콘 핑 호텔 Nakhon Ping Hotel
26. 라차따 호텔 Rajata Hotel
27. 루프 뷰 플레이스 Roof View Place
28. 케이시 게스트하우스 K.C. Guest House
29. 잼 호스텔 Jam Hostel
30. 매드 멍키 호스텔 Mad Monkey Hostel
31. 카사 위마야 리버사이드
    Casa Vimaya Riverside

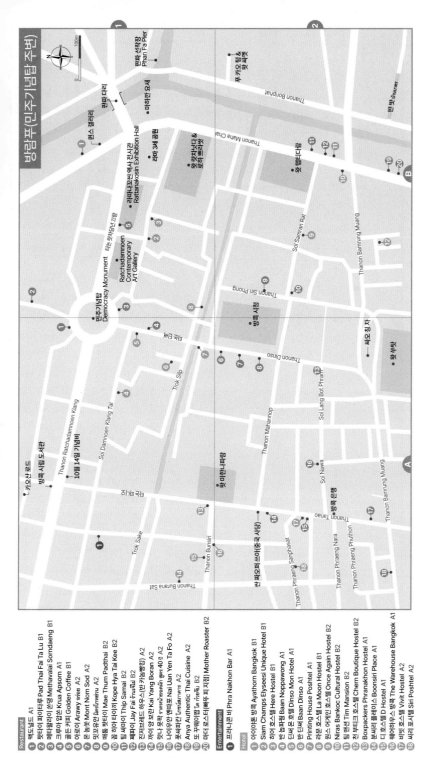

방람푸(민주기념탑 주변)

Restaurant

1. 떳두님드 A1
2. 팟타이 파이타루 Pad Thai Fai Ta Lu B1
3. 메타왈라이 쏜댕 Methavalai Sorndaeng B1
4. 크루아 압쏜 Krua Apsom A1
5. 골든 커피 Golden Coffee B1
6. 아로이 Arawy อร่อย A2
7. 몬 놈쏫 Mont Nom Sod A2
8. 밋꾸어얀 มิตรโกหย่วน A2
9. 매톰 팟타이 Mae Thum Padthai B2
10. 꼽 히아 타이끼 Kope Hya Tai Kee B2
11. 팁 싸마이 Thip Samai B2
12. 쩨마이 Jay Fai ร้านเจ๊ไฝ B2
13. 짠찹엘리 하우스(반 가봉붤링) A2
14. 까이양 보란 Kai Yang Boran A2
15. 나이우안 옌따포 Nai Uan Yen Ta Fo A2
16. 롯쨈티안 โรงเจ๊ตเตียน A2
17. 아냐 Anya Authentic Thai Cuisine A2
18. 또 꾸페이(또 ร้านโต๊) B2
19. 마더 로스타(빠룩 피 지점) Mother Roaster B2

Entertainment

1. 프라나콘 바 Phra Nakhon Bar A1

Hotel

1. 아야톤 방콕 Ayathorn Bangkok B1
2. Siam Champs Elyseesi Unique Hotel B1
3. 히어 호스텔 Here Hostel B1
4. 반 놉파웡 Baan Noppawong A1
5. 딘쏘 몬 호텔 Dinso Mon Hotel A1
6. 반 딘쏘 Baan Dinso A1
7. Printing House Poshtel A1
8. 라문 호스텔 La Moon Hostel B1
9. 원스 어게인 호스텔 Once Again Hostel B2
10. Niras Bankoc Cultural Hostel B2
11. 팀 맨션 Tim Mansion B2
12. 쩬 부티크 호스텔 Chem Boutique Hostel B2
13. Boxpackers Phranakhon Hostel A1
14. 분씨리 플레이스 Boonsiri Place A1
15. 디 호스텔 D Hostel A1
16. 웨어하우스 방콕 The Warehouse Bangkok A1
17. 비빗 호스텔 Vivit Hostel A2
18. 씨리 포시텔 Siri Poshtel A2

11

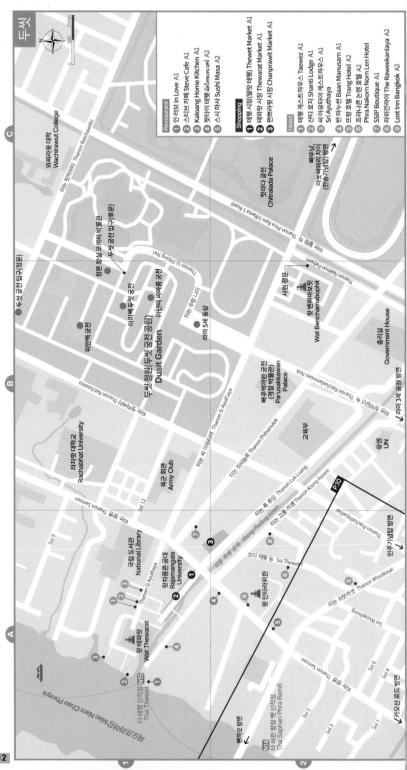

두씻

Restaurant
1. 인 러브 In Love A1
2. 스티브 카페 Steve Cafe A1
3. Kaloang Home Kitchen A1
4. 팟타이 티웹 ผัดไทยเทเวศร์ A2
5. 스시 마사 Sushi Masa A2

Shopping
1. 테웻 시장(떨랏 테웻) Thewet Market A1
2. 테와랏 시장 Thewarat Market A1
3. 짠프라윗 시장 Chanprawit Market A1

Hotel
1. 테웻 게스트하우스 Taewez A1
2. 샨티 로지 Shanti Lodge A1
3. 씨 아유타야 게스트하우스 A1 Sri Ayuthaya
4. 반 마누쌈 Baan Manusam A1
5. 뜨랑 호텔 Trang Hotel A2
6. 프라나콘 논렌 호텔 A2 Phra Nakom Nom Len Hotel
7. SSIP Boutique A2
8. 라위깐라야 The Raweekanlaya A2
9. Lost Inn Bangkok A2

12

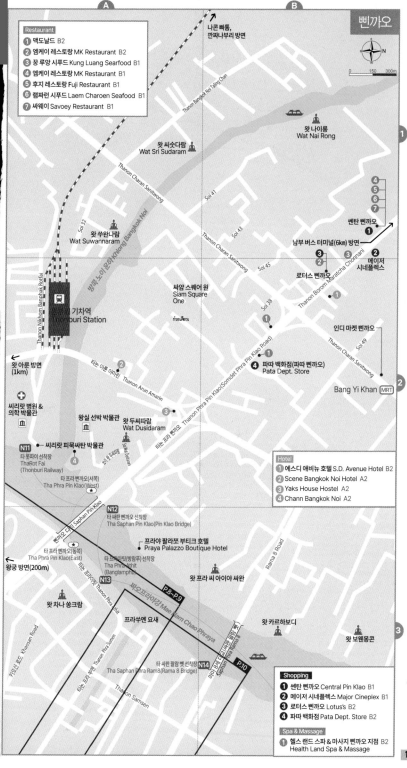

빈까오

Restaurant
1. 맥도날드 B2
2. 엠케이 레스토랑 MK Restaurant B2
3. 꿍 루앙 시푸드 Kung Luang Seafood B1
4. 엠케이 레스토랑 MK Restaurant B1
5. 후지 레스토랑 Fuji Restaurant B1
6. 램짜런 시푸드 Laem Charoen Seafood B1
7. 싸웨이 Savoey Restaurant B1

나콘 빠톰,
깐짜나부리 방면

왓 나이롱
Wat Nai Rong

왓 씨숫다람
Wat Sri Sudaram

Thanon Charan Sanitwong

Sol 41

Sol 43

Thanon Charan Sanitwong

Sol 45

왓 쑤완나람
Wat Suwannaram

Sol 32

방콕 노이 운하 Khlong Bangkok Noi

쎈탄 빈까오

남부 버스 터미널(6km) 방면

메이저
시네플렉스

로터스 빈까오

Thanon Borom Maratcha Chonhani

싸얌 스퀘어 원
Siam Square
One

기차역
Thonburi Station

Thonburi Nikhom Bangkok Rail

Sol 38

인디 마켓 빈까오

Thanon Charan Sanitwong

Sol 49

왓 아룬 방면
(1km)

파따 백화점(파따 빈까오)
Pata Dept. Store

Thanon Phra Pin Klao(Somdet Phra Pin Klao Road)

Bang Yi Khan [MRT]

씨리랏 병원 &
의학 박물관

Thanon Arun Amarin

왕실 선박 박물관

왓 두씨따람
Wat Dusidaram

씨리랏 피묵싸탄 박물관

Hotel
1. 에스디 애비뉴 호텔 S.D. Avenue Hotel B2
2. Scene Bangkok Noi Hotel A2
3. Yaks House Hostel A2
4. Chann Bangkok Noi A2

[N11]
타롯파이 선착장
ThaRot Fai
(Thonburi Railway)

타 프라 빈까오(서쪽)
Tha Phra Pin Klao(West)

[N12]
타 싸판 빈까오 선착장
Tha Saphan Pin Klao(Pin Klao Bridge)

빈까오 대교 Saphan Pin Klao

타 프라 빈까오(동쪽)
Tha Phra Pin Klao(East)

왕궁 방면(200m)

프라야 팔라쪼 부티크 호텔
Praya Palazzo Boutique Hotel

타 프라아팃(방람푸) 선착장
Tha Phra Athit
(Banglamphu)

[N13]

왓 프라 씨 아이야 싸완

Thanon Phra Pin Klao

Rama 8 Road

짜오프라야강 Mae Nam Chao Phraya

P.8~P.9

왓 차나 쑹크람

프라쑤멘 요새

왓 카르하보디

Khaosan Road

Thanon Phra Samen

Thanon Phra Athit

왓 보웬몽콘

타 싸판 팔람 뺏 선착장
Tha Saphan Phra Ram8(Rama 8 Bridge)

[N14]

Saphan Phra Rama 8

P.10

Thanon Samsen

Shopping
1. 쎈탄 빈까오 Central Pin Klao B1
2. 메이저 시네플렉스 Major Cineplex B1
3. 로터스 빈까오 Lotus's B2
4. 파따 백화점 Pata Dept. Store B2

Spa & Massage
1. 헬스 랜드 스파 & 마사지 빈까오 지점 B2
Health Land Spa & Massage

13

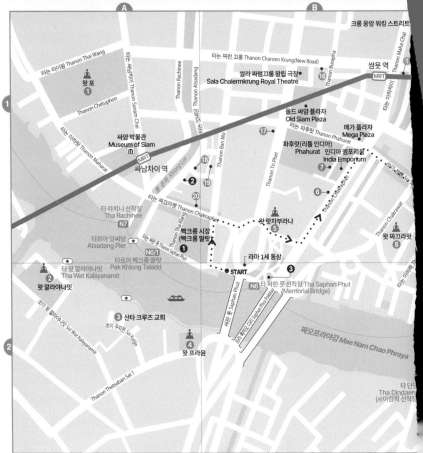

차이나타운

크롱 옹앙 워킹 스트리트

나콘 까쎔 Nakhon Kasem

왓 텝씨린

철도청

타논 루앙 Thanon Luang

끄랑 병원 Klang Hospital

왓 프랍프라차이 Wat Phlap Phra Chai

Thanon Chao Khamrop

경찰서

타논 짜런끄룽 Thanon Charoen Krung/New Road

왓 망꼰 역 MRT

광둥 회관

I'm Chinatown(쇼핑몰)

7월 22일 로터리 (왕위안 아빰쏭 까라까따)

타랏차웡 선착장 Tha Ratchawong N5

싸미티웻 병원 Samitivej Hospital

오디안 로터리 (왕위안 오디안)

빠뚜 찐 China Gate

왓 뜨라이밋

후아람퐁 기차역

FINISH

후아람퐁 역 MRT

타 싸왓디 선착장 Sawasdee Pier

Lhong 1919

투어리스트 보트 선착장

딸랏 노이 방면 ↓

P.15

타논 야왈랏(차이나타운)

로터스 Lotus

MRT 왓 망꼰 역

광둥회관

I'm Chinatown(쇼핑몰) 렛츠 릴렉스(지점)

Hotel Royal Bangkok

상하이 맨션 Shanghai Mansion

China Town Hotel

New Empire Hotel

관세청 사당 싸미티웻 병원 Samitivej Hospital

오디안 로터리(왕위안 오디안)

103 Bed & Brew

The Mustang Blu

왓 뜨라이밋

Restaurant

1. Hua Seng Hong A1
2. Double Dogs Tea Room A1
3. 꾸어이짭 우안 포차나 A1
4. Krua Porn La Mai A1
5. 나이몽 허이 텃 A1
6. Sweet Time(디저트 노점) A1
7. 꾸어이짭 나이엑 A1
8. Yaowarat Toasted Buns A1
9. Yoo Chinatown Fishball(쌀국수) A1
10. 렉 & 룻 시푸드 A1
11. T & K 시푸드 A1
12. 텍사스 쑤끼 B1
13. China Town Scala Restaurant B1
14. 이아쌔 커피 A2
15. 캔톤 하우스 B2
16. 롱토우 카페 Lhong Tou Cafe B2
17. Odean Noodle(쌀국수) B2
18. El Chiringuito B2
19. Nahim Cafe B1
20. 월프라워 카페 Wallfowers Cafe B1

Entertainment

1. 빠하오 Ba Hao B1
2. 브라운 슈가 Brown Sugar B1
3. Independence Bar B1
4. Teens of Thailand B2
5. 텝 바 Tep Bar B2

15

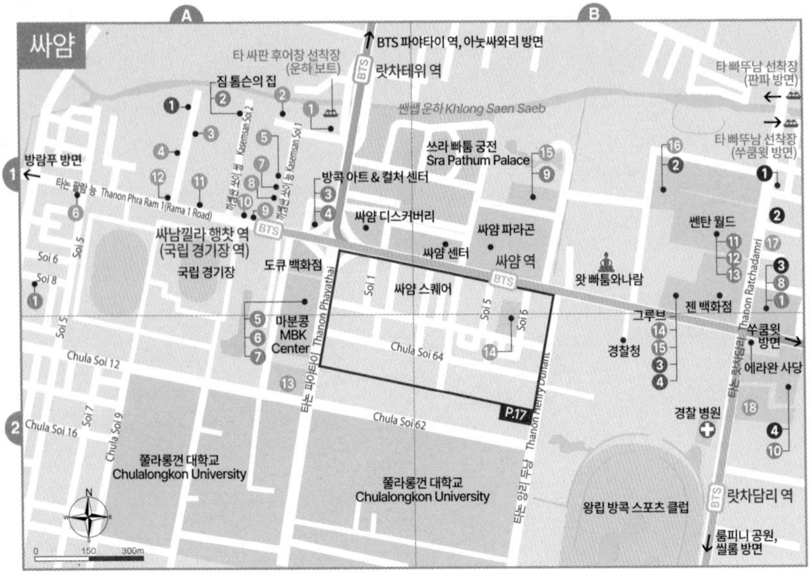
싸얌
A
B
BTS 파야타이 역, 아눗싸와리 방면
랏차테위 역
타 싸판 후어창 선착장 (운하 보트)
짐 톰슨의 집
쌘쌥 운하 Khlong Saen Saeb
타 빠뚜남 선착장 (판파 방면)
타 빠뚜남 선착장 (쑤쿰윗 방면)
쓰라 빠툼 궁전 Sra Pathum Palace
방람푸 방면
타논 팔람 능 Thanon Phra Ram 1(Rama 1 Road)
Kasemsan Soi 2
Kasemsan Soi 1
방콕 아트 & 컬처 센터
싸얌 디스커버리
싸얌 파라곤
싸얌 센터
싸얌 역
싸남낄라 행찻 역 (국립 경기장 역)
국립 경기장
도큐 백화점
싸얌 스퀘어
센탄 월드
왓 빠툼와나람
젠 백화점
그루브
경찰청
Thanon Ratchadamri
쑤쿰윗 방면
에라완 사당
마분콩 MBK Center
Thanon Phayathai
타논 파야타이
Soi 6
Soi 8
Soi 5
Soi 1
Soi 6
Chula Soi 12
Chula Soi 64
Chula Soi 62
Chula Soi 16
Soi 7
Chula Soi 9
P.17
Thanon Henry Dunant
타논 앙리 두낭
경찰 병원
쭐라롱껀 대학교 Chulalongkon University
쭐라롱껀 대학교 Chulalongkon University
왕립 방콕 스포츠 클럽
랏차담리 역
룸피니 공원, 씰롬 방면
0 150 300m

Restaurant

1. 쏨분 시푸드(본점) Somboon Seafood A1
2. 짐 톰슨 레스토랑 A1
3. 갤러리 드립커피 Gallery Drip Coffee A1
4. 아이스디어 Icedea A1
5. 마분콩 푸드 센터 MBK Food Center A1
6. 반 쿤매 Baan Khun Mae A1
7. 엠케이 레스토랑 MK Restaurant A1
8. 페이스트 Paste B1
9. 싸부아 Sra Bua by Kiin Kiin B1
10. 에라완 티 룸 Erawan Tea Room B2
11. 헤븐 언 세븐스 Heaven On 7th B1
12. 텅스밋 Thong Smith B1
13. 램짜런 시푸드 Laem Charoen Seafood B1
14. 그레이하운드 카페 Greyhound Cafe B1
15. iO Italian Osteria B1

Shopping

1. 더 마켓(쇼핑몰) The Market B1
2. 빅 시(랏차담리 지점) Bic C B1
3. 게이손 빌리지 Gaysorn Village B1
4. 에라완 방콕 Erawan Bangkok B2

Spa & Massage

1. 판퓨리 웰니스 Panpuri Wellness B1

Entertainment

1. Philtration A1
2. 레드 스카이 Red Sky B1
3. 홉스 HOBS(House of Beers) B1
4. 타파스 바 Tapas Bar B1

Hotel

1. Hua Chang Heritage Hotel A1
2. 빠뚬완 하우스 Patumwan House A1
3. 해피 3 호텔 Happy 3 Hotel A1
4. Daraya Boutique Hotel A1
5. 릿 호텔(롱램 릿) LIT Hotel A1
6. Siam Stadium Hostel A1
7. 화이트 로지 White Lodge A1
8. 리노 호텔 Reno Hotel A1
9. Ibis Mercure Hotel Siam A1
10. 랍디 싸얌 스퀘어 Lub★d Siam Square A1
11. Holiday Inn Express(Siam) A1
12. 싸얌 앳 싸얌 호텔 Siam @ Siam Hotel A1
13. Patumwan Princess Hotel A1
14. Novotel Bangkok On Siam Square B2
15. 싸얌 켐핀스키 호텔 Siam Kempinski Hotel B1
16. 쎈타라 그랜드 호텔 Centara Grand Hotel B1
17. 아노마 호텔 Anoma Hotel B1
18. Anantara Siam Bangkok Hotel B2

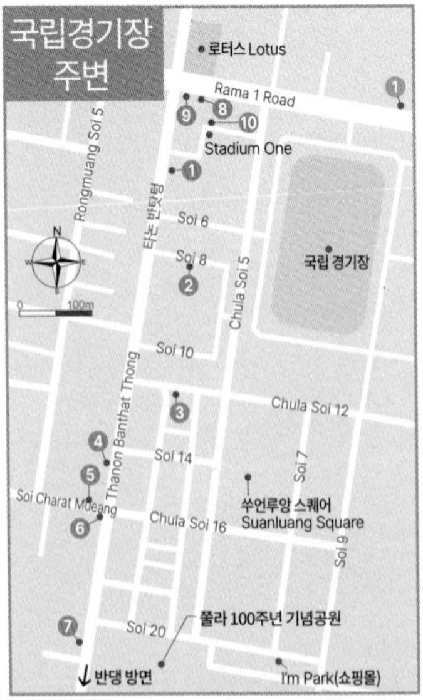
국립경기장 주변
로터스 Lotus
Rama 1 Road
Stadium One
Rongmuang Soi 5
타논 반탓텅
Soi 6
Soi 8
Chula Soi 5
국립 경기장
100m
Soi 10
Thanon Banthat Thong
Chula Soi 12
Soi 14
Soi 7
Soi Charat Mueang
Chula Soi 16
쑤언루앙 스퀘어 Suanluang Square
Soi 9
Soi 20
쭐라 100주년 기념공원
반댕 방면
I'm Park(쇼핑몰)

Restaurant

1. Buntudthong Fishball(쌀국수)
2. 쏨분 시푸드(본점) Somboon Seafood
3. 촉디 딤섬 โชคดีติ่มซำ
4. 엘비스 쑤끼 Elvis Suki
5. 쩨오 쭐라 Jeh O Chula เจ๊โอว
6. Nam Dao Huu 南豆腐
7. 에 시푸드 Aey Seafood
8. 몬 놈쏫(지점) Mont Nomsod
9. 숙달 Sookdal
10. 툭빡 Tookpak

Hotel

1. 싸얌 앳 싸얌 호텔 Siam @ Siam Hotel

싸얌 스퀘어

↑BTS 랏차테위 역 방면

방콕 아트 & 컬처 센터

싸얌 디스커버리
Siam Discovery ❶❷❾❿

싸얌 센터
Siam Center ❸❹❺❻❼

싸얌 파라곤
Siam Paragon ❽❾❿⓫❻

타논 팔람 능 Thanon Phra Ram 1(Rama 1 Road)

싸얌 역 BTS

국립 경기장, 쏘이 까쌤싼 방면 ←

센탄 월드, 쑤쿰윗 방면 →

Lido Connect

Siam Square Soi 1
Siam Square Soi 2
Siam Square Soi 3
Siam Square Soi 4
Siam Square Soi 5
Siam Square Soi 6

Thanon Phayathai

Thanon Henry Dunant

Centerpoint of Siam Square

싸얌 스퀘어 원
Siam Square One

방콕 은행

Siam Square Soi 7

Siam Square Soi 7

싸얌 스케이프
Siam Scape

SCB

퍼스터
Firster

까씨꼰 은행

Soi 11
Soi 10
Soi 9
Soi 8

끄룽씨 은행

Chula Soi 64

싸얌낏
Siamkit

Chula Soi 64

View
❶ 마담 투소 밀랍 인형 박물관
Madame Tussauds Wax Museum

Restaurant
❶ 스타벅스 커피
❷ 아웃백 스테이크 Outback Steak
❸ 그레이하운드 카페 Greyhound Cafe
❹ 후지 레스토랑 Fuji Restaurant
❺ 하찌방 라멘 Hachiban Ramen
❻ Petite Audrey Cafe
❼ 시즐러 Sizzler
❽ 싸얌 파라곤 G층 식당가
❾ 애프터 유 디저트 카페,
엠케이 골드 MK Gold
❿ 후지 레스토랑 Fuji Restaurant,
따링쁘링 Taling Pling,
반카라 라멘 Bankara Ramen
⓫ TWG 티 살롱 TWG Tea Salon

⑫ 오까쭈 Ohkajhu
⑬ 쏨분 시푸드(지점) Somboon Seafood
⑭ Nice Two Meat U
⑮ 밀 토스트 하우스 Mil Toast House
⑯ 카셋 커피 바 The Cassette Coffee Bar
⑰ 오까쭈(지점) Ohkajhu
⑱ 팟타이 파이타루(지점) Pad Thai Fai Ta Lu
⑲ 씨파 See Fah
⑳ 콧 얌 Khoad Yum
㉑ 쏨땀 누아 Somtam Nua
㉒ 망고 탱고 Mango Tango
㉓ 인터 Inter
㉔ 트루 커피 True Coffee
㉕ 화이트 플라워 팩토리 White Flower Factory
㉖ SHU Cafe
㉗ 파이어 타이거(카페) Fire Tiger
㉘ 에브리데이 카르마카멧 Everyday KMKM
㉙ 바나나 바나나 Banana Banana

Shopping
❶ 도큐 백화점 Tokyu Department Store
❷ 마분콩 MBK Center
❸ 나라야 Naraya
❹ 이니스프리 Innisfree
❺ 왓슨스 Watson's
❻ 고멧 마켓 Gourmet Market
❼ 검프 싸얌 Gump Siam(공사 중)
❽ 부츠 Boots
❾ 에코토피아 Ecotopia
❿ 로프트 Loft
⓫ 다이소 Daiso

Spa & Massage
❶ 렛츠 릴랙스(지점) Let's Relax

Hotel
❶ 노보텔 방콕 언 싸얌 스퀘어
Novotel Bangkok On Siam Square

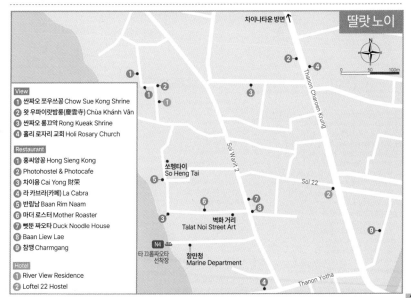

딸랏 노이

차이나타운 방면 ↑

Thanon Charoen Krung

So Wanit 2

쏘헹타이
So Heng Tai

Soi 22

벽화 거리
Talat Noi Street Art

N4
타끄룽짜오타
선착장

항만청
Marine Department

Thanon Yotha

View
❶ 싼짜오 쪼우쓰꽁 Chow Sue Kong Shrine
❷ 왓 우파이랏밤룽(慶雲寺) Chùa Khánh Vân
❸ 싼짜오 롱끄악 Rong Kueak Shrine
❹ 홀리 로자리 교회 Holi Rosary Church

Restaurant
❶ 홍씨앙꽁 Hong Sieng Kong
❷ Photohostel & Photocafe
❸ 차이용 Cai Yong 財榮
❹ 라 카브라(카페) La Cabra
❺ 반림남 Baan Rim Naam
❻ 마더 로스터 Mother Roaster
❼ 뻿뚠 짜오타 Duck Noodle House
❽ Baan Liew Lae
❾ 참깽 Charmgang

Hotel
❶ River View Residence
❷ Loftel 22 Hostel

타 빠뚜남 방면↑

A

B

타 빠뚜남(판파 방면)
Tha Pratunam
타 빠뚜남(쑤쿰윗 방면)
Tha Pratunam

쎈타라 그랜드 호텔
레드 스카이
트리무르티 사당

더 마켓 방콕
The Market Bangkok

쎈탄 월드
Central World

빅 시 Big C
Amoma Hotel

젠 백화점

그루브

게이손 빌리지

인터컨티넨탈 호텔

칫롬 역
Chitlom BTS

에라완 사당

그랜드 하얏트 에라완 호텔

보디 튠

르네상스 호텔

The Portico

경찰 병원

Peninsula Plaza

아난타라 싸얌
Anantara Siam

CIMB 은행

왕립 방콕
스포츠 클럽

랏차담리 역
Ratchadamri BTS

호텔 뮤즈

네덜란드 대사관

오리엔탈 레지던스 방콕

킴튼 마라이
Kimpton Maa-Lai
씬톤 켐핀스키 호텔
Sindhom Kempinski Hotel

Soi 7

타른 싸라씬 Thanon Sarasin

씰롬 방면

룸피니 공원
Lumphini Park

타른 펫부리 Thanon Phetchburi

타 칫롬
Tha Chitlom

타 위타유
Tha Withayu(Wireless)

나이럿 공원
Nai Lert Park

영국 대사관
스위스 대사관

쎈탄 칫롬 백화점
푸드 로프트
파크 하얏트 호텔
쎈탄 엠바시
Central Embassy

시바텔
Sivatel

Krungsri

오쿠라 프레스티지
Okura Prestige
파크 벤처 빌딩

펀찟 역
Phloenchit BTS

미국 대사 관저

베트남 대사관

아테니 타워
Athenee Tower

호텔 인디고

올 시즌스 플레이스
All Seasons Place

콘래드 호텔
Conrad Hotel

미국 대사관

아테니 레지던스
Athenee Residence

루암 루디 빌리지
Ruam Rudi Village

Soi 1

Soi 2

Soi 3

Soi 4

쌔네 짠
Saneh Jaan

오차(오샤)
Osha

Soi 5

싸톤 방면↓

18

펀찟·쑤쿰윗(나나, 아쏙)

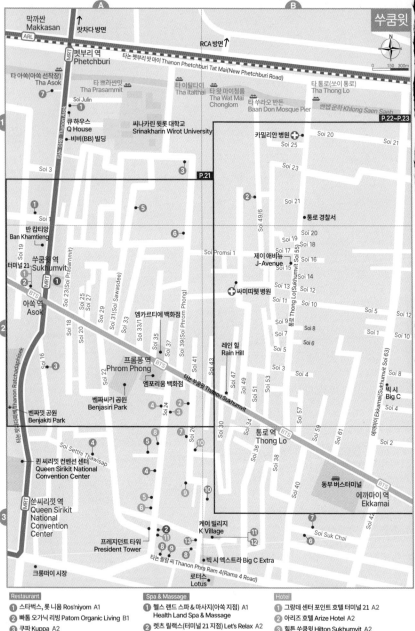

쑤쿰윗

막까싼
Makkasan

랏차다 방면

RCA 방면

펫부리 역
Phetchburi

타논 펫부리 땃 마이 Thanon Phetchburi Tat Mai(New Phetchburi Road)

타 아쑥(아쑥 선착장)
Tha Asok

타 쁘라싼밋
Tha Prasammit

타 이딸타이
Tha Italthai

타 왓 마이청롬
Tha Wat Mai
Chonglom

타 쑤라오 반돈
Baan Don Mosque Pier

타 통로(쏘이 통로)
Tha Thong Lo

쌘쌥 운하 Khlong Saen Saep

P.22~P.23

Soi Julin

큐 하우스
Q House

비비(BB) 빌딩

씨나카린 윗롯 대학교
Srinakharin Wirot University

카밀리안 병원

Soi 20

Soi 25

Soi 21

Soi 3

P.21

Soi 23

반 캄티앙
Ban Khamtieng

쑤쿰윗 역
Sukhumvit

터미널 21

아쑥 역
Asok

통로 경찰서

Soi 21

Soi 49/6

Soi Promsi 1

제이 애비뉴
J-Avenue

Soi 20

Soi 19

Soi 18

Soi 17

Soi 16

Soi 15

Soi 14

싸미띠웻 병원

Soi 13

Soi 12

엠카르티에 백화점

Soi 11

Soi 10

Soi 5

Soi 12

Soi 8

Soi 1

Soi 10

레인 힐
Rain Hill

Soi 7

Soi 6

프롬퐁 역
Phrom Phong

엠포리움 백화점

벤짜씨리 공원
Benjasiri Park

벤짜낏 공원
Benjakiti Park

빅 씨
Big C

통로 역
Thong Lo

퀸 씨리낏 컨벤션 센터
Queen Sirikit National
Convention Center

쑨씨리낏 역
Queen Sirikit
National
Convention
Center

동부 버스터미널

에까마이 역
Ekkamai

케이 빌리지
K Village

프레지던트 타워
President Tower

크롱떠이 시장

타논 팔람 씨 Thanon Phra Ram 4(Rama 4 Road)

빅 씨 엑스트라 Big C Extra

로터스
Lotus

Soi Suk Chai

Restaurant

1 스타벅스, 롯 니욤 Ros'niyom A1
2 빠톰 오가닉 리빙 Patom Organic Living B1
3 쿠파 Kuppa A2
4 르안 말리까 Ruen Mallika A3
5 라이브러리 Li-bra-ry A3
6 POWWOWWOW BKK B3
7 반 쏨땀(쑤쿰윗 지점) Baan Somtum B3
8 맥도날드 A3
9 쏜통 포차나 Sorn Thong Restaurant A3
10 인더스(인도 음식점) Indus B3
11 와인 커넥션 Wine Connection B3
12 Beer Collection B3
13 싸웨이 Savoey A3

Spa & Massage

1 헬스 랜드 스파 & 마사지(아쑥 지점) A1
Health Land Spa & Massage
2 렛츠 릴랙스(터미널 21 지점) Let's Relax A2
3 렛츠 릴랙스(쑤쿰윗 39 지점) Let's Relax A1
4 아시아 허브 어소시에이션(쑤쿰윗 24 지점) A3
Asia Herb Association
5 오아시스스파 Oasis Spa A1
6 Plant Day Spa(프롬퐁 지점) A2
7 Diora Luxe Asoke A1
8 유노모리 온센 Yunomori Onsen A3

Entertainment

1 쏘이 카우보이 Soi Cowboy A2
2 슈가 레이 Sugar Ray A3

Hotel

1 그랑데 센터 포인트 호텔 터미널 21 A2
2 아리즈 호텔 Arize Hotel A1
3 힐튼 쑤쿰윗 Hilton Sukhumvit A2
4 Compass Sky View Hotel A2
5 메리어트 이그제큐티브 아파트먼트 A3
6 룸피니 24 The Lumpini 24 A3
7 더블 트리 바이 힐튼 Double Tree by Hilton A3
8 하얏트 플레이스 Hyatt Place A3
9 포윙 호텔 Four Wing's Hotel A3
10 럭키 호텔 Lucky Hotel A3
11 데이비스 호텔 The Davis Bangkok A3

쑤쿰윗(아쏙, 프롬퐁)

쑤쿰윗(통로, 에까마이)

카밀리안 병원
Camillian Hospital

N

0 100 200m

Soi 20

Soi 25

Soi 23

Thara Rom Soi 2

Soi 49/11

Soi Promsi 1

Soi 49/6

싸미띠웻 병원
Samitivej Hospital

Soi 49/4

Soi 49/3

Soi 19

Soi 21

더 커먼스
The Commons

통로 경찰서
Thong Lo Police Station
이슬람 모스크
Masjid Zhohirul Islam

제이 애비뉴
J-Avenue

Soi 17

Soi 18

72 코트야드 72 Courty

Soi 15

Soi 16

Seenspace

Soi 13

Soi 14

Soi 11

Soi 12

Soi 49/1

Fuji Super
후지 슈퍼

Soi 9

Soi 10

Soi 10

에이트 통로
Ei8ht Thonglor

Soi 8

Soi 7

Soi 5

에까마이/Sukhumvit Soi 63

Soi 5

CUB House

Soi 3

Soi 1

레인 힐
Rain Hill

Soi 43

Soi 45

Soi 47

Soi 49

Soi 6

Soi 5

Marché Thonglor

끄룽씨 은행

Soi 8

Soi 30

Soi 30/1

Soi 51

Soi 53

Soi 3

Soi 4

Soi 1

Soi 2

빅씨
인디

라이트 로프트
Light Loft

에쏘 주유소
Esso

Soi 34

Soi 38

통로 역
Thong Lo

Soi 57

Soi 59

Soi 2

Soi 37

Soi 38

Soi 61

Thong Lo(Sukhumvit Soi 55)

Thanon Sukhumvit

메이저 시네플렉스 Major Cineple

Soi 31

Soi 40

Soi 42

에까마이 역
Ekkamai

동부 버스터미널(콘쏭 에까마이)
Eastern Bus Terminal

방콕 메디플렉스
Bangkok Mediplex

22

Restaurant

1. 똔크르앙 Thon Krueng A1
2. Kay's Sukhumvit 49 A2
3. 빠똠 오가닉 리빙 Patom Organic Living A1
4. S&P B1
5. 파타라 Patara B1
6. 그레이하운드 카페 Geryhound Cafe B1
7. 오봉팽 Au Bon Pain B1
8. 잇푸도 라멘 Ippudo Ramen B1
9. 분똥끼얏 Boon Tong Kiat Hainanese B1
10. 로스트 Roast B1
11. 루트 커피 Root Coffee B1
12. 테이스트 통로 The Taste Thonglor B2
13. 알-한 R-Haan A2
14. 애프터 유 디저트 카페 After You Dessert Cafe B1
15. 스타벅스 커피 Starbucks Coffee B1
16. 루카 모토(루카 카페 분점) Laka Moto B2
17. Beast & Butter B2
18. 푸껫 타운 Phuket Town B2
19. 폴 Paul B2
20. 마살라 아트 Masala Art B2
21. 엘 가우초(스테이크) El Gaucho B2
22. 딘타이펑(지점) B2
23. 쑤파니까 이팅 룸 Supanniga Eating Room B2
24. Saigon Recipe A2
25. 캔버스 Canvas B2
26. 쿠아 끄링 빡쏫 Khua Kling Pak Sod B2
27. 토비 Toby's B3
28. 안다만 Andaman A2
29. Pacamara Coffee A2
30. 와인 커넥션 Wine Connection A2
31. 마이 초이스 My Choice A3
32. 브로콜리 레볼루션 Broccoli Revolution A2
33. 오드리 카페(통로) Audrey Cafe B1
34. 헤링본 Herringbone A2
35. 보.란 Bo.Lan A3
36. 따링 쁘링 Taling Pling A3
37. L'OLIVA Ristorante Italiano A3
38. 호이팃 차우래 Hoi Tod Chaw-Lae A3
39. 바미 콘쌔리 B3
40. Gusion Coffee Project A1
41. 카놈 Kanom A1
42. 센다이 라멘 모꼬리 Sendai Ramen Mokkori B3
43. 서울(일식당) Seoul B3
44. 고시레(한식당) B3
45. Err Urban Rustic Thai B3
46. 싯 앤드 원더 Sit and Wonder B3
47. Patisserie Rosie(디저트 카페) B2
48. 행 허이텃차우래 C2
49. 카우 레스토랑 Khao Restaurant C2
50. 싸바이 짜이 Sabai Jai B2
51. 쿤잉 레스토랑 Khunying Restaurant B2
52. 쿤천 Khun Churn B3
53. 엠케이 골드 MK Gold B3
54. 롤링 로스터 Rolling Roasters B3
55. 방콕반점(한식당) B3
56. 히어 하이 Here Hai C2
57. 미트리셔스 Meatlicious C2
58. 100 Mahaseth Ekamai B3
59. 잉크 & 라이온 카페 Ink & Lion Cafe B3
60. 홈두안 หอมดวน B3
61. 땀낙 이싼 Tamnak Isan B2
62. 왓타나 파닛(쌀국수) วัฒนาพานิช C1
63. 카이젠 커피 Kaizen Coffee C1
64. 아룬완 Arunwan C1

Shopping

1. 페니 발코니 Penny's Balcony B1
2. 피만 49 Piman 49 A2
3. 더 49 테라스 The 49 Terrace A2
4. 돈키 몰 통로 DONKI Mall Thonglor B2
5. 에까마이 쇼핑 몰 Ekkamai Shopping Mall B2
6. 파크 레인 Park Lane B3
7. 탄 쑤쿰윗 47 THANN Sukhumvit 47 A2

Spa & Massage

1. 디바나 디바인 스파 Divana Divine Spa B1
2. 팜 허벌 리트리트 Palm Herbal Retreat B1
3. 어반 오아시스 스파 Urban Oasis Spa C1
4. 헬스 랜드 스파 & 마사지(에까마이 지점) B2
   Health Land Spa & Massage
5. 만다린 진저 스파 B2
   Mandarin Ginger Spa
6. 탄 생추어리 스파(지점) Thann Sanctuary Spa A2
7. 렛츠 릴랙스(에까마이 지점) Let Realx B3
8. 렛츠 릴랙스 스파 온센 Let's Relax Spa Onsen B2

Entertainment

1. 투바 Tuba C1
2. Wine I Love You B1
3. 홉스(하우스 오브 비어) HOBS(House of Beers) B1
4. 더 비어 캡 TBC(The Beer Cap) B1
5. 래빗 홀 Rabbit Hole B2
6. 아이누 AINU B2
7. 티추카 Tichuca B3
8. 에셜론 Echelon Bangkok B2
9. 비어 벨리 Bear Belly, 빔 클럽 Beam Club B1
10. 와인 리퍼블릭 Wine Republic B2
11. SWAY B2
12. The Cassette Music Bar C2
13. 소닉 Sonic B2
14. 008 Bar B2
15. 테 에까마이 Thay Ekamai C2
16. 낭렌 Nunglen B2
17. 디엔디 클럽 DND Club(Do Not Disturb) B2
18. 셔벗 Sherbet B2
19. 씽 씽 씨어터 Sing Sing Theater A2
20. 에까마이 비어 하우스 Ekamai Beer House B3
21. Iron Balls Distillery B3
22. 홉스(레인힐 지점) HOBS(House of Beers) A2
23. WTF 갤러리 & 카페 WTF Gallery & Café A2
24. 옥타브 루프톱 라운지 & 바 B2
   Octave Rooftop Lounge & Bar
25. 미켈러 방콕 Mikkeller Bangkok C2

Hotel

1. Akyra Hotel Thonglor B2
2. 서머셋 쑤쿰윗 통로 B2
   Somerset Sukhumvit Thonglor
3. Salil Hotel Thonglor Soi 1 A2
4. 호텔 닛코 Hotel Nikko A3
5. Staybridge Suites B2
6. 노블 리믹스 Noble Remix A3
7. Salil Hotel Sukhumvit 57 B3
8. Somerset Ekamai Bangkok B3
9. 메리어트 호텔 쑤쿰윗 Marriott Hotel Sukhumvit B3
10. 애쉬톤 콘도미니엄 Ashton Condominium A3
11. 그랑데 센터 포인트 호텔(쑤쿰윗 55) B2
    Grande Centre Point Sukhumvit 55
12. Civic Horizon Hotel & Residences B3

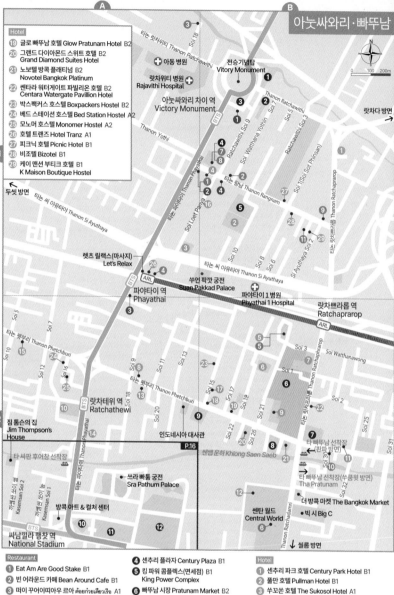

A   B

아눗싸와리·빠뚜남

Hotel

⑲ 글로 빠뚜남 호텔 Glow Pratunam Hotel B2
⑳ 그랜드 다이아몬드 스위트 호텔 B2
　Grand Diamond Suites Hotel
㉑ 노보텔 방콕 플래티넘 B2
　Novotel Bangkok Platinum
㉒ 쎈타라 워터게이트 파빌리온 호텔 B2
　Centara Watergate Pavillion Hotel
㉓ 박스팩커스 호스텔 Boxpackers Hostel B2
㉔ 베드 스테이션 호스텔 Bed Station Hostel A2
㉕ 모노머 호스텔 Monomer Hostel A2
㉖ 호텔 트랜즈 Hotel Tranz A1
㉗ 피크닉 호텔 Picnic Hotel B1
㉘ 비조텔 Bizotel B1
㉙ 케이 맨션 부티크 호텔 B1
　K Maison Boutique Hostel

Restaurant

① Eat Am Are Good Stake B1
② 빈 어라운드 카페 Bean Around Cafe B1
③ 떠이 꾸어이띠야우 르아 ก๋วยเตี๋ยวเรือ A1
④ 팩토리 커피 Factory Coffee A1
⑤ 바이욕 스카이 호텔 뷔페 B2
⑥ 헤븐 언 세븐 Heaven On 7 B2
⑦ 엠케이 레스토랑 MK Restaurant B1
⑧ 하찌방 라멘 Hachiban Ramen B1
⑨ 꽝(꾸앙) 시푸드 Kuang Seafood B1
⑩ 꼬앙 카우まん까이 빠뚜남 B2
⑪ Kay's Boutique Breakfast B1

Shopping

❶ 패션 몰 Fashion Mall B1
❷ 센터 원 쇼핑센터 B1
　Center One Shopping Center
❸ 빅토리 포인트 Victory Point B1

Entertainment

① 색소폰 Saxophone Pub & Restaruant B1
② Sky Train Jazz Bar B1
③ Blue Ray Bar A1
④ 반 바 Baan Bar B1

---

④ 센추리 플라자 Century Plaza B1
⑤ 킹 파워 콤플렉스(면세점) B1
　King Power Complex
⑥ 빠뚜남 시장 Pratunam Market B2
⑦ 팔라듐 쇼핑몰
　Palladium Shopping Mall B2
⑧ 플래티넘 패션 몰 B2
　The Platinum Fashion Mall
⑨ 판팁 플라자 Pantip Plaza B2
⑩ 싸얌 디스커버리 Siam Discovery A2
⑪ 싸얌 센터 Siam Center A2
⑫ 싸얌 파라곤 Siam Paragon A2

Hotel

① 센추리 파크 호텔 Century Park Hotel B1
② 풀만 호텔 Pullman Hotel B1
③ 쑤꼬쏜 호텔 The Sukosol Hotel A1
④ 리듬 랑남 Rhythm Rangnam B1
⑤ 바이욕 스카이 호텔 Baiyoke Sky Hotel B2
⑥ 바이욕 스위트 호텔 Baiyoke Suite Hotel B2
⑦ 인드라 리젠트 호텔 Indra Regent Hotel B2
⑧ Ideo Q A2
⑨ 아마리 워터게이트 호텔 B2
　Amari Watergate Hotel
⑩ 아시아 호텔 Asia Hotel A2
⑪ 버클리 호텔 The Berkeley Hotel B2
⑫ 쎈타라 그랜드 호텔 Centara Grand Hotel B2
⑬ The Address Siam A2
⑭ 비 호텔(ビ) Vie Hotel A2
⑮ 방콕 시티 호텔 Bangkok City Hotel B1
⑯ 트루 싸얌 호텔 True Siam Hotel B1
⑰ 센터 포인트 호텔 Centre Point Hotel B2
⑱ 파디 Pakdee Bed & Breakfast B2

랏차다

쑷티싼, 랏파오, 돈므앙 공항 방면

웨이쾅 역
Huay Khwang

Forum Tower

순왓타나탐 역
Thailand Cultural Center
더 원 랏차다(야시장)

한국 대사관

AIS Capital Center

태국 문화센터
Thailand Cultural Center

태국 증권거래소
중국 대사관

랏차다 포춘

The Grand Rama 9 Super Tower(공사 중)

쩟페어 야시장

Unilever House

팔람 까우 역
Phra Ram 9

G Tower

딘댕 방면

팔람 까우 병원
Praram 9 Praram 9 Hospital

쑤완나품 공항 방면

쑤쿰윗 방면
(아쑥)

고가 도로

RCA

Restaurant
1. 쏨분 시푸드 Somboon Seafood
2. 조 시푸드(周海鮮) Joe Seafood
3. 꽝(꾸앙) 시푸드 Kuang Seafood
4. 팀호완 Tim Ho Wan
5. 엠케이 레스토랑 MK Restaurant
6. Kub Kao Kub Pla
7. MK 골드
8. 후지 레스토랑 Fuji Restaurant

Shopping
1. 웨이쾅 야시장 Huay Khwang Night Market
2. 스트리트 랏차다 The Street Ratchada
3. 빅 시 엑스트라(빅 시 랏차다) Big C Extra
4. 쎈탄 플라자 그랜드 팔람 까우(백화점) Central Plaza Grand Rama 9
5. 에스플라네이드 Esplanade
6. 로터스(로땃 포춘 타운) Lotus's

Entertainment
1. 헐리웃 클럽 Hollywood Club
2. 랏차다 쏘이 4 Ratchada Soi 4
3. 스놉 SNOP

Hotel
1. 힙 호텔 Hip Hotel
2. 이비스 스타일 ibis Styles Ratchada
3. 스위소텔 르 콩코드 Swissotel Le Concorde
4. 에메랄드 호텔 Emerald Hotel
5. 그라프 호텔 Graph Hotel
6. 그랜드 머큐어 포춘 호텔 Grand Mercure Fortune Hotel
7. 골든 튤립 소버린 호텔 Golden Tulip Sovereign Hotel
8. 프라소 @랏차다 12 Praso @Ratchada 12

RCA

랏차다 방면

팔람 까우 역
Phra Ram 9

타논 팔람 까우 Thanon Phra Ram 9(Rama 9 Rd)

방콕 은행

쑤완나품 공항 방면

팔람 까우 병원

RCA 플라자
Top's Market

막까싼
Makkasan

RCA
골프 연습장

펫부리 역
Phetchburi

딘댕 방면 타논 펫부리 땃 마이 Thanon Phetchburi Tat Mai(New Phetchburi Road)

아쑥 방면

프롬퐁 방면

Restaurant
1. S&P 레스토랑
2. Kifune Premium Restaurant
3. 카페 아마존 Cafe Amazon
4. 스타벅스 커피 Starbucks Coffee

Shopping
1. 로터스(로땃 포춘 타운) Lotus's
2. 오피스 메이트 Office Mate

Entertainment
1. 오닉스 Onyx
2. 루트 66 Route 66
3. Valenz Live
4. Old Leng Bar

Hotel
1. 그랜드 머큐어 포춘 호텔 Grand Mercure Fortune Hotel
2. 골든 튤립 소버린 호텔 Golden Tulip Sovereign Hotel
3. Grand Mercure Bangkok Atrium

P.27

Diora Luxe Lumpini
Sol Goethe
독일문화원
태국 씰롬 쏘이 싼판큐 Soi Saphan Khu
태국 씰롬 쏘이 응암두플리 Soi Ngam Duphli
태국 씰롬 쏘이 씨밤펜 Soi Sri Bamphen

Soi Polo(Soi Sanam khii)
룸피니 경찰서
Soi Phra Chen
일본 대사관
호주 대사관
원 방콕(공사중)
One Bangkok
Bangkok Art Biennale

타논 위타유(Wireless Road)
Thanon Withayu

큐 하우스
Q House

룸피니 역
Lumphini
MRT

YMCA
독일 대사관

룸피니 공원
Lumphini Park

라마 6세 동상
Rama VI Statue
룸피니 공원 정문

씰롬 역
Silom
MRT

쓰이 꿀룸쑤언 방면 Thanon Sarasin

Sol 1
Sol 2
Sol 3
민부리 방면

센탄 월드 방면

HSBC 은행
Bank Thai
Sathon Soi 2

타논 싸톤(North Sathon Road)

Sala Daeng Soi
Sala Daeng Soi 1/1

Suan Phlu Soi 6

쭐라롱껀 대학교 병원
Chulalongkorn University Hospital

타논 랏차담리(Ratchadamri Road)

Soi 2
BTS

쌀라댕 역
Sala Daeng

타논 쌀라댕 Thanon Sala Daeng
타논 컨벤트 Thanon Convent

타논 앙리 두낭 Thanon Henry Dunant

쭐라롱껀 대학교 앞에

타논 타니야 Thanon Thaniya
Silom Soi 4
타논 팟퐁 Thanon Patpong
Soi 2

중심부

C.P.타워
United Center

방콕 은행(본점)
Standard Chartered

BNH 병원
Sala Daeng Soi 2

Sol Phiphat 2

Sathon Soi 4

Soi Suan Phlu

싱가포르 대사관

타논 싸톤 느아(North Sathon Road)
타논 싸톤 따이(South Sathon Road)

Sathom City Tower
Bangkok City Tower

Soi Phra Phinit

짬쭈리 스퀘어 방면
짬쭈리 스퀘어
Chamchuri Square
MRT

Chula Soi 60

Thanon Si Phraya

삼얀 역 방면
쌈얀 역
Samyan
후아람퐁 역 방면

왓 후아람퐁
Wat Hua Lamphong

Santhiphap Soi

타논 쑤라웡 Thanon Surawong

Soi Han Tawai

Thanon Sap

A.I.A 빌딩

Soi 15

쌀라댕 역

타논 씰롬 Thanon Silom(Silom Road)

Silom Sio 3
Silom Sio 9

Soi 5
Soi 6
Soi 7

방콕 크리스챤 병원

타논 나라티왓랏차나카린 Thanon Narathiwat Ratchanakharn

쫑논씨 역
Chong Nonsi
BTS

킹 파워 마하나콘

SUB

BRT 씰롬
Sathon Square

Sathon Soi 10
Sathon Soi 12

Saint Louis
타 싸톤 선착장 방면
쫑논씨 문화공원

씰롬 남단 방향 방면

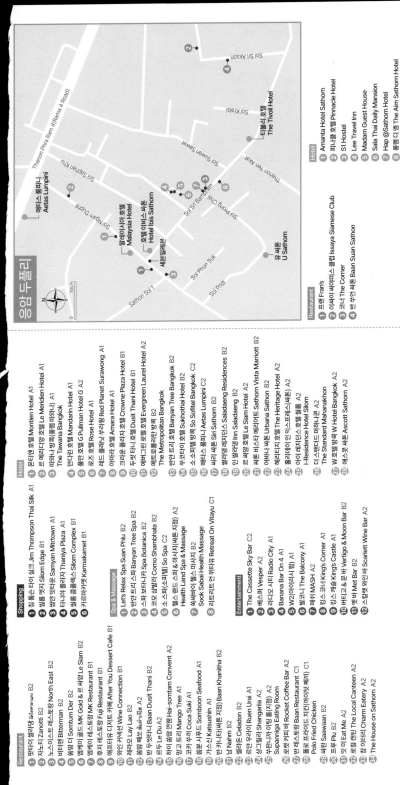

응암 두플리

Restaurant
1 맛타이 쌀라댕 สลัดแฮร์เมส B2
2 자노티 Zanotti B2
3 노스이스트 레스토랑 North East B2
4 비터맨 Bitterman B2
5 쏨땀 더 Somtum Der B2
6 엠케이 골드 & 르 싸얌 MK Gold & Le Siam B2
7 엠케이 레스토랑 MK Restaurant B1
8 후지 레스토랑 Fuji Restaurant B1
9 애프터유 디저트 카페 After You Dessert Cafe B1
10 와인 커넥션 Wine Connection B1
11 레라오 Lay Lao B2
12 쏨땀 페쓰 สมตำเพชร A2
13 반두싯타니 Baan Dusit Thani B2
14 르두 Le Du A2
15 하이 쏨땀 껀벤 Hai-somtam Convent A2
16 망고 트리 Mango Tree A1
17 코카 쑤끼 Coca Suki A1
18 쏨분 시푸드 Somboon Seafood A1
19 카스신 Katsushin A1
20 반 카니타(쌔톤 지점) Baan Khanitha B2
21 남 Nahm B2
22 쌜라돈 Celadon B2
23 르안 우라이 Ruen Urai A1
24 샹그리아 Shangaria A2
25 쑤판니까 이팅 룸(수판니까) A2 Supanniga Eating Room
26 로켓 커피 바 Rocket Coffee Bar A2
27 반 레스토랑 Baan Restaurant C1
28 폴로 프라이드 치킨(까이텃 폴리까) C1 Polo Fried Chicken
29 싸완 Saawaan B2
30 프루 Plu B2
31 잇 미 Eat Me A2
32 로컬 캔틴 The Local Canteen A2
33 참 이터리 Charm Eatery A2
34 The House on Sathorn A2

Shopping
1 짐 톰슨 타이 실크 Jim Thompson Thai Silk A1
2 씰롬 엣지 Silom Edge B1
3 싸얌 밋타운 Samyan Mitrtown A1
4 타니야 플라자 Thaniya Plaza A1
5 씰롬 콤플렉스 Silom Complex B1
6 카르마까멧 Karmakamet B1

Spa & Massage
1 렛츠 릴렉스 스파 수안 플루 Let's Relax Spa Suan Phlu B2
2 반얀 트리 스파 Banyan Tree Spa B2
3 스파 보타니카 Spa Botanica B2
4 코모 샴발라 Como Shambhala B2
5 소 스파(소피텔) So Spa C2
6 헬스 랜드 스파 & 마사지(쌔톤 지점) A2 Health Land Spa & Massage
7 쑥싸바이 헬스 마사지 B2 Sook Sabai Health Massage
8 리트리트 언 위타유 Retreat On Vitayu C1

Entertainment
1 더 카세트 스카이 바 The Cassette Sky Bar C2
2 베스퍼 Vesper A2
3 라디오 시티 Radio City A1
4 바나나 바 온 4 Banana Bar On 4 A1
5 W2(아이라시) W2 A1
6 발코니 The Balcony A1
7 매쉬 MASH A2
8 킹스 코너 King's Corner A1
9 킹스 캐슬 King's Castle A1
10 버티고 & 문 바 Vertigo & Moon Bar B2
11 멧 바 Met Bar B2
12 스칼렛 와인 바 Scarlett Wine Bar A2

Hotel
1 몬티엔 호텔 Montien Hotel A1
2 르 메리디앙 호텔 Le Meridien Hotel A1
3 따와나 방콕(롱램 따와나) A1 The Tawana Bangkok
4 만다린 호텔 Mandarin Hotel A1
5 풀만 호텔 G Pullman Hotel G A2
6 로즈 호텔 Rose Hotel A1
7 레드 플래닛 쑤라웡 Red Planet Surawong A1
8 아마라 호텔 Amara Hotel A1
9 크라운 플라자 호텔 Crowne Plaza Hotel B1
10 두씻 타니 호텔 Dusit Thani Hotel B1
11 에버그린 로렐 호텔 Evergreen Laurel Hotel A2
12 메트로폴리탄 방콕 B2 The Metropolitan Bangkok
13 반얀트리 호텔 방콕 Banyan Tree Bangkok B2
14 쑤코타이 호텔 Sukhothai Hotel B2
15 소 소피텔 방콕 So Sofitel Bangkok C2
16 소 소피텔 방콕 So Sofitel Bangkok C2
17 에따스 룸피니 Aetas Lumpini C2
18 씨리 쌔톤 Siri Sathorn B2
19 쌀라댕 레지던스 Saladaeng Residences B2
20 쌀라댕 인 Inn Saladaeng B2
21 르 싸얌 호텔 Le Siam Hotel A2
22 싸톤 비스타 메리어트 Sathorn Vista Marriott A2
23 어바나 싸톤 Urbana Sathon B2
24 에리티지 호텔 The Heritage Hotel A2
25 홀리데이 인 익스프레스(쌔톤) A2
26 아이 레지던스 호텔 씰롬 A2 I-Residence Hotel Silom
27 더 스탠더드 마하나콘 A2 The Standard Mahanakhon
28 W 호텔 방콕 W Hotel Bangkok A2
29 애스콧 싸톤 Ascott Sathorn A2

Restaurant
1 프랜스 Fran's
2 이싸야 씨아미스 클럽 Issaya Siamese Club
3 코너 The Corner
4 반 쑤언 싸톤 Baan Suan Sathon

Hotel
1 아만타 호텔 싸톤 Amanta Hotel Sathom
2 피나클 호텔 Pinnacle Hotel
3 S1 Hostel
4 리 트래블 인 Lee Travel Inn
5 마담 게스트 하우스 Madam Guest House
6 쌀라 타이 데일리 맨션 Sala Thai Daily Mansion
7 Hap @Sathom Hotel
8 롱램 디 엠 The Aim Sathom Hotel

에따스 룸피니 Aetas Lumpini
말레이시아 호텔 Malaysia Hotel
호텔 이비스 싸톤 Hotel Ibis Sathorn
티볼리 호텔 The Tivoli Hotel
유 싸톤 U Sathom

Thanon Phra Ram 4(Rama 4 Road)

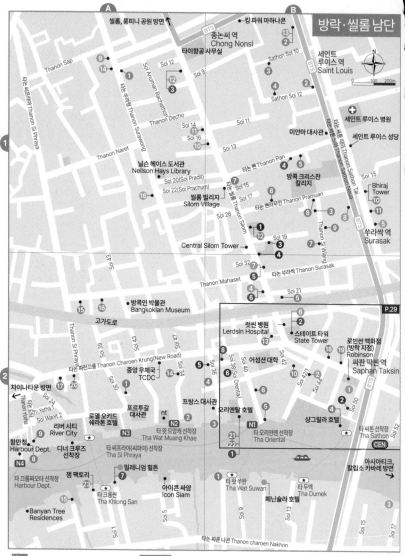

View
1. 웨어하우스 30 Warehouse 30 A2
2. 왓 므앙캐 Wat Muang Khae A2
3. 구 세관청 Old Custom House B2
4. 하룬 모스크 Haroon Mosque B2
5. 동아시아 회사 East Asiatic Company B2
6. 어섬션 성당 Assumption Cathedral B2
7. 마하 우마 데비 힌두 사원 B1
8. 싸얌 상업은행 Siam Commercial Bank A2
9. 홀리 로자리 교회 Holy Rosary Church A2
10. 왓 쑤언플루 Wat Suan Phlu B2

Restaurant
1. 쏨분 시푸드 Somboon Seafood A1
2. 하우스 언 싸톤 The House on Sathorn B1
3. 쑤판니까 이팅 룸(싸톤 지점) B1
4. 로켓 커피 바 Rocket Coffee Bar B1
5. 루카 카페 Luka Cafe B1
6. 깐야쁘르욱 Kalpapruek B1
7. 반 치앙 Ban Chiang B1
8. 타잉 레스토랑 Thanying Restaurant B1
9. 반 쏨땀 Baan Somtum B1
10. 루트 앳 싸톤 Roots at Sathon B1
11. 블루 엘리펀트 Blue Elephant B1
12. 따링쁠링 Taling Pling B1
13. 짜런쌩 씰롬 จรัญแสง สีลม B2
14. 하모니크 Harmonique A2
15. 크루아 쩨응오 Krua Je Ngor A2
16. 100 마하쎗 100 Mahaseth A2

17. 80/20 Eighty Twenty A2
18. 쪽 프린스 โจ๊กปรินซ์ B2
19. 쁘라짝뻿 양 Prachak Pet Yang B2
20. 쌈르 Sam Lor A2
21. 오터스 라운지 Authors' Lounge B2
22. 르 노르망디 Le Normandie B2
23. 네버 엔딩 섬머 Never Ending Summer A2

Shopping
1. 반 씰롬 Baan Silom B1
2. 방락 바자(아시장) Bangrak Bazaar B1
3. 방콕 패션 아웃렛 B1
4. 주얼리 트레이드 센터 Jewelry Trade Centre B1
5. O.P. 가든 O.P. Garden B2
6. O.P. 플레이스 O.P. Place B2

BTS 싸판 딱씬 역 주변

0   50   100m

Restaurant
1. 짜런쌩 씰롬 เจริญแสง ซีลม
2. Koto Tea Space
3. Broccoli Revolution(짜런끄룽 지점)
4. 호무 Homu
5. 오터스 라운지 Authors' Lounge
6. 르 노르망디 Le Normandie
7. 디스틸 Distil
8. 메자루나 Mezzaluna
9. 짜오롱 룩친쁠라(쌀국수) เจ้าหลง ลูกชิ้นปลา
10. 쪽 프린스 โจ๊กปรินซ์
11. 쁘라짝뺏 양 Prachak Pet Yang
12. 분쌉(태국 디저트) Boonsap
13. 반 팟타이 Baan Phadthai
14. 맥도널드
15. 스타벅스 커피
16. 싸니 Sarnies
17. Ailati Resto
18. 쌀라팁 Salathip
19. 크루아 나린 Nalin Kitchen
20. 반 끄랑 씨이 Baan Glang Soi
21. 쌘얏 แสนยอดโภชนา

Shopping
1. 톱스 마켓 Top's Market
2. 왓슨스 Watsons
3. 부츠 Boots

Spa & Massage
1. 치 스파 Chi Spa

Entertainment
1. 뱀부 바 Bamboo Bar
2. 씨로코 & 스카이 바 Sirocco & Sky Bar
3. 호라이즌 크루즈 Horizon Cruise
4. SIWILAI Sound Club

Hotel
1. 르부아 Lebua at State Tower
2. 센터포인트 씰롬 Centre Point Silom
3. 보소텔 Bossotel
4. 그랜드 싸톤 The Grand Sathorn

Spa & Massage
1. 오리엔탈 스파 The Oriental Spa B2
2. 헬스 랜드 스파 & 마사지(싸톤 지점) B1 Health Land Spa & Massage
3. 디와나 버튜 스파 Divana Virtue Spa B1
4. 치 스파 Chi Spa B2
5. 인피티니 스파 Infinity Spa B2

Entertainment
1. 뱀부 바 Bamboo Bar B2
2. 씨로코 & 스카이 바 Sirocco & Sky Bar B2
3. 스칼렛 와인 바 Scarlett Wine Bar A1
4. 오푸스 와인 바 Opus Wine Bar B1
5. Revolucion Cocktail B2
6. 매기 추 Maggie Choo's B2
7. 스리 식스티 Three Sixty A2
8. 시윌라이 사운드 클럽 B2

Hotel
1. 센터포인트 씰롬 Centre Point Silom B2
2. 보소텔 Bossotel B2
3. 아이비스 방콕 리버사이드 B2 Ibis Bangkok Riverside
4. 노보텔 페닉스 씰롬 Novotel Fenix Silom B2
5. 이스틴 그랜드 호텔 싸톤 B1
6. 르부아 Lebua at State Tower B2
7. 홀리데이 인 씰롬 Holiday Inn Silom B2
8. 모드 싸톤 호텔 Mode Sathorn Hotel B1
9. 아마라 호텔 Amara Hotel A1
10. 트리플 투 호텔 Triple Two Hotel B1
11. 나라이 호텔 Narai Hotel A1
12. 풀만 호텔 G Pullman Hotel G A1
13. W 호텔 방콕 W Hotel Bangkok B1
14. Red Planet Surawong A1
15. The Quarter Chao Phraya A2
16. Marriott Hotel The Surawongse A1

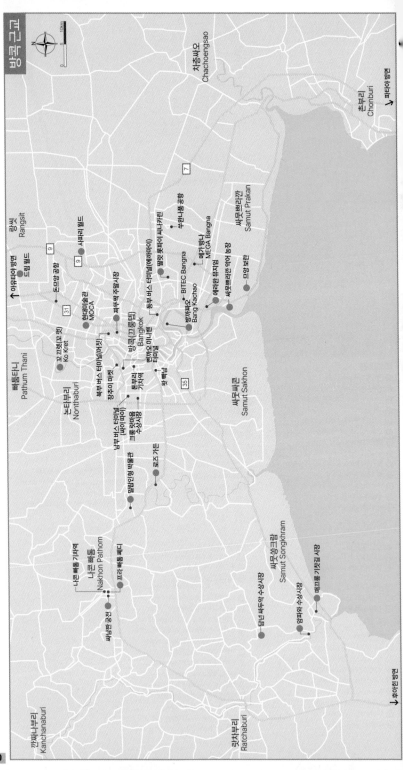

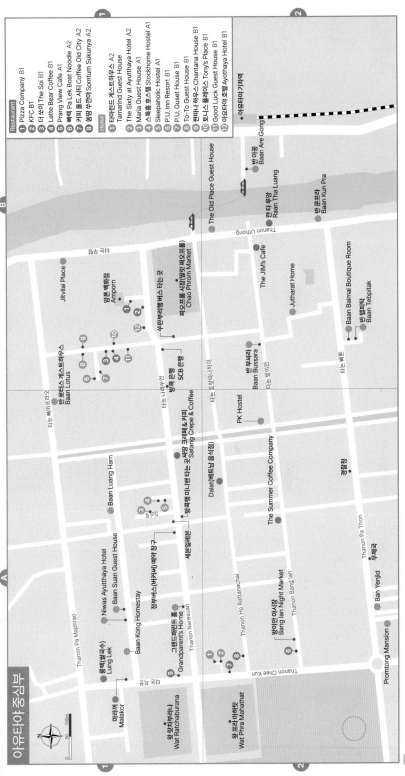

아유타야 중심부

Restaurant
1. Pizza Company B1
2. KFC B1
3. 더쏘이 The Soi B1
4. Latte Bear Coffee B1
5. Prang View Cafe A1
6. 빠레 Pa Lek Boat Noodle A2
7. 커피 올드 시티 Coffee Old City A2
8. 쏨땀 쑤깐야 Somtum Sukunya A2

Hotel
1. 타마린드 게스트하우스 A2 Tamarind Guest House
2. The Sixty at Ayutthaya Hotel A2
3. Maria Guest House A1
4. 스톡홈 호스텔 Stockhome Hostel A1
5. Sleepaholic Hostel A1
6. P.U. Inn Resort B1
7. P.U. Guset House B1
8. To-To Guest House B1
9. 짠따나 하우스 Chantana House B1
10. 토니스 플레이스 Tony's Place B1
11. Good Luck Guest House B1
12. 아요타야 호텔 Ayothaya Hotel B1

아유타야 기차역

Baan Are Gong 반아꽁

Raan Tha Luang 란타루앙

Baan Kun Pra 반쿤쁘라

The Old Place Guest House

Thanon Uthong 타논 우통

Jitvilai Place

Amporn 암폰 백화점

Chao Phrom Market 짜오프롬 시장(얌무 파오프롬)

The JIM's Cafe

Jutharat Home

Baan Baimai Boutique Room

Baan Tebpitak 반텝피탁

반로터스 게스트하우스 Baan Lotus

SCB 은행 싸얌 커머셜 뱅크

방콕 은행

타논 나레쑤언

Baan Luang Ham

Satang Crepe & Coffee 방콕쨍 미니벤 타는 곳 싸땅 크레페 & 커피

세들리암리뽀

Baan Bussara 반부싸라

PK Hostel

타논 빵이안

Dalat(베트남 음식점)

The Summer Coffee Company

경찰청

Niwas Ayutthaya Hotel

Baan Suan Guest House

Baan Kong Homestay

정부버스(버까써) 예아 청구

Grandparents Home 그랜드페런트 홈

Thanon Naresuan

Lung Lek 룽렉(쌀국수)

Malakor 마라꺼

Wat Ratchaburana 왓 랏차부라나

Wat Phra Mahathat 왓 프라 마하탓

Thanon Pa Maphrao

Thanon Ho Rattanachai

Thanon Bang Ian

Bang Ian Night Market 방이안 야시장

Thanon Chee Kun

Thanon Pa Thon

Thanon Pa Thon 우체국

Ban Yenjid

Promtong Mansion

0 50 100m

N

31

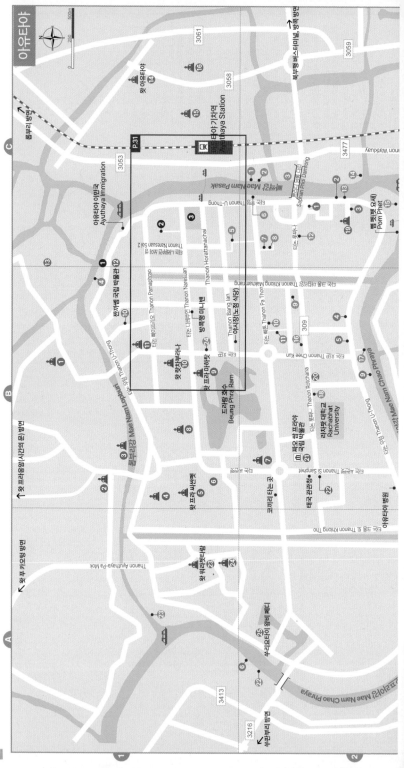

View
1. 왓 매낭쁘름 Wat Mae Nang Pleum B1
2. 왓 나 프라멘 Wat Na Phra Mehn B1
3. 왓 꾸띠텅 Wat Kuti Thong B1
4. 왕궁 터 Royal Palace B1
5. 왓 프라 씨싼펫 Wat Phra Si Sanphet B1
6. 위한 프라 몽콘 보핏 B1
Vihan Phra Mongkhon Bophit
7. 왓 프라람 Wat Phra Ram B2
8. 왓 탐미까랏 Wat Thammikarat B1
9. 왓 프라 마하탓 Wat Phra Mahathat B1
10. 왓 랏차부라나 Wat Ratchaburana B1
11. 왓 쑤완나왓 Wat Suwannawat B1
12. 짠까쎔 국립 박물관 C1
Chantharakasem National Museum
13. 왕실 코끼리 우리 Royal Elephant Kraal C1
14. 왓 아유타야 Wat Ayuthaya C1
15. 왓 꾸디다오 Wat Kudi Dao C1
16. 왓 마헤용 Wat Maheyong C1
17. 왓 야이 차이 몽콘 Wat Yai Chai Mongkhon C2
18. 왓 파난청 Wat Phanan Cheong C2
19. 왓 쑤완다라람 Wat Suwan Dararam C2
20. 아유타야 역사 스터디 센터 B2
Ayuthaya Historical Study Center
21. 짜오 쌈 프라야 국립 박물관 B2
Chao Sam Phraya National Museum
22. 아유타야 국립 미술관 B2
Ayutthaya National Art Museum
23. 왓 워라쳇타람 Wat Worachettharam A1
24. 왓 로까야 쑤타람 Wat Lokaya Sutharam A1
25. 쑤리요타이 왕비 쩨디 A2
Queen Suriyothai Chedi
26. 왓 차이 왓타나람 Wat Chai Watthanaram A2
27. 성 요셉 성당 St. Joseph's Cathedral A2
28. 왓 풋타이싸완 Wat Phutthai Sawan A2

Restaurant
1. 반 쏨땀 บ้านส้มตำ C2
2. 패 끄룽 까오 Pae Krung Kao C2
3. 팍완 Pak Wan C2
4. 반 카우놈 Baan Kao Nhom B2
5. 반 랏따나 카페 Baan Rattana Cafe B2
6. 아유타야 롬 Ayutthaya Rom A2
7. 드 리바 아요타야 De Riva Ayothaya A2
8. 위와 하우스 카페 Wiwa House Cafe A2
9. 싸이텅 리버 레스토랑 Saithong River Restaurant C1
10. 빠폰 ป้าพร ก๋วยเตี๋ยวหมูสูตรโบราณ B1

Shopping
1. 후아로 야시장 Hua Ro Night Market C1
2. 암폰 백화점 Amporn Department Store C1
3. 짜오프롬 시장 Chao Phrom Market C1

Hotel
1. Tanrin Boutique Guesthouse Riverside C2
2. Ayothaya Riverside Hotel C2
3. 끄룽씨 리버 호텔 Krung Sri River Hotel C2
4. Tharuadaeng Old City Ayutthaya B1
5. 쭛타라 홈 Jutharat Home C1
6. 반 쿤프라 Baan Kun Pra C2
7. Baan Baimai Boutique Room C2
8. 반 텝피탁 Baan Tebpitak C2
9. 씬빠(롱램 씬빠) Silp Pa โรงแรมศิลป์ B2
10. 반 옌찟 Ban Yenjid B2
11. 프롬텅 맨션 Promtong Mansion B2
12. 아유타야 플레이스 유스호스텔 Ayuthaya Place YHA C2
13. 11:11 Hostel C2
14. 워라부리 아요타야 컨벤션 리조트 Woraburi Ayothaya Convention Resort C2
15. 리버 뷰 팰리스 호텔 River View Palace Hotel C2
16. 루앙 춤니 빌리지 Luang Chumni Village B2
17. 반 우텅 Ban U Thong B2
18. 쑤언루앙 호텔 Suan Luang Hotel B2
19. 쌀라 아유타야 Sala Ayutthaya A2
20. 아이유디아 언 더 리버 iuDia on the River A2
21. 아티타라 홈스테이 Athithara Homestay A2
22. 러이마니 하우스 Loy Manee House A2
23. 풋탄 레지던스 Phuttal Residence A1
24. 타마린드 게스트하우스 Tamarind Guest House B1

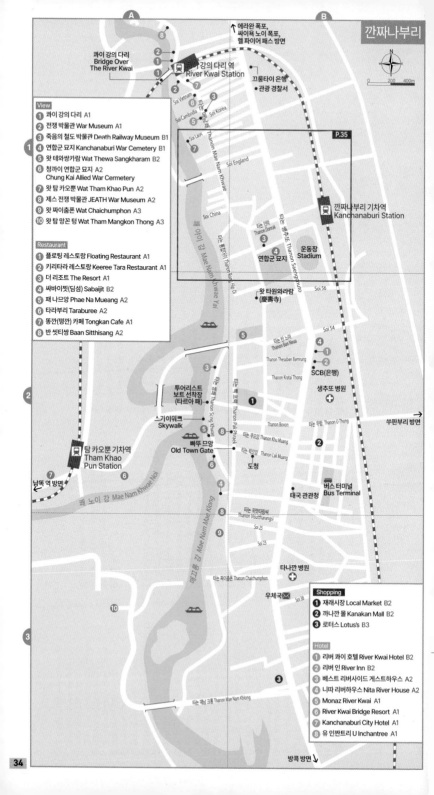

N

0 100 200m

Restaurant
1. Tongkan Cafe
2. 임짱 무카따(돼지고기 뷔페) Im-Jung
3. 온 타이 이싼 On's Thai Issan
4. 림남 쑷짜이 Rim Nam Sud Jai

콰이 강의 다리 방면↑

Soi Singapore

Soi Laos

애플 리트리트
Apple's Retreat

Soi Afghanistan

Soi America

Soi England

Gravité Coffee

Kin Khao Lam

세븐 일레븐

쑷파이 다리
Saphan Sutchai

Jim Guest
House

Soi Bangladesh

Soi Pakistan

Lotus's go fresh
(편의점)

Wee Hostel

Thanon Mae Nam Khwae

Thanon Saengchuto

깐짜나부리 기차
Kanchanaburi Sta

기차역 야시장

Thai Guest House

Thanon Donrak

스마일리 프로그
Smiley Frog

Soi China

My Home Guest House

쌥쌥
Zap Zap

죽음의 철도 박물관
Death Railway Museum

운동장
Stadium

입구

Sky Resort

VN Guest House

연합군 묘지
Kanchanaburi War Cemetery

Tara Raft

River Guest House

버스 터미널 방면

Hotel
1. 굿 타임스 리조트 Good Times Resort
2. 브릿지 서비스 리지던스 The Bridge
3. 로열 나인 리조트 Royal Nine
4. 타라 베드 & 브렉퍼스트 Tara
5. 블루 스타 게스트하우스 Bluse Star
6. 샘스 하우스 Sam's House
7. 퐁펜 게스트하우스 Pong Phen
8. 플로이 리조트 Ploy Resort
9. Natee The Riverfront Hotel
10. 슈가 케인 게스트하우스 Sugarcane
11. 타마린드 게스트하우스 Tamarind
12. Owl Poshtel
13. Raintree Boutique
14. 그린 뷰 게스트하우스 Green View

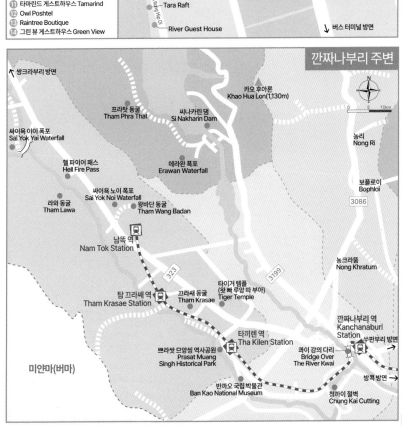

N

0 5 10km

쌍크라부리 방면

카오 후아론
Khao Hua Lon(1,130m)

농리
Nong Ri

프라탓 동굴
Tham Phra That

씨나카린 댐
Si Nakharin Dam

싸이욕 야이 폭포
Sai Yok Yai Waterfall

헬 파이어 패스
Hell Fire Pass

에라완 폭포
Erawan Waterfall

보플로이
Bophloi

3086

싸이욕 노이 폭포
Sai Yok Noi Waterfall

라와 동굴
Tham Lawa

왕바단 동굴
Tham Wang Badan

남똑 역
Nam Tok Station

농크라뚬
Nong Khratum

323

3199

탐 끄라쌔 역
Tham Krasae Station

끄라쌔 동굴
Tham Krasae

타이거 템플
(왓 빠 루앙 따 부아)
Tiger Temple

깐짜나부리 역
Kanchanaburi Station

쑤판부리 방면

타끼렌 역
Tha Kilen Station

콰이 강의 다리
Bridge Over
The River Kwai

방콕 방면

미얀마(버마)

쁘라쌋 므앙씽 역사공원
Prasat Muang
Singh Historical Park

반까오 국립 박물관
Ban Kao National Museum

청까이 절벽
Chung Kai Cutting

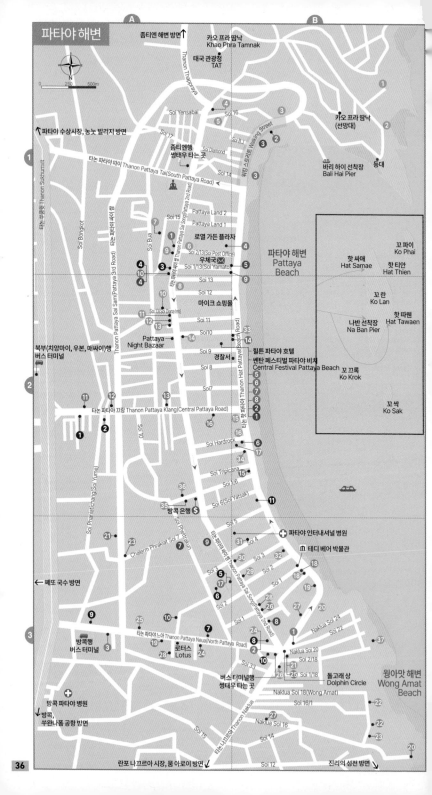

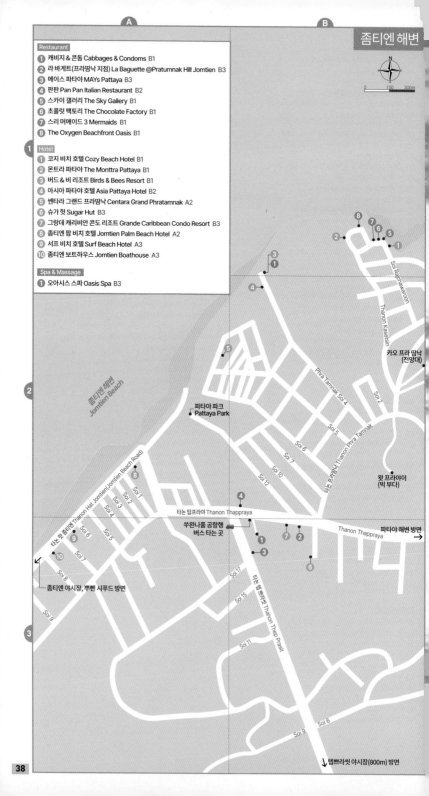

Restaurant
1. 캐비지 & 콘돔 Cabbages & Condoms B1
2. 라 바게트(프라땀낙 지점) La Baguette @Pratumnak Hill Jomtien B3
3. 메이스 파타야 MAYs Pattaya B3
4. 판판 Pan Pan Italian Restaurant B2
5. 스카이 갤러리 The Sky Gallery B1
6. 초콜릿 팩토리 The Chocolate Factory B1
7. 스리 머메이드 3 Mermaids B1
8. The Oxygen Beachfront Oasis B1

Hotel
1. 코지 비치 호텔 Cozy Beach Hotel B1
2. 몬트라 파타야 The Monttra Pattaya B1
3. 버드 & 비 리조트 Birds & Bees Resort B1
4. 아시아 파타야 호텔 Asia Pattaya Hotel B2
5. 쎈타라 그랜드 프라땀낙 Centara Grand Phratamnak A2
6. 슈가 헛 Sugar Hut B3
7. 그랑데 캐리비안 콘도 리조트 Grande Caribbean Condo Resort B3
8. 좀티엔 팜 비치 호텔 Jomtien Palm Beach Hotel A2
9. 서프 비치 호텔 Surf Beach Hotel A3
10. 좀티엔 보트하우스 Jomtien Boathouse A3

Spa & Massage
1. 오아시스 스파 Oasis Spa B3

좀티엔 해변 Jomtien Beach

파타야 파크 Pattaya Park

카오 프라 땀낙 (전망대)

왓 프라야이 (빅 부다)

타논 탑프라야 Thanon Thappraya

쑤완나품 공항행 버스 타는 곳

파타야 해변 방면

Thanon Thappraya

좀티엔 야시장, 뿌빠 시푸드 방면

↓ 템쁘라씻 야시장(800m) 방면

Thanon Hat Jomtien(Jomtien Beach Road)

Thanon Thep Prasit

Soi Rajchawaroon

Thanon Kasetsin

Phra Tamnak Soi 4

Thanon Phra Tamnak

지도에 사용한 기호 표시

BTS	BTS 쑤쿰윗 라인	사원	N 르아 두언 선착장	은행		볼거리
BTS	BTS 씰롬 라인	왕궁	르아 캄팍 선착장	우체국		레스토랑
MRT	MRT 블루 라인	공원	운하 보트 선착장	박물관		쇼핑
MRT	MRT 퍼플 라인	건물	버스 정류장	병원		스파 & 마사지
	BRT	공항	관광안내소		엔터테인먼트
	기차	수상 보트	인터넷		호텔

Bangkok
MAP
BOOK

프렌즈
방콕 맵북

중앙books